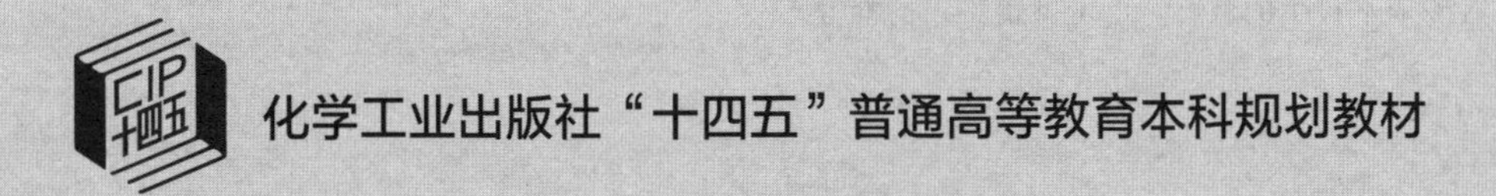


# 大学化学基础实验

## 第二版

王 颖 主编

刘 瑾 李 真 副主编



化学工业出版社

·北京·

## 内 容 简 介

《大学化学基础实验》（第二版）在第一版的基础上，结合近年来的使用情况，对实验项目进行充实、调整和更新。同时，本书保留第一版的特色，将四大化学实验进行了充分融合，在介绍实验基本知识和基本操作后，按基础，性质和表征，综合、设计与研究性三个层次来组织实验教学，全书共95个实验，可满足本科阶段的用书需求。附录为化学实验常用仪器与数据表。

《大学化学基础实验》（第二版）可作为化学类、化工类、材料类、轻工类、环境类、能源类、土木类等各专业本科生的教材，也可供相关人员参考。

**图书在版编目（CIP）数据**

大学化学基础实验/王颖主编；刘瑾，李真副主编．—2版．—北京：化学工业出版社，2023.8（2024.8重印）
化学工业出版社“十四五”普通高等教育本科规划教材
ISBN 978-7-122-43620-7

Ⅰ.①大… Ⅱ.①王… ②刘… ③李… Ⅲ.①化学实验-高等学校-教材 Ⅳ.①O6-3

中国国家版本馆CIP数据核字（2023）第101734号

责任编辑：宋林青　　文字编辑：刘志茹
责任校对：王鹏飞　　装帧设计：关　飞

出版发行：化学工业出版社（北京市东城区青年湖南街13号　邮政编码100011）
印　　刷：北京云浩印刷有限责任公司
装　　订：三河市振勇印装有限公司
787mm×1092mm　1/16　印张28¼　彩插1　字数719千字　2024年8月北京第2版第2次印刷

购书咨询：010-64518888　　售后服务：010-64518899
网　　址：http://www.cip.com.cn
凡购买本书，如有缺损质量问题，本社销售中心负责调换。

定　　价：68.00元

# 前言

本书在第一版基础上，结合近年来的使用情况进行修订。本版保留第一版的布局，对基本知识进行充实，对实验项目进行充实、调整、更新和个别勘误。

化学实验基本知识中增加了化学品安全和实验室个人防护等内容；基础实验部分增加了“纸色谱法分离与鉴定某些阳离子溶液”“废铝箔制备硫酸铝”“铵盐中氮含量的测定（甲醛法）”“硝酸钾的制备”“硫代硫酸钠的制备”“碘酸铜的制备及其溶度积的测定”“甲醇和水的分馏”“香豆素-3-羧酸的制备”“乙酸正丁酯的制备”“乙酰苯胺的制备”和“折射率测定”等内容；性质和表征实验增加了“氟化钙在水中的溶解性研究”“表面活性剂临界胶束浓度的测定”内容；综合、设计与研究性实验增加了“煤基材料中溶解性有机质的研究”“不同形貌氧化镁的制备及其除磷性能实验”“$SnS_2$ 光阳极光电催化水分解性能探究”“食物中某些组分的分析”内容。重新编写了“一级反应——蔗糖水解反应速率常数的测定”“热重分析法”“毛细管色谱法分析白酒中若干微量成分”“废弃物的综合利用——含铬废液的处理与比色测定（分光光度法）”“$CuSO_4 \cdot 5H_2O$ 差示扫描量热分析实验（DSC）”等内容。

全书由王颖担任主编，刘瑾、李真担任副主编。主要编写人员有宣寒、陈艳、曹田、朱绍峰、胡先海、胡寒梅、王秀芳、瞿其曙、宋小杰、程从亮、金杰、任琳、谢发之、张克华、陈茜茜、李茜、李海斌等。

安徽建筑大学质量工程项目（大学化学基础实验，2021xdjc03）对本教材的出版给予了有力支持，特此致谢！

由于编者水平与经验有限，不妥之处在所难免，敬请读者批评指正。

**安徽建筑大学《大学化学基础实验》第二版编写组**

**2023 年 4 月**

# 第一版前言

本书是根据工科基础化学实验课程的教学基本要求，融合了面向21世纪工科（化工类）化学化工系列课程体系教学改革成果和我校承担的安徽省基础化学实验示范中心及安徽省基础化学实验开放实训基地建设等教学研究改革成果，结合我校基础化学实验教学实际编写的教材。本书既可作为化学化工类、材料类专业的基础化学实验课程教材，也可供环境生态、能源矿冶、机械电子、土木建筑类等专业作为参考。全书改变了传统的无机及分析化学、有机化学、物理化学各自组织实验的课程体系，将实验课分为基础、性质与表征、综合、设计与研究性三个层次来组织实验课教学。

第一层次是基础实验，包括无机及分析化学、有机化学基础实验的单元操作练习、基本操作训练和一些小型实验和基本制备与合成实验，通过无机、有机合成实验培养学生对化学反应过程的理解和认识。基础实验使学生掌握基本操作技术、熟悉实验仪器、学会实验方法，为后续实验准备条件、打好基础。第二层次是物质的性质与表征实验，将化合物性质和化学反应与仪器分析、物理化学结合起来，以产物表征、组成分析、结构分析和性质测试为主，达到培养学生综合运用化学知识能力的目的。第三层次是综合、设计与研究性实验，主要内容是各分支学科重要知识的有机结合，包括多步复杂和较大的实验，按照一定命题，由学生自己查阅文献资料，设计实验方案，分析实验结果，最后得出结论。通过这些实验，学生不仅可以获得专业技术知识，受到科学研究的初步训练，培养实践能力和创新精神，还可将科研成果吸收到教学中来，使学生具有一定的综合研究能力，让学生尽早了解学科发展前沿，培养学生科学思维和独立开展化学实验的能力。

本书由刘瑾担任主编，王颖、李真任副主编，主要编写人员有宣寒、陈艳、曹田、朱绍峰、胡先海、胡寒梅、王秀芳、瞿其曙、宋小杰、程从亮、金杰、任琳等。

本书在编写过程中得到安徽建筑大学领导、材料与化学工程学院和基础化学实验示范中心建设领导小组的关心和全力支持，部分同学在本书编校过程中也给予了很多帮助，在此表示衷心的感谢。

本书以我校的实验教学实践以及部分教师的科研成果为基础，同时参考了部分兄弟院校已出版的教材、著作、中外文期刊等文献资料，在此一并表示衷心的感谢。安徽省教育厅实验教学示范中心和基础化学实验开放实训基地建设对本书的出版给予了有力支持，特此致谢！

由于编者水平与经验有限，疏漏之处在所难免，敬请读者批评指正。

**安徽建筑大学《大学化学基础实验》编写组**

**2018年4月**

# 目录

## 第一部分　基本知识和基本操作 /1

## 第三部分　附　录/347

# 第一部分 基本知识和基本操作

# 第一章 绪 论

## 第一节 大学化学基础实验课程的目的

随着世界科学技术的飞速发展，现代化学的发展已进入理论与实践并重的阶段。在我国高等教育进入大众化教育的背景下，在全面推进通识和素质教育的形势下，基础化学实验作为高等理工科院校化工、材料、环境、生物等工程专业的主要基础课程，是培养学生动手能力和创新能力的重要课程。本书突破了原四大化学实验分科设课的界限，使之融合为一体，按照基本化学原理、化合物制备、合成、结构、性能的基本关系和化学实验技能培养重新组织实验课教学。该课程以内含基本原理、基本方法和基本技术的化学实验作为素质教育的媒体，通过实验教学过程达到以下目的：

① 以基本实验，性质与表征，综合、设计与研究实验三个层次的实验教学，模拟化学知识的产生与发展为化学理论的基本过程，培养学生以化学实验为工具获取新知识的能力。

② 经过严格的实验训练后，使学生具有一定的分析和解决较复杂问题的实践能力，收集和处理化学信息的能力，文字表达实验结果的能力，培养学生的科学精神、创新思维意识和创新能力以及团结协作精神。

## 第二节 大学化学基础实验课程的要求

为了达到上面提出的课程目标，规范实验教学过程，学生应在以下环节严格要求自己。

### 一、实验前的预习

弄清实验目的和原理，仪器结构、使用方法和注意事项，药品或试剂的等级、物化性质（熔点、沸点、折射率、密度、毒性与安全等数据）。实验装置、实验步骤要做到心中有数，避免边做边翻书的“照方抓药”式实验。实验前认真地写出预习报告。预习报告应简明扼要，但切忌照抄书本。实验过程或步骤可以用框图或箭头等符号表示（参照本章第三节）。

## 二、学习方法

本教材的基本实验是在教学过程中经多年使用较为成熟的，因而容易做出结果。但不要认为生产或科研中的实际问题都可以如此顺利解决，应当自己多问几个为什么。对于性质和表征实验，要搞清楚化合物的性质和相关的表征手段，这些手段基于什么理论和原理，以及表征方法的使用条件和局限性；对于综合、设计和研究实验，重在培养创新和开拓意识，以及综合应用化学理论和实践知识的能力，对这部分实验，首先要明确需要解决的问题，然后根据所学的知识（必要时应当查阅文献资料）和实验室能提供的条件选定实验方法，并深入研究这些方法的原理、仪器、实验条件和影响因素，以此作为设计方案的依据。预习后写出预习报告并和指导教师讨论、修改、定稿后即可实施。本书所选的实验项目较为简单，目的是给学生在“知识”和“应用”之间架设一座“能力”的桥梁。

## 三、实验过程与记录

为培养学生严谨的科学研究的精神，要养成专心致志地观察实验现象的良好习惯，在需要等待的时间内不能做其他事情。善于观察、勤于思考、正确判断是能力的体现。实验过程中要准确记录并妥善保存原始数据，不能随意乱记在纸片上，更不能涂改。对可疑数据，如确知原因，可用铅笔轻轻圈去，否则宜用统计学方法判断取舍，必要时应补做实验核实，这是科学精神与态度的具体体现。实验结束后，请指导教师签字，留作撰写实验报告的依据。

## 四、实验报告

实验报告不仅是概括与总结实验过程的文献性质资料，而且是学生以实验为工具，获取化学知识实际过程的模拟，因而同样是实验课程的基本训练内容。实验报告从一定角度反映了一个学生的学习态度、实际水平与能力。实验报告的格式与要求，在不同的学习阶段略有不同，但基本应包括：实验目的、实验原理、实验仪器（厂家、型号、测量精度）、药品（纯度等级）、实验装置（画图表示）、原始数据记录表（附在报告后）、实验现象与观测数据。实验结果（包括数据处理）用列表或作图形式表达并讨论。

处理实验数据时，宜用列表法、作图法，具有普遍意义的图形还可以回归成经验公式，得出的结果应尽可能地与文献数据进行比较。通过这种形式培养科学的思维模式，锻炼文献查阅能力和文字表达能力。

对实验结果进行讨论是实验报告的重要组成部分，往往也是最精彩的部分。它包括实验者的心得体会（是指经提炼后学术性的体会，并非感性的表达），做好实验的关键所在，实验结果的可靠程度与合理性评价，分析并解释观察到的实验现象。如能进一步提出改进意见，或提出另一种比实验更好的合成路线等，就是创新思维，它往往蕴含着创新能力。努力培养思考分析问题的习惯，尤其是培养发散性思维和收敛思维模式，为具有真正的创新性思维打下基础。

下面以有机制备等实验报告的格式为例，作为示范，也可参照前面的要求并在教师指导下拟定实验报告格式。

# 第三节　实验报告格式举例

基础实验大致可分为三种类型，即制备与合成实验、物理量测定与分析实验和基本操作实验。制备与合成实验主要写出相关化学原理、步骤、原料量、产量、产率、产品质量及性质等。物理量测定与分析实验主要是物质相关物理量的测定及数据处理等。所有原始数据都要准确无误记录，计算时应该有具体数据处理过程。基本操作实验主要是对基本化学实验技术的综合训练性实验，重在强调某一基本操作的灵活应用。总的来说，任何化学实验的实验报告格式都应包括实验目的、实验原理、实验步骤、数据处理和问题讨论等，典型实验报告参考格式如下。

**实验××× 1-溴丁烷的制备**

姓名__________ 班级__________ 学号__________ 实验日期__________

一、实验目的

1. 学习以丁醇、溴化钠和硫酸制备1-溴丁烷的原理和方法。

2. 初步学会回流的原理、装置和操作以及气体吸收装置的作用和安装。

3. 进一步练习液体的洗涤、干燥和蒸馏操作。

二、实验原理

主反应：

$$NaBr + H_2SO_4 \longrightarrow HBr + NaHSO_4$$

$$n\text{-}C_4H_9OH + HBr \underset{S_N2}{\overset{H_2SO_4}{\rightleftharpoons}} n\text{-}C_4H_9Br + H_2O$$

上述反应是一个可逆反应，本实验采用增加HBr的量来增大正丁醇的转化率。若反应体系温度过高，可能发生一系列副反应：

$$n\text{-}C_4H_9OH \xrightarrow{H_2SO_4} CH_3CH_2CH{=}CH_2 + H_2O$$

$$2n\text{-}C_4H_9OH \xrightarrow{H_2SO_4} C_4H_9{-}O{-}C_4H_9 + H_2O$$

$$2HBr + H_2SO_4 \longrightarrow Br_2 + SO_2 + 2H_2O$$

因此，反应体系温度的控制是本实验的关键。

三、主要物料及产物的物理常数

| 名称 | 分子量 | 性状 | 折射率 | 相对密度 | 熔点/℃ | 沸点/℃ | 溶解度/g·(100mL溶剂)$^{-1}$ | | |
|---|---|---|---|---|---|---|---|---|---|
| | | | | | | | 水 | 醇 | 醚 |
| 正丁醇 | 74.12 | 无色透明液体 | 1.39931 | 0.80978 | −89.2～−89.9 | 117.71 | 7.920 | ∞ | ∞ |
| 正溴丁烷 | 137.03 | 无色透明液体 | 1.4398 | 1.299 | −112.4 | 101.6 | 不溶 | ∞ | ∞ |

四、主要物料及用量

正丁醇7.4g（9.2mL，0.1mol）、浓硫酸14mL、无水溴化钠13g（0.13mol）、饱和碳酸氢钠、无水氯化钙。

## 五、实验装置图

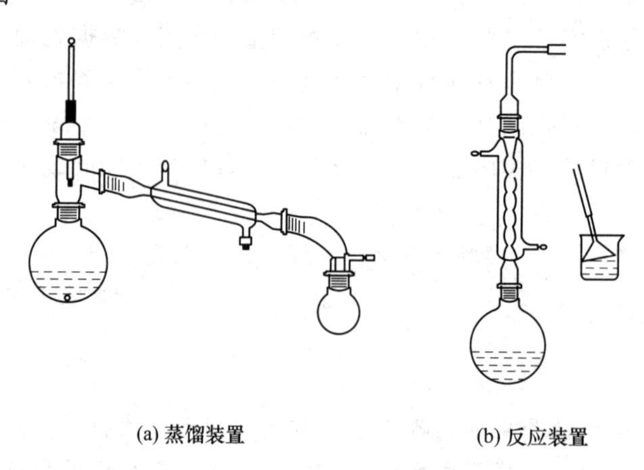

(a) 蒸馏装置　　(b) 反应装置

## 六、实验流程图

合成流程：

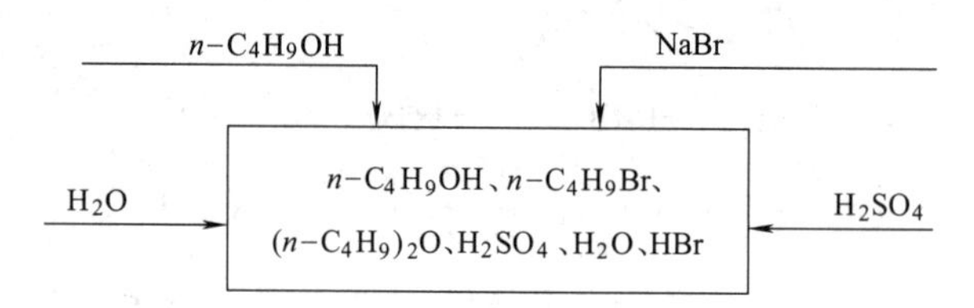


粗产物分离纯化流程：

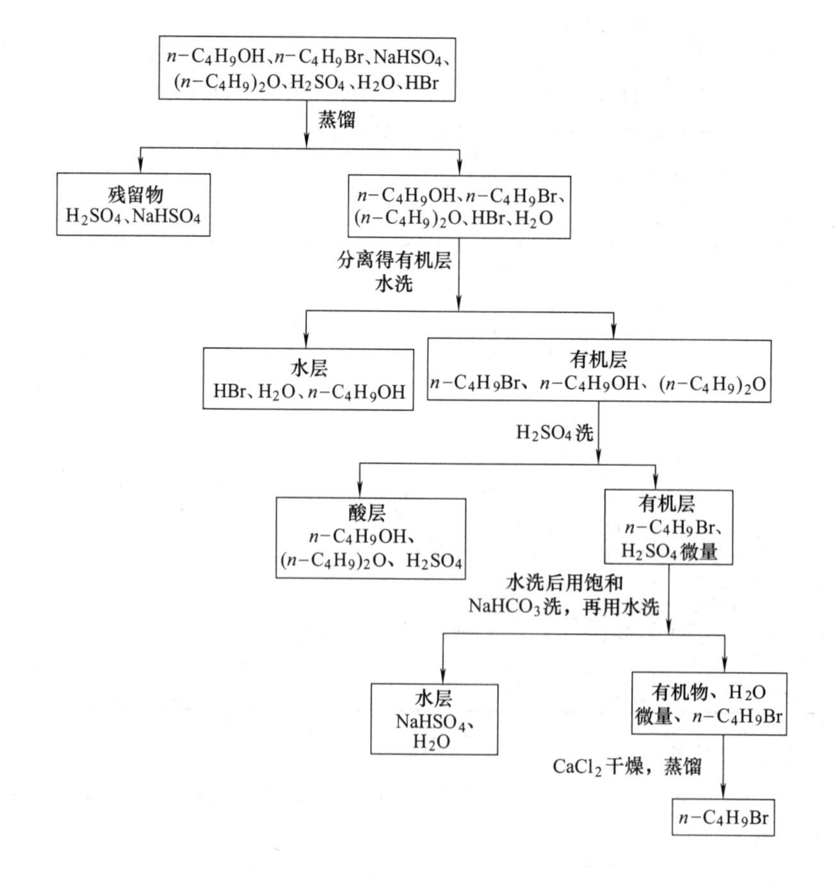

七、实验步骤和现象记录

| 时间 | 步　骤 | 现　象 | 备　注 |
| --- | --- | --- | --- |
| 08:00 | 按图(b)安装反应装置,用250mL的单口圆底烧瓶加入水10mL+浓 $H_2SO_4$ 14mL,振荡,水浴冷却+正丁醇9.2mL | 放热,烧瓶烫手,不分层 | 接收器里加5%NaOH溶液20mL |
| 08:25 | 搅拌下加入NaBr 13g+沸石 | NaBr没有全溶,已呈现白雾状 | |
| 08:45 | 开始加热(1h) | 沸腾,瓶中白雾状物增多,并从冷凝管上升,为气体吸收装置所吸收。瓶中的液体由一层变成三层,上层开始时极薄,中层为橙黄色,上层越来越厚,中层越来越薄,最后消失。上层颜色由淡黄色变成橙黄色 | |
| 09:45 | 停止加热,稍冷,装冷凝管吸收装置+沸石,小火加热,蒸出 $n$-$C_4H_9Br$ | 馏出液浑浊,分层,瓶中越来越少,最后消失,消失后过片刻停止蒸馏。蒸馏瓶冷却析出无色透明结晶,产物在下层 | 白色晶体为 $NaHSO_4$ |
| 10:35 | 粗产物用15mL水洗;在干燥分液漏斗中用10mL浓 $H_2SO_4$ 洗;15mL水洗;15mL饱和 $NaHCO_3$ 洗;15mL水洗;粗产物置50mL锥形瓶中+2g $CaCl_2$ 干燥 | 加一滴浓 $H_2SO_4$ 沉至下层,证明产物在上层;两层交界处有些絮状物;粗产物有些浑浊,稍摇后透明 | |
| 11:35 | 产物滤入150mL单口圆底烧瓶里+沸石,按图(a)装置进行蒸馏,收集99~103℃馏分 | 99℃以前馏出液很少,长时间稳定在101~102℃,后升至103℃温度下降,瓶中液体很少,停止蒸馏无色液体 | 接收瓶为45g |
| 12:35 | 蒸馏完毕 | | 接收瓶+产物53g<br>产物 $C_4H_9Br$ 8g |
| 12:45 | 用折光仪测折射率 | | 折射率为1.4405 |
| 13:00 | 实验结束,整理仪器,打扫卫生 | | |

八、实验结果及处理(包括产率计算)

因其他试剂过量,理论产量按正丁醇计算。0.1mol正丁醇能产生0.1mol[即 $0.1\times137=13.7(g)$]正溴丁烷。

$$产率=\frac{8}{13.7}\times100\%=58\%$$

九、讨论

醇能与硫酸生成盐,而卤代烷不溶于硫酸,故随着正丁醇转化为正溴丁烷,烧瓶中分成三层,上层为正溴丁烷,中层可能为硫酸氢正丁酯,中层的消失即表示大部分的正丁醇已转化为正溴丁烷,上、中两层呈橙黄色,可能是副反应产生的溴所致。从实验可知,溴在正溴丁烷中的溶解度较在硫酸中大。

蒸去正溴丁烷后,烧瓶冷却析出的结晶是硫酸氢钠,投料时应严格按教材上的顺序。投料后,一定要混合均匀,反应时,保持回流平稳进行,防止导气管发生倒吸,洗涤粗产物时,注意正确判断产物的上下层关系。干燥剂用量要合理。

十、思考题

1. 反应后的粗产物中含有哪些杂质?各步洗涤的目的何在?
2. 分液时,如何判断产物在上层还是在下层?

实验成绩__________教师签名__________

# 第四节　数据处理及误差分析

## 一、有效数字

### 1. 有效数字位数的确定

在测量和数学运算中，确定该用几位数字是很重要的。初学者往往认为在一个数值中小数点后面位数越多，这个数值就越准确，或在计算结果中保留的位数越多，准确度就越高。这两种认识都是错误的。正确的是：记录和计算测量结果都应与测量的误差相适应，不应超过测量的精确程度，即测量和计算所表示的数字位数，除末位数字为可疑值外，其余各位数都应是准确可靠的。实验中从仪器上直接能测得的数字（包括最后一位可疑数字），叫作有效数字。实验数据的有效数字与测量的精度有关。常用仪器的精度见表 1-1。

**表 1-1　常用仪器的精度**

| 仪器名称 | 仪器精度 | 例　子 | 有效数字位数 |
|---|---|---|---|
| 托盘天平 | 0.1g | 15.6g | 3 位 |
| 1/100 天平 | 0.01g | 15.61g | 4 位 |
| 电子天平 | 0.0001g | 15.6068g | 6 位 |
| 10mL 量筒 | 0.1mL | 8.5mL | 2 位 |
| 100mL 量筒 | 1mL | 96mL | 2 位 |
| 移液管 | 0.01mL | 25.00mL | 4 位 |
| 滴定管 | 0.01mL | 50.00mL | 4 位 |
| 容量瓶 | 0.01mL | 100.00mL | 5 位 |

任何超出或低于仪器精度的数字都是不恰当的。例如上述滴定管的读数为 50.00mL，不能当作 50mL，也不能当作 50.000mL，因为前者降低了实验的精度，后者则夸大了实验的精度。关于有效数字的确定，指出以下几点。

① “0” 在数字中是否包括在有效数字的位数中，与 “0” 在数字中的位置有关。当 “0” 在数字前面，只表示小数点的位置（仅起定位作用），不包括在有效数字中；如果 “0” 在数字的中间或末端，则表示一定的数值，应包括在有效数字的位数中，如表 1-2 所示。

**表 1-2　有效数字位数确定示例**

| 数值 | 0.68 | $6.8\times10^{-3}$ | 0.02350 | 6.08 |
|---|---|---|---|---|
| 有效数字位数 | 2 位 | 2 位 | 4 位 | 3 位 |

② 采用指数表示法，“$10^n$” 不包括在有效数字中。对于很小或很大的数字，采用指数表示法更为简便合理。

③ 对数值的有效数字位数，仅由小数部分的位数决定，首数（整数部分）只起定位作用，不是有效数字。因此对数运算时，对数小数部分的有效数字位数应与相应的真数的有效数字位数相同。例如：pH = 7.68，$c(H^+)=2.1\times10^{-8}mol\cdot L^{-1}$，其有效数字为两位，而不是三位。

通常物质含量在 1%～10%时，一般取三位有效数字；含量大于 10%时，一般取四位有效数字。

### 2. 有效数字的运算规则

① 几个数据相加或相减时，它们的和或差只能保留一位不确定数字，即有效数字的保

留应以小数点后位数最少的数据来定小数点后的位数，即取决于绝对误差最大的那个数。例如将 0.0121、25.64 及 1.05782 三个数相加，结果应为 26.71，只有最后一位是不确定值。

② 在乘除法中，有效数字的位数取决于相对误差最大的那个数，即有效数字位数最少的那个数，以它为标准确定最后结果的有效数字的位数。

如：$33.63\times0.5841\times0.05300/1.1689=0.8907$。

修约有效数字时注意：用电子计算器做运算时，可以不必对每一步的计算结果进行位数确定，但最后计算结果应保留正确的有效数字位数。对最后结果多余数字取舍原则是“四舍六入五留双”，即当尾数≤4 时，舍去；当尾数≥6 时，进位；当尾数等于 5 时，5 后没数时就留双（即 5 前一位为双数时舍去 5），5 后有数时就进位。看保留下来的末位数是奇数还是偶数，是奇数就将 5 进位；是偶数，则将 5 舍弃。根据此原则，如将 4.175 和 4.165 处理成三位有效数字，则分别为 4.18 和 4.16。

## 二、实验数据的采集与处理

### 1. 数据的采集

数据的采集主要有两种方式：一种是人工采集通过计量或测定，记录相应的实验数据；另一种是自动采集，一般用于计算机与相应的分析仪器联机上，根据程序设计进行实时采集。人工采集应注意养成记录所有原始数据及计量、测定的有关条件的良好习惯，例如，用减量法称取 3 份质量均为 0.2～0.3g 的基准物质，应按以下方式记录（最好表格化）：

| 称量物的质量 | 倒出的试样的质量 |
|---|---|
| $m_{(1)}=26.9678\text{g}$ | |
| $m_{(2)}=26.6886\text{g}$ | $m_1=26.9678-26.6886=0.2792\text{g}$ |
| $m_{(3)}=26.3958\text{g}$ | $m_2=26.6886-26.3958=0.2928\text{g}$ |
| $m_{(4)}=26.1758\text{g}$ | $m_3=26.3958-26.1758=0.2200\text{g}$ |

这种记录方式便于复核，实验记录本上必须有原始数据记录，不能直接记下（仪器有去皮功能除外）：

$$m_1=0.2792\text{g}$$
$$m_2=0.2928\text{g}$$
$$m_3=0.2200\text{g}$$

对有些实验，还应记录温度、大气压力、湿度、天气、仪器及其校正情况和所用试剂等，在数据采集过程中，不要使用铅笔、橡皮擦或涂改液。万一看错刻度或记错读数，允许改正数据，但不能涂改数据，例如，用酸度计测量某溶液酸度时，记录数据是 pH＝5.66，后来仔细一看发现记错了，应该是 pH＝5.56，这时不能把原来记录的数据中的 6 涂改为 5，可以在原数据上划一杠，旁边写上正确的数据，即按以下方式改正：pH ＝~~5.66~~ 5.56。

### 2. 实验数据处理的基本步骤与基本方法

实验所得到的数据往往较多，在这些数据中有些是能用的，有些是不能用的，有些则是可疑的。首先要将实验数据进行分析整理，将有明显过失理由的测定值舍去不用。对于可疑的数据（即其中一个测定值与其他测定值相差较大，又没有明显的过失理由），就应采取可疑数据的取舍方法决定能否舍去。其次，再根据计量或测定的目的要求进行数据处理。最后报告结果或对测定结果进行分析、评价。

对数据处理应有不同的要求。一般物质组成的测定，只需求出测定数据的集中趋势（即平均值）以及测定数据的分散程度（即精密度）；而要求较高的测定，还应求出平均值的可靠性范围等。

实验数据处理有不同的方法，一般有列表法、作图法以及方程式法。通常配合使用列表法与作图法，有时三种方法配合应用。一般情况下，列表法总是以清晰明了见长，可以一眼看出实验测量了哪些量，结果如何。而作图法则更加形象直观，可以很容易找出数据的变化规律，并能利用图形确定各函数的中间值、最大与最小值或转折点，可以求得斜率、截距、切线，还可以根据图形特点，找到变量间的函数关系，求得拟合方程的待定系数。另外，根据多次测量数据所得到的图像一般具有“平均”的意义，从而可以发现和消除一些随机误差。因此，在基础学习阶段，应学会用列表法与作图法来处理实验数据。

在此主要简单介绍列表法与作图法中需注意的问题。

（1）列表法　有些实验的结果是数据，实验完成后，采用列表法将所获得的数据尽可能整齐、有规律地表达出来，便于处理和运算。列表时应注意以下几点：

① 每一个表在表格的上方都应有简明、达意、完整的名称。

② 表中每一行或每一列的第一栏，要写出该行或列数据的名称和单位。

③ 有的表横向表头列出有关项目或试验编号，纵向表头列出数据的名称。

通常按操作步骤的顺序排列，例如若先称试样，再进行滴定，则把天平称样数据记在上面，而滴定所消耗的标准溶液体积记在下面；若是两个相减的数，应把被减数放在上格，减数放在下格，因此滴定的初读数应记在下格，而终读数则应记在上格（见“实验五盐酸溶液的配制与标定”数据记录与处理部分）。

④ 表中数据应以最简单的形式表示，公共的乘方因子应在第一栏的名称下注明。

⑤ 数字排列要整齐，位数和小数点要对齐。

⑥ 原始数据可与处理结果（根据有关公式计算所得中间的以及最后的结果）并列在一张表上，处理方法和运算过程及公式（包括代入具体数据后的公式）应在表下简要注明。这样就既有原始数据，又有分析结果，简明扼要，一目了然。

（2）作图法　作图法应注意以下几点。

① 坐标标度的选择。常用的作图纸为直角毫米坐标纸，在作图时，习惯上以自变量作为横坐标、因变量为纵坐标，且相应坐标轴旁应说明所代表的变量的名称及量纲。

a. 按法定计量单位的规定，坐标的标注应当是一纯数的式子，使图上各点表示的是 $x$、$y$ 数值的变化。$x$、$y$ 坐标的标注式分别写在 $x$、$y$ 轴的下方和左方。例如温度、压力、体积、时间的标注分别写成 $T/\mathrm{K}$、$p/\mathrm{kPa}$、$V/\mathrm{mL}$、$t/\mathrm{s}$。

b. 要能表示出全部有效数字，使得从图中读出的物理量的精密度与测量的精密度一致。通常使实验数据的绝对误差在图纸上相当于 0.5～1 小格（最小分度），即 0.5～1mm 为好。例如用 1℃分度的温度计测量温度时，读数有 0.1℃的误差，则选择的比例尺寸最好使 1℃相当于 0.5～1 小格，即 1℃相当于 5 或 10 小格。

c. 坐标标度应取容易读、便于计算的分度，即每单位坐标格子应代表 1、2 或 5 的倍数，并把数字标示在图纸逢 5 或逢 10 的细线上。切忌把单位坐标格子取成 3、6、7、9 或小数。

d. 应考虑充分利用图纸的全部面积，使全图布局合理，不要使各点过分集中偏于某一角落。如无特殊需要（如直线外推求截距），就不必把变量的零点作原点。可根据具体情况，从稍低于最小测量值的整数开始，稍高于最大测量值的整数为终点。图形若为直线或近乎直线的曲线，则应将它安排在图纸的对角线附近。

② 图形的绘制。绘制图形应使用铅笔、三角板、曲线板、鸭嘴笔、圆规、黑墨水，绝不可用钢笔随手就画。

a. 点的描绘。测试数据在图上的点称为代表点，通常把测得数据的各代表点用·或○画到坐标纸上即可。若在同一图形上有不同系列的数据，应当用不同的符号，如△、×、□、⊕、⊙等分别表示出来。这类符号的重心应在所表示的点上，面积大小应与测量精度相适应。

b. 线的描绘。为了使画出的曲线反映出实验的客观事实，首先应使曲线（或直线）尽可能接近或通过大多数的点（并非所有点）。只要曲线两边的点的数目以及曲线两侧各代表点与曲线间距之和近似相等（更确切地说，要使所有代表点离曲线距离的平方和最小），按此描出的曲线（或直线）就能近似地表示出被测量值的平均变化情况。其次，连线应平滑、均匀清晰。最好先用细、淡铅笔循各代表点的变动趋势轻轻地手描一条曲线，然后用曲线板逐段凑合于描线的曲率，画出光滑的曲线（不允许画成折线）（图 1-1）。

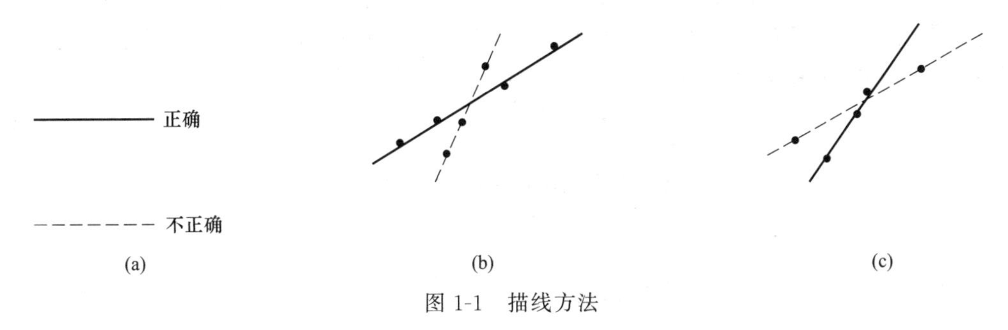


图 1-1　描线方法

c. 为了保证曲线所表示的规律的可靠性，在曲线的极大值、极小值或转折处应多取一些点。

对于个别远离曲线的点，如果不能肯定是实验时的过失误差造成的，不能随意抛弃。而应在附近多取一些代表点，搞清在此区域是否存在某种必然规律。

③ 图名与说明。在图的下方应标上序号和简明的标题，必要时还需对测试条件等作简要的说明。

④ 图形的进一步计算和处理。内插法、外推法、计算直线的斜率和截距等是常用的图形处理技术。

a. 内插法是根据图形的对称性或变化规律，在某些点的范围内适当插入一些近似点，使图形更完美。

b. 外推法（又称外延法）也是根据图形的对称性或变化规律，延长某线段，找出所相交的数据点。

c. 计算直线的斜率和截距是根据解析几何原理，在直线上选取相距较远的两点（或选取刚好在线上的两组实验数据），得数据（$x_1, y_1$）及（$x_2, y_2$），将它们代入直线方程得：

$$y_1 = a + bx_1$$

$$y_2 = a + bx_2$$

解之得：

$$斜率\ b = (y_2 - y_1)/(x_2 - x_1)$$

$$截距\ a = y_1 - bx_1 = y_2 - bx_2$$

## 三、准确度和精密度

### 1. 准确度

准确度表示在一定条件下，多次测定结果的算术平均值（$\overline{x}$）与真实值（$x_T$）接近的程度。准确度的好坏可以用误差表示。分析结果与真实值之间的差别叫误差。误差可用绝对误差（$E$）和相对误差（$RE$）两种方式表示。绝对误差表示测定值与真实值之差，相对误差是指绝对误差在真实结果中所占的百分率。它们分别可以用下列式子表示：

$$\text{绝对误差 } E=\overline{x}-x_{\mathrm{T}} \tag{1-1}$$

$$\text{相对误差 } RE=\frac{\overline{x}-x_{\mathrm{T}}}{x_{\mathrm{T}}}\times 100\% \tag{1-2}$$

$$\text{算术平均值 } \overline{x}=\frac{x_1+x_2+x_3+\cdots+x_n}{n} \tag{1-3}$$

## 2. 精密度

精密度是指对同一个样品在同样条件下重复测量所得的结果的相互接近程度。精密度高有时又称为再现性好。精密度的好坏可以用平均偏差和标准偏差来衡量。

单次测量结果的偏差，用该测定值（$x_i$）与其算术平均值（$\overline{x}$）之间的差别来表示，具体可用下面四种方式来表示：

$$\text{绝对偏差 } d_i=x_i-\overline{x} \tag{1-4}$$

$$\text{相对偏差 } Rd_i=\frac{d_i}{\overline{x}}\times 100\% \tag{1-5}$$

$$\text{平均偏差 } \overline{d}=\frac{\sum_{i=1}^{n}|x_i-\overline{x}|}{n} \tag{1-6}$$

$$\text{相对平均偏差 } R\overline{d}=\frac{\overline{d}}{\overline{x}}\times 100\% \tag{1-7}$$

标准偏差又称为均方根偏差。当测量次数不多时（$n<30$），单次测量的标准偏差（$s$）可按式（1-8）计算：

$$s=\sqrt{\frac{\sum(x_i-\overline{x})^2}{n-1}} \tag{1-8}$$

用标准偏差表示精密度比用平均偏差好，因为将单次测量的偏差平方之后，较大的偏差更显著地反映出来，这样能更好说明数据的分散程度。

精密度好不能保证准确性好。例如当分析中存在系统误差时，它不影响精密度，但影响准确性。另外，测量的精密度可能不太好，但结果的准确性也许是好的（或多或少带有偶然性），但是可以肯定的是精密度越高，测得真实值的机会就越高，为了保证得到高度准确的结果，必须保证结果具有很好的重现性。

## 3. 误差分析

测定误差大致可以分为系统误差、偶然误差和过失误差。

（1）系统误差　该误差是某种固定原因所造成的，使测定结果系统偏高或偏低。它的特点是具有单向性和重复性，系统误差的大小、正负可以测定，所以又称为确定误差。

产生系统误差的原因如下：

① 方法本身缺陷所导致的方法误差；

② 仪器不准或试剂不纯导致的误差；

③ 操作者本身的习惯性错误操作所致的操作误差等。

（2）偶然误差　该误差是由一些难以控制的偶然因素造成的，它的大小、正负是变化的，具有不确定性。无限多次测定，其结果的分布符合公式（1-9）所表示的正态分布曲线（图 1-2）：

$$\frac{\mathrm{d}N}{N}=\left\{\frac{1}{\sqrt{2\pi}\sigma}\exp\left[-\frac{(x-\mu)^2}{2\sigma^2}\right]\right\}\mathrm{d}x \qquad (1\text{-}9)$$

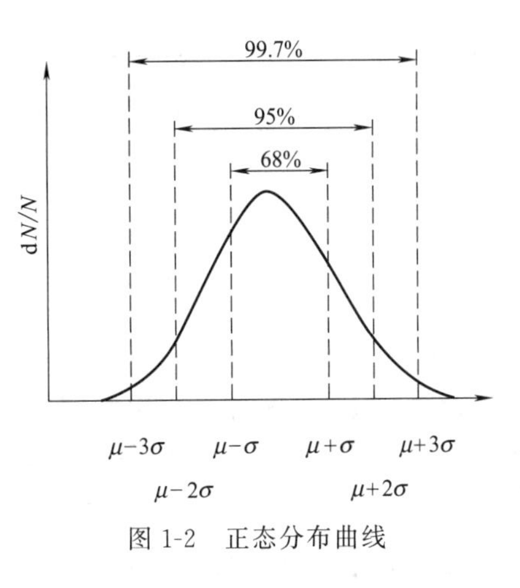

图 1-2　正态分布曲线

式中，$\mu$ 为样品的真实值；$x$ 为测量值；$x-\mu$ 为单次测量的绝对误差；$\sigma$ 为正态分布的标准偏差（无限多次测量的平均值 $\overline{x}$ 和 $s$ 可以近似替代 $\mu$ 和 $\sigma$）；$\mathrm{d}N/N$ 代表在 $x$ 和 $x+\mathrm{d}x$ 区间中的分析结果占全部分析结果的概率。利用式（1-9）进行积分计算可知，在无限多次测量中，落在 $\mu\pm\sigma$ 内的分析结果占全部分析结果的概率；$\int_{\mu-\sigma}^{\mu+\sigma}\mathrm{d}N/N=68.3\%$ 在 $\mu\pm1.96\sigma$ 内占 95%；落在 $\mu\pm3\sigma$ 内占 99.7%。可见误差超过 $3\sigma$ 的分析结果是极少的。

（3）过失误差（在实验中不允许发生这类误差）　这是由于分析人员主观上责任心不强、粗心大意或违反操作规程等造成的。如在分析样品含量时，称量或转移过程中有损失或沾污、读数记录或计算错误等。这类误差得到的数据不应该作为结果分析的依据，要重新补做数据。分析人员只要有严谨的科学作风、细致的工作态度和强烈的责任感，这类误差是可以避免的。

**4. 置信限度**

在实际工作中，不可能对某个样品做无限多次测量，只能做有限次测量，那么怎样用有限次测量的结果来估计该样品的真实值呢？根据误差的正态分布理论知道，如果测量只存在偶然误差，那么落在 $\mu\pm1.96\sigma$ 范围内的分析结果将占全部分析结果的 95.0%。反过来，这也能够通过有限次测量的均值 $\overline{x}$ 和 $s$ 来确定真实值可能落在什么区域范围，该区域范围称为置信区间。该区域的限度称为置信限度，真实值落在该区域范围可能性的多少称为置信水平，通常以一个百分数表示。如果对某个样品做有限次测量，那么均值的置信限度如下：

$$\text{置信限度}=\overline{x}\pm\frac{ts}{\sqrt{n}} \qquad (1\text{-}10)$$

式中，$t$ 为有限次测量时的一个统计因子，与测定的自由度（$f$）和所期望的置信水平（$P$）有关，$t$ 值见表 1-3。

**表 1-3　$t$ 值分布表**

| 自由度 $f=n-1$ | 置信水平（$P$） | | | |
|---|---|---|---|---|
| | 90% | 95% | 99% | 99.5% |
| 1 | 6.314 | 12.706 | 63.657 | 127.32 |
| 2 | 2.920 | 4.303 | 9.925 | 14.089 |
| 3 | 2.353 | 3.182 | 5.841 | 7.453 |
| 4 | 2.132 | 2.776 | 4.604 | 5.598 |
| 5 | 2.015 | 2.571 | 4.032 | 4.773 |
| 6 | 1.943 | 2.447 | 3.707 | 4.317 |
| 7 | 1.895 | 2.365 | 3.500 | 4.029 |
| 8 | 1.860 | 2.306 | 3.355 | 3.832 |

续表

| 自由度 $f=n-1$ | 置信水平($P$) | | | |
|---|---|---|---|---|
| | 90% | 95% | 99% | 99.5% |
| 9 | 1.833 | 2.262 | 3.250 | 3.690 |
| 10 | 1.812 | 2.228 | 3.169 | 3.581 |
| 15 | 1.753 | 2.131 | 2.947 | 3.252 |
| 20 | 1.725 | 2.086 | 2.845 | 3.153 |
| 25 | 1.708 | 2.060 | 2.787 | 3.078 |
| ∞ | 1.645 | 1.960 | 2.576 | 2.807 |

**【例 1-1】** 碱灰样品三次测定的结果 $w(Na_2CO_3)$ 为 93.50%、93.58%、93.43%，在95%的置信水平下，真实值落在什么范围?

**解** 自由度 $f=n-1=3-1=2$；在 95%的置信水平下，查 $t$ 值分布表得 $t=4.303$。

测量均值：$\bar{x}=\dfrac{93.50\%+93.58\%+93.43\%}{3}=93.50\%$

标准偏差：$s=\sqrt{\dfrac{(93.50\%-93.50\%)^2+(93.58\%-93.50\%)^2+(93.43\%-93.50\%)^2}{3-1}}=0.075\%$

将这些值代入式（1-10)，得：

$$置信限度=93.50\%\pm\frac{4.303\times0.075}{\sqrt{3}}\%=93.50\%\pm0.19\%$$

所以当测定仅存在偶然误差时，将有 95%的把握确信被测样品的真实值落在 93.31%～93.69%之间。随着测定次数的增加，$t$ 值和 $s/\sqrt{n}$ 值减小，在同样的置信水平下，真实值所处的置信区间变得越来越窄，表明测得的结果也就越来越接近真实值。

## 四、分析结果的报告

### 1. 双份平行测定结果的报告

对于双份平行测定结果，如不超过允许公差，则以平均值报告结果。

双份平行测定结果的精密度按式（1-11）计算：

$$相对平均偏差=\frac{|x_1-x_2|}{2\bar{x}}\times100\% \tag{1-11}$$

标定标准溶液浓度，如果只进行两份测定，一般要求其标定的相对平均偏差小于0.15%，才能以双份均值作为其浓度标定结果，否则必须进行多份标定。

### 2. 多份平行测定结果的报告

对于多份平行测定，在报告测定结果时，应当首先检查测定结果中是否存在离群值，即由于操作过失而造成的特大或特小值。因为在有限次测定中，离群值会影响结果的均值和精密度，所以必须判断此离群值是保留还是弃去。$Q$ 检验法是常用的检验方法之一，判断方法为：将 $n$ 个测定值由小到大顺序排列，计算极差 $R$（最大值与最小值之差）及离群值和它相邻值之差 $a$，代入判断式：

$$Q_{计}=\frac{|a|}{R} \tag{1-12}$$

通过比较计算所得的 $Q_{计}$ 值与 90%置信水平时的 $Q_{表}$ 值（见表 1-4，实际工作中常采用该表）的大小，确定离群值的取舍。

判断规则：当 $Q_{计}$ 大于 $Q_{表}$ 值时，弃去离群值，否则保留。

**表 1-4　在 90% 和 95% 的置信水平下的 $Q_{表}$ 值**

| $n$ | 3 | 4 | 5 | 6 | 7 | 8 | 9 | 10 |
|---|---|---|---|---|---|---|---|---|
| $Q_{90\%}$ | 0.94 | 0.76 | 0.64 | 0.56 | 0.51 | 0.47 | 0.44 | 0.41 |
| $Q_{95\%}$ | 0.98 | 0.85 | 0.73 | 0.64 | 0.59 | 0.54 | 0.51 | 0.48 |

**【例 1-2】** 某试样 5 次分析结果 $w$ 为 35.40%、37.20%、37.30%、37.40%、37.50%，在 90% 的置信水平下，判断 35.40% 是否可弃去？

**解**　根据

$$Q_{计}=\frac{|a|}{R}=\frac{35.40-37.20}{37.50-35.40}=0.86$$

由表 1-4 查得：当 $n=5$ 时，$Q_{表}$ 值为 0.64，可见 $Q_{计}>Q_{表}$，所以应该将 35.40% 弃去。

在弃去了离群值，并且无系统误差存在时，对于多份平行测定结果，以下列形式报告测定结果：

$$T=\overline{x}\pm\frac{ts}{\sqrt{n}} \tag{1-13}$$

**【例 1-3】** 某铁矿石铁含量的测定结果（质量分数）如下：39.10%、39.12%、39.19%、39.17%、39.22%，在 95% 置信水平下报告其测定结果。

**解**　通过 $Q$ 检验可知，五次测定结果无离群值。测定结果的均值和标准偏差的计算结果为：

$$\overline{x}=39.16\%, s=0.049\%$$

当置信水平为 95% 时，自由度 $=n-1=4$，查 $t$ 值分布表得 $t=2.776$，将上述数据代入式 (1-13) 计算：

$$w(\mathrm{Fe})=39.16\%\pm\frac{2.776\times0.049\%}{\sqrt{5}}=39.16\%\pm0.06\%$$

所以对该铁矿石中铁含量的报告如下：

$$w(\mathrm{Fe})=39.16\%\pm0.06\%（在 95\% 置信水平下）$$

该报告的含义是：如果测定无系统误差，已有 95% 的把握相信，该铁矿石的真实含量落在 39.10%～39.22% 之间。

# 第二章 基本知识

## 第一节 化学实验基本知识

### 一、化学实验规则

① 实验前必须认真预习，明确实验目的和要求，弄清实验的基本原理、实验操作技术和基本仪器的使用方法，熟悉实验内容以及注意事项，写好预习报告。

② 实验过程中应严格遵守实验室的规则，在教师的指导下独立、认真地进行实验。正确操作，仔细观察，及时记录现象和实验数据。爱护仪器，节约药品、水、电，保持实验室的安静。

③ 实验后需对实验现象认真分析和总结，对原始数据进行处理以及对实验结果进行讨论。根据不同的实验要求写出不同格式的实验报告，并做好实验室的整理工作。

### 二、化学实验安全规则

① 必须了解实验的环境，熟悉水、电、急救箱和消防用品等的放置地点和使用方法。离开实验室前，仔细检查水、电是否关好。

② 实验室内药品严禁任意混合，更不能尝试其味道，以免发生事故。注意试剂、溶剂的瓶盖、瓶塞不能搞错。

③ 绝对禁止在实验室内饮食、吸烟。使用有毒试剂（如氟化物、氰化物、铅盐、钡盐、六价铬盐、汞的化合物和砷的化合物等）时，严防进入口内或接触伤口，剩余药品或废液不得倒入下水道或废液缸内，应倒入回收瓶中集中处理。

④ 当产生 $H_2S$、CO、$Cl_2$、$SO_2$ 等有毒的、恶臭的、有刺激性的气体时，应该在通风橱内进行操作。

⑤ 有机溶剂（如乙醇、苯、丙酮、乙醚等）易燃，使用时要远离火源。应防止易燃有机物的蒸气外逸，切勿将易燃有机溶剂倒入废液缸，更不能用开口容器（如烧杯）盛放有机溶剂，不可用火直接加热装有易燃有机溶剂的烧瓶。回流或蒸馏液体时应放沸石，以防止液体过热暴沸而冲出，引起火灾。

⑥ 使用具有强腐蚀性的浓酸、浓碱、溴、洗液时，应避免接触皮肤和溅在衣服上，更要注意保护眼睛，需要时应配备防护眼镜。

⑦ 加热、浓缩液体的操作要十分小心，不能俯视正在加热的液体，以免溅出的液体把眼、脸灼伤。加热试管中的液体时，不能将试管口对着人。当需要借助于嗅觉鉴别少量气体时，绝不能用鼻子直接对准瓶口或试管口嗅闻气体，而应用手把少量气体轻轻地扇向鼻孔进行嗅闻。

⑧ 使用电器设备时，不要用湿手接触设备，以防触电，用后切断电源。

## 三、化学品安全

### 1. 危险化学品分类

危险化学品是指具有毒害、腐蚀、爆炸、燃烧、助燃等性质，对人体、设施、环境具有危害的剧毒化学品和其他化学品。

根据《危险货物分类和品名编号》（GB 6944—2012）和危险货物品名表（GB 12668—2012）将化学品按其危险性或最主要的危险性划分为 9 大类。

第 1 类：爆炸品，如叠氮类、肼类等；

第 2 类：气体，如氢气瓶、煤气罐等；

第 3 类：易燃液体，如乙醇、乙醚、乙酸乙酯等；

第 4 类：易燃固体、易自燃的物质、遇水放出易燃气体的物质，如钾、钠、白磷等；

第 5 类：氧化性物质和有机过氧化物，如高锰酸钾、过氧化氢等；

第 6 类：毒性物质和感染性物质，如汞、氰化物、砷化合物等；

第 7 类：放射性物质，如 α 射线、β 射线、γ 射线等；

第 8 类：腐蚀性物质，如硫酸、盐酸、氢氟酸等；

第 9 类：杂项危险物质和物品，包括危害环境物质。

### 2. 危险化学品的安全使用

① 实验之前应认真阅读所用化学品的安全技术说明书（MSDS），了解化学品的性质，采取必要的防护措施。

② 绝不能把各种化学药品任意混合，以免发生意外事故。如酸和碱不能混放，氧化剂和还原剂不能混放，可燃气体和助燃气体不能混放。

③ 使用可燃性气体时，要严禁烟火，点燃气体前，必须检验气体的纯度。进行有大量可燃性气体产生的实验时，应把废气通向室外，并保持室内通风。

④ 制备和使用具有刺激性的、恶臭和有害的气体（如硫化氢、氯气、一氧化碳、二氧化硫等）或使用易挥发有刺激性的试剂（如浓盐酸、硝酸、氨水等），应在通风橱内进行。

⑤ 可燃性试剂不能用明火加热，必须用水浴、油浴、沙浴或可调电压的电热套加热。

⑥ 对某些强氧化剂（如氯酸钾、硝酸钾、高锰酸钾等）或其混合物，不能研磨，否则将引起爆炸。

⑦ 取用酸、碱等腐蚀性试剂时，应特别小心，不要洒出。废液应倒入相应废液桶中，以免因酸碱中和放出大量的热而发生危险。

⑧ 在热天取用易挥发有刺激性的试剂时，最好先用冷水浸泡试剂瓶，使其降温后再开瓶取用。启开瓶盖时，切忌面孔或身子俯在瓶口上方，且必须在通风橱内进行。

⑨ 有毒药品（如铅盐、砷的化合物、汞的化合物、氰化物和重铬酸钾等）不得入口或接触伤口，也不得随便倒入下水道。有毒残渣必须收集保存，交由专业公司统一处理。

## 四、化学实验意外事故的处理

① 割伤：伤口内若有异物，应先取出，涂上红药水或创可贴，必要时送医院救治。

② 烫伤：切勿用水冲洗，更不要把烫起的水泡挑破，可在烫伤处涂上烫伤膏。

③ 酸（或碱）伤：酸或碱洒到皮肤上时，先用大量水冲洗，再用饱和碳酸氢钠（或 2% 乙酸溶液）冲洗，最后再用水冲洗，涂敷氧化锌软膏（或硼酸软膏）。

④ 酸（或碱）溅入眼内：应立即用大量水冲洗，再用2% $Na_2B_4O_7$ 溶液（或3%硼酸溶液）冲洗眼睛，然后用蒸馏水冲洗。

⑤ 溴腐伤：先用 $C_2H_5OH$ 或10% $Na_2S_2O_3$ 溶液洗涤伤口，然后用水冲净，并涂敷甘油。

⑥ 吸入刺激性或有毒气体：如煤气、硫化氢、溴蒸气、氯气、氯化氢时，应立即到室外呼吸新鲜空气。

⑦ 毒物误入口内：立即用手指伸入咽喉部，促使呕吐，然后立即送医院治疗。

⑧ 不慎触电：立即切断电源，必要时进行人工呼吸。

总之，发生意外事故后，除了进行必要的临时性处理，还要及时送往医院救治。

## 五、实验室个人防护

① 实验过程中必须穿实验服，佩戴口罩、手套；

② 实验室内不得穿拖鞋、凉鞋、短裙；不得戴隐形眼镜；不得穿戴项链、手链等首饰，长头发必须扎起来；

③ 实验室内不得存放食品或饮料；实验服和日常服装不得放在同一个柜中；

④ 根据不同实验的危害评估选择不同的防护装备，如防毒面具、耐酸碱手套、护目镜等；

⑤ 了解实验室安全器材、消防器材及急救用品的存放位置，并了解其使用方法，用完后必须放回原来位置；

⑥ 离开实验室前必须脱下防护装备并洗手。

## 六、消防知识

当实验室不慎起火时，首先要冷静。由于物质燃烧需要空气和一定的温度，所以灭火的原则是降温或将燃烧的物质与空气隔绝。实验室常用安全用品、消防器材及急救用品见图2-1。

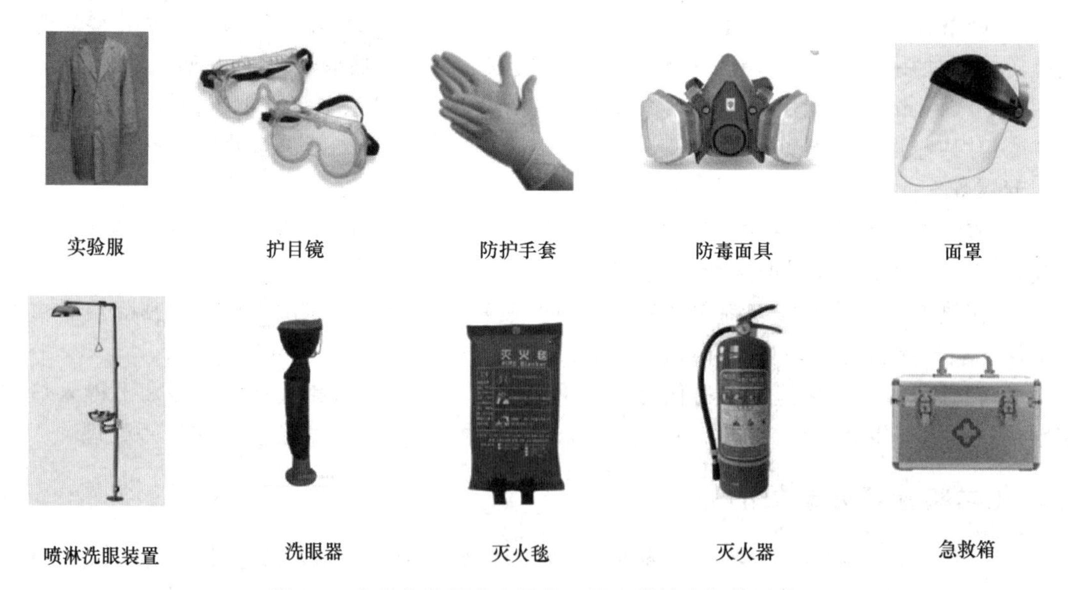


图2-1 实验室常用安全用品、消防器材及急救用品

化学实验室常用的灭火措施如下。

① 小火用湿布、石棉布覆盖燃烧物即可灭火，大火可用泡沫灭火器灭火。对活泼金属Na、K、Mg、Al等引起的着火，应用干燥的细沙覆盖灭火。有机溶剂着火时，切勿用水灭火，而应用二氧化碳灭火器、沙子和干粉等灭火。

② 在加热时着火，应立即停止加热，切断电源，把一切易燃易爆物移至安全区。

③ 电器设备着火，先切断电源，再用四氯化碳灭火器灭火，也可用干粉灭火器或1211灭火器灭火。有关灭火器常识见表2-1。

④ 当衣服着火时，切勿慌张跑动，应赶快脱下衣服或用石棉布覆盖着火处，或在地上卧倒打滚，起到灭火的作用。

⑤ 及时报火警（火警电话119）。

另外一些有机化合物，如过氧化物、干燥的重氮盐、硝酸酯、多硝基化合物等，具有爆炸性，必须严格按照操作规程进行实验，以防爆炸。

大量溢水也是实验室中时有发生的事故，所以应注意水槽的清洁，废纸、玻璃等物应扔入废物缸中，保持下水道畅通。有机实验冷凝管的冷却水不宜开得过大，万一水压高时，橡皮管弹开会引发溢水事故。

**表2-1　常用灭火器种类及其适用范围**

| 名　称 | 适用范围 |
|---|---|
| 泡沫灭火器 | 用于一般失火及油类着火。此种灭火器是由 $Al_2(SO_4)_3$ 和 $NaHCO_3$ 溶液作用产生大量的 $Al(OH)_3$ 及 $CO_2$ 泡沫，泡沫把燃烧物质覆盖，与空气隔绝而灭火。因为泡沫能导电，所以不能用于扑灭电器设备着火 |
| 四氯化碳灭火器 | 用于电器设备及汽油、丙酮等着火。此种灭火器内装液态 $CCl_4$。$CCl_4$ 沸点低，相对密度大，不会被引燃，所以把 $CCl_4$ 喷射到燃烧物的表面，$CCl_4$ 液体迅速汽化，覆盖在燃烧物上而灭火 |
| 1211灭火器 | 用于油类、有机溶剂、精密仪器、高压电气设备灭火。此种灭火器内装 $CF_2ClBr$ 液化气，灭火效果好 |
| 二氧化碳灭火器 | 用于电器设备失火及忌水的物质着火，内装液态 $CO_2$ |
| 干粉灭火器 | 用于油类、电器设备、可燃气体及遇水燃烧等物质的着火，内装 $NaHCO_3$ 等物质和适量的润滑剂和防潮剂。此种灭火器喷出的粉末能覆盖在燃烧物上，组成阻止燃烧的隔离层，同时它受热分解出 $CO_2$，能起中断燃烧的作用，因此灭火速度快 |

## 七、三废处理

在化学实验中会产生各种有毒的废气、废液和废渣，常称为“三废”。“三废”不仅污染环境，造成公害，而且其中的贵重和有用的成分没能回收，在经济上也是损失。因此，在学习期间就应进行“三废”处理以及减免污染的教育，树立环境保护和绿色化学实验观念。

有毒废气的排放：当做产生有毒气体的实验时，应在通风橱中进行，应尽量安装气体吸收装置来吸收这些气体，然后进行处理。例如卤化氢、二氧化硫等酸性气体需用氢氧化钠水溶液吸收后排放。碱性气体用酸溶液吸收后排放，CO可点燃转化为 $CO_2$ 气体后排放。

废酸和废碱溶液：经过中和处理，使pH在6～8范围，并用大量水稀释后方可排放。

含镉废液：加入消石灰等碱性试剂，使所含的金属离子形成氢氧化物沉淀而除去。

含六价铬化合物：在铬酸废液中，加入 $FeSO_4$、亚硫酸钠，使其变成三价铬后，再加入NaOH（或 $Na_2CO_3$）等碱性试剂，调pH在6～8时，使三价铬形成氢氧化铬沉淀除去。

含氰化物的废液：方法一为氯碱法，即将废液调节成碱性后，通入氯气或次氯酸钠，使氰化物分解成二氧化碳和氮气而除去；方法二为铁蓝法，将含有氰化物的废液中加入硫酸亚铁，使其变成氰化亚铁沉淀除去。

含汞及其化合物：有较多的方法，其中一种为离子交换法，此法处理效率高，但成本也较高，所以少量含汞废液的处理不适宜用此方法。通常处理少量含汞废液采用化学沉淀法，即在含汞废液中加入 $Na_2S$，使其生成难溶的 HgS 沉淀而除去。

含铅盐及重金属的废液：方法为在废液中加入 $Na_2S$（或 NaOH），使铅盐及重金属离子生成难溶性的硫化物（或氢氧化物）而除去。

含砷及其化合物：在废液中鼓入空气的同时加入硫酸亚铁，然后用氧氧化钠来调 pH 至 9。这时砷化合物就和氢氧化铁与难溶性的亚砷酸钠或砷酸钠产生共沉淀，经过滤除去。另外，还可用硫化物沉淀法，即在废液中加入 $H_2S$ 或 $Na_2S$，使其生成硫化砷沉淀而除去。

有毒的废渣应深埋在指定的地点，如有毒的废渣能溶解于地下水，会混入饮水中，所以不能未经过处理就深埋，有回收价值的废渣应该回收利用。常见安全标识见图 2-2。

图 2-2　常见安全标识

# 第二节　常用玻璃仪器

## 一、常用玻璃仪器简介

常用玻璃仪器见表 2-2。

许多仪器已有标准磨口仪器出售。标准磨口仪器是具有标准内磨口和外磨口的玻璃仪器。使用时根据实验的需要选择合适的容量和合适的口径。相同编号的磨口仪器，它们的口径是统一的，连接是紧密的，使用时可以互换，用少量的仪器可以组装多种不同的实验装置。注意：仪器使用前首先将内外口擦洗干净，再涂少许凡士林，然后口与口相转动，使口与口之间形成一层薄薄的油层，再固定好，以提高严密度和防粘连。常用标准磨口玻璃仪器口径及编号见表 2-3。

**表 2-2　常用玻璃仪器简表**

| 仪器名称 | 规　　格 | 用途及注意事项 |
| --- | --- | --- |
| 烧杯　锥形瓶(磨口) | 以容积表示，一般有 50mL、100mL、150mL、200mL、400mL、500mL、1000mL、2000mL 等规格 | 加热时烧杯应置于石棉网上，使受热均匀，所盛反应液体一般不能超过烧杯容积的 2/3 |
| 试管　离心试管 | 普通试管是以管外径×长度表示，一般有 12mm×150mm、15mm×100mm、30mm × 200mm 等规格。离心试管以容积表示，一般有 5mL、10mL、15mL 等规格 | ①防止振荡或受热时液体溅出；<br>②加热后不能骤冷，以防炸裂；<br>③反应液体一般不能超过试管容积的 1/2，加热时不能超过 1/3；<br>④离心试管不能用火直接加热；<br>⑤普通试管可直接加热，加热时应用试管夹夹持 |
| 量筒　量杯 | 以所能量度的最大容积表示，如量筒：250mL、100mL、50mL、25mL、10mL。量杯：100mL、50mL、25mL、10mL | 不能量取热的液体，不能加热，不可用作反应容器 |
| 吸量管　移液管 | 以容积表示，有 1mL、2mL、5mL、10mL、25mL、50mL 等规格 | ①吸量管管口上标示“吹出”或“快”字样者，使用时末端的溶液应吹出；<br>②使用前应先用少量待吸液体淋洗二次；<br>③要垂直放出溶液；<br>④移液管底部要与接收容器内壁接触，每次放完溶液后要停留相同时间后再移开，并以蒸馏水冲洗接触点 |
| 容量瓶 | 以容积表示，有 25mL、50mL、100mL、250mL、1000mL、3000mL 等规格 | ①不能加热，不能量热的液体；<br>②瓶的磨口瓶塞配套使用，不能互换；<br>③使用前要充分摇匀 |
| (a)　(b)<br>(a) 碱式滴定管；(b) 酸式滴定管 | 以容积(单位：mL)表示。常用酸式、碱式滴定管的容积为 50mL | ①量取溶液时应先排除滴定管尖端部分的气泡；<br>②不能加热以及量取热的液体，酸、碱滴定管不能互换使用；<br>③用待装溶液(少量)淋洗三次 |

| 仪器名称 | 规　格 | 用途及注意事项 |
| --- | --- | --- |
| 漏斗 | 以口径和漏斗颈长短表示，如6cm（长颈）、4cm（短颈） | ①不能用火加热；<br>②过滤时滤纸应低于漏斗上沿约2～3mm，滤纸与内壁间不能有气泡 |
| (a)<br>(b)<br>(a) 布氏漏斗　(b) 吸滤瓶 | 吸滤瓶以容积（单位：mL）表示。布氏漏斗或玻璃砂芯漏斗以容积或口径（单位：mm）表示 | ①不能用火加热；<br>②抽气过滤，过滤时，先倒入少许溶剂或水，使滤纸在负压下与底部贴紧后再倒入待滤物 |
| 蒸发皿 | 以口径（单位：mm）或容积（单位：mL）表示 | ①能耐高温，但不能骤冷；<br>②蒸发溶液时一般放在石棉网上，也可直接用火加热；<br>③材质有瓷质、石英或金属制品 |
| 泥三角　坩埚 | 泥三角有大小之分，用铁丝弯成，套上瓷管。坩埚以容积（单位：mL）表示 | ①以试样性质选用不同材料的坩埚；<br>②瓷坩埚加热后不能骤冷；<br>③泥三角铁丝断裂后不能再使用；<br>④材质有瓷质、石英、铁、铂、镍等 |
| 干燥器 | 以外径（单位：mm）表示 | ①不得放入过热物体，温度较高物体放入后，在短时间内应把干燥器盖打开1～2次，以免器内造成负压；<br>②用侧推法开启或关闭干燥器，打开时，盖子应朝上，防止边口的凡士林油中粘上尘土 |
| 研钵 | 以口径（单位：mm）表示 | ①视固体性质选用不同材质的研钵；<br>②不能用火加热；<br>③不能研磨易爆物质；<br>④材质有瓷、玻璃、玛瑙等 |
| 简易水浴锅 | 一般用400mL烧杯制作 | 烧杯不能烧干 |

续表

| 仪器名称 | 规　格 | 用途及注意事项 |
| --- | --- | --- |
| 滴管 | 由尖嘴玻璃管与橡皮乳头构成 | ①滴液时保持垂直，避免倾斜，尤忌倒立；<br>②管尖不可接触试管壁和其他物体，以免沾污 |
| 梨形　球形　滴液漏斗<br>分液漏斗 | 以容积(单位：mL)表示 | ①不能加热，玻璃活塞不能互换；<br>②用于分离和滴加；<br>③当充分摇动后要马上放出逸出的蒸气，防止冲开塞子 |
| 点滴板 | | ①不能加热；<br>②材质有透明玻璃和瓷质 |
| (a)　(b)<br>称量瓶 | 分扁型(a)和高型(b)，以外径×高表示，如 25mm×40mm、50mm×30mm | ①不能直接用火加热；<br>②盖与瓶配套，不能互换；<br>③要求准确称取一定量的固体样品时用 |
| 洗瓶 | 规格：多为 500mL | ①用于盛装蒸馏水或去离子水，洗涤沉淀和容器时用；<br>②不能盛装自来水 |
| 滴瓶 | 有无色、棕色之分，以容积表示，如 125mL、60mL | ①见光易分解的试剂用棕色瓶；<br>②碱性试剂用带橡皮塞的滴瓶；<br>③使用时切忌“张冠李戴”；<br>④其他注意事项同滴管 |

**表 2-3　常用标准磨口玻璃仪器口径**

| 编　号 | 10 | 12 | 14 | 19 | 24 | 29 | 34 |
| --- | --- | --- | --- | --- | --- | --- | --- |
| 口径(大端)/mm | 10.0 | 12.5 | 14.5 | 18.5 | 24 | 29.2 | 34.5 |

## 二、有机化学实验的玻璃仪器

### 1. 常用标准磨口玻璃仪器

有机化学实验除常规使用的普通玻璃仪器外，目前普遍使用标准磨口仪器。标准磨口仪器根据容量的大小及用途有不同编号，按磨口最大端直径（mm）分为10、14、19、24、29、34、40、50八种。也有用两个数字表示磨口大小的，如10/19表示此磨口最大直径为10mm，磨口面长度为19mm。常用的标准磨口仪器如图2-3所示。

相同编号的磨口和磨塞可以紧密相接，因此可按需要选配和组装各种形式的配套仪器进行实验。这样既可免去配塞子及钻孔等手续，又能避免反应物或产物被软木塞或橡皮塞所沾污。

使用标准磨口仪器时必须注意以下事项：

① 磨口处必须洁净，若粘有固体物质则使磨口对接不紧密，导致漏气，甚至损坏磨口；

② 用后应拆卸洗净，否则放置后磨口连接处常会粘住，难以拆开；

③ 一般使用时磨口不需涂润滑剂，以免沾污反应物或产物。若反应物中有强碱，则应涂润滑剂，以免磨口连接处因碱腐蚀而粘住，无法拆开；

④ 安装时，应注意磨口编号，装配要正确、整齐，使磨口连接处不受应力，否则仪器易折断或破裂，特别在受热时，应力更大。

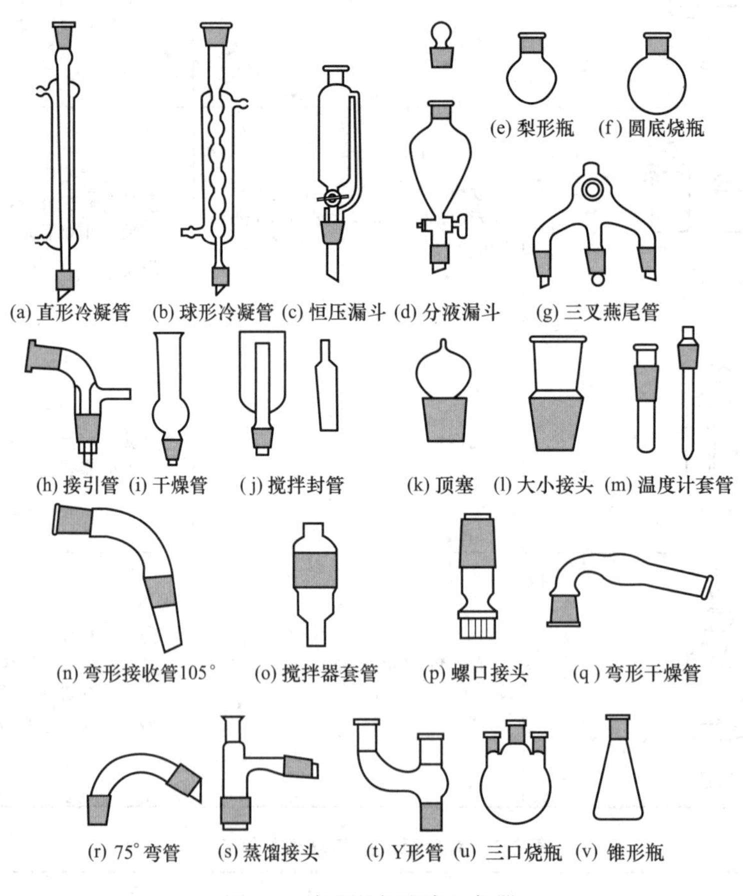


图2-3 常用的标准磨口仪器

## 2. 合成实验常用反应装置

（1）回流冷凝装置　在室温下，有些反应速率很慢或难以进行。为了使反应尽快进行，常常需要使反应物较长时间保持沸腾。在这种情况下，就需要使用回流冷凝装置，使蒸气不断在冷凝管内冷凝而返回反应器中，以防止反应瓶中物质逃逸损失。图 2-4（a）是最简单的回流冷凝装置。将反应物质放在圆底烧瓶中，在适当的热源上或热浴中加热。直立的冷凝管夹套中自下而上通入冷水，使水充满夹套，水流速度不必很快，能保持蒸气充分冷凝即可。加热的程度也需控制，使蒸气上升的高度不超过冷凝管的 1/3。

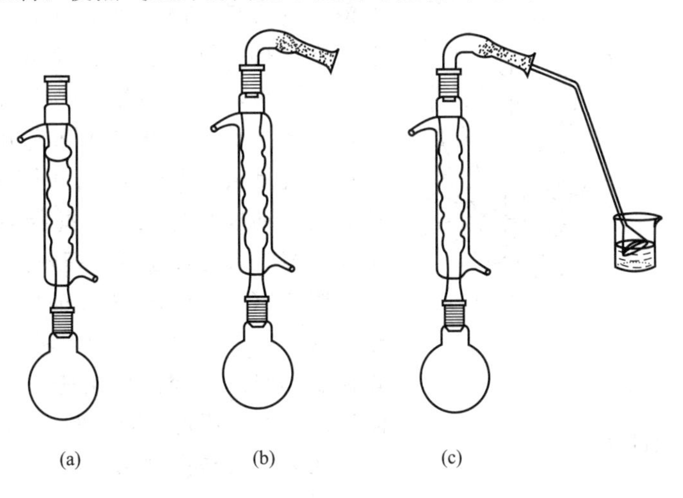


图 2-4　回流冷凝装置（标准磨口仪器）

如果反应物怕受潮，可在冷凝管上端口上接氯化钙干燥管来防止空气中的湿气侵入［图 2-4(b)］。如果反应时会放出有害气体（如溴化氢），可加接气体吸收装置［图 2-4(c)］。

有些反应进行得剧烈，发热很大，如将反应物一次加入，会使反应失去控制，在这种情况下，可采用带滴液漏斗的回流冷凝装置（图 2-5 和图 2-6），将一种试剂逐渐滴加进去。还可根据需要，在烧瓶外面用冷水浴或冰浴进行冷却。

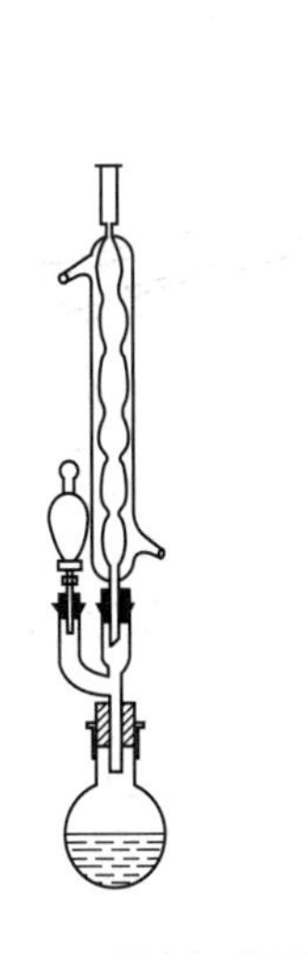

图 2-5　回流滴加装置

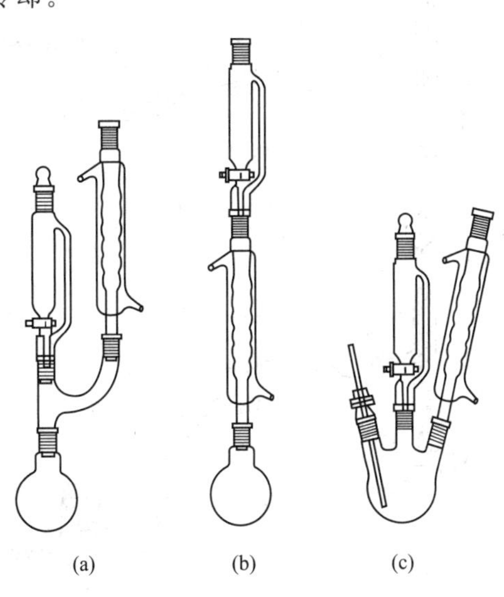


图 2-6　回流滴加装置（标准磨口仪器）

在装配实验装置时，使用的玻璃仪器和配件应该是洁净干燥的。圆底烧瓶或三口烧瓶的大小应使反应物占烧瓶容量的1/3～1/2，最多不超过2/3。首先将烧瓶固定在合适的高度（下面可以放加热设备），然后逐一安装冷凝管和其他配件。较大的仪器都应用夹子牢固地夹住，不宜太松或太紧。金属夹子不可与玻璃直接接触，而应套上橡皮管、粘上石棉垫或缠上石棉绳。需要加热的仪器，应夹住仪器受热最少的位置（如圆底烧瓶靠近瓶口处），冷凝管则应夹住其中央部位。

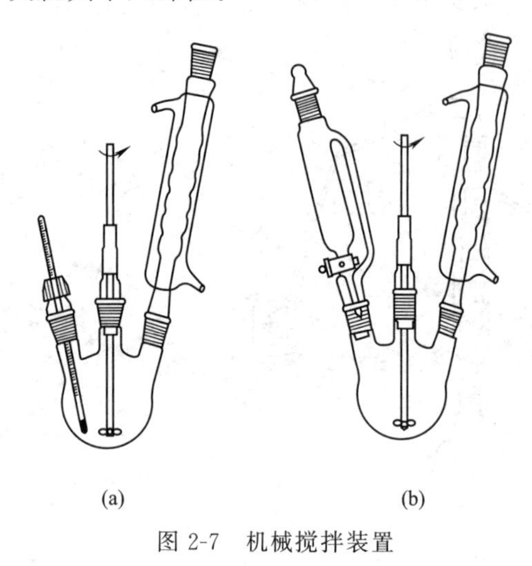

图 2-7　机械搅拌装置

（2）振荡和搅拌　用固体和液体或互不相溶的液体进行反应时，为了使反应混合物能充分接触，常进行强烈的搅拌或振荡。在反应物量小、反应时间短，而且不需加热或温度不太高的操作中，用手摇动容器就可达到充分混合的目的。在那些装置复杂、需要较长时间进行搅拌的实验中，最好用电动搅拌器或电磁搅拌器。它们搅拌的效率高，节省人力，还可以缩短反应时间。

图2-7(a)是适合需要的搅拌、加热控温、回流的反应装置。图2-7(b)是针对需要的搅拌、加热控温、回流和控制反应速率的反应装置，恒压滴液漏斗的使用可有效控制反应物的浓度。

在装配机械搅拌装置时，可采用简单的橡皮管密封［图2-7(a)］或液封管。用橡皮管密封时，在搅拌棒和紧套的橡皮管之间用少量凡士林或甘油润滑。用液封管时，可在封管中装液体石蜡、甘油。安装时先将搅拌器固定好，用短橡皮管（或连接器）把已插入封管中的搅拌棒连

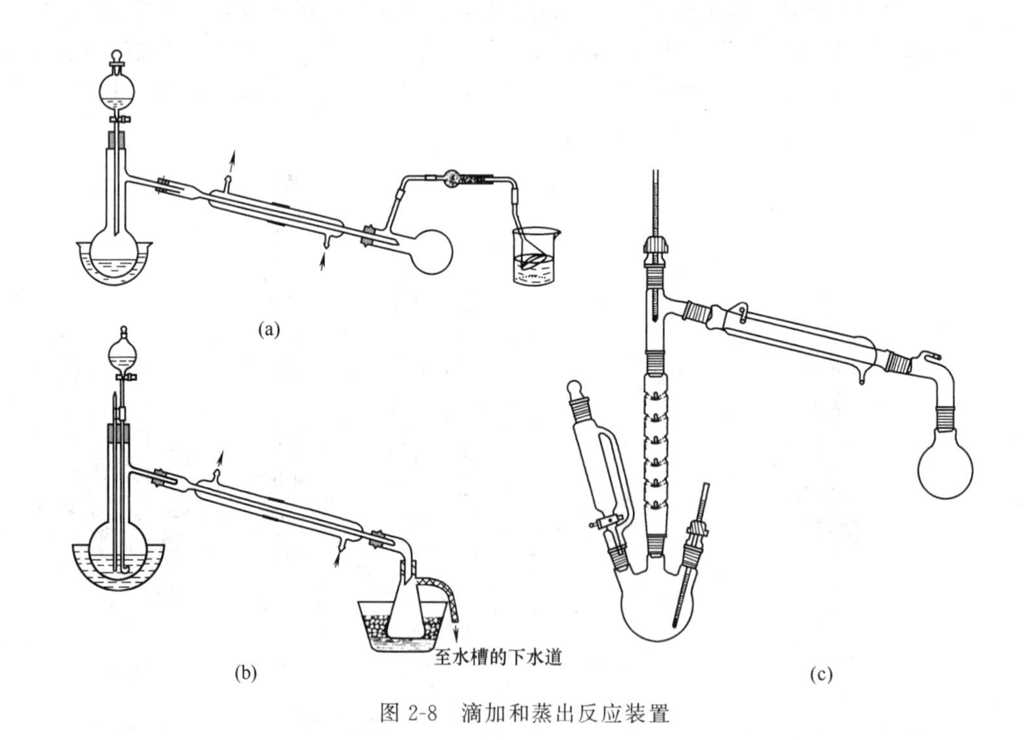


图 2-8　滴加和蒸出反应装置

接到搅拌器上，搅拌棒与玻璃管或液封管应配合适当，不能太松也不能太紧，搅拌棒能在中间自由转动。然后小心地将三口烧瓶套上去，至搅拌棒的下端距瓶底约 5mm。将三口烧瓶夹紧。检查这几件仪器安装得是否竖直：搅拌器的轴和搅拌棒应处在同一竖直线上。用手试验搅拌棒转动是否灵活，再以低速开动搅拌器，试验运转情况。当搅拌棒与封管之间不发出摩擦声时才能认为仪器装配合格，否则需要进行调整。最后装上冷凝管、滴液漏斗（或温度计），用夹子夹紧。

在合成黏度不是太大的产品时，对配备电磁搅拌器的实验室，可直接用电磁搅拌器，这样可省去机械搅拌中密封的问题。

(3) 其他反应装置　进行某些可逆平衡性质的反应时，为了使正反应进行到底，可将反应产物之一不断从反应混合物体系中除去。图 2-8 是常用来进行这种操作的实验装置。在图 2-8 (a) 的装置中，反应产物可单独或形成恒沸物不断在反应过程中蒸馏出去，并可通过滴液漏斗将一种试剂滴加进去以控制反应速率或使这种试剂消耗完全。在图 2-9 的装置中，有一个分水器，回流下来的蒸气冷凝液进入分水器，分层后有机层自动被送回烧瓶，而生成的水可从分水器放出去。这样可使某些生成水的可逆反应进行到底。

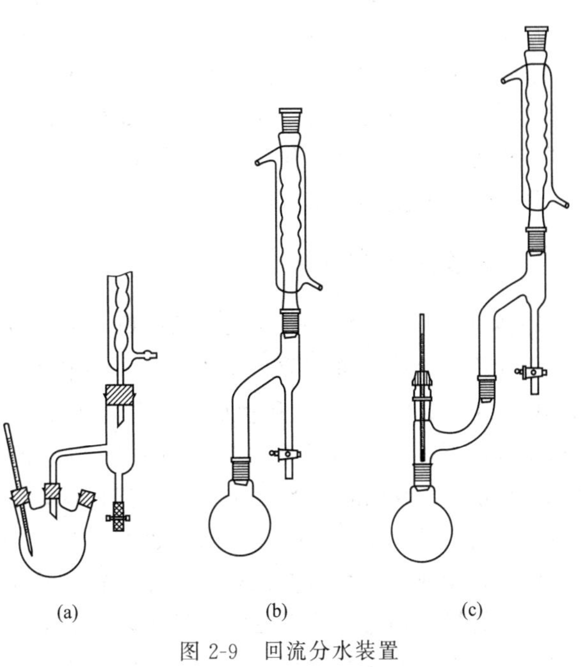

图 2-9　回流分水装置

# 第三节　试剂规格与存放

## 一、化学试剂的规格

根据国家标准（GB）及部颁标准，化学试剂按其纯度和杂质含量的高低分为四种等级（表 2-4）。

表 2-4　化学试剂的级别

| 试剂级别 | 保证试剂<br>(G. R.) | 分析纯试剂<br>(A. R.) | 化学纯试剂<br>(C. P.) | 实验试剂<br>(L. R.) |
|---|---|---|---|---|
| | 一级 | 二级 | 三级 | 四级 |
| 标签颜色 | 绿色 | 红色 | 蓝色 | 棕色或黄色 |

优级纯（一级）试剂，又称保证试剂，杂质含量最低，纯度最高，适用于精密的分析及研究工作。

分析纯（二级）及化学纯（三级）试剂，适用于一般的分析研究及教学实验工作。

实验试剂（四级），只能用于一般性的化学实验及教学工作。

除上述四种级别的试剂外，还有适合某一方面需要的特殊规格试剂，如“基准试剂”“色谱纯试剂”“生化试剂”等；另外还有“高纯试剂”，它又细分为高纯、超纯、光谱纯试剂等。

此外，还有工业生产中大量使用的化学工业品（也分为一级品、二级品）以及可供食用的食品级产品等。

基准试剂是容量分析中用于标定标准溶液的基准物质。顾名思义，光谱纯试剂为光谱分析中的标准物质。色谱纯试剂用作色谱分析的标准物质。生化试剂用于各种生物化学实验。

各种级别的试剂及工业品因纯度不同而价格相差很大，工业品和保证试剂之间的价格可相差数十倍。所以使用时，在满足实验要求的前提下，应考虑节约的原则，选用适当规格的试剂。例如配制大量洗液使用的 $K_2Cr_2O_7$、浓 $H_2SO_4$，产生气体大量使用的 HCl 以及冷却浴所使用的各种盐类等都可以选用工业品。

## 二、化学试剂的存放

固体试剂一般存放在易于取用的广口瓶内，液体试剂则存放在细口的试剂瓶中。一些用量小而使用频繁的试剂，如指示剂、定性分析试剂等可盛装在滴瓶中。见光易分解的试剂（如 $AgNO_3$、$KMnO_4$、饱和氯水等）应装在棕色瓶中。对于 $H_2O_2$，虽然也是见光易分解的物质，但不能盛放在棕色的玻璃瓶中，因棕色玻璃中含有重金属氧化物成分，会催化 $H_2O_2$ 的分解。因此通常将 $H_2O_2$ 存放于不透明的塑料瓶中，放置于阴凉处。试剂瓶的瓶盖一般都是磨口的，但盛强碱性试剂（如 NaOH、KOH）及 $Na_2SiO_3$ 溶液的瓶塞应换成橡皮塞，以免长期放置互相粘连。易腐蚀玻璃的试剂（如氟化物等）应保存在塑料瓶中。

对于易燃、易爆、强腐蚀性、强氧化剂及剧毒品的存放应特别加以注意，一般需要分类单独存放，如强氧化剂要与易燃、可燃物分开隔离存放。低沸点的易燃液体要求在阴凉、通风的地方存放，并与其他可燃物和易产生火花的器物隔离放置，更要远离明火。闪点在 $-4$℃以下的液体（如石油醚、苯、乙酸乙酯、丙酮、乙醚等）理想的存放温度为 $-4\sim4$℃；闪点在 25℃以下的物质（如甲苯、乙醇、丁酮、吡啶等）的存放温度不得超过 30℃。

盛装试剂的试剂瓶都应贴上标签，并写明试剂的名称、纯度、浓度和配制日期，标签外面可涂蜡或用透明胶带等保护。

# 第四节 试纸与滤纸

## 一、用试纸检验溶液的酸碱性

常用 pH 试纸检验溶液的酸碱性。检验时，将小块试纸放在干燥清洁的点滴板上，再用玻璃棒蘸取待测的溶液，滴在试纸上，观察试纸的颜色变化（不能将试纸投入溶液中检验），将试纸呈现的颜色与标准色板颜色对比，可以知道溶液的 pH（用过的试纸不能倒入水槽内）。有时由于待测液浓度过大，试纸颜色变化不明显，应适当稀释后再比较。

pH 试纸分为两类：一类是广泛 pH 试纸，其变色范围为 pH1～14，用来粗略地检验溶液的 pH；另一类是精密 pH 试纸，用于比较精确地检验溶液的 pH。精密试纸的种类很多，可以根据不同的需求选用。广泛 pH 试纸的变化为 1 个 pH 单位，而精密 pH 试纸变化小于 1 个 pH 单位。

## 二、用试纸检验气体

pH 试纸或石蕊试纸也常用于检验反应所产生气体的酸碱性。检验时，用蒸馏水润湿试纸并沾附在干净玻璃棒的尖端，将试纸放在所产生气体的试管口的上方（不能接触试管），观察试纸颜色的变化。不同的试纸检验的气体不同，如用 KI-淀粉试纸来检验 $Cl_2$，此试纸是用 KI-淀粉溶液浸泡在碎滤纸上，晾干后使用。当 $Cl_2$ 遇到该试纸，将 $I^-$ 氧化为 $I_2$，$I_2$ 立即与试纸上的淀粉作用，使试纸变蓝。用 $Pb(Ac)_2$ 试纸来检验 $H_2S$ 气体，此试纸是用 $Pb(Ac)_2$ 溶液浸泡后晾干使用。生成的 $H_2S$ 气体遇到试纸后，生成黑色 PbS 沉淀而使试纸呈黑褐色。一般用 $KMnO_4$ 试纸来检验 $SO_2$ 气体。

## 三、滤纸

化学实验室中常用的有定量分析滤纸和定性分析滤纸两种，按过滤速度和分离性能的不同，又分为快速、中速和慢速三种。在实验过程中，应当根据沉淀的性质和数量，合理地选用滤纸。

我国国家标准《化学分析滤纸》（GB/T 1914—2017）对定量滤纸和定性滤纸产品的分类、型号和技术指标以及试验方法等都有规定。滤纸产品按质量分为 A 等、B 等和 C 等。将 A 等产品的主要技术指标列于表 2-5。

① 过滤速度是指把滤纸折成 60°角的圆锥形，将滤纸完全浸湿，取 15mL 水进行过滤，开始滤出 3mL 不计时，然后用秒表计量滤出 6mL 水所需要的时间。

② 定量是指规定面积内滤纸的质量，这是造纸工业术语。

表 2-5　定量和定性分析滤纸 A 等产品的主要技术指标及规格

| 指标名称 | | 快速 | 中速 | 慢速 |
|---|---|---|---|---|
| 过滤速度/s | | ≤35 | ≤70 | ≤140 |
| 型号 | 定性滤纸 | 101 | 102 | 103 |
| | 定量滤纸 | 201 | 202 | 203 |
| 分离性能(沉淀物) | | 氢氧化铁 | 碳酸锌 | 硫酸钡(热) |
| 湿耐破度/$mmH_2O$ | | ≥130 | ≥150 | ≥200 |
| 灰分 | 定性滤纸 | ≤0.13% | | |
| | 定量滤纸 | ≤0.009% | | |
| 铁含量(定性滤纸) | | ≤0.003% | | |
| 定量/$g\cdot m^{-2}$ | | 80.0±4.0 | | |
| 圆形纸直径/cm | | 5.5、7、9、11、12.5、15、18、23、27 | | |
| 方形纸尺寸/cm | | 60×60、30×30 | | |

注：$1mmH_2O=9.80665Pa$。

定量滤纸又称为无灰滤纸。以直径 12.5cm 定量滤纸为例，每张滤纸的质量约 1g，在灼烧后其灰分的质量不超过 0.1mg（小于或等于常量分析天平的感量），在重量分析法中可以忽略不计。滤纸外形有圆形和方形两种。常用的圆形滤纸有 $\phi$7cm、$\phi$9cm、$\phi$11cm 等规格，滤纸盒上贴有滤速标签。方形滤纸都是定性滤纸，有 60cm×60cm、30cm×30cm 等规格。

# 第五节　常用溶剂——纯水

水是许多物质，尤其是许多无机化合物的良好溶剂。许多无机反应都是在水溶液中进行的。物质的许多性质、反应也都是在水溶液中才具备的。

天然淡水因含有许多杂质，一般在科学实验中及工业生产中较少应用。经初步处理后的自来水，除含有较多的可溶性杂质外，是比较纯净的，在化学实验中常用作粗洗仪器用水、实验冷却用水、水浴用水及无机制备前期用水等。自来水在经进一步处理后所得的纯水，实验中常用作溶剂用水、精洗仪器用水、分析用水及无机制备的后期用水。因制备方法不同，常见的纯水有蒸馏水、电渗析水、去离子水和高纯水。

## 一、蒸馏水

将自来水（或天然水）蒸发成水蒸气，再通过冷凝器将水蒸气冷凝下来，所得到的水就叫蒸馏水。由于可溶性盐不挥发而留在剩余的水中，所以蒸馏水就纯净得多。一般水的纯度可用电阻率（或电导率）的大小来衡量，电阻率越高或电导率越低（电阻率与电导率互为倒数），说明水的纯度越高。蒸馏水在室温下的电阻率约可达 $10^5\Omega\cdot cm$，而自来水一般约为 $1.3\times10^3\Omega\cdot cm$。蒸馏水中的少量杂质，主要来自冷凝装置的锈蚀及可溶性气体的溶解。在某些实验或分析中，往往要求更高纯度的水。这时可在蒸馏水中加入少量高锰酸钾和氢氧化钡，再次进行蒸馏，这样可以除去水中极微量的有机杂质、无机杂质以及挥发性的酸性氧化物（如 $CO_2$），这种水称为重蒸水（二次蒸馏水），电阻率约可达 $10^6\Omega\cdot cm$。保存重蒸水应该用塑料容器而不能用玻璃容器，以免玻璃中所含钠盐及其他杂质会慢慢溶于水而使水的纯度降低。

## 二、电渗析水

所用设备称为电渗析器，主要由电极（阴阳极）、隔板（上面交替铺设阴、阳离子交换膜）和进出水口等部分组成。通电后，在电场作用下，水中的阴、阳离子分别通过阴、阳离子交换膜，迁移到隔壁室并被阻留在那里。用此法除去阴、阳离子的水称为电渗析水（淡水），而阴、阳离子进入的水称为浓水，其杂质更多。电渗析水的纯度一般低于蒸馏水。

## 三、去离子水

自来水经过离子交换树脂处理后，叫离子交换水。因为溶于水的杂质离子被去掉，所以又称为去离子水。

离子交换树脂是一种人工合成的高分子化合物，其主要组成部分是交联成网状的立体的高分子骨架，另一部分是连在其骨架上的许多可以被交换的活性基团。树脂的骨架特别稳定，它不受酸、碱、有机溶剂和一般弱氧化剂的作用。当它与水接触时，能吸附并交换溶解在水中的阳离子和阴离子。根据能交换的离子种类不同，离子交换树脂可分为阳离子交换树脂和阴离子交换树脂两大类。每种树脂都有型号不同的几种类型，它们的性能略有区别，可根据用途来选择所需树脂。

阳离子交换树脂含有酸性的活性基团，如磺酸基—$SO_3H$、羧基—COOH 和酚羟基—OH，酸性基团上的 $H^+$ 可以和水溶液中的其他阳离子进行交换（称为 H 型）。因为磺酸是强酸，所以含磺酸基的树脂又称为强酸性阳离子交换树脂，可用 R—$SO_3H$ 表示，其中 R 代表树脂中网状骨架部分。R—COOH 和 R—OH 均为弱酸性阳离子交换树脂。

阴离子交换树脂含有碱性的活性基团，如含有季铵基—$N(CH_3)_3^+$ 的强碱性阴离子交换树脂 R—$N(CH_3)_3^+OH^-$，含有叔氨基—$N(CH_3)_2$、仲氨基—$NH(CH_3)$、氨基—$NH_2$ 的弱碱性阴离子交换树脂。R—$NH(CH_3)_2^+OH^-$、R—$NH_2(CH_3)^+OH^-$ 和 R—$NH_3^+OH^-$，

它们所含的 $OH^-$ 均可与水溶液中的其他阴离子进行交换（称为 OH 型）。

制备去离子水时，通常都使用强酸性阳离子交换树脂和强碱性阴离子交换树脂，并预先将它们分别处理成 H 型和 OH 型。交换过程通常是在离子交换柱中进行的。自来水先经过阳离子树脂交换柱，水中的阳离子（$Na^+$、$Ca^{2+}$、$Mg^{2+}$ 等）与树脂上的 $H^+$ 进行交换：

$$R—SO_3^- H^+ + Na^+ \rightleftharpoons RSO_3^- Na^+ + H^+$$

$$2R—SO_3^- H^+ + Ca^{2+} \rightleftharpoons (RSO_3^-)_2Ca^{2+} + 2H^+$$

$$2R—SO_3^- H^+ + Mg^{2+} \rightleftharpoons (RSO_3^-)_2Mg^{2+} + 2H^+$$

交换后，树脂变成“钠型”“钙型”或“镁型”，水具有了弱酸性。然后再将水通过阴离子交换柱，水中的杂质阴离子（$Cl^-$、$SO_4^{2-}$、$HCO_3^-$ 等）与树脂上的 $OH^-$ 进行交换：

$$RN(CH_3)_3^+ OH^- + Cl^- \rightleftharpoons RN(CH_3)_3^+ Cl^- + OH^-$$

$$2RN(CH_3)_3^+ OH^- + SO_4^{2-} \rightleftharpoons [RN(CH_3)_3^+]_2SO_4^{2-} + 2OH^-$$

交换后，树脂变成“氯型”等，交换下来的 $OH^-$ 和 $H^+$ 中和，从而将水中的可溶性离子全部去掉。

交换后水质的纯度高低与所用树脂的量多少以及流经树脂时的水流速等因素有关。一般树脂量越多，流速越慢，得到的水的纯度就越高。

必须指出，上述离子交换过程是可逆的。交换反应主要向哪个方向进行，与水中两种离子（如 $H^+$ 与 $Na^+$，$OH^-$ 与 $Cl^-$）的浓度有关。当水中杂质离子较多，而树脂上的活性基团上的离子都是 $H^+$ 或 $OH^-$ 时，则水中的杂质离子被交换占主导地位。但如果水中杂质离子减少而树脂上活性基团又大量被杂质离子占领时，则水中的 $H^+$ 和 $OH^-$ 反而会把杂质离子从树脂上交换下来。由于交换反应的这种可逆性，所以只用阳离子交换柱和阴离子交换柱串联起来处理后的水，仍然会含有少量的杂质离子。为提高水质，可使水再通过一个由阴、阳离子交换树脂均匀混合的“混合柱”，其作用相当于串联了很多个阳离子交换柱与阴离子交换柱，而且在交换柱层的任何部位的水都是中性的，从而减小了逆反应的可能性。

树脂使用一定时间后，活性基团上的 $H^+$、$OH^-$ 分别被水中的阳、阴离子所交换，从而失去了原先的交换能力，称为“失效”。利用交换反应的可逆性使树脂重新复原，恢复其交换能力，该过程称为“洗脱”或“再生”。

阳离子交换树脂的再生是加入适当浓度的酸（一般用 5%～10%的盐酸），其反应为：

$$RSO_3^- Na^+ + H^+ \rightleftharpoons RSO_3^- H^+ + Na^+$$

阴离子交换树脂的再生是加入适当浓度的碱（一般用 5%的 NaOH），其反应为：

$$RN(CH_3)_3^+ Cl^- + OH^- \rightleftharpoons RN(CH_3)_3^+ OH^- + Cl^-$$

经再生后的树脂可以重新使用。混合离子交换树脂用饱和食盐水充分浸泡，由于密度的不同，阴离子树脂浮在上面，阳离子树脂沉在下面。从而将其分离，然后再分别进行再生。

# 第三章 基本操作

## 第一节 玻璃仪器的洗涤和干燥

### 一、玻璃仪器的洗涤

在实验前后，都必须将所用玻璃仪器洗干净。因为用不干净的仪器进行实验时，仪器上的杂质和污物将会对实验产生影响，使实验得不到正确的结果，严重时可导致实验失败。实验后要及时清洗仪器，不清洁的仪器长期放置后，会使以后的洗涤工作变得更加困难。

玻璃仪器清洗干净的标准是用水冲洗后，仪器内壁能均匀地被水润湿而不沾附水珠。如果仍有水珠沾附内壁，说明仪器还未洗净，需要进一步进行清洗。

洗涤仪器的方法很多，一般应根据实验的要求、污物的性质和沾污的程度以及仪器的类型和形状来选择合适的洗涤方法。

一般来说，污物主要有灰尘、可溶性物质和不溶性物质、有机物及油污等。洗涤方法可分为以下几种。

#### 1. 一般洗涤

例如烧杯、试管、量筒、漏斗等仪器，一般先用自来水洗刷仪器上的灰尘和易溶物，再选用粗细、大小、长短等不同型号的毛刷，蘸取洗衣粉或各种合成洗涤剂，转动毛刷刷洗仪器的内壁。洗涤试管时要注意避免试管刷底部的铁丝将试管捅破。用清洁剂洗后再用自来水冲洗。洗涤仪器时应该一个一个地洗，不要同时将多个仪器一起洗，这样很容易将仪器碰坏或摔坏。

一般用自来水洗净的仪器，往往还残留着一些 $Ca^{2+}$、$Mg^{2+}$、$Cl^{-}$ 等，如果实验中不允许这些离子存在，就要再用蒸馏水漂洗几次。用蒸馏水洗涤仪器的方法应采用“少量多次”法，为此常使用洗瓶。挤压洗瓶使其喷出一股细蒸馏水流，均匀地喷射在仪器内壁上并不断转动仪器，再将水倒掉。如此重复几次即可。这样既提高了效率，又可节约蒸馏水。

#### 2. 铬酸洗液洗涤

对一些形状特殊、容积精确的容量仪器，例如滴定管、移液管、容量瓶等，不宜用毛刷蘸洗涤剂洗，常用铬酸洗液洗涤。

铬酸洗液可按下述方法配制：称取 $K_2Cr_2O_7$ 固体 25g，溶于 50mL 蒸馏水中，冷却后向溶液中慢慢加入 450mL 浓 $H_2SO_4$（注意安全），边加边搅拌。注意切勿将 $K_2Cr_2O_7$ 溶液加到浓 $H_2SO_4$ 中。冷却后储存在试剂瓶中备用。

铬酸洗液呈暗红色，具有强酸性、强腐蚀性和强氧化性，对具有还原性的污物（如有机物、油污）的去污能力特别强。装洗液的瓶子应盖好盖以防吸潮。洗液在洗涤仪器后应保留，多次使用后当颜色变绿时［Cr(Ⅵ) 变为 Cr(Ⅲ)］，就丧失了去污能力，不能继续使用。

用洗液洗涤仪器的一般步骤如下：仪器先用水洗并尽量把仪器中的残留水倒净，以免浪费和稀释洗液。向仪器中加入少许洗液，倾斜仪器并使其慢慢转动，使仪器的内壁全部被洗液润湿，重复2～3次即可。如果能用洗液将仪器浸泡一段时间，或者用热的洗液洗，则洗涤效果更佳。用完的洗液应倒回洗液瓶。仪器用洗液洗过后再用自来水冲洗，最后用蒸馏水淋洗几次。

使用洗液时应注意安全，不要溅在皮肤、衣物上。

废洗液可通过下述方法再生：先将废洗液在110～130℃不断搅拌下进行浓缩，除去水分后，冷却至室温，以每升浓缩液加入10g $KMnO_4$ 的比例，缓缓加入 $KMnO_4$ 粉末，边加边搅拌，直至溶液呈深褐色或微紫色为止，然后加热至有 $SO_3$ 出现，停止加热。稍冷后用玻璃砂芯漏斗过滤，除去沉淀，滤液冷却后析出红色 $CrO_3$ 沉淀。在含有 $CrO_3$ 沉淀的溶液中再加入适量浓 $H_2SO_4$ 使其溶解即成洗液，可继续使用。

少量的废洗液可加入废碱液或石灰使其生成 $Cr(OH)_3$ 沉淀，将此废渣埋于地下（指定地点），以防止铬的污染。

### 3. 特殊污垢的洗涤

一些仪器上常常有不溶于水的污垢，尤其是原来未清洗而长期放置后的仪器。这时就需要视污垢的性质选用合适的试剂，使其经化学作用而除去。几种常见污垢的处理方法见表3-1。

**表3-1　常见污垢的处理方法**

| 污　　垢 | 处　理　方　法 |
|---|---|
| 碱土金属的碳酸盐、$Fe(OH)_3$、一些氧化剂(如 $MnO_2$)等 | 用稀 HCl 处理，$MnO_2$ 需要用 $6mol \cdot L^{-1}$ 的 HCl 处理 |
| 沉积的金属，如银、铜 | 用 $HNO_3$ 处理 |
| 沉积的难溶性银盐 | 用 $Na_2S_2O_3$ 洗涤，$Ag_2S$ 则用热、浓 $HNO_3$ 处理 |
| 沾附的硫黄 | 用煮沸的石灰水处理：<br>$3Ca(OH)_2+12S = 2CaS_5+CaS_2O_3+3H_2O$ |
| 高锰酸钾污垢 | 草酸溶液(沾附在手上也用此法) |
| 残留的 $Na_2SO_4$、$NaHSO_4$ 固体 | 用沸水使其溶解后趁热倒掉 |
| 沾有碘迹 | 可用 KI 溶液浸泡；用温热的稀 NaOH 或用 $Na_2S_2O_3$ 溶液处理 |
| 瓷研钵内的污迹 | 用少量食盐在研钵内研磨后倒掉，再用水洗 |
| 有机反应残留的胶状或焦油状有机物 | 视情况用低规格或回收的有机溶剂(如乙醇、丙酮、苯、乙醚等)浸泡，或用稀 NaOH、浓 $HNO_3$ 煮沸处理 |
| 一般油污及有机物 | 用含 $KMnO_4$ 的 NaOH 溶液处理 |
| 被有机试剂染色的比色皿 | 可用体积比为1∶2的盐酸-乙醇溶液处理 |

除了上述清洗方法外，现在还有先进的超声波清洗器。只要把用过的仪器放在配有合适洗涤剂的溶液中，接通电源，利用声波的能量和振动，就可将仪器清洗干净，既省时又方便。

## 二、仪器的干燥

有些仪器洗涤干净后就可用来做实验，但有些无机化学实验，特别是需要在无水条件下进行的有机化学实验所用的玻璃仪器，常常需要干燥后才能使用。常用的干燥方法如下。

### 1. 晾干

将洗净的仪器倒立放置在适当的仪器架上，让其在空气中自然干燥，倒置可以防止灰尘落入，但要注意放稳仪器。

#### 2. 烘干

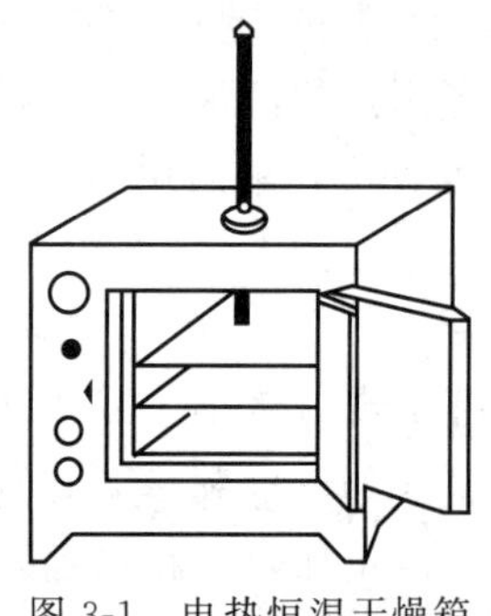

图 3-1 电热恒温干燥箱

将洗净的仪器放入电热恒温干燥箱内加热烘干。恒温干燥箱（简称烘箱）是实验室常用的仪器（图 3-1），常用来干燥玻璃仪器或烘干无腐蚀性、热稳定性比较好的药品，但挥发性易燃品或刚用乙醇、丙酮淋洗过的仪器切勿放入烘箱内，以免发生爆炸。

烘箱带有自动控温装置。使用方法如下：接上电源，开启加热开关后，再将控温钮由“0”位顺时针旋至一定程度，这时红色指示灯亮，烘箱处于升温状态。当温度升至所需温度（由烘箱顶上的温度计观察）时，将控温钮按逆时针方向缓缓回旋，红色指示灯灭，绿色指示灯亮，表明烘箱已处于该温度下的恒温状态，此时电加热丝已停止工作。过一段时间，由于散热等原因里面温度变低后，它又自动切换到加热状态。这样交替地不断通电、断电，就可以保持恒定温度。烘箱最高使用温度可达 200℃，常用温度为 100～120℃。

玻璃仪器干燥时，应先洗净并将水尽量倒干，放置时应注意平放或使仪器口朝上，带塞的瓶子应打开瓶塞，如果能将仪器放在托盘里则更好。一般在 105℃下加热 15min 左右即可干燥。最好让烘箱降至常温后再取出仪器。如果仪器热时就要取出，应注意用干布垫手，防止烫伤。热玻璃仪器不能碰水，以防炸裂。热仪器自然冷却时，器壁上常会凝上水珠，这可以用吹风机吹冷风助冷而避免。烘干的药品一般取出后应放在干燥器内保存，以免在空气中重新吸收水分。

#### 3. 吹干

用热或冷的空气流将玻璃仪器吹干，所用仪器是吹风机或玻璃仪器气流干燥器。用吹风机吹干时，一般先用热风吹玻璃仪器的内壁，待干后再吹冷风使其冷却。如果先用易挥发的溶剂，如乙醇、乙醚、丙酮等淋洗一下仪器，将淋洗液倒净，然后用吹风机采用“冷风—热风—冷风”的顺序吹，则会干得更快。另一种方法是将洗净的仪器直接放在气流烘干器中进行干燥。

还应注意的是，一般带有刻度的计量仪器，如移液管、容量瓶、滴定管等不能用加热的方法干燥，以免热胀冷缩影响这些仪器的精密度。玻璃磨口仪器和带有活塞的仪器洗净后放置时，应该在磨口处和活塞处（如酸式滴定管、分液漏斗等）垫上小纸片，以防止长期放置后粘上而不易打开。

## 三、干燥器的使用

有些易吸水潮解的固体或灼烧后的坩埚等应放在干燥器内，以防吸收空气中的水分。

(a) 开启方法

(b) 搬动方法

图 3-2 干燥器的使用

干燥器是一种有磨口盖子的厚质玻璃器皿，磨口上涂有一层薄薄的凡士林，以防水汽进入，并能很好密合。干燥器的底部装有干燥剂（变色硅胶、无水氯化钙等），中间放置一块干净的带孔瓷板，用来盛放被干燥物品。打开干燥器时，应左手按住干燥器，右手按住盖的圆顶，向左前方（或向右）推开盖子，如图 3-2(a)所示。温度很高的物体

（例如灼烧过恒重的坩埚等）放入干燥器时，不能将盖子完全盖严，应该留一条很小的缝隙，待冷后再盖严，否则易被内部热空气冲开盖子打碎，或者由于冷却后的负压使盖子难以打开。搬动干燥器时，应用两手的拇指同时按住盖子，以防盖子因滑落而打碎，如图 3-2(b) 所示。

## 第二节　试剂的配制和取用

### 一、固体试剂的取用

取用固体试剂一般使用牛角匙（还有用不锈钢药匙、塑料匙等）。牛角匙两端为大小两个匙，取用固体量大时用大匙，取用量小时用小匙。牛角匙使用时必须干净且专匙专用。

要称取一定量固体试剂时，可将试剂放到纸上及表面皿等干燥洁净的玻璃容器或者称量瓶内，根据要求在天平（托盘天平、1/100g 天平或分析天平）上称量。称量具有腐蚀性或易潮解的试剂时，不能放在纸上，应放在表面皿等玻璃容器内。

颗粒较大的固体应在研钵中研碎，研钵中所盛固体量不得超过容积的 1/3。

### 二、液体试剂的取用

#### 1. 从细口试剂瓶中取用试剂的方法

取下瓶塞，左手拿住容器（如试管、量筒等），右手握住试剂瓶（试剂瓶的标签应向着手心），倒出所需量的试剂，如图 3-3 所示。倒完后应将瓶口在容器内壁上靠一下（特别注意处理好“最后一滴试液”），再使瓶子竖直，以避免液滴沿试剂瓶外壁流下。

将液体试剂倒入烧杯时，亦可用右手握试剂瓶，左手拿玻璃棒，使玻璃棒的下端斜靠在烧杯中，将瓶口靠在玻璃棒上，使液体沿着玻璃棒往下流，如图 3-4 所示。

#### 2. 用滴瓶取用少量试剂的方法

先提起滴管，使管口离开液面，用手指捏紧滴管上部的橡皮头排去空气，再把滴管伸入试剂瓶中吸取试剂。往试管中滴加试剂时，只能把滴管尖头放在试管口的上方滴加，如图 3-5 所示，严禁将滴管伸入试管内。一个滴瓶上的滴管不能用来移取其他试剂瓶中的试剂，也不能用自己的滴管伸入公用试剂瓶中去吸取试剂，以免污染试剂。

图 3-3　往试管倒取试剂

图 3-4　往烧杯倒入试剂

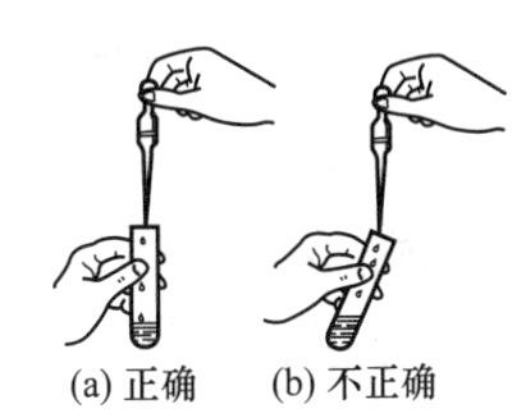


图 3-5　往试管滴加液体

配制溶液如有较大的溶解热产生，该操作一定要在烧杯或敞口容器中进行。

溶液配制过程中，加热和搅拌可加速溶解，但搅拌不宜太剧烈，不能使搅拌棒触及烧杯壁。

配制易水解的盐溶液时，必须把试剂先溶解在相应的酸溶液［如 $SnCl_2$、$SbCl_3$、$Bi(NO_3)_3$ 等］或碱溶液（如 $Na_2S$ 等）中以抑制水解。对于易氧化的低价金属盐类［如 $FeSO_4$、$SnCl_2$、$Hg_2(NO_3)_2$ 等］，不仅需要酸化溶液，而且应在该溶液中加入相应的纯金属，防止低价金属离子的氧化。

## 第三节　加热与冷却

有些化学反应，特别是一些有机化学反应，往往需要在较高温度下才能进行；许多化学实验的基本操作，如溶解、蒸发、灼烧、蒸馏、回流等过程也都需要加热。相反，一些放热反应，如果不及时除去反应所放出的热，就会使反应难以控制；有些反应的中间体在室温下不稳定，反应必须在低温下才能进行。此外，结晶等操作也需要降低温度以减小物质的溶解度，这些过程又都需要冷却。所以，加热和冷却是化学实验中经常遇到的。

### 一、加热装置

加热时常使用酒精灯、酒精喷灯或电加热器等。

#### 1. 酒精灯

酒精灯的结构如图 3-6 所示。使用前先检查灯芯是否需要修整（灯芯不齐或烧焦）或更换（灯芯太短时），再看看灯壶是否需要添加酒精（加入的酒精量是灯壶容积的 1/2～2/3，不可多加。注意，酒精灯燃着时不能添加酒精）。点燃酒精灯需用火柴，切勿用已点燃的酒精灯直接去点燃别的酒精灯。熄灭灯焰时，切勿用口去吹，可将灯罩盖上，火焰即灭；对于玻璃做的灯罩，还应再提起灯罩，待灯口稍冷，再盖上灯罩，这样可以防止灯口破裂。长时间加热时，最好预先用湿布将灯身包裹，以免灯内酒精受热大量挥发而发生危险。不用时，必须将灯罩盖好，以免酒精挥发。

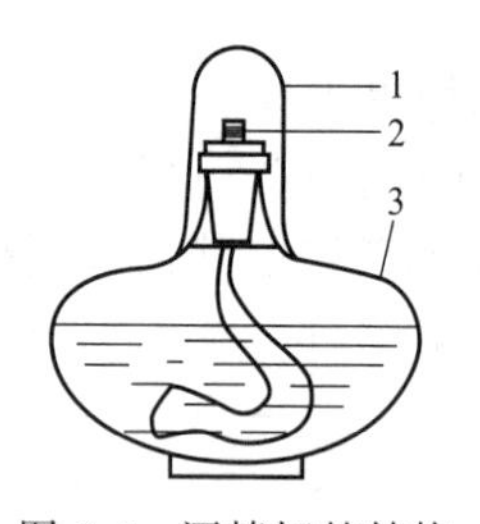

图 3-6　酒精灯的结构
1—灯帽；2—灯芯；3—灯壶

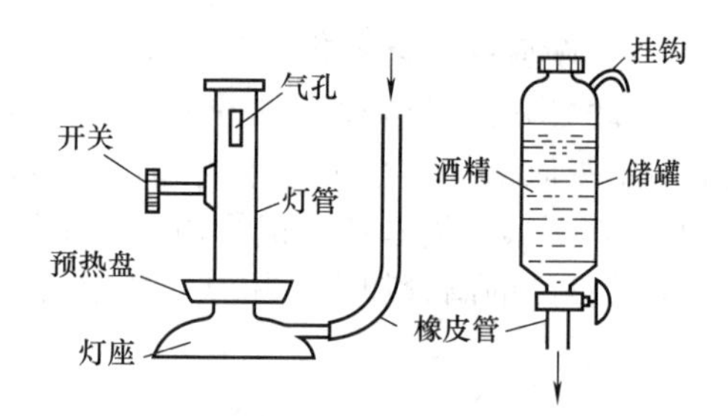

图 3-7　挂式酒精喷灯的结构

#### 2. 酒精喷灯

常用的酒精喷灯有挂式（图 3-7）及座式两种。挂式喷灯的酒精储存在悬挂于高处的储罐内，而座式喷灯的酒精则储存在灯座内。

使用前，先在预热盘中注入酒精，然后点燃盘中的酒精以加热铜质灯管。待盘中酒精将近燃完，灯管温度足够高时，开启开关（逆时针转），这时由于酒精在灯管内汽化，并与来自气孔的空气混合，如果用火点燃管口气体，即可形成高温的火焰。调节开关阀门可以控制火焰的大小。用毕后，旋紧开关，即可使灯焰熄灭。

应当指出：在开启开关，点燃管口气体以前，必须充分灼热灯管，否则酒精不能全部汽化，而会有液态酒精由管口喷出，可能形成“火雨”（尤其是挂式喷灯），甚至引起火灾。

挂式酒精喷灯使用前应先开启酒精储罐开关，不使用时，必须将储罐的开关关好，以免酒精漏出，甚至发生事故。

**3. 电加热器**

根据需要，实验室还常用电炉（图 3-8）、电加热套（图 3-9）、管式炉（图 3-10）和马弗炉（图 3-11）等多种电器进行加热。管式炉和马弗炉一般都可以加热到 1000℃以上，并且适宜于某一温度下长时间恒温。

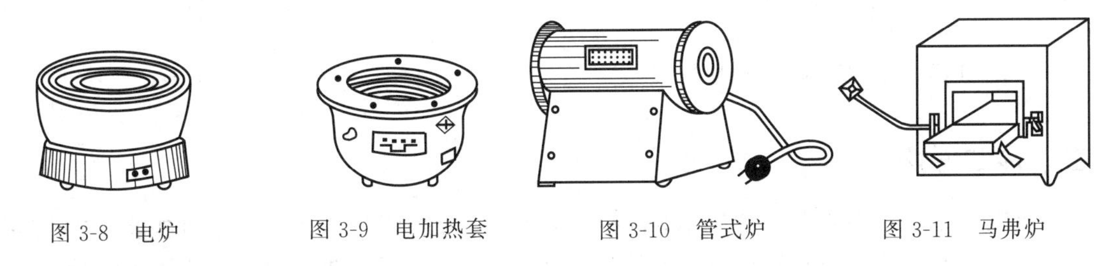

图 3-8　电炉　　图 3-9　电加热套　　图 3-10　管式炉　　图 3-11　马弗炉

## 二、加热操作

常用的受热容器有烧杯、烧瓶、锥形瓶、蒸发皿、坩埚、试管等。这些仪器一般不能骤热，受热后也不能立即与潮湿的或过冷的物体接触，以免容器由于骤热骤冷而破裂。加热液体时，液体体积一般不应超过容器容积的一半。在加热前必须将容器外壁擦干。

烧杯、烧瓶和锥形瓶等容积较大的容器加热时，必须放在石棉铁丝网（或铁丝网）上，否则容易因受热不均匀而破裂。

蒸发皿、坩埚灼热时，应放在泥三角上（见图 3-12）。若需移动，则必须用坩埚钳夹取。

在火焰上加热试管时，应使用试管夹夹住试管的中上部，试管与桌面成 60°的夹角，管口不能对着有人的地方（见图 3-13）。如果加热液体，应先加热液体的中上部，慢慢移动试管，热及下部，然后不时上下移动或摇荡试管，务必使各部分液体受热均匀，以免管内液体因受热不均而骤然溅出。

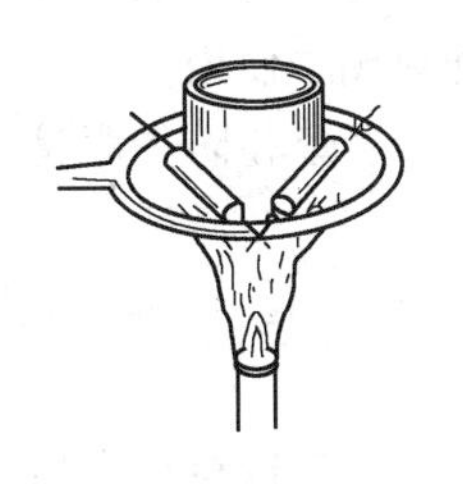

图 3-12　坩埚的灼烧

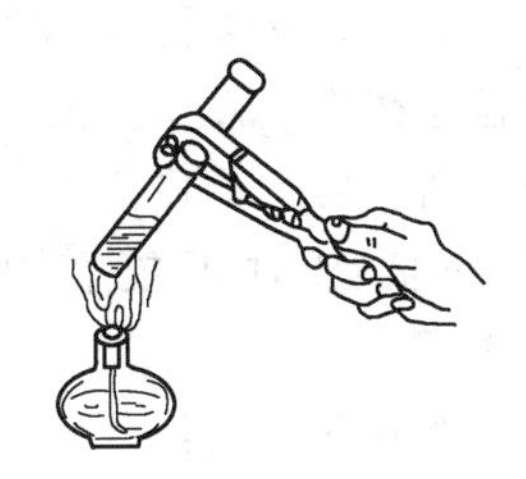

图 3-13　用试管加热液体

图 3-14　用试管加热潮湿的固体

如果加热潮湿的或加热后有水产生的固体时，应将试管口稍微向下倾斜，使管口略低于底部（见图 3-14），以免在试管口冷凝的水流向灼热的管底而使试管破裂。

如果要在一定范围的温度下进行较长时间的加热，则可使用水浴锅（简称水浴，见图3-15）、蒸汽浴（见图3-16）或沙浴等。水浴或蒸汽浴是具有可彼此分离的同心圆环盖的铜制水锅（也可用烧杯代替）。沙浴是盛有细沙的铁盘。应当指出：若离心试管的管底玻璃较薄，则不宜直接加热，而应在热水浴中加热。

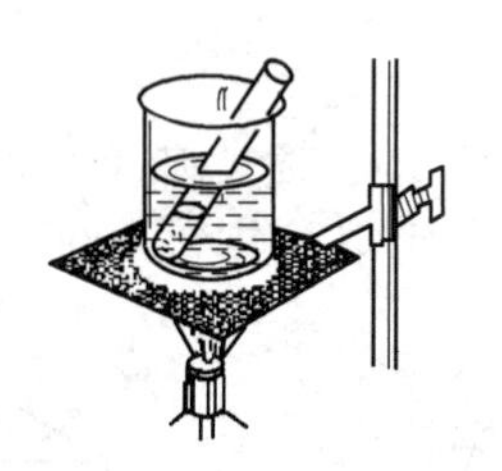

图3-15　烧杯代替水浴加热

图3-16　蒸汽浴加热

## 三、冷却方法

某些化学反应需要在低温条件下进行，另外一些反应需要传递出产生的热量，有的制备操作，像结晶、液态物质的凝固等也需要低温冷却。可根据所要求的温度条件选择不同的冷却剂（制冷剂）。

用水冷却是一种最简便的方法。水冷却可使被冷却物的温度降到接近室温，可将被冷却物浸在冷水或在流动的冷水中冷却（如回流冷凝器）。

冰或冰水冷却，可达到0℃的温度。

冰-无机盐冷却剂，可达到的温度为0～－40℃左右。制作冰盐冷却剂时，要把盐研细后再与粉碎的冰混合，这样制冷的效果好。冰与盐按不同的比例混合，能得到不同的制冷温度。如$CaCl_2 \cdot 6H_2O$与冰按1∶1、1.25∶1、1.5∶1、5∶1比例混合，分别达到的最低温度为－29℃、－40℃、－49℃、－54℃。

干冰-有机溶剂冷却剂，可获得－70℃以下的低温。干冰与冰一样，不能与被制冷容器的器壁有效接触，所以常与凝固点低的有机溶剂（作为热的传导体）一起使用，如丙酮、乙醇、正丁烷、异戊烷等。

利用低沸点的液态气体，可获得更低的温度。如液态氮（一般放在铜质、不锈钢或铝合金的杜瓦瓶中）可达到－195.8℃，而液态氦可达到－268.9℃的低温。使用液态氧、氢时应特别注意安全操作。液氧不要与有机物接触，防止燃烧事故发生；液态氢气化放出的氢气必须谨慎地燃烧掉或排放到高空，避免爆炸事故发生；液态氨有强烈的刺激作用，应在通风橱中使用。

使用液态气体时，为了防止低温冻伤事故发生，必须戴皮（或棉）手套和防护眼镜。一般低温冷浴也不要用手直接触摸制冷剂（可戴橡皮手套）。

应当注意，测量－38℃以下的低温时不能使用水银温度计（Hg的凝固点为－38.87℃），应使用低温酒精温度计等。

此外，使用低温冷浴时，为防止外界热量的传入，冷浴外壁应使用隔热材料包裹覆盖。

# 第四节　玻璃量器及其使用

实验室中常用的玻璃量器（简称量器）有滴定管、移液管和吸量管、容量瓶、量筒和量杯、微量进样器等。

量器按准确度分成A、B两种等级。A级的准确度比B级一般高一倍。量器的级别标志，可用“一等”“二等”、“Ⅰ”“Ⅱ”或“〈1〉”“〈2〉”等表示，无上述字样符号的量器，则表示无级别的，如量筒、量杯等。

## 一、滴定管

滴定管是滴定时用来准确测量流出的操作溶液体积的量器（量出式仪器）。常量分析最常用的是容积为50mL的滴定管，其最小刻度是0.1mL，因此读数可以估计到小数点后第二位。另外，还有半微量滴定管，容量10mL，刻度最小0.05mL，最小可读到0.01mL。微量滴定管容积有1mL、2mL、5mL，刻度最小0.01mL，最小可读到0.001mL。

滴定管一般分为两种：一种是具塞酸式滴定管；另一种是无塞碱式滴定管。碱式滴定管的一端连接乳胶管，管内装有玻璃珠，以控制溶液的流出，橡皮管或乳胶管下面接一尖嘴玻璃管。酸式滴定管用来装酸性及氧化性溶液，但不适于装碱性溶液。碱式滴定管用来装碱性及无氧化性溶液，凡是能与乳胶管起反应的溶液，如高锰酸钾、碘和硝酸银等溶液，都不能装入碱式滴定管。

滴定管除无色的外，还有棕色的，用于装见光易分解的溶液，如$AgNO_3$、$Na_2S_2O_3$、$KMnO_4$等溶液。

### 1. 酸式滴定管（简称酸管）的准备

（1）使用前涂油　首先应检查旋塞与旋塞套是否配合紧密。如不密合，将会出现漏液现象。为了使旋塞转动灵活并克服漏液现象，需将旋塞涂油（如凡士林油等）。涂油时取下旋塞，用吸水纸将旋塞和旋塞套擦干，并注意勿使滴定管壁上的水再次进入旋塞套，用手指均匀地涂一薄层油脂于旋塞两头。注意不要将油脂涂在旋塞孔上、下两侧，以免旋转时堵塞旋塞孔。将旋塞插入旋塞套中时，旋塞孔应与滴定管平行，径直插入旋塞套，不要转动旋塞，这样可以避免将油脂挤到旋塞孔中。然后，向同一方向旋转旋塞柄，直到旋塞和旋塞套上的油脂层全部透明为止。套上小橡皮圈，以防旋塞从旋塞套中脱落。随后用自来水充满滴定管，将其放在滴定管架上静置约2min，观察有无水滴漏下。然后将旋塞旋转180°，再如前检查，如果漏水，应该重新涂油。若出口管尖端被油脂堵塞，可将它插入热水中温热片刻，然后打开旋塞，使管内的水突然流下（最好借助洗耳球挤压），将软化的油脂冲出。涂油后的滴定管应在旋塞小头末端套上一个小橡胶圈。套橡胶圈时要用手指顶住旋塞柄，防止其松动或脱落摔坏。

（2）清洗　根据沾污的程度，可采用不同的清洗剂（如洗洁精、铬酸洗液、草酸加硫酸溶液等）。新用的滴定管应充分清洗，可用铬酸洗液（注意：切勿溅到皮肤和衣物上）洗。在无水的滴定管中加入5～10mL洗液，边转动边将滴定管放平，并将滴定管口对着洗液瓶口，以防洗液洒出。洗净后将一部分洗液从管口放回原瓶，最后打开旋塞，将剩余的洗液从出口管放回原瓶。若滴定管油污较多，必要时可用温热洗液加满滴定管浸泡一段时间。将洗液从滴定管彻底放净后，用自来水冲洗时要注意，最初的涮洗液应倒入废液缸中，以免腐蚀下水管道。有时，需根据具体情况采用针对性洗涤液进行清洗。例如，装过$KMnO_4$的滴定管内壁常有残存的二氧化锰，可用草酸加硫酸溶液进行清洗。用各种洗涤剂清洗后，都必须用自来水充分洗净，并将管外壁擦干，以便观察内壁是否挂水珠，然后用蒸馏水洗三次，最后，将管的外壁擦干。洗净的滴定管倒挂（防止落入灰尘）在滴定管架台上备用。长期不用的滴定管应将旋塞和旋塞套擦拭干净，并夹上薄纸后再保存，以防旋塞和旋塞套之间粘住而

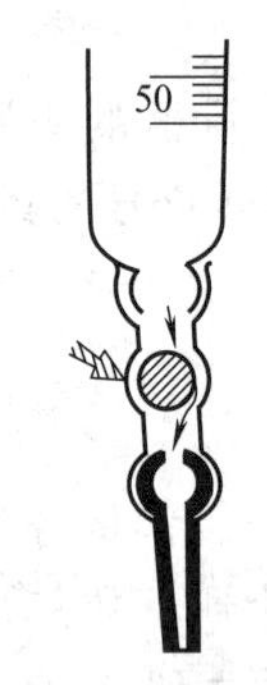


图 3-17 碱式滴定管的操作

不易打开。

**2. 碱式滴定管（简称碱管）的准备**

使用前应检查乳胶管和玻璃球是否完好，若胶管已老化，玻璃球过大（不易操作）或过小（漏水），应予更换。对于 50mL 滴定管，应使用内径为 6mm、外径为 9mm 的乳胶管和 6～8mm 直径的玻璃球为宜。操作碱管的方法是：用手指捏挤玻璃球周围的乳胶管形成一条狭缝，使溶液流出（图 3-17），并可控制流速。

碱管的洗涤方法与酸管相同。在需要用铬酸洗液洗涤时，应将玻璃球往上捏，使其紧贴在碱管的下端，防止洗液腐蚀乳胶管。在用自来水或蒸馏水清洗碱管时，应特别注意玻璃球下方死角处的清洗。为此，在捏乳胶管时应不断改变方位，使玻璃球的四周都清洗到。

**3. 滴定管中操作溶液的装入**

装入操作溶液前，应将试剂瓶中的溶液摇匀，并将操作溶液直接倒入滴定管中，不得借助其他容器（如烧杯、漏斗等）转移。装液时用左手前三指持滴定管上部无刻度处（不要整个手握住滴定管），并可稍微倾斜；右手拿住细口瓶往滴定管中倒溶液，让溶液慢慢沿滴定管内壁流下。

装入前先用摇匀的操作溶液将滴定管涮洗三次（第一次 10mL，大部分溶液可由上口放出；第二、三次各 5mL，可以从出口管放出）。应特别注意的是，一定要使操作溶液洗遍滴定管全部内壁，并使溶液接触管壁 1～2min，以便涮洗掉原来的残留液。对于碱管，仍应注意玻璃球下方的洗涤。最后，将操作溶液倒入滴定管，直到充满至 0 刻度以上为止。

注意检查滴定管的出口管是否充满溶液，酸管出口管及旋塞是否透明（注意：有时旋塞孔中暗藏着的气泡，需要从出口放出溶液时才能看见），碱管则需对光检查乳胶管内及出口管内是否有气泡或有未充满的地方。为排除酸管中的气泡，右手拿滴定管上部无刻度处，并使滴定管稍微倾斜，左手迅速打开旋塞使溶液冲出（放入烧杯）。若气泡仍未能排出，可用手握住滴定管，用力上下抖动滴定管。如仍不能使溶液充满出口管，可能是出口管未洗净，必须重洗。在使用碱管时，装满溶液后，用左手拇指和食指拿住玻璃球所在部位并使乳胶管向上弯曲，出口管斜向上，然后在玻璃球部位往一旁轻轻捏橡皮管，使溶液从管口喷出（下面用烧杯承接溶液），再一边捏乳胶管一边把乳胶管放直，注意应在乳胶管放直后，再松开拇指和食指，否则出口管仍会有气泡（见图 3-18），最后应将滴定管的外壁擦干。

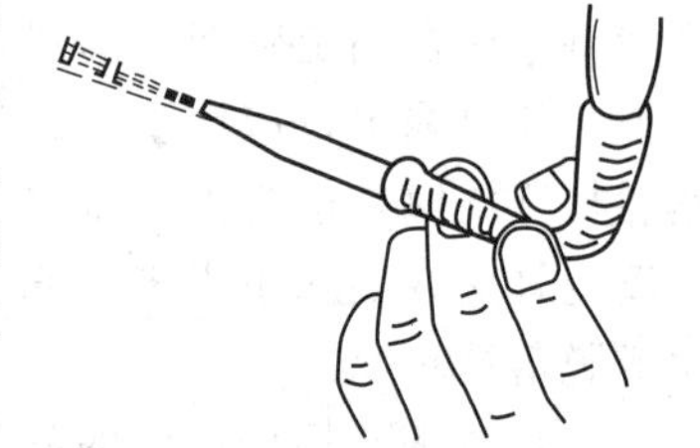

图 3-18 碱式滴定管排气方法

① 装入或放出溶液后，必须等 1～2min，使附着在内壁上的溶液流下来，再进行读数。如果放出溶液的速度较慢（例如，滴定到最后阶段，每次只加半滴溶液时），等 0.5～1min 方可读数。每次读数前要检查一下管壁是否挂水珠，管尖是否有气泡。

② 读数时用手拿滴定管上部无刻度处，使滴定管保持自由下垂。对于无色或浅色溶液，应读取弯月面下缘最低点。读数时，视线在弯月面下缘最低点处，且与液面呈水平（见图 3-19）；溶液颜色太深时，可读液面两侧的最高点。若为乳白板蓝线衬背滴定管，应当取蓝线上下两尖端相对点的位置读数。无论哪种读数方法，都应注意初读数与终读数采用同一标准。

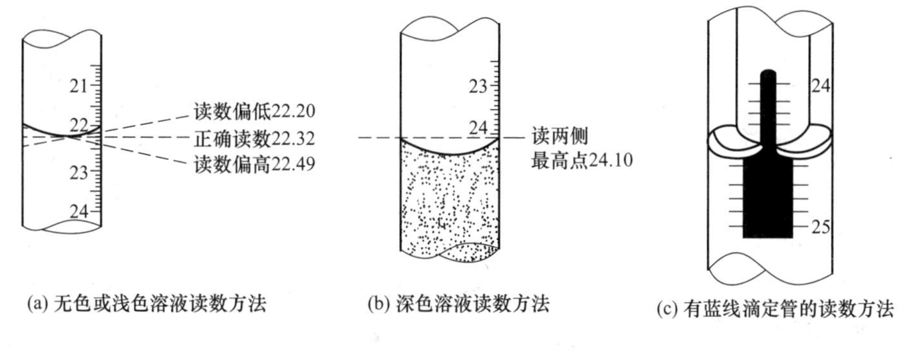


图 3-19　读数视线的位置

③ 读取初读数前，应将滴定管尖悬挂着的溶液除去。滴定至终点时应立即关闭旋塞，并注意不要使滴定管中溶液有稍微流出，否则终读数便包括流出的半滴溶液。因此，在读取终读数前，应注意检查出口管尖是否悬有溶液。

**4. 滴定管的操作方法**

进行滴定时，应将滴定管垂直地夹在滴定管架上。

使用酸管时，左手无名指和小指向手心弯曲，轻轻贴着出口管，用其余三指控制旋塞的转动。但应注意不要向外拉旋塞，也不要使手心顶着旋塞末端而向前推动旋塞，以免使旋塞移位而造成漏水，一旦发生这种情况，应重新涂油。

使用碱管时，左手无名指及小指夹住出口管，拇指与食指在玻璃球所在部位往一旁（左右均可）捏乳胶管，使溶液从玻璃球旁空隙处流出。注意：不要用力捏玻璃球，也不能使玻璃球上下移动；不要捏到玻璃球下部的乳胶管，以免在管口处带入空气。

无论使用哪种滴定管，都不要用右手操作，右手用来摇动锥形瓶。每位学生都必须熟练掌握下面三种加液方法：逐滴连续滴加；只加一滴；半滴、甚至1/4滴（使液滴悬在滴定管尖而未落），靠在锥形瓶壁，再用洗瓶吹入锥形瓶的溶液中。

**5. 滴定操作**

滴定操作是定量分析的基本功，每位学生必须熟练掌握（图3-20～图3-22）。滴定时以白瓷板作背景，用锥形瓶或烧杯承接滴定剂。

在锥形瓶中进行滴定时，用右手前三指拿住瓶颈，使瓶底离瓷板2～3cm。同时调节滴定管的高度，使滴定管的下端伸入瓶口约1cm。左手按前述方法滴加溶液，右手运用腕力（注意：不是用胳膊晃动）摇动锥形瓶，边滴边摇。滴定操作中应注意：滴定时，左手不能离开旋塞而任其自流。摇动锥形瓶时，应使溶液向同一方向，以滴定管口为圆心做圆周运动（左、右旋均可）。但勿使瓶口触到滴定管，溶液绝不可溅出。开始时，滴定速度可稍快，但不要使溶液流成“水线”，应边摇边滴，让滴入的滴定剂充分接触试液。接近终点（局部出现指示剂颜色转变）时，应改为每加一滴，都要注意观察液滴落点周围溶液颜色的变化，充分摇动后再继续滴加。最后每加半滴即摇动锥形瓶，直至溶液出现明显的颜色变化即停止滴定。加半滴溶液的方法如下：微微转动旋塞，使溶液悬挂在出口管嘴上，形成半滴，用锥形瓶内壁将其沾落，再用洗瓶以少量蒸馏水吹洗瓶壁。用碱管滴加半滴溶液时，应先松开拇指与食指，将悬挂的半滴溶液沾在锥形瓶内壁上，再放开无名指与小指。这样可以避免出口管尖出现气泡。

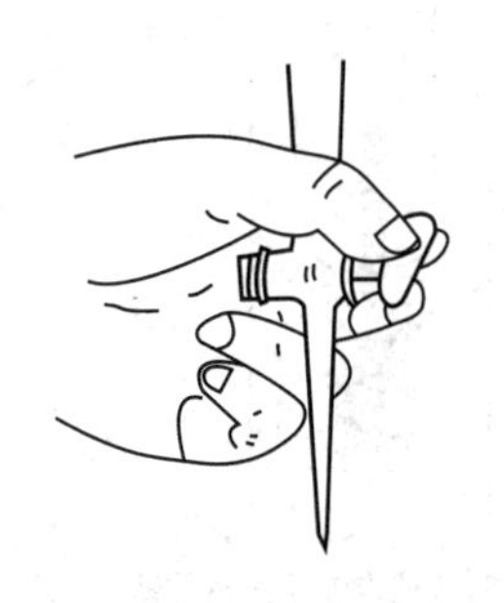
图 3-20　酸式滴定管的操作

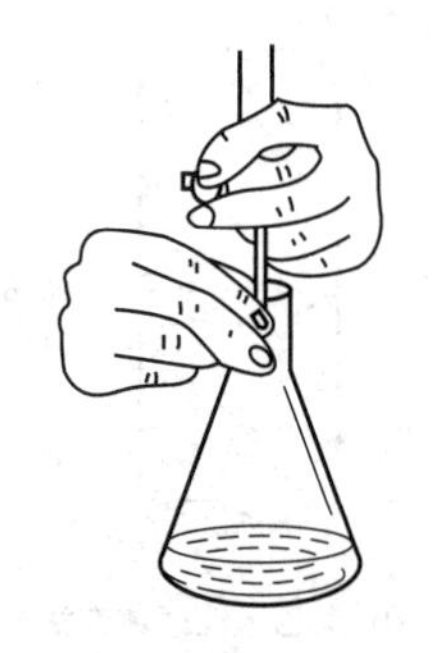
图 3-21　两手操作姿势

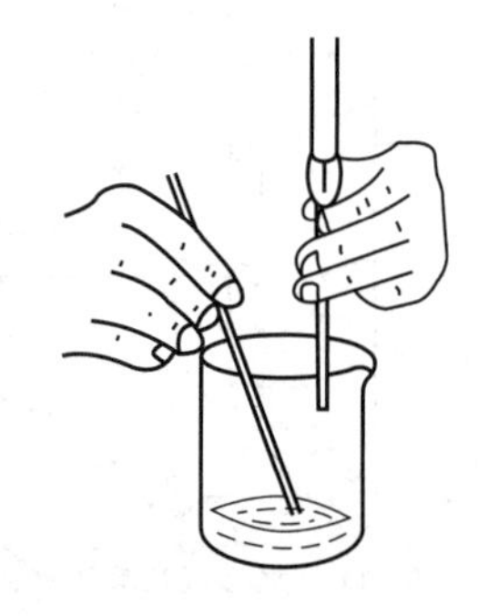
图 3-22　烧杯中的滴定操作

每次滴定最好都从 0 刻度处开始，这样可使每次读数差不多都在滴定管的同一部位，可消除由于滴定管刻度不准确而引起的系统误差。

在烧杯中进行滴定时不能摇动烧杯，应将烧杯放在白瓷板上，调节滴定管的高度，使滴定管下端伸入烧杯中心的左后方处，但不要靠壁过近。右手持玻璃棒在右前方搅拌溶液。在左手滴加溶液的同时，搅拌棒应做圆周搅动，但不得接触烧杯壁和底部。当加半滴溶液时，用搅拌棒下端承接悬挂的半滴溶液，放入溶液中搅拌。滴定过程中，玻璃棒上沾有溶液，不能随便拿出。

滴定结束后，滴定管内剩余的溶液应弃去，不得将其倒回原试剂瓶中，以免沾污整瓶操作溶液。随即洗净滴定管，倒挂在滴定管架台上备用。

## 二、移液管和吸量管

移液管和吸量管也是用来准确量取一定体积液体的仪器，其中吸量管是带有分刻度的玻璃管，用以吸取不同体积的液体。

用移液管或吸量管吸取溶液之前，首先应该用洗液洗净内壁，经自来水冲洗和蒸馏水荡洗 3 次后，还必须用少量待吸的溶液荡洗内壁 3 次，以保证溶液吸取后的浓度不变。

用移液管吸取溶液时，一般应先将待吸溶液转移到已用该溶液荡洗过的烧杯中，然后再行吸取。吸取时，左手拿洗耳球，右手拇指及中指拿住管颈标线以上的地方，管尖插入液面以下，防止吸空［图 3-23(a)］。当溶液上升到标线以上时，迅速用右手食指紧按管口，将管取出液面。左手改拿盛溶液的烧杯，使烧杯倾斜约 45°，右手垂直地拿住移液管，使管尖紧靠液面以上的烧杯壁［图 3-23(b)］，微微松开食指，直到液面缓缓下降到与标线相切时，再次按紧管口，使液体不再流出。把移液管慢慢地垂直移入准备接收溶液的容器内壁上方。倾斜容器使它的内壁与移液管的尖端相接触［图 3-23(c)］，松开食指让溶液自

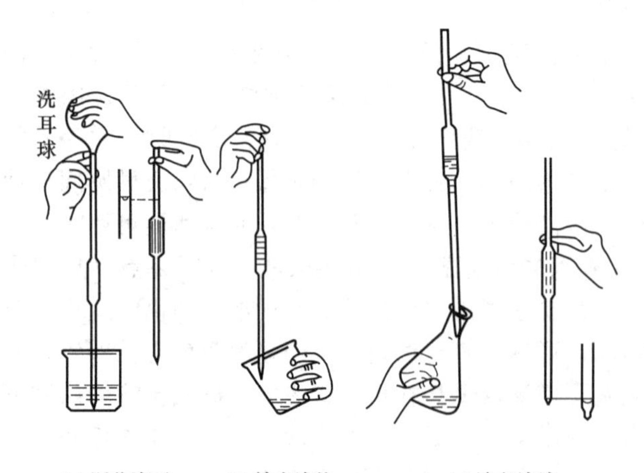

图 3-23　移液管的使用

由流下。待溶液流尽后，再停15s取出移液管。不要把残留在管尖的液体吹出，因为在校准移液管体积时，没有把这部分液体算在内（如管上注有“快吹”字样的移液管，则要将管尖的液体吹出）。

吸量管使用方法类同移液管，但移取溶液时，应尽量避免使用尖端处的刻度。

## 三、容量瓶

容量瓶主要用来配制标准溶液或稀释溶液到一定的浓度。

容量瓶使用前，必须检查是否漏水。检漏时，在瓶中加水至标线附近，盖好瓶塞，用一手食指按住瓶塞，将瓶倒立2min［图3-24(a)］，观察瓶塞周围是否渗水，然后将瓶直立［图3-24(b)］，把瓶塞转动180°后再盖紧，倒立，若不渗水，即可使用。

欲将固体物质准确配成一定体积的溶液时，需先把准确称量的固体物质置于一小烧杯中溶解，然后定量转移到预先洗净的容量瓶中。转移时一手拿着玻璃棒，一手拿着烧杯，在瓶口上慢慢将玻璃棒从烧杯中取出，并将它插入瓶口内（但不要与瓶口接触），再让烧杯嘴贴紧玻璃棒，慢慢倾斜烧杯，使溶液沿着玻璃棒流下（图3-25）。当溶液流完后，在烧杯仍靠着玻璃棒的情况下慢慢将烧杯直立，使烧杯和玻璃棒之间附着的液滴流回烧杯中，再将玻璃棒末端残留的液滴靠入瓶口内壁。在瓶口上方将玻璃棒放回烧杯内，但不得将玻璃棒靠在烧杯嘴一边。用少量蒸馏水冲洗烧杯3～4次，洗出液按上法全部转移入容量瓶中，然后用蒸馏水稀释。稀释到容量瓶容积的2/3时，直立旋摇容量瓶，使溶液初步混合（此时切勿加塞倒立容量瓶），最后继续稀释至接近标线时，改用滴管逐渐加水至弯月面恰好与标线相切（热溶液应冷至室温后，才能稀释至标线）。盖上瓶塞，按图3-24所示的拿法，将瓶倒立，待气泡上升到顶部后，再倒转过来，如此反复多次，使溶液充分混匀。按照同样的操作，可将一定浓度的溶液准确稀释到一定的体积。

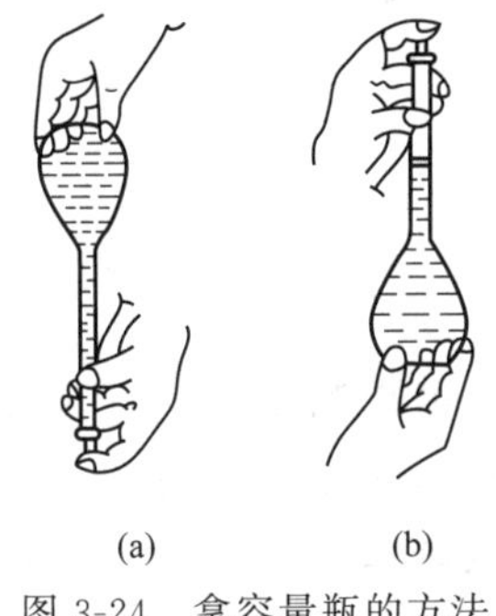


图3-24　拿容量瓶的方法

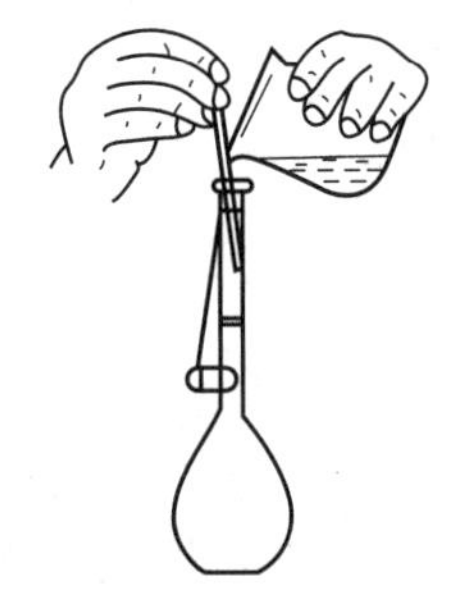

图3-25　定量转移操作

## 四、量筒和量杯

量筒和量杯的精度低于上述几种量器，在实验室中常用来量取精度要求不高的溶液和蒸馏水。

# 第五节　称量仪器及其使用

化学实验室中最常用的称量仪器是天平。天平的种类很多，根据天平的平衡原理，可分为杠杆式天平和电磁力式天平等。杠杆式天平又可分为等臂双盘天平和不等臂双刀单盘天平，双盘天平还可分为摆动天平、阻尼天平和电光天平。下面就目前实验室常用的托盘天平和电子天平进行简介。

## 一、托盘天平

### 1. 原理

托盘天平又称台天平（图 3-26），它的设计依据杠杆平衡原理。其横梁架在台天平座上，横梁左右各有一个称量盘（秤盘）。在横梁中部的上面有指针，根据指针 A 在刻度盘 B 摆动的情况，可以看出台天平的平衡状态。托盘天平用于粗略的称量，能称准至 0.1g。

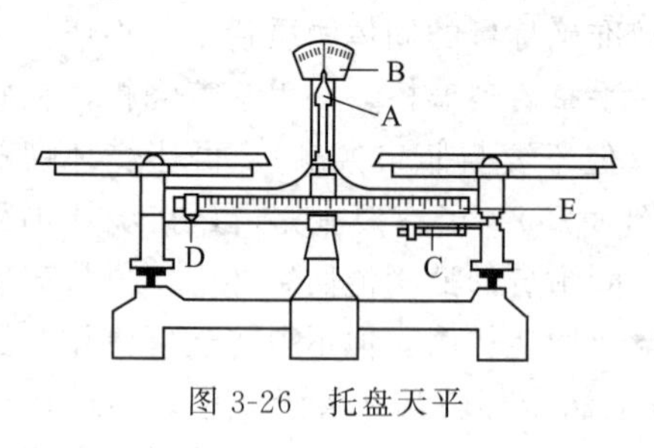

图 3-26　托盘天平

### 2. 托盘天平的使用

（1）零点调整　使用台天平前需把游码 D 放在刻度尺的零处。托盘中未放物体时，如指针不在刻度零点，可用零点调节螺丝 C 调节。

（2）称量　称量物不能直接放在称量盘上称量（避免天平盘受腐蚀），而应放在已知质量的纸或表面皿上，潮湿的或具腐蚀性的药品则应放在玻璃容器内。台天平不能称热的物质。称量时，称量物放在左盘，砝码放在右盘。添加砝码时应从大到小。在添加刻度标尺 E 以内的质量时（例如 10g 或 5g）可移动标尺上的游码，直至指针指示的位置与零点相符（偏差不超过 1 格）。记下砝码和游码指示的质量，即可得称量物的质量。

（3）复原　称量完毕应把砝码放回盒内，把游标尺的游码移到刻度“0”处，将台天平及台面清理干净。

## 二、电子天平

### 1. 原理

电子天平是采用电磁力与被测物体的重力相平衡的原理来测量的。秤盘通过支架连杆与线圈连接，线圈置于磁场内。在称量范围内，被测物体的重力通过连杆支架作用于线圈上，这时在磁场中若有电流通过，线圈将产生一个电磁力 $F$，方向向上，可用下式表示：

$$F = KBLI$$

式中　$K$——常数（与使用单位有关）；

$B$——磁感应强度；

$L$——线圈导线的长度；

$I$——通过线圈导线的电流强度。

电磁力 $F$ 和秤盘上被测物体的重力大小相等、方向相反而达到平衡。由于上式中的 $B$、$L$ 在电子天平中均是一定的，也可视为常数，电磁力 $F$ 与通过线圈导线的电流强度 $I$ 成正比。电流 $I$ 也就与被测物体的重力成正比，因此，只要测出电流 $I$ 即可知道被测物的质量。

若秤盘加上或除去被称物时，电子天平则产生不平衡状态，通过位置检测器检测到线圈的瞬态位移，经 PID 调节器和前置放大器产生一个变化量输出，经过一系列处理使流经线圈的电流发生变化，这样使电磁力也随之变化，并与被测物相抵消，从而使线圈回到原来的位置，达到新的平衡状态。这就是电子天平的电磁力自动补偿电路原理。电流的变化则通过数字显示出被称物体的质量。

### 2. 电子天平的种类

以质量单位表示的天平相邻两个示值之差为天平的实际分度值，用 $d$ 表示。用于划分天平级别与进行计量检定的以质量单位表示的值为检定分度值，用 $e$ 表示。检定分度数 $n$ 定义为最大（最小）称量与检定分度值 $e$ 的比值。根据 GB/T 26497—2011 电子天平，按其检定分度值 $e$ 和检定分度数 $n$，划分成四个准确度级别。准确度等级与 $e$、$n$ 的关系应符合表 3-2 的规定。

**表 3-2 电子天平准确度级别**

| 准确度级别 | 检定分度值 $e$ | 检定分度数 $n$ | | 最小称量 |
|---|---|---|---|---|
| | | 最小 | 最大 | |
| 特种准确度等级Ⅰ | $1mg \leqslant e$ | 50000 | 不限制 | $100d$ |
| 高准确度等级Ⅱ | $1mg \leqslant e \leqslant 50mg$ | 100 | 100000 | $20d$ |
| | $0.1g \leqslant e$ | 5000 | 100000 | $50d$ |
| 中准确度等级Ⅲ | $0.1g \leqslant e \leqslant 2g$ | 100 | 10000 | $20d$ |
| | $5g \leqslant e$ | 500 | 10000 | $20d$ |
| 普通准确度等级Ⅳ | $5g \leqslant e$ | 100 | 1000 | $10d$ |

在实验室的分析工作中也常将电子分析天平分为超微量天平、微量天平、半微量天平和常量天平。超微量天平的最大称量是 2～5g，其标尺分度值小于（最大）称量的 $10^{-6}$；微量天平的称量一般在 3～50g，其分度值小于（最大）称量的 $10^{-5}$；半微量天平的称量一般在 20～100g，其分度值小于（最大）称量的 $10^{-5}$；常量电子天平最大称量一般在 100～200g，其分度值小于（最大）称量的 $10^{-5}$。

### 3. 天平的选用

选择电子天平，主要是考虑天平准确度和称量是否满足称量的要求，天平的结构应适应工作的特点。选择电子天平应该从电子天平的绝对精度（检定分度值 $e$）上去考虑是否符合称量的精度要求。如选 0.1mg 精度的天平或 0.01mg 精度的天平，切记不可笼统地说要万分之一或十万分之一精度的天平，因为国外有些厂家是用相对精度来衡量天平的，否则买来的天平无法满足用户的需要。例如在实际工作中遇到这样一个情况，用一台实际标尺分度值 $d$ 为 1mg，检定分度值 $e$ 为 10mg，最大称量为 200g 的电子天平，用来称量 7mg 的物体，这样是不能得出准确结果的，称量 15mg 的物体用此类天平也不是最佳选择，因为其测试结果的相对误差会很大，应选择更高一级的天平，可参照厂家在出厂时已规定的最小称量的值。选择电子天平除了看其精度，还应看最大称量是否满足量程的范围的需要。通常取最大载荷加少许保险系数即可，也就是常用载荷再放宽一些即可，不是越大越好。选择的原则是：既要保证天平不致超载而损坏，也要保证称量达到必要的相对准确度。既要防止用准确度不够的天平来称量，以免准确度不符合要求，也要防止滥用高准确度的天平而造成浪费。

### 4. 电子天平的操作

电子天平型号多种，现以 BS210S 电子天平（赛多利斯公司）（构造如图 3-37 所示）为例说明其操作。

① 检查天平　称量前要检查是否处于正常状态，如天平是否水平、天平盘上是否有异物、天平箱内是否清洁等。

② 调水平　调整地脚螺栓，使水平仪内空气泡位于圆环中央。

③ 开机　先接通电源，按下［ON/OFF］键，直至全屏自检。

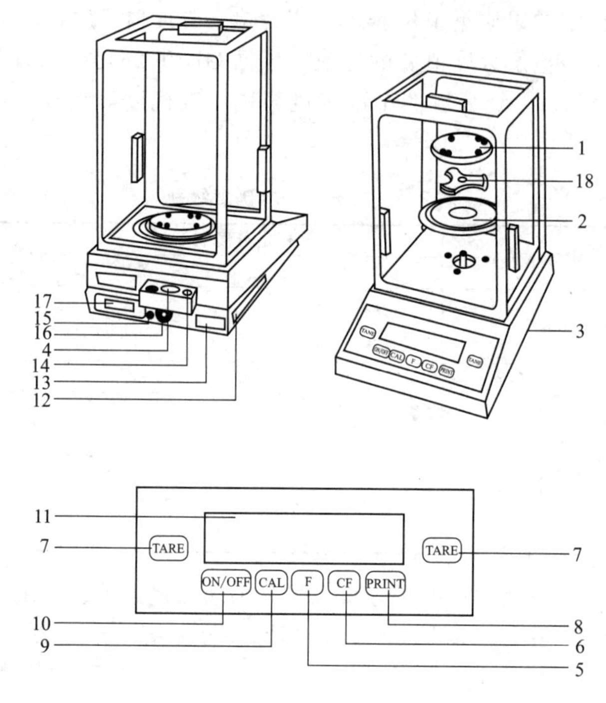


图 3-27　BS210S 电子天平

1—秤盘；2—屏蔽环；3—地脚螺栓；4—水平仪；5—功能键；6—清除键；7—除皮键；8—打印键；9—调校键；10—开关键；11—显示屏；12—CMC 标签；13—具有 CE 标记的型号牌；14—防盗装置；15—菜单去联锁开关；16—电源接口；17—数据接口；18—秤盘支架

④ 预热　至少预热 30min（参考仪器说明书），否则天平不能达到所需的工作温度。

⑤ 校正　首次使用天平必须进行校正，按调校键［CAL］，天平将显示所需校正砝码质量，放上砝码直至出现“g”，校正结束。

⑥ 称量　天平不载重时的平衡点为零点，观察液晶屏上的读数是否为 0.0mg，如不是，即按下除皮键［TARE］，除皮清零。打开天平侧门，把试样放在秤盘中央，关闭天平侧门即可读数。

⑦ 关机　按下［ON/OFF］键，断开电源。若天平在短期内还要使用，应将开关键关至待机状态，使天平保持保温状态，可延长天平使用寿命。

### 5. 电子天平的维护和保养

① 电子分析天平在首次安装、移动位置、实验室温度明显变化等时，最好进行校准，以保证电子天平适应本地的重力加速度和环境。校准电子天平就会用到标准砝码。内校型号

的电子天平是指校准砝码在电子天平内部，用电机驱动有内置砝码升降装置的电子天平，校准时只要按一下校准键就可以完成校准过程。外校型号的电子天平是通过手动，校准时先按校准键，再把标准砝码放到电子天平秤盘上，来完成校准过程。砝码用单独的砝码盒保存。内置砝码的天平一般不会出现上述情况，并可以通过修改天平的校正程序参数来修正偏差。虽然内校天平比外校价格贵20%左右，但其使用方便，所以在使用中有明显优势。内校和外校准确度没有区别，用户可以根据预算选择性购买。

② 称量前先将天平护罩取下叠好，放在合适的位置。检查变色硅胶是否有效、天平是否处于水平状态，必要时用软毛刷保洁。

③不能称量过冷或过热的物体，被称物温度应与天平箱内的温度一致，有腐蚀性或易吸湿的试样应放在密闭容器内称量。

④ 天平载重不能超过天平的最大载荷。

⑤ 精确读数前，必须关好天平的侧门。

⑥ 校准用砝码必须用镊子夹取，严禁用手拿。

⑦ 称量完毕，关掉天平，取出被称物，切断电源，最后罩上护罩。

⑧ 电子天平常见故障的排除，见表3-3。

**表3-3 电子天平常见故障的排除**

| 故障 | 原因 | 排除方法 |
| --- | --- | --- |
| 显示器上无任何显示 | 1. 无工作电压；<br>2. 未接变压器 | 1. 检查供电线路及仪器；<br>2. 接好变压器 |
| 调整校正之后显示器无显示 | 1. 放置天平的表面不稳定；<br>2. 未达到内校稳定 | 1. 确保放置天平的场所稳定；<br>2. 防止震动对天平支撑面的影响；<br>3. 关闭防风罩 |
| 显示器显示“H” | 超载 | 为天平卸载 |
| 显示器显示“L”或“Err54” | 未装秤盘或底盘 | 依据电子天平的结构和类型装上秤盘或底盘 |
| 称量结果不断改变 | 1. 震动太大，天平暴露在无防风措施的环境中；<br>2. 防风罩未完全关闭；<br>3. 在秤盘与天平壳体间有杂物；<br>4. 下部称量开孔封闭盖板被打开；<br>5. 被测物的质量不稳定(易吸潮或蒸发)；<br>6. 被测物带静电荷 | 1. 通过“电子天平工作菜单”采取相应措施；<br>2. 完全关闭防风罩；<br>3. 清除杂物；<br>4. 关闭下部称量开孔；<br>5. 被测物质放在密闭容器内称量；<br>6. 设法释放静电荷后再称 |
| 称量结果明显错误 | 1. 天平未经调校；<br>2. 称量前未清零 | 1. 调校天平；<br>2. 称量前清零 |

## 三、称量方法

电子天平称量方法有：直接称量法（简称直接法）、固定质量称量法和递减称量法（简称减量法或差减法）。

（1）直接法　此法是将称量物放在天平盘上直接称量物体的质量。例如，称量小烧杯的质量，容量器皿校正中称量某容量瓶的质量，重量分析实验中称量某坩埚的质量等，都使用这种称量法。

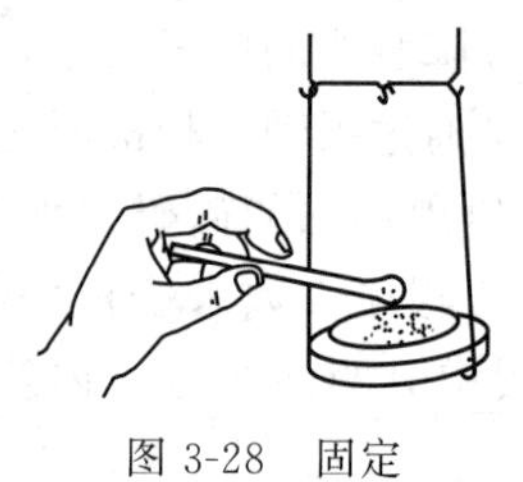

图 3-28　固定质量称量法

(2) 固定质量称量法　该法用于称取不易吸湿、在空气中稳定的试样，如金属、矿石、合金等。称量时先称出放试样的空器皿质量，然后在另一盘中加上固定质量的砝码，再用食指轻弹药勺柄，使试样慢慢抖入已知质量的器皿中，进行一次称量（见图 3-28），直至平衡点为止。

注意：若不慎多加了试样，只能用药勺取出多余量，但是取出后的试样不能再放回试剂瓶或称量瓶中。

(3) 递减称量法（减量法）　该法用于称取易吸湿、易氧化、易与二氧化碳发生反应的物质。其方法是：用一干净纸带套住装试样的称量瓶，手持纸带两头将称量瓶放在天平盘中央，拿去纸带，称重。称量完毕，再用纸带套住称量瓶取出，并用一干净纸片包着称量瓶盖上的顶端。打开瓶盖，将称量瓶倾斜（瓶底略高于瓶口），轻轻敲动瓶口的上方，将试样转移到容器中（见图 3-29），注意不要让试样洒落到容器外。当转移的试样量接近要求时，将称量瓶缓慢竖起，用瓶盖敲击瓶口，使沾在瓶口的试样落入称量瓶或容器中，盖好瓶盖，再次称量。两次质量之差即是取出试样的质量，如此继续操作可称取多份试样。

图 3-29　敲击试样方法

(4) 液体样品的称量　液体样品的准确称量比较麻烦。根据不同的样品的性质有多种称量方法，主要的称量方法有以下三种。

① 性质比较稳定、不易挥发的样品可装在干燥的小滴瓶中用减量法称取，应预先粗测每滴样品的大致质量。

② 较易挥发的样品可用增量法称量，例如称取浓 HCl 试样时，可先在 100mL 具塞锥形瓶中加 20mL 水，准确称量后，加入适量的试样，立即盖上瓶塞，再进行准确称量，然后即可进行测定（例如，用 NaOH 标准溶液滴定 HCl）。

③ 易挥发或与水作用强烈的样品采取特殊的方法进行称量，例如冰醋酸样品可用小称量瓶准确称量，然后连瓶一起放入已盛有适量水的具塞锥形瓶，摇开称量瓶盖，样品与水混匀后进行测定。发烟硫酸及浓硝酸样品一般采用直径约 10mm、带毛细管的安瓿球称取。已准确称量的安瓿球经火焰微热后，毛细管尖插入样品，球泡冷却后可吸入 1～2mL 样品，然后用火焰封住管尖再准确称量。将安瓿球放入盛有适量水的具塞锥形瓶中，摇碎安瓿球，样品与水混合并冷却后即可进行测定。

# 第六节　电位滴定仪及其使用

## 一、概述

ZD-2 型、DZ-1 型自动电位滴定仪适用于多种电位滴定。

### 1. 电位滴定法

电位滴定法是根据滴定过程中指示电极的电位变化来确定终点的化学分析方法，其准确度高于普通的滴定分析法，且不受溶液浑浊、有色和缺乏合适指示剂等条件限制，是一种可靠、便捷的化学分析方法。

自动电位滴定法借助于测量仪器和滴定装置而使电位滴定自动化。

ZD-2 型和 DZ-1 型自动电位滴定仪，是应用控制电路来控制滴定控制阀，在电极电位（势）未达到需要值时，滴定不断进行，一旦电位达到需要值，就停止滴定。

## 2. 仪器工作原理

仪器工作原理见图 3-30 和图 3-31。

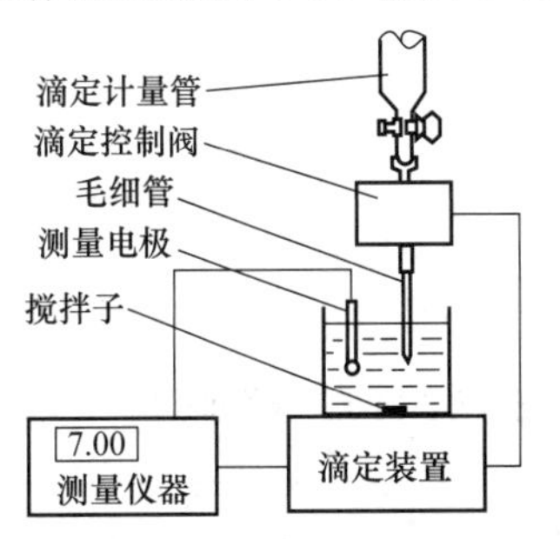


图 3-30 仪器工作原理简图

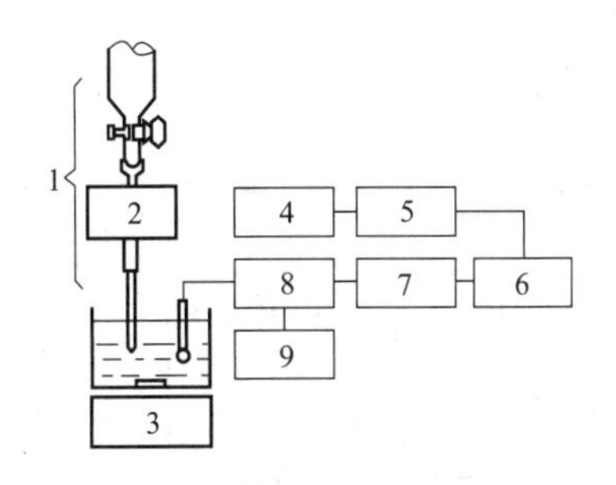


图 3-31 仪器原理方框图

1—液路部分；2—控制阀；3—搅拌器；4—延迟电路；
5—控制阀工作电源；6—*e-t* 转换器；7—取样回路；
8—调制放大器；9—测量显示

## 3. 仪器设置特点

仪器主要设有滴定延迟控制电路、预控调节器和多种滴定方式等，其作用分别如下。

（1）延迟控制电路　当滴定达到预定终点值 10s（这段时间确保反应达到平衡）后，该延迟电路会使控制阀永远关闭（终结切断控制阀工作电源）。此后，即使溶液有某种原因而发生变化，使电极信号返离终点，仪器也不会再进行滴定，确保滴定分析正确可靠。

（2）预控调节器　设置预控调节器，目的是把“控制滴定”置于一个适当的范围内。既保证滴定准确，又保证工作效率。当滴定还未进入预控调节器设定的范围时，滴定控制阀一直开通，滴液畅流无阻，实现快速滴定。当滴定进入预控调节器设定的范围时，滴定控制阀执行 *e-t* 转换器发送的控制信号，实现有控制滴定。

（3）多种滴定方式

① 一般（自动）滴定。滴定开始后，随着滴液的滴入，试液中对应离子浓度立即发生变化，浸在溶液中的一对电极（指示电极和参比电极或复合电极）的电位差随之发生变化。这个来自电极的变化着的信号，经仪器调制放大电路处理后，送入取样回路，在其中与按照滴定终点要求预先给定的电位（预置终点）相比较，其差值进入 *e-t* 转换器，当距离终点较远时，由于电极系统所得的信号 $e$ 与预置终点电位 $e_0$ 的差值大，滴定控制阀开启的时间长，滴定速度快，当接近终点时，差值逐渐减小，控制阀开启时间短，滴定速度逐渐减缓；当电极信号 $e$ 等于预置终点 $e_0$ 信号时，滴定停止。

② 控制滴定。滴定方式选择键于此位置时，仪器延迟电路部分不工作，滴定即使已达终点，滴定阀不终结关闭，滴定控制阀始终处于待命状态。一旦有某种原因，电极信号返离终点，控制阀立即执行 *e-t* 转换器控制令，适时开启滴定阀。

③ 手动滴定。此时测量仪器输出滴定信号对滴定装置不起作用，滴定控制阀不接受 *e-t* 转换器控制令，滴定完全由人工操作“滴定启动钮”决定。

（4）双联式滴定装置　此设置的目的是便于用户做大量滴定分析时，可快速转换使用。

（5）电磁搅拌器　此设置的目的是便于滴定分析时溶液反应快速均匀、测定准确。

## 二、仪器结构

仪器由两个基本部分组成：自动电位滴定仪主机（简称测量仪器）和电位滴定装置（简称滴定装置）。

### 1. 测量仪器

ZD-2 型测量仪器正、背面见图 3-32、图 3-33。

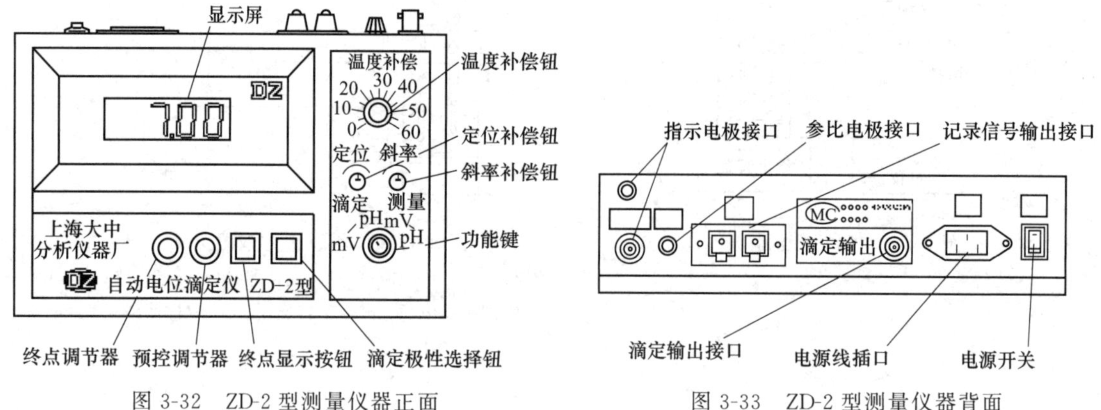


图 3-32 ZD-2 型测量仪器正面　　图 3-33 ZD-2 型测量仪器背面

测量仪器主要承担着接收测量信号，将测量信号与预置信号比较，其差值进入 *e-t* 转换器，仪器输出开通控制阀时间长短的控制信号（滴定输出）等功能。

有关操作键（钮）和接口如下。

（1）预控调节器　设置一个适当的受 *e-t* 转换器控制的滴定范围。预控调节器顺时针旋转，预控制数增大。

预控制数大，确保不过滴，保证准确度。预控制数小，可节省滴定时间。通常一个最佳预控制数，操作人员在通过数次使用后，即能自如进行选择。

一般氧化还原滴定、强酸强碱滴定及沉淀滴定预控制数较大；弱酸、弱碱滴定预控制数较小。

（2）终点显示按钮　在设置终点值和验看设置终点值时用。仪器滴定时，按钮按下、放开均可，放开显示测量值，按下显示设置终点值。

（3）终点调节器　设置预定终点值，按下终点显示钮，调节终点调节器至仪器显示所需设置滴定终点值。

（4）滴定极性选择钮　滴定走向终点时，有两种情况：

① 电极电位从低电位向高电位；

② 电极电位从高电位向低电位。

前一种情况极性钮选“＋”；反之，选“－”。

（5）功能键　功能键有两个功能段：一个测量段（测 pH 和 mV）和一个滴定段（滴定 pH 和 mV），共四挡。

（6）温度补偿钮　测量（或滴定）pH 时，此钮作温度补偿。测量（或滴定）mV 时，此钮不起作用，即仪器没有温度补偿。测量时应尽量保证溶液温度一致，使终点电位时标准溶液温度和滴定时试液达到终点值时的温度一致。

（7）定位补偿钮　测量（或滴定）pH 时，仪器标定用定位补偿。测量（或滴定）mV

时，此钮不起作用。

(8) 斜率补偿钮　测量（或滴定）pH时，仪器标定用定位补偿。测量（或滴定）mV时，此钮不起作用。

(9) 指示电极接口　接指示电极或复合电极（有上下两个接头，分别适用不同电极接口）。

(10) 参比电极接口　接参比电极。

(11) 记录信号输出接口　接记录仪。

(12) 滴定输出接口　$e$-$t$ 信号输出，连接滴定装置滴定输入接口。

(13) 电源线接口　接电源线。

(14) 电源开关　开通仪器用电源。

**2. 滴定装置**

DZ-1型滴定装置结构见图3-34、图3-35。

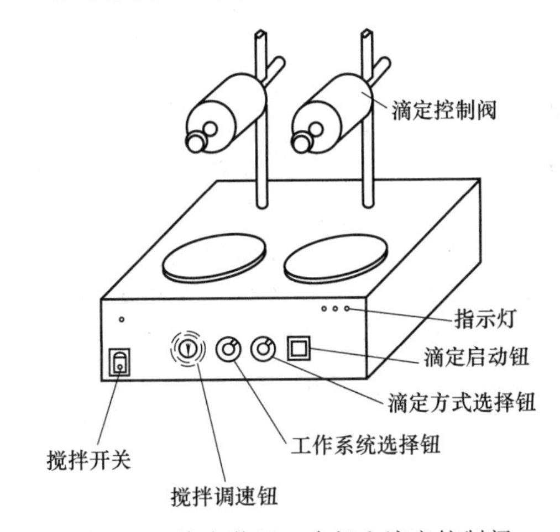


图3-34　滴定装置、支杆和滴定控制阀

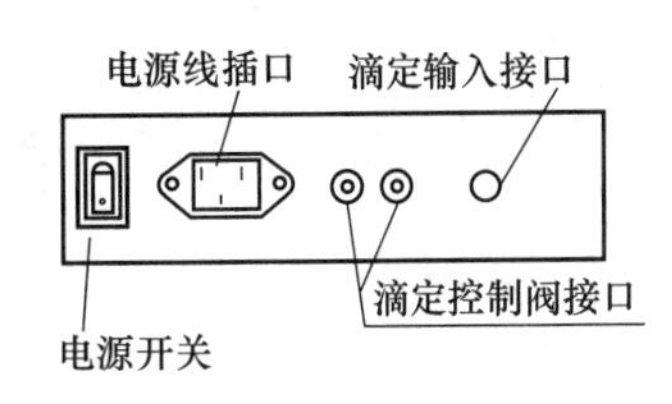


图3-35　滴定装置背面

滴定装置主要承担着接收测量仪器输出的 $e$-$t$ 转换信号、控制滴定阀、磁力搅拌和滴定方式选择、双联转换及安装支杆、控制阀等。

有关操作键（钮）和接口如下。

(1) 搅拌开关　开通搅拌器。

(2) 搅拌调速钮　调节搅拌器转速。

(3) 工作系统选择键　选择1，左侧滴定阀和搅拌器工作；选择2，右侧滴定阀和搅拌器工作。

(4) 滴定方式选择键　滴定方式有三种。

① 一般（自动）滴定。当滴定进入预控制器设定的范围时，滴定控制阀实现有控制滴定。滴定达到终点时滴定控制阀终结关闭。

② 控制滴定。滴定即使已达终点，滴定阀不终结关闭，滴定控制阀始终处于待命状态。

③ 手动滴定。滴定控制阀不接收 $e$-$t$ 转换器控制令，滴定完全由人工操作“滴定启动钮”决定。在选择调节好搅拌器和滴定阀后，按下启动钮，进行滴定；放开启动钮，停止滴定。

(5) 滴定启动钮

① 滴定方式为一般滴定和控制滴定时，是滴定开始启动按钮。

② 滴定方式为手动滴定时，是滴定阀开启控制钮。

按下启动钮，开通滴定阀，滴定进行；放开启动钮，关闭滴定阀，滴定停止。

(6) 指示灯

① 电源指示灯亮。表示仪器已供入电源。

② 搅拌指示灯亮。表示搅拌器在工作状态。

③ 滴定指示灯亮。表示滴定控制阀处于开通时刻（状态）。滴定控制阀闭合时，指示灯灭。

④ 终点指示灯亮。表示滴定已达终点，即测量信号已达预置终点信号，滴定阀终结关闭，滴定指示灯灭。控制滴定和手动滴定方式时，此项不指示。

注意：一般（自动）滴定方式时，滴定启动前终点指示灯亮，此时表示等待。

(7) 滴定输入接口　连接测量仪器滴定输出接口。

(8) 滴定控制阀接口　连接滴定控制阀，1号接左侧滴定阀，2号接右侧滴定阀。

(9) 电源线接口　接电源线。

(10) 电源开关　开通滴定装置用电源。

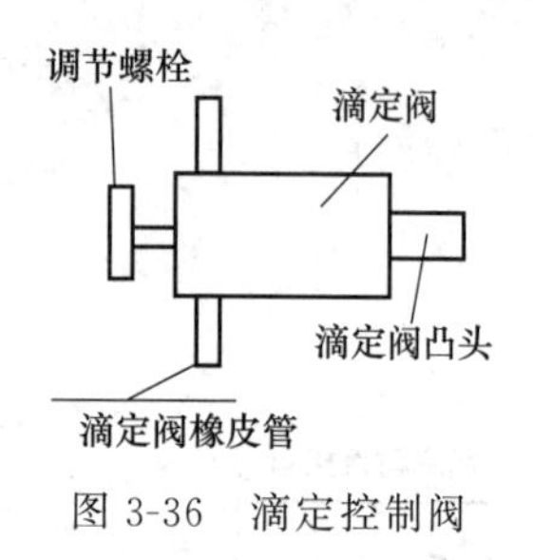


图 3-36　滴定控制阀

**3. 滴定控制阀**

(1) 滴定阀橡胶管（图 3-36）　上端连接滴定计量管，下端连接滴定毛细管。

(2) 调节螺栓　适当调节此螺栓，使滴定阀关闭时，无漏液滴下；开启时，滴液顺畅，并调节至适当流量（选择手动滴定方式做上述操作）。

(3) 滴定阀凸头　插入支杆座孔内，并由螺栓旋紧固定。

## 三、仪器的使用

### 1. 准备工作

(1) 安装滴定仪

① 安装测量仪器（ZD-2）并连接有关线路。

② 测量仪器功能键置测量段（测量 pH 或测量 mV）；测 pH 时温度补偿钮置被测溶液温度值。

③ 装好洁净的电极并插入被测溶液。

④ 开机（ZD-2），仪器显示被测溶液值，并同步输出测量信号（可供记录仪记录）。

⑤ 安装滴定装置，固定滴定阀和滴定计量管，并置于适当高度，连接测量仪器（ZD-2）和滴定装置（DZ-1）的“滴定输出”与“滴定输入”，功能键置滴定段（滴定 pH 或滴定 mV）。

⑥ 滴定管的滴液口与电磁阀的橡胶管上端相连接；橡胶管下端与滴液管（玻璃毛细管）连接后排尽气泡。

⑦ DZ-1 与其背面的“单元组合”配套插座对接后，可开启 DZ-1 背面的电源开关。

(2) 仪器标定（两点式）　新启用的，闲置不用后重新启用的，调换了新测量电极的以及当其他需要标定情况下的仪器，在测量（或滴定 pH）前，需先行标定。

① 定位标定。将已用去离子水清洗并用滤纸吸干的电极浸入 pH 7 缓冲溶液，调节定位旋钮，使仪器显示出该缓冲溶液在该温度时的 pH。

② 斜率标定。将已用去离子水清洗并用滤纸吸干的电极浸入 pH 4 缓冲溶液，调节斜率旋钮，使仪器显示出该缓冲溶液在该温度时的 pH。

注意：斜率标定时选用 pH 4 还是 pH 9 缓冲溶液视测量（或滴定终点）pH 而定。斜率标定用标准溶液应相对接近测量（或滴定终点）pH。

**2. 测量**

仪器主机（测量仪器）单独使用。

功能键置测量段（测量 pH 或测量 mV），测 pH 时温度补偿钮置被测溶液温度值，接上相应的清洁（用去离子水清洗，并用滤纸吸干）的电极，并插入溶液。开机，仪器显示被测液值，并同步输出测量信号（可供记录仪记录）。

**3. 滴定**

仪器主机（测量仪器 ZD-2）和滴定装置（DZ-1）配套使用。

① 滴定极性选择：当滴定起点时 pH 高于终点 pH 时选“－”，反之选“＋”（若选错极性，滴定阀自动关闭而不能滴定）。

② 滴定方式选择：一般（自动）滴定、控制滴定和手动滴定三种。

③ 滴定阀流量调节：将玻璃毛细管接入一空烧杯中，置滴定方式为“手动”位置，按下滴定启动钮，滴液滴出，放开启动钮，停止滴定。通过调整滴定阀的支头螺栓控制滴液流量，一般以 1～2 滴/s 为宜。

④ 搅拌调速：将试液烧杯放到磁力搅拌器圆盘上，放入洁净的搅拌磁子，选择键置相应工作系统（1 为左侧搅拌器和滴定阀，2 为右侧搅拌器和滴定阀）。开启搅拌开关，搅拌指示灯亮，旋转搅拌调速钮，由最小速度开始调至合适为止，注意搅拌子不要碰到电极。

⑤ 浸入电极和玻璃毛细管于待滴定的液面以下合适位置。

⑥ 将选择器置于“滴定”pH 处或 mV 处。

⑦ 记录初始读数：$V$（标液）和 pH 或 mV 值。

⑧ 按下滴定启动钮，标液自动滴出。

⑨ 记录下各点所消耗标液的体积（各化学计量点附近每隔 0.1mL 读一次数），直至最终化学计量点后再读 3～4 个数据为止。

⑩ 清洗电极并用滤纸吸干，重复进行第二份试液的滴定操作。

⑪ 测定操作部分全部结束后，小心地从溶液中取出电极和搅拌磁子并淋洗干净。松开滴定管活塞，放松电磁阀支头螺栓，放掉剩余的溶液，用自来水淋洗滴定管和毛细管数遍后，取下滴定管和毛细管放回原处，关好所有开关。

**4. 操作注意事项**

① 清洗后的电极要用吸水纸吸干水分，安装及取放要格外细心，防止损坏电极。

② 橡胶管下端与滴液管（玻璃毛细管）连接后要先用去离子水排尽气泡。

③ 仪器标定后，温度补偿钮、定位旋钮、斜率旋钮均不可再动。

④ 滴定控制阀接口的连接及滴定极性选择要正确。

⑤ 注意搅拌子不要碰到电极。

⑥ 手动滴定时，在各化学计量点前后，每加入 0.1mL 或更少的标准溶液就记录一次读数。

**5. 测量电极选择**

指示电极和参比电极的选择见表 3-4。

表 3-4 指示电极和参比电极的选择

| 滴定内容 | 指示电极 | 参比电极 | 滴定内容 | 指示电极 | 参比电极 |
|---|---|---|---|---|---|
| 酸碱滴定 | pH 复合电极 |  | 氧化还原滴定 | 铂电极 | 甘汞电极 |
|  | pH 玻璃电极 | 甘汞电极 |  | 铂电极 | 钨电极 |
|  | 锑电极 | 甘汞电极 | 卤素银盐滴定 | 银电极 | 甘汞电极(217 型) |

**6. 仪器维护有关事项**

① 仪器电极接口应保持高度清洁，并保证接触良好（有污迹时可用 90%工业酒精擦净）。

② 与仪器配套使用的有关电极维护保养，请参阅有关电极使用说明书。

③ 仪器不用时，请将指示电极短路保护帽套上（仪器下端指示电极接口）。仪器使用时，卸下此保护帽（不管此接口是否用到）。

④ 滴定开始前，滴液管系统（滴定阀橡胶管及与其连接的毛细管）应用滴液适当冲洗。

⑤ 滴定阀橡胶管久用变形后，弹性变差，可放松调节螺栓后，将橡胶管移位。直至最后可自行调换新橡胶管。新橡胶管（耐蚀管）最好在略带碱性溶液中蒸煮数小时。

⑥ 与橡胶管起腐蚀作用的高锰酸钾等滴液请勿使用。

⑦ 两只电极（同类）测量同一种溶液，其产生的电极电位不一定完全相同。在测 pH 时，仪器通过标定消除了这种差异，而在测 mV 值时，仪器没有定位和斜率补偿。故各电极必须确定各自对应浓度的电极电位值。

⑧ 有些离子选择性电极，其自身存在一定的衰变，衰变后的电极需重新确定其对应浓度的电极电位值。

# 第七节 酸度计及其使用

酸度计也称 pH 计，是一种通过测量电势差的方法测定溶液 pH 的仪器，除测量溶液的酸度外，还可以粗略地测量氧化还原电对的电极电势值（mV）及配合电磁搅拌器进行电位滴定等。实验室常用的酸度计有雷磁 25 型、pHS-2C 型等。它们的原理大致相同，只是结构和精密度有所不同。

## 一、基本原理

不同类型的酸度计都由测量电极（玻璃电极）、参比电极（甘汞电极）和精密电位计三部分组成。

### 1. 电极

（1）甘汞电极　甘汞电极是由金属汞、$Hg_2Cl_2$ 和一定浓度的 KCl 溶液（如 KCl 饱和溶液）组成的电极。其构造如图 3-37 所示，内玻璃管中封接一根铂丝插入纯汞中，下置一层甘汞和汞的糊状物，外玻璃管中装入一定浓度的 KCl 溶液，即构成甘汞电极。电极下端与被测溶液接触部分是用多孔玻璃砂芯构成的通道（可使离子通过），其电极反应是：

$$Hg_2Cl_2 + 2e^- = 2Hg + 2Cl^-$$

在 25℃时

$$\varphi_{甘汞} = \varphi^{\ominus}_{甘汞} - 0.0592\text{V}\lg a(Cl^-) \qquad (3\text{-}1)$$

$\varphi^{\ominus}_{甘汞}$在一定温度下为一定值，故甘汞电极的电位决定于$Cl^-$的活度值$a(Cl^-)$，与溶液的 pH 无关。

（2）玻璃电极　玻璃电极的结构如图 3-38 所示，其主要部分是头部的玻璃泡，它是由特殊的敏感玻璃薄膜构成（膜厚约 0.2mm），对$H^+$有敏感作用。在玻璃泡中装有$0.1mol \cdot L^{-1}$ HCl 和 Ag-AgCl 电极作为内参比电极。将玻璃电极插入待测溶液中，便组成下述电池：

$$Ag,AgCl(s)|0.1mol \cdot L^{-1}HCl\ |玻璃电极|待测溶液$$

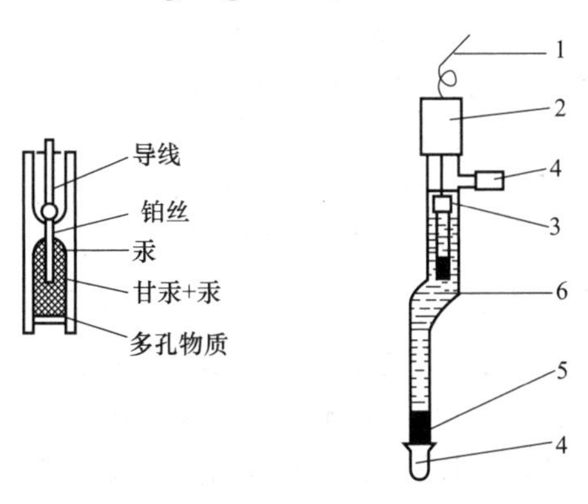


图 3-37　甘汞电极的结构

1—导线；2—绝缘体；3—内部电极；4—胶皮帽；5—多孔物质；6—KCl 饱和溶液

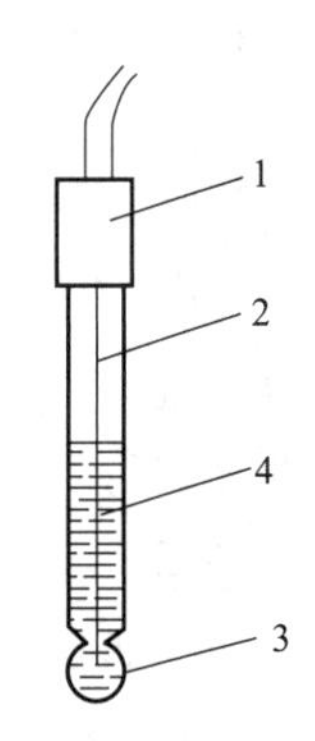


图 3-38　玻璃电极的结构

1—绝缘套；2—Ag-AgCl 电极；3—玻璃膜；4—内部缓冲溶液

玻璃薄膜把两个不同$H^+$浓度的溶液隔开，在玻璃-溶液的接触界面之间产生一定的电势差。由于玻璃电极中内参比电极的电势是恒定的，所以，在玻璃-溶液接触界面之间所形成的电位差只与待测溶液的 pH 有关。

$$\varphi_{玻璃}=\varphi^{\ominus}_{玻璃}-(2.303RT/F)pH$$

式中　$R$——摩尔气体常数，$8.314J \cdot K^{-1} \cdot mol^{-1}$；

$T$——热力学温度，K；

$F$——法拉第常数，$96485J \cdot V^{-1}$；

$\varphi^{\ominus}_{玻璃}$——玻璃电极的标准电极电势，V。

在 25℃时

$$\varphi_{玻璃}=\varphi^{\ominus}_{玻璃}-0.0592VpH \tag{3-2}$$

因此，玻璃膜只有浸泡在水中（或水溶液中）才能显示测量电极的作用，未吸湿的玻璃膜不能响应 pH 的变化，所以在使用玻璃电极前一定要在蒸馏水中浸泡 24h。每次测量完毕后仍需把它浸泡在蒸馏水中。若长期不用，玻璃电极可放回原盒内。

玻璃电极的优点：测量结果准确（pH＝1～9 范围内），使用方便；可以用于测量有颜色的、浑浊的或胶态溶液的 pH；测定 pH 时，不受溶液中氧化剂或还原剂的影响；所用试剂量较少，测定时不破坏试液。

玻璃电极的缺点是头部玻璃膜非常薄，容易破损，使用时要特别小心，切忌与硬物接触；尽量避免在强碱溶液中使用玻璃电极，如欲使用，操作必须迅速，测后立即用蒸馏水冲洗干净，并浸泡于蒸馏水中，以免强碱溶液腐蚀玻璃；玻璃电极球泡存放时间过长（二年以上）后，容易有裂纹或老化，因此需及时检查，更换新电极。

（3）复合电极　复合电极是传感电极和参比电极的复合体，如图 3-39 所示。

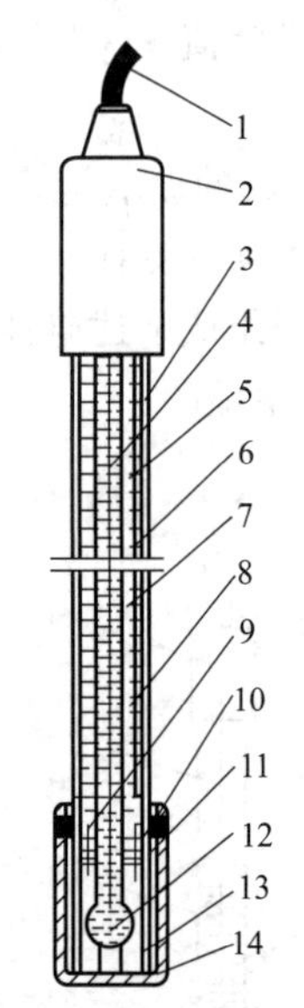

图 3-39　复合电极的结构

1—电极导线；2—电极帽；3—电极塑壳；4—内参比电极；5—外参比电极；6—电极支持杆；7—内参比溶液；8—外参比溶液；9—液接面；10—密封圈；11—硅胶圈；12—电极球泡；13—球泡护罩；14—护套

这种电极是由玻璃电极和 Ag-AgCl 参比电极合并制成，电极的球泡是由具有氢功能的锂玻璃熔融吹制而成，膜厚 0.1mm 左右。电极支持管的膨胀系数与电极的球泡玻璃一致，是由电绝缘性优良的铝玻璃制成。内参比电极为 Ag-AgCl 电极。内参比溶液是零电位等于 7 的含有 $Cl^-$ 的电解质溶液，是中性磷酸盐和氯化钾的混合溶液。外参比电极为 Ag-AgCl 电极。外参比溶液是 $3.3mol \cdot L^{-1}$ 的氯化钾溶液，经氯化银饱和，加适量琼脂，使溶液呈胶状而固定之。液接面是沟通外参比溶液和被测溶液的连接部件。其电极导线为聚乙烯金属屏蔽线，内芯与内参比电极连接，屏蔽层与外参比电极连接。

**2. 测量原理**

将测量电极（如复合电极或玻璃电极）与参比电极（甘汞电极）一起浸入待测溶液中组成原电池，并接上精密电位计，即可测得该电池的电动势。在 25℃时：

$$E_x = \varphi_{正} - \varphi_{负} = \varphi_{甘汞} - \varphi_{玻璃}$$
$$= \varphi_{甘汞} - \varphi^{\ominus}_{玻璃} + 0.0592\text{V}\,\text{pH}$$

整理上式得：

$$\text{pH} = (E_x + \varphi^{\ominus}_{玻璃} - \varphi_{甘汞})/0.0592\text{V} \qquad (3\text{-}3)$$

对一定的甘汞电极，在一定温度下，$\varphi_{甘汞}$ 为一定值。例如常用的饱和甘汞电极，在 25℃ 时，$\varphi_{饱和甘汞} = 0.2415\text{V}$。对于一个给定的玻璃电极，其 $\varphi^{\ominus}_{玻璃}$ 亦为定值，可以用已知 pH 的缓冲溶液求得此值。

由上可知，酸度计的主体是精密电位计，用它可测量电池的电动势，根据式（3-3）即求得待测溶液的 pH。为了省去计算过程，酸度计把测得电池的电动势直接用 pH 刻度值表示，因此从酸度计上可直接测得溶液的 pH。

pH 的实用定义：设有两种溶液 $x$ 和 s，其中 $x$ 代表试液，s 代表 pH 已经确定的标准缓冲溶液。测量两种溶液 pH 的工作电池及其电动势 $E$ 分别为：

对 $H^+$ 可逆的电极 | 标准缓冲溶液 s 或试液 $x$ ‖ 参比电极

$$E_x = K'_x + (2.303RT/F)\text{pH}_x \qquad (3\text{-}4)$$

$$E_s = K'_s + (2.303RT/F)\text{pH}_s \qquad (3\text{-}5)$$

式中，$\text{pH}_x$ 为试液的 pH；$\text{pH}_s$ 为标准缓冲溶液的 pH。若测量 $E_x$ 和 $E_s$ 时的条件不变，假定 $K'_x = K'_s$，于是上两式相减可得：

$$\text{pH}_x = \text{pH}_s + (E_x - E_s)F/(2.303RT) \qquad (3\text{-}6)$$

上式中 $\text{pH}_s$ 为已确定的数值，通过测量 $E_x$ 和 $E_s$ 的值就可得出 $\text{pH}_x$ 值。也就是说，以标准缓冲溶液的 $\text{pH}_s$ 为基准，通过比较 $E_x$ 和 $E_s$ 的值而求出 $\text{pH}_x$。这就是按实际操作方式对水溶液的 pH 值所给的实用定义（或工作定义）。

## 二、雷磁 25 型酸度计

雷磁 25 型酸度计属于直读式酸度计。它是用直流放大线路直接将电池的电动势转变为放大电流，使电流计直接指示 pH。

**1. 酸度计结构**

雷磁 25 型酸度计面板见图 3-40。

**2. 使用方法**

(1) 机械调零　在接通电源前，检查电流计指针是否指示在零点（pH=7 处），如果不指在零点，可用电表上的机械调零螺丝调到 pH=7 处。

(2) 接上 220V 交流电源　打开电源开关，指示灯即亮，预热 20min 左右。

(3) 仪器的校正

① 将温度补偿器 7 调节到被测溶液的温度。

② 将 pH-mV 开关 5 扳到 pH 挡（如欲测毫伏时扳至 mV 挡）。

③ 量程选择开关 6 扳至欲测溶液的 pH 范围内（0～7 或 7～14）。

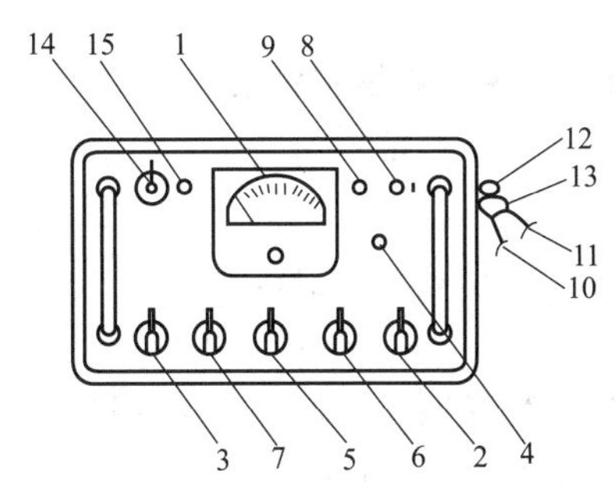


图 3-40　雷磁 25 型酸度计面板

1—指示电表；2—零点调节器；3—定位调节器；4—读数开关；5—pH-mV 开关；6—量程选择开关；7—温度补偿器；8—玻璃电极；9—甘汞电极；10,11—电极夹；12—紧固电极夹螺丝；13—固定电极杆；14—电源开关；15—指示灯

④ 调节零点调节器 2，使指针指在 pH=7 处。

⑤ 接好玻璃电极和甘汞电极，并插入与待测溶液 pH 接近的标准缓冲溶液中，按下读数开关 4，调节定位调节器 3 至指针指向该标准缓冲溶液的 pH 处。

重复④、⑤操作，使两步操作均稳定在所要求值为止。这时仪器已校正好，零点调节器和定位调节器不能再动。

(4) pH 的测定　取出电极，用蒸馏水冲洗，并用滤纸将水吸干，再插入待测溶液中，将烧杯按水平方向轻轻摇动，按下读数开关，此时电流计所指示的读数，即为该未知溶液的 pH，放开读数开关（每次测毕，应立即放开读数开关，否则电流计的指针易损坏）。

测量完后将仪器复原，即将选择开关扳至“0”处，读数开关放开，取下电极，把玻璃电极插入蒸馏水中，甘汞电极用橡皮帽套好放回盒内。

(5) 电动势（mV 值）的测定　当“pH-mV”开关扳至 mV 挡时，25 型酸度计就成为一台高阻抗输入毫伏计，可用来测量电池的电动势。此时温度补偿器 7 和定位调节器 3 均不起作用。测量电动势的步骤如下。

① 将电池的正、负极分别接在 25 型酸度计的接线柱 8、9 上（如果被测电极导线不适用插孔 8，可以在插孔内插入一个“接续器”，把导线接在“接续器”的接线柱上）。为了增加指示读数的稳定性，一般对导线的极性考虑得较少，主要考虑的是组成电池的两个半电池的内阻。不管它是正极还是负极，应把内阻比较高的半电池接在插孔 8 的“接续器”上。常用的半电池中，以玻璃电极的内阻最高，甘汞电极次之，金属电极最低。

② 把量程选择开关 6 指向“0～7”处，后把“pH-mV”开关指在“+mV”或“-mV”位置。（请思考什么情况下开关 5 应接在“-mV”位置？）

③ 调节零点调节器 2 使电流计指针指在“0”mV 处（即 pH=7 处）。按下读数开关，电流计即指示出被测电池的电动势。

④ 如果被测电动势大于 700mV，则把量程选择开关 6 扳至 7～14 处，此时指针所指范围为 700～1400mV。当选择“7～14”量程挡时，测量操作必须遵循以下步骤：先将量程开

关扳至零，按下读数开关，然后把量程开关再扳至 7～14 处进行读数。复原（或调换溶液）时，需先把量程开关扳至零，然后再放开读数开关。测毕，将仪器复原。

## 三、pHS-2C 型酸度计

### 1. 仪器主要技术性能

（1）测量范围　pH：0～14pH，分 7 挡量程，每一量程为 2pH。

mV：0～+1400mV，分 7 挡量程，每一量程为 200mV。

（2）最小分度　pH：0.02pH。

mV：2mV。

（3）精确度　pH：±0.02pH/3pH。

mV：±2mV/200mV。

### 2. 仪器工作原理

该酸度计是利用玻璃电极和银-氯化银电极对被测溶液中不同酸度所产生的直流电势，输入到一台用高输入阻抗集成运算放大器组成的直流放大器，以达到 pH 指示的目的。以下分三部分进行说明。

（1）测量原理　水溶液酸碱度的测量一般用玻璃电极作为测量电极，甘汞电极或银-氯化银电极作为参比电极，当氢离子活度发生变化时，玻璃电极和参比电极之间的电动势也随之发生变化，电动势变化符合下列公式：

$$E=E_0-(2.303RT/F)\mathrm{pH}$$

式中　$E_0$——复合电极系统的零电位；

pH——被测溶液 pH 和内溶液 pH 之差。

（2）电极系统　E-201-C9 复合电极是由玻璃电极（测量电极）和银-氯化银电极（参比电极）组合在一起的塑壳可充式复合电极。玻璃电极头部球泡由特殊配方的玻璃薄膜制成。它仅对氢离子有敏感作用，当它浸入被测溶液内，则被测溶液中氢离子与电极球泡表面水化层进行离子交换，形成一电位，球泡内层也同样有电位存在。因此球泡内外产生一电位差，此电位差随外层氢离子浓度的变化而改变。由于电极内部的溶液氢离子浓度不变，所以只要测出此电位差就可知被测溶液的 pH。

玻璃电极球泡内通过银-氯化银电极组成半电池，球泡外通过银-氯化银参比电极，组成另一个半电池，两个半电池组成一个完整的化学原电池，其电势仅与被测溶液氢离子浓度有关。

当一对电极形成的电位差等于零时，被测溶液的 pH 即为零电位 pH。它与玻璃电极内溶液有关。该仪器的零电位为 pH 7，因此仅适合用零电位 pH 为 7 的玻璃电极。

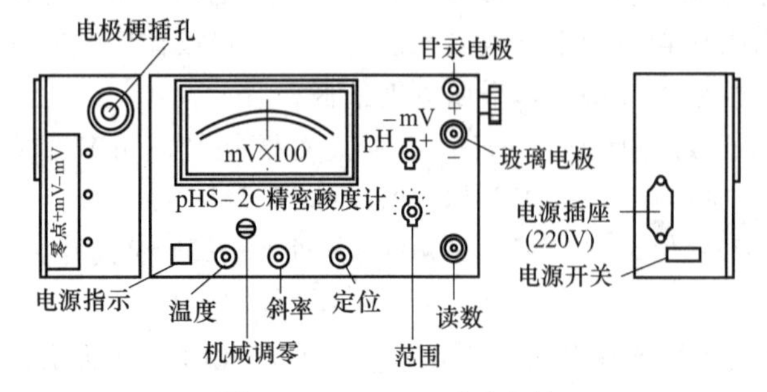

图 3-41　pHS-2C 型酸度计

（3）仪器　该仪器用高输入阻抗集成运算放大器组成的同相直流放大电路，对电极系统的电势进行 pH 转换，以达到精确测量溶液中氢离子浓度的目的。下面介绍仪器面板上各调节旋钮的作用（见图 3-41）。

“温度”调节旋钮用于补偿由于溶液温度不同时对测量结果产生的影响。

因此在进行溶液 pH 测量及 pH 校正时，必须将此旋钮调至该溶液温度值上。在进行电极电位 mV 值测量时，此旋钮无作用。

“斜率”旋钮用于调节电机补偿转换系数。

由于实际的电极系统并不能达到理论上转换系数（100%）。因此，设置此调节旋钮是便于用户用二点校正法对电极系统进行 pH 校正，使仪器能更精确地测量溶液 pH。

由于玻璃电极（零电位 pH 值为 7）和银-氯化银电极浸入 pH 7 缓冲溶液中时，其电势并不都是像理论上的 0mV，而有一定值，其电位差称为不对称电位。这个值的大小取决于玻璃电极膜材料的性质、内外参比体系、测量溶液和温度等因素。

“定位”调节旋钮用于消除电极不对称电位对测量结果产生的误差。

“斜率”“定位”调节旋钮仅在进行 pH 测量及校正时有作用。

“读数”按钮开关：当要读取测量值时，按下此开关。当测量结束时，再按一次此开关，使仪器指针在中间位置，且不受输入信号的影响，以免打坏表针。

“选择”开关供用户选定仪器的测量功能。

“范围”开关供用户选定仪器的测量范围。

**3. 仪器的使用方法**

（1）仪器的安装　仪器电源为 220V 交流电。使用此仪器时，需把仪器机箱支架撑好，使仪器与水平面呈 30°角。在未用电极测量前应把配件 Q9 短路插头插入电极插口内，这时仪器的量程放在“6”，按下读数开关调定位钮，使指针指在中间（pH 7），表明仪器工作基本正常。

（2）电极安装　把电极杆装在机箱上，如电极杆不够长可以把接杆旋上。将复合电极插在塑料电极夹上。把此电极夹装在电极杆上，将 Q9 短路插头拔去，复合电极插头插入电极插口内。电极在测量时，请把电极上近电极帽的加液口橡胶管下移，使小口外露，以保持电极内 KCl 溶液的液位差。在不用时，橡胶管上移将加液口套住。

（3）pH 校正（两点校正方法）　由于每支玻璃电极的零电位、转换系数与理论值有差别，而且各不相同。因此，如要进行 pH 测量，必须要对电极进行 pH 校正，其操作过程如下。

① 开启仪器电源开关，如要精密测量 pH，应在打开电源开关 30min 后进行仪器的校正和测量。将仪器面板上的“选择”开关置“pH”挡，“范围”开关置“6”挡，“斜率”旋钮顺时针旋到底（100%处），“温度”旋钮置此标准缓冲溶液的温度。

② 用蒸馏水将电极洗净以后，用滤纸吸干。将电极放入盛有 pH 7 的标准缓冲溶液的烧杯内，按下“读数”开关，调节“定位”旋钮，使仪器指示值为此溶液温度下的标准 pH（仪器上的“范围”读数加上表头指示值即为仪器 pH 指示值）。标定结束后，放开“读数”开关，使仪器处于准备状态，此时仪器指针在中间位置。

③ 把电极从 pH 7 的标准缓冲溶液中取出，用蒸馏水冲洗干净，用滤纸吸干。根据将要测 pH 的样品溶液是酸性（pH＜7）或碱性（pH＞7）来选择 pH 4 或 pH 9 的标准缓冲溶液。把电极放入标准缓冲溶液中，把仪器的“范围”置“4”挡（此时为 pH 4 的标准缓冲溶液）或置“8”挡（此时为 pH 9 的标准缓冲溶液）。按下“读数”开关，调节“斜率”旋钮，使仪器指示值为该标准缓冲溶液在此溶液温度下的 pH，然后放开“读数”开关。

④ 按②的方法再测 pH 7 的标准缓冲溶液，但注意此时应将“斜率”旋钮维持不动，按③操作后的位置不变。如仪器的指示值与标准缓冲溶液的 pH 误差符合将要进行 pH 测量时的精度要求，则可认为此时仪器已校正完毕，可以进行样品测量。

若此误差不符合将要进行 pH 测量时的精度要求，则可调节“定位”旋钮至消除此误差，然后再按③顺序操作。一般经过上述过程，仪器已能进行 pH 的精确测量。

在一般情况下，两种标准缓冲溶液的温度必须相同，以获得最佳 pH 校正效果。

（4）样品溶液 pH 测量

① 进行样品溶液的 pH 测量时，必须先清洗电极，并用滤纸吸干，在仪器已进行 pH 校正以后，绝对不能再旋动“定位”“斜率”旋钮，否则必须重新进行仪器 pH 校正。一般情况下，一天进行一次 pH 校正已能满足常规 pH 测量的精度要求。

② 将仪器的“温度”旋钮旋至被测样品溶液的温度值。将电极放入被测溶液中。仪器的“范围”开关置于此样品溶液的 pH 挡上，按下“读数”开关。如表针打出左面刻度线，则应减少“范围”开关值。如表针打出右面刻度线，则应增加“范围”的开关值。直至表针在刻度上，此时表针所指示的值加上“范围”开关值，即为此样品溶液的 pH。请注意，表面满刻度值为 2pH，最小分度值为 0.02pH。

希望被测样品溶液的温度和用于仪器 pH 校正的标准缓冲溶液的温度相同，这样能减小由于电极而引起的测量误差，提高仪器测量精度。

（5）电极电位的测量

① 测量电极插头芯线接“－”，参比电极连线接“＋”。复合电极插头芯线为测量电极，外层为参比电极，在仪器内参比电极接线柱已与电极插口外层相接，不必另连线。如测量电极的极性和插座极性相同时，则仪器的“选择”置“＋mV”挡。否则，仪器的“选择”置“－mV”挡。

② 将电极放入被测溶液，按“读数”开关。如仪器的“选择”置“＋mV”，当表针打出右面刻度时，则增加“范围”开关值；反之，则减少“范围”开关值，直至表针在表面刻度上。如仪器的“选择”置“－mV”，当表针打出右面刻度时，减少“范围”开关值；反之，则增加“范围”开关值。

③ 将仪器的“范围”开关值加上表针指示值，其和再乘以 100，即得电极电位值，单位为 mV。电极电位值的极性：当仪器的“选择”开关置“＋mV”挡，则测量电极极性相同于插座极性；反之，则测量电极极性为“－”。

# 第四章 分离及提纯

## 第一节 常压蒸馏

将液体加热变为蒸气，然后使蒸气冷凝为液体并收集，这一过程的操作称为蒸馏。很明显，由于不同组分自液相逸出的能力不同，蒸馏可将易挥发与不易挥发物质分离开来，也可将沸点不同的液体混合物分离开来。通常把蒸馏方法分为常压蒸馏、分馏、水蒸气蒸馏和减压蒸馏四种。

常压蒸馏又称简单蒸馏，简称蒸馏，是分离和纯化液态物质最重要的方法之一，在实验室和工业生产中都有广泛的应用。其主要作用是：①分离沸点相差较大（至少30℃以上）且不形成共沸物的液体混合物；②除去液体中少量低沸点或高沸点的杂质；③测定化合物的沸点；④通过沸点的变化情况粗略鉴定液体化合物的种类和纯度。

### 一、基本原理

液体表面的分子有自表面逸出而汽化的能力，同时，逸出的蒸气分子在相互碰撞的过程中也可以返回液相。在一定温度下，两种趋势达到平衡，此时，与液体处于动态平衡的蒸气产生的压力称为饱和蒸气压，简称蒸气压。一般来说，纯液体的蒸气压只是温度的函数，从图4-1可以看出，随温度的升高液体的蒸气压增大。当蒸气压增大到与外界施与液面的总压力相等时，液体内部开始汽化，产生大量气泡而沸腾，这时的温度称为沸点。液体的沸点随外界压力变化而变化，平时所说的沸点都是指外界压力等于100kPa（1atm）时的正常沸点。在其他压力下的沸点应注明压力。在一定的外压下，纯液体的沸点为常数，这也是测量沸点的依据。

液体混合物沸腾时，不同组分自液相逸出的能力不同，易挥发组分在平衡气相中的含量高于其在原液相中的含量。如将沸腾时产生的混合蒸气冷凝收集，结果易挥发组分得到了富集，这就是简单蒸馏的基本原理。蒸馏时实际上测量的并不是溶液的沸点，而是逸出蒸气与其冷凝液平衡时的温度，即馏出液的沸点。

在蒸馏过程中，自液体开始馏出至最后一滴时的温度范围称沸程。凡纯粹的化合物一定具有固定的沸点，且沸程一般不超过1～2℃，因此可借用蒸馏方法测定物质的沸点以及利用沸程定性地检验物质的纯度。应当注意，某些有机化合物往往能和其他组分形成二元或三元共沸混合物，它们也有一定的沸点，因此不能认为沸点一定的物质都是纯物质。

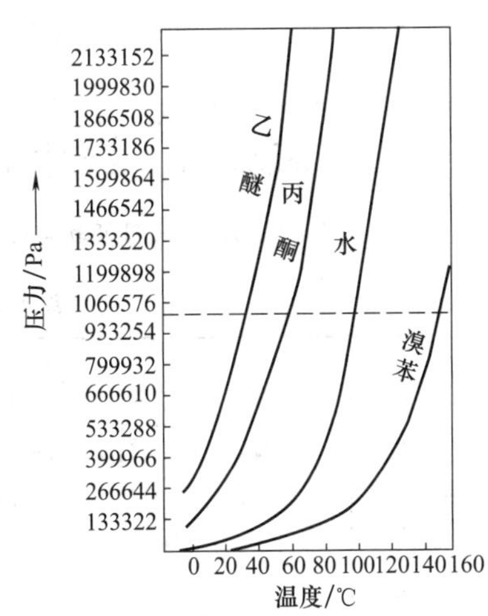


图4-1 温度与蒸气压的关系曲线

下面利用A、B二组分理想混合物相图定量地说明该原理。所谓理想溶液，是指两种液体同种分子间的相互作用与不同分子间的相互作用是一样的，也就是各组分在混合时无热效应产生，体积没有变化。理想溶液服从拉乌尔定律。在图4-2中，横坐标为组成，纵坐标为温度；左边为纯A，沸点为$t_A=80℃$，右边为纯B，沸点为$t_B=111℃$。由图中可以看出，将组成为$C_1$（A约含17%，B约含83%）的液体混合物加热，它将在$T$沸腾，产生的蒸气具有相当于$D_1$的组分。显而易见，冷凝得到的馏出液的组成$C_2$（A约含38%，B约含62%），易挥发组分A由17%增加到38%，即得到了富集。但是，高沸点组分B的含量仍然相当高。这说明，一次简单的蒸馏过程不能将上述混合物彻底分离开。然而，在下面三种情况下，简单蒸馏分离混合物的效果是很理想的：由挥发组分和少量非挥发杂质组成的混合液；各组分挥发能力差别足够大（沸点差至少为30℃）的混合液；从合成产物中蒸出溶剂。在选择简单蒸馏分离液体混合物时，应注意适合这些条件。

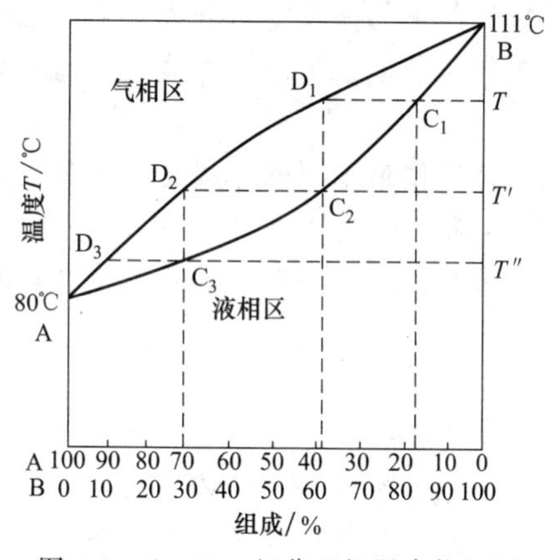

图4-2 A、B二组分理想混合物相图

实际上大部分混合液体，由于分子间相互作用是不一样的，并不遵守拉乌尔定律，例如，在乙醇-水体系中，乙醇和水形成了氢键，其体系相图见图4-3。在图中$M$点，形成了一种含95.5%乙醇和4.5%水的均相液体，其沸点为78.15℃，比水或乙醇的沸点都低。其中沸点较任一组分都低的，称为具有最低沸点的共沸混合物；反之，则称为具有最高沸点的共沸混合物，见图4-4。像这种具有恒定组成和沸点的液体混合物称为共沸混合物。它的行为类似一个纯化合物，其组成是无法用简单蒸馏或分馏操作予以改变的。常见的共沸混合物列于表4-1和表4-2。

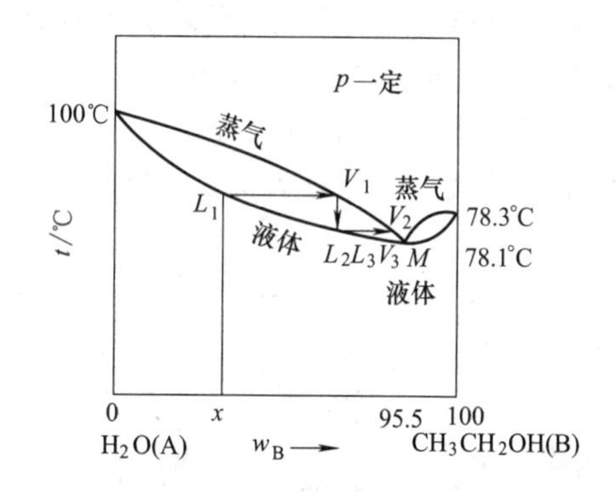

图4-3 乙醇-水最低共沸体系相图

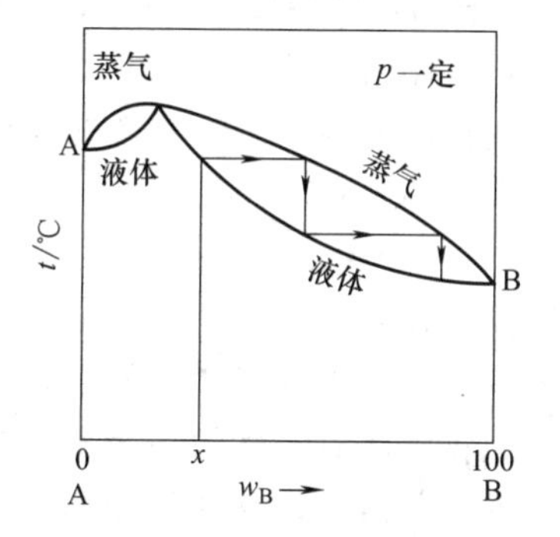

图4-4 最高共沸体系相图

**表4-1 常见的最低沸点共沸混合物**

| 共沸混合物 | 组成及质量分数 | 沸点/℃ | 共沸混合物 | 组成及质量分数 | 沸点/℃ |
|---|---|---|---|---|---|
| 乙醇-水 | 95.6% $C_2H_5OH$，4.4% $H_2O$ | 78.2 | 甲醇-甲苯 | 72.4% $CH_3OH$，27.6% $C_6H_5CH_3$ | 63.7 |
| 苯-水 | 91.1% $C_6H_6$，8.9% $H_2O$ | 69.4 | 甲醇-苯 | 39.5% $CH_3OH$，60.5% $C_6H_6$ | 58.3 |
| 甲醇-四氯化碳 | 20.6% $CH_3OH$，79.4% $CCl_4$ | 55.7 | 环己烷-乙醇 | 69.5% $C_6H_{12}$，30.5% $C_2H_5OH$ | 64.9 |
| 乙醇-苯 | 32.4% $C_2H_5OH$，67.6% $C_6H_6$ | 67.8 | 乙酸丁酯-水 | 72.9% $CH_3COOC_4H_9$，27.1% $H_2O$ | 90.7 |
| 苯-水-乙醇 | 74.1% $C_6H_6$，7.4% $H_2O$，18.5% $C_2H_5OH$ | 64.9 | 苯酚-水 | 9.2% $C_6H_5OH$，90.8% $H_2O$ | 99.5 |

表 4-2　常见的最高沸点共沸混合物

| 共沸混合物 | 组成质量分数 | 沸点/℃ | 共沸混合物 | 组成质量分数 | 沸点/℃ |
|---|---|---|---|---|---|
| 丙酮-氯仿 | 20% $CH_3COCH_3$,80% $CHCl_3$ | 64.7 | 乙酸-二噁烷 | 77% $CH_3COOH$,23% $C_4H_8O_2$ | 119.5 |
| 氯仿-甲乙酮 | 17% $CHCl_3$,82% $CH_3COCH_2CH_3$ | 79.9 | | | |

液体在加热过程中，温度已经达到或超过沸点而仍不沸腾的现象称为过热。过热的原因在于液体内部缺乏汽化中心。液体加热时，溶解在液体内部的空气或吸附在瓶壁上的空气及玻璃的粗糙面都有助于气泡（称汽化中心）的形成，使沸腾平稳。相反，如不能形成汽化中心，就容易产生“过热”现象。一旦有气泡形成，由于液体在此时温度下的蒸气压已远远超过了大气压和液柱压力之和，因此上升的气泡增大得非常快，就可能将液体冲溢出瓶外，这种不正常沸腾称为“暴沸”。暴沸会将未分离的混合物冲入已被分离的纯净物中去，造成实验失败，严重时还会冲脱仪器的连接处，使液体冲出瓶外，造成着火、中毒等实验事故。为此，加热前应加入小孔惰性物质（例如沸石、素瓷片），另外也可用几根一端封闭的毛细管（注意毛细管有足够的长度，使其上端可搁在蒸馏烧瓶的颈部，开口的一端朝下）作为助沸物，以期引入汽化中心，提供形成气泡的场所，保证平稳沸腾。若忘记加沸石，补加时必须移去热源，待加热液体冷至沸点以下方可加入。如沸腾中途停止，则在重新加热前应加入新的助沸物。因为起初加入的助沸物在加热时逐出了部分空气，在冷却时吸附了液体，因而可能已经失效。另外，采用均匀的加热方式，使热源温度不要超过蒸馏液沸点的 20℃，减少瓶内蒸馏液各部分的温差，可使蒸气的气泡不单从烧瓶的底部上升，也可沿着液体的边沿上升，大大减小过热的可能。

## 二、简单蒸馏操作

### 1. 蒸馏仪器

实验室中蒸馏操作所用的仪器有磨口圆底烧瓶、蒸馏头、冷凝管、接液管、接收器和温度计。圆底烧瓶的大小取决于被蒸馏液体的体积。一般装入的液体量不得超过瓶子容量的 2/3，也不要少于 1/3。装入液体量过多，当加热沸腾时液体容易喷出。装的太少，较多的液体残液留在瓶内蒸发不出来，影响产率。

为使温度计的水银球能够完全被蒸气所包围，准确地测出蒸气的温度。温度计水银球的上端应与蒸馏头侧管的下壁在同一水平面上。

冷凝管与蒸馏头的侧管连接，起冷凝作用。通常被蒸馏物沸点在 140℃以下时用直形冷凝管，高于 140℃时用空气冷凝管，以防冷凝管夹套的接头处温度骤变而破裂。冷凝水应从冷凝管的下口流入，上口流出，以保证冷凝管夹套中始终充满水。

接液管连在冷凝器末端引导冷凝液至接收器。接液管一般选用真空接液管。如蒸馏易挥发、易燃物质时，应在其支管连接橡胶管，使易挥发气体通过橡胶管导入水槽或室外。若馏出液要避免吸收水分，应在支管口连接装有无水氯化钙的干燥管。常用的接收器是锥形瓶，也可以用圆底烧瓶和其他细口瓶接收。注意，当用不带支管的接液管时，接液管与接收瓶之间不可用塞子连接，以免造成封闭系统，使系统压力过大而发生爆炸。

### 2. 蒸馏仪器的安装

一般安装仪器的原则是按自下而上，从头至尾顺序。要准确端正，横平竖直，使仪器处于一个垂直平面内。

将热源（如电热套、磁力搅拌电热套等）置于升降台或垫板上，升降台或垫板的高度，以再无需移动装置、可使电热套等取放方便为宜。然后按图4-5安装圆底烧瓶，瓶底应距锅底1～2mm，用水浴或油浴，瓶底应距锅底1～2cm。用烧瓶夹夹住烧瓶的颈部。烧瓶夹（S夹）在使用前将夹口用橡胶管或石棉绳缠绕，防止与玻璃直接接触而使玻璃破裂。S夹的开口一定要朝上使用，否则烧瓶夹容易脱落而损坏仪器。调整加热浴、烧瓶于合适的位置，将蒸馏头两个内口涂上少许凡士林，把正管的内口放入烧瓶外口中轻轻地来回转动几次，使凡士林薄而均匀地涂在内外口的壁上。将冷凝管小心装好通水橡胶管，再把它安在另一铁架台烧瓶夹上，夹子夹在冷凝管中上部位。调节铁架台、烧瓶夹、S夹使冷凝管的位置与蒸馏头的侧管同轴，然后松开固定冷凝管的铁夹，使冷凝管沿此轴移动与蒸馏头连接，转动冷凝管使凡士林涂均匀，并使下端入水口垂直朝下。烧瓶夹不应夹得太紧或太松，以夹住后稍用力尚能转动为宜。安装应使烧瓶、蒸馏头及冷凝管处于一个平面上，铁架应整齐地置于仪器的背面，再装好接液管和接收器或锥形瓶。要求仪器安装稳固、整齐、美观。

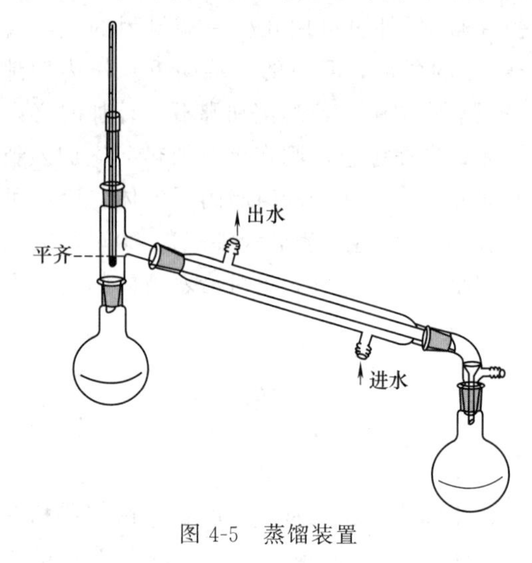

图4-5　蒸馏装置

**3. 蒸馏操作**

① 加料　将待蒸馏液从蒸馏头上口通过长颈玻璃漏斗小心倒入烧瓶，注意不要使液体从支管口流出，加入2～3粒沸石，以防暴沸。插入温度计，检查仪器各部分连接是否紧密，以免漏气，但整个系统绝不能形成密闭体系，否则加热蒸馏时随着压力的升高会引起爆炸。

② 加热　先由冷凝管下口缓缓通入自来水，然后选择合适的热源进行加热。加热时可以看见瓶中液体逐渐沸腾，蒸气慢慢上升，温度计读数也略有上升。当蒸气的顶端到达温度计水银球部位时，温度就急剧上升，这时应调小火焰或控制电热套的电压，使蒸气顶端停留在原处，让水银球上液滴和蒸气达到平衡，然后再稍稍加大火焰，使馏出液滴出的速度以每秒1～2滴为宜。在蒸馏过程中，应使温度计水银球上常有被冷凝的液滴，此时的温度为液体与蒸气平衡时的温度，即液体或馏液的沸点。蒸馏时火焰不能太大，否则升温速度过快，在蒸馏头易造成过热现象，使部分液体的蒸气直接受到火焰的热量，这样沸点会偏高。另外，蒸馏也不能进行得太慢，以免由于温度计的水银球不能为馏液蒸气充分浸湿而使沸点偏低或不规则。

③ 收集和记录　蒸馏时要收集沸点范围狭小的各个馏分，所以蒸馏前要准备两个以上接收瓶。在达到所需物质的沸点前，常有沸点较低的液体先蒸出，这部分馏出液称为前馏分或馏头。如分离效果良好，前馏分蒸完后温度会下降，随后另一个组分开始蒸出时温度又显著上升，温度趋于稳定后，蒸出的就是较纯的物质，这时应更换一个干净的接收瓶。记下滴进第一滴和最后一滴时的温度，这就是该馏分的沸点（工业上常常称为沸程或馏程）。例如，丙酮的沸点为55～57℃，这表示馏液是从55℃开始收集，直至57℃为止，沸点界（或沸点间隔）2℃。在所需的馏分蒸出以后，如维持原来加热温度，就不会再有馏液蒸出，温度会突然下降，这时应停止蒸馏。要注意即使杂质含量很少，也不能完全蒸干，以免烧瓶破裂及发生意外事故。蒸馏完毕应先停火，稍冷后停止通水，按装配时的相反程序拆除仪器。

## 三、沸点测定的方法

沸点测定有下列两种方法。

① 蒸馏法　对大量液体沸点的测定通常是通过蒸馏进行，其装置和操作方法与上述蒸馏相同。如液体不纯时，沸程很长，无法确定沸点，这时应先把液体用其他方法提纯后再测定沸点。用这种方法测定沸点所需样品至少 5～10mL。

② 微量法测定沸点　如液体较少时，需采用图 4-6 测定沸点的装置。取一根一端封死、直径约 4～5mm、长约 7～8cm 薄壁玻璃管作为沸点测定管外管。置 1～2 滴液体样品于沸点管的外管中。管中放一根上端封闭的毛细管（直径约 1mm，长约 8～9cm），毛细管的开口浸在样品中。然后将沸点管用橡胶圈固定在温度计旁，使管子底部与水银球相平，放入浴液中加热。由于内管中气体膨胀，将有一连串小气泡从内管口经液体快速逸出，此时液体蒸气压大于大气压，应停止加热。随后气泡外逸的速度逐渐减慢，直至停止逸出，记下气泡不再冒出而液体刚要进入内管的瞬间温度，即为该液体的沸点，因为此时内管的蒸气压与外界压力相等。取出内管，轻轻挥动以除去管端的液体，然后再插入外管中，重复操作几次，几次误差应不超过 1℃。

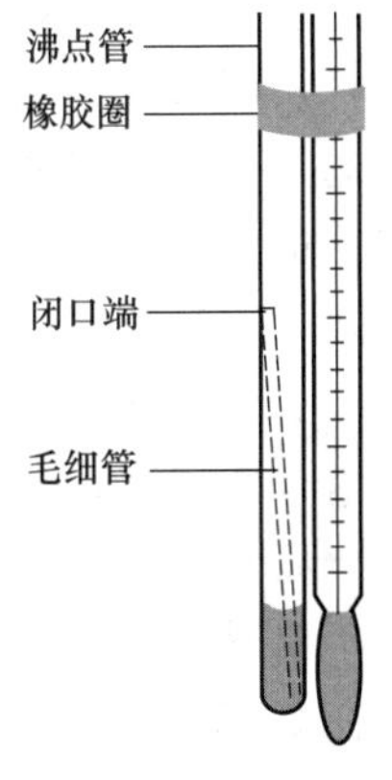


图 4-6　微量法测沸点装置

# 第二节　分　　馏

分馏与蒸馏一样，是分离和提纯液体的一种方法。如前所述，当两种以上的液体混合物不能满足简单蒸馏的适用条件时，例如沸点相差较小时（小于 30℃），用简单的蒸馏方法难以将其分离，此时应考虑用分馏方法。分馏方法在化学工业和实验室中被广泛应用。分馏依据分馏效果优劣，粗略分为简单分馏和精密分馏两类。现在最精密的分馏设备已能将沸点相差仅 1～2℃的混合物分开，基本原理如下。

以下继续以 A-B 的二元相图为例，说明二元理想溶液的分馏过程（参见图 4-2）。从本章第一节中我们看到：将组成为 $C_1$（A 约含 17%，B 约含 83%）的液体混合物加热，蒸发到 $D_1$，冷凝得到的馏出液的组成 $C_2$（馏出液的组成 A 约含 38%，B 约含 62%），易挥发组分 A 由 17%增加到 38%，得到了富集。但是，高沸点组分 B 的含量仍然相当高。也就是说，只用简单的蒸馏（一次蒸馏-冷凝）不能将沸点差较小的两组分分离完全。如果将组成为 $C_2$ 液体再进行蒸馏，蒸发到 $D_2$，再冷凝得到的馏出液的组成 $C_3$，此时液相的组成 $C_3$ 中 A 的含量又大于 $C_2$ 中 A 的含量……，这样多次蒸馏，最终接收瓶中会得到几乎纯净的 A。同时，蒸馏瓶内剩下了接近 100%的 B。于是，两组分能被较好地分离开。显然多次蒸馏是一种费时、消耗大的操作，所以通常不采用重复蒸馏的方法进行分离，而采用分馏法。

实际上分馏就是多次的简单蒸馏，蒸馏或分馏的原理类似，在装置中增加了分馏柱。在柱内上升的热蒸气与下降的冷凝液之间接触，二者之间产生热交换，上升部分蒸气冷凝放出热量，使下降的部分冷凝液重新汽化，达到重新蒸馏的效果，其结果是上升蒸气中易挥发成分增加，而下降的冷凝液中高沸点的组分增加。如果蒸气在上升的过程中能进行多次的冷凝和汽化，即达到多次蒸馏的效果，这样，靠近分馏柱顶端的易挥发的组分比例高，而烧瓶里高沸点的组分比率高。当分馏柱的效率足够高时，开始从分馏柱顶部出来的几乎是纯净的易挥发的组分，而最后留在烧瓶里的则是高沸点的组分。

在上面的分析中，水平线段 $C_1D_1$、$C_2D_2$、$C_3D_3$ 等表示蒸发过程；垂直线段 $D_1C_2$、$D_2C_3$ 等表示冷凝过程；折线 $C_1D_1C_2$、$C_2D_2C_3$ 等相当于一次简单蒸馏或一次蒸发-冷凝过程。显然，折线的数目越多，分离效果越好。将折线的数目定义为理论塔板数，用来衡量分馏柱效率的高低。但必须指出，为了叙述方便，用许多个分立的不连续的步骤来表明上述的分馏过程。实际上进行的是连续的过程，是蒸气在通过分馏柱时连续地与组成变化着的液体接触，从而将液体加热蒸发，液体将蒸气冷凝。这些连续的过程一般是在柱中的各种填料上完成的。分馏的必要条件是柱内气相和液相要充分接触，以利于物质的交换和能量的传递，因此分馏柱的高度、直径、内部结构、填料的性质和形状以及柱的操作条件，都会影响柱的分馏效果。柱的操作条件及衡量柱效的主要因素如下。

① 理论塔板数（number of theoretical plate） 是衡量分馏效果的主要指标。分馏柱的理论塔板数越多，分离效果越好。所谓一个理论塔板数，简单地说，就是相当于一次简单蒸馏的分离效果。如果一个分馏柱的分馏能力为 10 个理论塔板数，那么通过这个分馏柱分馏一次所取得的结果，就相当于通过 10 次简单蒸馏的结果。实验室用的分馏柱的理论塔板数一般在 2～100 的范围内。

对于两组分 A 和 B 的混合物，可以根据下面的经验公式粗略地计算分馏时所需的理论塔板数：

$$N=\frac{T_{\mathrm{B}}+T_{\mathrm{A}}}{3(T_{\mathrm{B}}-T_{\mathrm{A}})}$$

式中，$N$ 为理论塔板数；$T_{\mathrm{A}}$、$T_{\mathrm{B}}$ 分别为低沸点组分 A、高沸点组分 B 的沸点（热力学温度）。由于这是在全回流情况下做出的，而实际上分馏是在部分回流下操作的，所以所选用的分馏柱的理论塔板数要大于计算的理论塔板数。根据经验，一般情况下计算出的理论塔板数与实际需要的理论塔板数之比为 0.5～0.7，即塔板效率。

② 理论塔板高度（height equivalent to a theoretical plate，HETP） 它表示一个理论塔板在分馏柱中的有效高度。

$$\mathrm{HETP}=\frac{\text{分馏柱的有效高度}}{\text{全回流的理论塔板数}}$$

HETP 的数值越小，说明分馏柱的分离效率越高。例如，两个分馏柱的分离能力都是 20 个理论塔板数，第一个高 60cm，第二个高 20cm，依上式算得的 HETP 值分别为 3cm 和 1cm，则表明第二个分馏柱具有较高的分离效率。

③ 回流比（reflux ratio） 在分馏中，并不是让升至柱顶的蒸气全部冷凝流出，因为过多地取走富含低沸点组分的蒸气，必然会减少柱内下滴液体的量，从而破坏了柱内的气-液平衡，这时将会有更多的高沸点组分进入柱身，在较高的温度下建立新的平衡，从而降低了柱的分离效率。为了维持柱内的平衡，通常是将升入柱顶的蒸气冷凝后使其一部分流出接收，而使其余部分流回柱内。在单位时间内，流回柱内的液量与馏出液量之比称为回流比。在柱内蒸气量一定的条件下，回流比越大，分馏效率越高，但所得到的馏出液越少，完成分馏所消耗的能量就越多。因此，选定适当的回流比是很重要的，通常选用的回流比为理论塔板数的五分之一到十分之一。

④ 蒸发速率（through put） 单位时间内到达分馏柱顶的液量叫蒸发速率，通常以 $\mathrm{mL\cdot min^{-1}}$ 表示。

⑤ 压力降差（pressure drop） 分馏柱两端的蒸气压力之差称为压力降差。它表示柱的阻力大小。压力降差与柱的大小、填料种类及蒸发速率等有关，其数值越小越好。

⑥ 滞留液（hold up） 滞留液也称操作含量或柱藏量，是指分馏时停留在柱内不能被蒸出的液体的量。滞留液的量越小越好，一般不超过任一被分离组分体积的10%。

⑦ 液泛（flooding） 当蒸发速度增大至某一程度时，上升的蒸气将回流的液体向上顶起的现象称为液泛。液泛破坏了汽-液平衡，使分馏效率大大降低。

以上这些因素是密切联系互相制约的，因此，要想提高分馏效率就要综合考虑上述诸因素，合理选择条件。如果某些条件（如柱的尺寸和填料的种类）已经给定而无法选择，则最重要的是防止液泛、选定合适而稳定的回流比和蒸发速率。因为只有这些条件稳定，才可使柱内形成稳定的温度梯度、浓度梯度和压力梯度。即在理想状况下柱底温度接近于高沸点组分的沸点，高沸点组分在气雾中占绝对优势，同时混合气雾的压力亦较大；自柱底至柱顶，温度、压力和高沸点组分的比例都逐步降低，而低沸点组分在气雾中所占比例逐步增大；在柱顶部低沸点组分占绝对优势，高沸点组分趋近于零，温度接近于低沸点组分的沸点，压力降至最低。任何有碍于形成稳定梯度的因素或操作条件都是有害的。

表4-3给出了不同沸点差的两组分混合液完全分离时所需要的理论塔板数，供实际工作参考。

**表4-3 分离不同沸点差的两组分混合液与所需理论塔板数**

| 沸点差/℃ | 分离所需的理论塔板数 | 沸点差/℃ | 分离所需的理论塔板数 |
|---|---|---|---|
| 108 | 1 | 20 | 10 |
| 72 | 2 | 7 | 30 |
| 43 | 4 | 4 | 50 |
| 36 | 5 | 2 | 100 |

图4-3是乙醇-水体系的相图。利用前面的分析方法不难看出，经过若干次蒸发-冷凝过程后，最终得到的是共沸混合物 $V_3$，而不能得到100%乙醇。

通过类似分析，对具有最高沸点共沸混合物的蒸馏（图4-4），适当控制恒定温度，首先得到低沸点纯组分B。一旦蒸馏瓶中物料组成达到共沸物组成时，恒定的温度开始上升，共沸混合物开始馏出，此时应改变接收器。最终得到的是纯组分B和共沸物。

## 一、简单的分馏操作

### 1. 简单的分馏柱

实验室经常使用的分馏柱有韦氏（Vigreux）分馏柱、赫氏（Hempel）分馏柱和球形分馏柱（图4-7）。选择何种分馏柱要根据被蒸馏物的多少、分离的难易来进行。

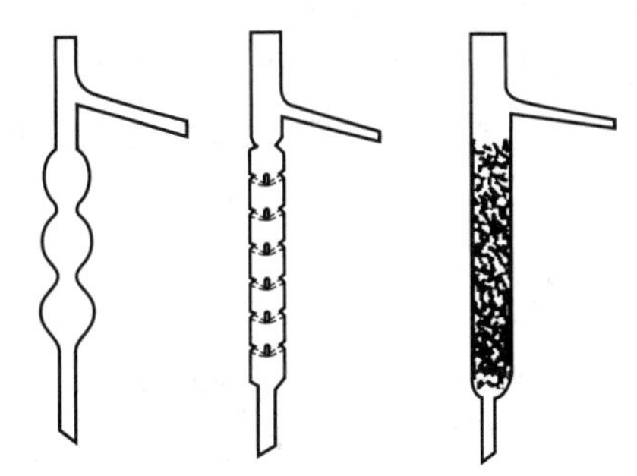

(a) 球形分馏柱 (b) 韦氏分馏柱 (c) 赫氏分馏柱

图4-7 分馏柱

韦氏分馏柱的柱体由多组倾斜的刺状管组成，这种分馏柱是一种常用的仪器，它不需要填料，易装易洗，结构简单，较填充柱黏附的液体少，缺点是较同样长度的填充柱分馏效率低，一般为2～3个理论塔板数。该分馏柱适合于分离少量且沸点差距较大的液体。

其余两种分馏柱可填充填料，以增加表面积，使气液两相充分接触，增加柱效率。常用的填料有短玻璃管、玻璃珠、瓷环或金属丝刺成的圈状和网状填料，使用金属丝作填料时，要选择与待蒸馏物不发生作用的物质。填充柱适合于分离沸点差距较小的化合物。若欲分离沸点相距很近的液体化合物，则必须使用精密分馏装置。

在分馏过程中，无论用哪一种柱，都应防止回流液体在柱内聚集，否则会减少与上升蒸气的接触，或者上升蒸气把液体冲入冷凝管，造成“液泛”而达不到分馏的目的。为了避免这种情况，通常在分馏柱外包扎石棉绳、石棉布等以保持柱内温度，提高分馏效率。

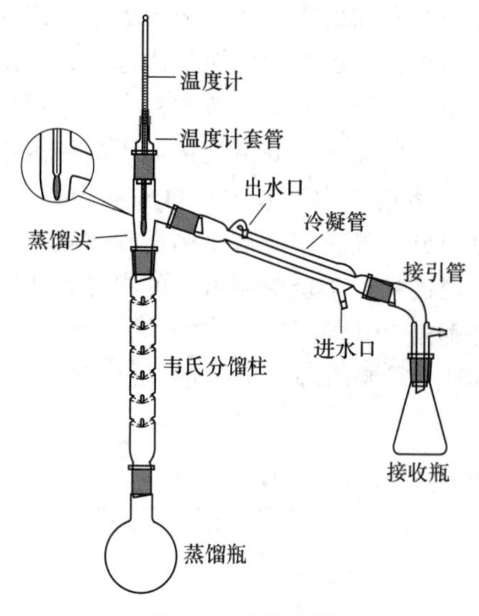


图 4-8　分馏装置

**2. 简单分馏装置**

实验室中简单的分馏装置包括热源、蒸馏器、分馏柱、冷凝管和接收器五个部分（图 4-8）。

分馏安装操作与蒸馏类似，自下而上，先夹住蒸馏瓶，再装上韦氏分馏柱和蒸馏头。调节夹子使分馏柱垂直，装上冷凝管并在指定的位置夹好夹子，夹子一般不宜夹得太紧，以免应力过大造成仪器破损。连接接液管并用橡皮筋固定，再将接收器与接液管用橡皮筋固定，但切勿使橡皮筋支持太重的负荷。如接收器较大或分馏过程中需接收较多的馏出液，则最好在接收器底垫上支撑物，以免发生意外。

**3. 简单分馏操作**

简单分馏操作和蒸馏大致相同，将待分馏的混合物放入圆底烧瓶中，加入沸石。柱的外围可用石棉绳包住，这样可减少柱内热量的散发，减少风和室温的影响。选用合适的热浴加热，液体沸腾后要注意调节浴温，使蒸气慢慢升入分馏柱，在有馏出液滴出后，调节浴温使得蒸出液体的速度控制在 1 滴/2～3s，这样可以得到比较好的分馏效果，待低沸点组分蒸完后，再渐渐升高温度。当第二个组分蒸出时会产生沸点的迅速上升。上述情况是假定分馏体系有可能将混合物的组分进行严格的分馏。如果不是这种情况，一般则有相当大的中间馏分（除非沸点相差很大）。

在操作过程中，要注意以下两点：①使柱由下而上温度逐渐降低并保持一定温度梯度，柱顶温度接近于易挥发组分的沸点。蒸馏速度不能太快，通过调控加热温度来产生一定回流比，达到高分离效率。②蒸馏较高沸点物时，为了维持柱内温度平衡，需要对分馏柱加以保温，例如用石棉布将柱子包起来，或缠绕一定匝数的电热丝等以保持柱内温度，提高分馏效率。

## 二、精密分馏

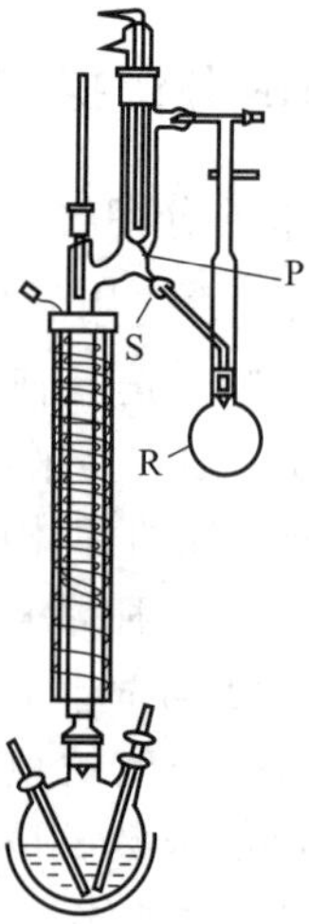

精密分馏为了提高分馏效率，在装置中主要采取了两项措施：一是柱身装有保温套，保证柱身温度与待分馏混合物的沸点相近，以利于气液两相平衡；二是控制一定的回流比，在分馏柱上安装全回流可调蒸馏头（图 4-9），就

图 4-9　分馏柱与分馏装置

P—冷凝管尖端；S—活塞；R—接收瓶

可以测量和控制回流比。所谓回流比，即从冷凝管尖端P返回柱中的液体如果为10滴，而通过活塞S流入接收瓶R为1滴，则回流比为10∶1。回流比越大，分馏效率越高。对于非常精密的分馏，使用高效分馏柱有时采用100∶1的回流比。

精密分馏操作见图4-9。将待分馏物放入烧瓶中，加入沸石，柱头的回流冷凝管中通入水，关闭出料活塞S，但系统不得密闭，对保温套及电热套通电加热，控制保温套温度略低于待分馏物组成中易挥发组分的沸点。调节电热套温度使液体沸腾。蒸气升至柱中，冷凝、回流而形成液泛，即柱中冷凝液较多，使上升的蒸气受阻，蒸气便将液体往上抬。降低电热套温度，使液体流回烧瓶。待液泛现象消除后，再提高加热温度，重复液泛1～2次，充分润湿填料。经过上述操作后，调节柱温，使它与待分馏物中易挥发组分的沸点相同或稍低。控制电热套温度，使蒸气缓慢地上升至柱顶，冷凝而全回流（不蒸出）。经一定时间后柱内以及柱顶温度均达到恒定，表示平衡已建立。此后逐渐旋开出料活塞，在稳定的情况下（不液泛），按一定回流比连续蒸出。收集一定沸点范围的各馏分，记下每一馏分的范围及质量。

## 第三节　减压蒸馏

减压蒸馏亦称真空蒸馏（vacuum distillation），是实验室中常用的基本操作之一。由于在减压条件下液体的沸点降低，故减压蒸馏主要应用于以下情况：①纯化高沸点液体；②分离或纯化在常压沸点温度下易于分解、氧化或发生其他化学变化的液体；③分离在常压下因沸点相近而难于分离，但在减压条件下可有效分离的液体混合物；④分离纯化低熔点固体。其基本原理如下。

液体的沸点是根据外界压力的变化而变化的。如果使压力降低，液体的沸点也就相应减小。在真空装置中，通过降低液体表面压力，使液体在低温下分离出来。这种降低压力进行蒸馏操作的方法就是减压蒸馏。绝对的真空在事实上是不可能得到的。通常把任何压力低于常压的气态空间都称为真空，这其实只是相对真空而已。若从某一系统中抽出一些气体并把系统密闭起来，系统内部的压力就低于大气压，因而也就成了“真空系统”。通常以系统内剩余气体的压力来比较各个真空系统的“真空程度”，称为“真空度”。真空度越高，系统内剩余气体的压力就越小。为了应用方便，又将真空划分为粗真空、中度真空和高真空三个等级，为获得或测定不同等级的真空，所使用的仪器也各不相同。

粗真空是指真空度为101325～1333Pa的真空，通常用水泵获得。水泵的效能与其结构及水温、水压有关，良好的水泵在冬季可抽得约1330Pa的真空，而在夏季只能抽得约4000Pa的真空。

中度真空是指1333～0.13Pa的真空。使用普通油泵可获得约130～13Pa的真空，使用高效油泵可获得约0.13Pa的真空。

高真空是指真空度为0.13～$1.3\times10^{-6}$Pa的真空。实验室中是使用扩散泵来实现高真空的，其工作原理是借一种液体的蒸发和冷凝，使空气附着在凝缩的液滴表面上而被抽走，而油泵则作为扩散泵的前级泵与之联用。

压力低于$1.3\times10^{-6}$Pa的超高度真空极难获得，因为在此情况下空气分子透过容器器壁而进入真空系统的量已不容忽视。在实验室中经常使用的是粗真空和中度真空。

沸点与压力的关系可以从文献中查出，也可以通过图4-10中液体在常压下的沸点与减压下的沸点曲线近似推出。例如：苯乙酮在常压下沸点为202℃，欲求当减压至20mmHg（2.67kPa）的沸点是多少？从图4-10（b）线找出相当于202℃的点，再从（c）线找出20mmHg（2.67kPa）的点，通过连接上述两点并延伸到与（a）线相交的点就是苯乙酮在20mmHg（2.67kPa）时的近似沸点，约93℃。如果在20～25mmHg（2.67～3.33kPa）之间进行减压蒸馏，压力每降低1mmHg（0.133kPa），沸点将降低约1℃，这样也可以粗略地估计相应压力下的沸点。

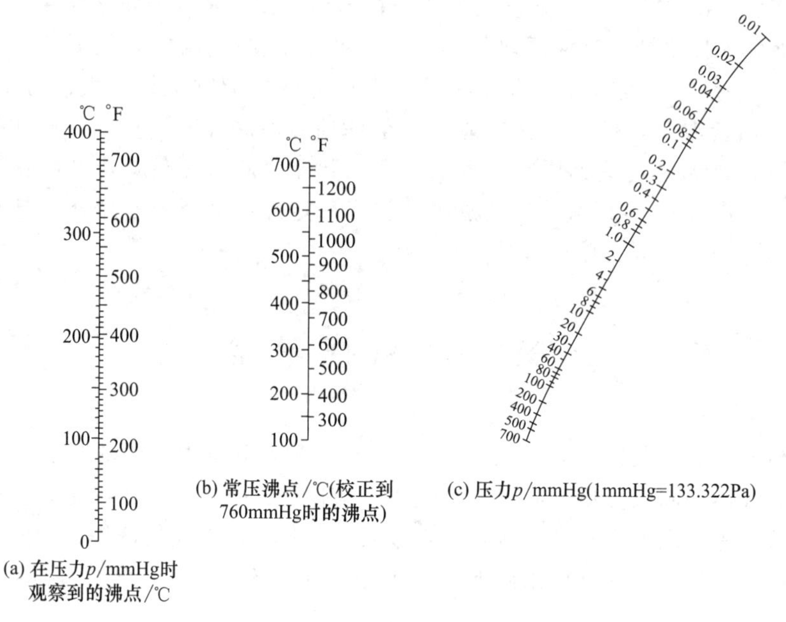


图4-10　压力-温度直线图

减压蒸馏操作如下。

## 1. 减压蒸馏装置

减压蒸馏装置由蒸馏、测压、减压及附设保护装置组成（图4-11）。

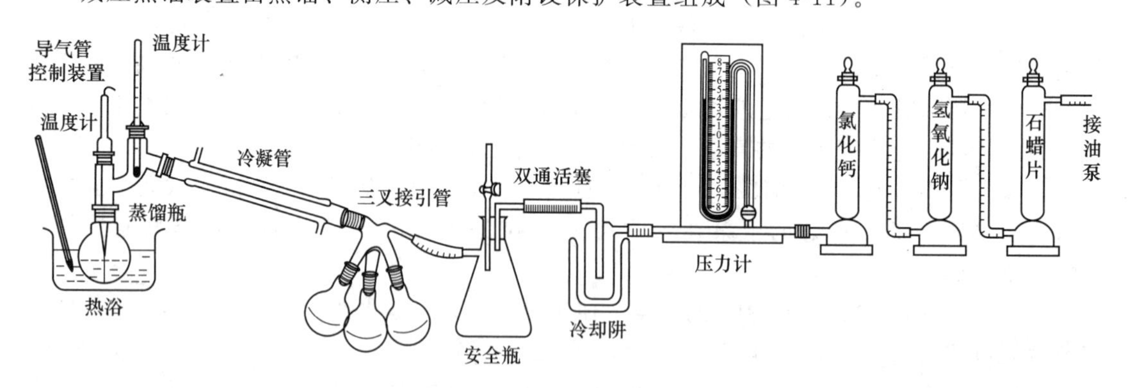


图4-11　减压蒸馏装置

（1）蒸馏部分　蒸馏部分由圆底烧瓶、克氏蒸馏头、冷凝器、双叉（三叉或多叉）接引管及接收器组成。克氏蒸馏头的正管装毛细管，侧管装温度计及连接冷凝器。毛细管下端要插到距瓶底约1～2mm处，上口用乳胶管连接并装好调节进气用的夹子（霍夫曼夹），减压时调节进气夹使少量空气不断通过毛细管进入烧瓶，产生小的气泡，形成汽化中心，这样可以防止暴沸。为防止乳胶管粘连，可在乳胶管内放一小段细金属丝，若被蒸馏液体易于氧化，可经毛细管注入惰性气体，防止氧化。接收器要用圆底烧瓶，不可用平底烧瓶或锥形瓶，它们在减压时受力不均而容易炸裂。减压蒸馏装置中所有的磨口要涂少许真空油脂，仪器要安装严密，不能漏气。与常压蒸馏类似，根据蒸出液体的沸点高低，选用合适的热浴和冷凝管。禁止在石棉网上或用明火直接加热。若蒸馏的液体量不多，而且沸点很高，或是低熔点的固体，也可不用冷凝管，而将克氏蒸馏头的支管直接插入接收瓶的球形部分中。蒸馏沸点较高的物质时，最好用石棉布或石棉绳包裹蒸馏瓶颈，以减少散热。

（2）抽气部分及保护装置　减压蒸馏就是从蒸馏系统中连续地抽出气体，使系统内维持一定的真空度。依真空度的高低有粗真空、中度真空和高真空之分，为获得和测量不同的真空度，所使用的仪器仪表亦不相同。减压蒸馏并不要求使用尽可能高的真空度，这不仅因为高真空对仪器仪表和操作技术的要求都很精密严格，还因为在高真空条件下液体的沸点降得太低，冷凝和收集其蒸气就变得很困难。所以凡是较低的真空度可以满足要求时，就不谋求更高的真空度。减压蒸馏所选择的工作条件通常是使液体在 50～100℃间沸腾，再据此确定所需用的真空度。这样对热源无苛刻的要求，蒸气的冷凝也不困难。如果所用真空泵达不到所需真空度，当然也可以让液体在 100℃以上沸腾；如果液体对热很敏感，则应使用更高的真空度，以便使其沸点降得更低一些。从这些原则出发，绝大多数有机液体都可以在粗真空或中度真空的条件下，在不太高的温度下被蒸馏出来。事实上，在有机化学实验中需要使用高真空的情况很少，所以以下只介绍粗真空和中度真空的测量和应用。实验室通常用循环水泵或油泵进行减压。为防止蒸馏过程中一些低沸点有机物、水及酸或碱性物质进入压力计和泵体，污染水银及泵油，影响真空度的测量，应在压力计和真空泵的前面安装保护装置。用水泵时，在蒸馏部分与水泵之间应安装安全瓶和压力计。安全瓶一般是配有双孔塞的抽滤瓶，一孔与支管相配组成抽气通路，另一孔安装两通活塞，其活塞以上部分拉成毛细管。安全瓶有三个作用：一是在减压蒸馏的开始阶段通过活塞调节系统内的压力，使之稳定在所需真空度上；二是在实验结束或中途需要暂停时，从活塞缓缓放进空气解除真空；三是在遇到水压突降时及时打开活塞以避免水倒吸入接收瓶中，从而保障“安全”地蒸馏。压力计是测压用的，在不需要测压的情况下也可以不装压力计。

保护部分则略复杂一些。保护装置包括安全瓶、干燥塔、压力计前安装用冰-水或冰-盐冷却的冷阱，用来冷凝低沸点挥发物等。干燥塔内填装防酸、防碱及干燥剂等吸附物质，一般依次装有无水氯化钙（吸收水汽）、粒状氢氧化钠（吸收水汽及酸雾）、变色硅胶（吸收水汽并指示保护系统的干燥程度）和块状石蜡（吸收有机气体）。安全瓶可用吸滤瓶代替。减压系统的各个部分应尽可能安排紧凑，并用耐压橡皮管相连。为了便于移动，可将油泵保护部分及测压部分固定在小推车上，如图 4-12 所示。实验室中常将后两部分合装在一辆车上。

**2. 实验操作**

（1）低沸点物质的除去　若待蒸馏的液体中含有如溶剂一类的低沸点物质时，应先进行常压蒸馏除去或回收，然后改用水泵减压蒸馏，除去少量残留溶剂，待充分冷却后再用油泵进行减压蒸馏，蒸出所需的馏分。

（2）抽气　装好减压蒸馏装置。加入待提纯的液体，使它不超过圆底烧瓶容积的一半，再检查系统内可达的最高真空度，即先旋紧套在毛细管口上的螺旋夹，打开安全

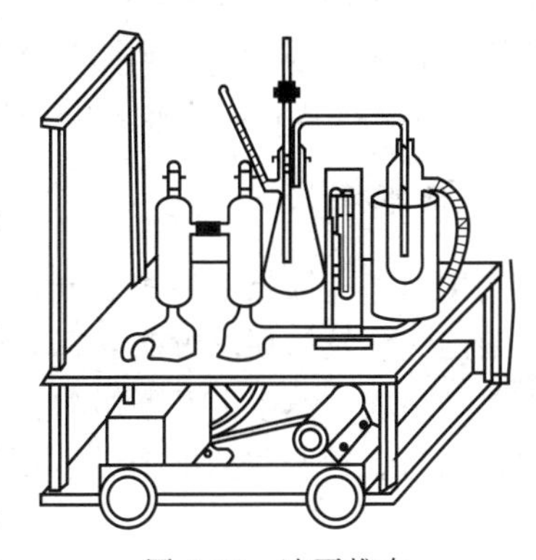

图 4-12　油泵推车

瓶上的双通活塞与大气相通，然后开泵抽气，逐渐关闭双通活塞，从压力计上观察能否抽到所要求的压力及快慢情况。关截系统内各个部分（捏紧橡皮管）时，压力计上所示的真空度应保持不变。若有降低现象，说明该段系统内有漏气，应立即按顺序用肥皂水检查各个接口，并旋紧磨口塞。如有漏气，可用真空油脂或熔融的石蜡密封。若超过所需的真空度，可慢慢地旋转双通活塞，引进少量空气调节至所需的真空度。如液体内仍含有少量低沸点溶剂时，减压时一定会引起泡沫和暴沸，这时应打开双通活塞直至泡沫减少，再慢慢关闭。这样操作可能要重复数次，直到液体内有连续平稳的小气泡通过为止。

（3）加热与接收　选用合适的热浴加热，烧瓶浸入热浴内的深度应超过瓶内的液面。待体系的压力稳定后才能开始加热。在热浴中放一支温度计，控制浴温比瓶内的液体沸点约高20～30℃。保持稳定的蒸馏速度，使每秒钟馏出1～2滴。在蒸馏过程中，不能擅离工作岗位，应戴上防护眼镜，并密切注视温度计和压力计的读数以及蒸馏的情况，记录压力和沸点数据。在蒸至接近预期的温度时，小心转动接引管，更换接收器。纯物质的沸点范围一般不超过±2℃。蒸馏完毕或需要中断时，应先停止加热，取下热浴，稍冷后慢慢打开双通活塞，否则进入空气的流量太大，会使汞柱急速上升，以致冲出压力计，应使压力计中的汞柱缓缓地恢复到原状，方可关闭水泵或油泵（拔去电插头）。取下接收瓶，及时拆洗玻璃仪器，以防磨口接头粘住。

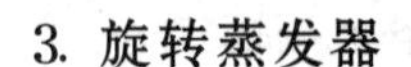

**3. 旋转蒸发器**

在有机反应或提取分离中经常要使用大量溶剂，但要回收或除去这些溶剂时多为烦琐又费时的操作，而且由于长时间的加热，还可能造成产物的分解。为了克服这些缺点，实验室中常常采用旋转蒸发器（也称薄膜浓缩器）来浓缩溶液，如图4-13所示。它是采用电动机带动烧瓶旋转，在水泵或油泵减压下进行蒸馏的装置。溶液在边加热边旋转的过程中，不断地附于瓶壁形成薄膜，可增大蒸发面积，防止溶液暴沸，节省时间。

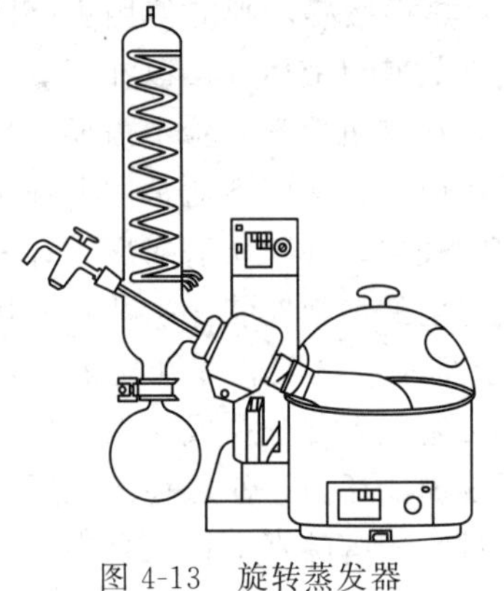

图4-13　旋转蒸发器

# 第四节　水蒸气蒸馏

有机化合物与水一起进行蒸馏的操作称为水蒸气蒸馏，是分离和纯化与水不相混溶的液体或固体化合物的常用方法，适用于混合物中存在大量非挥发性的树脂状或固体杂质的情况。用水蒸气蒸馏必须具备下列条件：①有机物不溶于水或难溶于水；②长时间与沸水及水蒸气共存不发生化学反应；③在近100℃时化合物有一定的蒸气压，至少要有1.33kPa。

## 一、基本原理

蒸馏和分馏技术适用于分离完全互溶的液体混合物，而要分离完全不互溶物系，水蒸气蒸馏是一种较简便的方法。在完全不互溶物系（如氯苯和水形成的混合物）中，各组分的性质差别很大，基本上互不影响。其蒸气压与单独存在时一样，只与温度有关，不随另一组分的存在和数量变化。根据道尔顿分压定律，该物系的蒸气总压等于各组分蒸气压之和：

$$p = p_A^0 + p_B^0 \tag{4-1}$$

式中，$p$ 为总的蒸气压；$p_A^0$、$p_B^0$ 分别为水、不溶于水的物质的蒸气压。当总的蒸气压等于外界压力时，此时沸腾的温度即是该混合物的沸点。由于总蒸气压恒大于任一组分的蒸气压，因此，混合物的沸点必定较任一组分的沸点都低。这样在低于 100℃ 的情况下，被蒸馏物就随水蒸气一同蒸出。因为两者不互溶，所以冷凝下来很容易分开。利用上述原理，将不溶于水的有机化合物和水一起蒸馏，不仅降低了物系的沸腾温度，而且还能防止其分解，这种分离方法称为水蒸气蒸馏。水蒸气蒸馏的优点是能在低于 100℃ 的温度下，较容易地得到高温下不稳定或沸点很高的物质，避免其在蒸馏过程中分解。同时，还可用于从焦油状混合物中蒸出反应物。混合蒸气中各个分压之比等于它们的物质的量之比：

$$\frac{p_B^0}{p_A^0}=\frac{n_B}{n_A} \tag{4-2}$$

式中，$n_A$、$n_B$ 为水、被分离物质的量，而 $n_A=m_A/M_A$，$n_B=m_B/M_B$，因此：

$$\frac{m_B}{m_A}=\frac{p_B M_B}{p_A M_A}=\frac{p_B^0 M_B}{p_A^0 M_A} \tag{4-3}$$

式中，$m$ 为质量；$M$ 为分子量；下标 A 表示水；下标 B 表示被分离物质。

由此可以看出，两种物质在馏出液中的相对质量比与它们的蒸气压和分子量的乘积成正比。

由于水具有低分子量和较大的蒸气压，它们的乘积 $p_A^0 M_A$ 很小，这样就可能分离较高分子量和较低蒸气压的物质。以苯胺为例，苯胺沸点为 184.4℃，与水一起加热至 98.4℃时沸腾，此时水的蒸气压是 718mmHg（95.7kPa），苯胺蒸气压是 42mmHg（5.6kPa），水和苯胺的分子量分别为 18 和 93，代入式（4-3）得：

$$\frac{m_B}{m_A}=\frac{p_B M_B}{p_A M_A}=\frac{93\times42}{18\times718}=0.30$$

计算结果说明，每蒸出 1g 水就可以同时蒸出 0.3g 苯胺。苯胺微溶于水，计算值是近似值。

## 二、水蒸气蒸馏操作

水蒸气蒸馏装置按图 4-14 安装，主要由水蒸气发生器和蒸馏装置两部分组成，中间通过 T 形管连接。

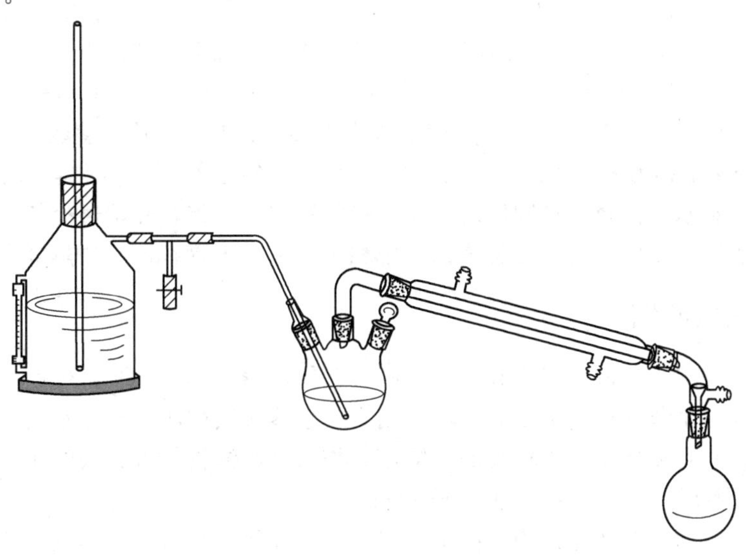

图 4-14　水蒸气蒸馏装置

① 水蒸气发生器。通常是用铜皮或薄铁板制成的圆筒状釜，釜顶开口，侧面装有一根竖直的玻璃管，玻璃管两端与釜体相连通，通过玻璃管可以观察釜内的水面高低，称为液面计。另一侧面有蒸气的出气管。釜顶开口中插入一支竖直的玻璃管，玻璃管的下端插至接近釜底，称为安全管。根据安全管内水面的升降情况，可以判断蒸馏装置是否堵塞。实验室内若无水蒸气发生器，也可以用大圆底烧瓶代替。

② T形管。T形管在直线上的管口通过橡胶管分别与水蒸气发生器和蒸馏装置连接，第三口向下，接上橡胶管及调节夹（霍夫曼夹）。安装时应注意蒸气导管和T形管与发生器的连接要保持平行，距离越短越好，使蒸气不易冷凝。

③ 蒸馏装置。蒸馏装置由蒸馏瓶、Y形管、蒸馏头、直形冷凝管、尾接管和接收瓶组成。由于许多反应是在三口烧瓶中进行的，直接用该三口烧瓶作为水蒸气蒸馏瓶就可避免转移的麻烦和产物的损失。为了防止蒸馏瓶中的液体跳溅而冲入冷凝管，可增加一Y形管。由于水蒸气蒸馏时混合蒸气的温度大多在90～100℃之间，所以冷凝管总是选用直形冷凝管。接收瓶可以为锥形瓶或圆底烧瓶、平底烧瓶等。导入蒸气的导气管应插至蒸馏瓶接近瓶底处。在蒸馏瓶底下增加热源（如电热套等）备用，当蒸馏瓶中积液过多时可适当加热赶走一部分水。

## 三、水蒸气蒸馏的操作要点和注意事项

水蒸气蒸馏的操作程序为：①在选定的蒸馏瓶中装入待蒸馏物，装入量不得超过其容积的1/3。在水蒸气发生器中注入约1/4容积的清水。②按照图4-14自下而上、从左到右依次装配各仪器，各仪器的中轴线应在同一平面内。③打开T形管下弹簧夹，点燃水蒸气发生器下部煤气灯。④当T形管开口处有水蒸气冲出时，开启冷却水，夹上弹簧夹，水蒸气蒸馏即开始。⑤当蒸至馏出液澄清透明后再多蒸出约10～20mL水，即可结束蒸馏。结束蒸馏时应先打开弹簧夹，再移开热源。稍冷后关闭冷却水，取下接收瓶，然后按照与安装时相反的次序依次拆除各仪器。⑥如果被蒸出的是所需要的产物，则为固体者可用抽滤法回收，是液体者可用分液漏斗分离回收。

水蒸气蒸馏中应该注意的问题有：①要注意液面和安全管中的水位变化。若水蒸气发生器中的水蒸发将尽，应暂停蒸馏，取下安全管，加水后重新开始蒸馏；若安全管中水位迅速上升，说明蒸馏装置的某一部位发生了堵塞，应暂停蒸馏，待疏通后重新开始。②需暂停蒸馏时应先打开弹簧夹，再移开热源。重新开始时应先加热水蒸气发生器至水沸腾，当T形管开口处有水蒸气冲出时再夹上弹簧夹。③要控制好加热强度和冷却水流速，使蒸气在冷凝管中完全冷凝下来。当被蒸馏物为熔点较高的化合物时，常会在冷凝管中析出固体，这时应调小（甚至暂时关闭）冷却水，使蒸气将固体熔化流入接收瓶中。当重新开始通冷却水时，要缓慢小心，防止冷凝管因骤冷而破裂。④若蒸馏瓶中积水过多，可隔石棉网加热赶出一些。

## 四、直接水蒸气蒸馏

如果被蒸馏物沸点较低（因而在100℃左右有较高蒸气压），黏度不大，且不是细微的粉末，故只需少量水蒸气即可蒸出时，可采用直接水蒸气蒸馏法。直接水蒸气蒸馏的装置与简单蒸馏相同，只是需选用容积较大的蒸馏瓶。加入被蒸馏物后再充入约相当于蒸馏瓶容积1/2的水，加入沸石，安装好装置即可加热蒸馏。

直接水蒸气蒸馏装置及操作均较简单，但若被蒸馏物是细粉末时不宜用此法，因为在蒸馏过程中会产生大量泡沫，或者被蒸馏物的粉末会被直接冲入冷凝管中。

# 第五节 萃取分离

萃取是化学实验中用来提取、纯化化合物的常用操作之一。通过萃取可以从固体中或液体混合物中提取出所需要的物质，也可用来洗去混合物中的少量杂质。通常称前者为“抽提”或“萃取”，后者为“洗涤”。

## 一、基本原理

萃取是利用物质对不同溶剂的亲疏性不同。当它们同时接触极性差别较大的两种互不相溶的溶剂时（例如水与有机溶剂），就会以一定比例在两相中分配，这种分配过程在一定条件下达到平衡。平衡时，组分 A 在有机相与水相中的浓度比（严格地讲，应为活度比）称为分配系数，记为：

$$K=\frac{[A]_{有}}{[A]_{水}}$$

式中，$[A]_{有}$、$[A]_{水}$分别为组分 A 在有机相和水相中的浓度，且组分 A 在两相中的存在形式相同。

有时，组分 A 在两相中的存在形态是多样的，常常因为解离、缔合、配合或其他形式的化学反应而使情况复杂化。因此，又将组分 A 在两相中各种形态的浓度之和的比，定义为分配比 $D$：

$$D=\frac{\sum[A]_{有}}{\sum[A]_{水}}=\frac{(c_A)_{有}}{(c_A)_{水}}$$

为了在实际工作中能定量地比较不同萃取体系中的分离效果，把溶质 A 在有机相中的含量与两相中的总含量之比称为萃取效率 $E$，并以百分数表示：

$$E=\frac{(c_A)_{有}V_{有}}{(c_A)_{有}V_{有}+(c_A)_{水}V_{水}}\times 100\%$$

经简单变换，得到：

$$E=\frac{D}{D+\frac{V_{水}}{V_{有}}}\times 100\%$$

由此可见，$D$ 值愈大，萃取效率愈高。如果 $D$ 固定，减少 $V_{水}/V_{有}$，即增加有机溶剂的用量，也可以提高萃取的效率，但后者的效果是不太显著的。而增加有机溶剂的用量，将使萃取以后溶质在有机相中的浓度降低，这往往不利于进一步的分离和测定。因此在实际工作中，对于分配比较小的溶质，常常采取分几次加入溶剂多次萃取或连续萃取的办法，以提高萃取效率。

设 $V_{水}$(mL) 溶液内含有被萃取物 A $m_0$(g)，用 $V_{有}$(mL) 溶剂萃取一次，水相中剩余被萃取物 $m_1$(g)，则进入有机相中的量是 $(m_0-m_1)$ (g)，此时分配比为 $D$：

$$m_1=m_0-m_0E=m_0\frac{V_{水}}{DV_{有}+V_{水}}$$

不难导出，若每次用 $V_{有}$(mL) 新鲜溶剂萃取 $n$ 次，剩余在水相中的被萃取物 A 为 $m_n$ (g)，则：

$$m_n=m_0\left(\frac{V_{水}}{DV_{有}+V_{水}}\right)^n$$

**【例 4-1】** 在 pH=7.0 时用 10.0mL 8-羟基喹啉氯仿溶液，从水溶液中萃取 $La^{3+}$。已知 $La^{3+}$ 在两相中的分配比 $D=43$，今取含 $La^{3+}$ 的水溶液（$1.00mg \cdot mL^{-1}$）20.0mL，计算用 10.0mL 一次萃取和分两次萃取（每次 5mL）的萃取效率。

**解** 用 10.0mL 一次萃取：

$$m_1=20.0\times\frac{20.0}{43\times10.0+20.0}=0.889\ (mg)$$

$$E=\frac{20.0-0.889}{20.0}\times100\%=95.6\%$$

用 5.0mL 连续萃取两次：

$$m_2=20.0\times\left(\frac{20.0}{43\times5.0+20.0}\right)^2=0.145\ (mg)$$

$$E=\frac{20.0-0.145}{20.0}\times100\%=99.3\%$$

可见用同样数量的萃取液，分多次萃取，比一次萃取的效率高。以上只就溶质 A 的简单情况进行了讨论。为了达到分离目的，不但萃取效率要高，而且还要考虑共存组分间的分离效果要好，对于分配比分别为 $D_A$ 和 $D_B$ 的两种物质在两个液相中的分离过程，需要以分离因数 $\beta$ 表示分离效果。在理想情况下，两种物质的分配情况互不影响，$\beta$ 定义为：

$$\beta=\frac{D_A}{D_B}$$

习惯上规定 $\beta\geqslant1$，即用较大的分配比除以较小的分配比。不难理解，当 $\beta$ 较大，即物质的分配比差别很大时，利用简单的萃取就能获得满意的分离效果。其他物质在任何两相之间的萃取情况是类似的。应注意的是，这种物质变换的过程只发生在两相界面上。为了加速建立平衡过程，应当尽可能增大两相之间的界面。因此，萃取过程中要充分振荡盛有液体的容器，固体物质要充分研细。但在许多情况下，尤其是涉及固相时，真正的分配平衡过程是很难完全建立的。

## 二、萃取体系

无机物质中只有少数共价分子，如 $HgI_2$、$HgCl_2$、$GeCl_4$、$AsCl_3$、$SbI_3$ 等可以直接用有机溶剂萃取。大多数无机物质在水溶液中解离成离子，并与水分子结合成水合离子，从而使各种无机物质较易溶解于极性溶剂水中。萃取过程中要用非极性或弱极性的有机溶剂，从水中萃取出已水合的离子来，显然是有困难的。为了使无机离子的萃取过程能顺利进行，必须在水中加入某种试剂，使被萃取物质与试剂结合成不带电荷、难溶于水、易溶于有机溶剂的分子，这种试剂称为萃取剂。根据被萃取组分与萃取剂所形成的可被萃取分子性质的不同，可把萃取体系分为：螯合物萃取体系、离子缔合物萃取体系、溶剂化合物萃取体系和无机共价化合物萃取体系。

有机物的萃取与洗涤一类主要依据“相似易溶”原则，即根据不同有机物在不同溶剂中有不同的溶解度，从混合物中提取所需要组分的过程；另一类萃取是利用它能与被萃取物质起化学反应，使有机物得到分离或从化合物中除去杂质，例如，用碱性萃取剂可以从有机相中除去有机酸等。

## 三、萃取操作

### 1. 溶液中物质的萃取

在实验中用得最多的是水溶液中物质的萃取，所用的容器为分液漏斗。操作时选择容积较液体体积大一倍以上的分液漏斗，把活塞擦干，在离活塞孔稍远处薄薄地涂上一层润滑脂（注意切勿涂得太多，使润滑脂进入活塞孔中，以免沾污萃取液），塞好后再把活塞旋转几圈，使润滑脂均匀分布，看上去透明即可。一般在使用前应于漏斗中放入水摇荡，检查塞子与活塞是否渗漏，确认不漏水时方可使用。然后将漏斗放在固定在铁架上的铁圈中，关好活塞，将要萃取的水溶液和萃取剂（一般为溶液体积的1/3）依次自上口倒入漏斗中，塞紧塞子（注意塞子不能涂润滑脂）。取下分液漏斗，用右手手掌顶住漏斗顶塞并握住漏斗，左手握住漏斗活塞处，大拇指压紧活塞，把漏斗放平前后摇振，在开始时，摇振要慢。摇振几次后，将漏斗的上口向下倾斜，下部支管指向斜上方（朝向无人处），左手仍握在活塞支管处，用拇指和食指旋开活塞，从指向斜上方的支管口释放出漏斗内的压力，也称"放气"（见图4-15）。

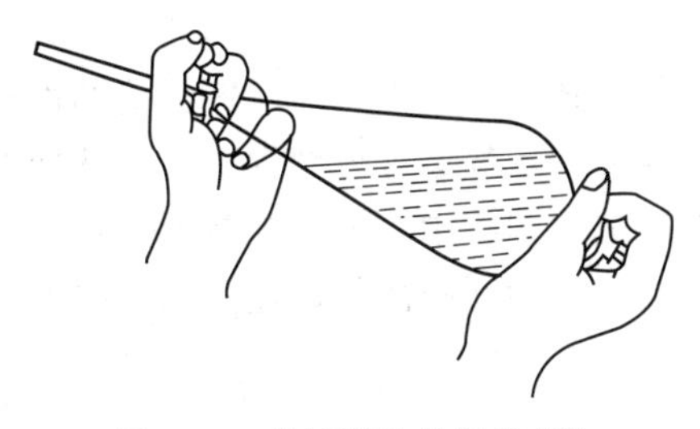

图 4-15　分液漏斗的握持方法

以乙醚萃取水溶液中的物质为例，在振摇后乙醚可产生40～66.7kPa的蒸气压，加上原来空气和水蒸气压，漏斗中的压力就大大超过了大气压。如果不及时放气，塞子就可能被顶开而出现喷液。待漏斗中过量的气体逸出后，将活塞关闭再行振摇。如此重复放气至只有很小压力后，再剧烈振摇2～3min，然后再将漏斗放回铁圈中静置，待两层液体完全分开后，打开上面的玻璃塞，再将活塞缓缓旋开，下层液体自活塞放出。分液时一定要尽可能分离干净，有时在两相间可能出现一些絮状物也应同时放去。然后将上层液体从分液漏斗的上口倒出，切不可也从活塞放出，以免被残留在漏斗颈上的第一种液体所沾污。将水溶液倒回分液漏斗中，再用新的萃取剂萃取。为了弄清哪一层是水溶液，可任取其中一层的少量液体，置于试管中，并滴加少量自来水，若分为两层，说明该液体为有机相。若加水后不分层，则是水溶液。萃取次数取决于分配系数，一般为3～5次，将所有的萃取液合并，加入过量的干燥剂干燥。然后蒸去溶剂，萃取所得的有机物视其性质可利用蒸馏、重结晶等方法纯化。

在萃取时，可利用"盐析效应"，即在水溶液中先加入一定量的电解质（如氯化钠），以降低有机物在水中的溶解度，提高萃取效率。

使用分液漏斗时应当注意：分液漏斗的塞子和活塞要用细绳或塑料绳套扎在漏斗上，以免滑出或调错；放入烘箱中烘干时，应将两个塞子取下；用碱液萃取后一定要洗干净，在塞子和磨口之间应垫上纸片，以防粘住。

### 2. 连续萃取

当被萃取物质易溶于水而微溶于萃取溶剂时，就必然要用大量溶剂进行多次萃取。这时如采用穿流器连续萃取，可大大提高萃取效率，减少溶剂用量和被萃取物质的损失。溶剂在穿流器的烧瓶中受热汽化，至冷凝管中被冷凝为液体后穿过被萃取的溶液，然后经过溢流管回到烧瓶中再循环萃取。图4-16（a）和（b）的穿流器分别用于密度较小溶剂萃取密度较大溶液中的物质和密度较大溶剂萃取密度较小溶液中的物质。

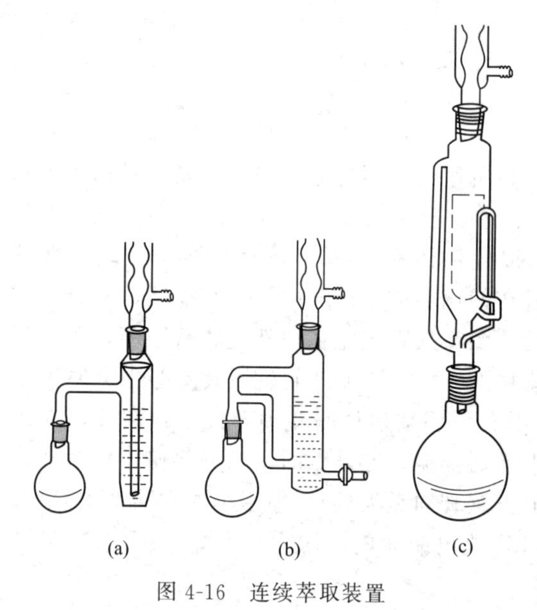

图 4-16 连续萃取装置

### 3. 固体物质的提取

从固体中萃取有机物有冷浸（渍）、渗漉及加热提取等方法。前两种方法常用于天然产物的萃取，因为它是靠溶剂的长期浸润溶解，将有机物冷浸出来。这样可减少受热时间，也不需要任何特殊器皿，但溶剂用量大、效率低。加热提取法有一次式的加热回流提取及多次式的。为了使提取更完全，上述操作需要重复进行多次，连续萃取。为了节约溶剂，使萃取更加完全，实验室中常用索氏（Soxhlet）提取器进行连续萃取。

索氏提取器又称脂肪提取器［图 4-16(c)］。它是利用溶剂回流及虹吸原理，使固体有机物连续多次地被溶解萃取，而且每一次都能为纯的溶剂所萃取，因此效率高。萃取前应先将固体研细，以增加溶剂浸溶的面积，然后将固体放在滤纸筒内，置于提取器中。当溶剂沸腾时，蒸气通过玻璃管上升，从冷凝管凝结下来时，滴到固体提取物上，被提取物就溶解在热的溶剂相中。溶剂升高到一定高度，会从侧面的虹吸管溢流回烧瓶。然后又重新蒸发、冷凝，变为新鲜溶剂，重复上述提取过程。最后，所要的提取物就会集中在下面的烧瓶里。

## 第六节　色谱分离法

色谱法是分离、纯化和鉴定有机化合物的重要方法之一，具有极其广泛的用途。早期用此法来分离有色物质时，往往得到颜色不同的色层。色谱（层）一词由此得名。现在被分离的物质不管有色与否，都能适用。因此，色谱一词早已超出原来含义。

色谱法的基本原理是利用混合物中各组分在某一物质中的吸附或溶解性能（即分配）的不同，或其他亲和作用性能的差异，使混合物的溶液流经该种物质，进行反复的吸附或分配等操作，从而将各组分分开。流动的混合物溶液称为流动相，固定的物质称为固定相（可以是固体或液体）。

根据分离原理不同，可分为吸附色谱、分配色谱、离子交换色谱和排阻色谱等；根据操作条件的不同，又可分为柱色谱、薄层色谱、纸色谱、气相色谱及高效液相色谱等类型。现就薄层色谱、柱色谱做一介绍。

### 一、薄层色谱分离法

#### 1. 分离原理

薄层色谱（thin layer chromatography，TLC）是近年来发展起来的一种微量、快速而简单的色谱法。它兼备了柱色谱和纸色谱的优点。一方面适用于少量样品（几到几十微克，甚至 0.01μg）的分离；另一方面若在制作薄层板时，把吸附层加厚，将样品点成一条线，则可分离多达 500mg 的样品，因此可用来精制样品。此法特别适用于挥发性较小或在较高温度下易发生变化而不能用气相色谱分析的物质。

薄层色谱常用的有吸附色谱和分配色谱两类。一般能用硅胶或氧化铝薄层色谱分开的物质，也能用硅胶或氧化铝柱色谱分开；凡能用硅藻土和纤维素作支持剂的分配柱色谱能分开的物质，也可分别用硅藻土和纤维素薄层色谱展开，因此薄层色谱常用作柱色谱的先导。

（1）薄层色谱用的吸附剂和支持剂

薄层色谱的吸附剂最常用的是氧化铝和硅胶，分配色谱的支持剂为硅藻土和纤维素。硅胶的吸附性来源于表面的 Si—OH 基，主要用于分离酸性、中性有机物、无定形多孔性物质，适用于酸性物质的分离和分析。薄层色谱用的硅胶分为："硅胶 H"——不含黏合剂；"硅胶 G"——含煅石膏黏合剂；"硅胶 $HF_{254}$"——含荧光物质，可于波长 254nm 紫外线下观察荧光；"硅胶 $GF_{254}$"——既含煅石膏又含荧光剂。氧化铝的吸附性，来自铝原子上未成键的电子对，多用于分离碱性或中性有机物。与硅胶相似，氧化铝也因含黏合剂或荧光剂而分为氧化铝 G、氧化铝 $GF_{254}$ 及氧化铝 $HF_{254}$。黏合剂除上述的煅石膏（$2CaSO_4 \cdot H_2O$）外，还可用淀粉、羧甲基纤维素钠（CMC）。通常将薄层板按加黏合剂和不加黏合剂分为两种，加黏合剂的薄层板称为硬板，不加黏合剂的称软板。薄层色谱属于吸附色谱过程，其流动相又称为展开剂或溶剂，固定相也叫吸附剂。由于组分、流动相和固定相三者间既相互联系又存在吸附竞争的机制，使得薄层色谱法有很好的分离效能。

（2）展开剂的选择

选择合适的展开剂是至关重要的。一般选择展开剂时首先要考虑对被分离组分有一定溶解度和解吸能力。由于硅胶和氧化铝都是极性吸附剂，所以展开剂的极性愈大，对吸附剂活性位的竞争吸附能力也愈强，对已被吸附组分的洗脱能力也愈强，就能使被吸附组分在薄板上移动更远距离。在分离过程中如发现移动距离太小，说明展开剂极性不够，需要考虑加入一种（有时是几种）极性强的展开剂进行调控。这种混合展开剂往往能使分离效果显著优于单一展开剂。

常用展开剂的洗脱力（由小至大）顺序为：石油醚、环己烷、四氯化碳、二氯甲烷、氯仿、乙醚、四氢呋喃、乙酸乙酯（无水）、丙酮、正丁醇、乙醇、甲醇、水、冰醋酸、吡啶、有机酸等。以上只是大致的顺序，且对硅胶和氧化铝适用。但使用前必须做实验，以取得的第一手资料为准。

**2. 操作方法**

（1）薄层板的制备

薄层板的制备方法有两种：一种是干法制板；另一种是湿法制板。

干法制板常用氧化铝作吸附剂，将氧化铝倒在玻璃板上，取一根直径均匀的玻璃棒，将两端用胶布缠好，在玻璃板上滚压，把吸附剂均匀地铺在玻璃板上。这种方法操作简便、展开快，但是样品展开点易扩散，制成的薄层板不易保存。

实验室最常用的是湿法制板。取 2g 硅胶 G，加入 5～7mL 0.7%的羧甲基纤维素钠水溶液，调成糊状。将糊状硅胶均匀地倒在三块载玻片上，先用玻璃棒铺平，然后用手轻轻震动至平。大量铺板或铺较大板时，也可使用涂布器。

薄层板制备的好与坏直接影响色谱分离的效果，在制备过程中应注意：

① 铺板时，尽可能将吸附剂铺均匀，不能有气泡或颗粒等；

② 铺板时，吸附剂的厚度不能太厚也不能太薄，太厚展开时会出现拖尾，太薄样品分不开，一般厚度为 0.5～1mm；

③ 湿板铺好后，应放在比较平的地方晾干，然后转移至试管架上慢慢自然干燥，千万

不要快速干燥，否则薄层板会出现裂痕。

（2）薄层板的活化

薄层板经过自然干燥后，再放入烘箱中活化，进一步除去水分。不同的吸附剂及配方，需要不同的活化条件。例如：硅胶一般在烘箱中逐渐升温，在105～110℃下，加热30min；氧化铝在200～220℃下烘干4h可得到活性为Ⅱ级的薄层板，在150～160℃下烘干4h可得到活性为Ⅲ～Ⅳ级的薄层板，含水量与活性等级的关系见表4-4。当分离某些易吸附的化合物时，可不用活化。

**表4-4 吸附剂的含水量和活性等级关系**

| 活性等级 | Ⅰ | Ⅱ | Ⅲ | Ⅳ | Ⅴ |
|---|---|---|---|---|---|
| 氧化铝含水量 | 0 | 3% | 6% | 10% | 15% |
| 硅胶含水量 | 0 | 5% | 15% | 25% | 38% |

（3）点样

将样品用易挥发溶剂配成1%～5%的溶液。在距薄层板的一端10mm处，用铅笔轻轻地画一条横线作为点样时的起点线，在距薄层板的另一端5mm处，再画一条横线作为展开剂向上爬行的终点线（画线时不能将薄层板表面破坏），如图4-17所示。

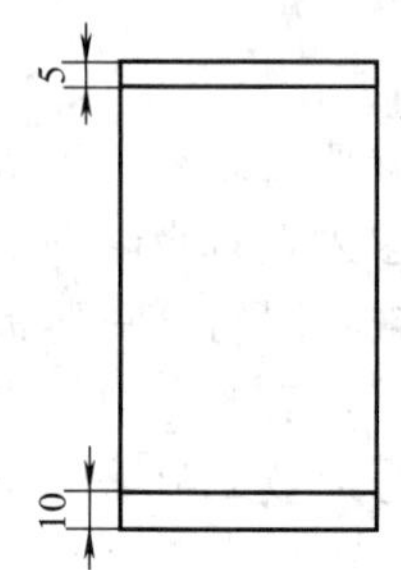

图4-17 薄层板

用内径小于1mm干净并且干燥的毛细管吸取少量的样品，轻轻触及薄层板的起点线（即点样），然后立即抬起，待溶剂挥发后，再触及第二次。这样点3～5次即可，如果样品浓度低可多点几次。在点样时应做到“少量多次”，即每次点的样品量要少一些，点的次数可以多一些，这样可以保证样品点既有足够的浓度，点又小。点好样品的薄层板待溶剂挥发后再放入展开缸中进行展开。

（4）展开

展开时，在展开缸中注入配好的展开剂，将薄层板点有样品的一端放入展开剂中（注意展开剂液面的高度应低于样品斑点），如图4-18（b）所示。在展开过程中，样品斑点随着展开剂向上迁移，当展开剂前沿至薄层板上边的终点线时，立刻取出薄层板。将薄层板上分开的样品点用铅笔圈好，计算比移值。

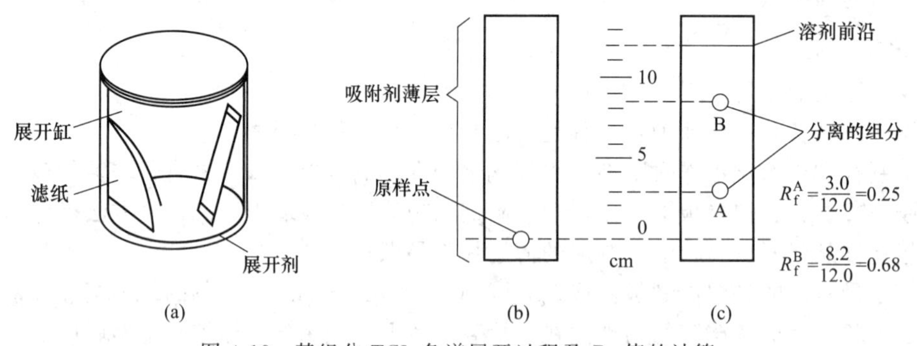

图4-18 某组分TCL色谱展开过程及$R_f$值的计算

（5）比移值$R_f$的计算

某种化合物在薄层板上上升的高度与展开剂上升高度的比值称为该化合物的比移值，常用$R_f$来表示：

$$R_f=\frac{\text{样品中某组分移动离开原点的距离}}{\text{展开剂前沿距原点中心的距离}}$$

对于一种化合物，当展开条件相同时，$R_f$ 值是一个常数。因此，可用 $R_f$ 作为定性分析的依据。但是，由于影响 $R_f$ 值的因素较多，如展开剂、吸附剂、薄层板的厚度、温度等均能影响 $R_f$ 值，因此同一化合物的 $R_f$ 值与文献值会相差很大。在实验中常采用的方法是在一块板上同时点一个已知物和一个未知物，进行展开，通过计算 $R_f$ 值来确定是否为同一化合物。

（6）显色

样品展开后，如果本身带有颜色，可直接看到斑点的位置。但是，大多数有机化合物是无色的，因此，就存在显色的问题。常用的显色方法如下。

① 显色剂法。常用的显色剂有碘和三氯化铁溶液等。许多有机化合物能与碘生成棕色或黄色的配合物。利用这一性质，在一密闭容器中（一般用展开缸即可）放几粒碘，将展开并干燥的薄层板放入其中，稍稍加热让碘升华，当样品与碘蒸气反应后，薄层板上的样品点处即可显示出黄色或棕色斑点，薄层板自展开缸取出，色斑一般在 2～3s 消失，因此必须立即用铅笔将点圈好。除饱和烃和卤代烃外，均可采用此方法。三氯化铁溶液可用于带有酚羟基的化合物显色。

② 紫外灯显色法。用硅胶 $GF_{254}$ 制成的薄层板，由于加入了荧光剂，在 254nm 波长的紫外灯下，可观察到暗色斑点，此斑点就是样品点。

以上这些显色方法在柱色谱和纸色谱中同样适用。

**3. 应用**

薄层色谱的最大优点是简便、易行、快速，且分离效果不错，在定性分析、定量分析、监测反应进程、制备纯样品、为柱色谱做条件实验等方面均可使用。

在定性分析中，主要依据 $R_f$ 值。需要注意的是，在吸附剂、展开剂、薄层厚度、温度及其他操作条件尽量保持一致时的定性才有意义。最好用检测样品的标准样品于同样条件下作对照，还要至少改变展开剂极性后再复核一次结果才是可靠的。

有机反应的进程，也能很方便地利用薄层色谱来监测。例如，从反应开始时，每隔一定时间，将反应液点在薄层板上并展开（以原料纯品作对照）。经显色后，如果检测不到原料斑点，说明反应已完全。如果除了产物之外，还有其他斑点，可能是副产物或中间体。由产物斑点面积大小还能定性地估计产率。

## 二、柱色谱法

柱色谱法又称柱上层析法，简称柱层析，或以 CC 表示。它是分离混合物和提纯少量物质的有效方法。按分离过程作用性质的不同，可以分为吸附色谱、分配色谱和离子交换色谱。

吸附色谱，即柱上吸附色谱。常用氧化铝和硅胶为吸附剂，填装在柱中的吸附剂把混合物中各组分先从溶液中吸附到其表面上，而后用溶剂洗脱或展开。由于溶剂流经吸附剂时，发生无数次吸附和解吸过程，以及由于各组分被吸附的程度不同，使吸附强的组分留在柱的上端，吸附弱的组分留在下端，从而达到分离的目的。

分配色谱与液-液连续萃取法相似。它是利用混合物各组分在两种互不相溶的液相间的分配系数不同而进行分离，常以硅藻土和纤维素作为载体（支持剂），以吸附大量的液体作为固定相。

离子交换色谱是基于溶液中的离子与以离子交换树脂作为吸附剂表面的离子的相互作用，使有机酸、碱或盐类得到分离。

下面着重介绍柱上吸附色谱及实验操作。

### 1. 柱上吸附色谱

（1）吸附剂的选择

一种理想的吸附剂应该具备以下条件：①能够可逆地吸附待分离的物质；②不能与被吸附物质发生化学变化；③粒度大小应使展开剂以均匀的流速通过色谱柱；④最好是白色的或浅色的，以便对色带进行观察。例如，氧化铝和硅胶均能符合上述要求，所以成为常用的吸附剂。大多数吸附剂都能强烈地吸水，而且水分易被其他化合物置换，因此使吸附剂的活性降低，通常用加热方法使吸附剂活化。氧化铝随着表面含水量的不同而分成各种活性等级（见表 4-4）。

（2）溶质的结构与吸附能力的关系

化合物的吸附性与它们的极性成正比，化合物分子中含有极性较大的基团时，吸附性也较强，氧化铝对各种化合物的吸附性按以下次序递减：

酸和碱＞醇、胺、硫醇＞酯、醛、酮＞芳香族化合物＞卤代烃、醚＞烯＞饱和烃

（3）溶剂

溶剂的选择是重要的一环，通常根据被分离物中各种组分的极性、溶解度和吸附剂的活性等来考虑。先将要分离的样品溶于一定体积的溶剂中，选用的溶剂极性应低，体积要小。如有的样品在极性低的溶剂中溶解度很小，则可加入少量极性较大的溶剂，使溶液体积不致太大。色层的展开首先使用极性较小的溶剂，使最容易脱附的组分分离。然后加入不同比例的极性溶剂配成的洗脱剂，将极性较大的化合物自色谱柱中洗脱下来。常用洗脱剂的极性同薄层色谱常用展开剂的洗脱能力顺序相同。所用溶剂必须纯粹且干燥，否则会影响吸附剂的活性和分离效果。吸附柱色谱的分离效果不仅依赖于吸附剂和洗脱溶剂的选择，而且与制成的色谱柱有关，要求柱中的吸附剂用量为被分离样品量的 30～40 倍，需要时也可增至 100 倍。柱高和直径之比一般是 75∶1，装柱可采用湿法和干法两种，无论采用哪种方法装柱，都不要使吸附剂有裂缝或气泡，否则影响分离效果，一般来说，湿法装柱较干法紧密均匀。

### 2. 柱色谱操作方法

（1）装柱

图 4-19 以示意方式说明色谱柱的各个组成部分。色谱柱的大小，取决于被分离物的量和吸附性。一般的规格是：柱的直径为其长度的 1/10～1/4，实验室中常用的色谱柱，其直径在 0.5～10cm 之间。当吸附物的色带占吸附剂高度的 1/10～1/4 时，此色谱柱即可做色谱分离了。色谱柱或酸式滴定管的活塞不应涂润滑脂。

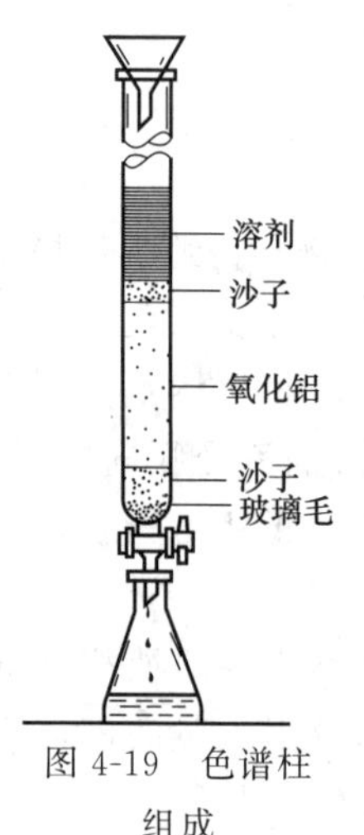

图 4-19　色谱柱组成

先将色谱柱垂直地固定于支架上，柱的下端铺一层脱脂棉（或玻璃棉）。为了保持平整的表面，可在脱脂棉上铺一层约 5mm 厚的干净细沙或石英砂，然后用下列方法装柱。

① 干法装柱　在柱的上端放一玻璃漏斗，使吸附剂经漏斗成一细流，慢慢注入柱中，并时时用橡皮锤或带橡皮塞头的搅拌棒轻轻敲击管壁，使填装均匀，直到吸附剂的高度约为需要的柱长为止。然后沿管壁慢慢地倒入洗脱剂，使吸附剂全部润湿，并略有多余。最后在吸附剂顶部盖一层约 5mm 厚的细沙。由于这种方法在添加溶剂时易出现气泡，吸附剂也可能发生溶胀，所以一般很少采用。为了克服上述缺点，通常先将洗脱剂加入柱内，并约为柱高的四分之三处，然后一边通过活塞使洗脱剂缓缓流出，一边将吸附剂通过玻璃漏斗慢慢地加入，同时用橡皮锤轻轻敲击柱身，待完全沉降后再铺上沙

子或用小的圆形滤纸覆盖，以防加入样品或洗脱时冲击吸附剂表面。

② 湿装法　将洗脱剂装入约为柱高的四分之三后，把下端的活塞打开，使洗脱剂一滴一滴地流出，然后将调好的吸附剂和洗脱剂的糊状物，缓慢且连续不断地倒入柱中。加完后继续让洗脱剂流出，直到吸附剂完全沉降，高度不变为止。最后再加入干净细沙或少许棉花覆盖在吸附剂上面（棉花上另加一张圆形滤纸）。这种方法比干装法好，因为它可把夹留在吸附剂内的空气全部赶出，使吸附剂均匀地装在柱内。

（2）加样与洗脱

柱填装后，将多余的洗脱剂通过活塞自下面放掉，使洗脱剂的液面刚好接近吸附剂顶面时关闭活塞。将样品溶于少量、极性小的溶剂中（一般每克样品不超过 10～15mL），小心地沿管壁加入柱中，不要使吸附剂冲松浮起。加完后打开活塞，直到液面接近吸附剂顶面时关闭活塞。再加入少量溶剂，重新打开活塞放掉溶剂。这样重复几次，可使样品全部进入柱内，然后用洗脱剂洗脱。洗脱液的流速不宜过快，以 1～2 滴/s 为宜，否则柱中交换来不及达到平衡，势必影响分离效果。此外操作过程中勿使吸附剂顶面的溶液或洗脱剂滴干，因为干后再加溶剂常使柱内产生气泡或裂缝，严重影响实验结果。

所得洗脱液可用薄层色谱或纸色谱跟踪并决定能否合并在一起。对有色物质，也可按色带分别收集。无色的样品但经紫外线照射能呈荧光的，可用紫外线照射来观察和监测混合物展开和洗脱的情况。洗脱液合并后，蒸去溶剂就可以得到某一组分。如果是几个组分的混合，用其他方法进一步分离。

由于柱色谱操作简单易行，在实验室中常用来分离并制备一定量纯物质。其操作条件，如吸附剂和洗脱剂的选择，组分的流出顺序及流出组分的纯度等，都可以用薄层色谱来探索和检验。薄层色谱快速、方便，摸索出的分离条件往往稍作改变即可用于柱色谱，因而常将两者结合起来使用，在定性、分离、制备一定数量的纯样品方面成为简便易行且有效的方法。

# 第七节　固液分离

在化合物制备或分析的过程中，经常要遇到固体与液体的分离问题。利用沉淀法进行重量分析是固液分离的直接应用。本节将简要介绍常用的三种固液分离方法和重量分析的基本操作。

## 一、固液分离方法

### 1. 倾析法

当沉淀的相对密度较大或结晶的颗粒较大，静置后能沉降至容器底部时，可用倾析法进行沉淀的分离和洗涤。把沉淀上部的清液倾入另一容器内，然后加入少量洗涤液（如蒸馏水）洗涤沉淀，充分搅拌沉降，倾去洗涤液。如此重复操作三遍以上，即可洗净沉淀，如图 4-20 所示。

### 2. 离心分离法

少量沉淀与溶液进行分离时，可使用离心仪器。实验室中常用的离心仪器是电动离心机（图 4-21）。

（1）离心分离操作步骤

① 沉淀。在溶液中边搅拌边加沉淀剂，等反应完全后，离心沉降。在上层清液中再加试

剂一滴，如清液不变浑浊，即表示沉淀完全。否则必须再加沉淀剂直至沉淀完全，离心分离。

② 溶液的转移。离心沉降后，用吸管把清液与沉淀分开。方法是先用手指捏紧吸管上的橡皮头，排除空气，然后将吸管轻轻插入清液中（切勿在插入清液以后再捏橡皮头），慢慢放松橡皮头，溶液则慢慢进入管中，随试管中溶液的减少，将吸管逐渐下移至全部溶液吸入管内为止。吸管尖端接近沉淀时要特别小心，勿使其触及沉淀（图 4-22）。

③ 沉淀的洗涤。如果要将沉淀溶解后再做鉴定，必须在溶解之前，将沉淀洗涤干净。常用的洗涤剂是蒸馏水。加洗涤剂后，用搅拌棒充分搅拌，离心分离，清液用吸管吸出。必要时可重复洗几次。

图 4-20　倾析法

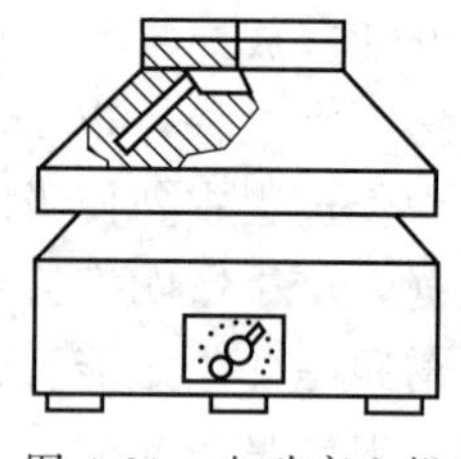

图 4-21　电动离心机

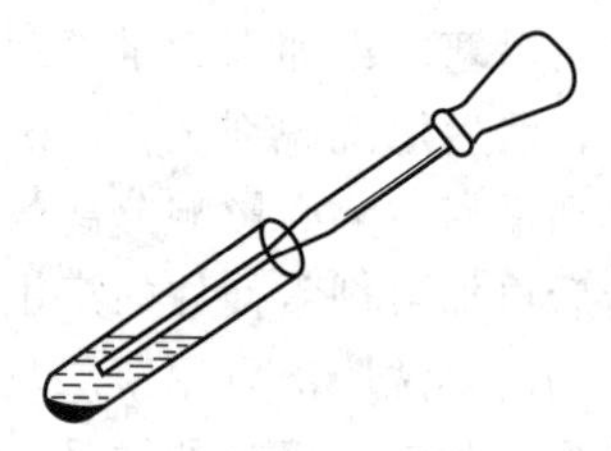

图 4-22　溶液与沉淀分离

（2）离心分离注意事项

① 离心管放入金属套管中的位置要对称，质量要平衡，否则易损坏离心机的轴。如果只有一只离心管的沉淀需要进行分离时，则可取另一支空的离心管，盛以相应质量的水，然后把两支离心管分别装入离心机的对称套管中，以保持平衡。

② 打开旋钮，逐渐旋转变阻器，使离心机转速由小到大，数分钟后慢慢恢复变阻器到原来的位置，使其自行停止。

③ 离心时间和转速，由沉淀的性质来决定。结晶型的紧密沉淀，转速 $1000r \cdot min^{-1}$，1～2min 后即可停止。无定形的疏松沉淀，沉降时间要长些，转速可提高到 $2000r \cdot min^{-1}$。如经 3～4min 后仍不能使其分离，则应设法（如加入电解质或加热等）促使沉淀沉降，然后再进行离心分离。

**3. 过滤法**

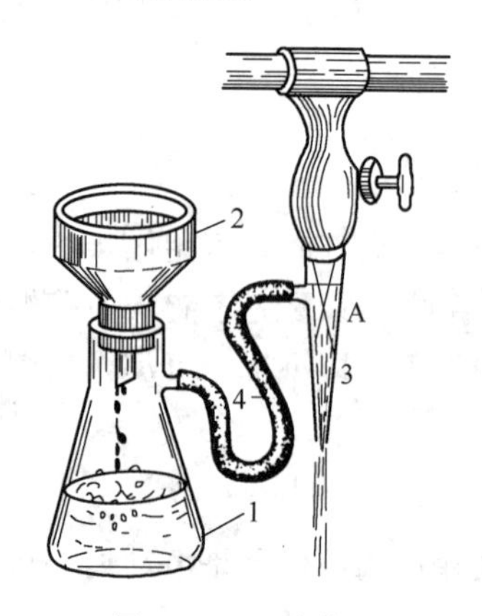


图 4-23　吸滤装置
1—吸滤瓶；2—布氏漏斗；
3—水抽气泵；4—橡皮管

常用的过滤方法有常压过滤和减压过滤，有时还需要热过滤。

（1）减压过滤

减压可以加速过滤，还可以把沉淀抽吸得比较干燥。它的原理是水泵处有一窄口（见图 4-23），当水急剧流经 A 处时，水即把空气带出而使吸滤瓶内的压力减小。减压过滤操作过程如下。

① 吸滤操作

第一步：先剪好一张比布氏漏斗底部内径略小，但又能把全部瓷孔都盖住的圆形滤纸。

第二步：把滤纸放入漏斗内，用少量水润湿滤纸。微开水龙头，按图 4-23 装置连好（注意：漏斗下端的斜口应对着吸滤瓶的吸气嘴），滤纸便吸紧在漏斗上。

第三步：过滤时，将溶液沿着玻璃棒流入漏斗（注意：溶液不要超过漏斗总容量的2/3），然后将水龙头开大，待溶液滤下后，转移沉淀，并将其平铺在漏斗中，继续抽吸至沉淀比较干燥为止。在吸滤瓶中滤液高度不得超过吸气嘴。吸滤过程中，不得突然关闭水泵，以免自来水倒灌。

第四步：当过滤完毕时，要记住先拔掉橡皮管，再关水龙头，以防由于滤瓶内压力低于外界压力而使自来水吸入滤瓶，把滤液沾污（这一现象称为倒吸）。为了防止倒吸而使滤液沾污，也可在吸滤瓶与抽气水泵之间装一个安全瓶。

② 沉淀洗涤。洗涤沉淀时拔掉橡皮管，关掉水龙头，加入洗涤液湿润沉淀。再微开水龙头接上橡皮管，让洗涤液慢慢透过全部沉淀，最后开大水龙头抽干。如沉淀需洗涤多次则重复以上操作，直至达到要求为止。

（2）常压过滤

常压过滤是定量分析中常用的过滤方法，下面按定量分析的要求介绍常压过滤的步骤。

① 漏斗中形成水柱的操作。把滤纸对折再对折（暂不折死），然后展开成圆锥体后（图 4-24），放入漏斗中，若滤纸圆锥体与漏斗不密合，可改变滤纸折叠的角度，直到与漏斗密合为止（这时可把滤纸折死）。为了使滤纸三层的那边能紧贴漏斗，常把这三层的外面两层撕去一角（撕下来的纸角保存起来，以备擦拭烧杯或漏斗中残留的沉淀用）。用手指按住滤纸中三层的一边，以少量的水润湿滤纸，使它紧贴在漏斗壁上。轻压滤纸，赶走气泡。加水至滤纸边缘使之形成水柱（即漏斗颈中充满水）。若不能形成完整的水柱，可一边用手指堵住漏斗下口，一边稍掀起三层那一边的滤纸，用洗瓶在滤纸和漏斗之间加水，使漏斗颈和锥体的大部分被水充满，然后一边轻轻按下掀起的滤纸，一边断续放开堵在出口处的手指，即可形成水柱。将这种准备好的漏斗安放在漏斗板上，盖上表面玻璃，下接一洁净烧杯，烧杯的内壁与漏斗出口尖处接触，然后开始过滤（图 4-25）。

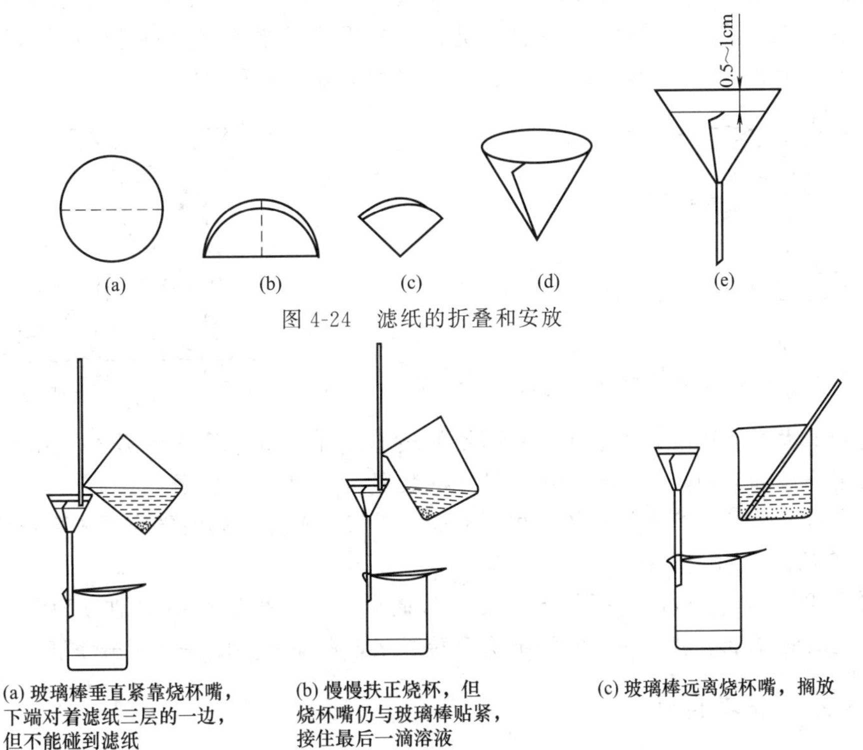


图 4-24　滤纸的折叠和安放



图 4-25　常压过滤

② 过滤操作。过滤分成三步。

第一步：用倾析法把清液倾入滤纸中留下沉淀。为此，在漏斗上将玻璃棒从烧杯中慢慢取出并直立于漏斗中，下端对着三层滤纸的那一边并尽可能靠近，但不要碰到滤纸[图 4-25(a)]。将上层清液沿着玻璃棒倾入漏斗，漏斗中的液面至少要比滤纸边缘低 5mm，以免部分沉淀可能由于毛细管作用越过滤纸上缘而损失。当上层清液过滤完后，用 15mL 左右洗涤液吹洗玻璃棒和杯壁并进行搅拌，澄清后，再按上法滤去清液。当倾析暂停时，要小心把烧杯扶正，玻璃棒不离烧杯嘴，到最后一液滴流完后，将玻璃棒收回放入烧杯中（此时玻璃棒不要靠在烧杯嘴处，因为烧杯嘴处可能沾有少量的沉淀），然后将烧杯从漏斗上移开。如此反复用洗涤液洗 2～3 次，使黏附在杯壁的沉淀洗下，并将杯中的沉淀进行初步洗涤。

第二步：把沉淀转移到滤纸上。为此先用洗涤液冲下杯壁和玻璃棒上的沉淀，再把沉淀搅起，将悬浮液小心转移到滤纸上，每次加入的悬浮液不得超过滤纸锥体高度 2/3 的量。如此反复几次，尽可能地将沉淀转移到滤纸上。烧杯中残留的少量沉淀，则可按图 4-26 所示用左手将烧杯倾斜放在漏斗上方，杯嘴朝向漏斗。用左手食指按住架在烧杯嘴上的玻璃棒上方，其余手指拿住烧杯，杯底略朝上，玻璃棒下端对准三层滤纸处，右手拿洗瓶冲洗杯壁上所黏附的沉淀，使沉淀和洗液一起顺着玻璃棒流入漏斗中（注意勿使溶液溅出）。

第三步：洗涤烧杯和洗涤沉淀。沾在烧杯壁和玻璃棒上的沉淀可用淀帚自上而下刷至杯底，再转移到滤纸上，在滤纸上将沉淀洗至无杂质。洗涤时应先使洗瓶出口管充满液体后，用细小缓慢的洗涤液流从滤纸上部沿漏斗壁螺旋向下吹洗，绝不可骤然浇在沉淀上。待上一次洗液流完后，再进行下一次洗涤。在滤纸上洗涤沉淀主要是洗去杂质并将黏附在滤纸上部的沉淀冲洗至下部。

(3) 热过滤

热过滤器是由带有夹层的铜质漏斗和玻璃漏斗共同组成。当需要除去热溶液中的不溶性杂质而过滤又不致析出溶质时常采用热过滤法。如果待过滤的溶液稍经冷却就要析出结晶，或者过滤的溶液较多时，最好采用热水漏斗，以利保温，如图 4-27 所示。

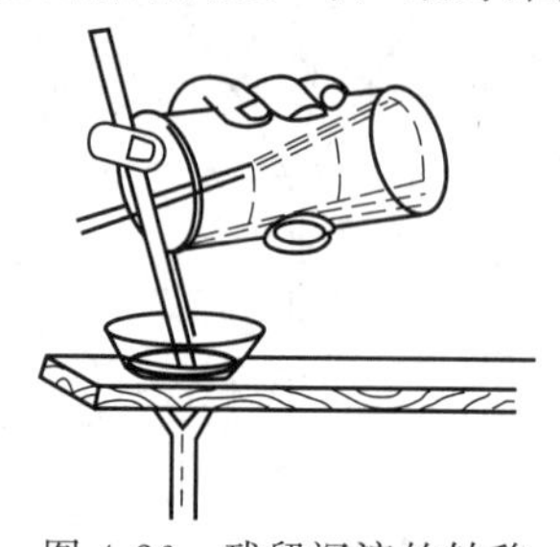

图 4-26　残留沉淀的转移

图 4-27　热过滤

为达到最大过滤速度，可选用短颈而粗的玻璃漏斗，防止晶体在颈部析出而造成堵塞。过滤前要把玻璃漏斗预热。也可采用简易热滤装置。如图 4-28 所示。

为了尽可能地利用滤纸的有效面积，从而加快过滤速度，则滤纸应折成菊花状。折叠方法如图 4-29 所示。

需要注意的是：折叠时，折叠方向要一致向里。滤纸折线集中的地方为圆心。切勿重压，以免过滤时滤纸破裂。使用时滤纸要翻转过来，避免弄脏的一面接触滤液。

## 二、重量分析基本操作

重量分析主要用于如硅、硫、磷、钨、钼等元素含量较高试样的分析，准确度较高。一

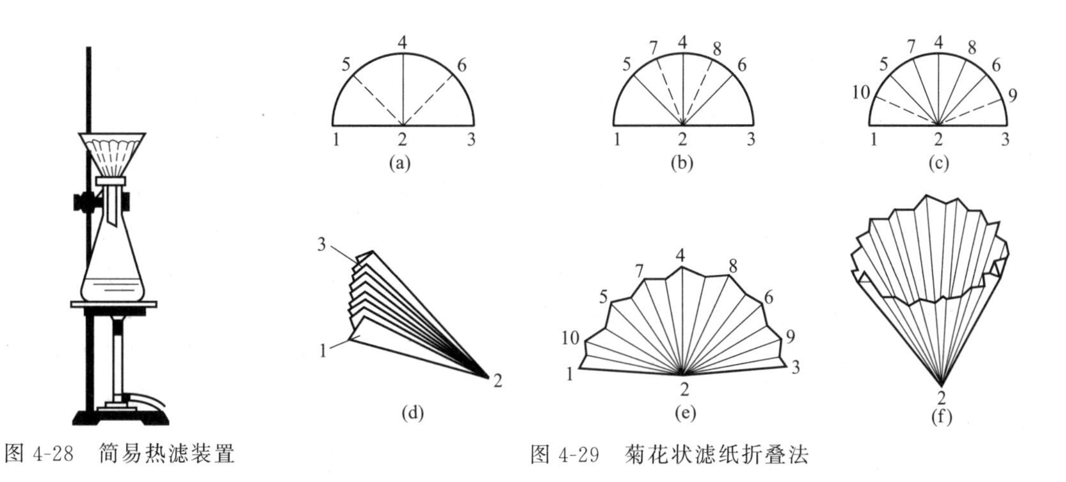


图 4-28　简易热滤装置　　　　图 4-29　菊花状滤纸折叠法

般需要将待测元素转化为难溶物沉淀，经过滤、洗涤、干燥恒重后得到其质量，从而求出被测组分的含量。

重量分析法的操作过程较长，试样的称取及溶解等操作与其他方法相同，只是应该注意，称取试样的量应不使得到的沉淀过多或过少，一般晶形沉淀不超过 0.5g，非晶形沉淀不超过 0.2g。下面简要介绍有关的基本操作。

**1. 沉淀的准备**

准备好干净的烧杯，配上合适的玻璃棒与表面皿，按下列规程进行沉淀操作。

① 准确称量一定量的试样，处理成为溶液。根据过量 10%～50%的比例计算出沉淀剂的实际用量。

② 制备晶形沉淀时，为了获得颗粒粗大的晶形沉淀，应将试样溶液适当稀释并加热。左手拿滴管慢慢地滴加沉淀剂，滴管口要接近液面，以免溶液溅出。右手拿搅拌棒，边滴边充分搅拌，防止沉淀剂局部过浓。

③ 对于非晶形沉淀，要用浓的沉淀剂，快速加入热的试液中，同时搅拌，这样就容易得到紧密的沉淀。

④ 加完沉淀剂后，检查沉淀是否完全。为此，将溶液放置片刻，待溶液完全清晰透明时，用滴管滴加一滴沉淀剂，观察滴落处是否出现浑浊。如出现浑浊，再补加沉淀剂，直至再加一滴不出现浑浊为止，再盖上表面皿。注意：玻璃棒要一直放在烧杯内，直至沉淀、过滤、洗涤结束后才能取出。

⑤ 沉淀操作结束后，对晶形沉淀，可放置过夜，或将沉淀连同溶液加热一定时间，进行陈化，再过滤。对非晶形沉淀，只需静置数分钟，让沉淀下沉即可过滤，不必放置陈化。

**2. 沉淀的过滤和洗涤**

沉淀的过滤和洗涤必须连续进行，不能间断，否则沉淀干涸就无法洗净。对于需要灼烧称重的沉淀，应使用无灰定量滤纸（灼烧后灰分的质量可忽略不计）过滤；需要烘干称重的沉淀，应采用微孔玻璃坩埚过滤。若采用滤纸，则其大小及紧密程度要视沉淀的性质而定，如，$BaSO_4$ 为晶形沉淀，用较小而致密的慢速滤纸（直径 9～11cm）过滤；$Fe_2O_3 \cdot xH_2O$ 为蓬松的胶状沉淀，难以过滤，则需采用较疏松的快速滤纸（11～12.5cm）。

（1）滤纸的折叠与安放

过滤以前应将干燥、洁净的漏斗（标准的漏斗应具有 60°的圆锥角）置于漏斗架上，按

"固液分离"部分介绍的方法折叠并安放好滤纸。

滤纸放入漏斗后，一手按住滤纸三层一边，一手用洗瓶将滤纸润湿，用手指堵住漏斗下口，稍稍掀起滤纸的一边，向滤纸和漏斗之间的缝隙注水，直到漏斗颈及锥体的一部分被水充满，轻压滤纸排除气泡，然后缓缓放松下面堵住漏斗口的手，同时用手指轻按滤纸，使之下沉并贴紧漏斗使无气泡，此时水柱则可形成。如果滤纸中的水流尽后水柱不能保持，说明滤纸与漏斗没有完全密合，应进一步按紧滤纸，或者换滤纸重做一次水柱。在过滤和洗涤过程中，借水柱的抽吸作用可使滤速明显加快。注意：在做水柱的过程中，切勿用力按压滤纸，以免使滤纸变薄或破裂而在过滤时造成穿滤。将准备好的漏斗放在漏斗架上之后，下面放一干净烧杯承接滤液，以备穿滤时进行补救。漏斗颈靠近杯壁（为了防止水柱消失，不要靠紧），滤液沿壁流下可避免冲溅。漏斗位置的高低，以过滤过程中漏斗的流液口不接触滤液为度。

（2）沉淀的过滤和洗涤

过滤和洗涤沉淀一般是用倾析法（参见"固液分离"部分）。倾泻时，溶液应沿着一支垂直的玻璃棒（立于滤纸三层的上方）流入漏斗中，但勿接触滤纸。拿起盛沉淀的烧杯，使杯嘴贴着玻璃棒，缓慢地将烧杯倾斜，尽量不搅起沉淀，将上层清液缓慢地沿玻璃棒倾入漏斗中。停止倾倒时要使烧杯沿玻璃棒上提出 1～2cm，同时，逐渐扶正烧杯，再离开玻璃棒。此过程中应保持玻璃棒直立不动，绝不能让烧杯嘴离开玻璃棒，以防液滴沿烧杯嘴外壁流失。烧杯离开玻璃棒后，将玻璃棒放回烧杯，但勿靠在烧杯嘴处。用洗瓶或滴管加水或洗涤液，从上到下旋转冲洗杯壁，每次用 15mL 左右，然后用玻璃棒搅起沉淀以充分洗涤，再将烧杯斜放在白瓷砖边缘，使沉淀下沉并集中在烧杯一侧，这样易将上层清液倒出。澄清后再按前述方法过滤清液。洗涤的次数要视沉淀的性质及杂质的含量而定。一般晶形沉淀洗 2～3 次，非晶形沉淀洗 5～6 次。洗涤应遵循"少量多次"的原则，即总体积相同的洗涤液应尽可能分多次洗涤，每次用量要少，而且每次加入洗涤液前应使前一次的洗涤液尽量流尽。

洗涤数次以后，用洁净的表面皿接取约 1mL 滤液，选择灵敏的定性反应来检验沉淀是否洗净（注意：接取滤液时勿使漏斗下端触及下面烧杯中的滤液）。

（3）沉淀的转移

为了把沉淀全部转移到滤纸上，先用洗涤液将沉淀搅起。将悬浮液转移到滤纸上，这一步不能使沉淀损失。然后用洗瓶水冲下杯壁和玻璃棒上的沉淀，再行转移。这样操作几次基本上就可以把沉淀完全转移至漏斗中。剩下极少量的沉淀，可以将烧杯向下倾斜着拿在漏斗上方，烧杯嘴向着漏斗，将玻璃棒横架在烧杯口上，下端对着滤纸三层部位，用洗瓶的水从上到下冲洗杯壁，边冲边流入漏斗，注意防止漏斗中滤液充满。加热陈化过程往往会使一些细小沉淀黏附在烧杯壁上而用水冲不下来，可用折叠滤纸时撕下的纸角，将其放入烧杯壁的中上部位，用水润湿后先擦拭玻璃棒上的沉淀，再用玻璃棒按住此纸片自上而下旋转着擦壁上和杯底的沉淀，然后将此纸片放入漏斗中。

### 3. 沉淀的灼烧和恒重

（1）瓷坩埚的准备

在定量分析中用滤纸过滤的沉淀，需在瓷坩埚中灼烧至恒重。因此要先准备好已知质量的坩埚。将洗净的坩埚倾斜放在泥三角上［图 4-30(a)］，斜放好盖子用小火小心加热坩埚盖［图 4-30(c)］，使热空气流反射到坩埚内部将其烘干。稍冷，用硫酸亚铁铵溶液（或硝酸钴等溶液）在坩埚和盖上编号，然后在坩埚底部［图 4-30(b)］灼烧至恒重。灼烧温度和时间应与灼烧沉淀时相同（沉淀灼烧所需的温度和时间随沉淀而异）。在灼烧过程中要用热坩埚钳慢慢转动坩埚数次，使其灼烧均匀。空坩埚第一次灼烧 30min 后，停止加热，稍冷却（红热退去，再冷 1min 左右），用热坩埚钳夹取放入干燥器内冷却 40～50min，然后称量（称量前 10min 应将干燥器拿到天平室）。第二次再灼烧 15min，冷却，称量（每次冷却时间要相同），直至两次称量相差不超过 0.2mg，即为恒重。将恒重后的坩埚放在干燥器中备用。

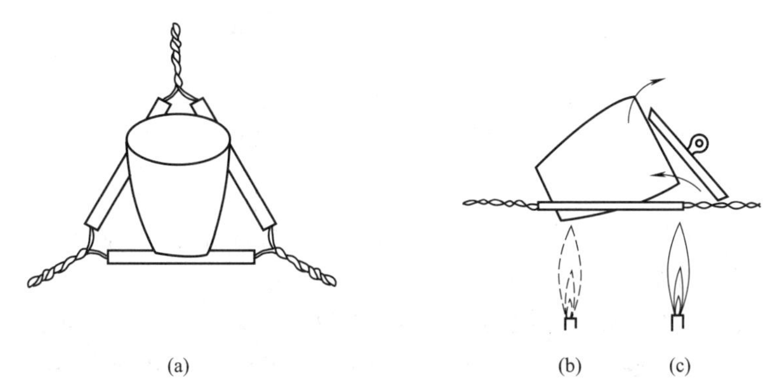


图 4-30　沉淀的烘干和灼烧

（2）沉淀的包裹

晶形沉淀一般体积较小，可按图 4-31 所示，用清洁的玻璃棒将滤纸的三层部分挑起，再用洗净的手将带沉淀的滤纸取出，打开成半圆形，自右边半径的 1/3 处向左折叠，再从上边向下折，然后自右向左卷成小卷，最后将滤纸放入已恒重的坩埚中，包卷层数较多的一面应朝上，以便于炭化和灰化。

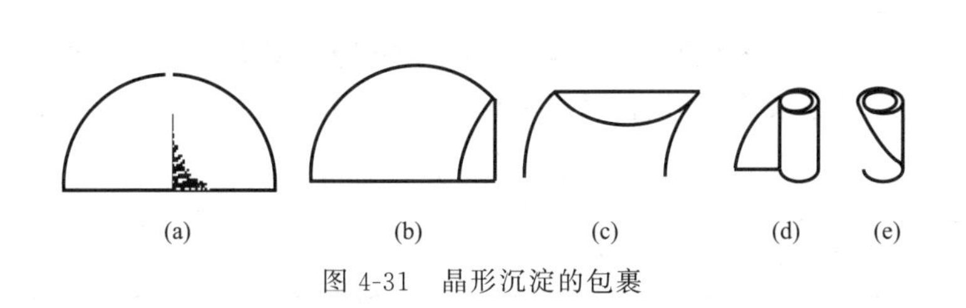


图 4-31　晶形沉淀的包裹

图 4-32　胶状沉淀的包裹

对于胶状沉淀，由于体积一般较大，不宜用上述包裹方法，而应用玻璃棒将滤纸边挑起（三层边先挑），再向中间折叠（单层边先折叠），将沉淀全部盖住（图 4-32），再用玻璃棒将滤纸转移到已恒重的瓷坩埚中（锥体的尖头朝上）。

（3）烘干、灼烧及恒重

将装有沉淀的坩埚放好［图 4-30(c)］，小心地用小火把滤纸和沉淀烘干，直至滤纸全部炭化。炭化时如果着火，可用坩埚盖盖住并停止加热使火焰熄灭（切不可吹灭，以免沉淀飞扬而损失）。炭化后，将灯移至坩埚底部［图 4-30(b)］，逐渐升高温度，使滤纸灰化（将碳素氧化成二氧化碳而沉淀留下的过程）。滤纸全部灰化后，沉淀在与灼烧空坩埚相同的条件下进行灼烧、冷却，直至恒重。使用马弗炉煅烧沉淀时，可用上述方法灰化，然后再将坩埚放入马弗炉煅烧至恒重。

（4）用玻璃砂芯坩埚减压过滤、烘干与恒重

只要经过烘干即可称量的沉淀通常用玻璃砂芯坩埚过滤。使用坩埚前先用稀 HCl、稀 $HNO_3$ 或氨水等溶剂泡洗（不能用去污粉，以免堵塞孔隙），然后通过橡皮垫圈与吸滤瓶接

上抽气泵，先后用自来水和蒸馏水抽洗。洗净的坩埚在烘干沉淀的条件下（沉淀烘干的温度和时间根据沉淀的种类而定）烘干，然后放在干燥器中冷却（约需 0.5h），称量。重复烘干、冷却、称量，直至两次称量质量的差不大于 0.2mg。用玻璃砂芯坩埚过滤沉淀时，把经过恒重的坩埚装在吸滤瓶上，先用倾析法过滤。经初步洗涤后，把沉淀全部转移到坩埚中，再将烧杯和沉淀用洗涤液洗净后，把装有沉淀的坩埚参照图 4-30(a) 放好，置于烘箱中，在与空坩埚相同的条件下烘干、冷却、称重，直至恒重。

## 第八节　重　结　晶

从有机化学反应中制备的固体产物往往是不纯的，常常含有一些副产物、未反应完的原料和一些杂质。提纯固体有机化合物的有效方法是重结晶。

重结晶法提纯固体有机化合物是根据有机化合物在不同溶剂中及不同温度下的溶解度不同进行的。例如，乙酰苯胺在 25℃ 100mL 水中溶解 0.56g，100℃时则溶解 5.2g。乙酰苯胺中夹杂的乙酸于 25℃时则全部溶解于水。这样通过一次或多次重结晶将杂质去掉，最后得到纯的产品。

**1. 溶剂的选择**

正确选择溶剂，对重结晶操作有很重要的意义。选择时主要考虑被溶解物的组成与结构，即溶质往往容易溶解于相似的物质中，极性物质易溶于极性溶剂，而难溶于非极性溶剂中，反之也一样，这是选择溶剂的主要依据。此外还应注意以下几点：

① 不与重结晶物质发生化学反应；

② 在高温时，重结晶物质在溶剂中溶解度大，而在低温时溶解度应该很小；

③ 杂质不溶在热的溶剂中，或是杂质在低温时极易溶在溶剂中，不随晶体一起析出；

④ 容易与重结晶物分离。

常用溶剂及其沸点见表 4-5。

**表 4-5　常用溶剂及其沸点**

| 溶剂 | 沸点/℃ | 溶剂 | 沸点/℃ | 溶剂 | 沸点/℃ |
|---|---|---|---|---|---|
| 乙醚 | 34.5 | 乙醇 | 78 | 石油醚 | 40～60 |
| 二硫化碳 | 46.5 | 四氯化碳 | 76.5 | | 60～80 |
| 丙酮 | 56 | 苯 | 80.2 | | 80～100 |
| 氯仿 | 61.7 | 水 | 100 | | 100～120 |
| 甲醇 | 65 | 乙酸 | 118 | | |

选择溶剂时，除查阅资料外，有时还需要由试验来确定。其方法是取 0.1g 欲重结晶的固体放入试管中，加入溶剂并不断地振荡。当加入 1mL 时于室温下就溶解；或是加热至全沸仍不溶解，逐渐补加溶剂后并加热至沸，直到 3mL 时固体仍不全溶解，这两种溶剂均不适用。如果加入 3mL 溶剂后，沸腾时固体全部溶解，而冷却后又无结晶析出或很少结晶，此种溶剂也不适用。只有当固体在沸腾时全部溶解，冷却后析出的结晶又快又多，此种溶剂为最合适的溶剂。

有时也采用两种溶剂按一定比例混合来进行重结晶。这样可以弥补单一溶剂的不足，使之达到理想的效果。

### 2. 重结晶操作

待重结晶物质的溶解过程，通常是在圆底烧瓶或锥形瓶中进行的。为避免溶剂的挥发，在瓶上安装回流冷凝器。如果用水作溶剂，也可以用烧杯作容器，在烧杯上盖上一表面皿，表面皿凸面朝下，使蒸气冷凝后顺凸面回滴到烧杯里。

例如，称取粗乙酰苯胺 3g，放入 100mL 圆底烧瓶中，加入 1～2 粒沸石，再加 40mL 水，将回流冷凝器安装好，在石棉网加热至沸。如果溶液中有未溶解的固体或油状（熔融）物存在，可逐渐添加一定量的水，再继续加热至沸，直到所有固体在沸腾下刚刚全部溶解后，再加入约 2mL 水。

重结晶操作的关键是如何制备热的饱和溶液。溶剂加多了，不能形成饱和溶液，冷却后析出的结晶少。溶剂加少了，溶液将形成过饱和溶液，结晶析出很快，热过滤时大量的结晶析出，并残存在漏斗中的滤纸上，减少产品的回收率。固体溶解后，多加少量的溶剂是为了减少热过滤过程中在滤纸中析出结晶，使热过滤顺利进行。

如需进行脱色，则停止加热，使溶液稍冷后，在搅拌下慢慢加入约 0.1g 活性炭除去有色杂质和树脂状物。由于活性炭是多孔性的，如在沸腾状态下加入会引起暴沸，所以在加活性炭前应使溶液冷一冷。一般活性炭加入量约为固体量的 1%～5%。不要加多，否则产品会包在活性炭中影响产量。加入活性炭后再煮沸 5～10min，趁热过滤。热过滤是通过热水漏斗及折叠滤纸来完成的。事先将热水漏斗注入水，不要太满，用煤气灯加热至沸腾，将叠好的滤纸放在玻璃漏斗中，然后将溶液趁热分几次倒入漏斗中进行热过滤。如果使用易燃的溶剂需将火源撤掉，再进行热过滤，以防止引燃着火。接收滤液时将漏斗的颈部贴在烧杯的内壁上，使滤液沿着内壁流下。

过滤后的滤液冷却至室温，应有大量结晶析出。如果没有结晶析出，可用玻璃棒摩擦烧杯内壁或加入少量晶体作晶种促使其结晶。

将布氏漏斗放置在吸滤瓶上，使其漏斗颈口斜面对着吸滤瓶抽气嘴。不要装反，以防溶液被抽到抽气装置中。滤纸的大小应合适，滤前用滴管滴少许溶剂（水），使滤纸全部紧贴在漏斗的多孔板上，不要有空隙。将冷却好的滤液过滤，用溶剂（水）洗涤，再将溶液抽净，用刮铲将结晶取出放在表面皿上自然干燥。

干燥的产品称重，计算回收率。

## 第九节　升　　华

升华是纯化固体有机化合物的一个方法，它所需的温度一般较蒸馏时为低。但是只有在其熔点温度以下具有相当高（高于 20mmHg）蒸气压的固态物质，才可应用升华来提纯。利用升华可除去不挥发性杂质，或分离不同挥发度的固体混合物。升华常可得到较高纯度的产物，但操作时间长，损失也较大，在实验室中只用于较少量（1～2g）物质的纯化。

### 一、基本原理

严格来说，升华是指物质自固态不经过液态而直接转变成蒸气的现象。然而对有机化合物的提纯来说，重要的却是使物质蒸气不经过液态而直接转变成固态，因为这样常能得到高纯度的物质。因此，在有机化学实验操作中，不管物质蒸气是由固态直接汽化还是由液态蒸发而产生的，只要是物质从蒸气不经过液态而直接转变成固态的过程也都称为升华。一般来

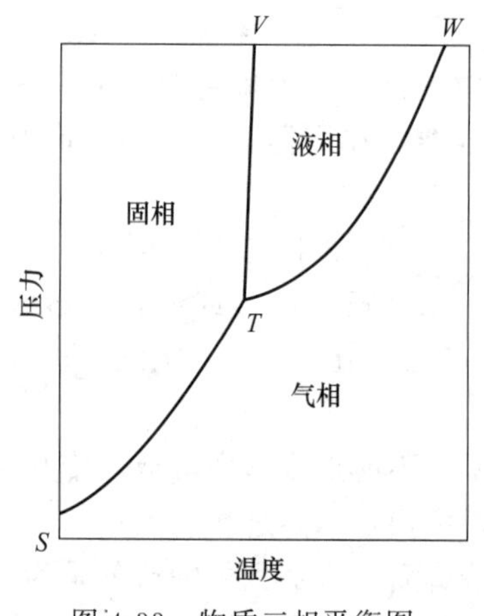

图 4-33 物质三相平衡图

说，对称性较高的固态物质具有较高的熔点，且在熔点温度以下具有较高的蒸气压，易于用升华来提纯。

为了了解控制升华的条件，就必须研究固、液、气三相平衡（图 4-33），图中 *ST* 表示固相与气相平衡时固体的蒸气压曲线，*TW* 表示液相与气相平衡时液体的蒸气压曲线。两曲线在 *T* 点相交，此点即为三相点。在此点，固、液、气三相可同时并存。*TV* 曲线表示固、液两相平衡时的温度和压力，它指出了压力对熔点的影响。

一个物质的正常熔点是固、液两相在大气压下平衡时的温度。在三相点时的压力是固、液、气三相的平衡蒸气压，所以三相点时的温度和正常的熔点有些差别。然而，这种差别非常小，通常只有几分之一摄氏度，因此在一定的压力范围内，*TV* 曲线偏离垂直方向很小。

在三相点以下，物质只有固、气两相，若降低温度，蒸气就不经过液态而直接变成固态；若升高温度，固态也不经过液态而直接变成蒸气。因此，一般的升华操作皆应在三相点温度以下进行。若某物质在三相点温度以下的蒸气压很高，因而汽化速率很大，就可以容易地从固态直接变为蒸气，且此物质蒸气压随温度降低而下降非常显著，稍降低温度即能由蒸气直接转变成固态，则此物质可容易地在常压下用升华方法来纯化。例如六氯乙烷（三相点温度 186℃，压力为 780mmHg）在 185℃时的蒸气压已达 760mmHg，因而在低于 186℃时就完全由固相直接挥发为蒸气，中间不经过液态阶段。樟脑（三相点温度 179℃，压力为 370mmHg）在 160℃时蒸气压为 218.8mmHg，即未达熔点前已有相当高的蒸气压。只要缓缓加热，使温度维持在 179℃以下，它就可不经熔化而直接蒸发，蒸气遇到冷的表面就凝结成为固体。这样蒸气压可始终维持在 370mmHg 以下，直至挥发完毕。

像樟脑这样的固体物质，它的三相点平衡蒸气压低于一个大气压，如果加热很快，使蒸气压超过了三相点的平衡蒸气压，这时固体就会熔化成为液体。如继续加热至蒸气压到 760mmHg 时，液体就开始沸腾。

有些物质在三相点时的平衡蒸气压比较低（为了方便，可以认为三相点时的温度及平衡蒸气压与熔点的温度及蒸气压相差不多），例如苯甲酸熔点 122℃(6mmHg)；萘熔点 80℃(7mmHg)。这时如果也用上述升华樟脑的办法，就不能得到满意产率的升华产物。例如萘加热至 80℃时要熔化，而其相应的蒸气压很低，当蒸气压达到 760mmHg 时（218℃）开始沸腾。若要使大量萘全部转变成为气态，就必须保持它在 218℃左右。但这时萘的蒸气冷却后要转变为液态，除非达到三相点（此时的蒸气压为 7mmHg）时，才转变成为固态。在三相点温度时，萘的蒸气压很低（萘的分压∶空气分压＝7∶753），因此升华的收率很低。为了提高升华的收率，对于萘及其他类似情况的化合物，除可在减压下进行升华外，也可以采用一个简单有效的方法：将化合物加热至熔点以上，使具有较高的蒸气压，同时通入空气或惰性气体来带出蒸气，促使蒸发速度增快；并可降低被纯化物质的分压，使蒸气不经过液化阶段而直接凝成固体。

## 二、实验操作

### 1. 常压升华

最简单的常压升华装置如图 4-34(a)所示，在蒸发皿中放置粗产物，上面覆盖一张穿有许多小孔的滤纸（最好在蒸发皿的边缘上先放置大小合适的用石棉纸做成的窄圈，用于支持此滤纸）。然后将大小合适的玻璃漏斗倒覆在上面，漏斗的颈部塞有玻璃毛或脱脂棉团，以减少蒸气逃逸。在石棉网上渐渐加热蒸发皿（最好能用沙浴或其他热浴），小心调节火焰，控制浴温低于被升华物质的熔点，使其慢慢升华。蒸气通过滤纸小孔上升，冷却后凝结在滤纸上或漏斗壁上。必要时漏斗外壁可用湿布冷却。

在空气或惰性气体流中进行升华的装置见图 4-34(b)。在锥形瓶上有打二孔的软木塞，一孔插入玻璃管以导入空气或惰性气体；另一孔插入接液管，接液管的另一端伸入圆底烧瓶中，烧瓶口塞一些棉花或玻璃毛。当物质开始升华时，通入空气或惰性气体，带出的升华物质，遇到冷水冷却的烧瓶壁就凝结在壁上。

**2. 减压升华**

减压升华装置如图 4-34(c)所示，将固体物质放在吸滤管中，然后将装有“冷凝指”的橡皮塞紧密塞住管口，利用水泵或油泵减压。接通冷凝水流，将吸滤管浸在水浴或油浴中加热，使之升华。

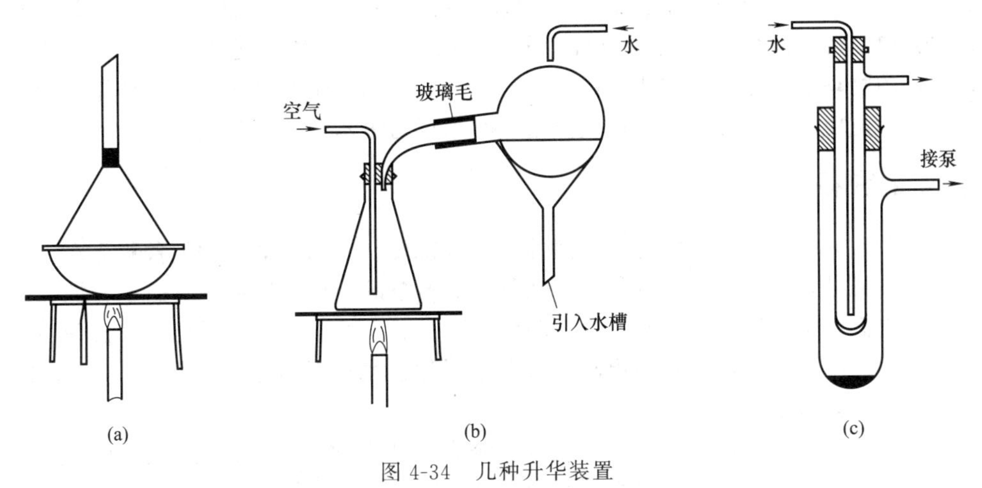


图 4-34　几种升华装置

# 第五章　基本物理量的测定技术

## 第一节　真空技术

真空技术是建立低于大气压力的物理环境，以及在此环境中进行工艺制作、物理测量和科学试验等所需的技术。真空技术主要包括真空获得、真空测量、真空检漏和真空应用四个方面。在真空技术发展中，这四个方面的技术是相互促进的。

真空是相对于大气压来说的，并非空间没有物质存在。用现代抽气方法获得的最低压力，每立方厘米的空间里仍然会有数百个分子存在。气体稀薄程度是对真空的一种客观量度，最直接的物理量度是单位体积中的气体分子数。气体分子密度越小，气体压力越低，真空度就越高。但由于历史原因，量度真空通常都用压力表示。

### 一、真空的获得

在地球上，通常是对特定的封闭空间抽气来获得真空，用来抽气的设备称为真空泵，主要有水冲泵、机械泵、扩散泵、分子泵、钛泵、低温泵等。早先制成的真空泵，抽气速度不大，极限真空低，很难满足生产和科学试验的需要。后来相继制成一系列抽气机理不同的真空泵，抽速和极限真空都得到不断提高。如低温泵的抽气速度可达 $60000L \cdot s^{-1}$，极限真空可达千亿分之一帕数量级。

按真空泵的工作原理，真空泵基本上可以分为两种类型，即气体传输泵和气体捕集泵。随着真空应用技术在生产和科学研究领域中对其应用压力范围的要求越来越宽，大多需要由几种真空泵组成真空抽气系统共同抽气后才能满足生产和科学研究过程的要求，因此选用不同类型真空泵组成的真空抽气机组进行抽气的情况较多。为了方便起见，将这些泵按其工作原理或其结构特点进行一些具体的详细的分类是必要的，现分述如下。

#### 1. 气体传输泵

气体传输泵是一种能使气体不断吸入和排出，借以达到抽气目的的真空泵，这种泵主要有以下几种类型。

(1) 变容真空泵　变容真空泵是利用泵腔容积的周期性变化来完成吸气和排气过程的一种真空泵。气体在排出前被压缩。这种泵分为往复式及旋转式两种。

① 往复真空泵是利用泵腔内活塞做往复运动，将气体吸入、压缩并排出。因此，又称为活塞式真空泵。

② 旋转真空泵是利用泵腔内活塞做旋转运动，将气体吸入、压缩并排出。旋转真空泵又有如下几种形式。

a. 油封式真空泵。它是利用油类密封各运动部件之间的间隙，减少有害空间的一种旋转变容真空泵。这种泵通常带有气镇装置，故又称气镇式真空泵。按其结构特点分为如下五种形式。

第一为旋片式真空泵：转子以一定的偏心距装在泵壳内并与泵壳内表面的固定面靠近，在转子槽内装有两个（或两个以上）旋片，当转子旋转时旋片能沿其径向槽往复滑动且与泵壳内壁始终接触，此旋片随转子一起旋转，可将泵腔分成几个可变容积。

第二为滑阀式真空泵：在偏心转子外部装有一个滑阀，转子旋转带动滑阀沿泵壳内壁滑动和滚动，滑阀上部的滑阀杆能在可摆动的滑阀导轨中滑动，而把泵腔分成两个可变容积。

第三为定片式真空泵：在泵壳内装有一个与泵内表面靠近的偏心转子，泵壳上装有一个始终与转子表面接触的径向滑片，当转子旋转时，滑片能上、下滑动，将泵腔分成两个可变容积。

第四为余摆线式真空泵：在泵腔内偏心装有一个型线为余摆线的转子，它沿泵腔内壁转动并将泵腔分成两个可变容积。

第五为多室旋片式真空泵：在一个泵壳内并联装有由同一个电动机驱动的多个独立工作室的旋片式真空泵。

b. 干式真空泵。它是一种不用油类（或液体）密封的变容真空泵。

c. 液环式真空泵。带有多叶片的转子偏心装在泵壳内，当它旋转时，把液体（通常为水或油）抛向泵壳形成泵壳同心的液环，液环同转子叶片形成了容积周期性变化的几个小容积，故亦称旋转变容真空泵。

d. 罗茨真空泵。泵内装有两个相反方向同步旋转的双叶形或多叶形的转子，转子间、转子同泵壳内壁之间均保持一定的间隙。它属于旋转变真空泵。机械增压泵即为这种形式的真空泵。

（2）动量传输泵　这种泵是依靠高速旋转的叶片或高速射流，把动量传输给气体或气体分子，使气体连续不断地从泵的入口传输到出口，具体可分为下述几种类型。

① 分子真空泵。它是利用高速旋转的转子把能量传输给气体分子，使之压缩、排气的一种真空泵。它有如下几种形式。

a. 牵引分子泵。气体分子与高速运动的转子相碰撞而获得动量，被送到出口，因此，它是一种动量传输泵。

b. 涡轮分子泵。泵内装有带槽的圆盘或带叶片的转子，它在定子圆盘（或定片）间旋转。转子圆周的线速度很高。这种泵通常在分子流状态下工作。

c. 复合分子泵。它是由涡轮式和牵引式两种分子泵串联组合起来的一种复合式分子真空泵。

② 喷射真空泵。它是利用文丘里（Venturi）效应的压力降产生的高速射流把气体输送到出口的一种动量传输泵，适于在黏滞流和过渡流状态下工作。这种泵又可详细分成以下几种。

a. 液体喷射真空泵。以液体（通常为水）为工作介质的喷射真空泵。

b. 气体喷射真空泵。以非可凝性气体作为工作介质的喷射真空泵。

c. 蒸气喷射真空泵。以蒸气（水、油或汞等蒸气）作为工作介质的喷射真空泵。

（3）扩散泵　以低压高速蒸气流（油或汞等蒸气）作为工作介质的喷射真空泵。气体分子扩散到蒸气射流中，被送到出口。在射流中气体分子密度始终是很低的，这种泵适于在分子流状态下工作，可分为自净化扩散泵和分馏式扩散泵。

① 自净化扩散泵。泵液中易挥发的杂质经专门的机械输送到出口而不返回的一种油扩散泵。

② 分馏式扩散泵。这种泵具有分馏装置，使蒸气压较低的工作液蒸气进入高真空工作

的喷嘴，而蒸气压较高的工作液蒸气进入低真空工作的喷嘴，它是一种多级油扩散泵。

（4）扩散喷射泵　它是一种有扩散泵特性的单级或多级喷嘴与具有喷射真空泵特性的单级或多级喷嘴串联组成的一种动量传输泵。油增压泵即属于这种形式。

（5）离子传输泵　它是将被电离的气体在电磁场或电场的作用下，输送到出口的一种动量传输泵。

**2. 气体捕集泵**

这种泵是一种使气体分子被吸附或凝结在泵的内表面上，从而减小了容器内的气体分子数目而达到抽气目的的真空泵，有以下几种形式。

（1）吸附泵　它主要依靠具有大表面的吸附剂（如多孔物质）的物理吸附作用来抽气的一种捕集式真空泵。

（2）吸气剂泵　它是一种利用吸气剂以化学结合方式捕获气体的真空泵。吸气剂通常是以块状或沉积新鲜薄膜形式存在的金属或合金。升华泵即属于这种形式。

（3）吸气剂离子泵　它是使被电离的气体通过电磁场或电场的作用吸附在有吸气材料的表面上，以达到抽气的目的。它有如下几种形式。

① 蒸发离子泵。泵内被电离的气体吸附在以间断或连续方式升华（或蒸发）而覆在泵内壁的吸气材料上，以实现抽气的一种真空泵。

② 溅射离子泵。泵内被电离的气体吸附在由阴极连续溅射散出来的吸气材料上，以实现抽气目的的一种真空泵。

（4）低温泵　利用低温表面捕集气体的真空泵。

## 二、真空的测量

测量某一特定稀薄气体（或蒸气）压力而使用的仪器或仪表称为真空计。由于真空的测量范围很宽，因用途不同而真空度的范围可为 $10^5 \sim 10^{-13}$Pa，但目前尚无一种真空计能测量如此宽的真空度范围，因此对应不同的真空区域，有不同测量范围的真空计。

### (一) 真空计的种类

**1. U 形管真空计**

U 形管真空计是结构最简单的测量压力的仪器，它通常是用玻璃管制成，其工作液体有多种，通常为水银。管的一端与待测压力的真空容器相连，另一端是封死的或开口与大气相通，以 U 形管两端的液面差来指示真空度。U 形管真空计的测量范围为 $10^5 \sim 10$Pa。它是一种绝对真空计。

（1）开式 U 形管真空计　将 U 形管内充入适量的工作液（如水银），一端开口接大气（即环境大气压 $p_0$），另一端与被测真空系统相连接（待测压力 $p$），如图 5-1 所示。

其压力计算公式如下：

$$p = p_0 - \rho g h \tag{5-1}$$

式中　$p$——待测压力；

$p_0$——环境大气压力；

$h$——两液面高度差；

$\rho$——工作液密度；

$g$——重力加速度。

（2）闭式 U 形管真空计　如图 5-2 所示，管内预先抽至压力为 $10^{-1}$Pa 以下，然后将工作液（如水银）注入管内，其开口端与待测真空系统相连接。真空系统抽气前，真空系统内的压力等于环境大气压力，则工作液充满封闭端形成最大液面差 $h_0$；当系统抽气到某一瞬间时，两端液面处于液面静压力平衡时，则待测压力值可用下式求得（忽略封闭端内压力对液面的影响）：

$$p=\rho gh \tag{5-2}$$

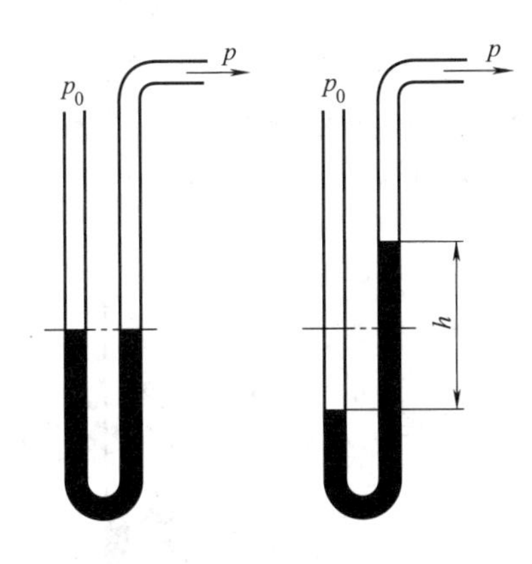


图 5-1　开式 U 形管真空计

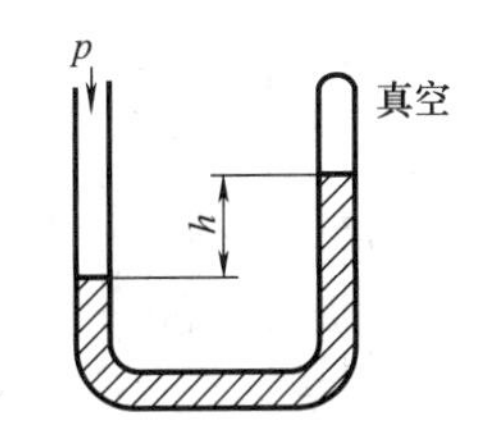


图 5-2　闭式 U 形管真空计

**2. 弹性元件真空计**

利用弹性元件在压差作用下产生弹性形变的原理制成的真空测量仪表称为弹性元件真空计。在结构和外形上与工业用压力表类似，一般用于粗真空（$10^2$～$10^5$Pa）的测量。根据变形弹性元件分类，这类真空计通常有弹簧管式（图 5-3）、膜盒式和膜片式。

弹性元件真空计性能稳定，其测量范围一般为 $10^2$～$10^5$Pa，精度有 0.5 级、1.5 级和 2.5 级数种。

在工业生产中有些设备需要既测量正压（高于一个大气压），也测量负压（低于一个大气压，即真空状态），因此制成的弹性元件压力真空计，在同一条表盘刻度上同时刻有正压力和真空度。

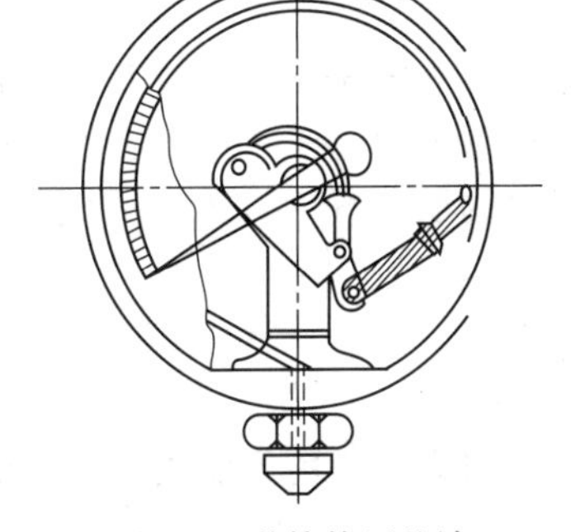

图 5-3　弹簧管压差计

弹性元件真空计的主要特点如下：

① 测量结果是气体和蒸气的全压力，并与气体种类、成分及其性质无关；

② 测量过程中，仪表的吸气和放气很小，同时仪表内部没有高温部件，不会使油蒸发分解；

③ 测量精度较高；

④ 反应速率较快；

⑤ 结构牢固，选用适当材料能测量腐蚀性气体；

⑥ 是绝对真空计，0.5 级以上的真空计可作为标准表。

**3. 压缩式真空计**

压缩式真空计是对 U 形管真空计的重大改进，它是依据理想气体的波义耳定律制成的。由于它首先是由麦克劳提出的，故该种真空计又称为麦克劳真空计（简称麦氏计）。

压缩式真空计是测量压力低于 1Pa 的实用的绝对真空计，并且从 1874 年至今仍作为校准其他真空计的主要仪器。

图 5-4 示出一种工作用压缩式真空计。它是用硬质玻璃吹制而成，由测量毛细管 3（顶端为封闭端）、比较毛细管 4、玻璃泡 2、水银储器 1、三通阀 7、与被测真空系统相连接的导管 6 和刻度尺 5 等组成。

测量前将压缩式真空计的导管与被测系统相连接，由于系统内压力各处相等，所以玻璃泡和测量毛细管内的压力与待测系统内的压力 $p$ 相等。测量时用任一种方法将水银面提升，当水银面提升到 $M$—$M$ 面时（见图 5-5），被测系统与玻璃泡隔断，玻璃泡以上内部压力与被测系统内压力 $p$ 相等。设 $M$—$M$ 以上包括测量毛细管和玻璃泡的体积之和为 $V$。当继续提升水银时，玻璃泡内的气体被压缩，体积减小，压力增加。

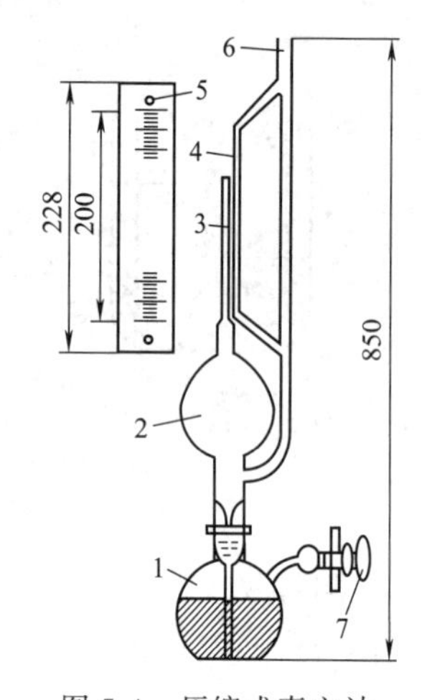


图 5-4　压缩式真空计

1—水银储器；2—玻璃泡；3—测量毛细管；
4—比较毛细管；5—刻度尺；6—导管；7—三通阀

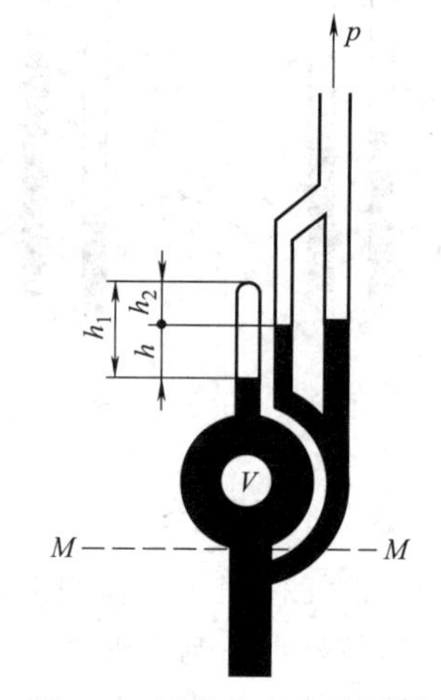


图 5-5　压缩式真空计测量

当水银面停在如图 5-5 所示的位置时，测量毛细管内的气体体积为 $V_1$，压力为 $p_2$，而比较毛细管内压力仍为 $p$。测量毛细管和比较毛细管液面高度差为 $h=h_1-h_2$，则测量毛细管内的压力 $p_2=\rho gh+p$。根据波义耳定律可得

$$pV=p_2V_1=(\rho gh+p)V_1$$

即

$$p=\frac{V_1}{V}(\rho gh+p)$$

因为一般用压缩式真空计测量低压，即 $p\ll\rho gh$，故等式右边的 $p$ 可以忽略。于是，上式可以写成

$$p=\frac{V_1}{V}\rho gh$$

又因为测量毛细管压缩后的气体体积 $V_1=(\pi d^2/4)h_1$，经整理得

$$p=\frac{\pi d^2}{4V}\rho gh_1(h_1-h_2) \tag{5-3}$$

此式即为压缩式真空计的基本方程式。式中 $d$ 为测量毛细管的内径；$V$ 和 $d$ 在吹制压缩式真空计时可测得，为已知数据，则

$$p=Kh_1(h_1-h_2)$$

$$K=\frac{\pi d^2}{4V}\rho g=1.05\times10^5\times d^2/V \tag{5-4}$$

式中，$p$ 为待测压力，Pa；$h_1$、$h_2$ 为液面差，m；$K$ 为真空计常数，$Pa \cdot m^{-2}$。

根据测量时选定水银面的基准线位置的不同，有三种刻度方法。

（1）无定标刻度法　在测量时，将水银面提升到任意位置固定下来，如图 5-5 所示的位置，分别测出 $h_1$ 和 $h_2$ 值，代入基本方程式就可计算出待测的压力值 $p$，这种方法称为无定标刻度法。此法多用于作为标准计校对其他相对真空计时。

（2）平方刻度法　在测量时，将比较毛细管中水银面提升到与测量毛细管内顶端同一水平线（基准线）上，即此时 $h_2=0$，则基本方程式可写成：

$$p=Kh^2 \tag{5-5}$$

可见，压力 $p$ 与水银面高度差 $h$ 的平方成正比，所以此法称为平方刻度法。

（3）直线刻度法　在测量时，将水银面提升到测量毛细管上某一位置（此位置作为基准线），即 $h_1=$ 常数，则基本方程式写成：

$$p=Kh_1h=K_{line}h \tag{5-6}$$

式中，$K_{line}$ 为直线刻度真空计常数，$Pa \cdot m^{-1}$。所以 $p$ 与水银液面高度差 $h$ 成直线关系，故称为直线刻度法。

在刻度过程中，$h_1$ 可选其等于任意值，选定一个值（一条基准线）就可有一对应的刻度尺，因此，同一台压缩式真空计可同时选定几个 $h_1$ 值，就可有对应的几个不同的刻度尺。

可凝蒸气（特别是水）是真空系统中常见的，由于其不符合波义耳定律，故压缩式真空不能正确反映可凝蒸气的压力。通常在压缩式真空计与被测系统之间安一冷阱，用于捕集可凝性蒸气，此时压缩真空计的示值为永久气体的分压力。

压缩真空计的特点如下。

① 刻度与气体种类无关，这是对永久性气体而言。

② 测量范围较宽、精度较高。工作用压缩式真空计的测量范围为 $10^2 \sim 10^{-3}$ Pa，对其结构尺寸进行改进后可使量程进一步扩大。其测量精度比较高，一般相对误差在 $10\times10^{-2}$ 左右。

③ 不能连续测量。由于每测量一次需升降水银一次，不能连续读数，操作费时。

④ 水银蒸气对人体有害。

#### 4. 热传导真空计

热传导真空计是根据在低压力下（$\lambda \gg d$），气体分子热传导与压力有关的原理制成的，如图 5-6 所示。它是在一玻璃管壳中由边杆支撑一根热丝，热丝通以电流加热，使其温度高于周围气体和管壳的温度，于是在热丝和管壳之间产生热传导。当达到热平衡时，热丝的温度决定于气体热传导，因而也就决定于气体压力。如果预先进行了校准，则可用热丝的温度或其相关量来指示气体的压力。

图 5-6 所示规管中热丝热量散失，只有 $Q_g$ 在低压下与压力有关，而 $Q_L$ 和 $Q_r$ 均与压力无关，可简写成：

$$Q=K_1+K_2p \tag{5-7}$$

热传导量 $Q$ 与压力 $p$ 的关系如图 5-7 所示。

由上式表明，当 $K_1 \ll K_2p$ 时，即 $Q_L+Q_r \ll Q_g$ 时，总的热量散失 $Q$ 只与压力 $p$ 有关，也即 $Q$ 与 $Q_g$ 有关。它表明，在一定的加热条件下，可根据低压力下气体分子热传导，即气体分子对热丝的冷却能力作为压力的指示。这就是热传导真空计的基本工作原理。

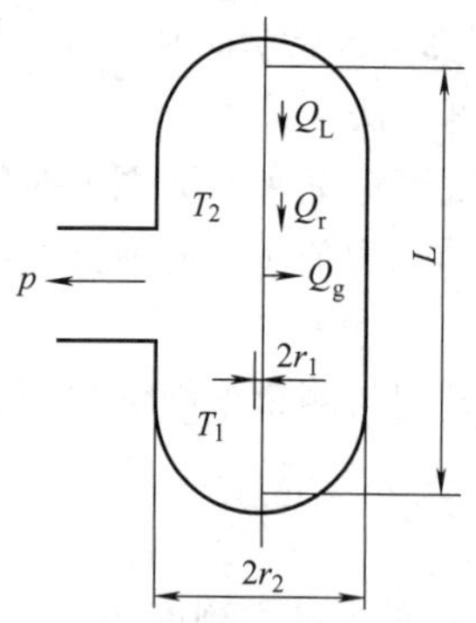

图 5-6　热传导真空计原理

$r_1$—热丝半径；$L$—热丝有效长度；$r_2$—管壁半径；

$T_1$—热丝温度；$T_2$—管壁温度；

$Q_L$,$Q_r$,$Q_g$—热丝引线热传导、

热辐射和气体分子热传导散失的热量

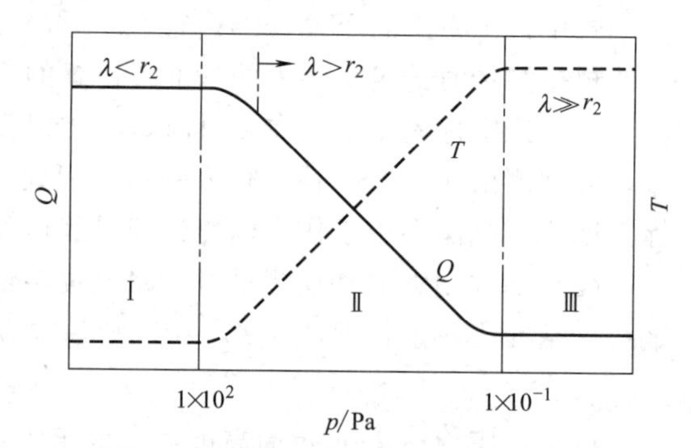

图 5-7　热传导量 $Q$ 与压力 $p$ 的关系

$\lambda$—气体平均自由程；$T$—热丝温度

热传导真空计规管热丝的温度 $T_1$ 是压力 $p$ 的函数（见图 5-7），即 $T_1=f(p)$。如果预先测出这个函数关系，便可根据热丝的温度 $T_1$ 来确定压力 $p$。热丝温度的测量方法，有以下三种：

① 利用热丝随温度变化的线膨胀性质；

② 利用热电偶直接测量热丝的温度变化；

③ 利用热丝电阻随温度变化的性质。

根据第一种测温方法制成的真空计称为膨胀式真空计。根据第二种测温方法制成的真空计称为热偶真空计。根据第三种测温方法制成的真空计称为电阻真空计，在电阻真空计中也有用热敏电阻代替金属热丝的，此种真空计称为热敏电阻真空计。其灵敏度较高，但稳定性较差。

热偶真空计和电阻真空计是目前粗真空和低真空测量中用得最多的两种真空计。

热传导真空计是相对真空计，常常在标准环境下，用绝对真空计或用校准系统进行校准。

气体种类的影响：热传导真空计对不同气体的测量结果是不同的，这是不同气体分子的热导率不同引起的。因此，在测量不同气体的压力时，可根据干燥空气（或氮气）刻度的压力读数，再乘以相应的被测气体相对灵敏度，就可得到该气体的实际压力：

$$p_{real}=S_r p_{read} \tag{5-8}$$

式中　$p_{read}$——以干燥空气（或氮气）刻度的压力计读数，Pa；

$p_{real}$——被测气体的实际压力，Pa；

$S_r$——被测气体对空气的相对灵敏度。

通常以干燥空气（或氮气）的相对灵敏度为 1，其他一些常用的气体和蒸气的相对灵敏度如表 5-1 所示。

**表 5-1　热传导真空计对一些气体与蒸气的相对灵敏度**

| 气体或蒸气 | $S_r$ | 气体或蒸气 | $S_r$ |
|---|---|---|---|
| 空气 | 1 | 一氧化碳 | 0.97 |
| 氢 | 0.67 | 二氧化碳 | 0.94 |
| 氦 | 1.12 | 二氧化硫 | 0.77 |
| 氖 | 1.31 | 甲烷 | 0.61 |
| 氩 | 1.56 | 乙烯 | 0.86 |
| 氪 | 2.30 | 乙炔 | 0.60 |

### (二) 真空检漏

真空系统是由真空泵、管道、被抽系统、测量仪表及阀门等部件组合而成。尽管在装配时已力求防止出现漏气，但实验中由于种种原因而产生漏气现象仍是常见的。所谓漏气是指真空泵的性能符合要求，而且工作正常，但系统的真空度却达不到要求，这就表明系统存在漏气。因此，真空系统安装完毕后，均应进行检漏，然后视漏气真空程度采取更换零部件或修补等措施。

#### 1. 漏气的判断

实际真空系统如真空泵抽不到要求的真空度，除系统漏气外，也可能是泵工作不正常或系统内存在放气源（如液滴、污垢物）所致。到底是何原因，需进行判断。常用的判断方法之一就是绘制压力-时间曲线。首先将整个真空系统连通，启动真空泵，使整个系统达到可能达到的最低压力，然后将系统与真空泵切断，并由连接在系统上的真空计读出并记录压力随时间的变化，绘制成曲线。根据曲线的形状即可判断系统情况，如图 5-8 所示。图 5-8 中曲线 $a$ 为系统的压力始终保持最低压力 $p_1$，说明系统既不漏气，也无放气源放气。倘若真空系统达不到要求压力，其原因在于泵本身工作不正常；曲线 $b$ 反映了切断真空泵后，系统压力上升较快，达一定数值后趋于稳定，这种情况说明系统内存在放气源；曲线 $c$ 为直线上升，说明是漏气；曲线 $d$ 表示开始压力上升较快，然后逐渐变慢，最后接近为斜率一定的直线，这说明放气源的放气与漏气同时存在。压力上升较快一般是漏气与放气共同作用下造成的。之后放气速率逐渐降低并达饱和后，系统压力上升只与漏气有关，故为直线。

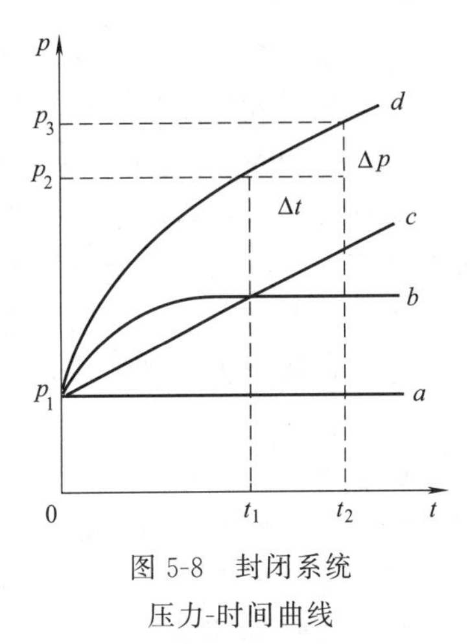

图 5-8 封闭系统压力-时间曲线

应指出在实际工作中，系统内放气源的存在也不应忽略，特别对于要获得高真空系统，要根据实际需要决定是否要消除放气源。

#### 2. 检漏的原则

当判断系统漏气后，就应着手寻找漏气孔的所在位置。必要时，还需估计漏气孔的大小。如何尽快地找到漏气孔的位置，有以下几条实际经验。

（1）估计漏气孔的大小　根据下式估算一下与真空泵隔断后真空系统漏气速率，其式为：

$$Q_0=(p_2-p_1)V/t \tag{5-9}$$

式中，$p_1$ 为刚隔断真空泵后系统的压力；$t$ 为经历的时间；$p_2$ 为经历 $t$ 时间后系统的压力；$V$ 为密封系统的总体积；$Q_0$ 为系统最大漏气率，$\mathrm{Pa \cdot dm^3 \cdot s^{-1}}$。据所算的漏气速率可粗略估计漏气孔或缝的大小。对大漏气孔（数万帕·分米$^3$·秒$^{-1}$）常可用观察或听声音等方法寻找，至于小漏气孔则需借助检测仪器。

（2）将系统进行分段检漏　将真空系统抽至所能达到的最高真空度后，立即关闭系统所衬隔断阀，将系统分为若干部分。然后首先检查装有真空计部分是否漏气，如不漏则由近到远使各部分依次与装真空计部分相连通，哪一部分连通后出现真空度下降，就可判断这一部分一定存在漏气孔，这是最常用的检漏原则。

（3）寻找漏气孔应有重点　通过分段检漏只确定哪些部分存在漏气孔，但还需进一步找出漏气孔的确切位置。根据经验，漏气多发生在阀门，真空系统各部分连接处，经过整修的位置、接口、规管电极引出线等部分，而容器与管道的主体壁面漏气孔很少。

(4) 应根据真空系统本身的内部结构与要求选择适宜的检漏方法　否则会因检漏方法不当而造成系统内部的污染，甚至被破坏。

(5) 不能忽略内部大的放气源　当采用各种适当检漏方法证实系统不漏气后，系统真空度仍下降，就应注意系统内部存在较大放气源。

**3. 检漏方法**

由于真空系统的多样性，检漏的方法也是各式各样，甚至还需使用专门检漏的仪器，简称检漏仪。正因检漏方法繁多且各有特点，所以在选择何种检漏方法时，除了应根据具体被检对象，选用简便易行、经济实用方法外，还要根据被检系统或设备的允许漏气率来确定所选用的检漏方法的检漏灵敏度。检漏方法一般分为加压检漏法与真空检漏法。加压检漏法又分为打气检漏法与水压法两种，其中打气检漏法是最常用的方法，下面简要介绍这一方法。

打气检漏法是将高于大气压力的干燥而且干净的气体（空气或氮气）充入真空系统内部，然后通过在系统外部用某种指示物指出漏气的位置。此法能检查出漏气率大于 $10^3 Pa \cdot dm^3 \cdot s^{-1}$ 以上的漏气孔，适用于任何材料制成的真空系统。

具体操作是：将高于大气压力的干燥而且干净的空气或氮气充入真空系统中，在真空系统的外表面上认为有可能漏气的部位处，用小刷子涂上一层肥皂液，如有气泡出现，则说明该位置确实漏气。不过，采用此法要求耐心仔细观察，因为漏气孔较小时，气泡出现的时间可能会长达数分钟。对于独立而又小型的真空器件，充气后也可浸入水中，观察是否有气泡外冒。

此法检漏的注意事项：要切实了解被检容器与连接部分的强度是否能承受正压与能承受多大压力；加压要适当，以防止爆炸事件发生；检漏前应仔细地消除掉检漏部位表面的油污、粉尘等，再洗净、干燥。用肥皂水作指示物则肥皂液要稀稠合适，不得有污染物。皂液太稀易于流动和滴落，可能使大漏孔处因皂液不足无法形成气泡而发生漏检。太稠透明度则差，不利于对小漏气孔观察而造成漏检。肥皂液如夹有污染物则易堵塞漏气孔而造成漏检。

## 第二节　压力的测定

压力是用来描述体系状态的一个重要参数。许多物理、化学性质，如熔点、沸点等几乎都与压力有关。压力参数的测量和控制在现代工业和科学研究中广泛应用着，并随着工业和科研的发展，低压、微压、高压和超高压、动态压力和高低温条件下的压力测量等越来越重要，因此压力仪表的种类越来越多。产品结构在各种条件下的适应性也日趋完善，故压力的测量已日益受到人们的重视。但本书只介绍一些目前在实验室最常用的压力仪表。

压力是指流体均匀垂直作用在单位面积上的力，也可把它叫作压力强度，或简称压强。国际单位制（SI）用帕斯卡作为通用的单位，以帕（Pa）表示。但是，原来的许多压力单位，如标准大气压（atm）、工程大气压（即 $kgf \cdot cm^{-2}$）、巴（bar）等仍在使用，这些压力单位之间的关系见表 5-2。

**表 5-2　常用压力单位换算**

| 压力单位 | Pa | $kgf\cdot cm^{-2}$ | atm | bar | mmHg |
|---|---|---|---|---|---|
| Pa | 1 | $1.019716\times10^{-2}$ | $0.9869236\times10^{-5}$ | $1\times10^{-5}$ | $7.5006\times10^{-3}$ |
| $kgf\cdot cm^{-2}$ | $9.800665\times10^{-4}$ | 1 | 0.967841 | 0.980665 | 753.559 |
| atm | $1.01325\times10^{5}$ | 1.03323 | 1 | 1.01325 | 760.0 |
| bar | $1\times10^{5}$ | 1.019716 | 6.986923 | 1 | 750.062 |
| mmHg | 133.3224 | $1.35951\times10^{-3}$ | $1.3157895\times10^{-3}$ | $1.33322\times10^{-3}$ | 1 |

## 一、压力的概念

在工业和科研中，常用到以下几种不同的压力概念：大气压力、绝对压(力)、表压(力) 和真空度，如图 5-9 所示。

(1) 大气压力　大气压力是指地球表面的空气柱重量所产生的平均压力，常用符号 $p_b$ 表示。它随地理纬度、海拔高度和气象情况而变，也随时间而变化。

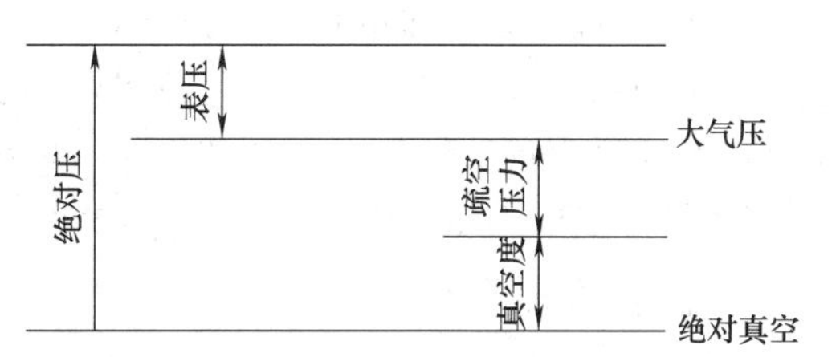

图 5-9　绝对压、表压与真空度的关系

(2) 绝对压力　以绝对真空作零基准表示的压力，即被测流体作用在容器单位面积上的全部压力，常以符号 $p_a$ 表示，它表明了测量点的真正压力。

(3) 表压 (力)　以大气压力为零基准且超过大气压力的压力数值，亦即一般压力表所指示的压力，常用符号 $p$ 表示，它等于高于大气压力的绝对压力与大气压力之差。

(4) 疏空压力 (也称负压)　又称真空表压力，是以大气压力为基准且低于大气压力的压力数值，即大气压力与绝对压力之差，常用符号 $p_h$ 表示。

## 二、测压仪表

### 1. 液柱式压力计——U 形管压力计

液柱式压力计是最早用来测压力的仪表之一，它结构简单、制造容易、测量精度较高和价格便宜，至今在计量、实验、科研上仍广泛应用。缺点是它的结构不牢固，耐压程度较差。

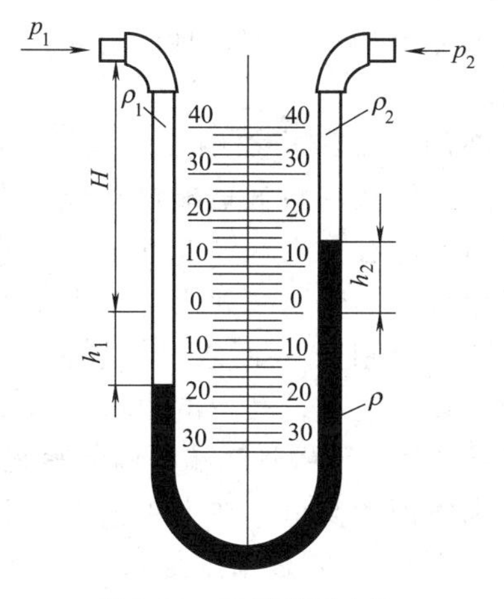

图 5-10　U 形管压力计

根据结构形式可分为 U 形管压力计、倾斜式压力计、单管式压力计等；若按测量精度可分为一、二、三等标准液柱式压力计，工作用液柱式压力计有 0.5 级、1.0 级、2.5 级三种。实验室用的一般是 U 形管压力计，故予以重点介绍。

如图 5-10 所示，U 形管压力计是由两根内径相同的、相互平行且连通的 U 形玻璃管 (亦有金属管)，安装在镶有刻度标尺的支承板上构成的，U 形管内灌有密度适宜的液体。

如果管两端均为大气压力，则两管内的液体工作介质的液面处于同一水平位置，但若左管端与被测压力 ($p_1$) 相连，由于被测压力 $p_1$ ($p_1>p_2$，$p_2$ 为大气压力) 的作用，左管内的液面下降。相反，右管的液面上升，直到压力计内液面不再移动，即管内液体达到平衡，此时两管内液面的高度差为 $h$（即 $h_1+h_2$），此 $h$ 表示被测压力 $p_1$ 和大气压力 $p_2$ 的压力差。根据流体静力平衡原理得：

$$p_1-p_2=\rho gh \tag{5-10}$$

式中，$p_1$ 为被测量绝对压力；$p_2$ 为大气压力；$h$ 为液面的高度差；$\rho$ 为工作介质的密度；$g$ 为重力加速度。

液柱式压力计的使用与维护注意事项如下。

① 液柱式压力计应避免安装在过热、过冷、温度变化大和有振动的地方。过热易使工作液体蒸发掉，过冷又会使工作液体冻结，温度变化大则给读数带来较大误差，振动往往使读数无法进行，甚至将玻璃管震破而造成测量误差。

② U 形管压力计和单管式压力计必须令测量管垂直固定放置，而倾斜式压力计则需调节底盘上的水平泡，使之处于水平位置，然后再调零点，如工作液面不在零位处，则调整零位器或移动可变读数标尺，或调整工作液体量至零位。

③ 仪器充以工作液体后，要充分排除工作液体内的气体。

### 2. 福丁式气压计

福丁（Fortin）式气压计基于托里拆利原理而设计，属于液柱式压力计的一种，其外部构造如图 5-11（a）所示。

（1）构造　气压计上部外层为一黄铜管，管顶端为一圆环，管上部有一长方形的孔，用于观察汞柱高度。铜管内装有长为 90cm、内径为 6mm 垂直放置的玻璃管，管内充有水银，水银顶端以上的玻璃管是封闭的，且是真空，下端稍细，直插入气压计底部的水银槽中，见图 5-11(b)。在铜管上装有以下部件：

① 刻度标尺。刻在长方形孔的一边，是气压计读数的整数部分。

② 游标。装在长方形孔中。旋转管制游标螺旋，可使游标上下移动，用于读取气压计读数的小数点后的最后读数。

③ 温度计。装在铜管中部，且固定在铜管与玻璃管之间。

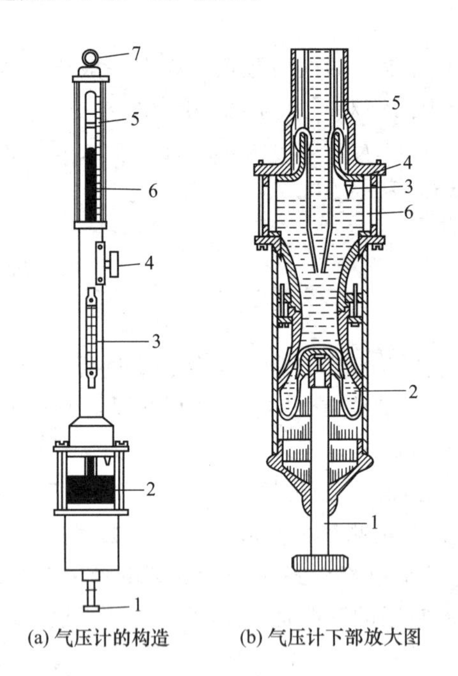


(a) 气压计的构造　　(b) 气压计下部放大图

1—调节螺旋；
2—水银槽；
3—温度计；
4—管制游标螺旋；
5—游标；
6—刻度标尺；
7—顶端圆环

1—调节螺旋；
2—羚羊皮囊；
3—象牙针；
4—木套管；
5—玻璃管；
6—玻璃筒

图 5-11　福丁式气压计

气压计下部的详细结构如图 5-11（b）所示，外层是由一铜管和一短截玻璃筒构成，内装水银槽，槽的上部有棕榈木的套管固定在槽盖上。在木套管与玻璃管连接处用羚羊皮紧紧包住，空气可以从皮孔出入而水银不会溢出。水银槽底部为一羚羊皮囊，其下端由可调节螺旋支托，通过旋动气压计铜管底端的调节螺旋，就能调节槽内水银面的高低。在水银槽上部装有一倒置的象牙针，针尖是刻度标尺的零点。读数时，必须使槽内水银面正好与针尖相接触。

（2）使用方法

① 先读出温度计的温度，即为环境温度。再检查气压计是否垂直放置，需垂直放置才能读数。

② 调节水银槽中的水银截面。旋转调节螺旋以升高槽内水银面，利用水银槽后面白瓷片的反光，注视水银面与象牙针间的空隙，直到该空隙因水银面上升而恰好消失为止。

③ 调节游标。转动游标的螺旋，令游标尺基面高于水银柱端面，然后，再慢慢将游标下落，直到游标的基面恰好和水银柱凸面顶端相切。

④ 读数。以千帕（kPa）作刻度单位的大气压计为例。

a. 读整数部分时，先看游标的零线在刻度标尺的位置，如恰与标尺上某一刻度相合，则刻度数即为气压计读数。如果游标零线在标尺两刻度之间，如［101］与［102］之间，那么气压计读数的整数部分即为［101］，再由游标上的刻度确定其小数部分。

b. 读小数部分时，在游标与标尺的刻度中，找出游标上某一刻度恰与标尺上某一刻度相合者，则游标读数即为小数部分。

⑤ 读数后转动气压计底部的调节螺旋，使水银面下降到与象牙针完全脱离。

注意：在旋转调节螺旋时，汞柱凸面凸出较多，下降时凸面凸出少些。为使读数正确，在旋转调节螺旋时，要轻弹一下黄铜外管的上部，使水银面凸出正常。

大气压计与其他液柱式压力计一样，需进行温度、重力加速度的修正。

由于福丁式气压计仍使用水银与玻璃管，故同样具有易碎与污染环境的缺点。目前有被电测式测压仪替代的趋势。

**3. 电测式测压仪**

电测式测压仪目前在实验室已广泛应用于压力或真空度的测量，以代替传统用的水银U形管压力计、福丁式气压计等。常用的有以下类型。

（1）DPC-2C型数字式低真空测压仪　这是一种测定实验系统与大气压力间的压差仪器，可用于饱和蒸气压的测定及本书中的标准平衡常数测定等实验。仪器结构如图5-12所示。

① 技术指标。量程为0～－101.3kPa，压力分辨率为0.01kPa，使用环境温度为－20～40℃。

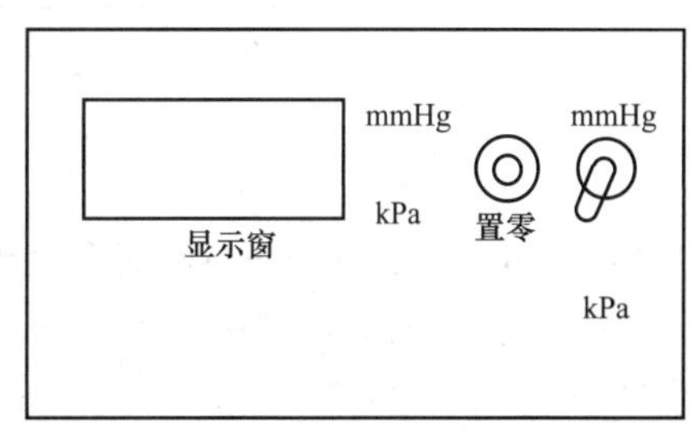

图5-12　DPC-2C型数字式低真空测压仪

② 使用方法。将仪器后面板的吸气孔用橡皮管与被测系统连接，并检查连接是否完好。再将仪器与外电源相接，打开仪器上电源开关，预热10min。拨动“单位选择开关”，选择测量单位。旋转“置零”钮，使显示窗显示为零。这表示系统与大气压力之间的差值为零。开动真空泵，使实验系统处于真空状态，此时，显示窗显示的数值即为实验系统与大气压的压差。如显示的数值为－84.2kPa，则说明被测系统的真实压力为（101.325－84.2)kPa＝17.1kPa。

（2）DMP-2C型数字式微压差测量仪　此仪器只能测量压差变化不大的试验，如本书中的“用最大气泡压力法测量液体的表面张力”使用的便是此仪器。

① 技术指标。测量压差的范围是－10～10kPa，压差分辨率为1Pa，压差最大值显示持续时间为1.5s，使用的环境温度为－20～40℃。

② 使用方法。用软管将仪器后面板上记号为 L 的接头与被测系统相连接，如已经连接好则只需检查一下有无脱落。插上电源插头，打开仪器的电源开关，预热 5min 后方可使用。当显示器显示数值稳定后，按一下“校零”键，则仪器显示为零，表示将被测系统的起始压力设定为零。试验测定时，显示窗显示的数值便为被测系统的实验过程中的压力与系统的起始压力之差。当数值达最大值后并开始下降时，则该最大值保留显示约 1s。

（3）AMP-2C/2D 型数字式气压表

① 技术指标。AMP-2C 与 AMP-2D 适用于－20～40℃的环境温度，AMP-2C 的量程为 101.3kPa±20.0kPa，而 AMP-2D 的量程为 101.30kPa±20.00kPa，压差分辨率分别为 0.1kPa（AMP-2C）、0.01kPa（AMP-2D）。

② 使用方法。仪器应放置在空气流动尽可能小的、不易受到干扰的地方。使用时，接通仪器的电源开关，预热 15min，显示窗显示的数值便为大气压力，单位为千帕（kPa）。

（4）DP-A 精密数字压力计

① 技术指标。压力测量范围为－150～150kPa；压力测量分辨率为 10Pa、1Pa；使用温度范围为 10～40℃；压力过载能力为 2 倍最大额定压力。

② 仪器结构。如图 5-13 所示，前面板上“单位”键是根据测压范围来选择所显示压力数值的单位。当仪器接通电源时，则 kPa 的指示灯点亮，表示测得压力值以千帕（kPa）为单位。若想以 mmHg 或 $mmH_2O$ 为压力单位时，只需按下“单位”键即可。“采零”键是为了自动扣除压力传感器零压力值（即零点漂移），所以，每测试一次之后需按一下“采零”键，显示窗显示为“0000”，以保证测试时所显示的压力值确为被测系统的压力值。“复位”键是为了令仪器返回起始状态而设置的。一按此键，仪表立即返回起始状态，故在正常测试中不要按此键。

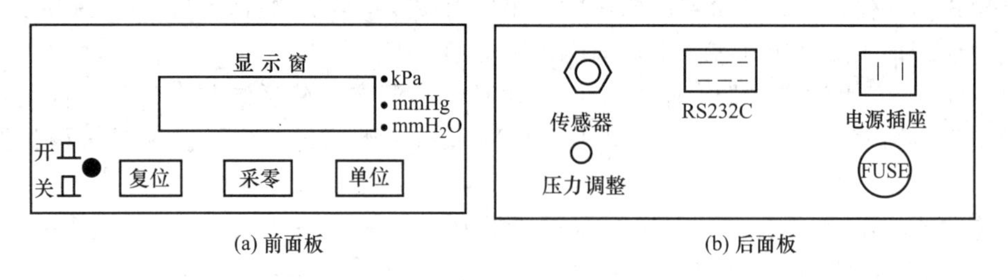


图 5-13　DP-A 精密数字压力计

③ 使用方法。首先进行等压及气密性检查，缓慢加压至满量程，若 1min 内显示的数值不变，说明传感器和检测系统无泄漏。确认无泄漏后，泄压至零，并在全量程反复进行等压操作 2～3 次后才可进行正式测试；在测试之前应按“采零”键，以消除压力传感器的零点漂移，显示窗显示为“0000”，且每测量一次均需按一下“采零”键；仪器采零后便可接通被测系统，此时显示窗显示的数值便为被测系统压力值；测量结束后，需将被测压力泄压至零后才可以关掉电源开关。

## 第三节　温度的测定

温度是表征体系中物质内部大量分子、原子平均动能的一个宏观物理量。物质的许多特征参数与温度有着密切关系。因此，准确测量和控制温度，在科学实验中十分重要。以下简要介绍温标和常用温度计。

## 一、温标

温度是一个特殊的物理量，两个物体的温度不能像质量那样互相叠加，两个温度间只有相等和不相等的关系。为了表示温度的数值，需要建立温标，即温度间隔的划分与刻度的表示，这样才会有温度计的读数。国际温标是规定一些固定点，这些固定点用特定的温度计精确测量，在规定的固定点之间的温度测量是以约定的内插方法及指定的测量仪器以及相应物理量的函数关系来定义的。选择不同的温度计、不同的固定点以及规定不同的温度数值，就产生了不同的温标。

### 1. 经验温标

常用的温标如摄氏温标、华氏温标属经验温标。摄氏温标选用水银温度计，规定在标准大气压下水的冰点（0℃）和沸点（100℃）为两个固定点，两个固定点间划分 100 等份，每等份为 1℃。华氏温标也选用水银温度计，规定在标准大气压下水的冰点（32℉）和沸点（212℉）为两个固定点，两个固定点间划分 180 等份，每等份为 1℉。经验温标有两个缺点：一是由于温标的确定有随意性，感温质与温度之间并非严格呈线性关系，所以不同温度计对于同一温度所显示温度数值往往不同；二是经验温标定义范围有限，例如玻璃水银温度计下限受到水银凝固点限制，只能达－39℃，上限受到水银沸点和玻璃软化点限制，一般为 600℃。

### 2. 热力学温标

1848 年开尔文（Kelvin）提出热力学温标，它是建立在卡诺循环基础上的，与测温物质的性质无关。

$$T_2=\frac{Q_1}{Q_2}T_1 \tag{5-11}$$

开尔文建议用此原理定义温标，称为热力学温标，通常也叫绝对温标，以开（K）表示。理想气体在定容下的压力（或定压下的体积）与热力学温度呈严格的线性关系。因此，现在国际上选定气体温度计，用它来实现热力学温标。氦、氢、氮等气体在温度较高、压力不太大的条件下，其行为接近理想气体。所以，这种气体温度计的读数可以校正为热力学温标。

热力学温标用单一固定点定义，规定“热力学温度单位开尔文（K）是水三相点热力学温度的 1/273.15”。水的三相点热力学温度为 273.15K。热力学温标与通常习惯使用的摄氏温度分度值相同，只是差一个常数。

$$T/\mathrm{K}=273.15+t/℃ \tag{5-12}$$

### 3. 国际温标

由于气体温度计装置复杂，使用很不方便。为了统一国际间的温度量值，1927 年拟定了“国际温标”，建立了若干可靠而又能高度重现的固定点。随着科学技术的发展，又经多次修订，现在采用的是 1990 年国际温标（ITS-90）。

ITS-90 定义了 17 个温度固定点（见表 5-3）和 4 个温区（见表 5-4）。

表 5-3 ITS-90 定义的固定点

| 物质 | 平衡态 | 温度 $T_{90}$/K | 物质 | 平衡态 | 温度 $T_{90}$/K |
|---|---|---|---|---|---|
| He | VP | 3～5 | Ga | MP | 302.9146 |
| e-$H_2$ | TP | 13.8033 | In | FP | 429.7485 |
| e-$H_2$ | VP(CVGT) | 约 17 | Sn | FP | 505.078 |
| e-H | VP(CVGT) | 约 20.3 | Zn | FP | 692.677 |
| Ne | TP | 24.5561 | Al | FP | 933.473 |
| $O_2$ | TP | 54.3354 | Ag | FP | 1234.93 |
| Ar | TP | 83.8058 | Au | FP | 1337.33 |
| Hg | TP | 234.3156 | Cu | FP | 1357.77 |
| $H_2O$ | TP | 273.16 | | | |

表 5-4 四个温区的划分及相应的标准温度计

| 温度范围/K | 13.81～273.15 | 273.15～903.89 | 903.89～1337.58 | 1337.58 以上 |
|---|---|---|---|---|
| 标准温度计 | 铂电阻温度计 | 铂电阻温度计 | 铂铑(10%)-铂热电偶 | 光学高温计 |

## 二、常用温度计

### 1. 玻璃液体温度计

玻璃液体温度计是在玻璃管内封入水银或其他有机液体，利用封入液体的热膨胀进行测量的一种温度计，属于膨胀式温度计。

优点：结构简单，价格便宜，制造容易；具有较高精确度；直接读数，使用方便。所以至今在实验室和工业上广泛使用，不足之处是易损坏，损坏后无法维修，而且生产过程和使用中会污染环境，现有被取代的趋势。

(1) 玻璃液体温度计的结构　玻璃液体温度计因所用场合不同，在结构上各有差异。但测温原理是相同的，故其主要组成部分是相同的，即均由感温泡、感温液、中间泡、安全泡、毛细管、主刻度、辅刻度等组成。其结构如图 5-14 所示。感温泡的主要作用是用来储存感温液与感受温度。一般采用圆柱形，有利于热传导（相对球形而言），故热惯性较小。感温液是用作测量温度的物质，主要是利用其热膨胀作用。感温液一般有汞（包括汞铊合金）和有机液两大类。中间泡是为了提高测温精度与缩短标尺。但并不是所有玻璃液体温度计都具有中间泡。对于有些温度计的标尺下限需从 0℃以上某一温度开始时，为缩短标尺而需中间泡。利用中间泡储存由 0℃加到标尺始点温度所膨胀出来的感温液。毛细管作用是当感温液因热胀冷缩时在毛细管中上升或下降的位置，通过主刻度所对应的示值，便可读出相应温度。主刻度是为了指示温度计中毛细管内液体上升或下降时对应位置上的温度值；辅刻度设置在零点位置上。对于温度精度要求高的温度计（如标准温度计等），通过测量辅助刻度线零位变化，可对温度计的示值进行零位变化修正与反映温度的示值稳定性。安全泡是与毛细管上端相连的小泡，是容纳加热温度超过温度计上限温度后的感温液，防止感温液因过热而胀破温度计。

玻璃温度计从结构上分为棒式、内标式及外标式三种，实验室所用的玻璃温度计基本上为棒式，因为这种温度计的温度标尺直接刻在毛细管上，标尺与毛细管之间在测温过程中不会发生位移，所以测温精度高。图 5-14 所示的便是棒式温度计。

棒式温度计按所用的感温液是水银或其合金（水银-铊等），还是有机液体而分为水银温度计和有机液体温度计。另外，还根据温度计测量某介质温度时，需将温度计和整个液柱与感温泡浸入到被测介质中，还是只需将温度计插入到温度计本身标定的固定浸没位置而分为全浸式与局浸式两种。除工业测温用或特殊用途的精密实验室温度计（如贝克曼温度计）外，一般为全浸入式温度计。

液体温度计在测量温度时，由于温度计本身的缺陷，或受读数方法、环境条件等影响，都会产生一些误差。

① 零点位移。这是由于温度计的玻璃虽经人工老化处理，但玻璃热后效仍难完全消除，长期使用使得零点逐渐升高，并升高至一定限度为止。原因主要是感温泡的体积收缩，所以对标准温度计及精密温度计的零点位置要经常检查。如发现零点位置有变化，则应把位移修正值 $d$ 加到以后的所有读数上：

$$d = a - b \tag{5-13}$$

式中，$a$ 为检定证书中给出的零点位置；$b$ 为新的零点位置。

② 浸入深度误差。精密玻璃温度计大多为全浸式，即温度计液柱与感温泡应与被测温度均匀一致时，温度示值才正确。当液柱一部分露出时，会产生误差 $\Delta t$：

$$\Delta t = h a_V (t - t_m) \tag{5-14}$$

式中，$a_V$ 为感温介质对玻璃的体胀系数之差，称视膨胀系数，感温介质为水银时，$a_V = 0.00016℃^{-1}$，感温介质为有机液体时，$a_V = 0.0010℃^{-1}$；$h$ 为液柱露出高度，mm；$t$ 为温度计所指示的读数，℃；$t_m$ 为露出部分的环境平均温度，℃。

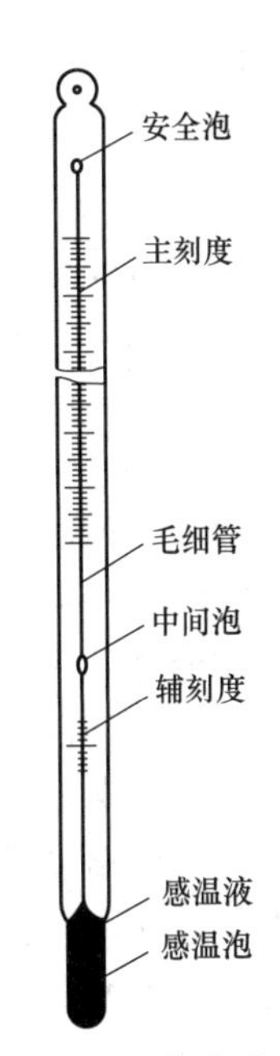

图 5-14　棒式玻璃液体温度计

由式（5-14）可知，计算修正值 $\Delta t$ 需知温度计露出液柱的平均温度 $t_m$。如图 5-15 所示，将一支辅助玻璃温度计的感温泡绑在露出介质表面液柱长度的中间，实验时从辅助温度计测出所用温度计表面温度，并认为这一读数值就是露出液柱的平均温度。

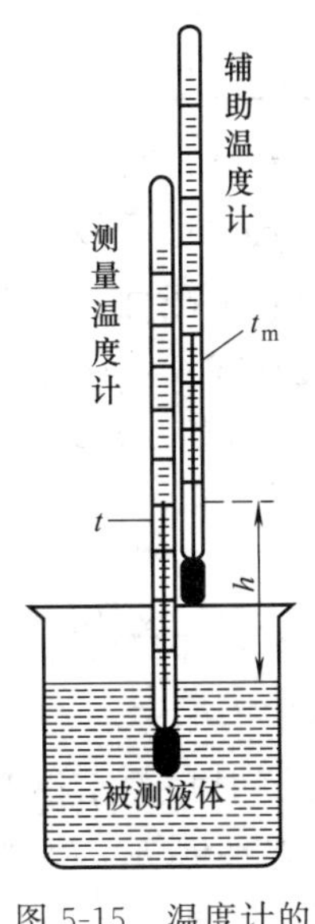

图 5-15　温度计的液柱露出端修正测量示意图

③ 液柱断裂或挂壁的影响。由于工作液体夹杂气泡或搬运不慎等原因造成的毛细管中液柱断裂，如不注意将引起极大的误差，因此在使用温度计前必须检查有无液柱断裂现象。如有断裂现象，则可采用下列方法修复。

加热法：如温度计毛细管的上端有安全泡，则可采用加热法修复。将温度计直立并将感温泡浸入温水中徐徐加热，直到中断的液柱全部进入安全泡。注意液柱只能升至安全泡的 1/3 处，不能全部充满安全泡，以免破裂。在上升过程中应轻轻振动温度计，以帮助全部气泡上升。加热后将温度计慢慢冷却，最好是浸在原来热水中自然冷却至室温。冷却后一定要垂直放置数小时，以使管壁的液体都下降至液柱中。

冷却法：如液柱断在温度计中、下部或高温用的温度计，则可将温度计浸入冷却剂中（冰＋纯水），使温度逐渐降低，一直到液柱的中断部缩入玻璃感温泡内为止。然后取出，再使温度计慢慢升高至原来的读数。如果进行一次不行，则需反复进行几次，直至故障消失为止。

经修复后的液体温度计均需做零点检验和重新进行示值检验。

④ 时间滞后误差。液体温度计测温属于接触法，所以温度计与被测物体达热平衡需经

一定时间，这就叫时间滞后效应。时间滞后误差大小与温度计种类、长短、感温泡壁厚、形状有关，并且与被测温度周围状态有关（液体、气体的种类及是否混合良好）。在均匀液体中，棒式温度计的时间滞后约2s，内标式水银温度计约5s，贝克曼温度计约8s。但在静止空气中，时间滞后大约是上述数值的50倍。所以用玻璃液体温度计测量温度时，要有足够的稳定时间，否则会产生很大的误差。若被测温度是变化的，则因温度计热惰性而使测温精度大为降低。

⑤ 标尺位移。在内标尺温度计中，标尺与毛细管往往会产生一定的相对位移。其原因是内标尺与温度计玻璃的热膨胀系数不同，或者由于标尺固定位置发生变化而引起，如果变化很大时，则此温度计就不能使用。

此外还有修正误差、读数误差和压力误差等。

（2）玻璃液体温度计的校验方法　除对修复后的温度计进行校验外，对一般正常的温度计也需要定期校验（每两年1次）。玻璃液体温度计采用标准仪器比较的方法进行校验。校验工作玻璃温度计的标准器一般为二等标准水银温度计或二等标准铂电阻温度计，也可用标准铜-康铜热电偶。要求：用比较法进行校验时，必须保证标准器与被检温度计在同一温度下处于热平衡。这就要求造成这同一温度所用的液体槽中各处的温度尽可能相同。常用的恒温仪器见表5-5。

**表5-5　常用的恒温仪器**

| 名称 | 测温介质 | 应用温度范围/℃ |
| --- | --- | --- |
| 低温酒精槽 | 酒精＋干冰 | －100～0 |
| 水冰点器 | 冰＋水混合物 | 0 |
| 水槽 | 水 | 1～95 |
| 油槽 | 38号、52号、65号汽缸油 | 100～300 |
| 盐槽 | 55% $KNO_3$＋45% $NaNO_3$ | 300～500 |

校验时必须采取升温校验。因为有机液体与管壁有附着力和水银与管壁有摩擦力等作用，易在下降时造成读数失真，温度上升的速度不得超过0.1℃·$min^{-1}$，即足够缓慢。每支玻璃温度计的校验点不应少于3个，除标尺上限和下限外，中间可取一点。具有零点的玻璃温度计的校验点必须包括零点，两相邻校验点的间隔，对于分度值0.1℃的为10℃；对于分度值0.2℃的为20℃；对于分度值为0.5℃的为50℃；对于分度值1℃、2℃、5℃、10℃的为100℃。

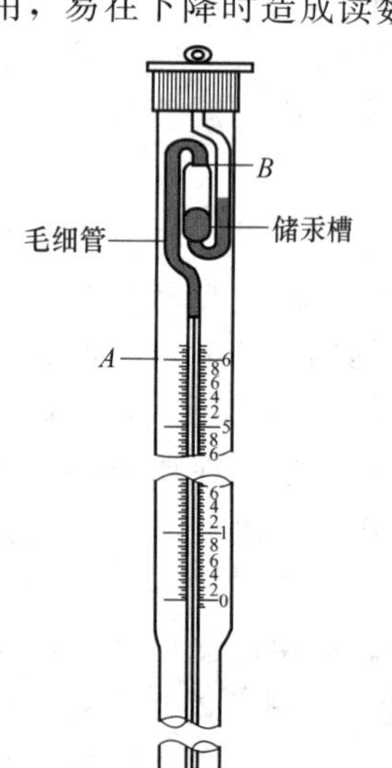

图5-16　贝克曼温度计

## 2. 温差温度计

（1）贝克曼温度计

① 贝克曼温度计的结构、特点。贝克曼温度计是玻璃水银温度计的一种，属于内标式。此种温度计的结构如图5-16所示，主要由感温泡、毛细管、刻度尺、储汞槽等所组成。这种温度计与一般玻璃水银温度计有以下的不同：贝克曼温度计的感温泡与一般玻璃温度计感温泡的作用（即储存感温液及感受温度）相同，但亦有其特殊之处。该温度计的感温泡远大于一般水银温度计感温泡，储存水银量多，而且，感温泡的水银量能随测温范围不同进行增减。若所测温度范围属较高温度时，则可将感温泡中超过测温范围之水银量通过毛细管转移至备用泡中。反之，则可将备用泡所储水银经毛细

管移回感温泡中。贝克曼温度计的主标尺与一般温度计不同，其测量范围一般只有0～5℃与0～6℃两种，最小分度值为0.01℃，如用放大镜读数，可估计到0.002℃。因此，该温度计的主标尺只用于指示被测介质的温度变化值，而不能指示被测介质的实际温度值。在贝克曼温度计的上部有一个回纹状的储液泡，称为备用泡。备用泡与毛细管上端相连，用于储存或补给感温泡在测温范围条件下多余或不足的水银量，使毛细管内水银面在所测温度范围内的温度差均能落在主标尺读数范围内。另外，在备用泡的背面上有一固定的副标尺，副标尺的刻度范围是－20～125℃，其主要作用是在调整感温泡中水银量时指示是否达到所要求的温度。

由上述介绍的贝克曼温度计结构，可知该温度计的特点为：测定精度较高，能准确读至0.01℃，估计到0.002℃，专用于温差的精密测量；测量温度范围可以调节，即只用一支温度计就能满足－20～125℃范围内温差测量的需要。

② 调节方法。由于贝克曼温度计是用于测温差，而且测量范围只有0～5℃（或6℃）范围，所以调节操作应首先明确所需调节温差的范围以及升温还是降温的过程。这样才能在测量时使毛细管中水银柱液面处在合适位置，以保证实验顺利进行。例如，有无机盐溶于水（该水温已预先用一般玻璃温度计测出为20℃），且已知过程是降温约2.5℃，那么，应如何对贝克曼温度计进行调节？其操作步骤如下。

第一步：用手握住贝克曼温度计的中部，并将温度计倒置，利用重力使备用泡中水银与毛细管内的水银柱相连接，当接上后应立即小心缓慢将温度计重新恢复到正常的状态，垂直放在专用木架上。注意此时备用泡的水银与毛细管的水银柱一定相接。如断开，则重新操作至相连为止。

第二步：根据实验测量要求，调节毛细管内水银柱的水银面至适宜读数。例如测量20℃的水中加入无机盐后降温（约为2.5℃）的温差精确值。也就是说，开始测量时的初始温度为20℃，而且为降温过程，这样，当将贝克曼温度计插入20℃系统中时，其毛细管水银面应在刻度“3”以上为宜，因为只要温度下降不超过3℃，均能处于主标尺读数范围。但如选在刻度“1”，就不能满足要求了。如何将水银柱面处于刻度“3”处以上？此时应将完成第一步的温度计轻轻插入水温已调节到需要的恒温浴中。而恒温浴水温是这样确定的，当贝克曼温度计水银柱面设定在刻度“3”处时，则从刻度“3”至毛细管水银与备用泡相接处的水银柱相当于4.5℃，即刻度“3”至“5”为2℃，而刻度“5”至水银柱与备用泡相接处（图中$B$点）为2.5℃（亦偶有1.5℃的），亦即恒温浴的水温需调至24.5（20＋2＋2.5）℃。温度计在恒温浴中恒温5min以上，迅速将温度计取出，按图5-17所示，用左手掌拍右手腕（注意：应离开桌子，以免碰坏温度计水银柱），靠振动的力量使水银柱与备用泡中水银在$B$点处断开。将水银断开的温度计插入20℃的水中，观察水银柱面是否处在刻度“3”的位置。如低于3℃时，则应重新调整水浴温度再进行调节。

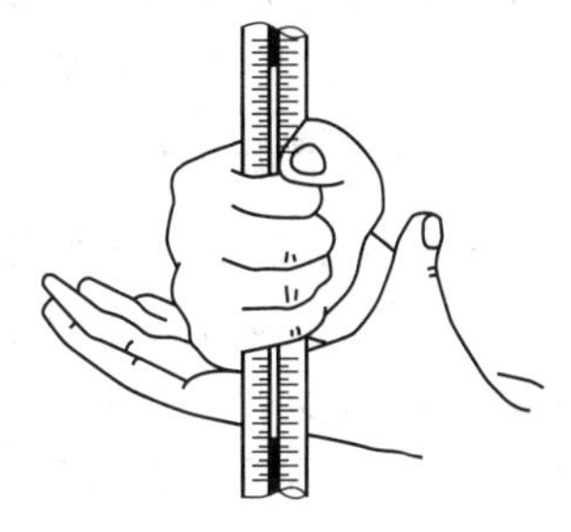

图5-17　拍打贝克曼温度计的示意图

进行贝克曼温度计调节时应注意：贝克曼温度计是精密贵重而又易碎的，操作时应轻拿轻放，而且要握在该温度计的中部（即重心处）才安全且不易折断，用左手掌拍右手腕时，温度计尽量保持垂直，否则毛细管容易发生折断；温度计一定要垂直插在温度计架上，不能横放在桌上，否则可能因温度计滚动而掉在地上摔碎；特别是勿令已调节好的温度计中的毛细管水银柱与备用泡内水银相连，否则要重新进行调节；使用时，湿度计切忌骤冷骤热，以免温度计炸破、炸裂。当实验测量的温差要求高精度时，必须考虑对贝克曼温度计所测量结果（示值）进行修正。

（2）精密温差测量仪　精密温差测量仪也是目前代替玻璃贝克曼温度计的电测式测温差仪器之一。该仪器只能测温差，温差范围为－5～5℃时，读数可估计到±0.001℃。能在－20～80℃温度范围内测量温度差，如被测系统的温度超出此范围，则不能使用。

JDW-3F型精密温差测量仪的仪器结构如图5-18所示。

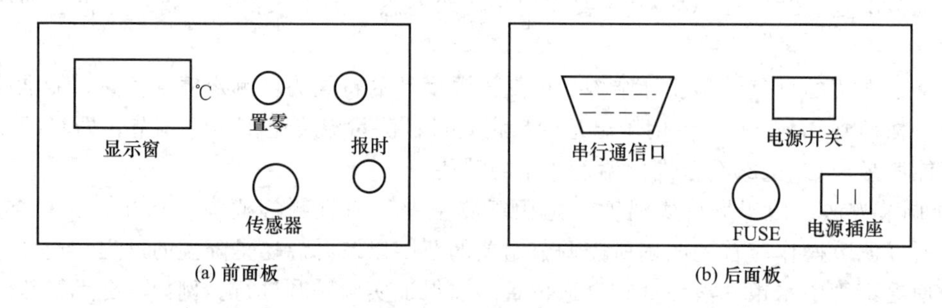


图5-18　JDW-3F型精密温差测量仪

使用方法：将测温探头插入被测系统中，要有一定的深度。插上电源插头，打开后面板的电源开关，显示器随即发亮，约预热5min，显示器显示一数值，待显示器数值稳定后，按下“设定”钮（置零钮），约2s后，显示器自动显示为0.000℃左右，这表明将被测系统的温度 $T_0$（初值）设定为0.000℃左右。进行实验后，系统的温度改变为 $T_1$（显示器的读数），则系统在实验前后的温度差 $\Delta T = T_1 - T_0$，因已设定 $T_0 = 0.000$℃，所以，$\Delta T = T_1$，亦即显示器显示的数值便是系统前后的温差。注意：在按下“设定”钮之前，探头一定要按要求插入被测系统中，而且显示器所显示数值必须稳定之后才能按下该钮。不得在探头插入被测系统之前就按该钮。还有，为保证仪器的测量精度和范围，每次测量的初始值 $T_0$ 应设定在0.000℃左右。如不能将 $T_0$ 设定为零，亦可在－10～＋10℃之间设定为某一数值。

### 3. 热电偶温度计

热电偶是工业上最常用的温度检测元件之一，其优点如下。

① 测量精度高。因热电偶直接与被测对象接触，不受中间介质的影响。

② 测量范围广。常用的热电偶从－50～1600℃均可连续测量，某些特殊热电偶最低可测到－269℃（如金铁镍铬），最高可达2800℃（如钨-铼）。

③ 构造简单，使用方便。热电偶通常是由两种不同的金属丝组成，而且不受大小和开头的限制，外有保护套管，用起来非常方便。

将两种不同材料的导体或半导体A和B焊接起来，构成一个闭合回路。当导体A和B的两个接触点1和2之间存在温差时，两者之间便产生电动势，因而在回路中形成一定大小的电流，这种现象称为热电效应。热电偶就是利用这一效应来工作的。

（1）热电偶的种类及结构形成

① 热电偶的种类。常用热电偶可分为标准热电偶和非标准热电偶两大类。标准热电偶是指国家标准规定了其热电势与温度的关系、允许误差，并有统一的标准分度表的热电偶，它有与其配套的显示仪表可供选用。非标准热电偶在使用范围或数量级上均不及标准热电偶，一般也没有统一的分度表，主要用于某些特殊场合的测量。我国从1988年1月1日起，

热电偶和热电阻全部按IEC国际标准生产标准热电偶，并指定S、B、E、K、N、R、J、T八种标准热电偶为我国统一设计型热电偶。

② 热电偶的结构形式。为了保证热电偶的可靠、稳定工作，对它的结构要求如下：组成热电偶的两个热电极的焊接必须牢固；两个热电极彼此之间应很好绝缘，以防短路；补偿导线与热电偶自由端的连接要方便可靠；保护套管应能保证热电极与有害介质充分隔离。

③ 热电偶冷端的温度补偿。由于热电偶的材料一般都比较贵重（特别是采用贵金属时），而测温点到仪表的距离都很远，为了节省热电偶材料、降低成本，通常采用补偿导线把热电偶的冷端（自由端）延伸到温度比较稳定的控制室内，连接到仪表端子上。必须指出，热电偶补偿导线的作用只起延伸热电极，使热电偶的冷端移动到控制室的仪表端子上，它本身并不能消除冷端温度变化对测温的影响，不起补偿作用。因此，还需采用其他修正方法来补偿冷端温度 $t_0 \neq 0$℃时对测温的影响。

在使用热电偶补偿导线时必须注意型号相配，极性不能接错，补偿导线与热电偶连接端的温度不能超过100℃。热电偶温度计是以热电偶为传感器的一种温度计，由热电偶、连接导线和电气测量仪表组成，常用于测量100～1300℃范围的温度，在特殊情况下可以测量2800℃的高温或2K的低温。它具有结构简单、精度高、使用方便，尤其适用于远距离测量和自动控制等优点。

(2) 热电偶的测温原理　金属都有自由电子，不同金属其自由电子密度不同。设有A、B两种金属，其中金属A的电子密度 $n_A$ 大于金属B的电子密度 $n_B$。当两种金属接触时，在两金属接触面处，电子会从A扩散至B，直到两侧金属的电子密度相等为止，此时，A因失去部分电子而带正电，相反B因得到电子而带负电，故在A、B两金属接触面处形成一稳定的电势差 $\varepsilon_{AB}$，称为接触电势。该电势 $\varepsilon_{AB}$ 与 $n_A$ 及 $n_B$ 的关系如下：

$$\varepsilon_{AB}=\frac{k_T}{e}\ln\left(\frac{n_A}{n_B}\right) \tag{5-15}$$

如果由两种不同材质A、B组成一个闭合回路（即热电偶），而且令两个接触点处于不同的温度 $T$ 和 $T_0$，如图5-19所示，则热电偶电势为：

$$\begin{aligned}E_{AB}(T,T_0)&=\varepsilon_{AB}(T)-\varepsilon_{AB}(T_0)\\&=\frac{k}{e}\int_{T_0}^{T}\ln\frac{n_{At}}{n_{Bt}}dt\end{aligned} \tag{5-16}$$

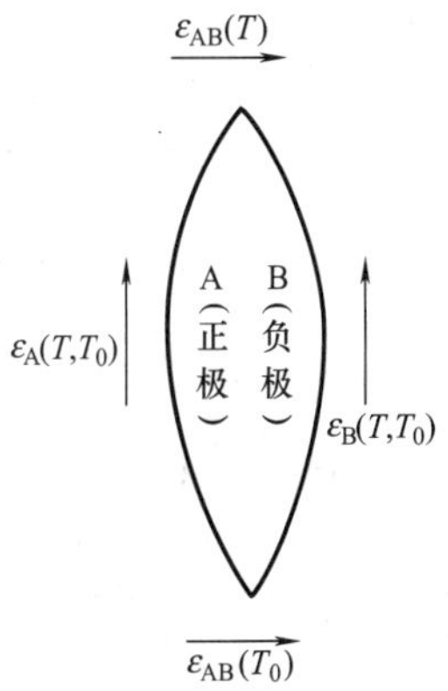

图5-19　热电偶回路电势图

由式(5-16)可知，热电偶热电势与单位体积内自由电子数 $n_{At}$、$n_{Bt}$ 及两接触点温度 $T$、$T_0$ 有关。若组成回路的材料已确定，则由 $n_A$、$n_B$ 与温度的函数关系可知，$E_{AB}(T,T_0)$只是温度的函数差：

$$E_{AB}(T,T_0)=f(T)-f(T_0) \tag{5-17}$$

一般将 $T$ 称为测量端（热端）温度，$T_0$ 称为参考端（冷端）温度。若 $T_0$ 固定，则 $E_{AB}(T,T_0)$ 就只与 $T$ 有关：

$$E_{AB}(T,T_0)=f(T)-C=\phi(T) \tag{5-18}$$

式中，热电偶热电势 $E_{AB}(T,T_0)$ 的下标A为热电偶的正极，B为负极；$T$ 为测量端温度；$T_0$ 为参考端温度。

(3) 常用热电偶的分类及其特征　从原理上虽然任意两种成分不同的金属均可构成热电

偶，但要成为能在实验室或生产过程中作为测温用的热电偶，则对热电极材料有一定的要求：物理和化学性能要稳定，即在高温下不发生晶型转换或蒸发，在测温范围不发生氧化或还原，不会被腐蚀；热电势数值要大，而且与温度的关系要成简单的函数关系，最好成线性关系，在测定范围内即使长期使用，其热电势要能保持不变；复制性好，易于机械加工；电阻温度系数小。

我国根据科研与生产的需要，选择了 8 种热电偶作为标准热电偶，同时还确定四种热电偶为非标准热电偶，以备标准热电偶满足不了要求时选用。表 5-6 列出了标准热电偶型号、测量温度范围和允许偏差等。表 5-6 中：B 型为铂铑 30-铂铑 6 热电偶；R 型为铂铑 13-铂热电偶；S 型为铂铑 10-铂热电偶；K 型为镍铬-镍硅热电偶；N 型为镍铬硅-镍硅热电偶；E 型为镍铬-康铜热电偶；J 型为铁-康铜热电偶；T 型为铜-康铜热电偶。

**表 5-6 我国标准热电偶等级和允许偏差**

| 热电偶型号 | 等级 | 使用温度范围/℃ | 允许偏差 | 标准号 |
|---|---|---|---|---|
| B | Ⅱ | 600～1700 | ±0.25%$t$ | GB 1598—2010 |
| | Ⅲ | 600～800<br>800～1700 | ±4℃<br>±0.5%$t$ | |
| R | Ⅰ | 0～1100<br>1100～1600 | ±1℃<br>±[1+($t$−1100)×0.003]℃ | GB 1598—2010 |
| | Ⅱ | 0～600<br>1100～1600 | ±1.5℃<br>±0.25%$t$ | |
| S | Ⅰ | 0～1100<br>1100～1600 | ±1℃<br>±[1+($t$−1100)×0.003]℃ | GB 3772—1998 |
| | Ⅱ | 0～600<br>600～1600 | ±1.5℃<br>±0.25%$t$ | |
| K 或 N | Ⅰ | −40～1100 | ±1.5℃<br>或±0.4%$t$ | GB 2614—2010<br>ZBN 05004—2015 |
| | Ⅱ | −40～1300 | ±2.5℃<br>或±0.75%$t$ | |
| | Ⅲ | −200～40 | ±2.5℃<br>或±1.5%$t$ | |
| E | Ⅰ | −40～800 | ±1.5℃<br>或±0.4%$t$ | GB 4993—2010 |
| | Ⅱ | −40～900 | ±2.5℃<br>或±0.75%$t$ | |
| | Ⅲ | −200～40 | ±2.5℃<br>或±1.5%$t$ | |
| J | Ⅰ | −40～750 | ±1.5℃<br>或±0.4%$t$ | GB 4994—2015 |
| | Ⅱ | −40～750 | ±2.5℃<br>或±0.75%$t$ | |
| T | Ⅰ | −40～350 | ±0.5℃<br>或±0.4%$t$ | GB 2903—2015 |
| | Ⅱ | −40～350 | ±1℃<br>或±0.75%$t$ | |
| | Ⅲ | −200～40 | ±1℃<br>或±1.5%$t$ | |

在这 8 类热电偶中，实验室常用以下三类。

铜-康铜（T 型）：使用范围为−200～350℃，在−200～0℃间稳定性甚佳，能在真空、惰性气体、氧化、还原及潮湿的氛围中使用。该热电偶价格低廉，而且在适用范围内测量灵敏度很高。但要注意，热端温度高于0℃时，铜为正极，康铜为负极。若冷端保持0℃，而热端低于0℃时，则电动势的极性会发生变化。

镍铬-康铜（E型）：使用范围为－200～900℃，宜在惰性或氧化性的氛围中使用，但不能用于还原性气氛，其耐热和抗氧化性能均优于铜-康铜（K）与铁-康铜（J），灵敏性高。

镍铬-镍硅（K型）或镍铬硅-镍硅（N型）：使用范围为－200～1300℃。此类热电偶灵敏度较高，稳定性好。只能用于惰性或氧化性气氛中，不宜用于还原性或含硫的气氛中。

（4）热电偶的冷端补偿　当显示仪表不能安装在被测对象的附近（如参考端所处温度剧烈波动），而需将参考端移至温度恒定的场所，如温度为0℃的冷浴；或实验要求将温度测量的信号从现场输送到集中控制台处，此时若将热电偶直接延长到相当远的距离，这对价格昂贵的贵金属热电偶自然是不合理的，即使对廉价金属热电偶也属浪费。因此需要一种在较低温度范围内，其热电性与所用热电偶基本相同而又价格低廉的导线作热电偶的延长导线（又称热电偶补偿导线），这种方法称为补偿导线法。通过使用补偿导线还可以改善热电偶回路的机械与物理特性，调整回路的电阻值及屏蔽外界干扰。表5-7列出了常用热电偶的补偿导线。

判别补偿导线的极性除依靠表5-7中补偿导线材料的颜色外，更可靠的方法是用实验方法来确定，即将补偿导线的两端分别剥去一小段绝缘层，将两根线的一端连接在一起后插入冰水槽中，铜导线连接显示仪表，并测量其热电势值，将所测热电势值与表5-7相比较，就可以确定该补偿导线的规格。同时，可由试验测定时显示仪表的正、负极与补偿导线的正、负极的连接正确与否来判断导线的正、负极。

**表5-7　常用热电偶的补偿导线**

| 热电偶名称 | 补偿导线 | | | | 测量端为100℃、参考端为0℃时的标准热电势/mV |
|---|---|---|---|---|---|
| | 正极 | | 负极 | | |
| | 化学成分 | 颜色 | 化学成分 | 颜色 | |
| 铂铑-铂 | 铜 | 红 | 镍铜 | 白 | 0.640±0.030 |
| 镍铬-镍硅（镍铬-镍铝） | 铜 | 红 | 康铜 | 白 | 4.10±0.15 |
| 镍铬-考铜 | 镍铬合金 | 褐绿 | 考铜 | 白 | 6.95±0.35 |
| 铜-康铜 | 铜 | 红 | 康铜 | 白 | 4.10±0.15 |

使用补偿导线应注意的事项：各种型号补偿导线只能与相应型号热电偶配套使用，如补偿导线选错了，则显示仪表的示值不是偏高就是偏低。由于补偿导线不同，其热电性能不同，而且补偿导线相当于一支在一定温差（0～100℃）范围的热电偶，故其电流方向同样是从正极流向负极，所以在与热电偶连接时，补偿导线正极与负极应该分别对应于热电偶正极与负极。倘若极性接反了，则补偿导线起不到补偿作用，反而会抵消热电偶的一部分热电势，使显示仪表的示值偏低。接点的温度要相同，特别是补偿导线与热电偶的接点处温度不得超过补偿导线使用温度范围。补偿导线的粗细（线径）应与所配显示仪表有关，如为动圈式显示仪表，应采用线径较大的补偿导线，避免因导线电阻值过大而影响仪表的外界电阻值。

除了上述两种方法外，还有冷端温度补偿电桥法、双铜电阻补偿法以及计算方法等。

### 4. 金属丝电阻温度计

（1）工作原理　热电阻温度计是利用金属导体的电阻值随温度变化而改变的特性来进行温度测量的。纯金属及多数合金的电阻率随温度升高而增加，即具有正的温度系数。在一定温度范围内，电阻-温度关系是线性的。温度的变化，可导致金属导体电阻的变化。这样，

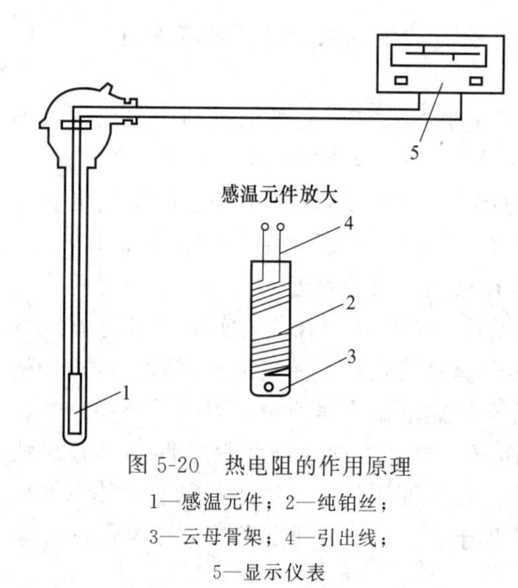


图 5-20 热电阻的作用原理
1—感温元件；2—纯铂丝；
3—云母骨架；4—引出线；
5—显示仪表

只要测出电阻值的变化，就可达到测量温度的目的。图 5-20 为热电阻的作用原理，感温元件 1 是以直径为 0.03～0.07mm 的纯铂丝 2 绕在有锯齿的云母骨架 3 上，再用两根直径为 0.5～1.4mm 的银导线作为引出线 4 引出，与显示仪表 5 连接。当感温元件上铂丝的温度变化时，感温元件的电阻值随温度而变化，并成一定的函数关系。将变化的电阻值作为信号输入，具有平衡或不平衡电桥回路的显示仪表以及调节器和其他仪表等，即能测量或调节被测量介质的温度。由于感温元件占有一定的空间，所以不能像热电偶那样，用它来测量“点”的温度，当要求测量任何空间内或表面部分的平均温度时，热电阻用起来非常方便。热电阻温度计的缺点是不能测定高温，因流过电流大时，会发生自热现象而影响准确度。

（2）金属热电阻温度计基本参数　金属热电阻温度计的基本参数如表 5-8 所示。

**表 5-8　金属热电阻温度计的基本参数**

| 名称 | 代号 | 分度号 | 温度测量范围/℃ | 0℃时的电阻值 $R_0$ 及其允差 | 电阻比 $\left(W_{100}=\frac{R_{100}}{R_0}\right)$ 及其允差 |
|---|---|---|---|---|---|
| 铂热电阻 | WZB | $B_{A2}$ | 200～650 | 100.0±0.1 | 1.3910±0.0010 |
| 铜热电阻 | WZG | Cu100 | －50～150 | 100.0±0.1 | 1.428±0.002 |
| 镍热电阻 | WZN | Ni100 | －60～180 | 100.0±0.1 | 1.617±0.007 |

## 5. 热敏电阻温度计

热敏电阻体是在锰、镍、钴、铁、锌、钛、镁等金属的氧化物中分别加入其他化合物制成的。热敏电阻和金属导体的热电阻不同，它是属于半导体，具有负电阻温度系数，其电阻值随温度的升高而减小，随温度的降低而增大，虽然温度升高使粒子的无规则运动加剧，引起自由电子迁移率略有下降，然而自由电子的数目随温度的升高而增加得更快，所以温度升高其电阻值下降。

（1）热敏温度计的结构和特点

① 热敏电阻的结构。热敏电阻温度计的感温元件是热敏电阻，它是由过渡金属氧化物的混合物组成。用于低温测量的元件是由锰、镍、钴、铜、铬、铁等氧化物混合烧结而成，具有负温度系数。用于高温测量的元件是由钴等稀土元素氧化物混合烧结而成，具有正温度系数。

考虑到制造与应用方便，热敏电阻制成多种形式，如图 5-21 所示。感温元件一般制成珠状或圆片状。其制作过程大体为：根据技术性能要求，选用若干种氧化物，按一定比例混合，经研磨后加入一定的黏结剂，埋入作为引线的铂丝，再经成型、干燥、高温烧结而成为元件。作为感温元件还需进行

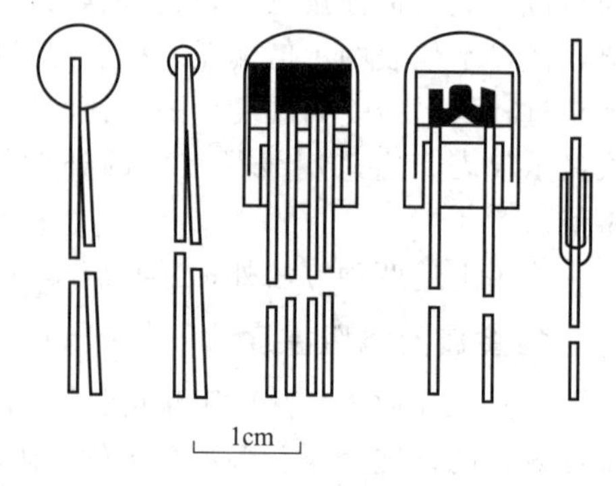


图 5-21　几种热敏电阻结构

二次热处理、老化处理等工序。

② 热敏电阻的主要特点。热敏电阻与金属导体热电感温元件相比，具有以下特点：热敏电阻输出信号大，特别是低温测量时具有很大的负温度系数，因此灵敏度比热电偶与金属电阻温度计高；体积小、结构简单、便于成型，其尺寸一般为 $\phi$0.02～0.5mm，现世界上已生产出 $\phi$0.05mm、引线直径为 0.02mm 的珠状热敏电阻。据报道，英国研制成超热敏电阻，可用于测量人体食道、直肠、输液管、心脏起搏器等处温度。我国也研制成 $\phi$0.4mm 不锈钢针形微型热敏电阻，既可以测量人体穴道的温度，也可作针灸用的针。因其体积小，故热容量小，响应时间短，可作点温或表面温度以及快速变化的温度测量，复现性好。制作优良的热敏电阻的热敏元件在 4.2K 为±0.05mK，20℃为±0.2mK，有一定的互换性。在 0～100℃范围内，热敏电阻互换性可在 50mK 之内。

热敏电阻的缺点是测温范围较窄，与金属电阻元件相比稳定性差。如在室温下放置 200 天后，分度值漂移可达 100mK。

热敏电阻的测温上限可以达 1350℃，下限可至 4K。

(2) 热电性质与主要技术参数

① 热电性质。热敏电阻与金属导体的热电阻不同，它属于半导体，因此其电阻与温度关系不是线性的。

当热敏电阻随温度升高而降低，这种热敏电阻称为负温度系数热敏电阻，其电阻与温度关系可用式（5-19）表示，即

$$R_T = A e^{B/T} \tag{5-19}$$

式中，$R_T$ 为温度 $T$ 时热敏电阻值；$A$、$B$ 为常数，与热敏电阻材料及结构有关，$A$ 具有电阻量纲，$B$ 为热敏指数，其量纲与温度量纲相同。若热敏电阻处在 $T_0$ 温度下，则：

$$R_{T_0} = A e^{B/T_0} \tag{5-20}$$

将式（5-19）与式（5-20）联解消去 $A$，可得：

$$R_T = R_{T_0} e^{B(1/T - 1/T_0)} \tag{5-21}$$

$$B = \frac{\ln R_T - \ln R_{T_0}}{\frac{1}{T} - \frac{1}{T_0}} \tag{5-22}$$

因热敏电阻值与温度为非线性，故式（5-21）只能用在很窄的温度范围内。如在 0～50℃范围内，$T_0$＝273.15K，$T$ 分别为 283.15K 与 323.15K 时，不确定度分别为 0.001K 与 0.30K。

② 主要技术参数

a. 标称电阻 $R_{25}$。$R_{25}$ 表示热敏电阻在 25℃时的电阻值，用其作为热敏电阻的标称电阻。若热敏电阻温度计在某参考温度 $T$ 时对应的电阻为 $R_T$，可用下式计算 $R_{25}$：

$$R_{25} = \frac{R_T}{1 + \alpha_{25}(t - 25)} \tag{5-23}$$

式中，$\alpha_{25}$ 为热敏电阻在 25℃时的电阻温度系数。

b. 热敏电阻 $B$。$B$ 为表示热敏电阻元件材料烧结工艺的一个常数，与温度有关。随着 $B$ 值增大，热敏电阻的电阻值与灵敏度均随之增大。

c. 零功率电阻 $R$。当通入热敏电阻的电流引起的自热效应小至可忽略时的电阻值，称为零功率电阻值。

d. 零功率电阻温度系数$\alpha_{T_0}$。$\alpha_{T_0}$是指在规定温度$T$时，热敏电阻的功率放大器随温度变化率与该温度电阻之比。

$$\alpha_{T_0}=\frac{1}{R_T}\frac{dR_T}{dT} \tag{5-24}$$

(3) 热敏电阻的测量线路　热敏电阻的测量线路与其他热电阻测量线路相同。当热敏电阻处于某一温度场中时，其电阻值大小乃是该处温度高低的量度，要将其指示出来还需有显示其数值的测量仪表。电阻值的测量线路一般是采用桥式线路，而桥式线路又分为平衡电桥与非平衡电桥。目前，实验室使用热敏电阻测温主要是用于温差测量，以代替贝克曼温度计，而热敏电阻温差测量仪采用的测量线路为非平衡电桥。图5-22为非平衡电桥原理线路。图中，$R_1$、$R_2$、$R_3$为电桥中各臂的固定电阻；$R_4$为固定的检查电阻；$R_t$为热敏电阻；$R_r$为可调电阻；$R_M$为测量仪表M的内阻；S为切换开关，其作用是将热敏电阻$R_t$或固定的检查电阻$R_4$作为第四臂接入桥式线路中时，在测温范围内电桥处于不平衡状态。此时，沿着测量仪表M的对角线有电流流过，温度偏离电桥平衡越大，则通过的电流强度越大，因而指针偏离角度越大。若预先标定了测量仪表指针偏移度与热敏电阻的电阻值之间的关系，并将仪表刻度盘直接刻成温度读数，则可测出被测系统的温度。根据电工原理推证，流过测量仪表的电流强度可用式(5-25)求出：

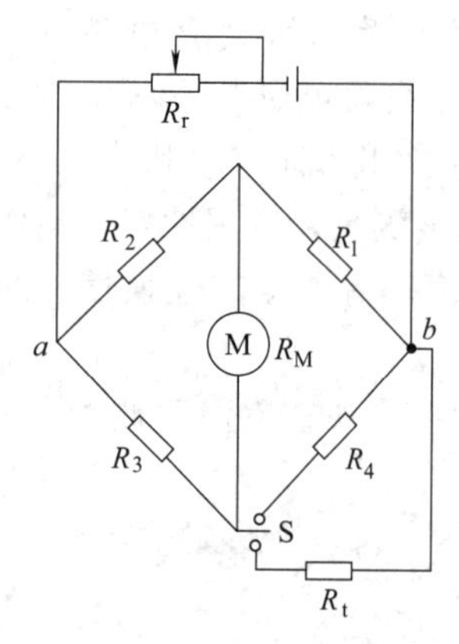

图5-22　非平衡电桥原理线路

$$I_M=U_{ab}\frac{R_1R_3-R_2R_t}{K} \tag{5-25}$$

而　　$K=\alpha_{T_0}R_M(R_1+R_t)(R_2+R_3)+R_2R_3(R_1+R_t)+R_1R_t(R_2+R_3)$

由式(5-25)可知，$I_M$的大小取决于$U_{ab}$与$R_t$，而$R_t$的数值与被测系统温度的高低及热敏电阻的灵敏度有关。另外，实际测量时，$U_{ab}$值必须恒定，故线路上可调电阻$R_r$就是为了保持$U_{ab}$不变而设的。

# 第二部分

# 实验部分

## 第六章 基本实验

### 实验一 纸色谱法分离与鉴定某些阳离子溶液

**一、实验目的**

1. 了解纸色谱法的原理及操作方法。

2. 学习用纸色谱法来分离阳离子溶液及鉴定未知液中的离子组成。

**二、实验原理**

色谱分析法是一种利用物质的迁移速度不同来鉴定物质的分析方法。纸色谱法是在滤纸上进行的色谱分析法。将少量含有几种阳离子的试液滴在滤纸上，待试液干后，让滤纸的底边浸入展开剂（一般为含水的有机溶剂）中，由于毛细作用，展开剂沿着滤纸上升。滤纸纤维所吸附的水构成了固定相，有机溶剂构成了流动相。当展开剂经过阳离子试样时，试样各组分在固定相和流动相中具有不同的分配系数。在有机溶剂中溶解度较大的组分倾向于随有机溶剂向上迁移，即迁移速度较快，而在水中溶解度较大的组分倾向于滞留原来的位置，即迁移速度较慢。由于它们以不同的速度在纸上迁移，一段时间后便可以达到分离的目的。然后将此滤纸用显色剂处理，离子停留的部位即可显出色斑来（图 6-1）。阳离子在滤纸上迁移与很多因素有关。但当色谱纸、固定相、流动相和温度固定时，每种阳离子的比移值 $R_f$ 却基本上是一个常数。$R_f$ 的定义为

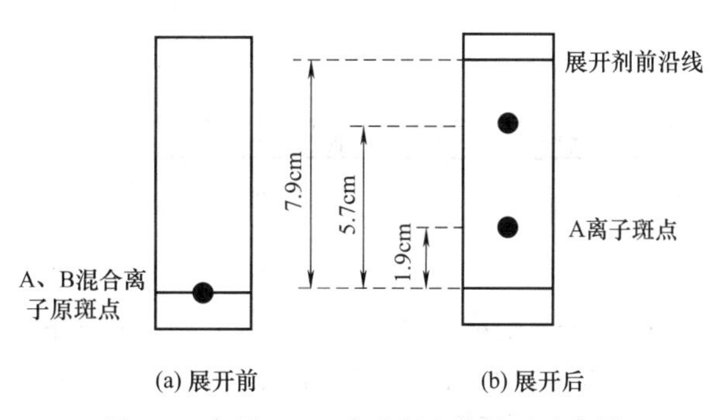


图 6-1 离子 A、B 在滤纸上的展开示意图

$$R_f=\frac{\text{原点至展开斑点中心的距离}}{\text{原点至溶剂前沿的距离}}$$

例如，图中 A、B 离子的 $R_f$ 分别为

$$R_f(A)=\frac{1.9cm}{7.9cm}=0.24, R_f(B)=\frac{5.7cm}{7.9cm}=0.72$$

不同物质具有不同的 $R_f$ 值，这是色谱法用于定性分析的基础。但是各种因素对 $R_f$ 影响很大，实验中 $R_f$ 重复性往往较差，因此一般定性分析中多采用与纯组分在同一展开槽中对照的方法来作未知物的鉴定。

## 三、实验用品

仪器：烧杯（600mL），色谱纸（可用慢速定量滤纸），塑料薄膜，橡皮筋。

药品：$FeCl_3$（$0.5mol\cdot L^{-1}$），$CuCl_2$（$0.5mol\cdot L^{-1}$），$CoCl_2$（$0.5mol\cdot L^{-1}$），$MnCl_2$（$0.5mol\cdot L^{-1}$），$Fe^{3+}$、$Cu^{2+}$、$Co^{2+}$、$Mn^{2+}$ 混合液，未知试液（可能含 $Fe^{3+}$、$Cu^{2+}$、$Co^{2+}$、$Mn^{2+}$ 中的一种或两种），$NH_3\cdot H_2O$（浓），展开剂（按体积比丙酮：浓盐酸：水＝19：4：2 配制而成，必须临用前配制）。

## 四、实验内容

1. 点样

取一张 10cm×16cm 色谱纸，在离底边 1cm 处用铅笔画一直线作原点线。将该线段八等分，即每线段长 2cm。除去两边最外一线段外，用毛细滴管（直径 0.5mm）在每一线段中点分别点加 $Fe^{3+}$、$Cu^{2+}$、$Co^{2+}$、$Mn^{2+}$，混合试液和从教师处领来的未知试液（图 6-2）。注意：斑点中心应落在原点线上，斑点直径不要超过 3mm（最好用毛细管在其他滤纸片上先练习一下，成功后再在色谱纸上加点）。置点好试液的滤纸在通风处让其充分干燥。将一条长 4～5cm 透明胶带的一半粘贴在滤纸的左上角（图 6-2），胶带的另一半粘贴在滤纸的右上角，使滤纸围成圆柱形（图 6-3）。务必仔细粘贴胶带，要做到滤纸两边缘在圆柱体中相互平行，而不相交，当把圆柱体立于台面上时柱体应该垂直于台面。

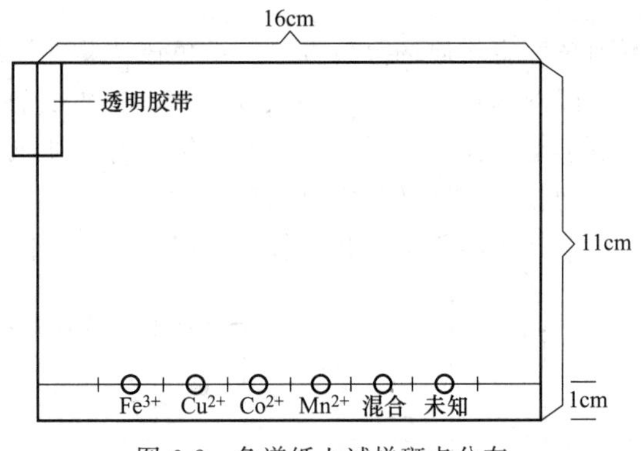

图 6-2　色谱纸上试样斑点分布

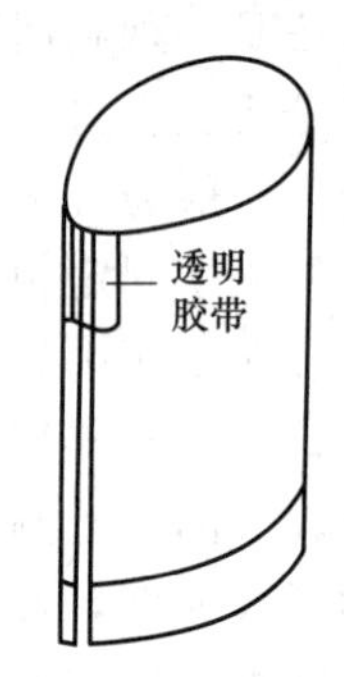

图 6-3　色谱纸围成圆柱形

2. 展开

在 600mL 烧杯中倒入 15mL 展开剂，将圆柱形滤纸以原点线在下放入烧杯中。展开剂液面必须在原点线以下，圆柱体不得与杯壁接触，然后蒙上塑料薄膜并用橡皮筋固定。

展开剂沿滤纸自下而上均匀展开，当展开剂前沿到达滤纸顶边近 2cm 处（约 40min），将滤纸从烧杯中取出，迅速用铅笔将展开剂前沿标出。

3. 显色

待滤纸干燥后，撕去胶带，将其平放在干燥器的瓷板上，干燥器底部盛有约 10mL 浓氨水，让色谱纸在氨气中熏 5min 左右。

4. 鉴定

（1）记录 $Fe^{3+}$、$Cu^{2+}$、$Co^{2+}$、$Mn^{2+}$ 显色后斑点的颜色，并测出各离子的 $R_f$ 值。

（2）记录未知试样离子显色后斑点的颜色，测出其 $R_f$ 值，并通过与已知离子斑点的颜色和 $R_f$ 值比较，鉴定未知试样的阳离子组分。

## 五、思考题

1. 为什么要用铅笔而不能用钢笔或圆珠笔在色谱纸上画原点线？

2. 展开时如果没有用塑料薄膜将烧杯密封，这时测得的 $R_f$ 值与密封的相比，有什么不同？为什么？

3. $Fe^{3+}$、$Cu^{2+}$、$Co^{2+}$、$Mn^{2+}$ 在盐酸溶液中都可以与 $Cl^-$ 配位（如 $Fe^{3+}$ 可形成 $FeCl^{2+}$、$FeCl_2^+$、$FeCl_3$、$FeCl_4^-$），而这 4 种离子与 $Cl^-$ 配位能力是 $Fe^{3+}>Cu^{2+}>Co^{2+}>Mn^{2+}$。例如，在 $6mol \cdot L^{-1}$ HCl 溶液中它们分别主要以 $FeCl_4^-$、$CuCl_3^-$、$CoCl_3^-$、$MnCl^+$ 形式存在；在 $2.5mol \cdot L^{-1}$ HCl 溶液中 $Co^{2+}$ 主要以 $CoCl^+$ 形式存在；在 $0.5mol \cdot L^{-1}$ HCl 溶液中 $Cu^{2+}$ 才以 $CuCl^+$ 形式存在；在更稀的盐酸溶液中 $Fe^{3+}$ 才以 $FeCl^{2+}$ 形式存在。另外，在酸性很强的溶液中配阴离子会质子化而生成 $H[FeCl_4]$、$H[CuCl_3]$、$H[CoCl_3]$ 等中性分子。试用以上知识回答：

（1）展开剂中为什么要有盐酸成分？

（2）如果将展开剂中的盐酸浓度降低，预测 $R_f$ 值将如何变化？

（3）$Fe^{3+}$、$Cu^{2+}$、$Co^{2+}$、$Mn^{2+}$ 的 $R_f$ 值为什么有如实验所得大小次序？

# 实验二　废铝箔制备硫酸铝

## 一、实验目的

1. 了解废旧资源的利用，增强环保意识。

2. 了解用铝箔、铝制饮料罐制备硫酸铝的原理。

## 二、实验原理

铝是两性金属，能溶于氢氧化钠溶液，制得四羟基合铝酸钠，用硫酸调节溶液的 pH 值，将其转化为氢氧化铝沉淀使之分离，再用硫酸溶解氢氧化铝制得硫酸铝溶液，浓缩冷却后得到含有 18 个结晶水的硫酸铝晶体。化学反应式为：

$$2Al+2NaOH+6H_2O = 2Na[Al(OH)_4]+3H_2\uparrow$$

$$2Na[Al(OH)_4]+H_2SO_4 = 2Al(OH)_3\downarrow+Na_2SO_4+2H_2O$$

$$2Al(OH)_3+3H_2SO_4+12H_2O = Al_2(SO_4)_3 \cdot 18H_2O$$

## 三、实验用品

仪器：天平，烧杯（250mL、200mL），玻璃漏斗，布氏漏斗，滤纸，吸滤瓶（250mL），玻璃棒，电炉，比色管（25mL）。

药品：铝箔，铝制饮料罐，氢氧化钠固体，硫酸溶液（$3mol \cdot L^{-1}$），硝酸溶液（$6mol \cdot L^{-1}$），$H_2SO_4$ 溶液（$2mol \cdot L^{-1}$），$Fe^{3+}$ 标准溶液（$2.5mol \cdot L^{-1}$），15% $NH_4SCN$。

## 四、实验内容

1. 铝箔的处理

香烟铝箔用水浸泡，剥去白纸；铝制塑料袋、饮料瓶用剪刀剪碎。

2. 四羟基合铝酸钠的制备

称取 1.2g 氢氧化钠固体放入 250mL 烧杯中，加入 30mL 去离子水，使其溶解。在通风橱中将撕碎的铝箔投入烧杯中，待反应平息后添加一些水，如不再有气泡产生，说明反应完毕。加水冲稀溶液至 80mL 左右，过滤。

3. 氢氧化铝的生成和洗涤

将滤液加热近沸，在不断搅拌下，滴加 $3mol \cdot L^{-1}$ $H_2SO_4$ 溶液，当 pH＝8～9 时，继续搅拌煮沸数分钟，静置澄清。于上层清液中滴加 $3mol \cdot L^{-1}$ $H_2SO_4$ 液，检验 $Al(OH)_3$ 沉淀是否完全。待沉淀完全后静置澄清，弃去清液。用煮沸的去离子水以倾析法洗涤，重复沉淀 2～3 次。用快速滤纸抽滤，抽干。

4. 将制得的 $Al(OH)_3$ 沉淀转入烧杯中，加入 18mL $3mol \cdot L^{-1}$ $H_2SO_4$ 溶液，小心煮沸使沉淀溶解。滤去不溶物，将滤液转移至蒸发皿。

5. 滤液用小火蒸发至 10mL 左右，在不断搅拌下用冷水冷却，使晶体析出。待充分冷却后减压过滤，然后在沉淀物上面盖上数张滤纸，再按压，以助抽干。

6. 产品检验

称取 0.25g 产品于小烧杯中，用 7.5mL 去离子水溶解，加入 0.5mL $6mol \cdot L^{-1}$ $HNO_3$ 和 0.5mL $3mol \cdot L^{-1}$ $H_2SO_4$，加热至沸，冷却，转移至 25mL 比色管中，用少量水冲洗烧杯和玻璃棒，一并倾入比色管。加 10 滴 15% 的 $NH_4SCN$ 溶液，加水至刻度，摇匀。将颜色与标准试样比较，确定产品级别，铁含量越少者质量等级越高。

标准样品的制备：分别准确移取 3mL 和 10mL 铁标准溶液（$2.5mol \cdot L^{-1}$），使用上述方法处理，得到二级和三级的标准试剂。

## 五、数据记录与处理

数据记录与处理见表 6-1。

**表 6-1　数据记录与处理**

| 铝箔质量/g | NaOH 质量/g | 硫酸铝 | | | |
|---|---|---|---|---|---|
| | | 理论产量/g | 实际产量/g | 产率/% | 纯度级别 |
| | | | | | |

## 六、注意事项

1. 在制备过程中要不断搅拌，以免暴沸。
2. 沉淀氢氧化铝前铝酸钠溶液要加热至近沸。
3. 沉淀氢氧化铝用硫酸溶液不宜过浓。
4. 氢氧化铝沉淀洗涤时宜用沸水洗涤。

## 七、思考题

1. 为什么用稀碱溶液和铝箔反应？
2. 在哪一步除去铁杂质？

# 实验三　硫酸亚铁铵的制备

## 一、实验目的

1. 了解硫酸亚铁铵的制备方法。

2. 练习水浴加热、减压过滤等操作。

3. 了解检验产品中杂质含量的一种方法——目测比色法。

## 二、实验原理

过量铁屑与稀硫酸作用，制得硫酸亚铁溶液：

$$Fe + H_2SO_4 = FeSO_4 + H_2\uparrow$$

硫酸亚铁溶液与硫酸铵溶液作用，生成溶解度较小的硫酸亚铁铵复盐晶体：

$$FeSO_4 + (NH_4)_2SO_4 + 6H_2O = FeSO_4 \cdot (NH_4)_2SO_4 \cdot 6H_2O$$

硫酸亚铁铵又称摩尔盐，它在空气中不易被氧化，比硫酸亚铁稳定。它能溶于水，但难溶于乙醇。$FeSO_4 \cdot (NH_4)_2SO_4 \cdot 6H_2O$ 晶体能从混合液中优先析出，是由于它在水中的溶解度比 $FeSO_4 \cdot 7H_2O$ 和 $(NH_4)_2SO_4$ 的溶解度都小（表 6-2）。

**表 6-2　三种盐的溶解度数据**　　单位：$g \cdot 100g\ H_2O^{-1}$

| 温度/℃ | 0 | 10 | 20 | 30 | 40 | 50 | 60 |
|---|---|---|---|---|---|---|---|
| $(NH_4)_2SO_4$(132.1) | 70.6 | 73.0 | 75.4 | 78.0 | 81.0 | — | 88.0 |
| $FeSO_4 \cdot 7H_2O$(277.9) | 15.6 | 20.5 | 26.5 | 32.9 | 40.2 | 48.6 | — |
| $FeSO_4 \cdot (NH_4)_2SO_4 \cdot 6H_2O$(392.1) | 12.5 | 17.2 | 21.6 | 28.1 | 33.0 | 40.0 | 44.6 |

目测比色法是确定杂质含量的一种常用方法。该法是将产品配成溶液，与各标准溶液进行比色，如果产品溶液的颜色比某一标准溶液的颜色浅，就确定杂质含量低于该标准溶液中的含量，即低于某一规定的限度，所以这种方法又称为限量分析法。

本实验采用目测比色法对产品中的 $Fe^{3+}$ 进行限量分析，即比较 $Fe^{3+}$ 与 $SCN^-$ 形成配离子 $[Fe(SCN)_n]^{3-n}$ 血红色的深浅来确定产品的纯度等级。

相关的反应式：

$$Fe^{2+} + O_2 \longrightarrow Fe^{3+}$$

$$Fe^{3+} + nSCN^- = [Fe(SCN)_n]^{3-n}\text{（血红色）}$$

若 1.00g 摩尔盐试样溶液的颜色，与Ⅰ级试剂的标准溶液的颜色相同或略浅，便可确定为Ⅰ级产品，其中：

$$w(Fe^{3+}) = \frac{0.05}{1.00 \times 1000} \times 100\% = 0.005\%$$

Ⅱ级和Ⅲ级产品以此类推。

## 三、实验用品

仪器：烧杯（150mL、400mL），量筒（10mL、50mL），托盘天平，漏斗，漏斗架，布氏漏斗，吸滤瓶，蒸发皿，表面皿，比色管，比色管架，电热板，广泛 pH 试纸，定性滤纸（快速和慢速两种），水浴锅（可用大烧杯代替），容量瓶，吸量管，白纸条，白瓷板。

药品：HCl（$2.0mol \cdot L^{-1}$），$H_2SO_4$（$3.0mol \cdot L^{-1}$，需准确配制），$Na_2CO_3$（$1.0mol \cdot L^{-1}$），废铁屑，KSCN（$1.0mol \cdot L^{-1}$），$(NH_4)_2SO_4(s)$，乙醇（95%），$Fe^{3+}$ 的标准色阶溶液三份（配制时用到去离子水、浓硫酸、$3.0mol \cdot L^{-1}$ HCl 溶液）。

## 四、实验内容

1. $Fe^{3+}$ 标准色阶溶液的配制

（1）配制 $0.1000g \cdot L^{-1}$ 的 $Fe^{3+}$ 标准溶液　称 0.8634g $NH_4Fe(SO_4)_2 \cdot 12H_2O$（硫酸高铁铵）溶于少量去离子水中，加 2.5mL 浓硫酸，移入 1L 容量瓶中，用去离子水稀释至刻度，摇匀。

（2）配制标准色阶溶液　用吸量管吸取 $Fe^{3+}$ 标准溶液 0.50mL、1.00mL、2.00mL，

分别放入 3 支 25.00mL 比色管中，然后各加入 2.00mL HCl 溶液（3.0mol·$L^{-1}$）和 0.50mL KSCN 溶液（1.0mol·$L^{-1}$）。用已除氧的去离子水将溶液稀释到刻度，摇匀，即得到三个级别的含 $Fe^{3+}$ 的标准溶液：25mL 溶液中含 $Fe^{3+}$ 0.05mg（Ⅰ级）、0.10mg（Ⅱ级）和 0.20mg（Ⅲ级）。

2. 硫酸亚铁铵溶液的配制

（1）铁屑表面油污的去除　称取 2g 废铁屑，放入 150mL 烧杯中，加入 20mL $Na_2CO_3$（1.0mol·$L^{-1}$）溶液，小火加热约 10min，以除去铁屑表面的油污。倾析除去碱液，并用去离子水将铁屑洗净。

（2）硫酸亚铁的制备　在盛有洗净铁屑的烧杯中，加入 10mL $H_2SO_4$（3.0mol·$L^{-1}$）溶液，放在水浴（或蒸汽浴）上加热，使铁屑与稀硫酸发生反应（在通风橱中进行）。在反应过程中要适当地添加已除氧的去离子水，以补充蒸发掉的水分，保持原体积。当反应进行到不再产生气泡时，表示反应基本完成。用普通漏斗和快速滤纸趁热过滤（参见实验基本操作中的“过滤”），滤液盛于蒸发皿中。

（3）硫酸铵饱和溶液的配制　根据加入的 $H_2SO_4$ 量可知 $FeSO_4$ 的量，按关系式 $n[(NH_4)_2SO_4]:n[FeSO_4]=1:1$，计算出所需固体 $(NH_4)_2SO_4$ 的质量和室温下配制硫酸铵饱和溶液所需要水的体积。根据计算的结果，准确称取所需的固体 $(NH_4)_2SO_4$，在烧杯中配制 $(NH_4)_2SO_4$ 的饱和溶液。

（4）硫酸亚铁铵的制备　将 $(NH_4)_2SO_4$ 的饱和溶液倒入盛 $FeSO_4$ 溶液的蒸发皿中，混匀后，用广泛 pH 试纸检验溶液的 pH 是否为 1～2，若酸度不够，用 $H_2SO_4$（3.0mol·$L^{-1}$）溶液调节。

在水浴上蒸发混合溶液，浓缩至表面出现晶体膜为止（注意蒸发过程中不宜搅动）。静置，让溶液自然冷却，冷至室温时，便析出硫酸亚铁铵晶体。抽滤至干，再用 5mL 95%的乙醇溶液淋洗晶体，以除去晶体表面上附着的水分。继续抽干，取出晶体，在表面皿上晾干。称其质量，并计算产率。

3. 产品检验——产品中 $Fe^{3+}$ 的限量分析

用烧杯将去离子水煮沸 5min，以除去溶解的氧，盖好，冷却后备用。称取 1.00g 的产品，置于比色管中，加 10.0mL 已除氧的去离子水，以干净的玻璃棒搅拌溶解，再加入 2.00mL HCl(1.0mol·$L^{-1}$）溶液和 0.50mL KSCN(1.0mol·$L^{-1}$）溶液，最后用已除氧的去离子水稀释到 25.00mL，搅拌均匀。将它与标准溶液进行目测比色，确定产品等级。

目测比色时，为了消除周围光线的影响，可用白纸条包住装盛溶液那部分比色管的四周，可在比色管底部衬以白瓷板，从上往下观察或在比色管后侧面衬以白纸，再从前侧面观察，对比溶液颜色的深浅程度来确定产品等级。

## 五、数据记录与处理

数据记录与处理见表 6-3。

**表 6-3　硫酸亚铁铵制备数据**

| 加入的 $H_2SO_4$ 量/mol | $(NH_4)_2SO_4$ 饱和溶液 | | $FeSO_4\cdot(NH_4)_2SO_4\cdot6H_2O$ | | | |
|---|---|---|---|---|---|---|
| | $(NH_4)_2SO_4$ 质量/g | $H_2O$ 体积/mL | 理论产量/g | 实际产量/g | 产率①/% | 纯度级别 |
| | | | | | | |

① 产率（%）=(实际产量/理论产量)×100%。

注：对自制产品的产率及纯度级别偏高或偏低的原因，要分别进行讨论。

## 六、思考题

1. 制备硫酸亚铁溶液时：

（1）为什么要保持较强的酸性？

（2）为什么一定要剩下少量铁屑？

2. 有人在过滤硫酸亚铁溶液时，滤速很慢，试分析其原因。

3. 蒸发浓缩硫酸亚铁铵溶液时：

（1）为什么采用水浴加热法？能否用电炉直接加热蒸发皿？

（2）蒸发时是否需要搅拌？

（3）为什么有时溶液会由蓝绿色逐渐变为黄色？此时应如何处理？

4. 为何要用少量乙醇淋洗 $FeSO_4 \cdot (NH_4)_2SO_4 \cdot 6H_2O$ 晶体？用去离子水淋洗行吗？

5. 目测比色检验产品纯度级别时，为什么要用除氧的去离子水来配制硫酸亚铁铵溶液？

6. 为什么本实验计算硫酸亚铁铵理论产量时，以加入的 $H_2SO_4$ 量为准？

# 实验四　摩尔气体常数的测定

## 一、实验目的

1. 了解一种测定摩尔气体常数的方法。

2. 熟悉分压定律与气体状态方程的应用。

3. 练习分析天平的使用与测量气体体积的操作。

## 二、实验原理

气体状态方程式的表达式为：

$$pV = nRT = \frac{m}{M}RT \tag{6-1}$$

式中　$p$——气体的压力或分压，Pa；

$V$——气体体积，L；

$n$——气体的物质的量，mol；

$m$——气体的质量，g；

$M$——气体的摩尔质量，$g \cdot mol^{-1}$；

$T$——气体的热力学温度，K；

$R$——摩尔气体常数［文献值：$8.314 Pa \cdot m^3 \cdot K^{-1} \cdot mol^{-1}$（或 $J \cdot K^{-1} \cdot mol^{-1}$）］。

可以看出，只要测定一定温度下给定气体的体积 $V$、压力 $p$ 与气体的物质的量 $n$ 或质量 $m$，即可求得 $R$ 的数值。

本实验利用金属（如 Mg、Al 或 Zn）与稀酸置换出氢气的反应，求取 $R$ 值，例如：

$$Mg(s) + 2H^+(aq) = Mg^{2+}(aq) + H_2(g)$$

$$\Delta_r H^{\ominus}_{m(298)} = -466.85 kJ \cdot mol^{-1} \tag{6-2}$$

将已精确称量的一定量镁与过量稀酸反应，用排水集气法收集氢气。氢气的物质的量可根据下式由金属镁的质量求得：

$$n_{H_2} = \frac{m_{H_2}}{M_{H_2}} = \frac{m_{Mg}}{M_{Mg}}$$

由量气管可测出在实验温度与大气压力下，反应所产生的氢气的体积。

由于量气管内所收集的氢气是被水蒸气所饱和的，根据分压定律，氢气的分压 $p_{H_2}$ 应是混合气体的总压 $p$（以100kPa 计）与水蒸气分压 $p_{H_2O}$ 之差：

$$p_{H_2}=p-p_{H_2O} \tag{6-3}$$

将所测得的各项数据代入式（6-1）可得：

$$R=\frac{p_{H_2}V}{n_{H_2}T}=\frac{(p-p_{H_2O})V}{n_{H_2}T} \tag{6-4}$$

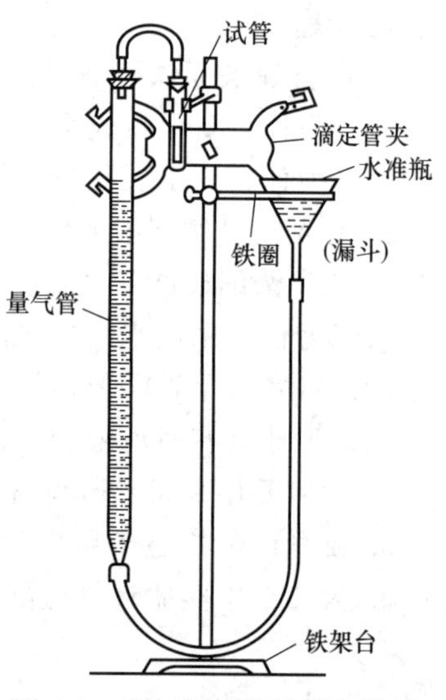

图 6-4　摩尔气体常数测定装置

## 三、实验用品

仪器：分析天平，称量纸（蜡光纸或硫酸纸），量筒(10mL)，漏斗，温度计（公用），砂纸，测定摩尔气体常数的装置（图 6-4，量气管[1]，水准瓶[2]，试管，滴定管夹，铁架台，铁夹，铁圈，橡皮塞，橡皮管，玻璃导气管），气压计(公用)，烧杯（100mL、400mL），细砂纸等。

药品：硫酸（$3mol\cdot L^{-1}$），镁条（纯）。

## 四、实验内容

1. 镁条称量

取两根镁条，用砂纸擦去其表面氧化膜，然后在分析天平上分别称出其质量，并用称量纸包好记下质量，待用（也可由实验室教师预备）。

镁条质量以 0.0300～0.0400g 为宜。镁条质量若太小，会增大称量及测定的相对误差。质量若太大，则产生的氢气体积可能超过量气管的容积而无法测量，称量要求准确至±0.0001g。

2. 仪器的装置和检查

按图 6-4 装置仪器，注意应将铁圈装在滴定管夹的下方，以便可以自由移动水准瓶（漏斗）。打开量气管的橡皮塞，从水准瓶注入自来水，使量气管内液面略低于刻度“0”（若液面过低或过高，则会带来什么影响），上下移动水准瓶，以赶尽附着于橡皮管和量气管内壁的气泡，然后塞紧量气管的橡皮塞。

为了准确量取反应中产生的氢气体积，整个装置不能有漏气之处。检查漏气的方法如下：塞紧装置中连接处的橡皮管，然后将水准瓶（漏斗）向下（或向上）移动一段距离，使水准瓶内液面低于（或高于）量气管内液面。若水准瓶位置固定后，量气管内液面仍不断下降（或上升），表示装置漏气（为什么?），则应检查各连接处是否严密（注意橡皮塞及导气管间连接是否紧密）。务必使装置不再漏气，然后将水准瓶放回检漏前的位置。

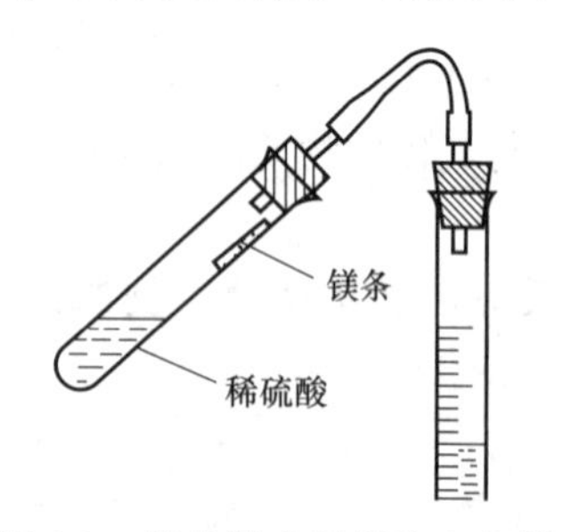

图 6-5　镁条贴在试管壁上半部

3. 金属与稀酸反应前的准备

取下反应用试管，将 4～5mL $3mol\cdot L^{-1}$ $H_2SO_4$ 溶液通过漏斗注入试管中（将漏斗移出试管时，不能让酸液沾在试管壁上！为什么?）。稍稍倾斜试管，将已称好质量（勿忘记录）的镁条按压平整后蘸少许水贴在试管壁上部，如图 6-5

[1] 量气管的容积不应小于 50mL，读数可估计到 0.01mL 或 0.02mL，可用碱式滴定管代替。

[2] 本实验中用短颈（或者长颈）漏斗代替水准瓶。

所示，确保镁条不与硫酸接触，然后小心固定试管，塞紧（旋转）橡皮塞（动作要轻缓，谨防镁条落入稀酸溶液中）。

再次检查装置是否漏气。若不漏气，可调整水准瓶位置，使其液面与量气管内液面保持在同一水平面，然后读出量气管内液面的弯月面最低点读数。要求精准至±0.01mL，并记下读数（为使液面读数尽量准确，可移动铁圈位置，设法使水准瓶与量气管位置尽量靠近）。

4. 氢气的发生、收集和体积的量度

松开铁夹，稍稍抬高试管底部，使稀硫酸与镁条接触（切勿使酸接触到橡皮塞）；待镁条落入稀酸溶液中后，再将试管恢复原位。此时反应产生的氢气会使量气管内液面开始下降。为了不使量气管内因气压增大而引起漏气，在液面下降的同时应慢慢向下移动水准瓶，使水准瓶内液面随量气管内液面一齐下降，直至反应结束，量气管内液面停止下降（此时能否读数？为什么?）。

待反应试管冷却至室温（约需10多分钟），再次移动水准瓶，使其与量气管的液面处于同一水平面，读出并记录量气管内液面的位置。每隔2～3min，再读数一次，直到读数不变为止。记下最后的液面读数及此时的室温和大气压力。从表6-4中查出相应于室温时水的饱和蒸气压。

**表6-4 不同温度下水的饱和蒸气压**

| 温度/℃ | 压力/Pa | 温度/℃ | 压力/Pa | 温度/℃ | 压力/Pa | 温度/℃ | 压力/Pa |
|---|---|---|---|---|---|---|---|
| 10 | 1228 | 16 | 1817 | 22 | 2643 | 28 | 3779 |
| 11 | 1312 | 17 | 1937 | 23 | 2809 | 29 | 4005 |
| 12 | 1402 | 18 | 2063 | 24 | 2984 | 30 | 4242 |
| 13 | 1497 | 19 | 2197 | 25 | 3167 | 31 | 4492 |
| 14 | 1598 | 20 | 2338 | 26 | 3361 | 32 | 4754 |
| 15 | 1705 | 21 | 2486 | 27 | 3565 | 33 | 5030 |

打开试管口的橡皮塞，弃去试管内的溶液，洗净试管，并取另一份镁条重复进行一次实验，记录实验结果。

## 五、数据记录与处理

摩尔气体常数的测定数据见表6-5。

**表6-5 摩尔气体常数的测定数据**

| 记录项目 | 序号 | |
|---|---|---|
| | 1 | 2 |
| 镁条质量 $m_{Mg}$/g | | |
| 反应后量气管内液面的读数 $V_2$/mL | | |
| 反应前量气管内液面的读数 $V_1$/mL | | |
| 反应置换出 $H_2$ 的体积[$V=(V_2-V_1)$]/mL | | |
| 室温 $T$/K | | |
| 大气压力 $p$/Pa | | |
| 室温时水的饱和蒸气压 $p_{H_2O}$/Pa | | |
| 氢气的分压[$p_{H_2}=(p-p_{H_2O})$]/Pa | | |
| 氢气的物质的量$\left(n_{H_2}=\frac{m_{Mg}}{M_{Mg}}\right)$/mol | | |
| 摩尔气体常数$\left(R=\frac{p_{H_2}V}{n_{H_2}T}\right)$/J·K$^{-1}$·mol$^{-1}$ | $R_1=$ | $R_2=$ |

续表

| 记录项目 | 序号 | |
|---|---|---|
| | 1 | 2 |
| $R$ 的实验平均值$\left(\frac{R_1+R_2}{2}\right)$/$J \cdot K^{-1} \cdot mol^{-1}$ | | |
| 相对误差$\left(RE=\frac{R_{实验值}-R_{文献值}}{R_{文献值}}\times 100\%\right)$ | | |

注：实验完成后，分析产生误差的原因。

## 六、注意事项

1. 将铁圈装在滴定管夹的下方，以便可以自由移动水准瓶（漏斗）。

2. 橡皮塞与试管和量气管口要先试试合适后再塞紧，不能硬塞，防止管口塞烂。

3. 从水准瓶注入自来水，使量气管内液面略低于刻度“0”。

4. 橡皮管内气泡排净标志：橡皮管内透明度均匀，无浅色块状部分。

5. 气路通畅：试管和量气管间的橡皮管勿打折，保证通畅后再检查漏气或进行反应。

6. 装 $H_2SO_4$：通过长颈漏斗将 $H_2SO_4$ 注入试管中，不能让酸液沾在试管壁上！

7. 贴镁条：按压平整后蘸少许水贴在试管壁上部，确保镁条不与硫酸接触，然后小心固定试管，塞紧（旋转）橡皮塞，谨防镁条落入稀酸溶液中。

8. 反应：检查不漏气后再反应（切勿使酸碰到橡皮塞）。

9. 读数：调两液面处于同一水平面，冷至室温后读数（小数点后两位，单位为 mL）。

## 七、思考题

1. 本实验中置换出的氢气的体积是如何量度的？为什么读数时必须使水准瓶内液面与量气管内液面保持在同一水平面？

2. 量气管内气体的体积是否等于置换出氢气的体积？量气管内气体的压力是否等于氢气的压力？为什么？

3. 试分析下列情况对实验结果有何影响：

（1）量气管（包括量气管与水准瓶相连接的橡皮管）内气泡未赶尽；

（2）镁条表面的氧化膜未擦净；

（3）固定镁条时，不小心使其与稀酸溶液有了接触；

（4）反应过程中实验装置漏气；

（5）记录液面读数时，量气管内液面与水准瓶内液面不处于同一水平面；

（6）反应过程中，因量气管压入水准瓶中的水过多，造成水由水准瓶中溢出；

（7）反应完毕，未等试管冷却到室温即进行体积读数。

# 实验五　盐酸溶液的配制与标定

## 一、实验目的

1. 学会用基准物质标定盐酸浓度的方法。

2. 学习酸碱滴定操作。

3. 初步了解数理统计处理在分析化学中的应用。

## 二、实验原理

由于浓盐酸易挥发，因此不能直接配制成标准溶液，而是先用浓盐酸配成大致所需浓度的溶液，然后用基准物标定。常用的基准物是无水 $Na_2CO_3$ 和硼砂（$Na_2B_4O_7 \cdot 10H_2O$）。

本实验采用无水 $Na_2CO_3$ 作为基准物对盐酸浓度进行标定，其反应式如下：

$$Na_2CO_3 + 2HCl \xlongequal{} 2NaCl + H_2O + CO_2 \uparrow$$

滴定至第二化学计量点时的 pH 为 3.98，故以甲基橙为指示剂。其变色范围为 3.1～4.4。为了使颜色变化明显、易观察，也可选用溴甲酚绿-二甲基黄混合指示剂指示终点，其终点颜色变化为绿色（或蓝绿色）到亮黄色（pH=3.9）。根据 $Na_2CO_3$ 的质量和消耗 HCl 的体积可以计算出盐酸的浓度。由于在测量过程中总是存在一定的误差，因此，所测得的盐酸浓度与真实浓度之间总是存在一定的误差。根据数理统计原理可知，只有不存在系统测量误差时，无数次测量的平均结果才接近真实值。在实际工作中，不可能对盐酸溶液进行无限多次标定，只能进行有限次测量，对于三次以上的测量，利用数理统计方法，通过计算其平均值、标准偏差及置信区间，可以判断测量结果与真实值的接近程度，评价分析测量质量的好坏。

## 三、实验用品

仪器：酸式滴定管（50mL），锥形瓶（250mL），量筒或吸量管等。

药品：浓盐酸（A. R.），无水 $Na_2CO_3$（基准试剂），甲基橙指示剂（0.1%水溶液）或溴甲酚绿-二甲基黄混合指示剂（取 4 份 0.2%溴甲酚绿乙醇溶液和一份 0.2%二甲基黄乙醇溶液，混匀），去离子水。

## 四、实验内容

1. 配制 $0.1mol \cdot L^{-1}$ HCl 溶液

计算配制 500mL $0.1mol \cdot L^{-1}$ HCl 溶液需要的浓 HCl 的量 $V_{浓HCl}$(mL)，然后，用小量筒或吸量管量取计算量的浓 HCl，加入去离子水稀释成约 500mL，储于 500mL 规格的试剂瓶中，充分摇匀。

2. HCl 标准溶液浓度的标定

准确称取已烘干的无水碳酸钠三份（其质量按消耗 20～40mL $0.1mol \cdot L^{-1}$ HCl 溶液计，请学生计算），置于三支 250mL 锥形瓶中，加水 30mL，温热，摇动使之溶解，加入甲基橙（或溴甲酚绿-二甲基黄）指示剂 2～3 滴，用 $0.1mol \cdot L^{-1}$ HCl 溶液滴定至溶液由黄色转变为橙色（或绿色到亮黄色）。记下 HCl 标准溶液的耗用量，并计算出 HCl 标准溶液的浓度（$c_{HCl}$）。

## 五、数据记录与处理

数据记录与处理见表 6-6。

**表 6-6　盐酸溶液的配制与标定数据**

| 记录项目 | 序号 | | | |
|---|---|---|---|---|
| | 1 | 2 | 3 | 4 |
| 碳酸钠的质量/g | | | | |
| $V_{HCl}$ 终点读数/mL | | | | |
| $V_{HCl}$ 初始读数/mL | | | | |
| $V_{HCl}$ 净用体积/mL | | | | |
| $c_{HCl}/mol \cdot L^{-1}$ | | | | |
| $\bar{c}^{①}_{HCl}/mol \cdot L^{-1}$ | | | | |
| 标准偏差 $s$ | | | | |
| $\bar{c}_{HCl} \pm \frac{t^{②} s}{\sqrt{n}}$ | | | | |
| $c_{HCl}$ 的计算公式 | | | | |

① 弃去离群值后的计算值。

② 要求在 95%的置信水平下报告标定结果，若只有两份数据合格，还要补做一份合格数据，必须保证三份合格数据。

## 六、思考题

1. 溶解基准物 $Na_2CO_3$ 所用水的体积的量取是否需要准确？为什么？

2. 在每次滴定完成后，为什么要将标准溶液加至滴定管零点或近零点，然后进行第二次滴定？

3. 用 $Na_2CO_3$ 为基准物标定 HCl 溶液时，为什么不用酚酞作指示剂？

4. $KHC_8H_4O_4$ 是否可用作标定 HCl 溶液的基准物？为什么？

# 实验六　氢氧化钠溶液的配制与标定

## 一、实验目的

1. 学会 NaOH 标准溶液的配制和标定方法。

2. 进一步掌握酸碱滴定法的基本原理。

3. 练习碱式滴定管的滴定操作，学会观察和判断滴定终点。

## 二、实验原理

NaOH 易吸收空气中的水分和 $CO_2$，不但改变其质量，也使成分发生改变，故不能采取直接法配制 NaOH 标准溶液，而只能用间接法配制，即先配成近似浓度的溶液，再用基准物质标定其浓度。

标定 NaOH 溶液常用邻苯二甲酸氢钾（$KHC_8H_4O_4$，摩尔质量 $204.2g \cdot mol^{-1}$）作为基准物质，用酚酞作指示剂。反应式为：

$$C_6H_4(COOK)(COOH) + NaOH = C_6H_4(COOK)(COONa) + H_2O$$

由于反应后的生成物是强碱弱酸盐，化学计量点时溶液的 pH=9.27，呈碱性，故选用酚酞作指示剂。$KHC_8H_4O_4$ 因其摩尔质量大、易净化，且不易吸收水分，是标定碱的一种良好基准物。

## 三、实验用品

仪器：托盘天平，碱式滴定管（50mL），锥形瓶（250mL），塑料烧杯（50mL），烧杯（100mL），具橡皮塞的细口瓶（500mL），细塑料棒，洗瓶等。

药品：邻苯二甲酸氢钾（固体，A. R.），氢氧化钠（固体，C. P.），酚酞指示剂（0.1%，90%乙醇溶液），去离子水。

## 四、实验内容

1. 配制 $0.1mol \cdot L^{-1}$ NaOH 溶液 500mL

通过计算求出配制 500mL $0.1mol \cdot L^{-1}$ NaOH 溶液所需的固体 NaOH 的量，在托盘天平上迅速称出（NaOH 应置于什么器皿中称量？为什么?），置于 100mL 烧杯中，立即用 500mL 水溶解，配制成溶液，储于具橡皮塞的细口瓶中，充分摇匀。

2. 标定 NaOH 溶液

准确称取邻苯二甲酸氢钾三份，每份质量约__________g（学生自己计算），分别放入 250mL 锥形瓶中，加 50mL 去离子水（最好是用煮沸过的中性水），温热使之溶解，冷却。加酚酞指示剂 2 滴，用 NaOH 溶液滴定至溶液呈现微红色，30s 内不褪色即为终点。

根据所耗的 NaOH 溶液的体积和邻苯二甲酸氢钾的质量，计算 NaOH 溶液的准确浓度。

## 五、数据记录与处理

表格自拟，参照本书实验五。

## 六、注意事项

1. 固体氢氧化钠易吸收空气中的水分和 $CO_2$，称量必须迅速。市售的固体氢氧化钠常因吸收 $CO_2$ 而混有少量 $Na_2CO_3$，这对某些滴定不利，在一般滴定中，少量的 $Na_2CO_3$ 不致影响滴定的准确度。但是在要求严格的情况下，配制氢氧化钠必须设法除去 $CO_3^{2-}$。

2. 常用的除去 $CO_3^{2-}$ 的方法

(1) 在托盘天平上称取一定量固体氢氧化钠于烧杯中，用少量水溶解后倒入试剂瓶中，再用水稀释到一定体积（配成所要求浓度的标准溶液），加入 1～2mL 20% $BaCl_2$ 溶液，摇匀后用橡皮塞塞紧，静置过夜，待沉淀完全沉降后，用虹吸管把清液转入另一洁净试剂瓶中，塞紧橡皮塞，备用。

(2) 饱和的氢氧化钠溶液（50%）具有不溶解 $Na_2CO_3$ 的性质，所以用固体氢氧化钠配制的饱和溶液，其中的 $Na_2CO_3$ 可以全部沉降下来。在涂蜡的玻璃器皿或塑料容器中先配制饱和的氢氧化钠溶液，待溶液澄清后，吸取上层溶液，用新煮沸并冷却的水稀释到一定浓度。

## 七、思考题

1. 用邻苯二甲酸氢钾标定 NaOH 溶液时，为什么用酚酞而不用甲基橙作指示剂？

2. 草酸能否作为标定氢氧化钠标准溶液的基准物质？为什么？

3. 在酸碱滴定中，每次指示剂的用量很少，仅用 1～2 滴或 2～3 滴，为什么不可多用？

4. 若邻苯二甲酸氢钾烘干温度＞125℃，致使少部分基准物变成了酸酐，用此物标定 NaOH 溶液时，对 NaOH 溶液的浓度有无影响？若有，有何影响？

# 实验七　高锰酸钾溶液的配制与标定

## 一、实验目的

1. 了解 $KMnO_4$ 标准溶液的配制方法和保存条件。

2. 掌握用 $Na_2C_2O_4$ 作基准物标定 $KMnO_4$ 溶液浓度的原理、方法及滴定条件。

## 二、实验原理

市售的 $KMnO_4$ 常含有少量的杂质，如硫酸盐、氯化钠及硝酸盐等，因此不能用精确称量的高锰酸钾来直接配制准确浓度的溶液。高锰酸钾氧化力强，易和水中的有机物、空气中的尘埃及氨等还原性物质作用。另外，$KMnO_4$ 能自行分解，其分解反应如下：

$$4KMnO_4+2H_2O=\!=\!=4MnO_2\downarrow+4KOH+3O_2\uparrow$$

分解速率随溶液的 pH 而改变。在中性溶液中，其分解很慢，但 $Mn^{2+}$ 和 $MnO_2$ 能加速 $KMnO_4$ 溶液的分解，见光则分解更快。由此可见，$KMnO_4$ 溶液的浓度容易改变，必须正确配制和保存。正确地配制和保存的 $KMnO_4$ 溶液应呈中性，不含 $MnO_2$，这样，浓度就比较稳定，放置数月后浓度大约只降低 0.5%。但是如果长期使用，仍应定期标定。

标定 $KMnO_4$ 溶液浓度的基准物质常用 $Na_2C_2O_4$。$Na_2C_2O_4$ 因不含结晶水，容易精制。在酸性溶液中，$Na_2C_2O_4$ 标定 $KMnO_4$ 的反应式如下：

$$2MnO_4^-+5H_2C_2O_4+6H^+=\!=\!=2Mn^{2+}+10CO_2+8H_2O$$

本实验采用 $KMnO_4$ 自身指示剂。

## 三、实验用品

仪器：玻璃砂芯漏斗（或玻璃纤维和普通漏斗），分析天平，滴定管（50mL），锥形瓶（250mL，编号），棕色试剂瓶（500mL），量筒（10mL、50mL），塑料培养皿，镊子等。

药品：$Na_2C_2O_4$（A. R.），3mol·L$^{-1}$ $H_2SO_4$，0.2mol·L$^{-1}$ $KMnO_4$ 溶液，去离子水。

**注意**：$KMnO_4$ 溶液由实验室教师提前一周配制，方法如下：称取一定量的 $KMnO_4$ 溶于适量的水中，加热煮沸 20～30min（随时加水以补充因蒸发而损失的水）。冷却后在暗处放置 7～10 天，然后用玻璃砂芯漏斗或玻璃纤维过滤除去 $MnO_2$ 杂质。滤液储于洁净的棕色瓶中，放置暗处保存。如果溶液经煮沸并在水浴上保温 1h，冷却后过滤，则不必长期放置，就可以稀释和标定其浓度。0℃时 100g 水中可溶解 6.4g（即 0.4mol·L$^{-1}$）的 $KMnO_4$。

## 四、实验内容

1. 配制 0.02mol·L$^{-1}$ $KMnO_4$ 标准溶液

用量筒量取 50mL 0.2mol·L$^{-1}$ $KMnO_4$ 溶液，置于洁净的 500mL 棕色试剂瓶中，用蒸馏水或去离子水稀释至 500mL，摇匀备用。

2. 标定 0.02mol·L$^{-1}$ $KMnO_4$ 溶液

用分析天平准确称取（称准至 0.0002g）计算量（根据标定的反应比和标定 20～30mL 0.02mol·L$^{-1}$ $KMnO_4$ 溶液所需要的 $Na_2C_2O_4$ 的质量进行计算）的、已烘过的 $Na_2C_2O_4$ 基准物质 3 份，各置于 250mL 锥形瓶中，每份先加入新煮沸过的去离子水约 40mL 及 3mol·L$^{-1}$ $H_2SO_4$ 10mL。待试样溶解后，加热至 75～85℃，立即用待标定的 $KMnO_4$ 溶液滴定（不能沿瓶壁滴入，为什么?）。

滴定时，第一滴 $KMnO_4$ 溶液褪色很慢，在没有完全褪色以前请不要滴入第二滴 $KMnO_4$ 溶液，之后随反应速率加快可加快滴加速度。当被滴定溶液出现浅粉红色且 15～30s 不消失即为滴定终点。根据 $KMnO_4$ 溶液所消耗的体积可计算出 $KMnO_4$ 溶液的浓度。

## 五、数据记录与处理

自拟表格（数据要用 $Q_{0.90}$ 检验）。

## 六、注意事项

1. 加热及放置时，均应盖上表面皿，以免灰尘及有机物等落入。

2. $KMnO_4$ 作为氧化剂，通常是在强酸溶液中反应，滴定过程中若发现产生棕色浑浊（是酸度不足引起的），应立即加入 $H_2SO_4$ 补救，但若已经达到终点，则加 $H_2SO_4$ 已无效，这时应该重做实验。

3. 加热可使反应加快，但不应热至沸腾，否则容易引起部分草酸分解。正确的温度是 75～85℃（手触烧瓶壁感觉有点烫手，但不能沸腾）。在滴定至终点时，溶液温度不应低于 60℃。

4. $KMnO_4$ 滴定的终点是不大稳定的，这是由于空气中含有还原性气体及尘埃等物质，落入溶液中能使 $KMnO_4$ 慢慢分解，而使浅粉红色消失，所以经过 30s 不褪色，即可认为终点已到。

## 七、思考题

1. 粗配 $KMnO_4$ 标准溶液时为什么要把 $KMnO_4$ 水溶液煮沸一定时间（或放置数天）？配好的 $KMnO_4$ 溶液为什么要过滤后才能保存？过滤时能否用滤纸？

2. $KMnO_4$ 溶液滴定 $Na_2C_2O_4$ 溶液时，$KMnO_4$ 溶液应盛装在何种滴定管中？如何在滴定管中读取有色溶液的读数？

3. 用 $Na_2C_2O_4$ 滴定 $KMnO_4$ 溶液浓度时，为什么必须在大量 $H_2SO_4$ 存在下进行？溶液的酸度过低或过高对本实验有何影响？用 HCl 或 $HNO_3$ 代替 $H_2SO_4$ 溶液是否可行？为什么？

4. 何谓自身催化作用？解释滴定时，第一滴 $KMnO_4$ 溶液褪色很慢的原因。

5. 滴定速率与反应速率相适应，若滴定速率过慢或过快会造成什么问题？

6. 加热的目的何在？温度过高（如 90～100℃）行吗？为什么？

# 实验八　EDTA 溶液的配制与标定及水中硬度测定

## 一、实验目的

1. 学习 EDTA 标准溶液的配制和标定方法。

2. 掌握配位滴定的原理，了解配位滴定的特点。

3. 熟悉钙指示剂或二甲酚橙指示剂的使用。

4. 掌握 EDTA 法测定水的总硬度的原理和方法。

## 二、实验原理

1. EDTA 溶液的配制与标定原理

乙二胺四乙酸（简称 EDTA，常用 $H_4Y$ 表示）难溶于水，常温下其溶解度为 $0.2g \cdot L^{-1}$（约 $0.0007mol \cdot L^{-1}$），在分析中通常使用其二钠盐配制标准溶液。乙二胺四乙酸二钠盐的溶解度为 $120g \cdot L^{-1}$，可配成 $0.3mol \cdot L^{-1}$ 以上的溶液，其水溶液的 pH≈4.8，通常采用间接法配制标准溶液。

标定 EDTA 溶液常用的基准物有 Zn、ZnO、$CaCO_3$、Bi、Cu、$MgSO_4 \cdot 7H_2O$、Hg、Ni、Pb 等。通常选用与被测物组分相同的物质作基准物，这样，滴定条件较一致，可减小误差。

EDTA 溶液若用于测定石灰石或白云石中 CaO、MgO 的含量时，则宜用 $CaCO_3$ 为基准物。首先可加 HCl 溶液，其反应如下：

$$CaCO_3 + 2HCl = CaCl_2 + CO_2 \uparrow + H_2O$$

然后把溶液转移到容量瓶中并稀释，制成钙标准溶液。吸取一定量钙标准溶液，调节酸度至 pH≥12，用钙指示剂，以 EDTA 溶液滴定至溶液由酒红色变为纯蓝色，即为终点。其变色原理如下。

钙指示剂（常以 $H_3Ind$ 表示）在水溶液中按下式解离：

$$H_3Ind \rightleftharpoons 2H^+ + HInd^{2-}$$

在 pH≥12 的溶液中，$HInd^{2-}$ 与 $Ca^{2+}$ 形成比较稳定的配离子，其反应如下：

$$\underset{\text{(纯蓝色)}}{HInd^{2-}} + Ca^{2+} \rightleftharpoons \underset{\text{(酒红色)}}{CaInd^-} + H^+$$

所以在钙标准溶液中加入钙指示剂时，溶液呈酒红色，当用 EDTA 滴定时，由于 EDTA 能与 $Ca^{2+}$ 形成比 $CaInd^-$ 更稳定的配离子，因此在滴定终点附近，$CaInd^-$ 配离子不断转化为较稳定的 $CaY^{2-}$ 配离子，而钙指示剂则被游离出来，其反应可表示如下：

$$CaInd^{-} + H_2Y^{2-} + OH^{-} \rightleftharpoons CaY^{2-} + HInd^{2-} + H_2O$$

（酒红色）　　　　　　　　　（无色）（纯蓝色）

用此法测定钙时，若有 $Mg^{2+}$ 共存［在调节溶液酸度为 pH＞12 时，$Mg^{2+}$ 将生成 $Mg(OH)_2$ 沉淀］，则 $Mg^{2+}$ 不仅不干扰钙的测定，而且使终点比 $Ca^{2+}$ 单独存在时更敏锐。当 $Ca^{2+}$、$Mg^{2+}$ 共存时，终点由酒红色到纯蓝色，当 $Ca^{2+}$ 单独存在时则由酒红色到蓝紫色。所以测定单独存在的 $Ca^{2+}$ 时，常常加入少量 $Mg^{2+}$。

EDTA 溶液若用于测定 $Pb^{2+}$、$Bi^{3+}$，则宜以 ZnO 或金属锌为基准物，以二甲酚橙为指示剂，在 pH≈5～6 的溶液中，二甲酚橙指示剂本身显黄色，与 $Zn^{2+}$ 的配合物呈紫红色，EDTA 与 $Zn^{2+}$ 形成更稳定的配合物，因此用 EDTA 溶液滴定至近终点时，二甲酚橙被游离出来，溶液由紫红色变为黄色。

配位滴定中所用的水，应不含 $Fe^{3+}$、$Al^{3+}$、$Cu^{2+}$、$Ca^{2+}$、$Mg^{2+}$ 等杂质离子。

2. 测定水的硬度原理

通常所说的水的硬度就是指水中钙镁的含量，主要是因为清洁的地下水、河、湖中，钙、镁的含量远比其他金属离子多。

水硬度的计算方法很多，各国采用的单位的大小也不一致，最常用的表示水的硬度的单位如下：

① 以度表示，$1° = 10 mg \cdot L^{-1}$ CaO，相当于 10 万份水中含有一份 CaO；

② 以水中 $CaCO_3$ 的浓度（单位为 $mg \cdot L^{-1}$）计，即相当于水中含有 $CaCO_3$ 的质量。

$$水的总硬度 = \frac{c_{EDTA} V_{EDTA}(mL) \times \frac{M_{CaCO_3} \times 1000}{1000}}{水样(mL)} \times 1000 \tag{6-5}$$

用 EDTA 滴定 $Mg^{2+}$、$Ca^{2+}$ 总量，应在 pH＝10 的氨缓冲溶液中进行，用铬黑 T 作指示剂。铬黑 T 与 $Mg^{2+}$、$Ca^{2+}$ 形成紫红色配合物。在 pH＝10 时，铬黑 T 为纯蓝色，因此，终点时溶液颜色由紫红色变为纯蓝色。

理论的计算和实践都表明，以铬黑 T 为指示剂，用 ETDA 滴定 $Mg^{2+}$ 时较滴定 $Ca^{2+}$ 时终点更敏锐。因此，当水样中 $Mg^{2+}$ 含量较少时，用 EDTA 测定水硬度时，终点不敏锐。为此，在配制 EDTA 溶液时，加入适量的 $Mg^{2+}$，在滴定过程中，$Ca^{2+}$ 把 $Mg^{2+}$ 从 MgEDTA 中置换出来，$Mg^{2+}$ 与铬黑 T 形成紫红色配合物，终点时，颜色由紫红色变成纯蓝色，变色比较敏锐。

在滴定过程中，$Fe^{3+}$、$Al^{3+}$ 的干扰用三乙醇胺掩蔽，$Cu^{2+}$、$Pb^{2+}$、$Zn^{2+}$ 等金属离子用 KCN、$Na_2S$ 掩蔽。

## 三、实验用品

仪器：酸式滴定管（50mL），锥形瓶（250mL），试剂瓶（500mL），容量瓶（250mL），小烧杯（100mL），移液管（25mL），表面皿，托盘天平，称量瓶等。

药品：

（1）以 $CaCO_3$ 为基准物时所用试剂　乙二胺四乙酸二钠盐（固体，A. R.），$CaCO_3$（固体，A. R.），1∶1 $NH_3 \cdot H_2O$，镁溶液（1g $MgSO_4 \cdot 7H_2O$ 溶解于水中，稀释至 200mL），10% NaOH 溶液，钙指示剂（固体指示剂）。

（2）以 ZnO 为基准物时所用试剂　ZnO(A. R.)，1∶1 HCl，1∶1 $NH_3 \cdot H_2O$，二甲酚橙指示剂，20%六亚甲基四胺溶液。

（3）$Na_2S$ 溶液　$NH_3$-$NH_4Cl$ 缓冲溶液（称取 20g $NH_4Cl$ 溶于少量水中，加 150mL 浓

氨水，用水稀释至1L)，如果是其他水样，加1∶1盐酸溶液1～2滴酸化水样，煮沸数分钟，除去二氧化碳（残余水不必煮沸），冷却后，测定。铬黑T指示剂（0.5%，称取0.5g铬黑T，加20mL三乙醇胺，加无水乙醇100mL)，自来水样的硬度较小时，应取样100mL，并适当增加其他试剂量。

## 四、实验内容

1. 粗配0.01mol·L$^{-1}$EDTA标准溶液

在托盘天平上称取乙二胺四乙酸二钠盐（$Na_2H_2Y \cdot 2H_2O$)2.0g，溶解于200～300mL温热的去离子水中，稀释至约500mL，如浑浊，应过滤。转移至500mL试剂瓶中，摇匀。

2. 以$CaCO_3$为基准物标定EDTA溶液

(1) 0.01mol·L$^{-1}$标准钙溶液的配制　置碳酸钙基准物于称量瓶中，在110℃干燥2h，置干燥器中冷却后，准确称取0.2～0.3g（准确至小数点后第四位，为什么?）于小烧杯中，盖以表面皿，加水润湿，再从杯嘴边逐滴加入（为什么?)[1] 数毫升1∶1 HCl至完全溶解，用水把可能溅到表面皿上的溶液淋洗入烧杯中，加热近沸，待冷却后移入250mL容量瓶中，稀释至刻度，摇匀。

(2) 标定　用移液管移取25.00mL钙标准溶液，置于锥形瓶中，加入约25mL水、2mL镁溶液、5mL 10% NaOH溶液及约10mg（米粒大小）钙指示剂，摇匀后，用EDTA溶液滴定至由紫红色变至纯蓝色，即为终点。

3. 以ZnO为基准物[2] 标定EDTA溶液

(1) 锌标准溶液的配制　准确称取在800～1000℃灼烧过（需20min以上）的基准物ZnO[3] 0.25～0.36g于100mL小烧杯中，用少量水润湿，然后逐滴加入1∶1 HCl，边加边搅至完全溶解为止。然后，将溶液定量转移入250mL容量瓶中，稀释至刻度并摇匀。

(2) 标定　移取25mL锌标准溶液于250mL锥形瓶中，加约300mL水、2～3滴二甲酚橙指示剂，先加1∶1氨水至溶液由黄色刚变橙色（不能多加)，然后滴加20%六亚甲基四胺至溶液呈稳定的紫红色后再多加3mL[4]，用EDTA溶液滴定至溶液由紫红色变为亮黄色，即为终点。记录用量（可列表)，平行做三份合格数据（用$Q_{0.90}$检验)。

4. 用已标定浓度的EDTA溶液测定水中硬度

取适当体积的冷却后的水样（视水的硬度而定，一般为50～100mL）注入锥形瓶中，加入5mL三乙醇胺溶液、5mL $NH_3$-$NH_4Cl$缓冲溶液、1mL $Na_2S$溶液、3滴铬黑T指示剂，用EDTA标准溶液滴定至溶液由紫红色变为纯蓝色即为终点。

再重复测定1～2次，以含碳酸钙的浓度（单位为mg·L$^{-1}$）表示硬度。

另选择合适的条件选做自来水样，测定自来水的硬度。

## 五、注释

[1] 目的是防止反应过于激烈而产生$CO_2$气泡，使$CaCO_3$飞溅损失。

[2] 根据试样性质，选用一种标定方法。

[3] 也可用金属锌作基准物。

[4] 此处六亚甲基四胺用作缓冲剂，它在酸性溶液中能生成$(CH_2)_6N_4H^+$，此共轭酸与过量的$(CH_2)_6N_4$构成缓冲溶液，从而能使溶液的酸度稳定在pH 5～6范围内。先加入氨水调节酸度是为了节约六亚甲基四胺，因六亚甲基四胺的价格较贵。

## 六、数据记录与处理

1. 表格自拟。

2. 取三份合格数据的平均值按下式计算 EDTA 溶液的浓度：

$$\bar{c}(\text{EDTA})=\frac{c(\text{Ca})\overline{V}(\text{Ca})}{\overline{V}(\text{EDTA})}(\text{mol}\cdot\text{L}^{-1}) \tag{6-6}$$

3. 根据 EDTA 浓度的平均值写标签贴于试剂瓶上备用。

4. 以含碳酸钙的浓度（单位为 $\text{mg}\cdot\text{L}^{-1}$）表示硬度：

$$\text{水的总硬度}=\frac{c_{\text{EDTA}}V_{\text{EDTA}}(\text{mL})\times\frac{M_{CaCO_3}\times 1000}{1000}}{\text{水样(mL)}}\times 1000 \tag{6-7}$$

## 七、注意事项

1. 配位反应速率较慢，不像酸碱反应能在瞬间完成，故滴定时加入 EDTA 溶液的速度不能太快，在室温低时，尤其要注意。特别是近终点时，应逐滴加入，并充分振摇。

2. 配位滴定中，加入指示剂的量是否适当对于终点的观察十分重要，宜在实践中总结经验，加以掌握。

## 八、思考题

1. 为什么通常使用乙二胺四乙酸二钠盐配制 EDTA 标准溶液，而不用乙二胺四乙酸？

2. 以 HCl 溶液溶解 $CaCO_3$ 基准物时，操作中应注意些什么？

3. 以 $CaCO_3$ 为基准物标定 EDTA 溶液时，加入镁溶液的目的是什么？

4. 以 $CaCO_3$ 为基准物，以钙指示剂为指示剂标定 EDTA 溶液时，应控制溶液的酸度为多少？为什么？怎样控制？

5. 以 ZnO 为基准物，以二甲酚橙为指示剂标定 EDTA 溶液浓度的原理是什么？溶液的 pH 应控制在什么范围？若溶液为强酸性，应怎样调节？

6. 配位滴定法与酸碱滴定法相比，有哪些不同点？操作中应注意哪些问题？

# 实验九　硫代硫酸钠溶液的配制与标定

## 一、实验目的

1. 掌握 $Na_2S_2O_3$ 溶液的配制方法和保存条件。

2. 理解碘量法的基本原理，掌握间接碘量法的测定条件。

## 二、实验原理

结晶 $Na_2S_2O_3\cdot 5H_2O$ 一般含有少量的杂质，如 S、$Na_2SO_3$、$Na_2SO_4$、$Na_2CO_3$ 及 NaCl 等，同时还容易风化和潮解。因此，不能用直接法配制标准溶液。

$Na_2S_2O_3$ 溶液易受空气和微生物等的作用而分解。

1. 与溶解的 $CO_2$ 作用

$Na_2S_2O_3$ 在中性或碱性溶液中较稳定，当 $pH<4.6$ 时即不稳定，溶液中含有 $CO_2$ 会促进 $Na_2S_2O_3$ 分解：

$$Na_2S_2O_3+H_2O+CO_2 = NaHCO_3+NaHSO_3+S\downarrow$$

此分解作用一般发生在溶液配成后的最初十天内。分解后一分子 $Na_2S_2O_3$ 变成一分子的 $NaHSO_3$，一分子 $Na_2S_2O_3$ 只能和一个碘原子作用，而一分子 $NaHSO_3$ 却能和二个碘原子作用，因此从反应能力看，溶液浓度增加了。以后由于空气的氧化作用，溶液浓度又慢慢降低。

$Na_2S_2O_3$ 在 pH 9～10 间溶液最为稳定，在 $Na_2S_2O_3$ 溶液中加入少量 $Na_2CO_3$（使其在溶液中的含量为 0.02%），可防止 $Na_2S_2O_3$ 的分解。

2. 空气的氧化作用

$$2Na_2S_2O_3 + O_2 \xlongequal{} 2Na_2SO_4 + 2S\downarrow$$

3. 微生物的作用

$$Na_2S_2O_3 \xlongequal{细菌} Na_2SO_3 + S\downarrow$$

这是使 $Na_2S_2O_3$ 分解的主要原因。为避免微生物的分解作用，可加入少量 $HgI_2$（$10mg \cdot L^{-1}$）。为了减少溶解在水中的 $CO_2$ 和杀死水中微生物，应用新煮沸冷却后的蒸馏水配制溶液。

日光能促进 $Na_2S_2O_3$ 溶液的分解，所以 $Na_2S_2O_3$ 溶液应储存于棕色试剂瓶中，放置于暗处。经 8～14 天后再进行标定，长期使用的溶液应定期标定。

标定 $Na_2S_2O_3$ 溶液的基准物有 $K_2Cr_2O_7$、$KIO_3$、$KBrO_3$ 和纯铜等，本实验使用 $K_2Cr_2O_7$ 基准物标定 $Na_2S_2O_3$ 溶液的浓度。先取一定质量的 $K_2Cr_2O_7$ 与过量的 KI 反应析出 $I_2$：

$$Cr_2O_7^{2-} + 6I^- + 14H^+ \xlongequal{} 2Cr^{3+} + 3I_2 + 7H_2O$$

析出 $I_2$ 再用 $Na_2S_2O_3$ 溶液滴定：

$$I_2 + 2S_2O_3^{2-} \xlongequal{} S_4O_6^{2-} + 2I^-$$

总的来说，相当于每 1mol $K_2Cr_2O_7$ 可以氧化 6mol $Na_2S_2O_3$。

这个标定方法是间接碘量法的应用实例。

## 三、实验用品

仪器：50mL 碱式滴定管，25mL 移液管，洗耳球，500mL、100mL 烧杯，250mL 容量瓶，250mL 碘量瓶，50mL、10mL 量筒，玻璃棒，棕色细口瓶，滴管，洗瓶，分析天平、托盘天平（公用），称量纸若干。

药品：$Na_2S_2O_3 \cdot 5H_2O$（A. R.），$Na_2CO_3$（A. R.），KI（A. R.），$K_2Cr_2O_7$（A. R. 或 G. R.），$3mol \cdot L^{-1}$ $H_2SO_4$，0.5%淀粉溶液，去离子水。

## 四、实验内容

1. 配制 $0.01mol \cdot L^{-1}$ $Na_2S_2O_3$ 溶液

（1）计算出配制约 $0.01mol \cdot L^{-1}$ $Na_2S_2O_3$ 溶液 500mL 所需要 $Na_2S_2O_3 \cdot 5H_2O$ 的质量。

（2）在托盘天平上称取所需 $Na_2S_2O_3 \cdot 5H_2O$ 的量，溶于适量刚煮沸并已冷却的去离子水（由实验教师提供）中，加入 $Na_2CO_3$ 约 0.1g 后，稀释至 500mL，混合均匀，储存在棕色细口瓶中，放置于暗处。

2. $Na_2S_2O_3$ 溶液的标定

用分析天平精确称取预先干燥过的 $K_2Cr_2O_7$ 基准试剂，记录其质量（相当于消耗 20～30mL $0.01mol \cdot L^{-1}$ $Na_2S_2O_3$ 溶液所需质量的 10 倍），置于烧杯中，加去离子水使之溶解。把溶液小心转移至 250mL 容量瓶中，用水稀释至刻度，摇匀。

用 25mL 移液管移取上述 $K_2Cr_2O_7$ 溶液 25.00mL 三份，分别放入带有磨口塞的碘量瓶中，加 2g KI、5mL $3mol \cdot L^{-1}$ $H_2SO_4$，摇匀后，盖好塞子以防止 $I_2$ 挥发而损失。在暗处放置 5min，然后加 50mL 去离子水稀释，用碱式滴定管将 $Na_2S_2O_3$ 溶液滴定到溶液呈浅黄色时，加 2mL 淀粉（0.5%）溶液。继续滴入 $Na_2S_2O_3$ 溶液，直至蓝色刚刚消失即为终点。

## 五、数据记录与处理

按表 6-7 记录实验数据，计算 $Na_2S_2O_3$ 溶液的浓度。

**表 6-7　$Na_2S_2O_3$ 溶液的配制与标定数据**

| 记录项目 | 序号 | | | |
|---|---|---|---|---|
| | 1 | 2 | 3 | 4 |
| $m_{K_2Cr_2O_7}$/g | | | | |
| $V_{Na_2S_2O_3}$ 终点读数/mL | | | | |
| $V_{Na_2S_2O_3}$ 初始读数/mL | | | | |
| $V_{Na_2S_2O_3}$ 净用体积/mL | | | | |
| $c_{Na_2S_2O_3}$/mol·L$^{-1}$ | | | | |
| $\bar{c}^{①}_{Na_2S_2O_3}$/mol·L$^{-1}$ | | | | |
| 标准偏差 $s$ | | | | |
| $\bar{c}_{Na_2S_2O_3} \pm \frac{t^{②}s}{\sqrt{n}}$ | | | | |
| $c_{Na_2S_2O_3}$ 的计算公式 | | | | |

① 弃去离群值后的计算值。

② 要求在 95%的置信水平下报告标定结果，若只有两份数据合格，还要补做一份合格数据，必须保证三份合格数据。

## 六、注意事项

1. 因 $Na_2S_2O_3$ 溶液浓度较稀，标定用的 $K_2Cr_2O_7$ 称取量较小，故采用大样的方法，即称取较多的试样，溶解在容量瓶中，然后吸取部分溶液进行滴定，以减小称量误差。

2. $K_2Cr_2O_7$ 与 KI 的反应不是立刻完成的，在稀溶液中反应更慢，因此应等反应完成后再加水稀释。在上述条件下，大约经 5min 反应即可完成。

3. 生成的 $Cr^{3+}$ 显蓝绿色，妨碍终点的观察。滴定前预先稀释，可使 $Cr^{3+}$ 浓度降低，蓝绿色变浅，终点时由蓝变到绿，容易观察。同时稀释也使溶液的酸度降低，适于用 $Na_2S_2O_3$ 滴定 $I_2$。

4. 滴定完了的溶液放置后会变成蓝色。如果不是很快变蓝（经 5～10min），那就是空气氧化所致。如果很快而且又不断变蓝，说明 $K_2Cr_2O_7$ 和 KI 的作用在滴定前进行得不完全，溶液稀释得太早。遇此情况，实验应重做。

## 七、思考题

1. 标定 $Na_2S_2O_3$ 溶液时，加入的 KI 量要很精确吗？为什么？

2. 淀粉指示剂为什么一定要接近滴定终点时才能加入？加得太早或太迟有何影响？

3. 间接碘量法的主要误差来源是什么？应怎样消除？

4. 以下做法对标定有无影响？为什么？

（1）某同学将基准物质加水后为加速溶解，用电炉加热后，未等冷却就进行后面的滴定操作。

（2）某同学将三份基准物加水溶解后，同时都加入加 2g KI、10mL 2mol·L$^{-1}$ HCl，然后一份一份滴定。

（3）到达滴定终点后，溶液放置稍久又逐渐变蓝，某同学又以 $Na_2S_2O_3$ 标准溶液滴定，将补滴定所消耗的体积又加到原滴定所消耗的体积中。

（4）某同学在滴定过程中剧烈摇动溶液。

# 实验十　水中碱度的测定（双指示剂法）

## 一、实验目的

1. 了解强碱弱酸盐滴定过程中 pH 的变化。
2. 掌握水中混合碱度连续测定原理和方法。
3. 掌握双指示剂法滴定终点的正确判断。

## 二、实验原理

水的碱度是指水中所含能接受质子的物质总量。在一般水中，组成碱度的物质主要可分为三类：氢氧化物碱度（$OH^-$）、碳酸盐碱度（$CO_3^{2-}$）和碳酸氢盐碱度（$HCO_3^-$）。一般假设水中 $OH^-$ 与 $HCO_3^-$ 不能同时存在，因为：

$$OH^- + HCO_3^- \longequal CO_3^{2-} + H_2O$$

而碳酸盐与氢氧化物、碳酸盐与碳酸氢盐则同时存在，因而水中的碱度可能有下列几种存在情况：

① 水中只有 $OH^-$ 碱度；

② 水中有 $OH^-$ 和 $CO_3^{2-}$ 碱度；

③ 水中只有 $CO_3^{2-}$ 碱度；

④ 水中有 $CO_3^{2-}$ 和 $HCO_3^-$ 碱度；

⑤ 水中只有 $HCO_3^-$ 碱度。

本实验采用连续滴定法。测定时根据滴定过程中 pH 的变化情况，选用两种不同的指示剂分别指示第一、第二化学计量点的到达，称为“双指示剂法”。此法简便、快速，在生产实际中应用广泛。

测定水中碱度首先以酚酞为指示剂，用盐酸标准溶液滴定至溶液由红色变为无色时为第一滴定终点，设此时消耗 HCl 量为 $V_1$(mL)，反应式为：

$$OH^- + H^+ \longequal H_2O$$

$$CO_3^{2-} + H^+ \longequal HCO_3^-$$

接着在被滴定的溶液中，加入甲基橙指示剂，用盐酸标准溶液滴定至溶液由黄色变为橙色时为第二滴定终点，此时 $HCO_3^-$ 完全被中和，设此时又消耗 HCl 量为 $V_2$(mL)，反应式为：

$$HCO_3^- + H^+ \longequal H_2O + CO_2 \uparrow$$

如果：

$V_1 > V_2$，则有 $OH^-$ 和 $CO_3^{2-}$ 碱度；

$V_1 < V_2$，则有 $CO_3^{2-}$ 和 $HCO_3^-$ 碱度；

$V_1 = V_2$，则只有 $CO_3^{2-}$ 碱度；

$V_1 = 0$，$V_2 > 0$，则只有 $HCO_3^-$ 碱度；

$V_2 = 0$，$V_1 > 0$，则只有 $OH^-$ 碱度。

总之，对于未知组成的试样，可根据滴定消耗 HCl 溶液的体积 $V_1$ 和 $V_2$，确定水中的碱度可能存在的形式，并计算出各组分的含量。

## 三、实验用品

仪器：酸式滴定管（50mL），锥形瓶（250mL），移液管（50mL）等。

药品：酚酞指示剂（0.1%，90%乙醇溶液），甲基橙指示剂（0.1%水溶液），0.1mol·$L^{-1}$ HCl标准溶液（浓度由实验五中方法标定），无$CO_2$去离子水（将去离子水煮沸15min，冷却至室温，pH应大于6.0，电导率小于2μS·$cm^{-1}$，无$CO_2$去离子水应储存在带有碱石灰的橡皮塞盖严的瓶中），所有试剂溶液均用无$CO_2$去离子水配制。

## 四、实验内容

（1）用50mL移液管吸取三份水样，分别置于250mL锥形瓶中，加入酚酞指示剂2滴，摇匀。

（2）若溶液呈红色，用HCl标准溶液滴定至刚好无色（可用无$CO_2$去离子水的锥形瓶作比较），记录数据。若加入酚酞指示剂后溶液无色，则不需用HCl标准溶液滴定。接着进行下步操作。

（3）再于每瓶中加入甲基橙指示剂2滴，混匀。

（4）若水样为橘黄色，继续用HCl标准溶液滴定至刚好变为橘红色为止（可用无$CO_2$去离子水的锥形瓶作比较），记录数据。如果加入甲基橙指示剂后溶液为橘红色，则不需用HCl标准溶液滴定。

根据两次消耗HCl标准溶液的体积，确定水样中有何种碱度，分别计算其各组分含量和总碱度，单位以mol·$L^{-1}$表示。

## 五、数据记录与处理

数据记录与处理见表6-8。

**表6-8　水中碱度测定数据**

| 记录项目 | 序号 | | | |
|---|---|---|---|---|
| | 1 | 2 | 3 | 4 |
| $\bar{c}_{HCl}$/mol·$L^{-1}$ | | | | |
| 移取水样体积/mL | | | | |
| HCl第一终点读数/mL<br>初始读数/mL<br>$V_1$净用体积/mL | | | | |
| HCl第二终点读数/mL<br>初始读数/mL<br>$V_2$净用体积/mL | | | | |
| 总碱度/mol·$L^{-1}$ | | | | |
| 平均值①/mol·$L^{-1}$ | | | | |
| 标准偏差 $s$ | | | | |
| $\bar{c}\pm\frac{t^{②}s}{\sqrt{n}}$ | | | | |
| $OH^-$碱度/mol·$L^{-1}$ | | | | |
| 平均值①/mol·$L^{-1}$ | | | | |
| $CO_3^{2-}$碱度/mol·$L^{-1}$ | | | | |
| 平均值①/mol·$L^{-1}$ | | | | |
| $HCO_3^-$碱度/mol·$L^{-1}$ | | | | |
| 平均值①/mol·$L^{-1}$ | | | | |
| 组分含量计算公式 | | | | |

① 弃去离群值后的计算值。

② 要求在95%的置信水平下报告标定与测定结果，若只有两份数据合格，还要补做一份合格数据，必须保证三份合格数据。

## 六、思考题

1. 欲测定总碱度，应选用何种指示剂?

2. 测定碱度时，达到化学计量点前由于滴定速度太快，摇动锥形瓶不均匀，致使滴入HCl局部过浓，使 $CO_3^{2-}$ 迅速转变为 $H_2CO_3$ 分解为 $CO_2$ 而损失，此时采用酚酞为指示剂，记录 $V_1$，问对测定有何影响?

3. 有一磷酸盐试液，用标准酸溶液滴定至酚酞终点，耗用酸溶液的体积为 $V_1$，继续以甲基橙为指示剂滴定至终点时又耗去酸溶液的体积为 $V_2$。根据 $V_1$ 与 $V_2$ 关系判断试液的组成：

| 关系 | 组成 |
|---|---|
| $V_1=V_2$ | |
| $V_1<V_2$ | |
| $V_1=0,V_2>0$ | |
| $V_1=0,V_2=0$ | |

# 实验十一　铵盐中氮含量的测定（甲醛法）

## 一、实验目的

1. 掌握用甲醛法测定铵盐中氮的原理和方法。

2. 熟练滴定操作和滴定终点的判断。

## 二、实验原理

铵盐是常见的无机化肥，是强酸弱碱盐，可用酸碱滴定法测定其含量，但由于 $NH_4^+$ 的酸性太弱（$K_a=5.6\times10^{-10}$），直接用 NaOH 标准溶液滴定有困难，生产和实验室中广泛采用甲醛法测定铵盐中的氮含量。甲醛法是基于甲醛与一定量铵盐作用，生成相应的酸（$H^+$）和六亚甲基四铵盐（$K_a=7.1\times10^{-6}$），反应如下：

$$4NH_4^+ + 6HCHO \xlongequal{\quad} (CH_2)_6N_4H^+ + 6H_2O + 3H^+$$

$$(CH_2)_6N_4H^+ + 3H^+ + 4OH^- \xlongequal{\quad} (CH_2)_6N_4 + 4H_2O$$

所生成的 $H^+$ 和六亚甲基四铵盐，可以酚酞为指示剂，用 NaOH 标准溶液滴定。按下式计算含量：

$$w(N)=\frac{(cV)_{NaOH}M_N/1000}{m}\times100\%$$

式中，$M_N$ 为氮原子的摩尔质量，14.01g/mol。

## 三、实验用品

仪器：电子分析天平，碱式滴定管（50mL），锥形瓶（250mL），容量瓶（250mL），吸量管（5mL），移液管（25mL）。

药品：$0.1mol\cdot L^{-1}$ NaOH 标准溶液，酚酞指示剂，硫酸铵试样或者氯化铵试样，40%中性甲醛溶液等。

## 四、实验内容

1. 甲醛溶液的处理

甲醛中含有的微量甲酸是甲醛受空气氧化所致，应除去，否则产生正误差。处理方法如下：取原装甲醛（40%）的上层清液于烧杯中，用去离子水稀释一倍，加入1～2滴0.2%酚酞指示剂，用 $0.1mol\cdot L^{-1}$ NaOH 溶液中和至甲醛溶液呈淡红色。

2. 试样中氮含量的测定

准确称取0.4～0.5g的$NH_4Cl$或1.6～1.8g左右的$(NH_4)_2SO_4$于烧杯中，用适量蒸馏水溶解，然后定量转移至250mL容量瓶中，最后用蒸馏水稀释至刻度，摇匀。用移液管移取试液25mL于锥形瓶中，加入8mL已中和的1∶1甲醛溶液，再加入1～2滴酚酞指示剂摇匀，静置1min后，用0.1mol·$L^{-1}$ NaOH标准溶液滴定至溶液呈淡红色，并持续30s不褪，即为终点。记录读数，平行做2～3次。根据NaOH标准溶液的浓度和滴定消耗的体积，计算试样中氮的含量。

## 五、数据记录与处理

数据记录与处理见表6-9。

表6-9 铵盐中氮含量的测定

| 记录项目 | 序号 | | | |
|---|---|---|---|---|
| | 1 | 2 | 3 | 平均值 |
| 铵盐的质量/g | | | | |
| $V_{NaOH}$ 初始读数/mL | | | | |
| $V_{NaOH}$ 终点读数/mL | | | | |
| $V_{NaOH}$ 净用体积/mL | | | | |
| $w(N)$ | | | | |
| $\overline{w}(N)$① | | | | |
| 标准偏差 $s$ | | | | |
| $\overline{w}(N)\pm\frac{t\cdot s}{\sqrt{n}}$② | | | | |
| $w(N)$的计算公式 | | | | |

① 弃去离群值后的计算值。

② 要求在95%的置信水平下报告标定结果。若只有两份数据合格，还要补做一份合格数据，必须保证三份合格数据。

## 六、注意事项

1. 如果铵盐中含有游离酸，先加1～2滴甲基红指示剂，溶液如呈红色，用0.1mol·$L^{-1}$NaOH溶液中和至红色转为金黄色，然后再加入甲醛溶液进行测定，消耗的NaOH溶液应扣除。

2. 甲醛常以白色聚合状态存在，称为多聚甲醛。甲醛溶液中含有少量多聚甲酸，不影响滴定。

3. 滴定中途，要将锥形瓶壁的溶液用少量蒸馏水冲洗下来，否则将增大误差。

## 七、思考题

1. 铵盐中氮的测定为何不采用NaOH直接滴定法？

2. 为什么中和甲醛试剂中的甲酸以酚酞作指示剂，而中和铵盐试样中的游离酸则以甲基红作指示剂？

3. $NH_4HCO_3$中氮含量的测定，能否用甲醛法？

# 实验十二 过氧化氢含量的测定（高锰酸钾法）

## 一、实验目的

掌握高锰酸钾法测定双氧水中$H_2O_2$含量的原理和方法。

## 二、实验原理

商品双氧水中 $H_2O_2$ 的含量，可用高锰酸钾法测定。在酸性溶液中 $H_2O_2$ 还原 $MnO_4^-$ 离子：

$$5H_2O_2+2MnO_4^-+6H^+ = 2Mn^{2+}+5O_2+8H_2O$$

此滴定在室温时可在 $H_2SO_4$ 或 HCl 介质中顺利进行，但和 $KMnO_4$ 滴定草酸一样，滴定开始时反应较慢。

## 三、实验用品

仪器：酸式滴定管（50mL），吸量管（1mL），量筒（50mL），洗耳球，锥形瓶（250mL）。

药品：30% $H_2O_2$（密度为 $1.1g\cdot mL^{-1}$），$3mol\cdot L^{-1}$ $H_2SO_4$ 溶液，$0.02mol\cdot L^{-1}$ $KMnO_4$ 标准溶液（由“高锰酸钾溶液的配制与标定”实验方法标定）。

## 四、实验内容

准确移取 1.00mL 30%的 $H_2O_2$（密度为 $1.1g\cdot mL^{-1}$），置于 250mL 容量瓶中，加水稀释至刻度，充分摇匀。用移液管移取 25.00mL 溶液置于 250mL 锥形瓶中，加 10mL $3mol\cdot L^{-1}$ $H_2SO_4$ 溶液，用 $0.02mol\cdot L^{-1}$ $KMnO_4$ 标准溶液滴定至溶液呈粉红色且 30s 不褪，即为终点（要求平行做出三份符合要求的数据，即结果的标准偏差 $s\leqslant 0.5\%$，用 $Q_{0.90}$ 检验）。

## 五、数据记录与处理

自拟表格。

## 六、注意事项

乙酰苯胺或其他有机物作 $H_2O_2$ 的稳定剂，用此法分析结果不是很准确，采用碘量法或铈量法测定较合适。

## 七、思考题

1. 在此测定中，$H_2O_2$ 与 $KMnO_4$ 的化学计量关系如何？如何计算双氧水中 $H_2O_2$ 含量（单位为 $g\cdot mL^{-1}$）？

2. 为什么含有乙酰苯胺等有机物作稳定剂的过氧化氢试样，不能用高锰酸钾法而能用碘量法或铈量法准确测定？

# 实验十三　硝酸钾的制备

## 一、实验目的

1. 学习转化法制备硝酸钾晶体。

2. 学习溶解、过滤、间接热浴和重结晶操作。

## 二、实验原理

本实验采用转化法由 $NaNO_3$ 和 KCl 来制备硝酸钾，其反应如下：

$$NaNO_3+KCl = NaCl+KNO_3$$

该反应是可逆的，因此可以改变反应条件使反应向右进行。

由表 6-10 中的数据可以看出，反应体系中四种盐的溶解度在不同温度下的差别是非常显著的，氯化钠的溶解度随温度变化不大，而硝酸钾的溶解度随温度的升高却迅速增大。因此，将一定量的固体硝酸钠和氯化钾在较高温度下溶解后加热浓缩时，由于氯化钠的溶解度增加很少，随着浓缩，溶剂水减少，氯化钠晶体首先析出。而硝酸钾溶解度增加很多，它达不到饱和，所以不析出。趁热减压抽滤，可除去氯化钠晶体。然后将此滤液冷却至室温，硝酸钾因溶解度急剧下降而析出。过滤后可得含少量氯化钠等杂质的硝酸钾晶体。再经过重结晶提纯，可得硝酸钾纯品。硝酸钾产品中的杂质氯化钠利用氯离子和银离子生成氯化银白色沉淀来检验。

表 6-10　$NaNO_3$、KCl、NaCl、$KNO_3$ 在不同温度下的溶解度（g/100g 水）

| 盐 | 温度/℃ | | | | | | | |
|---|---|---|---|---|---|---|---|---|
| | 0 | 10 | 20 | 30 | 40 | 60 | 80 | 100 |
| $KNO_3$ | 13.3 | 20.9 | 31.6 | 45.8 | 63.9 | 110.0 | 169 | 246 |
| KCl | 27.6 | 31.0 | 34.0 | 37.0 | 40.0 | 45.5 | 51.1 | 56.7 |
| $NaNO_3$ | 73.0 | 80.0 | 88.0 | 96.0 | 104.0 | 124.0 | 148.0 | 180.0 |
| NaCl | 35.7 | 35.8 | 36.0 | 36.3 | 36.6 | 37.3 | 38.4 | 39.8 |

## 三、实验用品

仪器：烧杯，量筒，表面皿，布氏漏斗，吸滤瓶，托盘天平。

药品：$NaNO_3(s)$，KCl(s)，$0.1mol \cdot L^{-1}$ $AgNO_3$。

## 四、实验内容

1. 硝酸钾的制备

称取 10g 硝酸钠和 8g 氯化钾固体，倒入 100mL 烧杯中，加入 20mL 去离子水，加热至沸腾，并不断搅拌，至杯内固体全部溶解。当加热至杯内溶液剩下原有体积的 2/3 时，已有氯化钠析出，趁热快速减压抽滤。将滤液转移至烧杯中，并用 5mL 热的去离子水分数次洗涤吸滤瓶，洗液转入盛滤液的烧杯中，加热至滤液体积只剩原有体积的 3/4 时，冷却至室温，观察晶体状态。减压抽滤把硝酸钾晶体尽量抽干，得到的产品为粗产品，称量。

2. 重结晶法提纯硝酸钾

除留下绿豆粒大小的晶体供纯度检验外，按粗产品：水＝2：1（质量比）将粗产品溶于蒸馏水中，加热，搅拌，待晶体全部溶解后停止加热。待溶液冷却至室温后抽滤，得到纯度较高的硝酸钾晶体，称量。

3. 产品纯度检验

分别取绿豆粒大小的粗产品和重结晶得到的产品放入两支小试管中，各加入 2mL 蒸馏水配成溶液。在溶液中分别滴入 $0.1mol \cdot L^{-1}$ 硝酸银溶液 2 滴，观察现象，进行对比，重结晶后的产品溶液应为澄清。若重结晶后的产品中仍然检验出含氯离子，则产品应再次重结晶。

## 五、数据记录与处理

数据记录与处理见表 6-11。

表 6-11　硝酸钾的制备

| $NaNO_3$ 质量/g | KCl 质量/g | 硝酸钾 | | | |
|---|---|---|---|---|---|
| | | 理论产量/g | 实际产量/g | 产率/% | 纯度检测 |
| | | | | | |

## 六、注意事项

1. 第一步加热蒸发和第二步加热蒸发时，溶液体积的控制。

2. 过滤一定要趁热快速减压抽滤，布氏漏斗需在沸水中或烘箱中预热。

## 七、思考题

1. 怎样利用溶解度的差别从氯化钾、硝酸钠制备硝酸钾？

2. 溶液沸腾后为什么温度高达100℃以上？

# 实验十四　硫酸铜中铜含量的测定（碘量法）

## 一、实验目的

掌握用碘量法测定铜的原理和方法。

## 二、实验原理

二价铜盐与碘化物发生下列反应：

$$2Cu^{2+} + 4I^- = I_2 + 2CuI\downarrow$$

$$I_2 + I^- = I_3^-$$

析出的 $I_2$ 再用 $Na_2S_2O_3$ 标准溶液滴定，由此可以计算出铜的含量。$Cu^{2+}$ 与 $I^-$ 的反应是可逆的，为了促使反应实际上能趋于完全，必须加入过量的KI。但是由于CuI沉淀强烈地吸附 $I_3^-$，会使测定结果偏低。如果加入KSCN，可使CuI（$K_{sp}=5.06\times10^{-12}$）转化为溶解度更小的CuSCN($K_{sp}= 4.8\times10^{-15}$)：

$$CuI + SCN^- = CuSCN\downarrow + I^-$$

这样不但可以释放出被吸附的 $I_3^-$，而且反应时再生出来的 $I^-$ 可与未反应的 $Cu^{2+}$ 发生作用。在这种情况下，可以使用较少量的KI而能使反应进行得更完全。但是KSCN只能在接近终点时加入，否则因为 $I_2$ 量较多，会明显为KSCN所还原而使结果偏低。

$$SCN^- + 4I_2 + 4H_2O = SO_4^{2-} + 7I^- + ICN + 8H^+$$

为了防止铜盐水解，反应必须在酸性溶液中进行。酸度过低，$Cu^{2+}$ 氧化 $I^-$ 的反应进行不完全，结果偏低，而且反应速率慢，终点拖长；酸度过高，则 $I^-$ 被空气氧化为 $I_2$ 的反应为 $Cu^{2+}$ 催化，使结果偏高。

大量 $Cl^-$ 能与 $Cu^{2+}$ 配位，$I^-$ 不易从Cu(Ⅱ)的氯配合物中将Cu(Ⅱ)定量还原，因此最好用硫酸而不用盐酸（小剂量盐酸不干扰）。

矿石或合金中的铜也可以用碘量法测定，但必须设法防止其他能氧化 $I^-$ 的物质（如 $NO_3^-$、$Fe^{3+}$ 等）的干扰。防止的方法是加入掩蔽剂以掩蔽干扰离子（例如使 $Fe^{3+}$ 生成 $FeF_6^{3-}$ 配离子而掩蔽），或在测定前将它们分离除去。若有As(Ⅴ)、Sb(Ⅴ)存在，应将pH调至4，以免它们氧化 $I^-$。

## 三、实验用品

仪器：分析天平，碘量瓶（250mL），量筒（10mL、50mL），滴定管（50mL），移液管(25mL)，洗耳球。

药品：$CuSO_4$(A.R.)，0.05mol·L$^{-1}$ $Na_2S_2O_3$ 标准溶液，1mol·L$^{-1}$ $H_2SO_4$ 溶液，10% KSCN溶液，10% KI溶液，1%淀粉溶液。

## 四、实验内容

精确称取硫酸铜试样（每份质量相当于20～30mL 0.05mol·L$^{-1}$ $Na_2S_2O_3$ 溶液）于

250mL 碘量瓶中，加 1mol·L$^{-1}$ $H_2SO_4$ 溶液 3mL 和水 30mL，使之溶解。加入 10% KI 溶液 7～8mL，立即用 $Na_2S_2O_3$ 标准溶液滴定至溶液呈浅黄色。然后加入 1%淀粉溶液 1mL，继续滴定到溶液呈浅蓝色。再加入 5mL 10% KSCN（可否用 $NH_4SCN$ 代替?）溶液，摇匀后溶液蓝色转深，再继续滴定到蓝色恰好消失，此时溶液为米色 CuSCN 悬浮液。由实验结果计算硫酸铜的含铜量。

**五、数据记录与处理**

表格自拟。

**六、思考题**

1. 硫酸铜易溶于水，为什么溶解时要加硫酸?

2. 用碘量法测定铜含量时，为什么要加入 KSCN 溶液? 如果在酸化后立即加入 KSCN 溶液，会产生什么影响?

3. 已知 $\varphi^{\ominus}(Cu^{2+}/Cu^{+})=0.158V$，$\varphi^{\ominus}(I_2/I^{-})=0.54V$，为什么本法中 $Cu^{2+}$ 却能使 $I^{-}$ 氧化为 $I_2$?

4. 测定反应为什么一定要在弱酸性溶液中进行?

5. 如果分析矿石或合金中的铜，应怎样分解试样? 试液中含有的干扰性杂质，如 $Fe^{3+}$、$NO_3^{-}$ 等，应如何消除它们的干扰?

6. 如果用 $Na_2S_2O_3$ 标准溶液测定铜矿或铜合金中的铜，用什么基准物标定 $Na_2S_2O_3$ 溶液的浓度最好?

# 实验十五　水中溶解氧（DO）的测定（碘量法）

**一、实验目的**

1. 学会水中溶解氧的固定方法。

2. 掌握碘量法测定水中溶解氧的原理与方法。

3. 掌握电化学探头法测定水中溶解氧的原理与方法。

**二、实验原理**

溶于水中的氧称为溶解氧，用 DO(dissolved oxygen) 表示。水中溶解氧（DO）的量通常以每升水中含氧的毫克数（$mgO_2·L^{-1}$）表示。它与大气压力、空气中 $O_2$ 的分压、水温和水体生态环境密切相关。溶解氧（DO）是水质综合指标之一。

地面水敞露于空气中，因而清洁的地面水中 DO 常接近饱和状态，当水中有大量藻类植物繁殖时，由于光合作用生成 $O_2$，以致水中含有过饱和的 DO。若水体被具有氧化性的有机物等污染，消耗了 DO，而水体又未能及时补充氧的消耗时，DO 就不断减少，甚至趋于 0。此时厌氧细菌大量繁殖，致使有机物腐败水体而发臭。当水的 DO$<$4mg·L$^{-1}$ 时，一般鱼类会窒息而死亡，所以溶解氧与水生生物有密切关系。DO 也是了解水体有机物污染状况和自净作用的重要指标。碘量法测定 DO，方法准确、精密，但受多种杂质的干扰，仅适用于清洁的地面水和地下水。若水中有 $Fe^{2+}$、$Fe^{3+}$、$S^{2-}$、$NO_2^{-}$、$SO_3^{2-}$、$Cl_2$ 以及各种有机物等氧化还原性物质时将影响测定结果，应选择适当方法消除干扰。

碘量法测定溶解氧的原理：水样中加入硫酸锰和氢氧化钠，水中的 $O_2$ 将氧化成水合氧化锰棕色沉淀，将水中全部溶解氧固定起来；在酸性条件下，$MnO(OH)_2$ 与 KI 作用，释放出等化学计量的 $I_2$；然后以淀粉为指示剂，用 $Na_2S_2O_3$ 标准溶液滴定至蓝色消失，指示终点到达。根据 $Na_2S_2O_3$ 标准溶液的消耗量，计算水中DO的含量。其主要反应如下：

$$Mn^{2+} + 2OH^- = Mn(OH)_2 \downarrow (白色)$$

$$Mn(OH)_2 + \frac{1}{2}O_2 = MnO(OH)_2 \downarrow (棕黄色或棕色)$$

$$MnO(OH)_2 + 2I^- + 4H^+ = I_2 + Mn^{2+} + 3H_2O$$

$$I_2 + 2S_2O_3^{2-} = S_4O_6^{2-} + 2I^-$$

所以，1mol 的 $O_2$ 与 4mol 的 $Na_2S_2O_3$ 相当。

## 三、实验用品

仪器：碱式滴定管（50mL），水样瓶（250mL），锥形瓶（250mL），移液管（50mL）。

药品：0.01mol·L$^{-1}$ $Na_2S_2O_3$ 标准溶液（准确浓度由实验九标定），$MnSO_4$ 溶液（溶解 480g $MnSO_4 \cdot 4H_2O$ 或 400g $MnSO_4 \cdot 2H_2O$ 或 363.7g $MnSO_4 \cdot H_2O$ 于蒸馏水中，过滤并稀释至1L），碱性KI溶液（溶解500g NaOH于500mL水中，冷却；另溶解150g KI于200mL蒸馏水中；合并两溶液，混匀，用蒸馏水稀释至1L。如有沉淀，则放置过夜后，倾出上清液，储于棕色瓶中，用橡皮塞塞紧，避光保存。此溶液酸化后，遇淀粉应不呈蓝色），浓硫酸，0.5%淀粉溶液。

## 四、实验内容

1. 水样采集

取样时绝对不能使采集的水样与空气接触，如从自来水管取样，需用一根橡皮管或玻璃管，一端与水管相接，另一端通入水样瓶底部，将水注满，并继续从瓶口溢流出水样瓶容积的1/3～1/2，迅速盖上瓶塞。瓶口不能留有空气泡，否则另行取样。

2. 溶解氧的固定

取样后立即用小滴管加入1mL $MnSO_4$ 溶液和1mL碱性KI溶液。必须注意将小滴管尖端插入水面以下，不可使滴管中的空气注入瓶中。由于试剂重，沉入水底，此时从瓶口能排出少量的水。

盖紧瓶塞，此时瓶中绝不可留有气泡（若有气泡则实验作废），然后将瓶子上下转动15次以上，使试剂与水样充分混合。静置溶液，直到生成的棕色沉淀降至瓶的一半深度时，再次转动，使混合均匀[1]。

3. 溶解氧的测定

将溶解氧瓶再次静置，使沉淀又降至瓶的一半深度时，用小滴管注入1.5mL浓硫酸[2]。将瓶塞盖好，如前法混合均匀，此时沉淀溶解，并有游离的 $I_2$ 析出，使溶液呈深黄色。

用移液管吸取沉淀完全溶解的水样50.00mL放入锥形瓶中，用 $Na_2S_2O_3$ 标准溶液滴定，当溶液呈淡黄色时再加入1mL淀粉溶液，继续滴定直到由蓝色刚变成无色，即为终点。记录用量，平行测定三次。

## 五、注释

[1] 水中溶解氧固定后，可保存数小时而不影响测定结果。如现场不能测定，可带回实验室进行。一般生成的沉淀棕色越深，表明溶解氧越多。

[2] 加浓硫酸后，盖上瓶塞，则会溢流出少量液体，但溶解氧已在瓶底部生成沉淀而被固定，因此并不影响测定结果。

## 六、数据记录与处理

数据记录与处理见表6-12。

表6-12 碘量法数据

| 记录项目 | 序号 | | | |
|---|---|---|---|---|
| | 1 | 2 | 3 | 4 |
| $\bar{c}_{Na_2S_2O_3}$/mol·L$^{-1}$ | | | | |
| 移取水样体积/mL | | | | |
| $Na_2S_2O_3$ 溶液终点读数/mL | | | | |
| $Na_2S_2O_3$ 溶液初始读数/mL | | | | |
| $Na_2S_2O_3$ 溶液净用体积/mL | | | | |
| DO/mg·L$^{-1}$ | | | | |
| DO平均值/mg·L$^{-1}$ | | | | |
| 标准偏差 $s$ | | | | |
| $\bar{c}\pm\frac{ts}{\sqrt{n}}$ | | | | |
| 组分含量计算公式 | | | | |

## 七、思考题

1. 测定水样中的溶解氧为什么必须在取样处完成？如果不能在取样处完成，应该怎么办？

2. 本实验中利用什么原理来固定水中溶解的氧？

3. 为什么要在滴定进行到接近终点前才加入淀粉指示剂？

4. 水样中加入 $MnSO_4$ 和碱性KI溶液后，如发现白色沉淀，测定还可继续进行吗？试说明理由。

5. 在上述测定和计算中未考虑因试剂的加入而损失的水样体积，你认为这样做对实验结果有何影响？

6. 试推导溶解氧测定的计算公式。

# 实验十六 沉淀滴定法测定调味品中氯化钠的含量

## 一、实验目的

1. 学习沉淀滴定法。

2. 学习返滴定法。

3. 掌握佛尔哈德法滴定操作。

## 二、实验原理

沉淀滴定法是基于沉淀反应的滴定分析法。目前，沉淀滴定法较有实际意义的是生成银盐的沉淀反应，如：

$$Ag^{+}+Cl^{-}=\!=\!=AgCl(s)$$

$$Ag^{+}+SCN^{-}=\!=\!=AgSCN(s)$$

以这类反应为基础的沉淀滴定法称为银量法。用铁铵矾作指示剂的银量法称为佛尔哈德法。佛尔哈德法又分为直接滴定法和返滴定法。

直接滴定法以 $NH_4SCN$ 作标准溶液滴定 $Ag^+$，反应为：

$$Ag^+ + SCN^- \longrightarrow AgSCN(s)$$

当 $Ag^+$ 定量沉淀后，过量的一滴 $NH_4SCN$ 溶液与 $Fe^{3+}$ 生成红色配合物，指示终点到达，反应为：

$$Fe^{3+} + SCN^- \longrightarrow FeSCN^{2+}(红色)$$

返滴定法是以两个标准溶液（$AgNO_3$ 和 $NH_4SCN$）测定卤化物的含量。例如，测定氯化物时，在含氯化物的酸性溶液中，加入一定量 $AgNO_3$ 标准溶液，然后以铁铵矾作指示剂，用 $NH_4SCN$ 标准溶液返滴定过量的 $Ag^+$，反应如下：

$$Ag^+ + Cl^- \longrightarrow AgCl(s)$$

$$Ag^+ + SCN^- \longrightarrow AgSCN(s)$$

$$Fe^{3+} + SCN^- \longrightarrow FeSCN^{2+}(红色)$$

生成红色的 $FeSCN^{2+}$ 配离子，指示终点到达。但是由于 AgSCN 溶解度小于 AgCl 的溶解度，所以过量 $SCN^-$ 将与 AgCl 发生反应，使 AgCl 沉淀转化为溶解度更小的 AgSCN：

$$AgCl + SCN^- \longrightarrow AgSCN(s) + Cl^-$$

这样在溶液出现红色之后，随着不断摇动溶液，红色逐渐消失，得不到正确的终点。为了避免这种现象，可以采取两种措施：

① 加入过量的 $AgNO_3$ 标准溶液后，将溶液煮沸，使 AgCl 凝聚，过滤除去 AgCl 沉淀，然后用 $NH_4SCN$ 标准溶液滴定滤液中过量的 $Ag^+$；

② 加入过量的 $AgNO_3$ 标准溶液后，加一定量的有机试剂，剧烈摇动，使 $AgNO_3$ 沉淀覆盖一层有机溶剂，防止 $AgNO_3$ 转化。

## 三、实验用品

仪器：滴定管（50mL），锥形瓶（250mL），试剂瓶（500mL），容量瓶（250mL），烧杯（100mL），移液管（25mL），表面皿，坩埚，煤气灯，玻璃棒等。

药品：NaCl（A. R.），$AgNO_3$（A. R.），$NH_4SCN$（A. R.），$HNO_3$（$4mol \cdot L^{-1}$），铁铵矾指示剂，酱油，$KMnO_4$（5%），市售味精等。

## 四、实验内容

1. 溶液配制

（1）NaCl 标准溶液（$0.025mol \cdot L^{-1}$）的配制　准确称取 0.35g 左右 NaCl 基准试剂于小烧杯中，加水完全溶解后，定量转移到 250mL 容量瓶中，稀释至刻度。计算它的准确浓度。

（2）$AgNO_3$、$NH_4SCN$ 溶液（$0.025mol \cdot L^{-1}$）的配制　配制 400mL $NH_4SCN$ 溶液放入试剂瓶中。配制 400mL $AgNO_3$ 溶液放入棕色试剂瓶中。

2. 溶液标定

（1）$NH_4SCN$ 溶液和 $AgNO_3$ 溶液体积比测定　由滴定管放出 20.00mL $AgNO_3$ 溶液于 250mL 锥形瓶中，加入 5mL $HNO_3$ 溶液（$4mol \cdot L^{-1}$）和 2mL 铁铵矾指示剂。在剧烈摇动下用 $NH_4SCN$ 溶液滴定，直至出现淡红色而且继续振荡不再消失，即为终点。记下所消耗 $NH_4SCN$ 溶液的体积。计算 1mL $NH_4SCN$ 溶液相当于多少毫升 $AgNO_3$ 溶液。

（2）用 NaCl 标准溶液标定 $NH_4SCN$ 和 $AgNO_3$ 溶液　用移液管移取 25.00mL NaCl 标

准溶液于 250mL 锥形瓶中，加入 5mL $HNO_3$ 溶液（$4mol \cdot L^{-1}$），用滴定管准确加入 45.00mL $AgNO_3$ 溶液，将溶液煮沸，过滤沉淀。洗涤沉淀与滤纸，洗涤液与滤液混合后加入 2mL 铁铵矾指示剂，用 $NH_4SCN$ 溶液滴定。记录所消耗 $NH_4SCN$ 溶液的体积，计算 $NH_4SCN$ 溶液和 $AgNO_3$ 溶液的浓度。

3. 样品中 NaCl 含量的测定

（1）酱油中 NaCl 含量的测定　用移液管移取酱油 5.00mL 于 250mL 容量瓶中，稀释至刻度。取该溶液 5.00mL 于 250mL 锥形瓶中，加入 $AgNO_3$ 溶液（$0.025mol \cdot L^{-1}$）25.00mL，再加入 5mL $HNO_3$ 溶液（$4mol \cdot L^{-1}$）和 10mL 蒸馏水。加热煮沸后逐滴加入 0.5mL $KMnO_4$ 溶液（5%），此时溶液近无色。冷却后，将溶液中 AgCl 沉淀过滤，洗涤沉淀和滤纸，洗涤液与滤液混合于 250mL 锥形瓶中，加入 2mL 铁铵矾指示剂。用 $NH_4SCN$ 标准溶液滴定，记录到达终点时消耗 $NH_4SCN$ 标准溶液的体积。

从回滴用去的 $NH_4SCN$ 溶液的量求出所消耗的 $AgNO_3$ 标准溶液的体积，由此计算样品中的 NaCl 含量。

（2）市售味精中 NaCl 含量的测定　自己设计一简单方法计算所需称取味精的量，然后准确称取于小烧杯中，完全溶解后定量转移到 250.00mL 容量瓶中，稀释至刻度。取该溶液 5.00mL 于 250mL 锥形瓶中，加入 $AgNO_3$ 溶液（$0.025mol \cdot L^{-1}$）25.00mL，再加入 2.5mL $HNO_3$ 溶液（$4mol \cdot L^{-1}$）和 4mL 蒸馏水，加热煮沸，冷却后，将溶液中 AgCl 沉淀过滤，洗涤沉淀和滤纸，洗涤液与滤液混合于 250mL 锥形瓶中，加入 2mL 铁铵矾指示剂。用 $NH_4SCN$ 标准溶液滴定，记录到达终点时消耗 $NH_4SCN$ 标准溶液的体积。

从回滴用去的 $NH_4SCN$ 溶液的量求出所消耗的 $AgNO_3$ 标准溶液的体积，由此计算样品中的 NaCl 含量。

### 五、注意事项

1. 将 NaCl 基准试剂放入干燥的坩埚中，用煤气灯小火加热，并用玻璃棒不断搅拌，待加热到不再有盐的爆裂声为止，放在干燥器内冷却，或马弗炉中 500～600℃ 干燥 40～50min。

2. $AgNO_3$ 溶液需要棕色滴定管盛装。

3. 样品的称量范围由滴定所消耗的滴定剂的体积在 20～25mL 为目标推断、设定。

### 六、思考题

1. 配制 NaCl 标准溶液所用的 NaCl 固体，为什么要经过烘炒？若用未处理的 NaCl 来标定 $AgNO_3$ 溶液，对 $AgNO_3$ 溶液浓度有什么影响？

2. 为什么一定要加入 $AgNO_3$ 溶液后，再加硝酸和高锰酸钾溶液对样品进行处理？

3. 应用佛尔哈德滴定法，为什么一般应在酸性条件下进行？

## 实验十七　硫代硫酸钠的制备

### 一、实验目的

1. 学习亚硫酸钠法制备硫代硫酸钠的原理和方法。

2. 学习硫代硫酸钠的检验方法。

### 二、实验原理

硫代硫酸钠是最重要的硫代硫酸盐，俗称“海波”，又名“大苏打”，是无色透明单斜晶体。易溶于水，不溶于乙醇，具有较强的还原性和配位能力，是冲洗照相底片的定影剂、棉织物漂白后的脱氯剂、定量分析中的还原剂。$Na_2S_2O_3 \cdot 5H_2O$ 的制备方法有多种，其中亚硫酸钠法是工业和实验室中的主要方法：

$$Na_2SO_3 + S + 5H_2O \longrightarrow Na_2S_2O_3 \cdot 5H_2O$$

反应液经脱色、过滤、浓缩结晶、过滤、干燥即得产品。$Na_2S_2O_3 \cdot 5H_2O$ 于 40～45℃熔化，48℃分解，因此，在浓缩过程中要注意不能蒸发过度。

## 三、实验用品

仪器：抽滤瓶，布氏漏斗，烧杯，试管，玻璃棒，分析天平，电加热板。

药品：硫粉，亚硫酸钠（无水），乙醇（95%），HCl（$6mol \cdot L^{-1}$），$I_2$ 标准溶液（$0.05000mol \cdot L^{-1}$），淀粉溶液（0.2%），$AgNO_3$（$0.1mol \cdot L^{-1}$），KBr（$0.1mol \cdot L^{-1}$）。

## 四、实验内容

1. 硫代硫酸钠的制备

在小烧杯中加入 1.8g 充分研细的硫粉（用 3mL 乙醇充分搅拌均匀），在大烧杯中加入无水（或七水合）亚硫酸钠 5.1g，再加 40mL 去离子水使其溶解，将大烧杯中的亚硫酸钠溶液倒入小烧杯中，小火煮沸至硫粉几乎全部溶解（要不停地搅拌，并要注意补充水分，使反应溶液不少于 20mL，加热反应 1h。停止加热，用抽滤瓶趁热抽滤，将滤液转移到小烧杯中，加少量活性炭，加热煮沸 1～2min，趁热过滤。将滤液放在蒸发皿中，小火蒸发浓缩至少于 5mL 溶液。冷却结晶，抽滤，用乙醇洗晶体，抽干，晾凉，称重，计算产率。

2. 硫代硫酸钠的定性检验

取一粒硫代硫酸钠晶体于试管中，加入几滴去离子水使之溶解，再加两滴 $0.1mol \cdot L^{-1}$ HCl，观察反应现象。

取一粒硫代硫酸钠晶体于试管中，加 1mL 去离子水使之溶解，滴加碘水，再加入淀粉溶液，观察反应现象。

取 5 滴 $0.1mol \cdot L^{-1}$ $AgNO_3$ 溶液于试管中，加 7 滴 $0.1mol \cdot L^{-1}$ KBr，静置沉淀，弃去清液。另取少量硫代硫酸钠晶体于试管中，加 1mL 去离子水使之溶解。将硫代硫酸钠溶液迅速倒入 AgBr 沉淀中，观察反应现象。

取一粒硫代硫酸钠晶体于点滴板的一个孔穴中，加入几滴去离子水使之溶解，再加两滴 $0.1mol \cdot L^{-1}$ $AgNO_3$，观察反应现象。

## 五、注意事项

1. 蒸发浓缩时，速率太快，产品易于结块；速率太慢，产品不易形成结晶。
2. 反应中硫的用量已经是过量的，不需再多加。
3. 实验过程中，浓缩液终点不易观察，有晶体出现即可。

## 六、数据记录与处理

数据记录与处理见表 6-13 和表 6-14。

**表 6-13　硫代硫酸钠的制备**

| 硫粉/g | 亚硫酸钠/g | 硫代硫酸钠 | | |
|---|---|---|---|---|
| | | 理论产量/g | 实际产量/g | 产率/% |
| | | | | |

表 6-14　实验现象与解释

| 实验内容 | 现象 | 解释 |
| --- | --- | --- |
| 硫代硫酸钠溶液中滴加 $0.1mol \cdot L^{-1}$ HCl | | |
| 硫代硫酸钠溶液中滴加碘水，再加入淀粉溶液 | | |
| 硫代硫酸钠溶液中加入 AgBr 沉淀 | | |
| 硫代硫酸钠溶液中滴加 $0.1mol \cdot L^{-1}$ $AgNO_3$ | | |

## 七、思考题

1. 硫粉稍有过量，为什么？加入乙醇的目的何在？为什么要加入活性炭？

2. 蒸发浓缩硫代硫酸钠碱液时，为什么不能蒸发得太浓？干燥硫代硫酸钠晶体的温度为什么控制在 40℃以下？

# 实验十八　邻二氮杂菲分光光度法测定铁

## 一、实验目的

1. 了解分光光度法测定物质含量的一般条件及其选定方法。
2. 掌握邻二氮杂菲分光光度法测定铁的方法。
3. 了解 7200 型分光光度计的构造和使用方法。

## 二、实验原理

1. 分光光度法测定的条件

分光光度法测定物质含量时应注意的条件主要是显色反应的条件和测量吸光度的条件。显色反应的条件有显色剂用量、介质的酸度、显色时溶液的温度、显色时间及干扰物质的消除方法等；测量吸光度的条件包括应选择的入射光波长、吸光度范围和参比溶液等。本实验因受学时限制只做选择入射光波长的条件实验。

2. 邻二氮杂菲-亚铁配合物

邻二氮杂菲即邻菲啰啉（phen），结构式为，是测定微量铁的一种较好试剂。

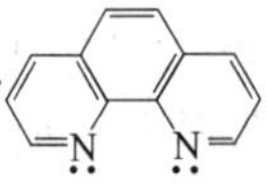

在 pH＝2～9 的条件下，$Fe^{2+}$ 与邻二氮杂菲生成极稳定的橘红色配合物，反应式如下：

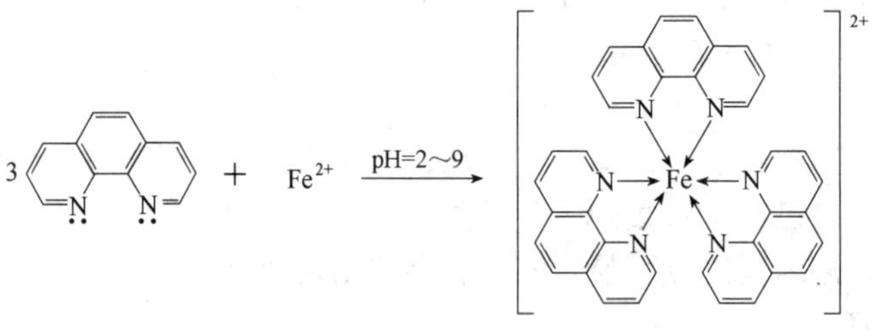

3 phen ＋ $Fe^{2+}$ $\xrightarrow{pH=2\sim9}$ $[Fe(phen)_3]^{2+}$

此配合物的 $\lg K_{稳}=21.3$，摩尔吸光系数 $\varepsilon_{510}=1.1\times10^{4}$。

在显色前，首先用盐酸羟胺把 $Fe^{3+}$ 还原为 $Fe^{2+}$，其反应式如下：

$$2Fe^{3+} + 2NH_2OH \cdot HCl \longrightarrow 2Fe^{2+} + N_2\uparrow + 2H_2O + 4H^+ + 2Cl^-$$

测定时，控制溶液酸度在 pH＝5 左右较为适宜。酸度高时，反应进行较慢；酸度太低，

则 $Fe^{2+}$ 水解，影响显色。$Bi^{3+}$、$Cd^{2+}$、$Hg^{2+}$、$Ag^{+}$、$Zn^{2+}$ 等离子与显色剂生成沉淀，$Ca^{2+}$、$Cu^{2+}$、$Ni^{2+}$ 等离子与显色剂形成有色配合物。因此当这些离子共存时，应注意它们的干扰作用。

## 三、实验用品

仪器：7200（或 721）型分光光度计，容量瓶，烧杯（50mL），移液管（1mL、5mL 和 10mL），洗瓶，废液杯，吸水纸，分析天平等。

药品：盐酸羟胺固体及 10%溶液（因其不稳定，需临用时配制），0.1%邻二氮杂菲溶液（新配制），$2mol \cdot L^{-1}$ HCl，$1mol \cdot L^{-1}$ NaAc 溶液，$NH_4Fe(SO_4)_2 \cdot 12H_2O$（s，A. R.）。

## 四、实验内容

1. 配制 $100\mu g \cdot mL^{-1}$ 和 $10\mu g \cdot mL^{-1}$ 的铁标准溶液

（1）配制 $100\mu g \cdot mL^{-1}$ 的铁标准溶液（此液可由实验室教师统一配制） 准确称取 0.864g 分析纯 $NH_4Fe(SO_4)_2 \cdot 12H_2O$，置于一烧杯中，以 30mL $2mol \cdot L^{-1}$ HCl 溶液溶解后移入 1000mL 容量瓶中，用蒸馏水稀释至刻度，摇匀。

（2）配制 $10\mu g \cdot mL^{-1}$ 的铁标准溶液 由 $100\mu g \cdot mL^{-1}$ 的铁标准溶液准确定量，移入 10mL 于 100mL 容量瓶中，用蒸馏水稀释至刻度，摇匀。

2. 配制系列标准溶液

准确移取 $10\mu g \cdot mL^{-1}$ 铁标准溶液 0mL、1mL、3mL、5mL、7mL，依次加入 5 支 50mL 容量瓶中，分别加入 10%盐酸羟胺溶液 1mL，摇匀，经 2min 后，再加入 $1mol \cdot L^{-1}$ NaAc 溶液 5mL 和 0.1% 邻二氮杂菲溶液 3mL，以蒸馏水稀释至刻度，配制好系列标准溶液（对应浓度分别为 $0\mu g \cdot mL^{-1}$、$0.2\mu g \cdot mL^{-1}$、$0.6\mu g \cdot mL^{-1}$、$1.0\mu g \cdot mL^{-1}$、$1.4\mu g \cdot mL^{-1}$）。

3. 吸收曲线的测绘（条件实验）

用表 6-15 中的 4 号或 5 号溶液，以蒸馏水为参比，在 7200（或 721）型分光光度计上，用 1cm 比色皿，用不同的波长，从 430～570nm，每隔 10nm 或 20nm 测定一次透光率和吸光度（其中从 490～530nm，每隔 10nm 测一次）。记录于表 6-16 中。然后以波长为横坐标，吸光度为纵坐标在坐标纸上用平滑曲线绘制出吸收曲线，从吸收曲线上确定该测定的适宜波长（最大波长 $\lambda_{max}$）。

**表 6-15 标准曲线测绘与铁含量的测定**

| 试液编号 | $10\mu g \cdot mL^{-1}$ 标准溶液的量/mL | 总含铁量/$\mu g$ | 透光率 $T$/% | 吸光度 $A$ | $c/\mu g \cdot mL^{-1}$ |
|---|---|---|---|---|---|
| 1 | 0 | 0 | 100 | 0(试剂空白) | |
| 2 | 1.0 | 10 | | | |
| 3 | 3.0 | 30 | | | |
| 4 | 5.0 | 50 | | | |
| 5 | 7.0 | 70 | | | |
| 未知液 | | | | | |

**表 6-16 吸收曲线的测绘**

| 波长 $\lambda$/nm | 430 | 450 | 470 | 490 | 500 | 510 | 520 | 530 | 550 | 570 |
|---|---|---|---|---|---|---|---|---|---|---|
| 透光率 $T$/% | | | | | | | | | | |
| 吸光度 $A$ | | | | | | | | | | |

4. 标准曲线的测绘

在分光光度计上，用 1cm 比色皿，在最大吸收波长（$\lambda_{max}$）处，以 1 号溶液（试剂空白）为参比，测定各溶液的吸光度。记录于表 6-15 中。以铁离子浓度为横坐标、吸光度为纵坐标，在坐标纸上绘制标准曲线。

5. 未知液中铁含量的测定

含铁未知液由实验室统一配制：吸取 5mL 未知液至 50mL 容量瓶中，加入 10%盐酸羟胺溶液 1mL，摇匀，经置 2min 后，再加入 $1mol \cdot L^{-1}$ NaAc 溶液 5mL 和 0.1%邻二氮杂菲溶液 3mL，以蒸馏水稀释至刻度，摇匀。

在最大吸收波长处测定其吸光度（$A_x$），并在标准曲线上找出该吸光度对应的浓度（$c_x$），通过换算求出未知液中铁离子的浓度。

## 五、数据记录与处理

1. 记录

比色皿______ cm，测定未知液的波长________ nm，仪器型号____________。

2. 绘制曲线

（1）吸收曲线（见表 6-16） 以波长为横坐标、吸光度为纵坐标绘制吸收曲线，从吸收曲线上确定该测定的适宜波长（一般为最大吸收波长 $\lambda_{max}$）。

（2）标准曲线（见表 6-15） 以铁离子浓度为横坐标、吸光度为纵坐标，绘制标准曲线。

3. 铁含量的测定（参见标准曲线及表 6-15 数据）

由 5mL 含铁未知液所配显色溶液的吸光度值（$A_x$），在标准曲线上查出其浓度（$c_x$），然后换算出未知液中铁离子的浓度（单位为 $\mu g \cdot mL^{-1}$）。

## 六、注意事项

1. 本实验需要 6 支 50mL 容量瓶，配制前务必将容量瓶洗净并编号，以免搞错。
2. 溶液配制和吸光度测定宜同时进行。
3. 绘制曲线应选用坐标纸进行，亦可在 Excel、Origin 等数据处理软件中处理。

## 七、思考题

1. 邻二氮杂菲分光光度法测定铁的适宜条件是什么？
2. $Fe^{3+}$ 标准溶液在显色前加盐酸羟胺的目的是什么？如测定一般铁盐的总铁量，是否需要加盐酸羟胺？
3. 如用配制已久的盐酸羟胺溶液，对分析结果将带来什么影响？
4. 怎样选择本实验中各种测定的参比溶液？
5. 溶液的酸度对邻二氮杂菲铁的吸光度影响如何？为什么？
6. 根据自己的实验数据，计算在最大吸收波长下邻二氮杂菲亚铁配合物的摩尔吸光系数。

# 实验十九　熔点的测定

## 一、实验目的

1. 学习测定化合物熔点的方法。
2. 了解测定熔点的意义。

## 二、实验用品

仪器：X-4 显微熔点仪（测量范围：室温～320℃。测量精密度：室温～200℃，±1℃；

200～320℃，±2℃），载玻片等。

药品：尿素，肉桂酸。

**三、实验内容**

1. 测定尿素的熔点（文献值：132.7℃）。

2. 测定肉桂酸的熔点（文献值：133℃）。

3. 测定50%尿素和50%肉桂酸混合样品的熔点。

4. 未知物样品鉴定

已知未知物是尿素、肉桂酸中的一种，设计鉴定方案，通过实验，给出鉴定结论。

本实验约需3h。

**四、思考题**

三个瓶子中分别装有A、B、C三种白色结晶的有机固体，每一种都在149～150℃熔化。一种50∶50 A与B的混合物在130～139℃熔化；一种50∶50 A与C的混合物在149～150℃熔化。那么50∶50的B与C的混合物在什么样的温度范围内熔化呢？你能说明A、B、C是同一种物质吗？

# 实验二十　荧光黄和碱性湖蓝BB的分离（柱色谱）

**一、实验目的**

1. 学习柱色谱分离提纯技术。

2. 掌握柱色谱的装柱、淋洗等操作。

**二、实验原理**

荧光黄为橙红色，商品一般是二钠盐，稀的水溶液带有荧光黄色。碱性湖蓝BB又称为亚甲基蓝，为深绿色有铜光的结晶，其稀水溶液是蓝色，它们的结构式如下：

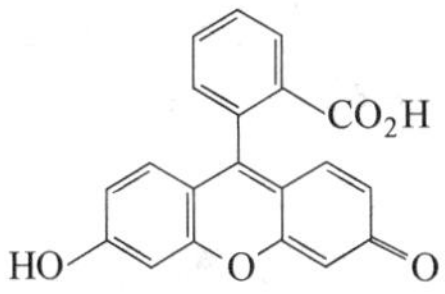

荧光黄

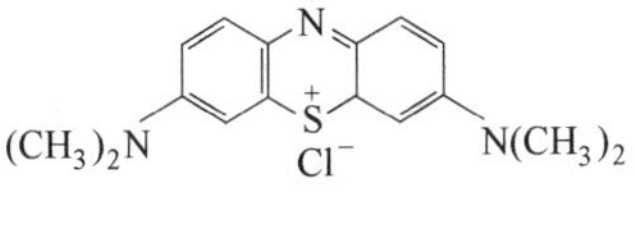

碱性湖蓝BB

化合物极性由分子结构决定，对称性越强的分子极性越低，根据上面分子结构可知荧光黄的极性强于碱性湖蓝，根据“相似相溶”原理，可利用两化合物自身极性的大小不同而用不同的溶剂分离，由于水的极性强于乙醇，故可以用水作为洗脱剂将荧光黄洗脱下来；用乙醇作为洗脱剂将碱性湖蓝洗脱下来，从而达到将荧光黄和碱性湖蓝BB分离的目的。

本实验根据两化合物自身极性的大小不同而用不同的溶剂分离。

**三、实验用品**

仪器：15cm×1.5cm色谱柱或50mL酸式滴定管（作色谱柱），锥形瓶（250mL），玻璃漏斗。

药品：中性氧化铝（100～200目），1mL溶有1mg荧光黄和1mg碱性湖蓝BB的95%乙醇溶液，脱脂棉（或玻璃毛），石英砂。

**四、实验内容**

装置见图6-6。

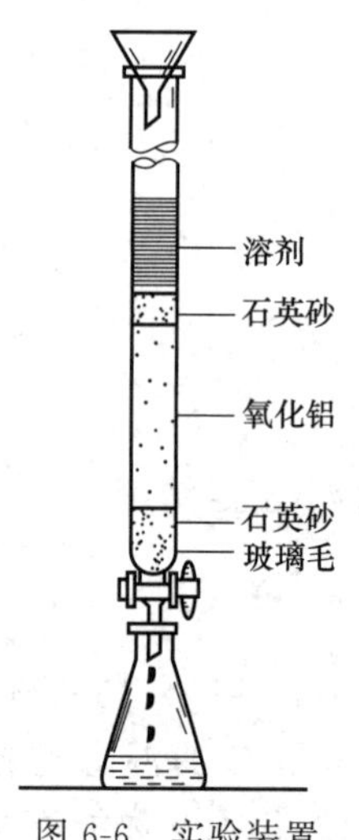

图 6-6 实验装置

取 15cm×1.5cm 色谱柱一根或用 50mL 酸式滴定管一支作色谱柱，垂直装置，以 250mL 锥形瓶作洗脱液的接收器。

用镊子取少许脱脂棉（或玻璃毛）放于干净的色谱柱底部，轻轻塞紧，再在脱脂棉上盖一层厚 0.5cm 的石英砂（或用一张比柱内径略小的滤纸代替），关闭活塞，向柱中倒入 95%乙醇至约为柱高的 3/4 处，打开活塞，控制流出速度为每秒 1 滴。通过一干燥的玻璃漏斗慢慢加入色谱用中性氧化铝，或将 95%乙醇与中性氧化铝先调成糊状，再徐徐倒入柱中。用木棒或橡皮洗耳球粗端轻轻敲打柱身下部，使填装紧密，当液体流至固体上方 2～3cm 时，再在上面加一层 0.5cm 厚的石英砂。操作时一直保持上述流速，注意不能使液面低于砂子的上层，防止干柱。

当溶剂液面刚好流至石英砂面时，立即沿柱壁加入 1mL 已配好的含有荧光黄与碱性湖蓝 BB 的 95%乙醇溶液，当此溶液流至接近石英砂面时，立即用 5mL 95%乙醇溶液洗下管壁的有色物质，控制流出速度如前，每次倒入 10mL 洗脱剂进行洗脱，如此连续 2～3 次，至洗净为止。

蓝色的碱性湖蓝 BB 因极性小，首先向柱下移动，极性较大的荧光黄则留在柱的上端。当蓝色的色带快洗出时，更换另一接收器，继续洗脱，至滴出液近无色为止。换一接收器，改用水作洗脱剂至黄绿色的荧光黄快洗出时，再用另一接收器收集至绿色全部洗出为止，分别得到两种染料的溶液。

## 五、注意事项

1. 色谱柱填装紧密与否，对分离效果很有影响。若柱中留有气泡或各部分松紧不均匀（更不能有断层或暗沟）时，会影响渗滤速度和显色的均匀。但如果填装时过分敲击，又会因太紧密而流速太慢。

2. 若无砂子也可用玻璃毛或剪成比柱子内径略小的滤纸压在吸附剂上面。

3. 为了保持色谱柱的均一性，使整个吸附剂浸泡在溶剂或溶液中是必要的。否则当柱中溶剂或溶液流干时，就会使柱身干裂，影响渗滤和显色的均一性。

4. 最好用移液管或滴管将分离溶液转移至柱中。

5. 若流速太慢，可将接收器改成小吸滤瓶，安装合适的塞子，接上水泵，用水泵减压，保持适当的流速。也可在柱子上端安一导气管，后者与气袋或双链球相连，中间加一螺旋夹。利用气袋或双链球的气压对柱子施加压力。用螺旋夹调节气流的大小，这样可加快洗脱的速度。

## 六、思考题

1. 柱色谱中为什么极性大的组分要用极性较大的溶剂洗脱？

2. 柱中若留有空气或填装不均匀，对分离效果有何影响？如何避免？

3. 为什么荧光黄比碱性湖蓝 BB 在色谱柱上吸附得更加牢固？

# 实验二十一　复方阿司匹林各组分的薄层色谱分离鉴定

## 一、实验目的

1. 了解并分离鉴定解热镇痛药复方阿司匹林的主要成分。

2. 结合薄层色谱对APC各组分的分离分析，掌握薄层色谱法分离鉴定有机化合物的技术。

3. 掌握薄层色谱法分离鉴定药物的原理和方法。

## 二、实验原理

复方阿司匹林（APC）主要成分有阿司匹林、非那西汀及咖啡因。

色谱法的基本原理是利用混合物各组分在某一物质中的吸附或溶解性能的不同，或其亲和性的差异，使混合物的溶液流经该种物质进行反复的吸附或分配作用，从而使各组分分离。在色谱分离过程中，各组分在不相溶的两相中分布不同，达到分离目的。这两个相，一个是涂布在薄层板上的吸附剂，叫固定相；另一个是在展开过程中流过固定相的展开剂（有机溶剂），叫流动相。将待分离的样品溶液点在薄层板的一端，在密闭的容器中用适宜的溶剂（展开剂）展开，由于吸附剂对混合物中不同物质的吸附力大小不同，对极性大的物质吸附力强，对极性小的物质吸附力弱。因此当溶剂流过时，不同物质在吸附剂和溶剂之间发生连续不断地吸附、解吸附、再吸附、再解吸附。易被吸附的物质（极性大、附着力作用强的物质）相对移动较慢，在薄层板上移动的距离就小；反之，较难吸附的物质（极性小、附着力作用弱的物质）相对移动较快一些，在薄层板上移动的距离则大。经过一段时间的展开，混合物中各组分在薄层板上连续不断地进行吸附和解吸附过程，从而使各组分移动的速度产生差异，不同物质就被彼此分开，最后形成互相分离的斑点。

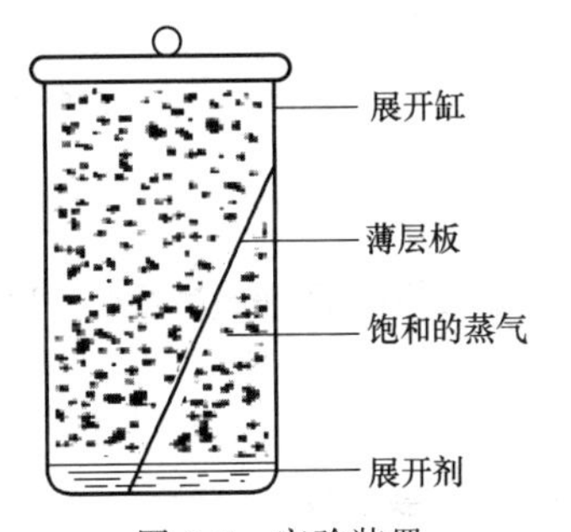

图6-7　实验装置

## 三、实验用品

1. 实验仪器及装置（见图6-7）

所需仪器：薄层板、烧杯、表面皿。

2. 实验试剂及相应化合物的物理常数（见表6-17）

主要试剂：咖啡因、乙酰水杨酸、APC的点样水溶液；展开剂。

**表6-17　药品物理性能参考值**

| 化合物 | $R_f$ 值 | $\lambda_{max}$ | 熔点/℃ |
|---|---|---|---|
| 阿司匹林 | 0.81 | 276 | 135～138 |
| 非那西汀 | 0.60 | 249 | 134～136 |
| 咖啡因 | 0.30 | 273 | 234～236 |

## 四、实验内容

1. 制点样液

取适量乙酰水杨酸、咖啡因、APC分别溶于二氯甲烷（或二氯甲烷：水＝1：1，体积比）制成点样液。

2. 薄层板及展开缸的准备

用铅笔在距离薄层板一端0.5cm处画一条横线。将展开剂（石油醚：乙酸乙酯：冰醋酸＝30：40：1，体积比）加入展开缸，展开剂深度约为1cm，盖上盖子，使缸内蒸气压达到饱和。

3. 点样

用毛细管吸取样液在横线上轻轻点样。左边为乙酰水杨酸，中间为APC，右边为咖啡因。三个样点间隔均匀，做好相关的记录。如果要重新点样，一定要等前一次点样残余的溶剂挥发完后再点样，以免点样斑点过大。一般斑点直径大于2mm，不宜超过5mm，点间距离为0.8cm左右，样点与玻璃边缘距离至少1cm。

4. 展开

吹干样点，倾斜放入盛有展开剂的展开缸中。展开剂要接触到吸附剂下沿，但切勿接触到样点。盖上表面皿，展开。待展开剂上行到一定高度（由试验确定适当的展开高度），取出薄层板，再画出展开剂的前沿线。

5. 鉴定

把烘干的薄层板放在紫外线灯下照射显色，用铅笔画出薄层板上的斑点；量出斑点中心到起始点的距离及展开剂前沿到起始点中心的距离，计算各组分的比移值 $R_f$（见图 6-8）。根据 $R_f$ 值对照文献可以确定 APC 的主要成分。

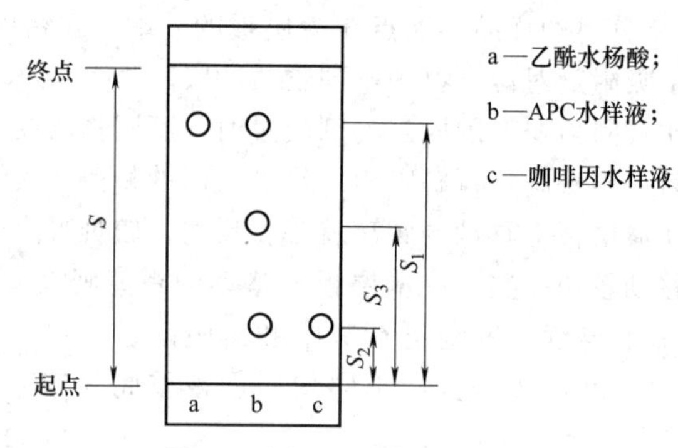


图 6-8　展开后的薄层板示意

比移值 $R_f$ 的计算公式为：

$$R_f=\frac{\text{物质移动的距离}}{\text{溶剂移动的距离}}$$

## 五、注意事项

1. 薄层板四边要整齐，不可有缺损。
2. 重新点样时，务必等前一次点样残留溶剂挥发干净后再点。
3. 点样斑点不能太大，以免拖尾太长，测量不准。
4. 点样结束后，应该等溶剂挥发完以后再放入展开缸展开，展开剂不能淹没样点。
5. 不能让展开剂走到板的尽头。
6. 测量距离时，要以斑点中心为准。

## 六、思考题

1. 薄层色谱分离物质的原理是什么？
2. 用 $R_f$ 值为什么能鉴定未知物？
3. 薄层色谱包括哪些操作步骤？

# 实验二十二　工业乙醇的蒸馏及沸点的测定

## 一、实验目的

1. 初步掌握常压蒸馏技术。
2. 学会液态有机物沸点的测定方法。

## 二、实验用品

仪器：圆底烧瓶（150mL），冷凝管，玻璃漏斗，温度计，接液管，接收瓶，热源，量筒（100mL）。

药品：工业乙醇，沸石等。

**三、实验内容**

1. 常压蒸馏及其沸点的测定

选用水浴加热及150mL圆底烧瓶，按常压蒸馏装置仪器。待教师检查蒸馏装置合格后，从蒸馏头上口用玻璃漏斗小心加入80mL工业乙醇[1]，注意勿使液体从支管流出。加入2～3粒沸石，塞好带有温度计的塞子，通入冷凝水[2]，然后用水浴加热。开始时火焰可稍大些，并注意观察蒸馏瓶中的现象和温度计读数的变化。当瓶内液体开始沸腾时，蒸气前沿逐渐上升，待到达温度计时，温度计读数急剧上升。这时应适当调小火焰，使温度略为下降，让水银球上的液滴和蒸气达到平衡，然后再稍微加大火焰进行蒸馏。调节火焰，控制流出的液滴，以每秒钟1～2滴为宜。当温度计读数上升至77℃时[3]，换一个已称量过的干燥的锥形瓶作接收器[4]。收集77～79℃的馏分。当瓶内只剩下少量（约0.5～1mL）液体时，若维持原来的加热速度，温度计的读数会突然下降，即可停止蒸馏。不应将瓶内液体完全蒸干。称量所收集馏分的质量或其体积，计算回收率。

2. 微量法测定沸点

按微量法测定沸点的操作步骤，测定上述收集的95%乙醇的沸点。记录测得的数据，并与常量法作比较。

95%乙醇的沸点为78.2℃。

本实验约需4h。

**四、注释**

[1] 95%乙醇为一共沸混合物，而非纯粹物质，它具有一定的沸点和组成，不能借普通蒸馏法进行分离。

[2] 冷凝水的流速以能保证蒸气充分冷凝为宜。通常只需保持缓缓的水流即可。

[3] 如温度计未经校正，要根据实际情况，收集温度恒定的那部分。

[4] 蒸馏有机溶剂均应用小口接收器，如锥形瓶、圆底烧瓶等。

**五、思考题**

1. 什么叫沸点？液体的沸点和大气压有什么关系？文献上记载的某物质的沸点温度是否即为实验所得的沸点温度？

2. 蒸馏时为什么烧瓶所盛液体的量不应超过容积的2/3，也不应少于1/3？

3. 蒸馏时加入沸石的作用是什么？如果蒸馏前忘加沸石，能否立即将沸石加至将近沸腾的液体中？当重新进行蒸馏时，用过的沸石能否继续使用？

4. 蒸馏时应如何控制馏出液的速度？为什么烧瓶内液体不能完全蒸干？

5. 蒸馏易挥发易燃溶剂（如乙醚）时，应注意哪些问题？画出蒸馏乙醚或无水乙醚的装置图。

## 实验二十三　甲醇和水的分馏

**一、实验目的**

1. 了解分馏的原理及其应用。

2. 学习实验室中常用的简单分馏操作。

## 二、实验原理

1. 拉乌尔定律

如果液体 A 和液体 B 可以完全互溶，但不能缔合，也不能形成共沸物，则由 A 和 B 组成的二元液体体系的蒸气压行为符合拉乌尔定律。拉乌尔定律的表达式为：

$$p_A = p_A^0 \cdot x_A, \ p_B = p_B^0 \cdot x_B$$

式中，$p_A$、$p_B$ 分别为 A、B 的蒸气分压；$p_A^0$、$p_B^0$ 分别为当 A 和 B 独立存在时在同一温度下的蒸气压；$x_A$、$x_B$ 分别为 A 和 B 在该溶液中所占的摩尔分数。显然，$x_A<1$，$p_A < p_A^0$，即在完全互溶的二元体系中各组分的蒸气分压低于它独立存在时在同一温度下的蒸气压。同理，对于液体 B 来说，也有 $p_B = p_B^0 x_B < p_B^0$。设该二元体系的总蒸气压为 $p_{总}$，则有 $p_{总} = p_A + p_B = p_A^0 x_A + p_B^0 x_B$。对体系加热，$p_A$ 和 $p_B$ 都随温度升高而升高，当升至 $p_{总}$ 与外界压强相等时，液体沸腾。

2. 道尔顿分压定律

根据道尔顿分压定律，气相中每一组分的蒸气压和它的摩尔分数成正比。因此在气相中各组分蒸气的成分为：

$$x_A^{气} = \frac{p_A}{p_A + p_B}, \ x_B^{气} = \frac{p_B}{p_A + p_B}$$

由上式推知，组分 B 在气相和溶液中的相对浓度为：

$$\frac{x_B^{气}}{x_B} = \frac{p_B}{p_A + p_B} \times \frac{p_B^0}{p_B} = \frac{1}{x_B + \frac{p_A^0}{p_B^0} x_A}$$

由于该体系中只有 A、B 两个组分，所以 $x_A + x_B = 1$，若 $p_A^0 = p_B^0$，则 $x_B^{气}/x_B = 1$，表明这时液相的成分和气相的成分完全相同，这样 A 和 B 就不能用蒸馏（或分馏）的方法来分离。如果 $p_B^0 > p_A^0$，则 $x_B^{气}/x_B > 1$，表明沸点较低的 B 在气相中的浓度较其在液相中大，即其摩尔分数较大，在将此蒸气冷凝后得到的液体中，B 的组分大于其在原来液体中的组分。如果将所得的液体再进行汽化、冷凝，B 组分的摩尔分数又会有所提高。如此反复，最终即可将两组分分开。如果用普通蒸馏的方法几乎是无法完成的，分馏就是利用分馏柱来实现这一“多次重复”的蒸馏过程。

## 三、实验用品

仪器：蒸馏烧瓶（100mL），韦氏分馏柱，蒸馏头，温度计，直形冷凝管，真空接液管，电热套，量筒，圆底烧瓶（50mL）。

药品：甲醇，水。

## 四、实验内容

1. 在 100mL 蒸馏烧瓶中加入 25mL 甲醇和 25mL 水的混合物，加入几粒沸石，按图 4-8 装好分馏装置。

2. 用电热套慢慢加热，开始沸腾后，蒸气慢慢进入分馏柱中，此时要仔细控制加热温度，使温度慢慢上升，以维持分馏柱中的温度梯度和浓度梯度。当冷凝管中有蒸馏液流出时，迅速记录温度计所示的温度。控制加热速度，使馏出液慢慢地均匀地以 1 滴/(2～3)s 的速度流出。

3. 当柱顶温度维持在 65℃时，大约收集 10mL 馏出液（A）。随着温度上升，再分别收集 65～70℃（B）、70～80℃（C）、80～90℃（D）、90～95℃（E）的馏分。瓶内所剩为残留液（F）。

4．分别量出不同馏分的体积，以馏出液体积为横坐标，各段温度的中值为纵坐标，绘制分馏曲线。

**五、注意事项**

控制好加热速度，维持分馏柱中的温度梯度和浓度梯度，不能太快，也不宜太慢。

**六、思考题**

1．若加热太快，馏出液每秒钟的滴数超过要求量，用分馏法分离两种液体的能力会显著下降，为什么？

2．用分馏法提纯液体时，为了取得较好的分离效果，为什么分馏柱中必须保持有回流液？

3．在分离两种沸点相近的液体时，为什么装有填料的分馏柱比不装的效率高？

4．什么是共沸混合物？为什么不能用分馏法分离共沸混合物？

5．在分馏时通常用水浴或油浴加热，它比直接明火加热有什么优点？

6．根据甲醇-水混合物的蒸馏曲线，哪一种方法分离混合物各组分的效率高？

7．通过本实验可得出什么结论？

## 实验二十四　正溴丁烷的制备

**一、实验目的**

1．了解由醇制备溴代烷的原理及方法。

2．学习掌握回流、气体吸收装置的操作及直接水蒸气蒸馏操作。

3．进一步巩固液态有机物的洗涤与干燥、分液漏斗的使用及折射率的测定技术。

**二、实验原理**

主反应：

$$NaBr + H_2SO_4 \xlongequal{} HBr + NaHSO_4$$

$$n\text{-}C_4H_9OH + HBr \xrightarrow{H_2SO_4} n\text{-}C_4H_9Br + H_2O$$

副反应：

$$CH_3CH_2CH_2CH_2OH \xrightarrow{H_2SO_4} CH_3CH_2CH=CH_2 + H_2O$$

$$2n\text{-}C_4H_9OH \longrightarrow (n\text{-}C_4H_9)_2O + H_2O$$

**三、实验用品**

仪器：150mL 圆底烧瓶，回流冷凝管，气体吸收装置，蒸馏装置，分液漏斗，电热套等。

药品：7.4g（9.2mL，0.10mol）正丁醇，13g（约 0.13mol）无水溴化钠，浓硫酸，5%氢氧化钠，饱和碳酸氢钠溶液，无水氯化钙，饱和亚硫酸氢钠，沸石。

**四、实验内容**

在 150mL 圆底烧瓶中加入 10mL 水，缓缓注入 14mL 浓硫酸，摇匀并冷至室温。再依次加入 9.2mL 正丁醇和 13g 研细的无水溴化钠[1]，充分振摇后加入 1～2 粒沸石，装上回流冷凝管及气体吸收装置（注意漏斗口不可全部没入水中，以防倒吸），用5%氢氧化钠溶液作吸收剂。

用电热套缓缓加热圆底烧瓶至沸腾，调节加热强度使反应物保持微沸而又平稳回流，并间歇摇动。由于无机盐的水溶液有较大的相对密度，不久会分出上层液体，即正溴丁烷。回流约需 30～40min（反应周期延长 1h 仅增加 1%～2%的产量）。移去电热套，待反应液冷却后，拆下回流冷凝管，加上蒸馏弯头，改为蒸馏装置，重新加热，蒸出粗产物正溴丁烷[2]。剩余液体趁热倒入烧杯中，待冷却后，倒入盛装饱和亚硫酸氢钠的废液桶中。

将馏出液移入分液漏斗中，加入等体积的水荡洗接收瓶，洗出液也倒入分液漏斗中，振摇静置[3]（产物在上层还是在下层?），将粗产物分入另一个洁净、干燥的分液漏斗里，用等体积浓硫酸洗涤[4]，尽可能分去酸层（哪一层?）。有机相依次用等体积水、6mL 饱和碳酸氢钠溶液和水洗涤，最后将粗产物转入一个洁净、干燥的锥形瓶中，加入 1～2g 无水氯化钙，塞住瓶口，间歇摇动锥形瓶，直至液体清亮为止（约需 0.5h 以上）。

将干燥好的粗产物过滤到蒸馏瓶中，投入几粒沸石，用电热套加热蒸馏，收集 99～103℃的馏分，测定折射率。

纯粹的正溴丁烷为无色透明液体，沸点 101.6℃，$n_D^{20}$ 为 1.4399。本实验约需 6h。

## 五、注释

[1] 如用含结晶水的溴化钠，可按物质的量换算，并酌减水量。

[2] 该步骤实为直接水蒸气蒸馏。正溴丁烷是否蒸完，可从下列几方面判断：蒸馏瓶中的油层是否已经消失；馏出液是否由浑浊变为澄清；用干净试管接几滴馏出液，加水摇动后观察其中有无油珠，如果没有说明已无有机物，蒸馏完成。

[3] 此步粗产物应接近无色。如为红色则是由于浓硫酸的氧化作用产生了游离态的溴，可分去水层后用数毫升饱和亚硫酸氢钠溶液洗涤除去。

[4] 用浓硫酸洗去粗产物中少量未反应的正丁醇及副产物正丁醚，否则正丁醇会与正溴丁烷形成共沸物（沸点 98.6℃，含正丁醇 13%），在后面的蒸馏中难以除去。

## 六、思考题

1. 本实验中硫酸的作用是什么？硫酸的用量和浓度过大或过小有什么不好？

2. 反应后的粗产物中含有哪些杂质？各步洗涤的目的何在？

3. 用分液漏斗洗涤产物时，正溴丁烷时而在上层，时而在下层，如不知道产物的密度时，可用什么方便的方法加以判别？

4. 为什么用饱和的碳酸氢钠溶液洗涤前先要用水洗一次？

# 实验二十五 2-甲基-2-己醇的合成

## 一、实验目的

1. 通过对 2-甲基-2-己醇的制备，加深对 Grignard 反应及 Grignard 试剂应用的理解与认识。

2. 学习搅拌装置安装、滴液漏斗使用及有关无水操作技术。

3. 熟练掌握蒸馏、回流及液态有机物的萃取、干燥、分离等技术。

4. 学习乙醚蒸馏时的特殊操作。

## 二、实验原理

反应式：

$$n\text{-}C_4H_9Br + Mg \xrightarrow{\text{无水乙醚}} n\text{-}C_4H_9MgBr$$

$$n\text{-}C_4H_9MgBr + H_3C\overset{\overset{\large O}{\|}}{C}CH_3 \xrightarrow{\text{无水乙醚}} n\text{-}C_4H_9\underset{\underset{\large OMgBr}{|}}{C}(CH_3)_2$$

$$n\text{-}C_4H_9\underset{\underset{\large OMgBr}{|}}{C}(CH_3)_2 + H_2O \xrightarrow{H^+} n\text{-}C_4H_9\text{—}\underset{\underset{\large OH}{|}}{C}(CH_3)_2$$

## 三、实验用品

仪器：250mL 三口烧瓶，搅拌器，恒压滴液漏斗，分液漏斗，150mL 蒸馏瓶，空气冷凝管，回流冷凝管，干燥管，水浴等。

药品：3.1g（0.13mol）镁带，17g（13.5mL，约 0.13mol）正溴丁烷，7.9g（10mL，0.14mol）丙酮，碘片，无水乙醚，乙醚，20%硫酸溶液，5%碳酸钠溶液，无水氯化钙，无水碳酸钾，冰。

## 四、实验内容

1. 正丁基溴化镁（Grignard）的制备

在 250mL 三口烧瓶[1] 上分别装置搅拌器、回流冷凝管及恒压滴液漏斗，在回流冷凝管及恒压滴液漏斗的上口装置氯化钙干燥管。瓶内放置 3.1g 除去氧化膜的镁带[2]、15mL 无水乙醚及一小粒碘片。在恒压滴液漏斗中混合 13.5mL 正溴丁烷和 15mL 无水乙醚。先向瓶内滴入约 5mL 混合液，数分钟后即见溶液呈微沸状态，碘的颜色消失[3]。若不发生反应，可用电热套微热。反应开始比较剧烈，必要时可用冷水浴冷却。等反应缓和后，自回流冷凝管上端加入 25mL 无水乙醚。开动搅拌，滴入其余的正溴丁烷醚混合液，并控制滴加速度，维持反应液呈微沸状态。滴加完毕后，加热，回流 20min，使镁条几乎作用完全。

2. 2-甲基-2-己醇的制备

将上面制好的 Grignard 试剂在冰水浴冷却和搅拌下，自恒压滴液漏斗中滴入 10mL 丙酮和 15mL 无水乙醚的混合液，控制滴加速度，勿使反应过于猛烈。加完后，在室温下继续搅拌 15min。溶液中可能有白色黏稠状固体析出。

将反应瓶在冰水浴冷却和搅拌下，自恒压滴液漏斗分批加入 50mL 20%硫酸溶液，分解产物（开始滴入宜慢，以后可逐渐加快）。待分解完全后，将溶液倒入分液漏斗中，分出醚层。水层每次用 15mL 乙醚萃取两次，合并醚层，用 30mL 5%碳酸钠溶液洗涤一次，用无水碳酸钾干燥[4]。

将干燥后的粗产物醚溶液滤入 150mL 蒸馏瓶，先蒸去乙醚[5]。后蒸馏装置中改用空气冷凝管，再提高调压器电压，蒸出产品，收集 137～141℃馏分，称重，计算产率。

测定产物的折射率值，进行初步定性检测。

纯粹 2-甲基-2-己醇的沸点为 143℃，折射率 $n_D^{20}$ 为 1.4175。本实验约需 7h。

## 五、注释

[1] 本实验所用仪器及试剂必须充分干燥。所用仪器，在烘箱中烘干后，取出稍冷即放入干燥器中冷却，或将仪器取出后，在开口处用塞子塞紧，以防止在冷却过程中玻璃壁吸附空气中的水分。

无水乙醚的制备：将市售的无水乙醚加入钠丝，然后用带有氯化钙干燥管的塞子塞住，或在塞子中插入一末端拉成毛细管的玻璃管，这样可以防止潮气的浸入并可使产生的气体逸出。放置 24h 以上，使乙醚中残留的少量水和乙醇转化为氢氧化钠和乙醇钠。如不再有气泡逸出，同时钠表面较好，则可储放备用。如选用普通乙醚制备而实验用无水乙醚，请参看常用溶剂的纯化操作。

正溴丁烷应事先用无水氯化钙干燥，丙酮用无水碳酸钾干燥，一周后使用，必要时应蒸馏纯化。

[2] 镁屑不宜采用长期放置的。如长期放置，镁屑表面常有一层氧化膜，可采用以下方法除去：用5%盐酸溶液作用数分钟，抽滤除去酸液后，依次用水、乙醇、乙醚洗涤，抽干后置于干燥器内备用。也可用镁带代替镁屑，使用前用细砂纸将其表面擦亮，剪成小段。

[3] 开始时溴代烷局部浓度较大，易于发生反应，故搅拌应在反应开始后进行。若5min后反应仍不开始，可用温水浴温热，或如前所述在加热前加入一小粒碘促使反应开始。

[4] 2-甲基-2-己醇与水能形成共沸物，因此，必须很好干燥，否则前馏分将大大增多。

[5] 由于乙醚溶液体积较大，可采取分批过滤蒸去乙醚。

### 六、思考题

1. 本实验在将Grignard试剂加成物水解前的各步中，为什么使用的药品、仪器均需绝对干燥？为此采取了什么措施？

2. 反应未开始前，加入大量正溴丁烷有什么不好？

3. 本实验有哪些可能的副反应发生，如何避免？

4. 为什么本实验得到的粗产物不能用无水氯化钙干燥？

5. 乙醚在本实验各步骤中的作用是什么？使用和蒸馏乙醚时应注意哪些安全问题？

6. 用Grignard试剂法制备2-甲基-2-己醇，还可采用什么原料？写出反应式并对几种不同的路线加以比较。

## 实验二十六　乙酸乙酯的制备

### 一、实验目的

1. 通过乙酸乙酯的制备，加深对酯化反应的理解。

2. 熟练掌握回流、蒸馏、液态有机物的洗涤和干燥等技术。

3. 熟练掌握沸点折射率测定方法。

4. 学习用色谱仪对产物进行分析。

### 二、实验原理

在浓硫酸催化下，乙酸和乙醇生成乙酸乙酯

$$CH_3COOH + CH_3CH_2OH \underset{100\sim120℃}{\overset{H_2SO_4}{\rightleftharpoons}} CH_3COOC_2H_5 + H_2O$$

为了提高酯的产量，实验常采取加入过量乙醇及不断把反应中生成的酯和水蒸出的方法。在工业生产中，一般采用加入过量的乙酸，以便使乙醇转化完全，避免由于乙醇和水及乙酸乙酯形成二元或三元恒沸物而给分离带来困难。

### 三、实验用品

仪器：锥形瓶，回流装置，蒸馏装置，分液漏斗。

药品：15g（14.3mL，0.25mol）冰醋酸，18.4g（23mL，0.37mol）95%乙醇，浓硫酸，饱和碳酸钠，饱和食盐水，饱和氯化钙，无水硫酸镁，沸石。

### 四、实验内容

在100mL圆底烧瓶中加入14.3mL冰醋酸和23mL乙醇，在摇动下慢慢加入7.5mL浓硫酸，混合均匀后加入1～2粒沸石，装上回流冷凝管。用电热套加热回流0.5h[1]。稍冷后，改为蒸馏装置，在水浴上加热蒸馏，直至在沸水浴上不再有馏出物为止，得粗乙酸乙酯。在摇动下慢慢向粗产物中加入饱和碳酸钠水溶液，直至不再有二氧化碳气体逸出，有机相对 pH 试纸呈中性为止。将液体转入分液漏斗中，振摇后静置，分去水相，有机相用10mL 饱和食盐水洗涤后[2]，用 10mL 饱和氯化钙溶液洗涤两次。弃去下层液，酯层转入干燥的锥形瓶中，用无水硫酸镁干燥[3]。

将干燥后的粗乙酸乙酯滤入 50mL 蒸馏瓶中，在水浴上进行蒸馏，收集 73～78℃ 馏分[4]，称重，计算产率。

测定产物的折射率值，进行初步定性检测。

纯乙酸乙酯的沸点为 77.06℃，折射率 $n_D^{20}$ 为 1.3727。本实验约需 5h。

产物也可用气相色谱进行分析。

色谱仪：上分 102G 型，热导池检测器，桥电流 150mA；载体：白色硅藻土-102；固定液：邻苯二甲酸二壬酯（质量分数 15%），GDX-104（为了使乙醇和水分开，故在柱尾装 GDX-104 约 0.5cm）；柱温：100℃；载气：氢气；汽化温度：150℃；进样量：2μL；参考保留时间值：水 28s，乙醇 41s，乙酸乙酯 98s，乙酸 186s。整个实验约需 6h。

## 五、注释

[1] 温度不宜过高，否则会增加副产物乙醚的含量。

[2] 碳酸钠必须洗去，否则下一步用饱和氯化钙溶液洗去醇时，会产生絮状的碳酸钙沉淀，造成分离的困难。为减少酯在水中的溶解度（每 17 份水溶解 1 份乙酸乙酯），故这里用饱和食盐水洗。

[3] 由于水与乙醇、乙酸乙酯形成二元或三元恒沸物，故在未干燥前已是清亮透明溶液，因此，不能以产品是否透明作为是否干燥好的标准，应以干燥剂加入后吸水情况而定，并放置 30min，期间要不时摇动。若洗涤不净或干燥不够时，会使沸点降低，影响产率。

[4] 乙酸乙酯与水或醇形成二元和三元共沸物的组成及沸点见表 6-18。

**表 6-18　共沸物组成及沸点**

| 沸点/℃ | 组成/% | | |
|---|---|---|---|
| | 乙酸乙酯 | 乙醇 | 水 |
| 70.2 | 82.6 | 8.4 | 9.0 |
| 70.4 | 91.9 | | 8.1 |
| 71.8 | 69.0 | 31.0 | |

## 六、思考题

1. 酯化反应有什么特点，本实验如何创造条件促使酯化反应尽量向生成物方向进行？

2. 本实验可能有哪些副反应？

3. 在酯化反应中，用作催化剂的硫酸量，一般只需醇质量的 3%就够了，本实验为何用了 7mL？

4. 如果采用乙酸过量是否可行？为什么？

# 实验二十七　乙酰乙酸乙酯的制备

## 一、实验目的

1. 通过乙酰乙酸乙酯的制备，加深对酯缩合反应的理解。

2. 进一步掌握无水操作的技术。

3. 初步掌握减压蒸馏技术。

## 二、实验原理

具有α-H的酯和另一分子酯在醇钠催化下生成β-羰基酯的反应称为酯缩合反应或叫克莱森（Claisen）酯缩合反应。例如，本实验用乙酸乙酯（双分子）在少量乙醇钠催化下反应生成乙酰乙酸乙酯：

$$2CH_3CO_2C_2H_5 \xrightarrow{NaOC_2H_5} Na^+[CH_3COCHCO_2C_2H_5]^- \xrightarrow{HOAc} CH_3COCH_2CO_2C_2H_5 + NaOAc$$

由于本实验中用的乙酸乙酯中含有1%～3%的乙醇，这些存在于乙酸乙酯中的乙醇和金属钠即可产生乙醇钠，所以本实验中用的原料是乙酸乙酯和金属钠。为避免金属钠与水猛烈反应发生燃烧和爆炸（乙酸乙酯也是易挥发、低沸点的易燃物），也为了防止醇钠发生水解，所以酯缩合反应在无水条件下进行操作。

## 三、实验用品

仪器：圆底烧瓶，克氏蒸馏瓶，冷凝管，氯化钙干燥管，分液漏斗，减压蒸馏的配套设备。

药品：25g（27.5mL，0.28mol）乙酸乙酯[1]，2.5g（0.11mol）金属钠[2]，12.5mL二甲苯，50%乙酸，饱和氯化钠溶液，无水硫酸钠，无水氯化钙。

## 四、实验内容

在干燥的100mL圆底烧瓶中加入2.5g金属钠和12.5mL二甲苯，装上冷凝管，在电热套上小心加热使钠熔融，关闭热源。待回流停止，立即趁热拆去冷凝管，用橡皮塞塞紧圆底烧瓶。用抹布裹住烧瓶来回快速振摇，即得细粒状钠珠。稍经放置后钠珠即沉于瓶底，将二甲苯倾出后倒入公用回收瓶（切勿倒入水槽或废液缸，以免引起火灾）。迅速向瓶中加入27.5mL乙酸乙酯，重新装上冷凝管，并在其顶端装一氯化钙干燥管。反应随即开始，并有氢气泡逸出。如反应不开始或进行很慢时，可稍加温热。待激烈的反应过后，将反应瓶在石棉网上用小火加热（小心!），保持微沸状态，直至所有金属钠几乎全部作用完为止[3]，反应约需1.5h。此时生成的乙酰乙酸乙酯钠盐为橘红色透明溶液（有时析出黄白色沉淀）。待反应物稍冷后，在摇荡下加入50%的乙酸溶液，直到反应液呈弱酸性为止（约需15mL）[4]，此时，所有的固体物质均已溶解。将反应物转入分液漏斗，加入等体积的饱和氯化钠溶液，用力振摇片刻，静置后，乙酰乙酸乙酯分层析出（哪一层?）。分出粗产物，用无水硫酸钠干燥后滤入蒸馏瓶，并用少量乙酸乙酯洗涤干燥剂。在沸水浴上蒸去未作用的乙酸乙酯，将剩余液移入25mL克氏蒸馏瓶进行减压蒸馏。减压蒸馏时需缓慢加热，待残留的低沸物蒸出后，再升高温度，收集乙酰乙酸乙酯[5]，称重，计算产率[6]。乙酰乙酸乙酯沸点与压力的关系见表6-19。

表6-19 乙酰乙酸乙酯沸点与压力的关系

| 压力/mmHg | 760 | 80 | 60 | 40 | 30 | 20 | 18 | 14 | 12 |
|---|---|---|---|---|---|---|---|---|---|
| 沸点/℃ | 180.4 | 100 | 97 | 92 | 88 | 82 | 78 | 74 | 71 |

注：1mmHg=133Pa。

测定产物的折射率值，进行初步定性检测。

纯的乙酰乙酸乙酯的沸点为180.4℃，折射率$n_D^{20}$为1.4192。

本实验需6～8h。

## 五、注释

[1] 乙酸乙酯必须绝对干燥，但其中应含有 1%～2%的乙醇。提纯方法如下：将普通乙酸乙酯用饱和氯化钙溶液洗涤数次，再用熔焙过的无水碳酸钾干燥，在水浴上蒸馏，收集78℃馏分。

[2] 金属钠遇水即燃烧、爆炸，故使用时应严格防止与水接触。在称量或切片过程中应当迅速，以避免被空气中水汽侵蚀或被氧化。金属钠的颗粒大小直接影响缩合反应的速率。如实验室有压钠机，可将钠压成钠丝，其操作步骤如下：

用镊子取储存的金属钠块，用双层滤纸吸去溶剂油，用小刀切去其表面，即放入经乙醇洗净的压钠机中，直接压入已称重的带塞的圆底烧瓶中。为防止氧化，迅速用塞子塞紧瓶口后称重。钠的用量可酌情增减，其幅度控制在 2.5g 左右。如无压钠机时，也可将金属钠切成细条，移入粗汽油中，进行反应后，再移入反应瓶。本实验方法的优点在于可用块状金属钠。

[3] 一般要使钠全部溶解，但很少量未反应的钠并不妨碍进一步操作。

[4] 用乙酸中和时，开始有固体析出，继续加酸并不断振摇，固体会逐渐消失，最后得到澄清的液体。如尚有少量固体未溶解时，可加少许水使其溶解。但应避免加入过量的乙酸，否则会增加酯在水中的溶解度而降低产量。

[5] 乙酰乙酸乙酯在常压蒸馏时，很易分解而降低产量。

[6] 产率是按钠计算的。本实验最好连续进行，如间隔时间太久，会因无水乙酸的生成而降低产量。

## 六、思考题

1. Claisen 酯缩合反应的催化剂是什么？本实验为什么可以用金属钠代替？

2. 本实验中加入 50%乙酸溶液和饱和氯化钠溶液的目的何在？

3. 减压蒸馏时应注意哪些技术关键？

4. 什么叫互变异构现象？如何用实验证明乙酰乙酸乙酯是两种互变异构体的平衡混合物？

5. 写出下列化合物发生 Claisen 酯缩合反应的产物：

① 苯甲酸乙酯和丙酸乙酯；②苯甲酸乙酯和苯乙酮；③苯乙酸乙酯和草酸乙酯。

# 实验二十八　4-苯基-2-丁酮的合成

## 一、实验目的

1. 通过本实验了解乙酰乙酸乙酯在合成上与生产中的应用。

2. 进一步掌握搅拌装置安装、滴液漏斗使用及有关无水操作技术。

3. 练习结晶、抽滤、固体有机物的洗涤、干燥等技术。

## 二、实验原理

4-苯基-2-丁酮存在于烈香杜鹃的挥发油中，具有止咳、祛痰的作用。作为治疗剂，它通常被制成亚硫酸钾或亚硫酸氢钠的加成物，便于服用和存放，同时不影响药效。本实验制成亚硫酸氢钠的加成物。本实验反应式如下

$$CH_3COCH_2CO_2C_2H_5 \xrightarrow[HOC_2H_5]{NaOC_2H_5} Na^+[CH_3COCHCO_2C_2H_5]^- \xrightarrow{C_6H_5CH_2Cl} \underset{\displaystyle CH_2C_6H_5}{CH_3CO\underset{|}{C}HCO_2C_2H_5}$$

$$\xrightarrow[H_2O]{NaOH}\xrightarrow[-CO_2]{HCl} CH_3COCH_2CH_2C_6H_5 \xrightarrow[H_2O]{Na_2S_2O_5} CH_3\overset{OH}{\underset{SO_3Na}{\overset{|}{\underset{|}{C}}}}CH_2CH_2C_6H_5$$

## 三、实验用品

仪器：搅拌器，回流冷凝管，锥形瓶，恒压滴液漏斗，250mL 三口烧瓶，氯化钙干燥管，抽滤装置，pH 试纸等。

药品：1.8g（0.08mol）金属钠，10.4g（10mL，0.08mol）乙酰乙酸乙酯，11g（10mL，0.087mol）氯化苄，25mL 无水乙醇，6.3g（0.033mol）焦亚硫酸钠，氢氧化钠，盐酸，95%乙醇。

## 四、实验内容

1. 4-苯基-2-丁酮的制备

在装有搅拌器、回流冷凝管和滴液漏斗的 250mL 干燥的三口烧瓶中，放置 25mL 无水乙醇[1]，在冷凝管上口装氯化钙干燥管。分批向瓶内加入 1.8g 切成小片的金属钠[2]，加入速度以维持溶液微沸为宜。待金属钠全部作用完后，开始搅拌，室温下滴加 10mL 乙酰乙酸乙酯[3]，加完后继续搅拌 10min。再慢慢滴加 10mL 氯化苄，约 15min 加完，这时有大量白色沉淀生成（发生了什么反应?）。将三口烧瓶在水浴上加热回流 1.5h，反应物呈米黄色乳状液。停止加热，稍冷后慢慢滴加由 4g 氢氧化钠和 30mL 水配成的溶液，约 15min 加完[4]。此时溶液由米黄色变为橙黄色，并呈强碱性。将反应混合物加热回流 2h，有油层析出，水层 pH 为 8～9。停止加热，冷却至 40℃以下，缓缓加入约 10mL 浓盐酸，至 pH 为 1～2，约 15min 加完。将酸化后的溶液加热回流 1h 进行脱羧反应，直到无二氧化碳气泡逸出为止。稍冷后改为蒸馏装置，在水浴上将低沸点物蒸出，馏出液体积约为 30～40mL。冷却后将反应物转入分液漏斗，分出红棕色有机相（粗油）约 9～10g，含量为 70%～75%，即 4-苯基-2-丁酮和副产物（主要是苄基取代物及未水解的产物）[5]。粗油不需提纯即可供制备亚硫酸氢钠加成物用。

2. 亚硫酸氢钠加成物的制备

在 100mL 锥形瓶中加入上述得到的粗油和 35mL 95%乙醇，在水浴上加热至 60℃制成乙醇溶液备用。在装有搅拌器、回流冷凝管、滴液漏斗和温度计的三口烧瓶中，加入 6.3g 焦亚硫酸钠和 27.5mL 水，加热至 80℃左右，搅拌使固体溶解。在搅拌下将上述粗油的乙醇溶液自冷凝管顶端慢慢加到三口烧瓶中，加热回流 15min，得到透明溶液。冷却让其结晶，抽滤，并用少量乙醇洗涤，得白色片状晶体，抽干后在红外灯下烘干，得 4-苯基-2-丁酮亚硫酸氢钠加成物。称重，计算产率。

进一步提纯时可用 70%乙醇重结晶，干燥后得到加成物纯品约 3～4g。

本实验需 10～12h。

## 五、注释

[1] 本实验第一步制备要求仪器干燥并使用无水乙醇，乙醇中所含少量的水会明显降低产率。

[2] 金属钠的称量和操作见实验二十七。金属钠要切得细小，待加入的钠应置于干燥的锥形瓶中并塞紧瓶口。

[3] 乙酰乙酸乙酯储存时间过长会出现部分分解，用时需经减压蒸馏重新纯化。

[4] 滴加速度不宜太快，以防止酸分解时逸出大量二氧化碳而冲料。

[5] 如需制备纯的4-苯基-2-丁酮，可在脱羧反应后，将溶液冷至室温，用稀氢氧化钠溶液调节pH至中性，每次用15mL乙醚萃取3次，合并醚萃取液，经水洗后用无水氯化钙干燥，在水浴上蒸去乙醚后减压蒸馏，收集96～102℃/1.07～1.2kPa(8～9mmHg) 馏分。纯粹4-苯基-2-丁酮为无色透明液体，沸点为233～234℃ [96～102℃/1.07～1.2kPa(8～9mmHg)]，折射率 $n_D^{20}$ 为1.5110。

## 六、思考题

1. 乙酰乙酸乙酯在合成上有什么用途？烷基取代乙酰乙酸乙酯与稀碱和浓碱作用，将分别得到什么产物？

2. 如何利用乙酰乙酸乙酯合成下列化合物：

① 2-庚酮；② 4-甲基-2-己酮；③ 2,6-庚二酮。

# 实验二十九　苯甲醇和苯甲酸的制备

## 一、实验目的

1. 学习由苯甲醛制备苯甲醇和苯甲酸的原理和方法。

2. 进一步掌握萃取、洗涤、蒸馏和干燥等基本操作。

## 二、产品介绍

苯甲醇是最简单的芳香醇之一，可看作是苯基取代的甲醇。在自然界中多数以酯的形式存在于香精油中，中文别名为苄醇。苄醇是极有用的定香剂，用于配制香皂及日用化妆品香精。但苄醇能缓慢自然氧化，一部分生成苯甲醛和苄醚，使市售产品常带有杏仁香味，故不宜久储。苄醇在工业化学品生产中用途广泛：医药、合成树脂的溶剂，用作尼龙丝、纤维及塑料薄膜的干燥剂，染料、纤维素酯、酪蛋白的溶剂、制取苄基酯或醚的中间体。同时，广泛用于制笔（圆珠笔油）、油漆溶剂等。

苯甲酸为具有苯或甲醛气味的鳞片状或针状结晶，具有苯或甲醛的臭味。在100℃时迅速升华，它的蒸气有很强的刺激性，吸入后易引起咳嗽。其微溶于水，易溶于乙醇、乙醚等有机溶剂。苯甲酸是弱酸，比脂肪酸强。它们的化学性质相似，都能形成盐、酯、酰卤、酰胺、酸酐等，都不易被氧化。苯甲酸的苯环上可发生亲电取代反应，主要得到间位取代产物。

## 三、实验原理

无 $\alpha$-H 的醛在浓碱溶液作用下发生歧化反应，一分子醛被氧化成羧酸，另一分子醛则被还原成醇，此反应称为坎尼扎罗反应。本实验采用苯甲醛在浓氢氧化钠溶液中发生坎尼扎罗反应，制备苯甲醇和苯甲酸，反应式如下：

主反应：

$$2\,C_6H_5CHO + NaOH \longrightarrow C_6H_5CH_2OH + C_6H_5COONa$$

$$C_6H_5COONa + HCl \longrightarrow C_6H_5COOH + NaCl$$

副反应：

$$C_6H_5CHO + O_2 \longrightarrow C_6H_5COOH$$

主要试剂及产品的物理常数见表6-20。

表 6-20　主要试剂及产品的物理常数

| 名称 | 分子量 | 性状 | 相对密度 | 熔点/℃ | 沸点/℃ | 溶解度 | | |
|---|---|---|---|---|---|---|---|---|
| | | | | | | 水 | 醇 | 醚 |
| 苯甲醛 | 106.12 | 无色液体，有苦杏仁气味 | 1.04 | −26 | 179.62 | 微溶 | 易溶 | 易溶 |
| 苯甲酸 | 122.1 | 鳞片状或针状结晶，具有苯的臭味 | 1.27 | 122.13 | 249 | 0.21g | 46.6g | 66g |
| 苯甲醇 | 108.13 | 无色液体，有芳香味 | 1.04 | −15.3 | 205.7 | 微溶 | 易溶 | 易溶 |
| 乙酸乙酯 | 88.1 | 无色透明液体，有特殊刺激气味 | 0.897 | −83 | 77 | 不溶 | 易溶 | — |

## 四、实验用品

仪器：100mL 锥形瓶，分液漏斗，蒸馏装置，100mL 圆底烧瓶，烧杯等。

药品：主要药品及用量见表 6-21。

表 6-21　药品及用量

| 名称 | 规格 | 用量 |
|---|---|---|
| NaOH | 固体 | 9g |
| 苯甲醛 | 新蒸的 | 10mL |
| 乙酸乙酯 | — | 20mL |
| $NaHSO_3$ | 饱和 | 10mL |
| $Na_2CO_3$ | 10% | 10mL |
| $MgSO_4$ | 无水 | — |
| 盐酸 | 浓 | — |
| 乙醚 | — | 20mL |
| 无水硫酸镁 | — | 适量 |

## 五、实验内容

本实验制备苯甲醇和苯甲酸，采用机械搅拌下的加热回流装置，如图 6-9 所示。乙醚的沸点低，要注意操作安全，蒸馏低沸点液体的装置如图 6-10 所示。

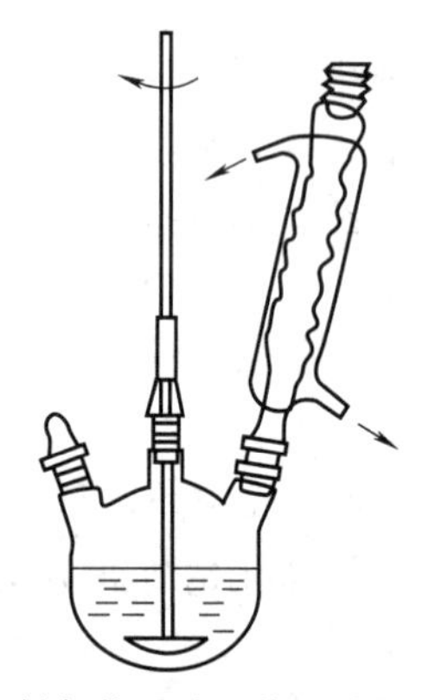

图 6-9　制备苯甲酸和苯甲醇的反应装置

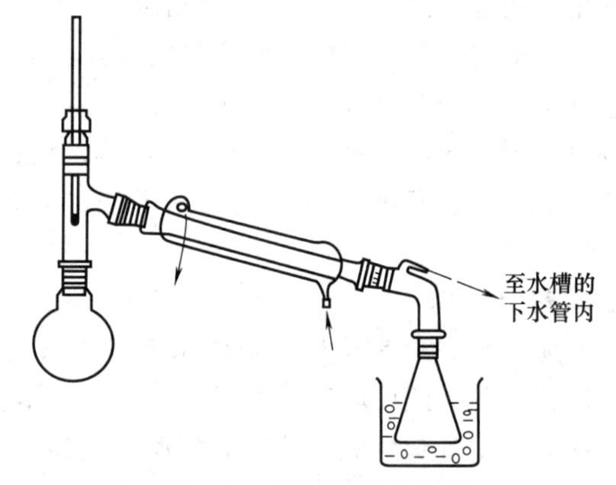


图 6-10　蒸馏乙醚的装置

在 100mL 锥形瓶中，放入 9g 氢氧化钠（或氢氧化钾）和 9mL 水配制成的水溶液，振荡使氢氧化钠（或氢氧化钾）完全溶解，冷却至室温。在振荡下，分批加入 10mL 新蒸馏过的苯甲醛，分层。装回流冷凝管，加热回流 1h，间歇振摇直至苯甲醛油层消失，反应物变透明。

(1) 苯甲醇的制备　反应物中加入水（最多 30mL），不断振摇，使其中的苯甲酸盐全部溶解。将溶液倒入分液漏斗中，每次用 20mL 乙醚萃取三次。合并上层的乙醚提取液，分别用 10mL 饱和亚硫酸氢钠、10mL 10%碳酸钠和 10mL 水洗涤。分离出上层的乙醚提取液，用无水硫酸镁干燥。

将干燥过的乙醚溶液滤入100mL圆底烧瓶，连接好乙醚蒸馏装置，蒸出乙醚（回收）；直接加热，当温度上升到140℃时改用空气冷凝管，收集204～206℃的馏分。

（2）苯甲酸的制备　乙醚萃取后的下层水溶液，用浓盐酸酸化使刚果红试纸变蓝，充分搅拌，冷却使苯甲酸析出完全，抽滤。粗产物分为两份，一份干燥，另一份重结晶。产品约8～9g，熔点为121～122℃。

**六、注意事项**

1. 苯甲醛很容易被空气中的氧气氧化成苯甲酸。为除去苯甲酸，在实验前应重新蒸馏苯甲醛。

2. 如果第一步反应不能充分搅拌，会影响后续反应的产率。如果混合充分，通常在瓶内混合物固化，苯甲醛气味消失。

3. 在第一步反应时加水后，苯甲酸盐如不能溶解，可稍微加热。

4. 用干燥剂干燥时，干燥剂的用量为每10mL液体有机物加0.5～1.0g，一定要澄清后才能倒在蒸馏瓶中蒸馏，否则残留的水会与产物形成低沸点共沸物，从而增加前馏分的量而影响产物的产率。

5. 蒸馏乙醚之前，一定要用过滤法或倾析法将干燥剂去掉，将滤液蒸馏除去乙醚后，用电热套直接加热蒸馏，收集204～206℃的馏分（即为产品），并注意在179℃有无苯甲醛馏分。

6. 水层如果酸化不完全，会使苯甲酸不能充分析出，导致产物损失。

**七、思考题**

1. 为什么要振摇？白色糊状物是什么？

2. 各步洗涤分别除去什么？

3. 干燥乙醚溶液时能否用无水氯化钙代替无水硫酸镁？

# 实验三十　微波合成乙酰水杨酸

**一、实验目的**

1. 了解并掌握微波合成新技术。

2. 熟悉重结晶、熔点测定等操作。

**二、实验原理**

反应式如下：

$$\text{(邻羟基苯甲酸: COOH, OH)} + (CH_3CO)_2O \xrightarrow{NaHCO_3} \text{(COOH, }OCOCH_3\text{)} + CH_3COOH$$

**三、实验用品**

仪器：微波炉，100mL锥形瓶，抽滤装置，表面皿，数字熔点仪。

药品：水杨酸（A.R.）2.0g，乙酸酐（A.R.）4.0g，碳酸氢钠（A.R.）0.1g，盐酸溶液（pH＝3～4）20mL，95％乙醇5mL，1％三氯化铁溶液。

**四、实验内容**

在100mL干燥的锥形瓶中加入2.0g水杨酸和4.0g乙酸酐，加入适量碳酸氢钠（0.1g）

作催化剂，稍加摇动，将一表面皿盖住锥形瓶口，然后放在微波炉中辐射一定时间（微波输出功率为425W，辐射时间为60s），反应结束后，稍冷，加入20mL pH=3～4的盐酸溶液，将混合物继续在冷水中冷却，使之结晶完全，抽滤，用少量蒸馏水洗涤，干燥，得乙酰水杨酸粗产物。粗产物用乙醇-水混合溶剂（1体积95%的乙醇+2体积的水）约16mL重结晶，干燥，得白色乙酰水杨酸晶体，称重，测熔点。由于反应物水杨酸可与三氯化铁溶液反应生成蓝色配合物，故用1%三氯化铁溶液检验重结晶产品，无蓝紫色出现时表明产物中不含水杨酸，纯度较高。

纯乙酰水杨酸的熔点为135～136℃。

乙酰水杨酸的常规合成方法是用浓硫酸或浓磷酸作催化剂以加速反应进行，该法速率慢，产率仅70%～80%，且易发生副反应，对生产设备有较强的腐蚀性。微波辐射法的速率是常规法的20倍。微波辐射提高化学反应速率的主要原因是微波作用于反应物后，加剧了分子运动速率，提高分子的平均动能，降低了反应的活化能，因而大大增加了反应物分子的碰撞频率，使反应迅速完成。

本实验需3～4h。

## 五、注意事项

使用微波炉前要认真阅读使用说明，正确操作，以防微波泄漏。

## 六、思考题

本实验有哪些因素会影响到产率？

# 实验三十一　苯片呐醇和苯片呐酮的制备

## 一、实验目的

1. 通过苯片呐醇的制备，加深对光化学反应的理解和认识。
2. 继续熟练回流、抽滤、洗涤、干燥、熔点测定等实验技术。

## 二、实验原理

二苯酮的光化学还原是研究得较清楚的光化学反应之一。若将二苯酮溶于一种“质子给予体”的溶剂中（如异丙醇），并将其暴露于紫外线中时，会形成一种不溶性的二聚体——苯片呐醇：

$$(C_6H_5)_2C{=}O + CH_3—CHOH—CH_3 \xrightarrow{\text{紫外线}} (C_6H_5)_2C(OH)—C(OH)(C_6H_5)_2 + CH_3—CO—CH_3$$

还原：

$$(C_6H_5)_2C{=}O + (CH_3)_2CHOH \longrightarrow (C_6H_5)_2\dot{C}—OH + (CH_3)_2\dot{C}—OH$$

$$(C_6H_5)_2C{=}O + (CH_3)_2\dot{C}—OH \longrightarrow (C_6H_5)_2\dot{C}—OH + (CH_3)_2C{=}O$$

$$2\,(C_6H_5)_2\dot{C}OH \longrightarrow C_6H_5-\underset{C_6H_5}{\overset{OH}{C}}-\underset{C_6H_5}{\overset{OH}{C}}-C_6H_5$$

苯片呐醇与强酸共热或用碘作催化剂在冰醋酸中反应，发生 Pinacol 重排，生成苯片呐酮：

$$(C_6H_5)_2C(OH)-C(OH)(C_6H_5)_2 \xrightarrow{H^+} C_6H_5-\underset{C_6H_5}{\overset{C_6H_5}{C}}-\overset{O}{\overset{\|}{C}}-C_6H_5$$

## 三、实验用品

仪器：圆底烧瓶，烧杯，抽滤装置，熔点仪，回流冷凝管。

药品：2.7g（0.015mol）二苯酮，异丙醇，冰醋酸，碘片，95%乙醇。

## 四、实验内容

1. 苯片呐醇的制备（二苯酮的光化学还原）

在 25mL 圆底烧瓶（或大试管）中[1]，加入 2.7g 二苯酮和 20mL 异丙醇，在水浴上温热使二苯酮溶解。向溶液中加入 1 滴冰醋酸[2]，再用异丙醇将烧瓶充满，用磨口塞或干净的橡皮塞将瓶塞紧，尽可能排除瓶内的空气，必要时可补充少量异丙醇，并用细绳将塞子在瓶颈上扎牢或用橡皮带将塞子套在瓶底上。将烧瓶倒置于烧杯中，写上自己的姓名，放在向阳的窗台或平台上，光照 1～2 周[3]。由于生成的苯片呐醇在溶剂中溶解度很小，随着反应进行，苯片呐醇晶体从溶液中析出。待反应完成后，在冰浴中冷却使结晶完全。减压抽滤，并用少量异丙醇洗涤结晶。干燥后得到漂亮的小的无色结晶，称重，计算产率。

测定产物的熔点值，进行初步定性检测。产物已足够纯净，可直接用于下一步合成。

纯苯片呐醇的熔点为 189℃。

2. 苯片呐酮的制备

在 50mL 圆底烧瓶中加入 1.5g 苯片呐醇、8mL 冰醋酸和一粒碘，装上回流冷凝管，回流 10min。稍冷后加入 8mL 95%乙醇，充分振摇后让其自然冷却结晶，抽滤，并用少量冷乙醇洗除吸附的游离碘，干燥后称重，计算产率。测定产物的熔点值，进行初步定性检测。本实验约需 4h。

纯苯片呐酮熔点为 182.5℃。

## 五、注释

[1] 光化学反应一般需在石英器皿中进行，因为需要比透过普通玻璃波长更短的紫外线的照射。而二苯酮激发的 n-π* 跃迁所需要的照射约为 350nm，这是易透过普通玻璃的波长。

[2] 加入冰醋酸的目的是中和普通玻璃器皿中微量的碱。碱催化下苯片呐醇易裂解生成二苯甲酮和二苯甲醇，对反应不利。

[3] 反应进行的程度取决于光照情况。如阳光充足直射下，4 天即可完成反应；如天气阴冷，则需一周或更长的时间。但时间长短并不影响反应的最终结果。如用日光灯照射，反应时间可明显缩短，3～4 天即可完成。

## 六、思考题

1. 二苯酮和二苯甲醇的混合物在紫外线照射下能否生成苯片呐醇？写出其反应机理。

2. 试写出在氢氧化钠存在下，苯片呐醇分解为二苯酮和二苯甲醇的反应机理。

3. 写出苯片呐醇在酸催化下重排为苯片呐酮的反应机理。

# 实验三十二　香豆素-3-羧酸的制备

## 一、实验目的

1. 了解 Perkin 反应原理并掌握 Knoevenagel 合成法制备芳香族羟基内酯。
2. 熟练掌握重结晶的操作技术。

## 二、实验原理

香豆素，又名香豆精或 1,2-苯并吡喃酮，结构上为顺式邻羟基肉桂酸（苦马酸）的内酯，白色斜方晶体或结晶粉末，存在于许多天然植物中。它最早是 1820 年从香豆的种子中发现的，也含于薰衣草、桂皮的精油中。香豆素具有甜味且有香茅草的香气，是重要的香料，常用作定香剂，可用于配制香水、花露水香精等，也可用于一些橡胶制品和塑料制品，其衍生物还可用作农药、杀鼠剂、医药等。

由于天然植物中香豆素含量很少，因而大量的是通过合成得到的。1868 年，Perkin 用邻羟基苯甲醛（水杨醛）与乙酸酐、乙酸钾一起加热制得，称为 Perkin 合成法。

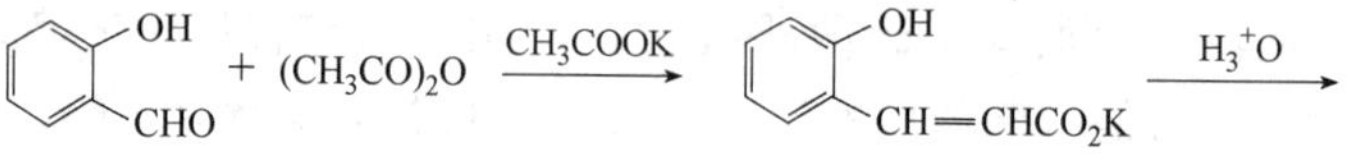

OH, CHO + $(CH_3CO)_2O$ $\xrightarrow{CH_3COOK}$ OH, $CH{=}CHCO_2K$ $\xrightarrow{H_3^+O}$

邻羟基肉桂酸钾

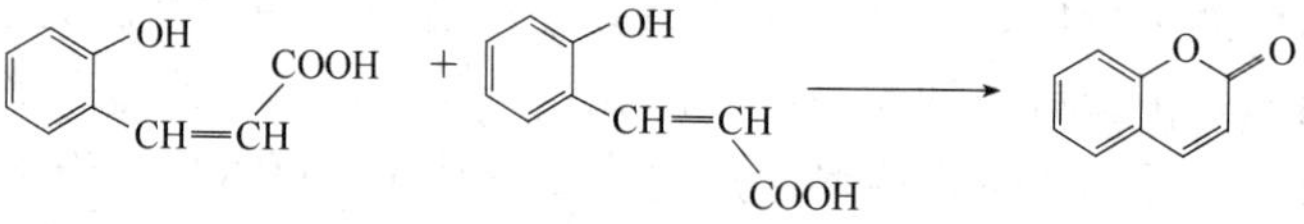

OH, COOH, CH=CH + OH, CH=CH, COOH ⟶ O, O

苦马酸　　香豆酸　　香豆素

水杨醛和乙酸酐首先在碱性条件下缩合，经酸化后生成邻羟基肉桂酸，接着在酸性条件下闭环成香豆素。

Perkin 反应存在着反应时间长，反应温度高，产率不高等缺点。

本实验采用改进的方法进行合成，水杨醛和丙二酸酯在有机碱催化下，可在较低的温度下合成香豆素的衍生物。这一方法称为 Knoevenagel 合成法，是对 Perkin 反应的一种改进，即让水杨醛与丙二酸酯在六氢吡啶的催化下缩合成香豆素-3-甲酸乙酯，后者加碱水解，此时酯基和内酯均被水解，然后经酸化再次闭环形成内酯，即为香豆素-3-羧酸。

反应式如下：

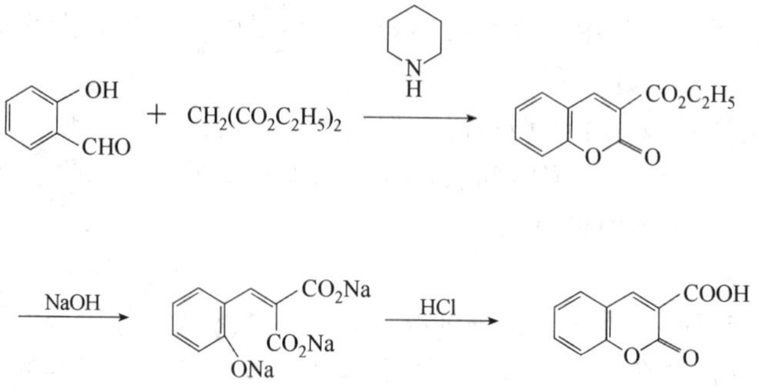

OH, CHO + $CH_2(CO_2C_2H_5)_2$ $\xrightarrow{\text{NH}}$ $CO_2C_2H_5$, O, O

$\xrightarrow{NaOH}$ $CO_2Na$, $CO_2Na$, ONa $\xrightarrow{HCl}$ COOH, O, O

## 三、实验用品

仪器：布氏漏斗，抽滤瓶，电动搅拌器，油浴锅，电热干燥箱，圆底烧瓶（50mL），球形冷凝管，干燥管，烧杯（500mL），量筒（10mL），锥形瓶（50mL），电子天平。

药品：水杨醛，丙二酸二乙酯，无水乙醇，六氢吡啶，冰醋酸，95%乙醇，氢氧化钠，浓盐酸，无水氯化钙。

## 四、实验内容

1. 香豆素-3-甲酸乙酯

在干燥的50mL圆底烧瓶中依次加入1.7mL水杨醛、2.8mL丙二酸二乙酯、10mL无水乙醇、0.2mL六氢吡啶、一滴冰醋酸和几粒沸石，装上配有无水氯化钙干燥管的球形冷凝管后，在水浴上加热回流2h。

待反应液稍冷后转移到锥形瓶中，加入12mL水，置于冰水浴中冷却，有结晶析出。待晶体完全析出后，抽滤，并每次用2～3mL冰水浴冷却过的50%乙醇洗涤晶体2～3次，得到的白色晶体为香豆素-3-甲酸乙酯的粗产物，干燥后产量约为2.5～3g，熔点91～92℃。可用25%的乙醇水溶液重结晶。

纯香豆素-3-甲酸乙酯熔点为93℃。

2. 香豆素-3-羧酸

在50mL圆底烧瓶中加入上述自制的2g香豆素-3-甲酸乙酯、1.5g NaOH、10mL 95%乙醇和5mL水，加入几粒沸石。装上冷凝管，水浴加热使酯溶解，然后继续加热回流15min。停止加热，将反应瓶置于温水浴中，用滴管吸取温热的反应液滴入盛有5mL浓盐酸和25mL水的锥形瓶中。边滴边摇动锥形瓶，可观察到有白色结晶析出。滴完后，用冰水浴冷却锥形瓶使结晶完全。抽滤晶体，用少量冰水洗涤、压紧、抽干。干燥后得产物约1.5g，熔点188.5℃。粗品可用水重结晶。

纯香豆素-3-羧酸熔点为190℃（分解）。

本实验约需7～8h。

## 五、注意事项

1. 水杨醛或者丙二酸酯过量，都可使平衡向右移动，提高香豆素-3-甲酸乙酯的产率。可使水杨醛过量，因为其极性大，后处理容易。

2. 用滴加的方式将溶于乙醇的丙二酸二乙酯加入圆底烧瓶，无水乙醇介质使原料互溶性更好，每次加入数滴，使其完全包裹在水杨醛与六氢吡啶的溶液内，充分接触，反应更充分。

3. 随着催化剂六氢吡啶用量的增加，产率提高，主要是碱性增强，碳负离子数目增多，产率增大，但用量过多时，其会与生成的香豆素-3-甲酸乙酯进一步生成酰胺，产率降低，所以其与丙二酸酯的物质的量比最好为1∶1。

4. 反应温度以能让乙醇匀速缓和回流为好，大概在80℃左右，温度过高回流过快，甚至有副反应发生。

5. 产率随反应时间延长而提高，但超过2h后产率降低，所以反应时间最好控制在2h左右。

6. 用冰过的50%乙醇洗涤可以减少酯在乙醇中的溶解。

## 六、思考题

1. 试写出本反应的反应机理，并指出反应中加入冰醋酸的目的是什么？

2. 试设计从香豆素-3-羧酸制备香豆素的反应过程和实验方法。

# 实验三十三　金属材料的电化学腐蚀与防护

## 一、实验目的

1. 了解电极电势的测定。

2. 了解金属电化学腐蚀的基本原理。

3. 了解防止金属腐蚀的基本原理和常用方法。

## 二、实验原理

1. 电极电势的测定

以饱和甘汞电极为负极，铜电极为正极，插在 $0.1mol \cdot L^{-1} CuSO_4$ 溶液中组成原电池。测出其电动势 $E$ 后，先计算出铜电极的非标准电极电势 $\varphi(Cu^{2+}/Cu)$，再根据能斯特方程式计算铜的标准电极电势 $\varphi^{\ominus}(Cu^{2+}/Cu)$。计算公式为：

$$E = \varphi(Cu^{2+}/Cu) - \varphi(Hg_2Cl_2/Hg)$$

$$\varphi(Cu^{2+}/Cu) = E + \varphi(Hg_2Cl_2/Hg)$$

其中，饱和甘汞电极的电极电势在测定温度下需要用下式校正：

$$\varphi(Hg_2Cl_2/Hg) = 0.2415V - 6.600 \times 10^{-4}(t/℃ - 25)V$$

$$\varphi^{\ominus}(Cu^{2+}/Cu) = \varphi(Cu^{2+}/Cu) - 9.921 \times 10^{-5} T/K \lg a(Cu^{2+})$$

式中，$a(Cu^{2+})$ 为溶液中 $Cu^{2+}$ 的活度。

$a = fc$，在 $0.10mol \cdot L^{-1} CuSO_4$ 溶液中 $Cu^{2+}$ 的活度因子 $f = 0.16$ 。

2. 金属的电化学腐蚀类型

(1) 微电池腐蚀

① 差异充气腐蚀。同一种金属在中性条件下，如果不同部位溶解氧气浓度不同，则氧气浓度较小的部位作为腐蚀电池的阳极，金属失去电子受到腐蚀；而氧气浓度较大的部位作为阴极，氧气得电子生成氢氧根离子。如果也有 $K_3[Fe(CN)_6]$ 和酚酞存在，则阳极金属亚铁离子进一步与 $K_3[Fe(CN)_6]$ 反应，生成蓝色的 $Fe_3[Fe(CN)_6]_2$ 沉淀；在阴极，由于氢氧根的不断生成，使得酚酞变红（亦属于吸氧腐蚀），两极反应式如下。

阳极（氧气浓度小的部位）反应：

$$Fe = Fe^{2+} + 2e^-$$

$$3Fe^{2+} + 2[Fe(CN)_6]^{3-} = Fe_3[Fe(CN)_6]_2\text{(蓝色沉淀)}$$

阴极（氧气浓度大的部位）反应：

$$O_2 + 2H_2O + 4e^- = 4OH^-$$

② 析氢腐蚀。金属铁浸在含有 $K_3[Fe(CN)_6]_2$ 的盐酸溶液中，铁作为阳极失去电子，受腐蚀，杂质作为阴极，在其表面 $H^+$ 得电子被还原析出氢气。两极反应式为：

阳极：　$$Fe = Fe^{2+} + 2e^-$$

阴极：　$$2H^+ + 2e^- = H_2 \uparrow$$

在其中加入 $K_3[Fe(CN)_6]$，则阳极附近的 $Fe^{2+}$ 进一步反应：

$$3Fe^{2+} + 2[Fe(CN)_6]^{3-} = Fe_3[Fe(CN)_6]_2\text{(蓝色沉淀)}$$

(2) 宏电池腐蚀

① 金属铁和铜直接接触，置于含有 NaCl、$K_3[Fe(CN)_6]$、酚酞的混合溶液中，由于

$\varphi^{\ominus}(Fe^{2+}/Fe) < \varphi^{\ominus}(Cu^{2+}/Cu)$，两者构成了宏电池，铁作为阳极，失去电子受到腐蚀（属于吸氧腐蚀），两极的电极反应式分别如下。

阳极反应：

$$Fe = Fe^{2+} + 2e^-$$

$$3Fe^{2+} + 2[Fe(CN)_6]^{3-} = Fe_3[Fe(CN)_6]_2\text{（蓝色沉淀）}$$

阴极（铜表面）反应：

$$O_2 + 2H_2O + 4e^- = 4OH^-$$

在阴极由于有 $OH^-$ 生成，使 $c(OH^-)$ 增大，所以酚酞变红。

② 金属铁和锌直接接触，环境同上，则由于 $\varphi^{\ominus}(Zn^{2+}/Zn) < \varphi^{\ominus}(Fe^{2+}/Fe)$，锌作为阳极受到腐蚀，而铁作为阴极，铁表面的氧气得电子后不断生成氢氧根离子，导致酚酞变红（属于吸氧腐蚀），两极的电极反应式分别如下。

阳极反应：

$$Zn = Zn^{2+} + 2e^-$$

$$3Zn^{2+} + 2[Fe(CN)_6]^{3-} = Zn_3[Fe(CN)_6]_2\text{（黄色沉淀）}$$

阴极（铁表面）反应：

$$O_2 + 2H_2O + 4e^- = 4OH^-$$

3. 金属腐蚀的防护

防止金属腐蚀的方法有很多，如研制耐腐蚀的金属材料、金属表面涂覆保护层及阴极保护法等方法。金属表面涂覆保护层的常用方法有涂油漆、电镀、喷镀、表面钝化处理、缓蚀剂法等。

(1) 有机缓蚀剂作用机理　在金属刚开始溶解时，金属表面带有的负电荷能吸附缓蚀剂的离子或分子，形成难溶且腐蚀介质很难穿透的保护膜。在酸性介质中，一般是含有 N、S、O 的有机化合物。常用的缓蚀剂有乌洛托品等。

(2) 无机缓蚀剂作用机理　在中性或碱性介质中可以采用无机缓蚀剂，如铬酸盐、重铬酸盐、磷酸盐、碳酸氢盐等，主要是在金属表面形成的氧化膜或沉淀物能够隔绝周围介质侵蚀，起到保护的作用。例如金属表面的磷化，就是用磷酸盐在金属表面生成一层磷化膜的保护层。其有关反应式如下：

$$Fe + 2H^+ = Fe^{2+} + H_2\uparrow$$

$$Fe^{2+} + HPO_4^{2-} = FeHPO_4\text{（暗灰色膜沉淀）}$$

$$3Zn^{2+} + 2PO_4^{3-} = Zn_3(PO_4)_2\text{（白色沉淀）}$$

(3) 3%的 $CuSO_4$ 检验液检验原理

磷化后的铁钉表面：$Fe^{2+} + HPO_4^{2-} = FeHPO_4$（暗灰色膜沉淀）

$$Cu^{2+} + HPO_4^{2-} = CuHPO_4\text{（暗黑色沉淀）}$$

没有磷化后的铁钉表面：$Fe + Cu^{2+} = Fe^{2+} + Cu$（棕红色沉淀）

## 三、实验用品

仪器：pHS-2C 型酸度计，饱和甘汞电极，铜电极（铜片），50mL 小烧杯（5 只），小试管（10 支），10mL 量筒（3 只），铁片，铜丝，锌丝，铁钉（若干），滤纸片（若干），塑料镊子，洗瓶，细砂纸（约 3cm×3cm），温度计（50℃或 100℃），回收废液用的容器（浓盐酸、检验液、磷化液）。

药品：NaCl（$0.1mol \cdot L^{-1}$），$K_3[Fe(CN)_6]$（$0.1mol \cdot L^{-1}$），乌洛托品 $(CH_2)_6N_4$

(20%)，$CuSO_4$（0.1mol·$L^{-1}$），HCl（0.1mol·$L^{-1}$、6mol·$L^{-1}$，浓），酚酞（0.5%），洗洁精，检验液（3% $CuSO_4$），磷化液[配方：$H_3PO_4$(85%) 45g·$L^{-1}$，ZnO 28g·$L^{-1}$，$Zn(NO_3)_2$ 28g·$L^{-1}$，NaF 2g·$L^{-1}$，浓 $HNO_3$ 29g·$L^{-1}$]。

## 四、实验内容

1. 用 pHS-2C 型酸度计测电极电势

（1）打开 pH 计电源开关，预热 20min（使用方法参考基本操作中的相关内容）。

（2）把测量选择开关指向毫伏计挡，将铜电极和饱和甘汞电极分别接到转换器的正极、负极接线柱上。

（3）测量温度为水溶液的温度。

（4）用去离子水清洗电极，再用滤纸片将其吸干。

（5）将电极插入被测溶液（0.1mol·$L^{-1}$ $CuSO_4$）中，显示屏读数即所测原电池的电动势 $E$(mV)。

（6）记录比较稳定的数据。

（7）关闭 pH 计电源开关。

（8）取出电极，用去离子水清洗。

（9）数据处理。

2. 金属的电化学腐蚀

（1）准备铁钉和混合溶液

① 铁钉表面除油、除锈。取若干枚小铁钉放入小烧杯中用洗洁精除油，以自来水冲洗干净后浸在浓盐酸中，除锈 1～2min 后用塑料镊子取出（注意：浓盐酸不要乱倒，需回收），以自来水淋洗后放在洁净的小烧杯中，再以去离子水浸泡备用。

② 配制含有少量酚酞的混合溶液。取 1 支试管，加入 6mL 0.1mol·$L^{-1}$的 NaCl 溶液（增加导电性），加入 4 滴 0.1mol·$L^{-1}$ $K_3[Fe(CN)_6]$ 溶液，再加入 3 滴酚酞溶液，混合均匀备用。

（2）微电池腐蚀

① 差异充气腐蚀。用细砂纸把一块铁片表面磨光，洗净铁锈并吸干水分，在其中心处滴上 2 滴含有少量酚酞的混合溶液，形成直径约为 2cm 的圆斑，放置 10min 后观察现象，并用两极反应式解释之。

② 析氢腐蚀。取 1 支洁净的小试管，加入 3mL 的 0.1mol·$L^{-1}$ HCl 溶液，将一枚除锈铁钉放入其中，观察现象。

（3）宏电池的腐蚀　取 2 支洁净的小试管，各加入 3mL 含有少量酚酞的混合溶液，取 2 枚小铁钉浸在浓盐酸中除锈，然后用镊子夹出；经自来水冲洗，用滤纸吸干。分别在其中部紧密地缠上一段干净的锌丝和铜丝，然后再分别放在上述 2 支试管的溶液中，静置数分钟（不要晃动），观察现象并用两极反应式进行解释。

3. 金属腐蚀的防护

（1）有机缓蚀剂的作用　取 2 支试管，各加入 3mL 0.1mol·$L^{-1}$ HCl 溶液，在某一支试管中加入 5 滴 20%的乌洛托品，在另 1 支试管中加入 5 滴水，将 2 枚清洁无锈的铁钉分别放入其中。反应片刻后，分别在 2 支试管中各加入 1 滴 0.1mol·$L^{-1}$ $K_3[Fe(CN)_6]$ 溶液，观察和比较出现的现象，并用两极反应式解释之。

（2）无机缓蚀剂的作用（金属表面的磷化）　准备 3 支洁净试管和 2 枚已用浓 HCl 溶液除过锈的并用水清洗干净的铁钉，分别放入 2 支试管中；其中 1 支试管加入磷化液让铁钉全部浸入磷化液，约 5～10min 后用镊子取出（注意：磷化液不要乱倒，需回收），用去离子水淋洗后将其放入空的洁净试管中，观察磷化膜。另 1 支有铁钉的试管不加磷化液，用作后面的检验对比。

（3）检验质量　向上述 2 支装有铁钉的试管中，分别加入 3％的 $CuSO_4$ 检验液 3mL，静置 2～3min 后，观察现象并用反应式进行解释。

## 五、注意事项

1. 电极要保证接触良好。预热一定时间后读数才能稳定。

2. 测量温度是溶液的温度，事先用温度计测一下水溶液的温度。一定要在报告中记录下来。

3. 测量前、后，电极一定要用去离子水清洗并吸干水分。

4. 实验所用的烧杯、量筒要贴上所装溶液的标签。

5. 铁钉一定要事先算好需要几个，然后集中除油、除锈干净。

6. 需要静置数分钟的实验，千万不要晃动试管，以免现象观察不明显。

7. 用过的浓盐酸和检验液（3％ $CuSO_4$）以及磷化液等废液不要乱倒，一定要回收到贴有相应标签的容器内。

8. 用锌丝缠铁钉时要缓慢用劲缠紧，防止锌丝折断；不要缠满铁钉，只要铁钉有一段被缠上就可观察到现象。

9. 铁片、铜丝、锌丝、铁钉等用后洗净回收至原处。所有试剂用后放回原处。

10. 实验中一定要仔细观察现象有无变化，记录现象要完整，并用学过的知识和有关反应方程式解释之。

## 六、数据记录与处理

1. 有关数据

溶液温度：$t=$________℃。

测定的原电池的电动势 $E=$________ mV＝________ V。

2. 实验现象与解释

实验现象与解释见表 6-22。

**表 6-22　实验现象与解释**

| 实验内容 | 现　　象 | 解　　释 |
|---|---|---|
| 金属的电化学腐蚀 | | |
| (1)微电池腐蚀<br>①差异充气腐蚀<br>②析氢腐蚀 | 圆斑中心：<br>圆斑边缘：<br>试管： | |
| (2)宏电池的腐蚀 | 溶液<br>①没有铜丝处溶液：<br>②铜丝处溶液： | |
| 金属腐蚀的防护 | | |
| (1)有机缓蚀剂的作用 | 试管 1：<br>试管 2： | |
| (2)无机缓蚀剂的作用(金属表面的磷化) | ①有磷化膜的铁钉表面：<br>②无磷化膜的铁钉表面： | |
| (3)检验质量 | ①有磷化膜的铁钉检验结果：<br>②无磷化膜的铁钉检验结果： | |

## 七、思考题

1. 发生宏电池腐蚀与微电池腐蚀的主要条件是什么？
2. 吸氧腐蚀发生的条件是什么？两极反应式分别如何？
3. 析氢腐蚀的条件是什么？两极反应式分别如何？
4. 差异充气腐蚀的原因如何？
5. 在铁钉上缠铜丝或者锌丝时，怎样操作才能保证实验现象明显？

# 实验三十四　人造能源——固体乙醇的制备

## 一、实验目的

1. 了解有机化学反应的基本实验方法。
2. 了解固体乙醇的制备原理。
3. 掌握有机化学反应仪器的装配方法。

## 二、实验原理

根据有机化学反应原理，用硬脂酸和氢氧化钠反应制得硬脂酸钠，再制成固体乙醇。通过实验了解固体乙醇的制备原理和方法，学会有机化学反应仪器的装配方法。

用硬脂酸与氢氧化钠反应可制得柔软的片状硬脂酸钠，化学反应式为：

$$CH_3(CH_2)_{16}COOH + NaOH \longrightarrow CH_3(CH_2)_{16}COONa + H_2O$$

硬脂酸钠再与液体乙醇以一定配比混合，加热软化使二者混合均匀。将化合物冷却，硬脂酸钠凝固，乙醇被包含在其中，即成为所谓的固体乙醇。若事先在其中分别加入石蜡、虫胶等作为固化剂和胶黏剂，可得到质地坚硬的固体乙醇，做成一定形状后即成为需要的产品。需要注意的是：石蜡是固体烃的混合物，本实验中用来作为固化剂使用，并可以燃烧放热。但是加入量不宜过多，否则燃烧不完全，易产生黑烟及放出不愉快的气味。

## 三、实验用品

仪器：研钵，三口烧瓶（250mL），烧杯（100mL、50mL），回流冷凝管，水浴箱，铁架台，温度计，玻璃塞。

药品：氢氧化钠，硬脂酸，乙醇，浮石，石蜡。

## 四、实验内容

(1) 反应装置　反应装置见图 6-11。

在 250mL 的三口烧瓶中，加入 9g 硬脂酸、2g 石蜡、50mL 乙醇，再加入数粒小粒浮石，摇匀。在三口烧瓶上安装回流冷凝管，放到水浴上加热约至 60℃，保温直至固体溶解。

(2) 在 100mL 烧杯中加入 1.5g NaOH 和 13.5g 水，搅拌溶解后，再加入 25mL 乙醇，搅拌均匀。

(3) 将步骤 (2) 配好的溶液加入步骤 (1) 三口烧瓶中，水浴加热回流 15min，使反应完全。

(4) 移去水浴，待温度下降、回流停止时，趁热将液体倒入模具中。必要时加盖，防止乙醇挥发，冷却至室温。产品完全固化后，从模具中倒出。

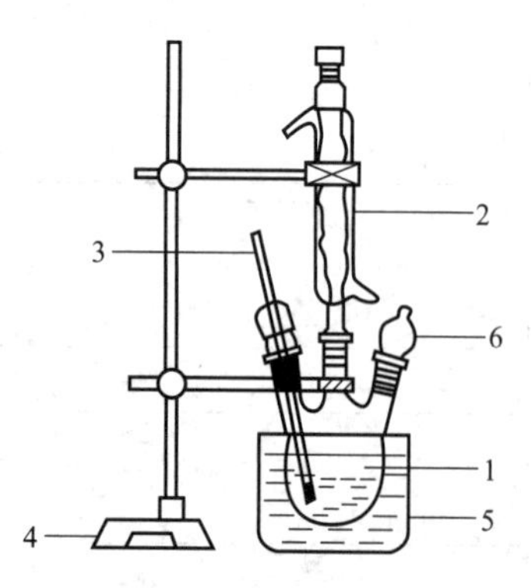


图 6-11　固体乙醇装置示意
1—反应器；2—回流冷凝管；3—温度计；4—铁架台；5—水浴箱；6—玻璃塞

（5）切一小块产品，点燃，观察燃烧情况。

## 五、思考题

1. 硬脂酸与氢氧化钠反应配比应是多少？如果配比不合适结果如何？

2. 加入石蜡的作用是什么？是否影响固体乙醇的燃烧效率？为什么？

# 实验三十五　微波水热合成法制备纳米材料

## 一、实验目的

1. 通过实验了解全新的纳米材料。

2. 了解纳米材料的合成方法之一——微波水热合成法。

## 二、实验原理

纳米粒子：粒子直径在1～100nm的粒子称为纳米粒子。纳米材料：由纳米级粒子制成的材料称为纳米材料。

纳米粒子和纳米材料的制备方法有很多。化学方法有：气相沉淀法、沉淀法、水热合成法、溶胶-凝胶法、微孔乳液法等。微波水热合成法是近年崭露头角的一种纳米粒子的制备方法，即用微波的方法促进化学反应，获得产物。

其原理及微波化学反应的复杂机理：

微波频率为300MHz～300GHz、波长为1m～1mm，具有较强的穿透性和优异的选择性。在微波作用下，化学反应的突出特点是反应速率加快，较常规方法反应速率提高2～3个数量级，机理尚无定论。有观点认为微波的频率与原子、离子的振动频率相同，因而加快反应速率。另外，微波可使极性分子和离子极化，也起到加速化学反应的作用。

本实验采用微波水热合成法制备纳米粒子$Fe_2O_3$，再进一步制成块体，利用实验室简便的方法测定其一般性质。

$FeCl_3$溶液与水反应生成$Fe_2O_3$是一个复杂的水解聚合及相转移、再结晶过程，反应式为：

$$x[Fe(H_2O)_6]^{3+} \longrightarrow Fe_x(OH)_y^{3x-y} \longrightarrow x[\alpha\text{-}FeOOH] \longrightarrow x/2[Fe_2O_3]$$

加入配合剂TETA（三亚乙基四胺，$C_6H_{18}N_4$）与$Fe^{3+}$反应形成配合物，当TETA被$OH^-$置换后转化为$Fe(OH)_3$，再进一步转化为$Fe_2O_3$。保持$Fe_2O_3$粒子直径在纳米级的关键在于防止粒子的“团聚”。TETA在系统中，先作为配合剂与$Fe^{3+}$配合，后作为表面活性剂（分散剂）分散系统中的粒子，防止粒子的团聚。

## 三、实验用品

仪器：烘箱，微波炉，容量瓶（250mL），移液管（50mL、20mL、10mL），烧杯，温度计，搅拌棒，分析天平，磁铁，表面皿。

药品：$FeCl_3$，稀盐酸（$0.001mol \cdot L^{-1}$），$NaH_2PO_4$，TETA，去离子水。

## 四、实验内容

（1）配制$0.020mol \cdot L^{-1}$的$FeCl_3$溶液，用万分之一天平准确称量计算量的$FeCl_3$晶体，置于50mL小烧杯中，加少量盐酸控制水解，加去离子水溶解后转移至250mL容量瓶中并定容，摇匀。

（2）配制$0.0100mol \cdot L^{-1}$的TETA溶液，方法同（1）。

（3）配制 $1.000\times10^{-4}\mathrm{mol\cdot L^{-1}}$ 的 $NaH_2PO_4$ 溶液，方法同（1）。

（4）用 50mL 移液管取 50mL 的 $FeCl_3$ 溶液注入 250mL 的烧杯中（一定要洗干净并干燥）。

（5）再用移液管分别取 40mL 的 TETA 溶液和 15mL 的 $NaH_2PO_4$ 溶液注入同一烧杯中，微摇荡，盖上表面皿。

（6）微波作用：将烧杯置于微波炉中，启动微波炉，低火加热 15min。

（7）陈化作用：将烧杯放入烘箱中，110℃保温（时间不低于 8h）。

（8）取出烧杯，除掉水，烘干粉末。

（9）将粉末压制成形，检验其磁性。

（10）测定纳米粉的熔点，与普通氧化铁粉末相对照。

**五、思考题**

1. 如果仅用 $FeCl_3$ 溶液与水反应能否制得纳米粒子？

2. 操作注意事项有哪些？

# 实验三十六　丙酮碘化反应速率常数及活化能的测定

**一、实验目的**

1. 掌握化学法测量反应速率常数的方法。

2. 掌握由反应速率常数计算反应活化能的方法。

3. 了解自催化反应的原理及历程。

**二、实验原理**

只有少数化学反应是由一个基元反应组成的简单反应。大多数化学反应并不是简单反应，而是由若干个基元反应组成的复杂反应，其反应速率和反应物浓度（严格说是活度）间的关系不能用质量作用定律预示。用实验测定反应速率和反应物浓度间的计量关系，是研究反应动力学的很重要的内容。对复杂反应，当知道反应速率方程的形式后，就可能对反应机理进行推测，如该反应究竟由哪些步骤完成，各个步骤的特征和相互联系如何等。

丙酮碘化反应是一个复杂反应，其反应式为：

$$H_3C-\overset{\overset{\displaystyle O}{\|}}{C}-CH_3+I_2 \rightleftharpoons H_3C-\overset{\overset{\displaystyle O}{\|}}{C}-CH_2I+I^-+H^+ \tag{6-8}$$

实验测定表明，反应速率在酸性溶液中随 $H^+$ 浓度增大而增大。由于反应式中包含产物 $H^+$，故在非缓冲溶液中，若保持作用物浓度不变，则反应速率将随反应的进行而增大。实验还表明，除非在很高酸度下，丙酮卤化反应的反应速率与卤素的浓度无关，并且反应速率不因卤素（氯、溴、碘）的不同而异（在百分之几误差范围内）。实验测得丙酮碘化的反应速率方程为：

$$\frac{dc_x}{dt}=k_{总}\,c_A c_{H^+} \tag{6-9}$$

式中，$c_x$ 为 $CH_3-\overset{\overset{\displaystyle O}{\|}}{C}-CH_2I$ 浓度；$c_A$ 为丙酮浓度；$c_{H^+}$ 为 $H^+$ 浓度；$k_{总}$ 为反应速率常数。

由以上实验事实，可对丙酮碘化反应的机理做如下推测：

$$\underset{(A)}{H_3C-\overset{\overset{\displaystyle O}{\|}}{C}-CH_3} + H^+ \overset{k}{\rightleftharpoons} \underset{(B)}{[H_3C-\overset{\overset{\displaystyle OH}{\|}}{C}-CH_3]^+} \tag{6-10}$$

$$\underset{(B)}{[H_3C-\overset{\overset{\displaystyle OH}{\|}}{C}-CH_3]^+} \underset{k_{-1}}{\overset{k_1}{\rightleftharpoons}} \underset{(D)}{H_3C-\overset{\overset{\displaystyle OH}{|}}{C}=CH_2} + H^+ \tag{6-11}$$

$$\underset{(D)}{CH_3-\overset{\overset{\displaystyle OH}{|}}{C}=CH_2} + I_2 \xrightarrow{k_2} \underset{(E)}{CH_3-\overset{\overset{\displaystyle O}{\|}}{C}-CH_2I} + I^- + H^+ \tag{6-12}$$

因为丙酮是很弱的碱，所以方程(6-10)生成中间体 B 是很少的，故有：

$$c_B = kc_A c_{H^+} \tag{6-13}$$

烯醇式 D 和产物 E 的反应速率方程是：

$$\frac{dc_D}{dt} = k_1 c_B - (k_{-1} c_{H^+} + k_2 c_{I_2}) c_D \tag{6-14}$$

$$\frac{dc_E}{dt} = k_2 c_{I_2} c_D \tag{6-15}$$

合并式（6-13）～式（6-15），并应用稳定态条件，即令$\frac{dc_D}{dt}=0$，得到：

$$\frac{dc_E}{dt} = \frac{k_1 k_2 k c_A c_{H^+} c_{I_2}}{k_{-1} c_{H^+} + k_2 c_{I_2}} \tag{6-16}$$

若烯醇式 D 与卤素的反应速率比烯醇式 D 与氢离子的反应速率大得多，即 $k_2 c_{I_2} \gg k_{-1} c_{H^+}$，则式（6-16）取以下简单的形式：

$$\frac{dc_x}{dt} = k_1 k c_A c_{H^+} = k_{总} c_A c_{H^+} \tag{6-17}$$

式(6-17) 与实验测定结果式(6-9) 完全一致，因此上述推测的反应机理有可能是正确的。

设 $c_A$ 为丙酮的开始浓度，$c_{H^+}$ 为氢离子的开始浓度。$c_x$ 为反应经过时间 $t$ 后，起变化的丙酮浓度。

$$-\frac{d(c_A - c_x)}{dt} = k(c_A - c_x)(c_{H^+} + c_x)$$

积分后得：

$$k = \frac{1}{t(c_A + c_{H^+})} \ln \frac{c_A(c_{H^+} + c_x)}{c_{H^+}(c_A - c_x)} \tag{6-18}$$

也可写成：

$$\ln \frac{c_{H^+} + c_x}{c_A - c_x} = (c_A + c_{H^+})kt - \ln \frac{c_A}{c_{H^+}} \tag{6-19}$$

以 $t$ 为横坐标，$\ln \frac{c_{H^+} + c_x}{c_A - c_x}$ 为纵坐标作图，可得一直线，此直线的斜率为 $(c_A + c_{H^+})k$，由此可求出反应速率常数 $k$。

丙酮碘化在酸性介质中进行得较快，但在中性介质中进行甚慢。所以可以在反应进行到某一时刻后，用中和方法使反应停止。从碘浓度降低的数值，即可知这一时刻溶液中丙酮的浓度。

由阿仑尼乌斯方程：　　$k=Ae^{-E_a/RT}$

当温度变化范围不大时，反应速率常数与温度有如下关系：

$$\ln\frac{k_2}{k_1}=\frac{E}{R}\left(\frac{T_2-T_1}{T_2T_1}\right) \tag{6-20}$$

式中，$k_1$、$k_2$ 分别为在温度 $T_1$、$T_2$ 时的反应速率常数；$E$ 为反应的活化能；$T$ 为热力学温度。

## 三、实验用品

仪器：恒温槽，容量瓶（250mL），移液管（25mL），量筒（25mL），碱式滴定管（50mL），锥形瓶（200mL），秒表。

药品：碘溶液（$0.1\text{mol}\cdot\text{L}^{-1}$，内含4%的KI），HCl标准溶液（$1\text{mol}\cdot\text{L}^{-1}$），$Na_2S_2O_3$ 标准溶液（$0.01\text{mol}\cdot\text{L}^{-1}$），$NaHCO_3$ 溶液（$0.1\text{mol}\cdot\text{L}^{-1}$），2%淀粉溶液。

## 四、实验内容

（1）调节恒温槽，使其恒温在（25.0±0.1）℃。

（2）取一干净的250mL容量瓶，用移液管准确移取25mL $0.1\text{mol}\cdot\text{L}^{-1}$ 的 $I_2$ 溶液，置于250mL容量瓶中；再用另一支移液管准确移取25mL $1\text{mol}\cdot\text{L}^{-1}$ 的HCl溶液置于同一个容量瓶中，加水稀释到容量瓶刻度下约2cm处，将容量瓶置于恒温槽中恒温10min。

（3）用2mL的移液管准确移取2mL丙酮加入已恒温的容量瓶中，并用事先恒温的水稀释至刻度，将容量瓶从恒温槽中取出，尽快摇匀，然后再放回恒温槽中夹牢。注意：在开始搅匀时就立即把秒表打开，反应开始计时。

（4）反应过程中剩余 $I_2$ 的测定：反应进行到约15min时，用移液管移取25mL反应液，放到盛有25mL $0.1\text{mol}\cdot\text{L}^{-1}$ 的 $NaHCO_3$ 锥形瓶中，当混合液流入锥形瓶时，同时记下此时的时间，将锥形瓶中的溶液摇匀，使反应停止，用 $0.01\text{mol}\cdot\text{L}^{-1}$ 的标准 $Na_2S_2O_3$ 溶液滴定残余的 $I_2$，当溶液由深棕色变为淡黄色时，加入1mL淀粉溶液，继续滴定至蓝色消失。准确记下所消耗的 $Na_2S_2O_3$ 的体积 $V_t$，以后每隔15min进行一次上面的操作，滴定残余的 $I_2$，共做6～7次，分别记录测量的时间和所消耗的 $Na_2S_2O_3$ 的体积。

（5）溶液中原始 $I_2$ 含量的测定：为计算反应物溶液中 $I_2$ 的浓度，需测未加丙酮时溶液中的 $I_2$。方法是另取一只250mL干净的容量瓶，在其中准确加入25mL的 $1\text{mol}\cdot\text{L}^{-1}$ 的盐酸标准溶液和25mL $0.1\text{mol}\cdot\text{L}^{-1}$ 的碘液，用事先恒温的水稀释至刻度，充分摇匀后放到恒温槽中恒温10min，用移液管准确移出25mL这样的混合溶液，用同样的方法用 $Na_2S_2O_3$ 标准溶液滴定，记录此时所消耗的 $Na_2S_2O_3$ 的体积 $V_0$。

（6）将恒温槽温度升至35℃，重复进行上面的实验，在35℃时求出一系列 $V_t$ 和 $V_0$，并与反应时间一一对应，在35℃做实验时可每隔10min进行一次残余 $I_2$ 的浓度的测量。

## 五、数据记录与处理

室温＿＿＿＿＿＿＿＿　　恒温槽温度＿＿＿＿＿＿＿＿

丙酮密度＿＿＿＿＿＿＿＿　　丙酮的浓度＿＿＿＿＿＿＿＿

标准盐酸的浓度＿＿＿＿＿＿　　标准 $Na_2S_2O_3$ 溶液的浓度＿＿＿＿＿＿

(1) 计算 $c_x$

$$c_x=\frac{V_0-V_t}{25}\times\frac{N}{2}$$

式中，$V_t$ 为 $t$ 时刻测定消耗的 $Na_2S_2O_3$ 的体积；$V_0$ 为未反应时测定消耗的 $Na_2S_2O_3$ 的体积；$N$ 为 $Na_2S_2O_3$ 标准溶液的浓度。

(2) 数据记录（表 6-23）

**表 6-23 数据记录**

| 时间/min | 15 | 30 | 45 | 60 | 75 | 90 |
|---|---|---|---|---|---|---|
| $V_t$ | | | | | | |
| $c_{H^+}+c_x$ | | | | | | |
| $c_A-c_x$ | | | | | | |
| $\ln\frac{c_{H^+}+c_x}{c_A-c_x}$ | | | | | | |

(3) 作图

在坐标纸上以 $\ln\frac{c_{H^+}+c_x}{c_A-c_x}$ 对 $t$ 作图，求直线的斜率 $K$，并由斜率 $K$ 求反应速率常数 $k$，$k=\frac{K}{c_A+c_{H^+}}$。

## 六、注意事项

1. 丙酮碘化反应过程中注意保持恒温。
2. 在开始搅匀时就立即把秒表打开，反应开始计时。
3. 注意淀粉指示剂的加入时间和滴定终点的判断。

## 七、思考题

1. 丙酮碘化反应中，如何确定反应体系中所消耗的丙酮的浓度？
2. 在整个实验过程中秒表是否可以停顿？为什么？草酸能否作为标定氢氧化钠标准溶液的基准物质？为什么？
3. 影响实验结果精度的主要因素有哪些？

# 实验三十七　乙酸正丁酯的制备

## 一、实验目的

1. 掌握酯化反应原理及乙酸正丁酯的制备方法。
2. 掌握共沸蒸馏分水法的原理和分水器（油水分离器）的使用。

## 二、实验原理

酸与醇反应制备酯，是一类典型的可逆反应。

主反应：

$$CH_3COOH+CH_3CH_2CH_2CH_2OH \xrightleftharpoons{\text{浓 } H_2SO_4} CH_3COOCH_2CH_2CH_2CH_3+H_2O$$

副反应：

$$2CH_3CH_2CH_2CH_2OH \xrightleftharpoons{浓 H_2SO_4} CH_3CH_2CH_2CH_2OCH_2CH_2CH_2CH_3 + H_2O$$

$$CH_3CH_2CH_2CH_2OH \xrightleftharpoons{浓 H_2SO_4} CH_3CH_2CH{=}CH_2 + H_2O$$

对于可逆反应，加热和加催化剂，能加速反应，但不能提高产率。而只有增大反应物浓度或减少生成物浓度，使平衡向正方向移动才能提高产率。制备乙酸正丁酯用共沸蒸馏分水法较好。为了将反应物中生成的水除去，利用酯、酸和水形成二元或三元恒沸物，采取共沸蒸馏分水法。使生成的酯和水以共沸物形式逸出，冷凝后通过分水器分出水层，油层则回到反应器中。

## 三、实验用品

仪器：蒸馏装置玻璃磨口仪器、球形冷凝管、分水器、圆底烧瓶（50mL）、温度计（150℃）、锥形瓶（50mL）、烧杯（400mL）、电热套、分液漏斗、量筒（10mL、50mL）、电热套、铁架台、铁夹及十字头、铁圈、橡胶水管、天平。

试剂：正丁醇（11.5mL）、冰醋酸（7.2mL）、浓硫酸、10%碳酸钠溶液、无水硫酸镁、冰块、沸石、甘油、pH 试纸。

实验装置见图 6-12。

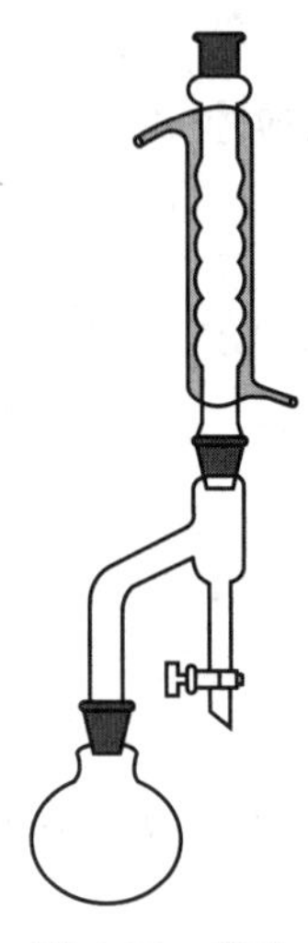

图 6-12　实验装置

## 四、实验内容

1. 在 50mL 圆底烧瓶中，加入 11.5mL 正丁醇、7.2mL 冰醋酸和 3～4 滴浓 $H_2SO_4$（催化反应），混匀，加 2 颗沸石。

2. 接上回流冷凝管和分水器，在分水器中预先加少量水至略低于支管口 1～2cm，目的是使上层酯中的醇回流至烧瓶中继续参与反应，用笔作记号并加热至回流，记下第一滴回流液滴下的时间，并控制冷凝管中的液滴流速为 1～2 滴/s。

3. 反应一段时间后，把水分出并保持分水器中水层液面在原来的高度。

4. 大约 40min 后，不再有水生成（即液面不再上升），即表示完成反应。

5. 停止加热，记录分出的水量。

6. 冷却后卸下回流冷凝管，把分水器中的酯层和圆底烧瓶中的反应液一起倒入分液漏斗中。在分液漏斗中加入 10mL 水洗涤，并除去下层水层（除去乙酸及少量的正丁醇）；有机相继续用 10mL 10% $Na_2CO_3$ 洗涤至中性（除去硫酸）；上层有机相再用 10mL 的水洗涤除去溶于酯中的少量无机盐，最后将有机层倒入小锥形瓶中，用无水硫酸镁干燥。

7. 蒸馏：将干燥后的乙酸正丁酯倒入干燥的 30mL 蒸馏烧瓶中（注意不要把硫酸镁倒进去!），加入 2 粒沸石，安装好蒸馏装置，加热蒸馏。收集 124～126℃的馏分。

8. 测定折射率。

9. 计算产率。

## 五、注意事项

1. 在加入反应物之前，仪器必须干燥。

2. 高浓度乙酸在低温时凝结成冰状固体（熔点 16.6℃）。取用时可用温水浴加热使其熔化后量取。注意不要碰到皮肤，防止烫伤。

3. 浓硫酸起催化剂作用，只需少量即可；滴加浓硫酸时，要边加边摇，以免局部炭化。

4. 分水器中应预先加入一定量的水，在分水器上用笔做一标记。在反应过程中，生成的水由分水器放出，但水面需要保持在标记处。由生成的水量判断反应进行的程度。反应进行完全时应观察不到有水带出的浑浊现象。最后记下生成水的量，与计算所得到的理论产量比较。

5. 在反应刚开始时，一定要控制好升温速度。要在 80℃ 加热 15min 后再开始加热回流，以防乙酸过早地蒸出，影响产率。

6. 用 10% $Na_2CO_3$ 洗涤时，因为有 $CO_2$ 气体放出，所以要注意放气，同时洗涤时摇动不要太厉害，否则会使溶液乳化不易分层。

7. 蒸馏装置必须干燥，仪器要在烘箱中或气流烘干器上烘干（分液和干燥产物之应前先把仪器洗干净放入烘箱中干燥后再使用）。

8. 当酯化反应进行到一定程度时，可连续蒸出乙酸正丁酯、正丁醇和水的三元共沸物（恒沸点 90.7℃），其回流液组成为：上层三者分别为 86%、11%、3%，下层为 19%、2%、79%。故分水时也不要分去太多的水，而以能让上层液溢流回圆底烧瓶继续反应为宜。

9. 根据分出的总水量（注意扣去预先加到分水器的水量），可以粗略地估计酯化反应完成的程度。

10. 产物的纯度也可用折射率进行测定。

## 六、思考题

1. 酯化反应有什么特点？本实验如何提高产品收率？又如何加快反应速率？

2. 计算反应完全应分出多少水。

# 实验三十八　粗食盐的提纯

## 一、实验目的

1. 掌握提纯粗食盐的原理和方法。

2. 学习溶解、沉淀、过滤、抽滤、蒸发浓缩、结晶和烘干等操作。

3. 了解 $Ca^{2+}$、$Mg^{2+}$、$SO_4^{2-}$ 等离子的定性鉴定。

## 二、实验原理

粗盐中含 $Ca^{2+}$、$Mg^{2+}$、$K^+$、$SO_4^{2-}$ 杂质离子和泥沙等机械杂质，可依次用 $BaCl_2$ 除去 $SO_4^{2-}$，用 $Na_2CO_3$ 除去 $Ca^{2+}$，$Mg^{2+}$、$Fe^{3+}$、$K^+$ 在结晶后抽滤时除去。相关反应式如下：

$$Ba^{2+} + SO_4^{2-} = BaSO_4 \downarrow$$

$$Ca^{2+} + CO_3^{2-} = CaCO_3 \downarrow$$

$$Ba^{2+} + CO_3^{2-} = BaCO_3 \downarrow \text{（多余的 } Ba^{2+}\text{）}$$

$$2Mg^{2+} + 2OH^- + CO_3^{2-} = Mg_2(OH)_2CO_3 \downarrow$$

$$2Fe^{3+} + 3CO_3^{2-} + 3H_2O = 2Fe(OH)_3 \downarrow + 3CO_2$$

$$Fe^{3+} + 3OH^- = Fe(OH)_3 \downarrow$$

## 三、实验用品

仪器：电炉，烧杯（50mL、500mL），小试管（6 支），蒸发皿，玻璃棒，坩埚钳，水浴锅，布氏漏斗，吸滤瓶，真空泵，泥三角，托盘天平，广泛 pH 试纸，滤纸。

固体药品：粗食盐。

液体药品：$1mol \cdot L^{-1}$ $BaCl_2$，$3mol \cdot L^{-1}$ $H_2SO_4$，$6mol \cdot L^{-1}$ HCl，$2mol \cdot L^{-1}$ HAc，$6mol \cdot L^{-1}$ NaOH，95%乙醇，饱和 $Na_2CO_3$ 溶液，饱和 $(NH_4)_2C_2O_4$ 溶液，镁试剂。

**四、实验步骤**

（1）称 15g 粗盐，加 50mL 自来水溶解（加热搅拌）。

（2）除 $SO_4^{2-}$　将粗盐溶液加热至沸腾，边搅拌边滴加 $1mol \cdot L^{-1}$ $BaCl_2$ 溶液（共 3～4mL），继续加热 5min。

（3）检验 $SO_4^{2-}$ 是否除尽　停止加热，让溶液静置，沉降至上部澄清，取上清液 0.5mL，加几滴 $6mol \cdot L^{-1}$HCl，加几滴 $BaCl_2$ 溶液，若无沉淀产生，表示 $SO_4^{2-}$ 已除尽；若有沉淀，需再加 $BaCl_2$ 至 $SO_4^{2-}$ 沉淀完全。

（4）除去 $Ca^{2+}$、$Mg^{2+}$ 和过量 $Ba^{2+}$　将上述混合物加热至沸腾，边搅拌边滴加饱和 $Na_2CO_3$ 溶液（共 6～8mL），直至沉淀完全。

（5）检验 $Ba^{2+}$ 是否除去　将上述混合物放置沉降，取 0.5mL 上清液，滴加 $3mol \cdot L^{-1}$ $H_2SO_4$，若无沉淀，示 $Ba^{2+}$ 已除净；否则，再补加 $Na_2CO_3$ 至沉淀完全。

验证沉淀完全后，常压过滤，弃去沉淀，保留溶液。

（6）用 HCl 调酸度，除去 $CO_3^{2-}$　在滤液中滴加 $6mol \cdot L^{-1}$ HCl，搅匀，用 pH 试纸检验，至 pH 为 2～3。

（7）加热、蒸发、结晶　将滤液在蒸发皿中加热蒸发，体积为 1/3 时（糊状，勿蒸干）停止加热，冷却、结晶、抽滤。用少量 95%乙醇洗涤沉淀，抽干。

（8）烘干　将抽滤得到的 NaCl 晶体，在干净干燥的蒸发皿中小火烘干，冷却，称量______g，计算产率______。

（9）产品纯度的检验　称取粗盐和精盐各 0.5g，分别用 5mL 去离子水溶解备用。

① $SO_4^{2-}$ 的检验。各取上述两种盐溶液 1mL 分别置于小试管中，各加 3～4 滴 $1mol \cdot L^{-1}$ $BaCl_2$，观察有无白色 $BaSO_4$ 沉淀。

② $Ca^{2+}$ 的检验。各取上述两种盐溶液 1mL 分别置于小试管中，各加几滴 $2mol \cdot L^{-1}$HAc 酸化，分别滴加 3～4 滴饱和 $(NH_4)_2C_2O_4$ 溶液，观察有无 $CaC_2O_4$ 白色沉淀。

③ $Mg^{2+}$ 的检验。各取上述两种盐溶液 1mL 分别置于小试管中，各加 4～5 滴 $6mol \cdot L^{-1}$ NaOH 摇匀，各加 3～4 滴镁试剂，若有蓝色絮状沉淀，表示含 $Mg^{2+}$。

**五、思考题**

1. 在除去 $Ca^{2+}$、$Mg^{2+}$、$SO_4^{2-}$ 时，为什么要先加入 $BaCl_2$ 溶液，然后再加入 $Na_2CO_3$ 溶液？

2. 为什么用 $BaCl_2$（毒性很大），而不用 $CaCl_2$ 除去 $SO_4^{2-}$？

3. 在除 $Ca^{2+}$、$Mg^{2+}$、$Ba^{2+}$ 等时，能否用其他可溶性碳酸盐代替 $Na_2CO_3$？

4. 加 HCl 除 $CO_3^{2-}$ 时，为什么要把溶液的 pH 调到 3～4？调至恰为中性好不好？

提示：从溶液中 $H_2CO_3$、$HCO_3^-$ 和 $CO_3^{2-}$ 浓度的比值与 pH 的关系去考虑。

## 实验三十九　五水硫酸铜的制备和质量分数的测定

**一、实验目的**

1. 了解由不活泼金属与酸作用制备盐的方法。

2. 学习重结晶法提纯物质的原理与方法。

3. 学习水浴加热、蒸发、浓缩、固体灼烧等基本操作。

4. 掌握硫酸铜晶体（$CuSO_4 \cdot 5H_2O$）质量分数的测定方法。

## 二、实验原理

硫酸铜晶体（$CuSO_4 \cdot 5H_2O$）俗称明矾或胆矾，它是一种蓝色的斜方晶体，是制备其他铜化合物的重要原料，也是电镀和纺织品媒染剂的原料。硫酸铜溶液具有一定的杀菌能力，加在储水池或游泳池中可防止藻类的生长。它与石灰乳混合而得到的溶液，称为波尔多液，常用于消灭果树和番茄的虫害。

铜是不活泼金属，不能直接和稀硫酸发生反应制备硫酸铜，必须加入氧化剂。在浓硝酸和稀硫酸的混合液中，浓硝酸将铜氧化成 $Cu^{2+}$，$Cu^{2+}$ 与 $SO_4^{2-}$ 结合得到硫酸铜：

$$Cu+2HNO_3+H_2SO_4 = CuSO_4+2NO_2\uparrow+2H_2O$$

未反应的铜屑（不溶性杂质）用倾析法除去。利用硝酸铜的溶解度在 0～100℃范围内均大于硫酸铜溶解度的性质，溶液经蒸发浓缩析出硫酸铜，经过滤与可溶性杂质硝酸铜分离，得到粗产品。

硫酸铜的溶解度随温度升高而增大，可用重结晶法提纯。在粗产品硫酸铜中，加适量水，加热成饱和溶液，趁热过滤除去不溶性杂质。滤液冷却，析出硫酸铜晶体，过滤，与可溶性杂质分离，得到纯的硫酸铜晶体。

## 三、实验用品

仪器：电炉，烧杯，蒸发皿，玻璃棒，坩埚钳，水浴锅，布氏漏斗，吸滤瓶，真空泵，泥三角，托盘天平，分析天平，碘量瓶，碱式滴定管，滴定台，蝴蝶夹，表面皿，滤纸。

固体药品：铜屑，碘化钾。

液体药品：$3mol \cdot L^{-1}$ 硫酸，浓硝酸，无水乙醇，(0.5%) 淀粉溶液，$0.1mol \cdot L^{-1}$ 硫代硫酸钠标准溶液，去离子水。

## 四、实验内容

1. 硫酸铜晶体的制备

（1）灼烧　称取 1.5g 铜屑，放入蒸发皿中，强烈灼烧至表面呈现黑色，让其自然冷却。

（2）制备　在灼烧过的铜屑中，加入 5.5mL $3mol \cdot L^{-1}$ 硫酸，然后缓慢、分批加入 2.5mL 浓硝酸（在通风橱中进行），待反应缓和后盖上表面皿，水浴加热，补加 2.5mL $3mol \cdot L^{-1}$ 硫酸。铜屑近于完全溶解后，趁热用倾析法将溶液转至小烧杯，留下不溶性杂质，然后将溶液转回洗净的蒸发皿中，水浴加热，蒸发浓缩至结晶膜出现。取下蒸发皿，使溶液冷却，析出粗的 $CuSO_4 \cdot 5H_2O$，抽滤，称重。

（3）重结晶　粗产品以 $1.2mL$ 水$\cdot g^{-1}$ 的比例溶于水，加热使 $CuSO_4 \cdot 5H_2O$ 完全溶解，趁热过滤。滤液收集在小烧杯中，让其自然冷却，即有晶体析出。完全冷却后，减压抽滤，用 3mL 无水乙醇淋洗，抽干，称重，计算产率。

2. $CuSO_4 \cdot 5H_2O$ 质量分数的测定

称取 0.8g 样品，精确至 0.0001g，置于碘量瓶中，溶于 60mL 水，加 5mL $2mol \cdot L^{-1}$ 硫酸及 3g 碘化钾，摇匀。用 $0.1mol \cdot L^{-1}$ 硫代硫酸钠标准溶液滴定，近终点时，加 3mL 淀粉指示剂，继续滴定至蓝色消失。平行测定 3 次，计算其平均值。

质量分数按下式计算：

$$w=\frac{249.7Vc}{1000m}\times 100\%$$

式中 $w$——$CuSO_4 \cdot 5H_2O$ 的质量分数；

$V$——$Na_2S_2O_3$ 标准滴定溶液的体积，mL；

$c$——$Na_2S_2O_3$ 标准滴定溶液的实际浓度，$mol \cdot L^{-1}$；

$m$——样品质量，g；

249.7——$CuSO_4 \cdot 5H_2O$ 的摩尔质量，$g \cdot mol^{-1}$。

## 五、思考题

1. 为什么不用浓硫酸与铜反应制备五水硫酸铜?
2. 为什么要缓慢、分批加浓硝酸?
3. 为什么用 $3mol \cdot L^{-1}$ 的硫酸?
4. 重结晶时，提纯物与溶剂之间的量的关系如何确定?
5. 是否所有的物质都可以用重结晶方法提纯?

# 实验四十　乙酰苯胺的制备

## 一、实验目的

1. 掌握苯胺乙酰化反应的原理和实验操作。
2. 掌握分馏柱的作用机理和用途。

## 二、实验原理

芳香族伯胺的芳环和氨基都容易起反应，在有机合成上为了保护氨基，往往先把它乙酰化为乙酰苯胺，然后进行其他反应，最后水解去掉乙酰基。

制备乙酰苯胺常用的方法可用芳胺与酰氯、酸酐或用冰醋酸等试剂进行酰化反应。其中与酰氯反应最激烈，酸酐次之，冰醋酸最慢。采用酰氯或酸酐作为酰化剂，反应进行较快，但原料价格较高，采用冰醋酸作为酰化剂，反应较慢，但便宜，操作方便，适用于规模较大的制备。

本实验是用冰醋酸作乙酰化试剂：

$$C_6H_5-NH_2 + CH_3COOH \xrightleftharpoons{Zn粉} C_6H_5-NHCOCH_3 + H_2O$$

苯胺与冰醋酸的反应是可逆反应，为防止乙酰苯胺的水解，提高产率，采用了将其中一个生成物——水在反应过程中不断移出体系及反应物乙酸过量的方法破坏平衡，使平衡向右移动。因此，要求实验装置既能反应又能进行蒸馏。由于水与反应物冰醋酸的沸点相差不大，必须在反应瓶上装一个刺形分馏柱，使水和乙酸的混合气体在分馏柱内进行多次汽化和冷凝，使这两种气体得到分离，从而减少乙酸蒸出，保证水的顺利蒸出。

## 三、实验用品

1. 主要试剂及物理性质见表 6-24。

表 6-24　主要试剂的物理性质

| 名称 | 分子量 | 熔点/℃ | 沸点/℃ | 外观 |
|---|---|---|---|---|
| 苯胺 | 93.14 | −6.2 | 184.4 | 无色至浅黄色透明液体 |
| 乙酸 | 60.05 | 16.6 | 117.9 | 无色有刺激性气味的液体 |
| 乙酰苯胺 | 135.17 | 114.3 | 304 | 白色有光泽片状结晶或白色结晶粉末 |
| 锌 | 65.38 | 419.53 | 907 | 银白色固体 |

2. 主要仪器

刺形分馏柱、温度计、冷凝管、锥形瓶、尾接管、布氏漏斗、真空循环水泵。

3. 实验装置

分馏装置和抽滤装置分别见图 6-13 和图 6-14。

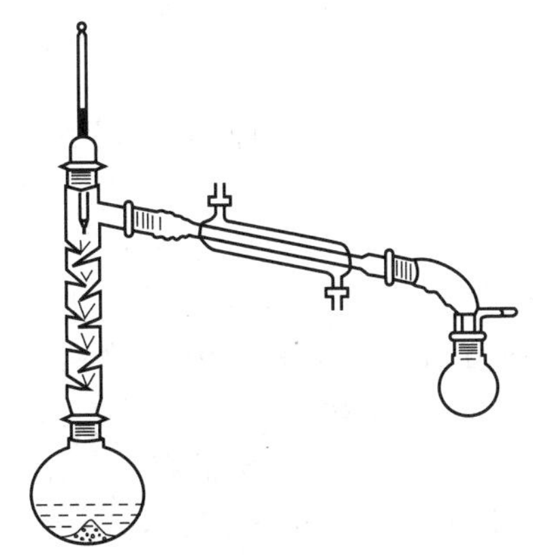

图 6-13　分馏装置

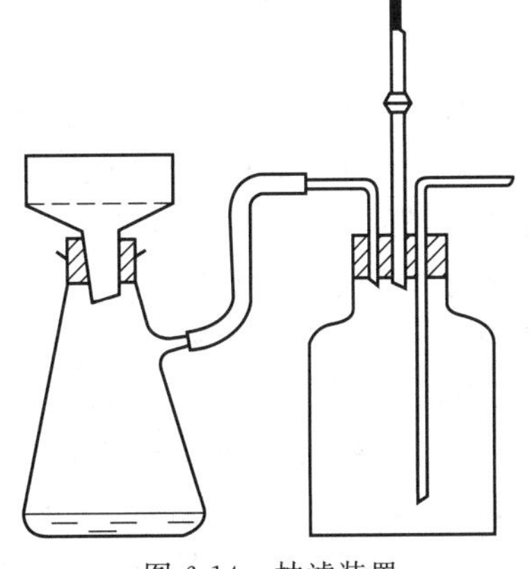

图 6-14　抽滤装置

## 四、实验内容

### 方法一

在 50mL 圆底烧瓶中加入新蒸馏过的苯胺 5mL、冰醋酸 7.4mL、锌粉 0.1g，搭建装置（见图 6-13）。加热，使反应溶液在微沸状态下回流，调节加热温度，使柱顶温度 105℃左右，反应约 60～80min。反应生成的水及少量乙酸被蒸出，当柱顶温度下降或烧瓶内出现白色雾状时，反应已基本完成，停止加热。

在搅拌下，趁热将烧瓶中的物料以细流状倒入盛有 100mL 冰水的烧杯中，剧烈搅拌，并冷却烧杯至室温，粗乙酰苯胺结晶析出，抽滤。用玻璃瓶塞将滤饼压干，再用 5～10mL 冷水洗涤，再抽干，得到乙酰苯胺粗产品。

将此粗乙酰苯胺滤饼放入盛有 150mL 热水的锥形瓶中，加热，使粗乙酰苯胺溶解。若溶液沸腾时仍有未溶解的油珠，应补加热水，直至油珠消失为止。稍冷后，加入约 0.2g 活性炭，在搅拌下加热煮沸 1～2min，趁热用保温漏斗过滤或用预先加热好的布氏漏斗减压过滤，将滤液慢慢冷至室温，待结晶完全后抽滤，尽量压干滤饼。产品放在干净的表面皿中晾干，称重。计算产率。

### 方法二

在 500mL 烧杯中加入 5mL 浓盐酸和 120mL 水配成的溶液，搅拌下加入 5.6g（5.5mL）苯胺，待溶解后，再加入少量活性炭（约 1g），将溶液煮沸 5min，趁热滤去活性炭和其他不溶性杂质（如果溶得比较好，可不必经过这一步）。将溶液转移到 500mL 锥形瓶中，冷却至 50℃，加入 7.3mL 乙酸酐，振摇使其溶解，立即加入乙酸钠溶液（9g 结晶乙酸钠溶于 20mL 水），充分振摇混合，然后将混合物在冰水浴中冷却结晶，减压过滤，用少量冷水洗涤 2～3 遍，干燥称重（放在实验柜中自然干燥，下次实验再称）。

## 五、注意事项

1. 久置的苯胺色深有杂质（置于空气中或日光下会变成棕色），会影响乙酰苯胺的质量，故最好用新蒸的苯胺。另一原料乙酸酐也最好用新蒸的。苯胺有毒，具有强致癌作用，使用时要注意安全，有伤口的同学注意不要与伤口接触。

2. 加入锌粉的目的，是防止苯胺在反应过程中被氧化，生成有色的杂质。通常加入后反应液颜色会从黄色变成无色。但不宜加得过多，因为被氧化的锌生成氢氧化锌为絮状物质，会吸收产品。

3. 反应温度的控制：保持分馏柱柱顶温度不超过105℃。开始时要缓慢加热，待有水生成后，调节反应温度，以维持生成水的速度与分出水的速度之间的平衡。切忌开始就强烈加热。

4. 因乙酰苯胺熔点较高，稍冷即会固化，因此，反应结束后需立即倒入事先准备好的水中。否则会凝固在烧瓶中难以倒出。

5. 本实验用水作重结晶的溶剂，其优点是价格低廉，操作简便，环境污染少等，又将用活性炭脱色与重结晶两个操作结合在一起，进一步简化了分离纯化操作过程。

6. 不可以用过量的水处理乙酰苯胺。乙酰苯胺在100g水中的溶解度为：0.56g(25℃)、3.5g(80℃)、18g(100℃)；乙醇：36.9g(20℃)；甲醇：69.5g(20℃)；氯仿：3.6g(20℃)。乙酰苯胺在水中的含量为5.2%时，重结晶效率高，产率最高。在体系中的含量稍低于5.2%，加热到83.2℃时不会出现油相，水相又接近饱和溶液，继续加热到100℃，进行热过滤除去不溶性杂质和脱色用的活性炭，滤液冷却，乙酰苯胺开始结晶，继续冷却至室温(20℃)，过滤得到的晶体乙酰苯胺纯度很高，可溶性杂质留在母液中。一个经验的方法是按操作步骤给出的产量5g(初做的学生很难达到)，估计需水量为100mL，加热至83.2℃，如果有油珠，补加热水，直至油珠完全溶解为止。个别同学加水过量，可蒸发部分水，直至出现油珠，再补加少量水即可。

7. 不能将活性炭加入沸腾的溶液中，否则会引起暴沸，使溶液溢出容器。

8. 减压过滤：用布氏漏斗趁热过滤时，为了防止在漏斗中析出晶体，需用热水浴或蒸气浴把漏斗预热，然后用来减压过滤。抽滤瓶也可同时预热。布氏漏斗中铺的圆形滤纸要剪得比漏斗内径小，使其紧贴于漏斗的底壁。在抽滤前先用少量溶剂把滤纸润湿，然后打开水泵将滤纸吸紧，防止固体在抽滤时从滤纸边沿吸入瓶中。布氏漏斗的斜口要远离抽气口，用玻璃棒引导将脱色后的固液混合物分批倒入布氏漏斗中抽滤。过滤完成后，关闭水泵前应先将抽滤瓶与水泵间连接的橡皮管断开，以免水倒流入抽滤瓶内。

9. 滤饼的洗涤：把滤饼尽量抽干、压干，拔掉抽气的橡皮管，使恢复常压。把少量溶剂均匀地洒在滤饼上，使溶剂恰能盖住滤饼。静置片刻，使溶剂渗透滤饼，待有滤液从漏斗下端滴下时，重新抽气，再把滤饼抽干。这样反复几次，就可洗净滤饼。

10. 结晶的析出：结晶时，让溶液静置，使之慢慢地生成完整的大晶体，若在冷却过程中不停搅拌，则得较小的结晶。若冷却后仍无结晶析出，可用下列方法使晶体析出：

① 用玻璃棒摩擦容器内壁；

② 投入晶种；

③ 用冰水或其他冷冻溶液冷却，如果不析出晶体而得油状物时，可将混合物加热到澄清后，让其自然冷却至开始有油状物析出时，立即用玻璃棒剧烈搅拌，使油状物分散在溶液中，搅拌至油状物消失为止，或加入少许晶种。

**六、思考题**

1. 假设用8mL苯胺和9mL乙酸酐制备乙酰苯胺，哪种试剂是过量的？乙酰苯胺的理论产量是多少？

2. 反应时为什么要控制冷凝管上端的温度在105℃左右？

3. 用苯胺作原料进行苯环上的一些取代反应时，为什么常常先要进行酰化？

# 实验四十一　折射率测定

## 一、实验目的

1. 掌握折射率的概念及测定折射率的意义。

2. 了解阿贝折光仪的工作原理和使用方法。

## 二、实验原理

光在不同介质中传播的速度不同。光从一个介质进入另一个介质中时，由于传播速度改变，也使传播方向发生改变，这种现象称作光的折射。将空气作为标准介质，在相同条件下测定折射角，经过换算后即为该物质的折射率。

折射定律：

$$n=\frac{v_1}{v_2}=\frac{\sin\alpha}{\sin\beta}$$

式中，$n$ 为折射率；$\alpha$ 为入射角；$\beta$ 为折射角（当 $\alpha>\beta$ 时，$n>1$）。折射定律示意图见图 6-15。

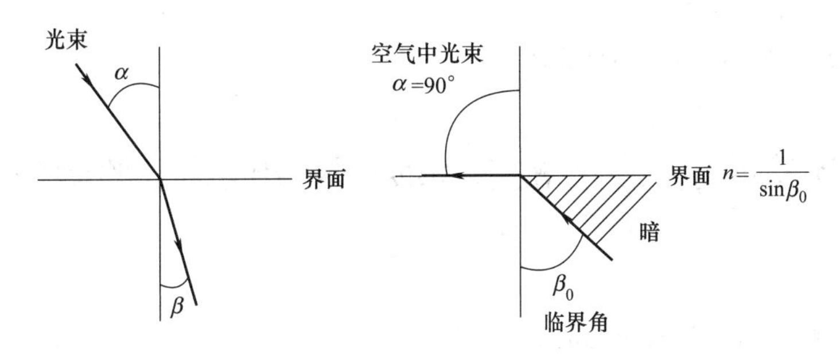


图 6-15　折射定律示意图

通过折射率可判断有机化合物的纯度和鉴定未知物。折射率受测定时的温度和入射光波长的影响。

折射率随温度升高而降低，文献中常以 20℃时的数据 $n_D^{20}$ 为标准，换算关系为：

$n_D^{20}=n_D^t+4.5\times10^4\times(t-20)$　　其中，D 代表钠光源（$\lambda=589.3$nm）。

## 三、实验用品

1. 试剂：丙酮、乙醇、水，主要试剂的物理性质见表 6-25。

表 6-25　主要试剂的物理性质

| 试剂 | 熔点/℃ | 沸点/℃ | $d_4^{20}$ | $n_D^{20}$ | ε |
|---|---|---|---|---|---|
| 丙酮 | −95 | 56 | 0.788 | 1.3587 | 20.7 |
| 乙醇 | −114 | 78 | 0.789 | 1.3611 | 32.7 |
| 水 | 0 | 100 | 0.998 | 1.3330 | 80.1 |

2. 阿贝折光仪（使用说明见附录 1.13）。

## 四、实验内容

1. 将阿贝折光仪置于光线充足的桌面上并与恒温水浴连接，设置温度为 20℃。恒温后，打开直角棱镜，用擦镜纸蘸少量乙醇或丙酮轻轻擦洗上下镜面，不可来回擦，只能单向擦，晾干后使用。

2. 滴加 2～3 滴待测试样于磨砂镜面上，使磨砂镜面铺满一薄层待测液，然后合上棱镜，锁紧锁钮。

3. 调节光线，使视场最亮。然后转动调节旋钮，由 1.3000 开始向前转动，直到目镜中出现明暗分界线，若出现彩色光带，再调节消色散旋钮，直到看到一清晰的明暗分界线。

4. 继续转动调节旋钮，使明暗分界线对准“×”交叉线中心，并读出折射率。

5. 仪器使用完毕，用蘸有乙醇或丙酮的擦镜纸擦干净，晾干后再合上棱镜。

**五、注意事项**

1. 阿贝折光仪可以与恒温水浴相连，以调节所需温度，通常为 20℃。

2. 操作时要特别小心，严禁硬物触及磨砂镜面，以免造成划痕。

3. 待测样品尽量充满上、下棱镜之间的间隙，测量易挥发液体时要尽量缩短测定时间，或者及时补加试样。

4. 大多数有机物液体的折射率都在 1.3000～1.7000 之间，若不在此范围内，就看不到明暗分界线，所以不能用阿贝折光仪测定。

5. 读数时如果看不到半明半暗分界线而是畸形，可能是棱镜间未充满液体；若出现弧形光环，可能是光线未经过棱镜而直接照射到聚光镜上。

**六、思考题**

1. 折射率测定有何意义？

2. 影响折射率测定的因素有哪些？

# 实验四十二　乙酰水杨酸（阿司匹林）的制备

**一、实验目的**

1. 掌握羧酸酯制备的原理和方法。

2. 复习减压蒸馏、重结晶方法提纯有机物、熔点测定等基本操作。

3. 了解红外光谱在产物鉴定及纯度分析方面的运用。

**二、实验原理**

阿司匹林（aspirin）是乙酰水杨酸的俗名，在 100 多年前由德国科学家合成，它为白色针状或片状晶体，能溶解于温水中，口服后在肠内开始分解为水杨酸，有退热止痛的作用，至今仍被广泛用于临床治疗和心脑血管疾病的预防，是一种最常用的解热镇痛、抗风湿类药物，而且近年来还不断发现其新的用途，被称为“百年魔药”。

水杨酸是双官能团化合物，它既是酚又是羧酸。因此它能进行几种不同的酯化反应；它既是醇的反应伙伴，也是酸的反应伙伴。在乙酸或乙酸酐存在下，形成乙酰水杨酸；而在过量甲醇存在下，产品则是水杨酸甲酯（冬青油）。水杨酸与乙酸酐作用，通过乙酰化反应，使水杨酸分子中酚羟基上的氢原子被乙酰基取代生成乙酰水杨酸。可采用的催化剂有很多种，已见报道的催化剂有固体 $Na_2CO_3$、$NaHSO_4$、对甲苯磺酸、固体 KOH、活性炭固载 $AlCl_3$、负载型杂多酸和微波辐射分子筛催化剂等。

本实验采用水杨酸为原料，以乙酸酐为酰化试剂，少量浓硫酸为催化剂（其作用是破坏水杨酸分子中羧基与酚羟基间形成的氢键，从而使酰化反应容易完成），制备阿司匹林。该方法是一种经典方法，工艺成熟，适合实验室制备。但产品收率不高，一般在 65%～67%，副反应多。反应式如下：

$$\text{水杨酸} + \text{乙酸酐} \xrightleftharpoons{H^+} \text{阿司匹林} + CH_3COOH$$

红外吸收光谱又称为分子振动转动光谱。红外光谱在化学领域中的应用，大体上可分为两个方面：分子结构的基础研究和化学组成的分析。前者，应用红外光谱可以测定分子的键长、键角，以此推断出分子的立体构型；根据所得的力常数可以知道化学键的强弱；由简正频率来计算热力学函数等。但是，红外光谱最广泛的应用还在于对物质的化学组成进行分析。用红外光谱法可以根据光谱中吸收峰的位置和形状来推断未知物结构，依照特征吸收峰的强度来测定混合物中各组分的含量，加上此法具有快速、灵敏度高、试样用量少、能分析各种状态的试样等特点，因此它已成为现代结构化学、分析化学最常用和不可缺少的工具。

在红外光谱实验中，试样的制备及处理占有重要的地位。如果试样处理不当，即使仪器的性能很好，也不能得到满意的红外光谱图。一般来说，固体试样有压片法、石蜡糊法、薄膜法和溶液法。本次实验采用 KBr 压片法。

## 三、实验用品

仪器：圆底烧瓶（50mL，干燥），三口烧瓶（150mL，干燥），接收瓶，量筒（10mL、100mL，干燥），温度计，长颈漏斗，抽滤装置，烧杯，试管。

药品：浓硫酸，95%乙醇，固体水杨酸（干燥），乙酸酐（新蒸馏），沸石，2%三氯化铁溶液。

## 四、实验内容

1. 乙酸酐蒸馏

选用 50mL 圆底烧瓶作为蒸馏瓶，按照蒸馏装置装配仪器，注意各仪器接头处应对接严密。安装完毕后拔下温度计，放上长颈漏斗。通过长颈漏斗注入 10mL 工业乙酸酐。取下长颈漏斗，投入 2～3 粒沸石，重新装上温度计。加热，观察瓶中产生气雾的情况和温度计的读数变化。当气雾升至接触温度计的水银球时，温度计的读数会迅速上升，加热至沸腾（保持温和沸腾）。记下馏出第一滴液体时的温度。当温度升至 139℃时，换上一个已经称重的洁净干燥的接收瓶，并控制温度使馏出速度为每秒钟 1～2 滴。当温度超过 140℃时停止蒸馏。如果前馏分太少，当温度升至 139℃时仍在冷凝管内流动，尚未滴入接收瓶，则应将最初接得的四五滴液体舍弃（当作前馏分处理）后再更换接收瓶。如果蒸馏瓶中只剩下 0.5～1mL 液体，而温度仍然未升至 140℃，也应停止蒸馏，不宜将液体蒸干。

蒸馏结束，将接收到的正馏分称重并计算回收率。产品保存在干燥器中，待用。

2. 乙酰水杨酸的合成

（1）在 50mL 干燥的圆底烧瓶瓶中放入 6.3g（0.045mol）干燥的水杨酸和 9.5g（约 9mL，0.09mol）的乙酸酐，磁力搅拌。

（2）水杨酸溶解后加 10 滴浓硫酸，反应开始会放热，若烧瓶不变热，再向混合物中补加浓硫酸和乙酸酐各 1 滴。

（3）当感觉到热效应时，将反应混合物放到 70℃左右的水浴中加热，维持反应 20min，使其反应完全。

（4）趁热将反应液在不断搅拌下倒入 100mL 冷水（纯水）中，然后，在冰水浴中冷却15min。

(5) 待结晶完全后，抽滤，每次用10mL纯水洗涤两次，得粗乙酰水杨酸。

(6) 取少量乙酰水杨酸溶入几滴乙醇中，并滴加1～2滴2%三氯化铁溶液，如果发生显色反应，说明仍有水杨酸存在，产物可用乙醇-水混合溶剂重结晶。

3. 乙酰水杨酸的精制

粗产品重结晶纯化：

(1) 过滤杂质：将粗乙酰水杨酸放入三口烧瓶中，水浴升温至50～60℃，一边缓慢滴加乙醇，直至固体刚好溶解。

(2) 重结晶：趁热过滤至烧杯中，并将其在水浴中加热至微沸，加入与乙醇同体积的水(注意：加热不能太久)，冷却后放入冰箱保鲜室，析出白色结晶。

(3) 抽滤，冷水洗两次。

(4) 产品在80℃下干燥40min后冷至室温。

(5) 过夜后称量，记录产品外观，计算产率。

4. 乙酰水杨酸的熔点测定

纯乙酰水杨酸为白色针状或片状晶体；乙酰水杨酸易受热分解，因此熔点不是很明显。它的熔点为136℃，分解温度为128～135℃ 。在测定熔点时，可先将载热体加热至120℃左右，然后放入样品测定。测三组样品，取平均值。

5. 乙酰水杨酸的纯度检验

(1) 用少许水杨酸加入4mL水和2滴2% $FeCl_3$ 溶液，振摇并记录溶液颜色的变化。

(2) 取少许乙酰水杨酸产品（约半个米粒大小），加入约4mL水和2滴2% $FeCl_3$ 溶液，振摇并记录溶液颜色的变化；随后在沸水浴中放置1～2min，记录颜色变化。

(3) 取少许乙酰水杨酸产品（约半个米粒大小），置烧杯中，加水10mL，煮沸，放冷，取上清液置试管中加三氯化铁溶液1滴，观察溶液颜色的变化。

6. 样品的红外光谱检测及分析

KBr压片法：取样品0.5～2mg，在玛瑙研钵中研细，再加入100～200mg磨细干燥的KBr粉末，混合均匀后，加入压膜中，在压力机中边抽气边加压，制成一定直径及厚度的透明片，然后将此薄片放入仪器光束中进行测定。

解析红外谱图时可先从各个区域的特征频率入手，发现某基团后，再根据指纹区进一步核证该基团以及与其他基团的结合方式。乙酰水杨酸的红外光谱图见图6-16。

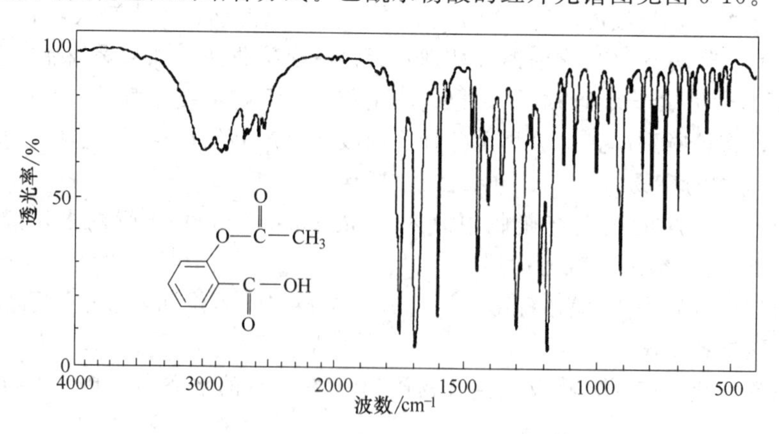


图6-16 乙酰水杨酸的红外光谱图

## 五、注意事项

1. 水杨酸应当干燥，可在烘箱中 105℃下干燥 1h；乙酸酐应当是新蒸的，收集 139～140℃的馏分。否则有水的存在，反应过程中乙酸酐会水解成乙酸。

2. 水杨酸形成分子内氢键，阻碍酚羟基酰化作用，水杨酸与乙酸酐直接作用需加热至 150～160℃才能生成乙酰水杨酸，如果加入浓硫酸（或磷酸），氢键被破坏，酰化作用可在较低温度（60～80℃）下进行，同时副产物大大减少；反应温度不宜过高，否则会增加副产物，如水杨酰水杨酸酯、乙酰水杨酰水杨酸酯等，所以在实验中要注意控制好反应温度。

3. 反应过程中，不宜将反应瓶移出水面。否则，生成的乙酰水杨酸也会从溶液中析出，无法判断水杨酸是否全溶。水杨酸溶解后，不久又有沉淀产生，属正常实验现象。

4. 重结晶时不宜长时间加热，因为在此条件下乙酰水杨酸容易水解。

## 六、思考题

1. 为什么使用新蒸馏的乙酸酐？
2. 乙酰水杨酸可以使用溶剂进行重结晶？重结晶时需要注意什么？
3. 乙酰水杨酸熔点测定时需要注意什么问题？
4. 本实验中可产生什么副产物？写出反应式。
5. 本实验是否可以使用乙酸代替乙酸酐？
6. 通过什么样的简便方法可以鉴定出阿司匹林是否变质？

## 七、结果与讨论

1. 产率计算与分析。
2. 乙酰水杨酸的纯度检验中颜色变化的分析与讨论。
3. 红外光谱图的分析。

# 实验四十三　碘酸铜的制备及其溶度积的测定

## 一、实验目的

1. 了解分光光度法测定碘酸铜溶度积的原理和方法。
2. 学习 7200 型分光光度计的使用。
3. 了解可见分光光度法定量测定的依据。
4. 加深对沉淀平衡和配位平衡的理解。

## 二、实验原理

碘酸铜是难溶性强电解质。一定温度下，在碘酸铜饱和溶液中，已溶解的 $Cu(IO_3)_2$ 电离出的 $Cu^{2+}$ 和 $IO_3^-$ 与未溶解的固体 $Cu(IO_3)_2$ 之间存在下列沉淀-溶解平衡：

$$Cu(IO_3)_2(s) \rightleftharpoons Cu^{2+}(aq) + 2IO_3^-(aq)$$

在一定温度下，该饱和溶液中，有关离子的浓度（更确切地说应该是活度，但由于难溶性强电解质的溶解度很小，离子强度也很小，可以用浓度代替活度）的乘积是一个常数：

$$K_{sp} = [Cu^{2+}][IO_3^-]^2$$

实验采用分光光度法测定溶液中 $Cu^{2+}$ 的浓度。因为在实验条件下 $Cu^{2+}$ 浓度很小，几乎不吸收可见光，直接进行分光光度法测定，灵敏度较低。为了提高测定方法的灵敏度，本实验在 $Cu^{2+}$ 溶液中加入氨水，使 $Cu^{2+}$ 变成深蓝色的 $[Cu(NH_3)_4]^{2+}$ 配离子，增大 $Cu^{2+}$ 对可见光的吸收。实验时，使用工作曲线法。在测定样品前，先在与试样测定相同的条件下，测量一系列已知准确浓度的标准溶液的吸光度，作出吸光度-浓度曲线（工作曲线）。确定吸光度和 [$Cu^{2+}$] 之间的定量关系，再测出饱和溶液的吸光度，最后根据工作曲线得到相应的 [$Cu^{2+}$]。

## 三、实验用品

仪器：烧杯，抽滤瓶，50mL容量瓶，吸量管，定量滤纸，分光光度计。

试剂：$CuSO_4 \cdot 5H_2O$，$KIO_3$，1mol·L$^{-1}$ $NH_3 \cdot H_2O$，0.1mol·L$^{-1}$ $CuSO_4$，$K_2SO_4$。

## 四、实验内容

1. 碘酸铜固体的制备

用烧杯分别称取1.3g五水硫酸铜（$CuSO_4 \cdot 5H_2O$）及2.1g碘酸钾（$KIO_3$），加蒸馏水并稍加热，使它们完全溶解（如何决定水量?）。将两溶液混合，加热并不断搅拌以免暴沸，约20min后停止加热（如何判断反应是否完全?）。静置至室温后弃去上层清液，用倾析法将所得碘酸铜洗净，以洗涤液中检查不到 $SO_4^{2-}$ 为标志（大约需洗5～6次，每次可用蒸馏水10mL)。记录产品的外形、颜色及观察到的现象，最后进行减压过滤，将碘酸铜沉淀抽干后烘干，计算产率。

2. 碘酸铜饱和溶液的配制

取上述固体1.5g放入250mL锥形瓶中，加入150mL纯水，在电加热板上，边搅拌边加热至70～80℃，并持续15min，冷却，静置2～3h。

3. 溶度积的测定

(1) 工作曲线的绘制

配制标准溶液：计算配制25.00mL 0.0150mol·L$^{-1}$、0.0100mol·L$^{-1}$、0.00500mol·L$^{-1}$、0.00200mol·L$^{-1}$、0.00100mol·L$^{-1}$ $Cu^{2+}$溶液所需的0.1mol·L$^{-1}$ $CuSO_4$标准溶液的体积。用吸量管分别移取计算量的0.1mol·L$^{-1}$ $CuSO_4$标准溶液，分别放到五只50mL容量瓶中，加入25.00mL 1mol·L$^{-1}$氨水，并用纯水稀释至标线，摇匀。

工作曲线的绘制：在 $\lambda=610$nm下，测定标准溶液的吸光度（$A$）。作吸光度（$A$）-[$Cu^{2+}$] 图。

(2) 测定

在50mL干燥烧杯中，移取5.00mL $Cu(IO_3)_2$ 饱和溶液，加入5.00mL 1mol·L$^{-1}$氨水，在610nm下测定溶液的吸光度（$A$），计算待测液的浓度。根据 [$Cu^{2+}$] 的数值，计算 $K_{sp}$。

## 五、注意事项

1. 提前烘干一个100mL烧杯和一个漏斗。
2. 碘酸铜固体一定要洗涤去除表面吸附的铜离子后，再制备饱和溶液。
3. 标准系列和待测溶液同时显色10min。
4. 绘制标准曲线时用试剂空白做参比。
5. 专管专用，规范操作。

## 六、数据记录与处理

1. 碘酸铜的制备（见表6-26）

表6-26 碘酸铜的制备

| 五水硫酸铜/g | 碘酸钾/g | 碘酸铜 | | |
|---|---|---|---|---|
| | | 理论产量/g | 实际产量/g | 产率/% |
| | | | | |

2. 溶度积的测定（见表 6-27）

表 6-27　碘酸铜饱和溶液中铜离子浓度的测定

| 样品 | 吸光度 | $[Cu^{2+}]$/mol·$L^{-1}$ |
|---|---|---|
| 1 | | |
| 2 | | |
| 3 | | |
| 4 | | |
| 5 | | |
| 待测液 | | |

## 七、思考题

1. 如果 $Cu(IO_3)_2$ 溶液未达饱和，对测定结果有何影响？

2. 假如在过滤 $Cu(IO_3)_2$ 饱和溶液时 $Cu(IO_3)_2$ 固体穿透滤纸，将对实验结果产生什么影响？

# 第七章 性质和表征实验

## 实验四十四 燃烧热的测定

### 一、实验目的

1. 学会用氧弹热量计测定有机物燃烧热的方法。

2. 明确燃烧热的定义，了解恒压燃烧热与恒容燃烧热的关系。

3. 掌握用雷诺法和公式法校正温差的两种方法。

4. 掌握压片技术，熟悉高压钢瓶的使用方法，初步掌握用精密电子温差测量仪测定温度的改变值。

### 二、实验原理

1. 燃烧与量热

有机物的燃烧焓 $\Delta_c H_m$ 是指 1mol 指定有机物在一定压力下完全燃烧所放出的热量，通常称为燃烧热。所谓完全燃烧，常规定该化合物中各元素的燃烧产物为：C 变为 $CO_2(g)$，H 变为 $H_2O(l)$，S 变为 $SO_2(g)$，N 变为 $N_2(g)$。同时还必须指出，反应物和生成物在指定的温度下都处于标准状态。如苯甲酸在 298.15K 时的燃烧反应过程为：

$$C_6H_5COOH(s)+15/2O_2(g)=\!=\!=7CO_2(g)+3H_2O(l)$$

燃烧热的测定，除了有其实际应用价值外，还可用来求算化合物的生成热、化学反应的反应热和键能等。

量热方法是化学热力学的一个基本实验方法。根据反应条件，化学反应热效应可以有恒压燃烧热 $Q_p$ 和恒容燃烧热 $Q_V$ 之分。用氧弹热量计测得的是恒容燃烧热 $Q_V$；从手册上查到的燃烧热数值都是在 298.15K、101.325kPa 条件下，即标准摩尔燃烧焓，属于恒压燃烧热 $Q_p$。由热力学第一定律可知，$Q_V=\Delta U$；$Q_p=\Delta H$。若把参加反应的气体和反应生成的气体都作为理想气体处理，则它们之间存在以下关系：

$$\Delta H=\Delta U+\Delta(pV)$$

$$Q_p=Q_V+\Delta nRT$$

式中，$\Delta n$ 为反应前后反应物和生成物中气体物质的量之差；$R$ 为气体常数；$T$ 为反应的热力学温度。

本实验通过测定萘完全燃烧时的恒容燃烧热来计算萘的恒压燃烧热。

热是一个很难测定的物理量，热量的传递往往表现为温度的改变，而温度却很容易测量。如果有一种仪器，已知它每升高一摄氏度所需的热量，那么，就可在这种仪器中进行燃烧反应，只要观察到所升高的温度就可知燃烧放出的热量。根据这一热量便可求出物质的燃烧热。本实验所用的氧弹热量计是一种环境恒温式热量计，它就是这样的一种仪器。

热量计的安装如图 7-1 所示，图 7-2 为氧弹的构造图。

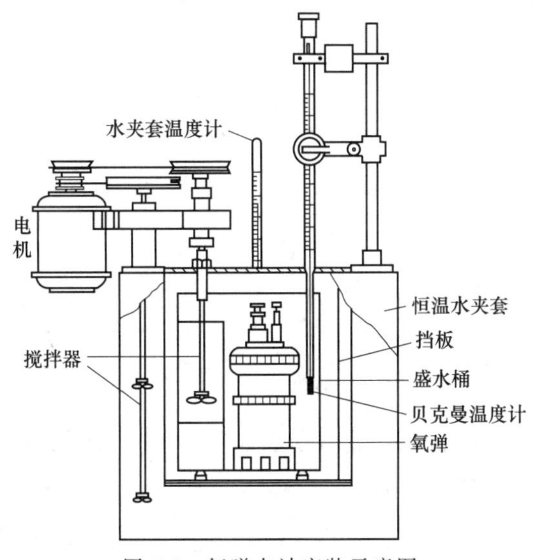

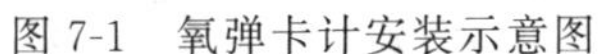
图 7-1　氧弹卡计安装示意图

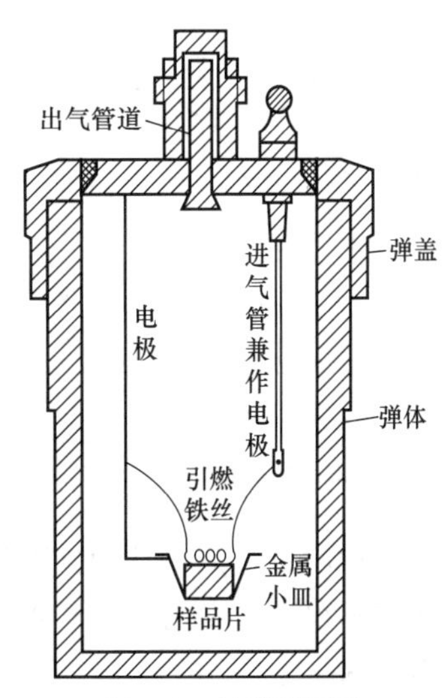

图 7-2　氧弹剖面图

2. 氧弹热量计

氧弹热量计的基本原理是能量守恒定律。样品完全燃烧所释放出的能量使得氧弹本身及其周围的介质和热量计有关附件的温度升高。测量介质在燃烧前后温度的变化值，就可求算出该样品的恒容燃烧热。

在本实验中，设有 $m$(g) 的物质在氧弹中燃烧，可使 $W$(g) 的水及量热器本身由 $T_1$ 升高到 $T_2$，令 $C_m$ 代表量热器的热容，$Q_V$ 为该有机物的恒容摩尔燃烧热，则：

$$|Q_V|=(C_m+W)(T_2-T_1)M/m$$

式中，$M$ 为该有机物的摩尔质量。

该有机物的燃烧热则为：

$$\begin{aligned}\Delta_c H_m &=\Delta_r H_m=Q_p=Q_V+\Delta nRT \\ &=-M(C_m+W)(T_2-T_1)/m+\Delta nRT\end{aligned}$$

由上式，可先用已知燃烧热值的苯甲酸，求出量热体系的总热容量（$C_m+W$）后，再用相同方法对其他物质进行测定，测出温升 $\Delta T=T_2-T_1$，代入上式，即可求得其燃烧热。

为了保证样品完全燃烧，氧弹中需充以高压氧气，因此氧弹应有很好的密封性能，耐高压且耐腐蚀，氧弹放在一个与室温一致的恒温套壳中。盛水桶与套壳之间有一个高抛光的挡板，以减少热辐射和空气的对流。

3. 雷诺法校正温差

实际上，在实验过程中环境与体系间的热量传递无法完全避免，它对温差测量值的影响可用雷诺温度校正图校正，能较好地解决这一问题。具体方法为：将燃烧前后观察所得的一系列水温和时间关系作图，得一曲线，如图 7-3 所示。

图中 $H$ 点意味着燃烧开始，热传入介质的初始温度；$D$ 点为观察到的最高温度值。从相当于室温的 $J$ 点作水平线交曲线于 $I$ 点，过 $I$ 点作垂线 $ab$，再将 $FH$ 线和 $GD$ 线延长并交 $ab$ 线于 $A$、$C$ 两点，其间的温度差值即为经过校正的 $\Delta T$。图中 $AA'$ 为开始燃烧到温度上升至室温这一段时间 $\Delta t_1$ 内，由环境辐射和搅拌引进的能量所造成的升温，故应予扣除。$CC'$ 为由室温升到最高点 $D$ 这一段时间 $\Delta t_2$ 内，热量计向环境的热漏造成的温度降低，计算时必须考虑在内，故可认为 $AC$ 两点的差值较客观地表示了样品燃烧引起的升温数值。

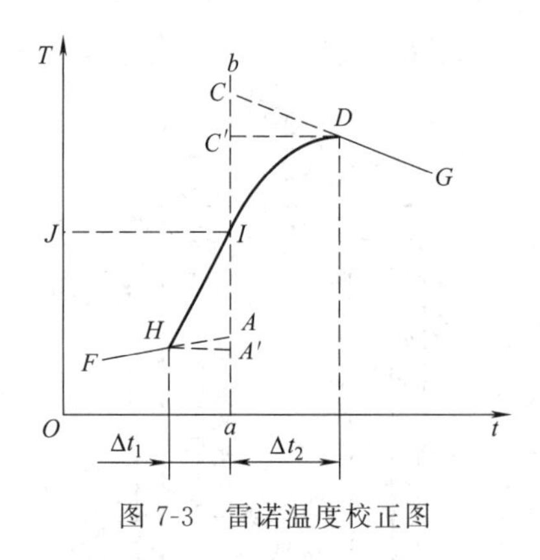

图 7-3 雷诺温度校正图

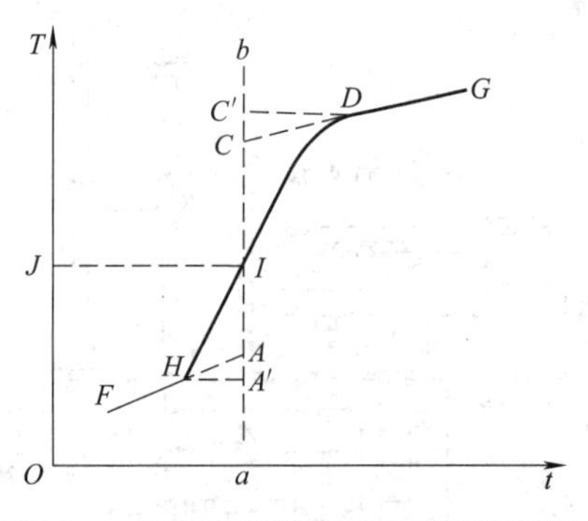

图 7-4 绝热良好情况下的雷诺校正图

在某些情况下，热量计的绝热性能良好，热漏很小，而搅拌器功率较大，不断引进的能量使得曲线不出现极高温度点，见图 7-4，校正方法相似。

## 三、实验用品

仪器：氧弹热量计，直尺，精密电子温差测量仪，氧气钢瓶（带氧气表），万用表，托盘天平，电子天平，压片机。

药品：引燃专用丝，苯甲酸（A. R.），萘（A. R.）。

## 四、实验内容

1. 测定热量计的水当量（即总热容量）

（1）压片　用托盘天平预称取大约 0.8g 的苯甲酸（切勿超过 0.9g），在压片机上压成圆片。样片压得太紧，点火时不易全部燃烧；压得太松，样品容易脱落。将压片制成的样品放在干净的滤纸上，小心除掉有污染和易脱落部分，然后在分析天平上精确称量。

（2）装氧弹　将氧弹盖取下放在专用的弹头座上，用滤纸擦净电极及不锈钢坩埚。先放好坩埚，然后用镊子将样品放在坩埚正中央。取 10cm 的镍铬燃烧丝，两端固定在电极上，并将中部紧贴在样品的上表面，然后小心旋紧氧弹盖。用万用表检查两电极间的电阻值，一般不应大于 20Ω。

（3）充氧气　充气前先用扳手轻轻拧紧氧弹上的放气阀。用手拧掉氧弹上的充气阀螺栓，将氧气钢瓶上的充气管螺栓拧入充气阀，用扳手轻轻拧紧。检查氧气钢瓶上的减压阀，使其处于关闭状态，再打开氧气钢瓶上的总开关。然后轻轻拧紧减压阀螺杆（拧紧即是打开减压阀），使氧气缓慢进入氧弹内。待减压阀上的减压表压力指到 1.8～2.0MPa 之间时停止，使氧弹和钢瓶之间的气路断开。这时再从氧弹上取下充气螺栓，并将原来氧弹上的充气阀螺栓拧回原处。充气完毕，关闭氧气钢瓶总开关，并拧松减压阀螺杆。

（4）安装热量计　先放好内筒，调整好搅拌，注意不要碰壁。将氧弹放在内筒正中央，接好点火插头，加入 3000mL 自来水。插入精密电子温差测量仪上的测温探头，注意既不要和氧弹接触，又不要和内筒壁接触，使导线从盖孔中出来，安装完毕。再次用万用表检查电路是否畅通。

（5）数据测量　打开搅拌，稳定后打开精密电子温差测量仪，监视内筒温度。待温度基本稳定后开始记录数据，整个数据记录分为三个阶段。

初期：这是样品燃烧以前的阶段。在这一阶段观测和记录周围环境和量热体系在实验开始温度下的热交换关系。每隔 1min 读取温度 1 次，共读取 6 次。

主期：从点火开始至传热平衡称为主期。在读取初期最末 1 次数值的同时，旋转点火旋钮即进入主期。此时每 0.5min 读取温度 1 次，直到温度不再上升而开始下降的第 1 次温度为止。

末期：这一阶段的目的与初期相同，是观察在实验后期的热交换关系。此阶段仍是每 0.5min 读取温度 1 次，直至温度停止下降为止（约共读取 10 次）。

停止观测温度后，从热量计中取出氧弹，缓缓旋开放气阀，在 5min 左右放尽气体，拧开并取下氧弹盖，氧弹中如有烟黑或未燃尽的试样残余，实验失败，应重做。实验结束，用干布将氧弹内外表面和弹盖擦净，最好用热风将弹盖及零件吹干或风干。

样品点燃及燃烧完全与否，是本实验最重要的一步。

2. 萘的燃烧热的测定

称取大约 0.7g 萘，用上述同样的方法进行测定。

## 五、数据记录与处理

（1）燃丝的燃烧热：镍铬丝为 $-3242\mathrm{J\cdot g^{-1}}$ 或 $1.4\mathrm{J\cdot cm^{-1}}$；苯甲酸燃烧热为 $-26460\mathrm{J\cdot g^{-1}}$。

（2）数据记录

| | | | |
|---|---|---|---|
| 室温： | ℃ | 实验温度： | ℃ |
| 苯甲酸质量： | g | 萘质量： | g |
| 镍丝质量： | g | 剩余镍丝质量： | g |

将实验测得的苯甲酸及萘的时间和温度数据列表。

（3）作苯甲酸和萘的雷诺温度校正图，准确求出二者的 $\Delta T$。由 $\Delta T$ 计算体系的热容 $C$ 和萘的恒容燃烧热 $Q_V$，并计算其恒压燃烧热 $Q_p$。

（4）文献值

| 恒压燃烧焓： | $\mathrm{kcal\cdot mol^{-1}}$ | $\mathrm{kJ\cdot mol^{-1}}$ | $\mathrm{J\cdot g^{-1}}$ | 测定条件 |
|---|---|---|---|---|
| 苯甲酸： | −771.24 | −3226.9 | −26410 | $p^{\ominus}$,20℃ |
| 萘： | −1231.8 | −5153.8 | −40205 | $p^{\ominus}$,20℃ |

## 六、注意事项

1. 试样在氧弹中燃烧产生的压力可达 14MPa。因此在使用后应将氧弹内部擦干净，以免引起弹壁腐蚀，减小其强度。

2. 氧弹、量热容器、搅拌器在使用完毕后，应用干布擦去水迹，保持表面清洁干燥。

3. 氧气遇油脂会爆炸，因此氧气减压器、氧弹以及氧气通过的各个部件及连接部分不允许有油污，更不允许使用润滑油。如发现油垢，应用乙醚或其他有机溶剂清洗干净。

4. 坩埚在每次使用后，必须清洗和除去炭化物，并用纱布清除污点。

## 七、思考题

1. 固体样品为什么要压成片状？如何测定液体样品的燃烧热？

2. 根据误差分析，指出本实验的最大测量误差所在。

3. 如何用萘的燃烧热数据来计算萘的标准生成热？

# 实验四十五　纯水的饱和蒸气压的测定

## 一、实验目的

1. 明确气液两相平衡的概念和液体饱和蒸气压的定义，了解纯液体饱和蒸气压与温度之间的关系。

2. 测定纯水在不同温度下的饱和蒸气压，并求在实验温度范围内的平均摩尔汽化热。

3. 了解旋片式真空泵、缓冲储气罐、数字式气压计的使用及注意事项。

## 二、实验原理

液体在密闭的真空容器中蒸发，当液体上方蒸气的浓度不变时，即气液两相平衡时的压力，称为饱和蒸气压或液体的蒸气压。当液体的饱和蒸气压与大气压相等时，液体就会沸腾，此时的温度就叫该液体的正常沸点。而液体在其他各压力下的沸腾温度称为沸点。当纯液体与其蒸气之间建立平衡时，液体的饱和蒸气压与温度的关系可用克拉贝龙方程式来表示：

$$\frac{\mathrm{d}p}{\mathrm{d}T}=\frac{\Delta H_{\mathrm{m}}}{T\Delta V}$$

在讨论蒸气压小于 101.325kPa 范围内的气液平衡时，可以引进两个合理的假设：一是液体的摩尔体积 $V_{\mathrm{l}}$ 与气体的摩尔体积 $V_{\mathrm{g}}$ 相比可略而不计，即 $\Delta V=V_{\mathrm{g}}-V_{\mathrm{l}}\approx V_{\mathrm{g}}$；二是蒸气可看成是理想气体，$V_{\mathrm{g}}=RT/p$，在实验温度范围内 $\Delta H_{\mathrm{m}}$ 可视为常数。由此得到：

$$\frac{\mathrm{d}\ln p}{\mathrm{d}T}=\frac{\Delta H_{\mathrm{m}}}{RT^2}$$

上式不定积分后得克劳修斯-克拉贝龙（Clausius-Clapeyron）方程式：

$$\lg p=-\frac{\Delta H_{\mathrm{m}}}{2.303RT}+C$$

式中，$p$ 为液体在温度 $T$ 时的饱和蒸气压，K；$C$ 为积分常数。

实验测得各温度下的饱和蒸气压后，以 $\lg p$ 对 $1/T$ 作图，可得一直线，其斜率 $m$ 为 $-\frac{\Delta H_{\mathrm{m}}}{2.303R}$，由此即可求得平均摩尔汽化热 $\Delta H_{\mathrm{m}}$。

测定饱和蒸气压的方法主要有静态法、动态法和饱和气流法。静态法是在一定温度下，直接测量饱和蒸气压。此法适用于具有较大蒸气压的液体，通常有升温法和降温法两种。动态法是测量沸点随施加的外压力而变化的一种方法。液体上方的总压力可调，而且用一个大容器的缓冲瓶维持给定值，用压力计测量压力值，加热液体待沸腾时测量其温度。饱和气流法是在一定温度和压力下，用干燥气体缓慢通过被测纯液体，使气流为该液体的蒸气所饱和。用吸收法测量蒸气量，进而计算出蒸气分压，此即该温度下被测纯液体的饱和蒸气压（该法适用于蒸气压较小的液体）。

本实验采用升温法测定水在不同温度下的饱和蒸气压，实验装置如图 7-5 所示。

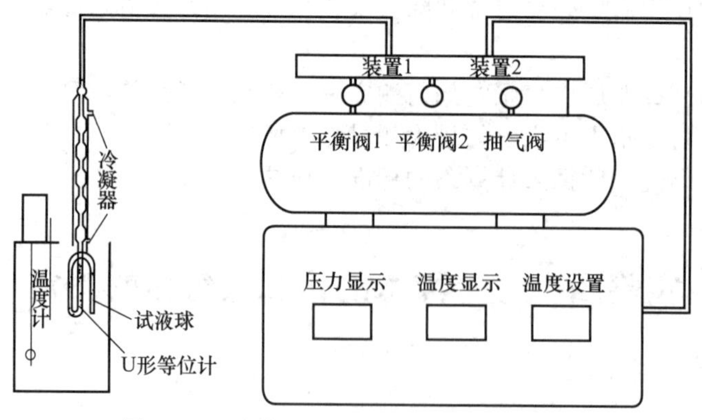


图 7-5　纯液体饱和蒸气压测定装置示意图

平衡管由试液球和U形等位计组成。平衡管上接一冷凝管，以橡皮管与缓冲储气罐相连。试液球内装待测液体，当试液球的液面上纯粹是待测液体的蒸气，而U形等位计内两液面处于同一水平时，则表示试液球液面上的蒸气压和与冷凝管相连的等位计液面上方气体压力相等。此时，体系气液两相平衡的温度称为液体在此外压下的沸点。

## 三、实验用品

仪器：纯液体饱和蒸气压测定装置，旋片式真空泵，乳胶管，橡皮管。

药品：纯水。

## 四、实验内容

1. 装置仪器

按图7-5装置各部分仪器。

2. 缓冲储气罐气密性检查

(1) 安装　用橡胶管将真空泵气嘴与缓冲罐抽气阀相连接。装置2用堵头塞紧。装置1与压力接口连接。

(2) 整体气密性检查　将抽气阀、平衡阀1打开，平衡阀2关闭（三阀均为顺时针旋转关闭，逆时针旋转开启）。启动真空泵，抽真空至压力为－100kPa左右，关闭抽气阀及真空泵。观察压力显示窗口，若显示数值无上升，说明整体气密性良好。否则需查找并清除漏气原因，直至合格。

(3) “微调部分”的气密性检查　关闭平衡阀1，用平衡阀2调整“微调部分”的压力，使之低于压力罐中压力的1/2，观察压力显示窗口，其显示值无变化，说明气密性良好。若显示值有上升，说明平衡阀2泄漏，若下降说明平衡阀1泄漏。

3. 缓冲储气罐与被测系统连接进行测试

用橡胶管将缓冲储气罐装置1与被测系统连接，装置2与仪表接口连接。关闭平衡阀2，开启平衡阀1，使微调部分与罐内压力相等。之后，关闭平衡阀1，缓慢开启平衡阀2，泄压至低于气罐压力。关闭平衡阀2，观察压力显示窗口，显示值变化≤0.01kPa/4s，即为合格。检漏完毕，开启平衡阀2使微调部分泄压至零。

4. 加药品

若体系不漏气，则取下等位计，向加料口注入纯水。使纯水充满试液球体积的2/3和U形等位计的大部分，接好等位计。

5. 设置恒温槽

(1) 将玻璃缸加入冷却水。

(2) 开机预热15min。

(3) 按“工作/置数”键至置数灯亮，设置控制温度25℃，再按“工作/置数”键，转换到工作状态，工作指示灯亮，仪表即进入自动升温控温状态。

注意：① 置数状态时，仪器不对加热器进行控制，即不加热。

② 水槽不能骤冷骤热，防止玻璃爆裂。

6. 排空气及饱和蒸气压测定

当水浴温度达到25℃时，将真空泵接到抽气阀上，关闭平衡阀2，打开平衡阀1。开启真空泵，打开抽气阀使体系中的空气被抽出（压力计上显示－90kPa左右）。当U形等位计内的液体沸腾至3～5min时，关闭抽气阀和真空泵，缓缓打开平衡阀2，漏入空气，当U形等位计中两臂的液面平齐时关闭平衡阀2。若等位计液柱再变化，再打开平衡阀2使液面平齐，待液柱不再变化时，记下温度值和压力值。若液柱始终变化，说明空气未被抽干净，应重复3步骤。

测定30℃、35℃、40℃、45℃、50℃时纯水的蒸气压。

**注意：**测定过程中如不慎使空气倒灌入试液球，则需重新抽真空后方能继续测定。如升温过程中，U形等位计内液体发生暴沸，可缓缓打开平衡阀2，漏入少量空气，防止管内液体大量挥发而影响实验进行。

实验结束后慢慢打开抽气阀，使压力显示值为零，关闭冷却水，拔去电源插头。

## 五、数据记录与处理

（1）数据记录表　将温度、压力数据列表，算出不同温度的饱和蒸气压。

大气压=________ kPa　　　室温______℃

$p$(蒸气压)=大气压+气压计的读数（负值），数据记录见表7-1。

**表7-1　纯水蒸气压测定数据**

| 项目 | 25℃ | 30℃ | 35℃ | 40℃ | 45℃ | 50℃ |
|---|---|---|---|---|---|---|
| $\Delta p$/kPa | | | | | | |
| $p$/kPa | | | | | | |
| $\lg p$ | | | | | | |
| $t$/℃ | | | | | | |
| $(1/T)/K^{-1}$ | | | | | | |

（2）绘出被测液体的蒸气压-温度曲线，并求出指定温度下的温度系数 $dp/dT$。

（3）以 $\lg p$ 对 $1/T$ 作图，求出直线的斜率，并由斜率算出此温度范围内液体的平均摩尔汽化热 $\Delta_{vap}H_m$，求算纯液体的正常沸点。

## 六、注意事项

1. 实验系统必须密闭，一定要仔细检漏。
2. 必须让U形等位计中的试液缓缓沸腾3～4min后方可进行测定。
3. 升温时可预先漏入少许空气，以防止U形等位计中的液体暴沸。
4. 液体的蒸气压与温度有关，所以测定过程中需严格控制温度。
5. 漏入空气必须缓慢，否则U形等位计中的液体将冲入试液球中，且发生空气倒灌。
6. 必须充分抽净U形等位计空间的全部空气。U形等位计必须放置于恒温水浴中的液面以下，以保证试液温度的准确度。

## 七、思考题

1. 试分析引起本实验误差的因素有哪些。
2. 为什么试液球和U形等位计之间弯管中的空气要排干净？如何判断？如有空气存在，对实验结果有何影响？
3. 本实验方法能否用于测定溶液的饱和蒸气压？为什么？
4. 试说明压力计中所读数值是否是纯液体的饱和蒸气压。
5. 使用真空泵时，如何正确操作？

# 实验四十六　溶液偏摩尔体积的测定

## 一、实验目的

1. 掌握用密度瓶测定溶液密度的方法。

2. 测定指定组成的乙醇-水溶液中各组分的偏摩尔体积。

3. 理解偏摩尔量的物理意义。

## 二、实验原理

在多组分体系中，某组分 $i$ 的偏摩尔体积定义为：

$$V_{i,\mathrm{m}}=\left(\frac{\partial V}{\partial n_i}\right)_{T,p,n_j(i\neq j)} \tag{7-1}$$

若是二组分体系，则有：

$$V_{1,\mathrm{m}}=\left(\frac{\partial V}{\partial n_1}\right)_{T,p,n_2} \tag{7-2}$$

$$V_{2,\mathrm{m}}=\left(\frac{\partial V}{\partial n_2}\right)_{T,p,n_1} \tag{7-3}$$

体系总体积：

$$V=n_1V_{1,\mathrm{m}}+n_2V_{2,\mathrm{m}} \tag{7-4}$$

将式（7-4）两边同除以溶液质量 $m$：

$$\frac{V}{m}=\frac{m_1}{M_1}\times\frac{V_{1,\mathrm{m}}}{m}+\frac{m_2}{M_2}\times\frac{V_{2,\mathrm{m}}}{m} \tag{7-5}$$

令：

$$\frac{V}{m}=\alpha,\frac{V_{1,\mathrm{m}}}{M_1}=\alpha_1,\frac{V_{2,\mathrm{m}}}{M_2}=\alpha_2 \tag{7-6}$$

式中，$\alpha$ 为溶液的比容；$\alpha_1$、$\alpha_2$ 分别为组分 1、2 的偏质量体积。将式（7-6）代入式（7-5）可得：

$$\alpha=w_1\alpha_1+w_2\alpha_2=(1-w_2)\alpha_1+w_2\alpha_2 \tag{7-7}$$

将式（7-7）对 $w_2$ 微分：

$$\frac{\partial\alpha}{\partial w_2}=-\alpha_1+\alpha_2,\text{即 }\alpha_2=\alpha_1+\frac{\partial\alpha}{\partial w_2} \tag{7-8}$$

将式（7-8）代回式（7-7），整理得

$$\alpha_1=\alpha-w_2\frac{\partial\alpha}{\partial w_2} \tag{7-9}$$

$$\alpha_2=\alpha+w_1\frac{\partial\alpha}{\partial w_2} \tag{7-10}$$

所以，实验求出不同浓度溶液的比容 $\alpha$，作 $\alpha$-$w_2$ 关系图，得曲线 $CC'$（见图 7-6）。如欲求 $M$ 溶液中各组分的偏摩尔体积，可在 $M$ 点作切线，此切线在两边的截距 $AB$ 和 $A'B'$ 即为 $\alpha_1$ 和 $\alpha_2$，再由关系式（7-6）就可求出 $V_{1,\mathrm{m}}$ 和 $V_{2,\mathrm{m}}$。

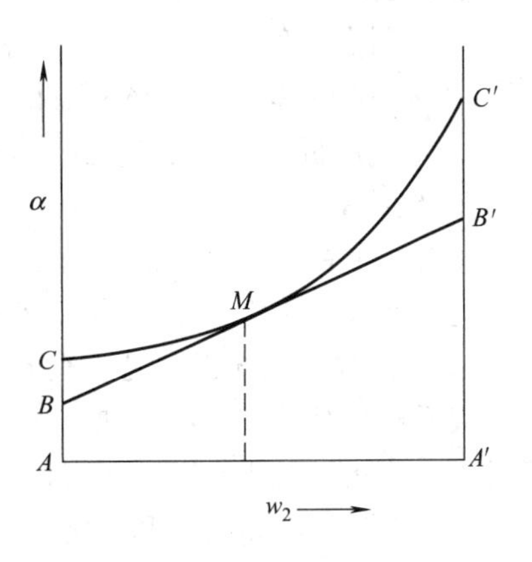

图 7-6 比容-质量浓度关系

## 三、实验用品

仪器：恒温槽，电子天平（公用），比重瓶（10mL），磨口锥形瓶（100mL）。

药品：无水乙醇（A. R.），纯水。

## 四、实验内容

（1）调节恒温槽温度为（25.0±0.1)℃。

（2）以无水乙醇及纯水为原液，使用磨口锥形瓶，用天平称重法配制乙醇溶液，溶液质量分数约为0%、20%、40%、60%、80%、100%，每份溶液的总质量控制在25g左右。准确记录溶液配制过程中产生的数据。将配好后的溶液盖紧塞子，以防挥发，摇匀待用。

(3) 用天平精确称量两个洁净、干燥的比重瓶，然后盛满纯水（注意不得存留气泡），置于恒温槽中恒温10min。用滤纸迅速擦去毛细管膨胀出来的水。取出比重瓶，擦干外壁，迅速称重。

(4) 同法测定每份乙醇-水溶液的密度。恒温过程应密切注意毛细管出口液面。

## 五、注意事项

1. 恒温过程应密切注意毛细管出口液面，如因挥发液滴消失，可滴加少许被测溶液以防挥发之误。

2. 实验过程中毛细管里始终要充满液体，注意不得存留气泡。

3. 拿比重瓶时应手持其颈部。

4. 为减少挥发误差，动作要敏捷。每份溶液用两比重瓶进行平行测定，结果取其平均值。

## 六、数据记录与处理

1. 根据25℃时水的密度和称重结果，求出比重瓶的容积。

2. 计算所配溶液中乙醇的准确质量分数。

3. 计算实验条件下各溶液的比体积。

4. 以比体积为纵轴、乙醇的质量浓度为横轴作曲线，并在30%乙醇处作切线与两侧纵轴相交，即可求得$\alpha_1$和$\alpha_2$。

5. 求算含乙醇30%的溶液中各组分的偏摩尔体积及100g该溶液的总体积。

## 七、思考题

1. 使用比重瓶时应注意哪些问题？

2. 如何使用比重瓶测量粒状固体的密度？

3. 为提高溶液密度测量的精度，可做哪些改进？

# 实验四十七　双液系的气-液平衡相图

## 一、实验目的

1. 绘制在大气压力下水-正丙醇双液系的气-液平衡相图，了解相图和相律的基本概念。

2. 掌握测定双组分液体沸点的方法。

3. 掌握用折射率确定二元液体组成的方法。

## 二、实验原理

任意两个在常温时为液态的物质混合起来组成的体系称为双液系。两种溶液若能按任意比例进行溶解，称为完全互溶双液系；若只能在一定比例范围内溶解，称为部分互溶双液系。水-正丙醇二元体系就是完全互溶双液系。

液系蒸馏时的气相组成和液相组成并不相同。通常用几何作图的方法将双液系的沸点对其气相和液相的组成作图，所得图形叫双液系的沸点（$T$）-组成（$x$）图，即$T$-$x$图。它表明了在沸点时的液相组成和与之平衡的气相组成之间的关系。

双液系的$T$-$x$图（图7-7）有三种情况：

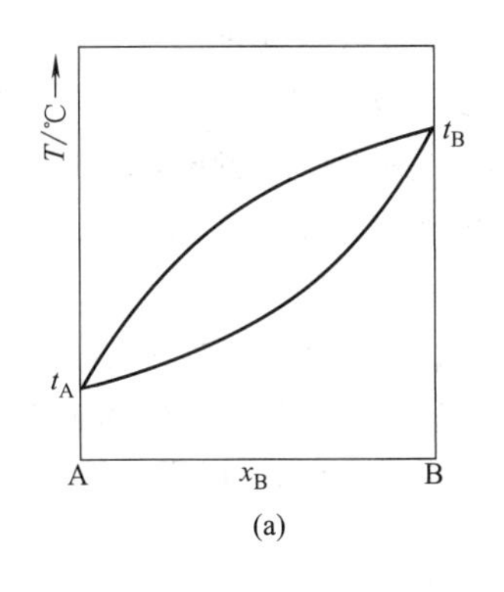

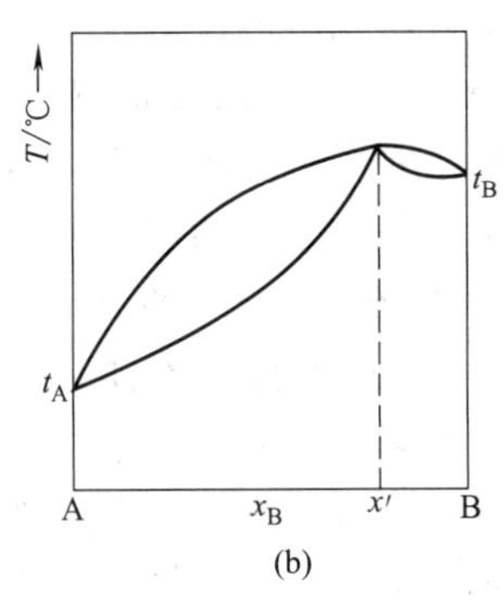

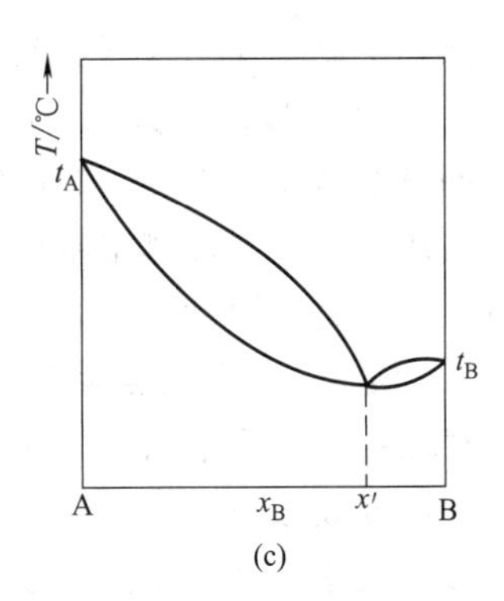


图 7-7　双液系的 $T$-$x$ 图

(1) 近似理想溶液的 $T$-$x$ 图［图 7-7(a)］，它表示混合液的沸点介于 A、B 两个纯组分沸点之间。这类双液系可用分馏法从溶液中分离出两个纯组分。

(2) 有最低恒沸点体系的 $T$-$x$ 图［图 7-7(b)］。这类体系的 $T$-$x$ 图上有一个最高点，此点相互平衡的液相和气相具有相同的组成，叫作最高恒沸点。

(3) 最高恒沸点体系的 $T$-$x$ 图［图 7-7(c)］。这类体系的 $T$-$x$ 图上有一个最低点，此点相互平衡的液相和气相也具有相同的组成，叫作最低恒沸点。

对于（2）和（3）这两类的双液系，用分馏法不能从溶液中分离出两个纯组分。

本实验选择一个具有最低恒沸点的水-正丙醇体系。在 101.3250kPa 下测定一系列不同组成的混合溶液的沸点及在沸点时呈平衡气液两相的组成，绘制 $T$-$x$ 图，并从相图中确定恒沸点的温度和组成。

测定沸点的装置叫沸点测定仪（图 7-8）。这是一个带回流冷凝管的长颈圆底烧瓶。冷凝管底部有一半球形小槽，用于收集冷凝下来的气相样品。电流通过浸入溶液中的电阻丝。这样既可减少溶液沸腾时的过热现象，还能防止暴沸。测定时，铂电阻探头一定要插在液面下，以便准确测出平衡温度。

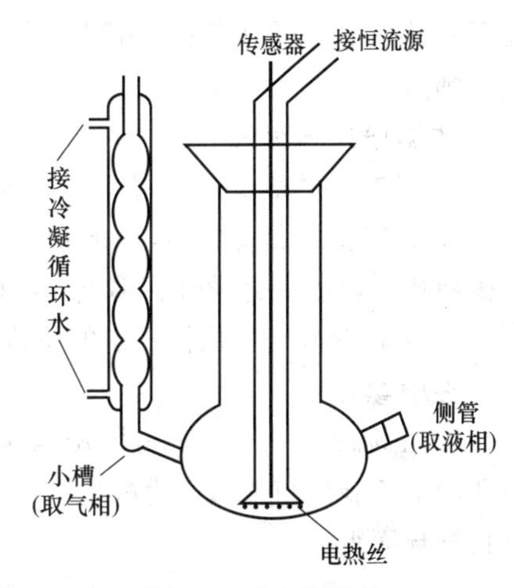


图 7-8　沸点测定仪

由于水和正丙醇的折射率相差较大，而折射率的测定又只需少量样品，所以，可用折射率-组成工作曲线来测得平衡体系的两相组成。阿贝（Abbe）折光仪的原理及使用详见本书附录。

## 三、实验用品

仪器：沸点测定仪，阿贝折光仪，超级恒温水浴，长滴管，具塞试管（10mL），擦镜纸，吸量管（10mL），移液管（20mL、50mL）。

药品：正丙醇（A. R.）。

## 四、实验内容

(1) 调节恒温槽温度比室温高 5℃，通恒温水于阿贝折光仪中。

纯液体折射率的测定：分别测定蒸馏水和正丙醇的折射率，重复 2～3 次。

(2) 工作曲线的绘制　取清洁而干燥的称量瓶，用称量法配制正丙醇的质量浓度为 10%、20%、40%、55%、70%、85%（准确到 0.5%）的正丙醇水溶液各 5mL，配制与称量动作尽量要快，以减少挥发。配好后依次在设定温度下测定各溶液的折射率，以折射率对浓度作图，绘制工作曲线（绘制工作曲线所需实验数据也可由实验教师提供）。

（3）测定沸点-组成数据　将干燥的沸点测定仪按图 7-8 安装好，检查带有铂电阻探头的橡皮塞是否塞紧。加热用的电阻丝要靠近底部中心，铂电阻探头不能接触电阻丝，而且每次改变组成后，要保证测定条件尽量平行（包括铂电阻探头和电阻丝的相对位置）。安装好沸点测定仪，打开冷却水，再接通电源，调节直流稳压电源电压调节旋钮，使加热电压为 10～15V，缓慢加热使沸点测定仪中溶液沸腾。最初冷凝管下端小槽中的冷凝液不能代表平衡时的气相组成。将小槽中的最初冷凝液体倾回蒸馏器，并反复 2～3 次，待溶液沸腾且回流正常，温度读数恒定后，记录溶液沸点。然后停止加热，用干燥的长滴管自冷凝管口伸入小槽，吸取其中全部冷凝液，注入干燥的具塞试管中，盖塞保存。用另一支干燥的滴管由侧管吸取圆底烧瓶内的溶液约 1mL，注入另一干燥的具塞试管中，盖塞保存。上述两者即可认为是体系平衡时气、液两相的样品。待样品冷却后分别迅速测定它们的折射率。

① 左半部分沸点-组成关系的测定。取 40mL 去离子水加入沸点测定仪中，然后依次加入正丙醇 1.0mL、1.5mL、2.0mL、4.0mL、5.0mL、10.0mL。用上述方法分别测定溶液沸点及气相组成折射率 $n_g$、液相组成折射率 $n_l$。实验完毕，将溶液倒入回收瓶中。

② 左半部分沸点-组成关系的测定。取 50mL 正丙醇加入沸点测定仪中，然后依次加入蒸馏水 0.5mL、1.0mL、1.5mL、2.0mL、2.5mL、4.0mL、6.0mL。用上述方法分别测定溶液沸点及气相组成折射率 $n_g$、液相组成折射率 $n_l$。实验完毕，将溶液倒入回收瓶中。

实验中可以观察到，由纯正丙醇和纯水各自向降低自身浓度的方向进行测定，测定的折射率，起始气相的折射率与液相的折射率读数相差不大，随着纯正丙醇或水的加入、溶液的取出，气液两相的折射率读数相差越来越大，到一定程度后两相读数又会越来越接近，沸点逐渐降低，最后可得气液两相的折射率相等。说明气液两相的组成相等、沸点不变，即达最低恒沸点。

## 五、数据记录与处理

1. 根据折射率-组成数据表，绘制成工作曲线。

2. 将实验中测得的沸点-折射率数据列表，根据工作曲线确定各待测溶液气相和液相的平衡组成，以组成为横轴、沸点为纵轴，绘出气相与液相的平衡曲线，即双液系相图。

3. 由相图确定最低恒沸点的温度和组成。

## 六、注意事项

1. 在标准大气压下测得的沸点为正常沸点。通常外界压力并不恰好等于 101.325kPa，因此应对实验测得值做压力校正。校正式系从特鲁顿（Trouton）规则及克劳修斯-克拉贝龙方程推导而得：

$$\Delta t_{压}/℃=(273.15+t_A/℃)/10\times(101325-p/\mathrm{Pa})/101325 \tag{7-11}$$

式中　$\Delta t_{压}$——由于压力不等于 101.325kPa 而带来的误差；

$t_A$——实验测得的沸点；

$p$——实验条件下的大气压。

2. 经校正后的体系正常沸点应为 $t_{沸}=t_A+\Delta t_{压}$。

## 七、思考题

1. 待测溶液的浓度是否需要精确计量？为什么？

2. 如何判断气液两相已达平衡？

3. 按所得的相图，讨论此溶液蒸馏时的分离情况。

# 实验四十八　Sn-Bi 二组分金属相图的绘制

## 一、实验目的

1. 应用步冷曲线的方法绘制 Sn-Bi 二组分体系的相图。

2. 掌握金属相图炉的基本原理和使用方法。

## 二、实验原理

相图是用以研究体系的状态随浓度、温度、压力等变量的改变而发生变化的图形，它可以表示出在指定条件下体系存在的相数和各相的组成，对蒸气压较小的二组分凝聚体系，常以温度-组成图来描述。

热分析法是绘制相图常用的基本方法之一。这种方法是通过观察体系在冷却（或加热）时温度随时间的变化关系，来判断有无相变的发生。通常的做法是先将体系全部熔化，然后让其在一定环境中自行冷却，并每隔一定的时间记录一次温度，以温度（$T$）为纵坐标，时间（$t$）为横坐标，画出称为步冷曲线的 $T$-$t$ 图。如图 7-9 所示是二组分金属体系的一种常见类型的步冷曲线。当体系均匀冷却时，如果体系不发生相变，则体系的温度随时间的变化将是均匀的，冷却也较快（图中 $ab$ 段）。若在冷却过程中发生了相变，由于在相变过程中伴随着热效应，所以体系温度随时间的变化速度将发生改变，体系的冷却速度减慢，步冷曲线就出现转折（如图中 $b$ 点所示）。当熔液继续冷却到某一点时（图中 $c$ 点），由于此时熔液的组成已达到最低共熔混合物的组成，故有最低共熔混合物的析出，在最低共熔混合物完全凝固以前，体系温度保持不变，因此步冷曲线出现平台（图中 $cd$ 线段）。当熔液完全凝固后，温度才迅速下降（图中 $de$ 线段）。

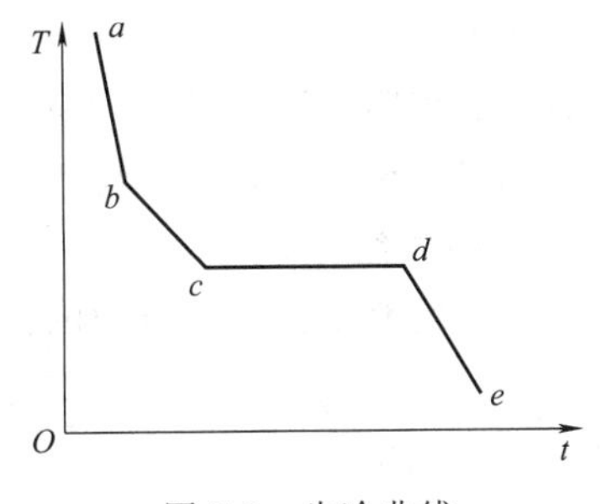

图 7-9　步冷曲线

测定一系列不同组成的样品的步冷曲线，从步冷曲线上找出各相应体系发生相变的温度，就可绘制出被测体系的相图，如图 7-10 所示。

纯物质的步冷曲线如 1、5 所示。体系从高温冷却，开始降温很快，$ab$ 线的斜率决定于体系的散热程度。当冷到 A 物质的熔点时，固相 A 开始析出，体系处于两相平衡（熔液和固体 A）状态，此时体系的温度维持不变，步冷曲线出现 $bc$ 水平段，直到其中液相全部消失，温度才开始下降。

混合物步冷曲线（2、4）与纯物质的步冷曲线（1、5）不同。如 2 的起始温度下降很快（如 $a'b'$段），冷却到 $b'$点的温度时，开始有固相析出，这时体系呈两相，因为液相的成分不断改变，所以其平衡温度也不断改变。由于凝固热的不断放出，其温度下降较慢，曲线的斜率较小（$b'c'$段）。到了最低共熔点温度后，体系出现三相，温度不再改变，步冷曲线又出现水平段 $c'd'$，直到液相完全凝固后，温度又迅速下降。

曲线 3 表示其组成恰为最低共熔混合物的步冷曲线，其图形与纯物质相似，但它的水平段是三相平衡。

用步冷曲线绘制相图是以横轴表示混合物的成分，在对应的纵轴标出开始出现相变（即步冷曲线上的转折点）的温度，把这些点连接起来即得相图。

图 7-10（b）是一种形成简单共熔混合物的二组分体系相图。图中 L 为液相区；β 为纯

B和液相共存的二相区；α为纯A和液相共存的二相区；水平段表示A、B和液相共存的三相共存线；水平线段以下表示纯A和纯B共存的二相区；$O$为最低共熔点。

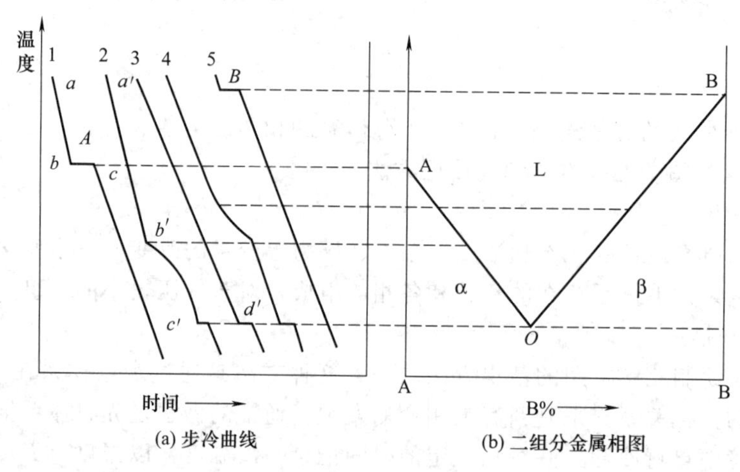

(a) 步冷曲线　　(b) 二组分金属相图

图7-10　根据步冷曲线绘制相图

## 三、实验用品

仪器：金属相图炉（800W，炉体上装有电压调节器），微电脑控制器，宽肩硬质玻璃样品管，铂电阻（PT100），铂电阻套管，橡皮塞，试管。

药品：Sn，Bi，石墨粉。

## 四、实验内容

（1）配制不同质量分数的锡、铋混合物各100g（含锡分别为0%、20%、40%、60%、80%、100%），分别放在6支硬质试管中，各加入少许石墨粉，以防止金属在加热过程中接触空气而氧化。

（2）依次测含锡质量分别为0%、20%、40%、60%、80%、100%样品的步冷曲线。将样品管放在金属相图炉炉体中（电压控制在160V左右），让样品熔化，同时将铂电阻（连不锈钢套管）插入样品管中。

（3）样品冷却过程中，冷却速度保持在6～8$K \cdot min^{-1}$之间，铂电阻的热端应放在样品中央，离样品管管底不小于1cm，否则将受外界的影响，而不能真实反映被测体系的温度。当样品均匀冷却时，每隔1min记录温度一次，直到步冷曲线的水平部分以下为止。

## 五、注意事项

1. 步冷曲线的斜率即温度变化速率，取决于体系与环境的温差，体系的热容量和热导率等因素有关，当固体析出时，放出凝固热，因而使步冷曲线发生折变，折变是否明显决定于放出的凝固热能抵消散失热量多少，若放出的凝固热能抵消散失热量的大部分，折变就明显，否则就不明显。故在室温较低的冬天，有时在降温过程中需给电炉加以一定的电压（约20V），来减缓冷却速度，以使转折明显。

2. 测定一系列成分不同样品的步冷曲线就可绘制相图。但在很多情况下随物相变化而产生的热效应很小，步冷曲线上转折点不明显，在这种情况下，需采用较灵敏的方法进行。另外，目前实验所用的简单体系为Cd-Bi、Bi-Sn、Pb-Zn等，它们挥发的蒸气对人体健康有危害性，而且样品用量大，危害性更大，时间久了这些混合物难以处理。故实验可改用热分析的另一种差热分析（DTA）法或差示扫描（DSC）法。

3. 锡铋二组分体系的最低共熔点温度约为137℃。

## 六、数据记录与处理

（1）利用所得步冷曲线，绘制锡铋二组分体系的相图，并注明相图中各区域的相平衡。

（2）从相图中求出低共熔点的温度及低共熔混合物的成分。

## 七、思考题

1. 何谓热分析法？用热分析法测绘相图时，应该注意些什么？
2. 用相律分析在各条步冷曲线上出现平台的原因。
3. 为什么在不同组分熔融液的步冷曲线上，最低共熔点的水平线段长度不同？
4. 升温曲线是否也可作相图？

# 实验四十九　电导法测定乙酸解离常数

## 一、实验目的

1. 了解溶液电导的基本概念，通过实验了解溶液的电导（$G$）、摩尔电导率（$\Lambda_m$）、弱电解质的解离度（$\alpha$）、解离平衡常数（$K$）等概念及它们相互的关系。
2. 学会DDS-ⅡD型电导率仪的使用方法。
3. 掌握溶液电导的测定及应用。

## 二、实验原理

乙酸是一种弱电解质，在水溶液中存在下列解离平衡：

| | $HAc \rightleftharpoons$ | $H^+$ + | $Ac^-$ |
|---|---|---|---|
| 起始浓度/$mol \cdot L^{-1}$ | $c$ | 0 | 0 |
| 平衡浓度/$mol \cdot L^{-1}$ | $c-c\alpha$ | $c\alpha$ | $c\alpha$ |

$\alpha$ 是 HAc 溶液的浓度为 $c$ 时的解离度。在溶液中电离达到平衡时，乙酸解离平衡常数 $K_c$ 与原始浓度 $c$ 和解离度 $\alpha$ 有以下关系：

$$K_c=\frac{c\alpha^2}{1-\alpha} \tag{7-12}$$

在一定温度下 $K_c$ 是常数，可以通过测定 HAc 在不同浓度时的 $\alpha$ 代入式（7-12）求出 $K_c$。

乙酸溶液的解离度可用电导法来测定，图7-11是用来测定溶液电导的电导池。

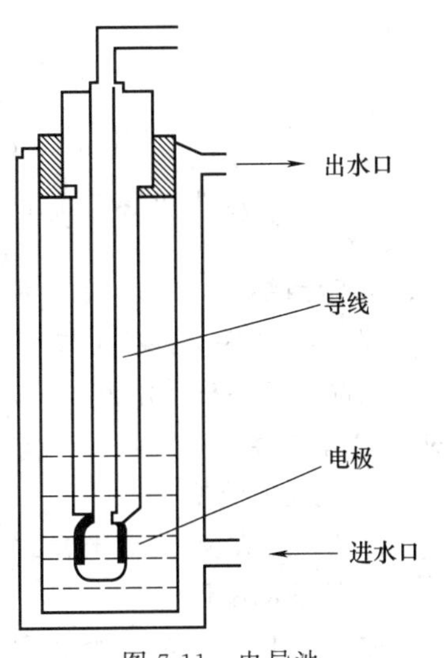

图7-11　电导池

电解质溶液的电导，指的是在电解质溶液中正、负离子迁移传递电流的能力。它与离子的运动速度有关，它是由溶液的电阻 $R$ 的倒数来进行度量的，以 $G$ 表示。

将电解质溶液放入电导池内，溶液电导（$G$）的大小与两电极之间的距离（$l$）成反比，与电极的面积（$A$）成正比：

$$G=\kappa\frac{A}{l} \tag{7-13}$$

式中，$\frac{l}{A}$为电导池常数，以 $K_{cell}$ 表示；$\kappa$ 为电导率，

也可称为比电导。其物理意义：在两平行而相距1m，面积均为1m$^2$的电极间，电解质溶液的电导称为该溶液的电导率，其单位以SI制表示为$S \cdot m^{-1}$（cgs制表示为$S \cdot cm^{-1}$）。

电导池由于电极的$l$和$A$不易精确测量，因此在实验中是用一种已知电导率值的溶液先求出电导池常数$K_{cell}$，然后把欲测溶液放入该电导池中测出其电导值，再根据式（7-13）求出其电导率。

溶液的摩尔电导率是指把含有1mol电解质的溶液置于相距为1m的两平行板电极之间的电导。以$\Lambda_m$表示，其单位以SI单位制表示为$S \cdot m^2 \cdot mol^{-1}$（以cgs单位制表示为$S \cdot cm^2 \cdot mol^{-1}$）。

摩尔电导率与电导率的关系：

$$\Lambda_m = \frac{\kappa}{c} \tag{7-14}$$

式中，$c$为该溶液的浓度，其单位以SI单位制表示为$mol \cdot m^{-3}$。对于弱电解质溶液来说，可以认为：

$$\alpha = \frac{\Lambda_m}{\Lambda_m^{\infty}} \tag{7-15}$$

式中，$\Lambda_m^{\infty}$是溶液在无限稀释时的摩尔电导率。对于强电解质溶液（如KCl、NaAc），其$\Lambda_m$和$c$的关系为$\Lambda_m$-$\Lambda_m^{\infty}(1-\beta\sqrt{c})$。对于弱电解质（如HAc等），$\Lambda_m$和$c$则不是线性关系，故不能像强电解质溶液那样，从$\Lambda_m$-$\sqrt{c}$的图外推至$c=0$处求得$\Lambda_m^{\infty}$。但已经知道，在无限稀释的溶液中，每种离子对电解质的摩尔电导率都有一定的贡献，是独立移动的，不受其他离子的影响。对电解质$M_{\nu+}A_{\nu-}$来说，即$\Lambda_m^{\infty} = \nu_+ \lambda_{m^+}^{\infty} + \nu_- \lambda_{m^-}^{\infty}$。弱电解质HAc的$\Lambda_m^{\infty}$可由强电解质HCl、NaAc和NaCl的$\Lambda_m^{\infty}$的代数和求得：

$$\begin{aligned}\Lambda_m^{\infty}(HAc) &= \Lambda_m^{\infty}(H^+) + \Lambda_m^{\infty}(Ac^-) = \Lambda_m^{\infty}(HCl) + \Lambda_m^{\infty}(NaAc) - \Lambda_m^{\infty}(NaCl) \\ &= 390.71 S \cdot cm^2 \cdot mol^{-1}\ (25℃)\end{aligned} \tag{7-16}$$

把式（7-15）代入式（7-12）可得：

$$K_c = \frac{\frac{c}{c^{\ominus}}\Lambda_m^2}{\Lambda_m^{\infty}(\Lambda_m^{\infty} - \Lambda_m)} \tag{7-17}$$

或

$$\frac{c}{c^{\ominus}}\Lambda_m = (\Lambda_m^{\infty})^2 K_c \frac{1}{\Lambda_m} - \Lambda_m^{\infty} K_c \tag{7-18}$$

以$\frac{c}{c^{\ominus}}\Lambda_m$对$\frac{1}{\Lambda_m}$作图，其直线的斜率为$(\Lambda_m^{\infty})^2 K_c$，如知道$\Lambda_m^{\infty}$值，就可算出$K_c$。

## 三、实验用品

仪器：DDS-ⅡD型电导率仪，超级恒温水浴，电导池，100mL容量瓶，50mL移液管。

药品：乙酸标准溶液（$0.1000 mol \cdot L^{-1}$）。

## 四、实验内容

1. 装配恒温槽

使之恒温在25.0℃±0.2℃，按图7-11使恒温水流经电导池夹层。

2. 溶液的配制

取5支100mL容量瓶，用蒸馏水清洗干净。用50mL移液管准确吸取$0.1000 mol \cdot L^{-1}$乙酸标准溶液置于100mL容量瓶中，用蒸馏水稀释至刻度即为$c/2$浓度的乙酸溶液。按此

法依次类推配制 $c/4$、$c/8$、$c/16$、$c/32$ 浓度的乙酸溶液。

3. 选择合适的电导电极

根据所测溶液的电导率大小选用 DJS-1 型铂黑电极，用于测量溶液的电导率，该电极在使用前应在蒸馏水中浸泡 24h，使用完毕还要泡在蒸馏水中，切勿长时间浸泡于溶液中。

4. 电导率 $\kappa$ 的测定

将电导池和铂黑电极用少量待测溶液洗涤 2～3 次，最后注入待测溶液。恒温约 5min，用电导率仪测其电导率。按由稀到浓的顺序，测定 6 种不同浓度 HAc 溶液的电导率。

打开电导率仪开关，预热数分钟，将电导率仪上的电极常数旋钮置于所用的电导电极常数的位置。用校正旋钮校仪器满刻度，将量程开关置于最大挡。待溶液的温度稳定后进行测量并逐步将量程开关降到能准确读取电导率值的位置，注意表头的指针读数，如果量程开关置于黑色则需读取表头指针所指的黑色数字，如果量程开关置于红色则需读取表头指针所指的红色数字，并注意其量程读数。

## 五、数据记录与处理

室温________ 大气压________ 恒温槽温度________ 电极常数______

(1) 实验数据列表并计算 HAc 的 $K_c$，见表 7-2。

**表 7-2 乙酸解离常数的数据记录**

| 乙酸浓度 | $c/32$ | $c/16$ | $c/8$ | $c/4$ | $c/2$ | $c$ | 平均值 |
|---|---|---|---|---|---|---|---|
| $\kappa/S\cdot m^{-1}$ | | | | | | | |
| $\Lambda_m/S\cdot m^2\cdot mol^{-1}$ | | | | | | | |
| $K_c=\dfrac{\frac{c}{c^\ominus}\Lambda_m^2}{\Lambda_m^\infty(\Lambda_m^\infty-\Lambda_m)}$ | | | | | | | |

(2) 按公式 (7-18) 以 $\dfrac{c}{c^\ominus}\Lambda_m$ 对 $\dfrac{1}{\Lambda_m}$ 作图，其直线的斜率为 $(\Lambda_m^\infty)^2K_c$，由此可算出 $K_c$，并与平均值法的结果进行比较。

## 六、注意事项

1. 电导受温度影响较大，温度偏高时其摩尔电导偏高，温度每升高 1℃，电导平均增加 1.92%，即 $G_t=G_{298K}[1+0.013(t-25)]$。

2. 电导池常数 ($K_{cell}$) 未测准，则导致被测物的电导率 ($\kappa$) 偏离参考文献值。溶液电导一经测定，则 $\kappa$ 正比于 $K_{cell}$。即电导池常数测量值偏大，则算得的溶液的溶解度、电离常数都偏大。

3. 电导水的电导大，测量时相对误差也就越大。

4. 实验中所配溶液浓度要准确，尤其是 $0.1000mol\cdot L^{-1}$ KCl 标准溶液，电导池需洁净。

5. 不同温度下无限稀释的乙酸溶液的摩尔电导率如下：

| 温度/℃ | 0 | 18 | 25 | 30 | 50 | 100 |
|---|---|---|---|---|---|---|
| $\Lambda_m/S\cdot cm^2\cdot mol^{-1}$ | 260.3 | 348.6 | 390.7 | 421.8 | 532 | 774 |

## 七、思考题

1. 什么叫溶液的电导、电导率、摩尔电导率？

2. 测量一系列不同浓度的溶液的电导率时，为什么要由稀到浓逐一测量？

# 实验五十　一级反应——蔗糖水解反应速率常数的测定

## 一、实验目的

1. 根据物质的光学性质研究蔗糖水解反应，测定其反应速率常数及其半衰期。

2. 了解旋光仪的基本原理，掌握其使用方法。

## 二、实验原理

反应速率只与某反应物浓度成正比的反应称为一级反应：

$$-\frac{\mathrm{d}c_t}{\mathrm{d}t}=kt \tag{7-19}$$

式中，$k$ 为反应速率常数；$c_t$ 为反应物在时间 $t$ 时的浓度。积分可得：

$$kt=\ln\frac{c_0}{c_t} \tag{7-20}$$

若以 $\ln(c_t/\mathrm{mol \cdot L^{-1}})$ 对 $t$ 作图，可得一直线，其斜率即为反应速率常数 $k$。反应速率还可用半衰期 $t_{1/2}$ 来表示。若 $a$ 为反应物起始浓度，$x$ 为在 $t$ 时间内已经反应完的反应物浓度，则在 $t$ 时的反应速率为：

$$-\frac{\mathrm{d}(a-x)}{\mathrm{d}t}=k(a-x) \tag{7-21}$$

积分可得：

$$t=\frac{1}{k}\ln\frac{a}{a-x} \tag{7-22}$$

当反应物浓度为起始浓度一半时，即 $x=a/2$ 所需的时间，称为半衰期 $t_{1/2}$。显然：

$$t_{1/2}=\frac{1}{k}\ln\frac{a}{a-\frac{1}{2}a}=\frac{0.693}{k} \tag{7-23}$$

上式说明一级反应的半衰期只取决于反应速率常数 $k$，而与起始浓度无关。这是一级反应的一个特点。

蔗糖在水中水解成葡萄糖与果糖的反应为：

$$C_{12}H_{22}O_{11}(\text{蔗糖})+H_2O \xrightarrow{H^+} C_6H_{12}O_6(\text{葡萄糖})+C_6H_{12}O_6(\text{果糖})$$

为使水解反应加速，反应常常以 $H^+$ 为催化剂，故在酸性介质中进行。水解反应中水是大量的，反应达终点时虽有部分水分子参加反应，但与溶质浓度相比可认为它的浓度没有改变，故此反应可视为一级反应，其动力学方程式为：

$$-\frac{\mathrm{d}c_t}{\mathrm{d}t}=kt \tag{7-24}$$

或

$$kt=\ln\frac{c_0}{c_t} \tag{7-25}$$

式中，$c_0$ 为反应开始时蔗糖的浓度；$c_t$ 为时间 $t$ 时蔗糖的浓度。当 $c_t=\frac{1}{2}c_0$ 时，$t$ 可用 $t_{1/2}$ 表示，即为反应的半衰期。

$$t_{1/2}=\frac{\ln 2}{k} \tag{7-26}$$

蔗糖及其水解产物均为旋光物质。当反应进行时，如以一束偏振光通过溶液，则可观察到偏振面的转移。蔗糖是右旋的，水解的混合物中有左旋的，所以偏振面将由右边旋向左边。偏振面的转移角度称为旋光度，以 $\alpha$ 表示。因此可利用体系在反应过程中旋光度的改变来量度反应的进程。溶液的旋光度与溶液中所含旋光物质的种类、浓度、液层厚度、光源的波长以及反应时的温度等因素有关。为了比较各种物质的旋光能力，引入比旋光度 $[\alpha]_D^t$ 这一概念并以下式表示：

$$[\alpha]_D^t=\frac{\alpha}{lc} \tag{7-27}$$

式中，$t$ 为实验时的温度；D 为所用光源的波长；$\alpha$ 为旋光度；$l$ 为液层厚度（常以 10cm 为单位）；$c$ 为浓度（常用 100mL 溶液中溶有 $m$g 的物质来表示）。式（7-27）可写成：

$$[\alpha]_D^t=\frac{\alpha}{l\cdot m/100} \tag{7-28}$$

或

$$[\alpha]_D^t lc=\alpha \tag{7-29}$$

由式（7-27）可以看出，当其他条件不变时，旋光度 $\alpha$ 与反应物浓度成正比：

$$\alpha=Kc \tag{7-30}$$

式中，$K$ 为与物质的旋光能力、溶液层厚度、溶剂性质、光源的波长、反应时的温度等有关的常数。

蔗糖是右旋性物质（比旋光度 $[\alpha]_D^{20}=66.6°$），产物中葡萄糖也是右旋性物质（比旋光度 $[\alpha]_D^{20}=52.5°$），果糖是左旋性物质（比旋光度 $[\alpha]_D^{20}=-91.9°$），因此当水解反应进行时，右旋角不断减小，当反应终了时体系变成左旋。

因为上述蔗糖水解反应中，反应物与生成物都具有旋光性。旋光度与浓度成正比，且溶液的旋光度为各组分旋光度之和（加和性）。若反应时间为 0、$t$、$\infty$时溶液的旋光度各为 $\alpha_0$、$\alpha_t$、$\alpha_\infty$，则可导出：

$$k=\frac{1}{t}\ln\frac{\alpha_0-\alpha_\infty}{\alpha_t-\alpha_\infty} \tag{7-31}$$

可改写为：

$$\ln(\alpha_t-\alpha_\infty)=-kt+\ln(\alpha_0-\alpha_\infty) \tag{7-32}$$

由式（7-32）可以看出，如以 $\ln(\alpha_t-\alpha_\infty)$ 对 $t$ 作图可得一直线，由直线的斜率即可求得反应速度常数 $k$。

## 三、实验用品

仪器：自动旋光仪，秒表，恒温槽，量筒（25mL），托盘天平，磨口锥形瓶（100mL），移液管（25mL），烧杯（100mL），玻璃棒。

药品：$4mol\cdot L^{-1}$ HCl 溶液，蔗糖（A.R.）。

## 四、实验内容

1. 旋光仪零点的校正

打开旋光仪电源，进入启动界面。

洗净旋光管各部分零件，将旋光管一端的盖子旋紧，向管内注入蒸馏水，取玻璃盖片沿管口轻轻推入，盖好再旋紧套盖，勿使其漏水或有气泡产生。

操作时不要用力过猛，以免压碎玻璃片。用滤纸或干布擦净旋光管两端玻璃片，并放入旋光仪中，盖上槽盖。按“清零键”使仪器测量初始化，此即为旋光仪的零点。测后取出旋光管，倒出蒸馏水。

2. 蔗糖水解过程中 $\alpha_t$ 的测定

称取 5g 蔗糖放入小烧杯中，用量筒量取 25mL 去离子水加入小烧杯中，搅拌溶解蔗糖。配好的溶液转移至具塞锥形瓶中，把锥形瓶放到通风橱中，用移液管取 25mL 4mol·$L^{-1}$ HCl 溶液注入锥形瓶中，并在 HCl 溶液加入一半时开启秒表作为反应的开始时刻。不断振荡摇动，迅速取少量混合液清洗旋光管，然后以此混合液注满旋光管，盖好玻璃片，旋紧套盖［检查是否漏气（有气泡）］。擦净旋光管两端玻璃片，立刻置于旋光仪中盖上槽盖。按下“测量键”测量各时间 $t$ 时溶液的旋光度 $\alpha_t$。先记下时间再读取旋光度数值。整个测量时间约为 1h。前 15min 由于蔗糖浓度较大，反应速率较快，旋光度变化较明显，每分钟记录一个数据，后 45min 每 3min 记录一个数据，直至旋光度值为负值以下结束实验。

3. $\alpha_\infty$的测定

为了得到反应终了时的旋光度 $\alpha_\infty$，将步骤 2 中的混合液保留好，48h 后重新观测其旋光度，此值即为 $\alpha_\infty$。也可将剩余的混合液在测量 15min 之后置于 60℃左右的水浴中温热 30min（时间不可太长，否则溶液变黄，有副反应发生），以加速水解反应，然后冷却至实验温度。等到测量结束之后，将旋光管中溶液倒出，将此溶液装入，测其旋光度，此值即可认为是 $\alpha_\infty$。

## 五、数据记录与处理

将实验数据记录于表 7-3 中。

**表 7-3　蔗糖水解反应速率常数数据**

实验温度：________　盐酸浓度：________　$\alpha_\infty$：________

| 反应时间/min | $\alpha_t$ | $\alpha_t-\alpha_\infty$ | $\ln(\alpha_t-\alpha_\infty)$ |
|---|---|---|---|
| | | | |

1. 以 $\ln(\alpha_t-\alpha_\infty)$ 对 $t$ 作图，由所得直线斜率求出 $k$ 值。
2. 计算蔗糖水解反应的半衰期。
3. 20℃时，蔗糖水解反应的速率常数 $k=0.012\text{min}^{-1}$，半衰期 $t_{1/2}=57.76\text{min}$。

## 六、注意事项

1. 蔗糖在配制溶液前，需先经 100℃干燥 1～2h。
2. 在测量蔗糖水解速率前，应熟练地使用旋光仪，以保证在测量时能正确准确地读数。
3. 旋光管管盖旋紧至不漏水即可，太紧容易损坏旋光管的镜片。
4. 旋光管中如有气泡存在，可将气泡赶至旋光管凸起处即可。
5. 测量完毕应立即洗净旋光管，以免酸对旋光管的腐蚀。

## 七、思考题

1. 旋光度的测量中为什么要对零点进行校正？为什么可用蒸馏水校正旋光仪的零点？
2. 蔗糖溶液为什么可粗配制？
3. 反应开始时，为什么将盐酸溶液倒入蔗糖溶液中，而不是相反顺序？

# 实验五十一　二级反应——乙酸乙酯水解速率常数的测定

## 一、实验目的

1. 掌握用电导法测定乙酸乙酯皂化反应速率常数和活化能的方法。

2. 进一步了解二级反应的特点。

3. 熟悉电导率仪的使用。

## 二、实验原理

乙酸乙酯皂化反应是一个二级反应：

$$CH_3COOC_2H_5 + OH^- \longrightarrow CH_3COO^- + C_2H_5OH$$

设在时间 $t$ 时生成物浓度为 $x$，则该反应的动力学方程为：

$$\frac{dx}{dt} = k(a-x)(b-x) \tag{7-33}$$

式中，$k$ 为反应速率常数；$x$ 为经过时间 $t$ 后消耗掉的反应物的浓度；$a$、$b$ 分别为乙酸乙酯、NaOH 的起始浓度。为了方便数据处理，使 $a=b$。

式（7-33）积分后得：

$$\frac{x}{a(a-x)} = kt \tag{7-34}$$

由实验测得不同 $t$ 时的 $x$ 值，则可依式（7-34）计算出不同 $t$ 时的 $k$ 值。如果 $k$ 值为常数，就可证明反应是二级的。通常是作 $\frac{x}{a-x}$ 对 $t$ 图，若所得的是直线，就证明是二级反应，并可以从直线的斜率求出 $k$ 值。本实验用电导法测定 $x$ 值，测定的根据如下。

（1）溶液中 $OH^-$ 的电导率比 $Ac^-$ 的电导率大得很多（即反应物与生成物的电导率差别大）。因此，随着反应的进行，$OH^-$ 的浓度不断减少，溶液的电导率也就随着下降。

（2）在稀溶液中，每种强电解质的电导率 $L$ 与其浓度成正比，而且溶液的总电导率就等于组成溶液的电解质的电导率之和。

依据上述两点，对乙酸乙酯皂化反应来说，反应物与生成物只有 NaOH 和 NaAc 是强电解质。$OH^-$ 和 $CH_3COO^-$ 的浓度变化对电导率的影响较大，由于 $OH^-$ 的迁移速率是 $CH_3COO^-$ 的五倍，所以溶液的电导率随着 $OH^-$ 的消耗而逐渐降低。令 $L_0$、$L_\infty$、$L_t$ 为反应起始、反应终了和反应 $t$ 时刻的电导，$l_{NaOH}$、$l_{NaAc}$ 分别为两电解质的电导与浓度关系的比例常数，根据溶液的电导率与电解质的浓度成正比关系，则有：

$$L_t = l_{NaOH}(a-x) + l_{NaAc}x \tag{7-35}$$

$$L_0 = l_{NaOH}a \tag{7-36}$$

$$L_\infty = l_{NaAc}a \tag{7-37}$$

$$L_t - L_\infty = (l_{NaOH} - l_{NaAc})(a-x) \tag{7-38}$$

$$L_0 - L_t = (l_{NaOH} - l_{NaAc})x \tag{7-39}$$

将式（7-38）、式（7-39）代入式（7-34），得：

$$k = \frac{1}{ta} \times \frac{L_0 - L_t}{L_t - L_\infty} \tag{7-40}$$

进一步化为：

$$L_t = \frac{1}{kta}(L_0 - L_t) + L_\infty \tag{7-41}$$

可以看出，$L_t$ 对 $\frac{L_0 - L_t}{t}$ 作图为一直线，斜率为 $\frac{1}{ak}$。实验中，使用 DDS-ⅡD 电导率仪测定反应体系的电导，在不同的温度 $T_1$、$T_2$ 时，测量反应速率常数 $k_{T_1}$ 和 $k_{T_2}$，则可以由 Arrhenius 公式计算反应的活化能：

$$\ln\frac{k_{T_2}}{k_{T_1}}=\frac{E_a(T_2-T_1)}{RT_1T_2} \tag{7-42}$$

## 三、实验用品

仪器：DDS-ⅡD电导率仪，超级恒温水浴，微量进样器，移液管（10mL、5mL），容量瓶（50mL），具塞锥形瓶，秒表，洗耳球。

药品：NaOH 标准溶液（约 $0.1000\text{mol}\cdot\text{L}^{-1}$），$CH_3COOC_2H_5$（$0.0200\text{mol}\cdot\text{L}^{-1}$，A. R.），重蒸馏水。

## 四、实验内容

1. 配制溶液

（1）乙酸乙酯溶液　在 50mL 容量瓶中加入 2/3 的重蒸馏水，按乙酸乙酯的密度公式计算配制 $0.0200\text{mol}\cdot\text{L}^{-1}$ 的乙酸乙酯溶液所需要的纯试剂的体积，用微量进样器准确移取所需要的体积置于已盛有蒸馏水的容量瓶中，定容，摇匀待用。

乙酸乙酯的密度与温度的关系式为：

$$\rho=924.54-1.168(t/℃)-1.95\times10^{-3}(t/℃)^2 \quad (\text{kg}\cdot\text{m}^{-3})$$

式中，$t$ 为乙酸乙酯所处的温度。

（2）NaOH 溶液　用 NaOH 标准溶液分别配制浓度为 $0.0100\text{mol}\cdot\text{L}^{-1}$ 和 $0.0200\text{mol}\cdot\text{L}^{-1}$ 的 NaOH 溶液 50mL。

2. 电导率仪的调节

打开电导率仪电源，对电导率仪进行校正，并认真检查所用电极常数等，将各旋钮调至所需的位置。

3. $L_0$ 的测定

在调节电导率仪的同时，开启恒温槽，控制温度为 25.0℃±0.1℃。用 $0.0100\text{mol}\cdot\text{L}^{-1}$ NaOH 溶液 20mL 注入干净的电导池中，插入干净的电极，以液面高于电极 1～2cm 为宜，浸入已调控好的恒温槽中恒温约 10min，接上电极，接通电导仪，测定其电导率，即为 $L_0$。注意在测 $L_t$ 时，电导率仪不必再重新调整。

4. $L_t$ 的测定

用移液管分别吸取约 15mL $0.0200\text{mol}\cdot\text{L}^{-1}$ 的 NaOH 和 $0.0200\text{mol}\cdot\text{L}^{-1}$ 的 $CH_3COOC_2H_5$ 溶液（新鲜配制），注入干燥的具塞锥形瓶中，并塞紧塞子，放到恒温槽内恒温 10min。然后用移液管准确量取 10mL 恒温后的 NaOH 溶液放入电导池中，同时，将电导电极用蒸馏水洗净，小心用滤纸将电极上挂的少量水吸干（不要碰着铂黑电极）后插入电导池，将用移液管准确量取 10mL 恒温后的 $CH_3COOC_2H_5$ 溶液放入电导池中与 NaOH 溶液混合均匀，同时在 $CH_3COOC_2H_5$ 溶液放入一半时按下秒表开始计时，用电极上配有的塞子塞紧电导池，准备连续测量。由于该反应有热效应，开始反应时温度不稳定，影响电导率值。因此，第一个电导率数据可在反应进行到 6min 时读取，并在 9min、12min、15min、20min、25min、30min、35min、40min 时各测电导率一次，准确记录电导率的值和所对应的时间。

5. 活化能的测定（选做）

调节恒温槽的温度，控制在 35.0℃±0.1℃，重复实验步骤 2～4 操作，分别测定该温度下的 $L_0$ 和 $L_t$。

实验结束后，关闭电源，取出电极，用蒸馏水冲洗干净后浸泡在蒸馏水中。

## 五、数据记录与处理

（1）作 $L_t$-$t$ 图。

（2）测得的数据按表 7-4 处理。

（3）将相应的数据填入表中。

（4）作 $L_t$-$\left(\frac{L_0-L_t}{t}\right)$图，得一直线。

（5）由直线斜率计算反应速率常数 $k$。

表 7-4 乙酸乙酯水解速率常数测定数据

| $t$/min | $L_t$/S·m$^{-1}$ | $(L_0-L_t)$/S·m$^{-1}$ | $\left(\frac{L_0-L_t}{t}\right)$/S·m$^{-1}$·s$^{-1}$ |
|---|---|---|---|
| 6 | | | |
| 9 | | | |
| 12 | | | |
| 15 | | | |
| 20 | | | |
| 25 | | | |
| 30 | | | |
| 35 | | | |
| 40 | | | |

（6）由 298.2K、308.2K 所求出的 $k_{298.2K}$、$k_{308.2K}$，按 Arrhenius 公式计算该反应的活化能 $E$（选做）。

## 六、注意事项

1. NaOH 和 $CH_3COOC_2H_5$ 溶液一定要严格分开恒温。

2. 所用的溶液必须新鲜配制，而且所用 NaOH 和 $CH_3COOC_2H_5$ 溶液的浓度必须相等。

3. 实验过程中要很好地控制恒温槽温度，使其温度波动限制在±0.1K 以内。

4. 第二种溶液放入一半时按下秒表计时，保证计时的连续性，直至实验结束（读完 $L_t$）。

5. 保护好铂黑电极，电极插头要插入电导仪上电极插口内（到底），一定要固定好。

## 七、思考题

1. 为什么要使 NaOH 和 $CH_3COOC_2H_5$ 两种溶液的浓度相等？如何配制指定浓度的溶液？

2. 如果 NaOH 和 $CH_3COOC_2H_5$ 起始浓度不相等，应怎样计算 $k$ 值？

3. 用作图外推求 $L_0$ 与测定相同浓度 NaOH 所得 $L_0$ 是否一致？

4. 如果 NaOH 与 $CH_3COOC_2H_5$ 溶液为浓溶液，能否用此法求 $k$ 值？为什么？

5. 为何本实验要在恒温条件下进行，而且反应物在混合前必须预先恒温？

# 实验五十二 最大气泡法测溶液的表面张力

## 一、实验目的

1. 通过测定不同浓度（$c$）正丁醇水溶液的表面张力（$\sigma$），从 $\sigma$-$c$ 曲线求溶质的吸附量和正丁醇分子的横截面积（$S_0$）。

2. 了解表面张力、表面吉布斯函数的意义以及表面张力、溶液浓度与溶质表面吸附量的关系。

3. 掌握最大气泡压力法测定溶液表面张力的原理和技术。

## 二、实验原理

物质表面层中的分子与体相中的分子二者所处的力场是不同的，因而能量也不同。以与饱和蒸气相接触的液体表面分子与内部分子受力情况为例，如图 7-12 所示。液体内部的任一分子，其周围均有同类分子包围着，平均地看，该分子所受周围分子的吸引力是球形对称的，各个方向的力彼此互相抵消，合力为零，所以液体内部的分子可以任意移动，而不消耗功。然而表面层中的分子，则处于力场不对称的环境中，恒受到指向液体内部的拉力，故液体表面的分子总是趋于向液体内部移动，力图缩小表面积。从热力学观点看，液体表面缩小是一个自发过程，它使系统总的吉布斯函数减小。如要把一个分子由内部迁移到表面，即欲使液体产生新的表面 $\Delta A$，就需要对抗拉力而做功，功 $W'$ 的大小应与 $\Delta A$ 成正比：

$$W' = \sigma \Delta A \tag{7-43}$$

式中，$\sigma$ 为表面吉布斯函数，$J \cdot m^{-2}$。从力的角度看，亦可将 $\sigma$ 看作是沿着液体表面切线方向作用于液面单位长度上的紧缩力，通常称为表面张力，常用单位是 $N \cdot m^{-1}$。它表示表面自动缩小的趋势的大小。表面张力是液体的重要特性之一，与所处的温度、压力、液体的组成、共存的另一相的组成等有关。纯液体的表面张力通常是对该纯液体与其饱和蒸气和空气共存时的情况而言。

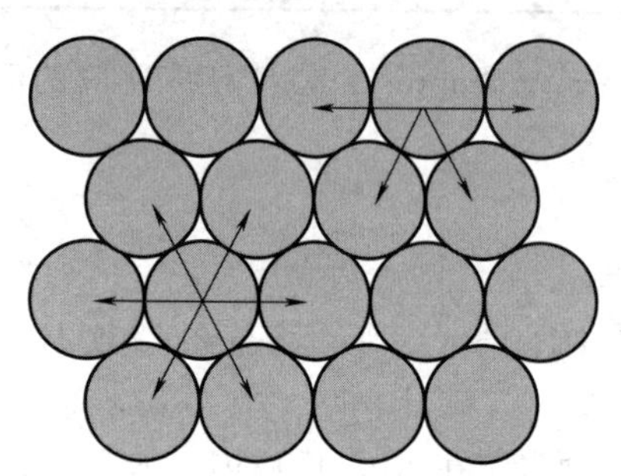

图 7-12　液体表面分子与内部分子受力情况差别示意图

对于纯液体，表面层的组成与溶液本体的组成相同，恒温、恒压下，表面张力是一定值，因此降低系统表面吉布斯函数的唯一途径是尽可能缩小其表面积。而对于溶液，由于溶质会在溶液表面发生吸附，进而改变溶液的表面张力，因此可以通过调节溶质在表面层中的浓度来降低系统的表面吉布斯函数。

根据能量最低原理，溶质能降低溶液的表面张力时，表面层中溶质的浓度应比溶液本体中大，反之，溶质使溶液的表面张力升高时，它在表面层中的浓度比在本体的浓度低。这种溶质在溶液表面层（或表面相）中的浓度与在溶液本体（或体相）中的浓度不同的现象称为“溶液表面的吸附”。显然，在指定温度和压力下，吸附与溶液的表面张力及溶液的浓度有关。吉布斯用热力学的方法推导出它们之间的关系式，即吉布斯吸附等温式：

$$\Gamma = -\frac{c}{RT} \times \frac{d\sigma}{dc} \tag{7-44}$$

式中　$\Gamma$——溶质的表面吸附量，$mol \cdot m^{-2}$；

$\sigma$——溶液的表面张力，$N \cdot m^{-1}$；

$T$——热力学温度，K；

$c$——溶液浓度，$mol \cdot L^{-1}$；

$R$——摩尔气体常数，8.3145 $J \cdot mol^{-1} \cdot K^{-1}$。

当 $\frac{d\sigma}{dc} < 0$ 时，$\Gamma > 0$，称为正吸附；反之，$\frac{d\sigma}{dc} > 0$ 时，$\Gamma < 0$，称为负吸附。前者表明加入溶质使液体表面张力下降，此类物质叫表面活性物质，后者表明加入溶质使液体表面张力升高，此类物质叫非表面活性物质或表面惰性物质。

习惯上，只把那些溶入少量就能显著降低溶液表面张力的物质，称为表面活性物质或表面活性剂。表面活性物质具有显著的不对称结构，它是由亲水的极性部分和憎水的非极性部分构成。对于有机化合物来说，表面活性物质的极性部分一般为—$NH_3^+$、—OH、—SH、—COOH、—$SO_2OH$，而非极性部分则为 $RCH_2$—。正丁醇就是这样的分子，在水溶液表面的表面活性物质分子，其极性部分朝向溶液内部，而非极性部分朝向空气。表面活性物质分子在溶液表面的排列情形随其在溶液中的浓度不同而有所差异。当浓度极小时，溶质分子平躺在溶液表面上，如图 7-13(a)所示，浓度逐渐增加，分子的排列如图 7-13(b)所示，最后当浓度增加到一定程度时，被吸附了的表面活性物质分子占据了所有表面形成了单分子的饱和吸附层，如图 7-13(c)所示。

正丁醇是一种表面活性物质，其水溶液的表面张力和浓度关系见图 7-14 中的 $\sigma$-$c$ 曲线。作不同浓度 $c$ 时的切线，把切线的斜率$\frac{d\sigma}{dc}$代入吉布斯吸附公式，可以求出不同浓度 $c$ 时溶质的表面吸附量 $\Gamma$。

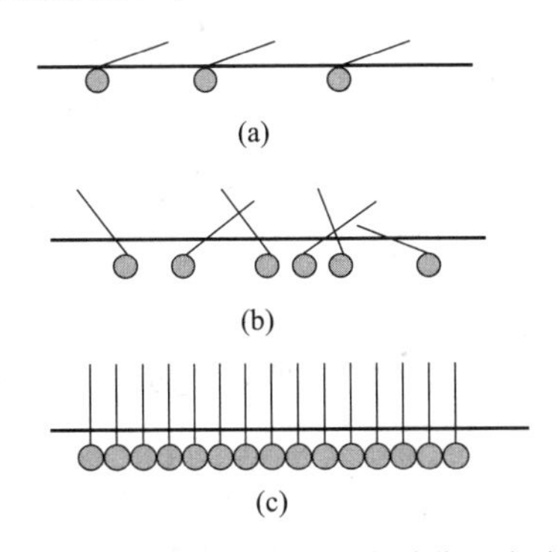


图 7-13　不同浓度时，溶质分子在溶液表面的排列情况

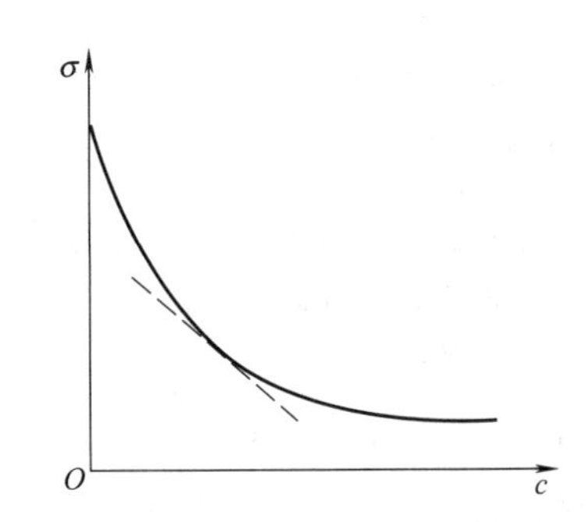


图 7-14　正丁醇水溶液的表面张力与浓度的关系

在一定温度下，吸附量 $\Gamma$ 与溶液浓度 $c$ 之间的关系由 Langmuir 等温式表示：

$$\Gamma=\Gamma_{\infty}\frac{Kc}{1+Kc} \tag{7-45}$$

式中，$\Gamma_{\infty}$ 为饱和吸附量，近似看作是在单位表面上定向排列呈单分子层吸附时溶质的物质的量；$K$ 为经验常数，与溶质的表面活性大小有关。将式(7-45) 化成直线方程，则：

$$\frac{c}{\Gamma}=\frac{c}{\Gamma_{\infty}}+\frac{1}{K\Gamma_{\infty}} \tag{7-46}$$

若以$\frac{c}{\Gamma}$-$c$ 作图可得到一直线，由直线斜率即可求出 $\Gamma_{\infty}$。

假设在饱和吸附情况下，正丁醇分子在气-液界面上铺满一单分子层，则可应用下式求出正丁醇分子的横截面面积 $S_0$：

$$S_0=\frac{1}{\Gamma_{\infty}N_A} \tag{7-47}$$

式中，$N_A$ 为阿伏伽德罗常数。

测量表面张力的方法很多，本实验采用最大气泡压力法。最大气泡压力法测量表面张力的实验装置如图 7-15 所示。

将欲测表面张力的液体装入表面张力仪中，使玻璃管的管口与液面相切，液面即沿毛细管上升，打开减压瓶活塞进行缓慢的减压，此时表面张力仪中的压力逐渐减小，毛细管中大气压就逐渐把管中液面压至管口，形成曲率半径最小（即等于毛细管半径 $R$）的气泡，这时压力差最大，这个最大压力差值 $\Delta p_{max}$ 可以从数字式微压差力计上读出。

设气泡在形成过程中始终保持球形，则气泡内外的压力差 $\Delta p$（即施加于气泡的附加压力）与气泡的半径 $r$、液体表面张力 $\sigma$ 之间的关系符合拉普拉斯（Laplace）方程：

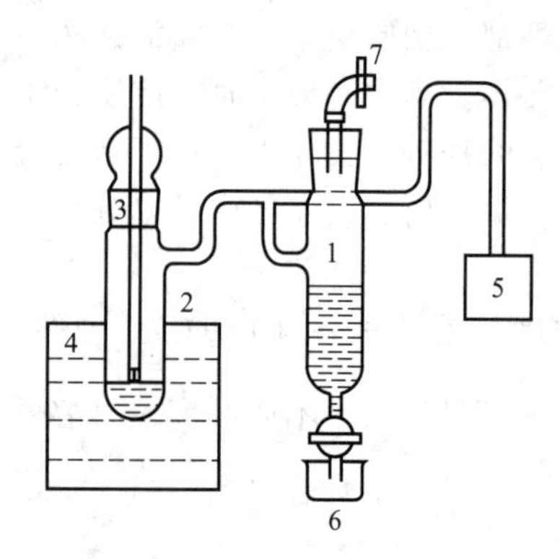


图 7-15　最大气泡法测量表面张力实验装置

1—充满水的减压瓶；2—表面张力仪；3—玻璃管，其下端接有一段直径很小的毛细管；4—恒温槽；5—数字式微压差测量仪；6—大烧杯；7—放空夹

$$\Delta p=\frac{2\sigma}{r} \tag{7-48}$$

当气泡的半径 $r$ 等于毛细管半径 $R$ 时，压力差达到最大值 $\Delta p_{\max}$：

$$\Delta p_{\max}=\frac{2\sigma}{R} \tag{7-49}$$

由此可见，通过测定 $R$ 和 $\Delta p_{\max}$，即可求得液体的表面张力 $\gamma$。

由于毛细管半径较小，直接测量 $R$ 误差较大。通常用一已知表面张力为 $\sigma_0$ 的液体（如水等）作为参比液体，在相同的实验条件下，测得相应最大压力差为 $\Delta p_{0,\max}$，则可求得毛细管半径 $R=\frac{2\sigma_0}{\Delta p_{0,\max}}$。代入上式，即可求得被测液体的表面张力：

$$\sigma=\frac{\sigma_0}{\Delta p_{0,\max}}\Delta p_{\max}=k\Delta p_{\max} \tag{7-50}$$

式中，$k$ 为毛细管常数。

## 三、实验用品

仪器：超级恒温水浴，表面张力测定装置，烧杯（400mL），容量瓶（100mL），移液管（20mL、15mL、10mL），洗瓶，洗耳球。

药品：0.8mol·L$^{-1}$ 正丁醇溶液。

## 四、实验内容

1. 清洗表面张力仪，并配制 8 种不同浓度的正丁醇溶液

表面张力仪内部用热洗液浸泡数分钟，再用蒸馏水洗净（包括塞子与毛细管），要求玻璃壁上不许挂有水珠，要使毛细管具有很好的润湿性。

以浓度为 0.8mol·L$^{-1}$ 的正丁醇溶液为基准，用容量瓶准确配制浓度分别为 0.02mol·L$^{-1}$、0.04mol·L$^{-1}$、0.08mol·L$^{-1}$、0.12mol·L$^{-1}$、0.16mol·L$^{-1}$、0.20mol·L$^{-1}$、0.24mol·L$^{-1}$、0.28mol·L$^{-1}$ 的正丁醇溶液各 100mL。

2. 毛细管常数的测定

在已清洁的表面张力仪内装入少量去离子水，装好玻璃管，使其毛细管口刚好与液面相切，仪器按图 7-15 所示接好。将表面张力仪放入恒温槽中，恒温 20min 后（恒温槽水温为 25℃），打开放空夹，并调节压力计的读数为 0。然后夹上放空夹，打开减压瓶（装满水的）下部的活塞少许，使水缓慢滴出，并使气泡从毛细管口尽可能缓慢形成，气泡逸出速度为每分钟约 10～15 个。记录压力计最大读数三次，求出其平均值，得 $\Delta p_{\max}$。然后，根据手册查出 25℃时水的表面张力为 $\sigma_0=0.07197\text{N}\cdot\text{m}^{-1}$ 以及 $\sigma_0/\Delta p_{\max}=k$，求出所使用的毛细管常数 $k$，此值应在 0.1mm 左右，否则毛细管太粗，误差较大。

3. 测定不同浓度正丁醇溶液的表面张力

小心取下表面张力仪，将去离子水倒掉，用待测的正丁醇溶液将仪器内部及毛细管冲洗 3 次，然后再倒入待测的正丁醇溶液，按照测定水的表面张力相同的方法进行实验，读得各个溶液的 $\Delta p_{\max}$，用公式 $\sigma=k\Delta p_{\max}$ 求出各个溶液的 $\sigma$ 值。注意：应该按照浓度自稀至浓的顺序测出各溶液的 $\sigma$ 值。

## 五、数据记录与处理

恒温槽温度____________ $\sigma_0=$ ____________

1. 记录数据（表 7-5）

表 7-5 最大气泡法测溶液的表面张力数据

| 溶液浓度/$mol\cdot L^{-1}$ | | 0.00 | 0.02 | 0.04 | 0.08 | 0.12 | 0.16 | 0.20 | 0.24 | 0.28 |
|---|---|---|---|---|---|---|---|---|---|---|
| $\Delta p_{0,max}$/Pa | 1 | | | | | | | | | |
| | 2 | | | | | | | | | |
| | 3 | | | | | | | | | |
| | 平均值 | | | | | | | | | |

2. 求出各浓度正丁醇水溶液的 $\sigma$（浓度以 $mol\cdot L^{-1}$ 为单位，$\sigma$ 以 $N\cdot m^{-1}$ 为单位）。

3. 在坐标纸上作 $\sigma$-$c$ 图，曲线要光滑。

4. 在光滑曲线的中间取 6～7 个点（与对应的实验点浓度相同），作其切线，求出 $Z$ 值。

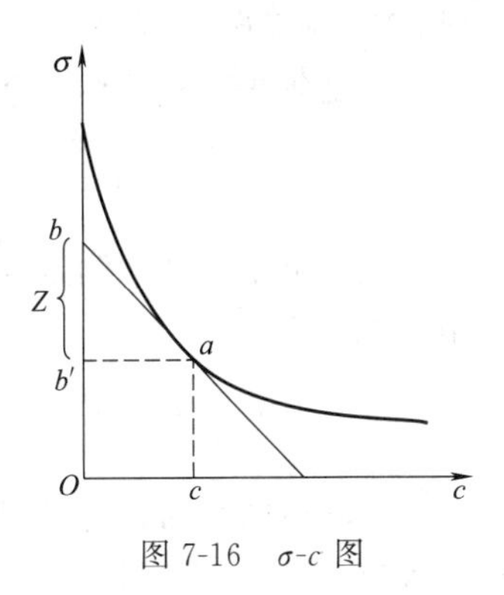

图 7-16 $\sigma$-$c$ 图

如果作出 $\sigma=f(c)$ 的等温曲线，可以看出，在开始时 $\sigma$ 随 $c$ 的增加而降低得很快，而以后的变化比较缓慢。根据曲线 $\sigma=f(c)$ 可以通过作图求出吸附量 $\Gamma$ 与浓度 $c$ 的关系。如图 7-16 所示，在 $\sigma$ 与 $c$ 的关系曲线上取一点 $a$，通过 $a$ 点作曲线的切线和平行于横坐标的直线，分别交纵轴于 $b$ 和 $b'$，令 $bb'=Z$，则 $Z=-c\left(\frac{d\sigma}{dc}\right)$，而 $\Gamma=-\frac{c}{RT}\left(\frac{d\sigma}{dc}\right)$，所以 $\Gamma=Z/RT$，在曲线上取不同的点就可得到不同的 $Z$ 值，从而可得到吸附量 $\Gamma$ 与溶液浓度 $c$ 的关系。

5. 由 $\Gamma=Z/RT$ 计算不同浓度溶液的吸附量 $\Gamma$ 值。计算 $c/\Gamma$ 的值，作 $\Gamma$-$c$ 图。

6. 以 $\frac{c}{\Gamma}$-$c$ 作图，由直线斜率求出 $\Gamma_\infty$（以 $mol\cdot m^{-2}$ 表示），并计算 $S_0$ 的值。

## 六、注意事项

1. 温度对该实验的测量影响比较大，实验中注意观察恒温水浴的温度，溶液加入测量管恒温 10min 后进行读数测量。

2. 本实验的关键在于溶液浓度的准确性和所用毛细管、恒温套管的清洁程度。因此，除事先用热的洗液清洗它们以外，每改变一次测量溶液，必须用待测的溶液反复洗涤它们，以保证测量的溶液表面张力与实际溶液的浓度相一致。

3. 毛细管下端要与液面相切，洗涤毛细管时切勿碰破其尖端，影响测量。

4. 控制好出泡速度，平稳地重复出现压力差，而不允许气泡一连串地出。多次测定最大泡压，取平均值（如果每次测定数据总是忽大忽小，往往是毛细管不通畅）。

## 七、思考题

1. 本实验结果准确与否取决于哪些因素？

2. 气泡如出得很快或连续 3～4 个一齐出，对结果有什么影响？毛细管尖端为何要刚好接触液面？

3. 本实验 $\Gamma$-$c$ 图形应该是怎样的图形？将所得的结果与手册上查到结果进行比较，试分析产生误差的原因。

## 八、测定液体表面张力的其他方法

测定液体表面张力除最大气泡压力法外，还有毛细管上升法、滴重法、吊环法、吊板法、悬滴法等。

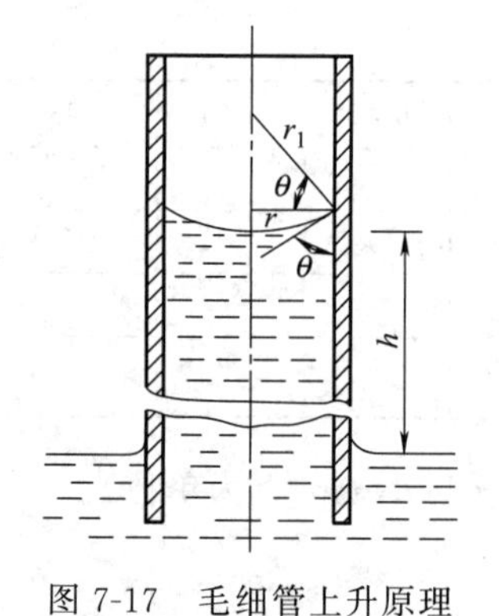

图 7-17　毛细管上升原理

1. 毛细管上升法

毛细管上升原理见图 7-17。将半径为 $r$ 的毛细管垂直插入可润湿的某液体中，由于附加压力的作用，使毛细管内液面上升。平衡时，上升的液柱所产生的静压力 $\rho gh$ 与附加压力 $\Delta p$ 在数值上相等：

$$\Delta p=\frac{2\sigma}{r_1}=\rho gh \tag{7-51}$$

将 $\cos\theta=r/r_1$ 代入式（7-51），整理得：

$$\sigma=\frac{rh\rho g}{2\cos\theta} \tag{7-52}$$

若毛细管玻璃被液体完全润湿，则接触角 $\theta=0°$，$\cos\theta=1$。则有：

$$\sigma=\frac{rh\rho g}{2} \tag{7-53}$$

在同一毛细管内，测定两种不同液体在毛细管内上升的高度 $h_1$、$h_2$，则此两种液体表面张力之比为：

$$\frac{\sigma_1}{\sigma_2}=\frac{h_1\rho_1}{h_2\rho_2} \tag{7-54}$$

若一液体的表面张力 $\sigma_2$ 已知，两液体的密度 $\rho_1$、$\rho_2$ 已知，则待测另一液体的表面张力 $\sigma_1$ 可由式（7-54）求得：

$$\sigma_1=\sigma_2\frac{h_1\rho_1}{h_2\rho_2} \tag{7-55}$$

2. 滴重法

当液体受重力作用，从垂直安放的毛细管口向下滴落，形成最大液滴时，其半径即为毛细管半径 $R$。此时，重力与表面张力相平衡，即 $mg=2\pi R\sigma$。

由于液滴形状的变化及不完全滴落，故重力项还需乘以校正系数 $F$。$F$ 是毛细管半径 $R$ 与液滴体积的函数，可在有关手册中查得。则有：

$$\sigma=F\frac{mg}{R} \tag{7-56}$$

# 实验五十三　$CuSO_4\cdot5H_2O$ 差示扫描量热分析实验（DSC）

## 一、实验目的

1. 了解热分析的一般知识。

2. 掌握差热分析（DTA）和差示扫描量热分析（DSC）的基本原理，学会对谱图进行定性和定量处理。

3. 学习 DSC 操作，对 $CuSO_4\cdot5H_2O$ 进行差示扫描量热分析；根据测得的实验结果，结合无机化学知识讨论 $CuSO_4\cdot5H_2O$ 中 5 个结晶水的热稳定性差异与空间结构的关系。

## 二、实验原理

1. 差热分析仪结构及工作原理

差热分析仪中，试样和参比物置于同一加热体系内，热量通过坩埚传给试样和参比物，使其温度升高。测温热电偶插入试样和参比物中，也可放在坩埚外的底部。升温和测量过程中，样品有热效应发生（如升华、氧化、聚合、固化、硫化、脱水、结晶、熔融、相变或化学反应），参比物是无热效应的，这样就必然出现温差。由图 7-18 可见，两个热电偶是同极相连，它们产生的热电势的方向正好相反。当炉温缓慢上升，样品和参比物受热达到稳定态。如果试样与参比物温度相同，$\Delta T=0$，那么它们的热电偶产生的热电势也相同。由于反向连接，所以产生的热电势大小相等，方向相反，正好抵消，无信号输出，记录仪仅画出一条水平直线。如果样品由于热效应发生，而参比物无热效应，这样 $\Delta T\neq 0$，记录仪上记录下 $\Delta T$ 的大小。当样品的热效应（放热或吸热）结束时，$\Delta T=0$，信号指示也回到零。如图 7-19 所示。

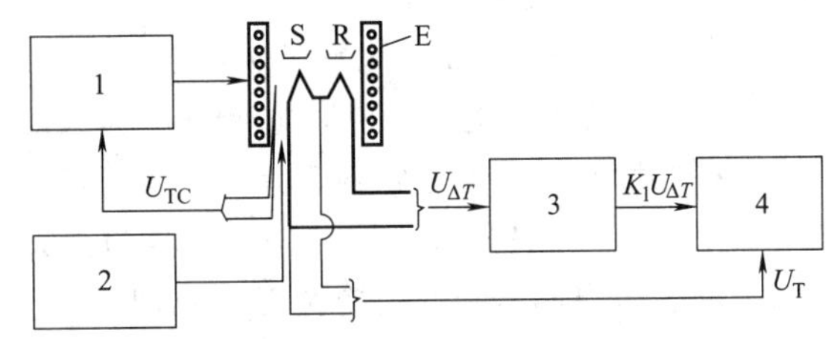


图 7-18　DTA 的基本工作原理示意

S—试样；$U_{TC}$—由控温热电偶送出的毫伏信号；
R—参比物；$U_T$—由试样下的热电偶送出的毫伏信号；
E—电炉；$U_{\Delta T}$—由差示热电偶送出的微伏信号；
1—温度程序控制器；2—气氛控制；3—差热放大器；4—记录仪

DTA 曲线是以温度为横坐标，以试样和参比物的温差 $\Delta T$ 为纵坐标，以显示试样在缓慢加热和冷却时的吸热与放热过程，图 7-19 为理想的 $\Delta T$-$t$ 曲线，$\Delta T$ 向下为负，表示试样吸热。这是国际热分析协会所规定的表示法。$a$ 点以前，由于试样未发生吸热或放热效应，故试样与参比物温度相同，即 $\Delta T=0$，记录仪仅画出一条水平直线，这条直线称作基线。当达到 $a$ 点时，试样开始熔融，吸收热量，在熔融时，试样温度保持不变，而温差 $\Delta T$ 则随时间反向增大。当到达凸点时，试样全部熔融，到达 $c$ 点时，试样与参比物温度又相等，即 $\Delta T=0$，差热曲线回复到基线。

实际上，试样和参比物的热容量和热导率不可能相等，两个支架不可能完全一样，在等速升温时，试样和参比物之间存在一定的温差，即 $\Delta T$ 不等于零，升温开始时，总会造成基线偏离，偏离 $\Delta T_a$ 值，如图 7-20 继续等速升温，若试样没有热效应，则 DTA 曲线又呈水平了，说明试样温度和参比物温度相差恒定的 $\Delta T_a$ 值，再继续升温至 $a$ 点，试样熔融，吸热，DTA 曲线向下偏离，考虑到试样及参比物的热容量和支架的差异，故实际的 DTA 曲线不像理想曲线中的 $ab$ 斜线和 $bc$ 垂直线那样，而如图 7-20 中的 $ab$ 曲线和 $bcd$ 曲线，到达 $d$ 点结束，但此时试样温度仍低于参比物温度，随后 DTA 曲线又成水平线。

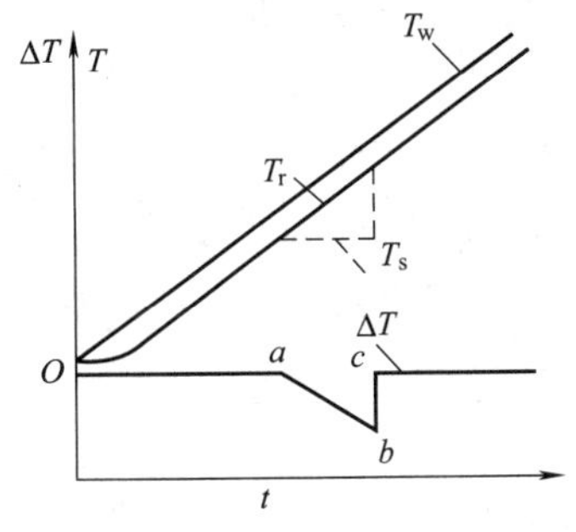


图 7-19　理想的 $\Delta T$-$t$ 曲线

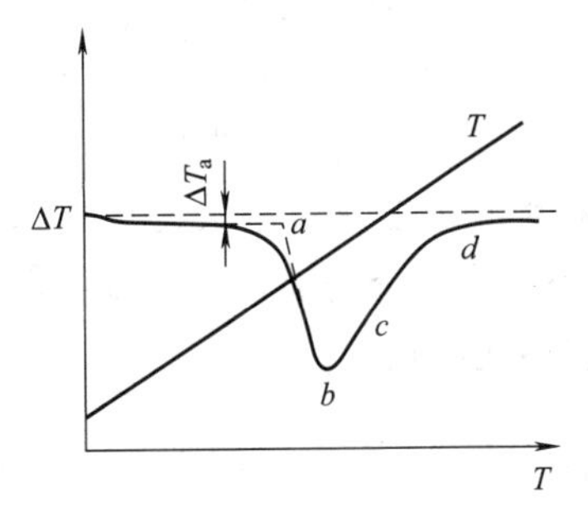


图 7-20　DTA 曲线

在DTA曲线上峰的数目表示物质发生物理、化学变化的次数；峰的位置表示物质发生变化的温度；峰的方向表明体系发生热效应的正负；峰的面积可确定热效应的大小。图7-20中峰 $abcd$ 的面积是和热效应 $Q$ 成正比：

$$Q=k\int_{t_1}^{t_2}\Delta T\,\mathrm{d}t=KA$$

式中，比例系数 $K$ 可由标准物质实验确定。但由于 $K$ 随温度、仪器、操作条件而变化，因此DTA的定量性能不好。

同时，为了使DTA有足够的灵敏度，试样与周围的热交换要小，也就是说热导率不能太大，这样当试样发生热效应时才会有足够大的 $\Delta T$。但因此热电偶对试样热效应的响应也较慢，热滞后增大，峰的分辨率差，这是DTA设计原理上的矛盾。人们为了改正这些缺陷，后来发展了一种新技术——差示扫描量热计（DSC）。

2. 差示扫描量热仪的结构及工作原理

在1977年国际热分析学会（ICTA）的命名委员会报告中把DSC分为功率补偿式（power compensation）、热流式（heat-flow）和热通量式（heat-flux）三种形式。后两种形式是属于DTA原理的，确切地说，它们是使用不同温度下的DTA曲线峰面积与试样焓变的校正曲线来定量热量的差热分析方法。这里介绍功率补偿式DSC。

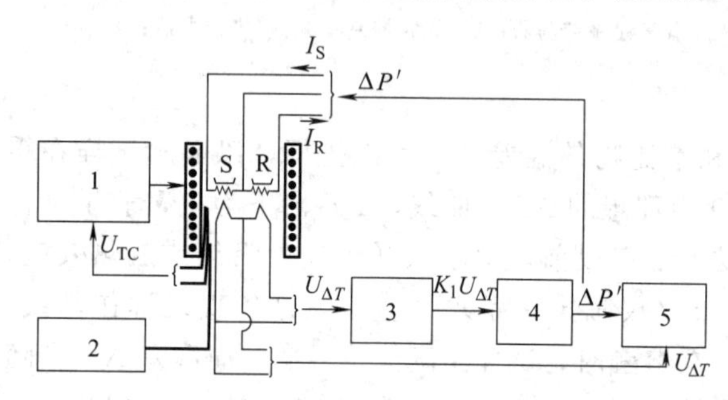


图7-21　功率补偿式DSC示意图

1—温度程序控制器；2—气氛控制；3—差热放大器；4—功率补偿放大器；5—记录仪

差示扫描量热法和差热分析在仪器结构上相似，所不同的是增加了一个功率补偿放大器，在试样和参比物容器下面增加了一组补偿加热丝，见图7-21。如当试样吸热时，试样温度低于参比物温度，放置于它下面的一组差示热电偶产生温差电势 $U_{\Delta T}$，经差热放大器放大后送入功率补偿放大器，功率补偿放大器自动调节补偿加热丝的电流，使试样一边的电流 $I_S$ 增大，参比物一边的电流 $I_R$ 减小，而（$I_S+I_R$）保持恒定值，直至两边热量平衡，温差 $\Delta T$ 消失为止。试样的热量变化由于随时得到补偿，试样与参比物的温度始终相等，避免了参比物与试样之间的热传递，故仪器反应灵敏，分辨率高。

设两边的补偿加热丝的电阻值相同，即 $R_S=R_R=R$，补偿电热丝上的电功率为 $P_S=I_S^2R$ 和 $P_R=I_R^2R$。当样品无热效应时，$P_S=P_R$；当样品有热效应时，$P_S$ 和 $P_R$ 之差 $\Delta P$ 能反映样品的放（吸）热的功率：

$$\begin{aligned}\Delta P&=P_S-P_R=(I_S^2-I_R^2)R=(I_S+I_R)(I_S-I_R)R\\&=(I_S+I_R)\Delta U=I\Delta U\end{aligned}$$

由于总电流 $I_S+I_R=I$ 为恒定值，所以样品放（吸）热的功率 $\Delta P$ 只与 $\Delta U$ 成正比。记录 $\Delta P$ 随温度 $T$ 的变化就是试样放热速度（吸热速度）随 $T$（或 $t$）的变化，这就是DSC曲线。在DSC中，峰的面积是维持试样与参比物温度相等所需要输入的电能的真实量度。

试样放热或吸热量：

$$Q=\int_{t_1}^{t_2}\Delta P\,\mathrm{d}t$$

不过试样和参比物与补偿加热丝之间总存在热阻，补偿的热量有些漏失，因此热效应的热量应是：

$$Q=KA$$

式中，$K$ 称为仪器常数，可由标准物质实验确定。在差示扫描量热分析中，仪器常数 $K$ 不随温度和操作条件而变，这就是 DSC 比 DTA 定量性能好的原因。

3．DTA、DSC 中各种热效应转变温度的确定

图 7-22 是聚合物 DTA 曲线或 DSC 曲线的模式图。当温度升高到玻璃化转变温度 $T_g$ 时，试样的热容增大，需要吸收更多的热量，使基线发生位移。如果试样能够结晶，并处于过冷的结晶态，那么在 $T_g$ 以上就可以结晶，同时放出大量的结晶热而产生一个放热峰。进一步升温，结晶熔融吸热，出现吸热峰。再进一步升温，试样则可能发生氧化、交联反应而放热，出现放热峰，最后试样则发生分解，吸热，出现吸热峰。当然并不是所有的聚合物试样都存在上述全部物理变化和化学变化。通常按图 7-23（a）的方法确定 $T_g$：由玻璃化转变前后的直线部分取切线，再在实验曲线上取一点，使其平分两切线间的距离 $\Delta$，这一点所对应的温度即为 $T_g$。$T_m$ 的确定：对低分子纯物质来说，像苯甲酸，如图 7-23（b）所示，由峰的前部斜率最大处作切线与基线延长线相交，交点称为外延点，所对应的温度取作 $T_m$。对聚合物来说，如图 7-23（c）所示，由峰的两边斜率最大处引切线，相交点所对应的温度取为 $T_m$，或取峰顶温度作为 $T_m$。$T_c$ 通常也是取峰顶温度。峰面积的取法如图 7-23（d）、（e）所示。可用求积或剪纸称重法量出面积。

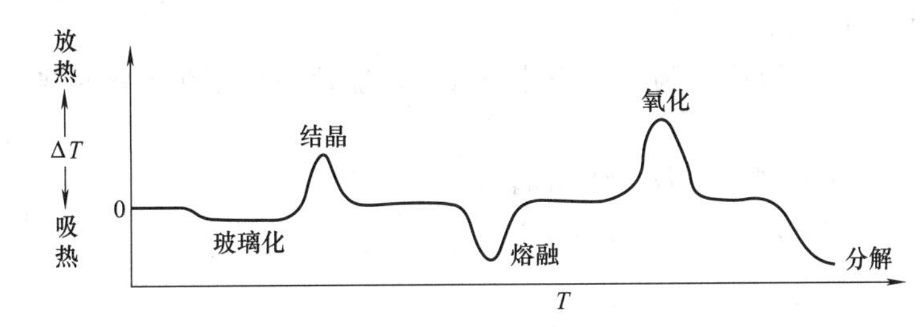


图 7-22　聚合物 DTA 曲线或 DSC 曲线的模式图

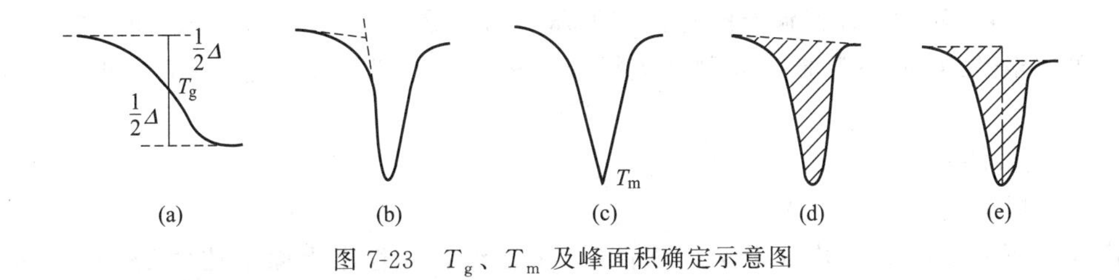


图 7-23　$T_g$、$T_m$ 及峰面积确定示意图

4．影响实验结果的因素

DTA、DSC 的原理和操作都比较简单，但要取得精确的结果却很不容易，因为影响的因素太多了，这些因素有仪器因素、试样因素、气氛、加热速度等。这些因素都可能影响峰的形状、位置，甚至出峰的数目。一般来说，上述因素对受扩散控制的氧化、分解反应的影响较大，而对相转变的影响较小。在进行实验时，一旦仪器已经选定，仪器因素也就基本固定了，所以下面仅对试样等因素略加叙述。

参比物的选择：只有当参比物与试样的热导率相近时，基线偏离小。因此参比物多选择在测量温度范围内本身不发生任何热效应的稳定物质，如 α-$Al_2O_3$、石英粉、硅油及 MgO 粉末等。在试样与参比物的热容相差较大时，亦可用参比物稀释试样来加以改善。试样的量

和参比物的量也要匹配，以免两者热容相差太大引起基线漂移。

试样因素：试样量对热效应的大小和峰的形状有着显著的影响。一般而言，试样量增加，峰面积增加，并使基线偏离零线的程度增大。同时，试样量增加，将使试样内的温度梯度增大，并相应地使变化过程所需的时间延长，从而影响峰在温度轴上的位置。如果试样量小，差热曲线出峰明显，分辨率高，基线漂移也小，不过对仪器的灵敏度要求也高。在仪器灵敏度许可的情况下，试样量应尽可能少。在测 $T_g$ 时，热容变化小，试样的量要适当多一些。试样的粒度对那些表面反应或受扩散控制的反应影响较大，粒度小，使峰移向低温方向。试样的装填方式也很重要，因为这影响到试样的传热情况，装填得是否紧密又和粒度有关。在测试聚合物的玻璃化转变和相转变时，最好采用薄膜或细粉状试样，并使试样铺满盛器底部，加盖压紧，试样盛器底部应尽可能地平整，以保证和试样托架之间的良好接触。

气氛影响：炉内气氛是动态或静态，是活性或惰性，是常压或高压、真空等都会影响峰的形状和反应机理，视实验要求而定。对于聚合物的玻璃化转变和相转变测定，气氛影响不大，但一般都采用氮气，尽可能与仪器校准时使用的流量一致。

升温速度：升温速度对 $T_g$ 测定影响较大，因为玻璃化转变是一松弛过程，升温速度太慢，转变不明显，甚至观察不到；升温快，转变明显，但 $T_g$ 移向高温。升温速度对 $T_m$ 影响不大，但有些聚合物在升温过程中会发生重组、晶体完善化，使 $T_m$ 和结晶度都提高。升温速度对峰的形状也有影响，升温速度慢，峰尖锐，因而分辨率也好。而升温速度快，基线漂移大。一般采用 $10℃\cdot min^{-1}$。

在进行实验时，应尽可能做到实验条件一致，才能得到重复性较好的结果。

## 三、实验用品

仪器：DSC30 差示扫描量热仪，铝坩埚。

药品：$CuSO_4\cdot5H_2O$(A. R.)，$\alpha$-$Al_2O_3$。

## 四、实验内容

1. 开机准备

打开氮气钢瓶总阀（注意：在打开总阀前，要把杆逆时针方向旋到调节弹簧不受压为止），然后顺时针转动减压阀调节螺杆，使低压表显示在 0.1～0.15MPa 之间；将制冷设备电源开关拨至“POWER”挡，控制开关拨至“REMOTE”挡；依次打开主机电源，启动计算机。

2. 系统软件操作

(1) 数据采集

启动桌面上“DSC30 热分析系统软件”，在启动后在程序界面中按“DSC30 联机”图标，等待系统通信连接成功。联机后，双击“DSC 数据采集”图标，根据提示做好实验前准备，进入实验采集主界面。观察采集数据是否出现异常。在开机后气氛缺省流量应为 $50mL\cdot min^{-1}$，低于此数值，请关闭制冷设备，检查气氛通路是否有问题；分别对参数设置区中“基本参数”“温控设置”“曲线参数”进行设置。其中基本参数：气氛流量根据实验条件进行选择，实验类型选择“常规实验”，并对坩埚类型进行选择；温控设置：可根据实验选择常用的控温方式或进入温控参数设置对其进行编辑；曲线参数：$X$ 轴可选温度(Temp)，$Y$ 轴选 DSC，峰向“▲”。参数设置完毕后可以点击“运行”，实验开始。实验完毕，点击“停止”。

(2) 数据处理

单击“数据处理”图标，在文件菜单中选择“打开”，在“SmpData”文件夹中找到所保存的文件打开，选择“视图”“坐标调节”“手动输入”对纵横坐标范围进行调整，使实验谱图处于合适区间。再选择“分析”，根据要处理的对象选择相应的菜单，就会在谱图前后出现两条绿色选择线，分别将两条线拖拽到要处理的峰或台阶的开始或结束的基线位置，点击“计算”，即可给出相应的值和计算结果，并可根据需要对数据进行删减；在文件菜单下对结果进行保存，打印。

3. 样品测试步骤

(1) 样品的称量

精确称取（约 5mg）待测样品 $CuSO_4 \cdot 5H_2O$ 于坩埚中，在另一只坩埚中称入质量基本相同的参比物 $\alpha$-$Al_2O_3$。坩埚需要根据不同的试验温度范围及样品特性等做出相应的选择，铝坩埚受热不能大于 600℃。

(2) 热机操作

每天第一次实验，在正式实验前，必须设置升温程序对仪器进行预热，以确保工作顺利进行。首先打开样品池，检查是否有未取出的样品，如有将其取出，同时可将装有参比物的坩埚置于样品池左侧平台上，设置相应的热机程序操作，热机温控设置一般以 $15℃ \cdot min^{-1}$，升温至 500℃，气氛流量保持在 $50mL \cdot min^{-1}$。其他同系统软件。“运行”，对仪器进行热机，过程注意观察采集数据，是否出现异常。

(3) 正常测试

打开样品池放置待测样品，注意此时需要保证“参考端温度”在室温左右，最好高于室温，以防止水凝结。如果低于室温，建议升温至室温，再恒温或升温一段，以满足样品放置所需时间；待测样品坩埚居中放置在右侧平台，盛放参比物坩埚居中放在左侧平台，并保证坩埚底部和样品台能够紧密接触。根据所测试的样品设置合适的温控程序段，参数设置区中“基本参数”“温控设置”“曲线参数”“系统参数”设置参考系统软件。考虑启动控温初期存在不稳定性，根据升温速率的不同，需要给温度预留至少 30℃的基线波动时间。例如试样需要≥20℃的实验数据，参考端温度则要降到－10℃以下，方可点击“运行”，开始实验。注意：在实验过程中，可根据需要运行升温程序或关闭、启动制冷设备等操作来调节温度，以方便取放样品及实现测试温度范围的调节。

(4) 关机

在完成所有实验后，退出程序前，如果法兰温度过低，系统会提示不能退出，并会自动进行退出系统前的准备工作（加热，让法兰温度上升到 10℃以上），关机工作准备完毕，系统提示可以关机。请退出程序，关闭主机电源、制冷电源，最后关闭气阀。

## 五、注意事项

1. 坩埚一定要清理干净，否则埚垢不仅影响导热，杂质在受热过程中也会发生物理化学变化，影响实验结果的准确性。

2. 样品必须研磨得很细，否则差热峰不明显；但也不宜太细。一般差热分析样品研磨到 200 目为宜。

## 六、数据记录与处理

1. 记录实验条件。

2. 由 $CuSO_4 \cdot 5H_2O$ 的 DSC 图，给出各峰对应的外延点温度及峰顶温度。

3. 求出样品在受热过程中的总热效应值。

4. 根据 DSC 曲线及无机化学的知识，分析 $CuSO_4 \cdot 5H_2O$ 的 DSC 曲线给出的信息，讨论 $CuSO_4 \cdot 5H_2O$ 中 5 个结晶水的热稳定性差异与空间结构的关系；写出可能的化学反应方程。

## 七、思考题

1. DTA 实验中如何选择参比物？常用的参比物有哪些？

2. 仅用 $CuSO_4 \cdot 5H_2O$ 差热分析（DTA）或差示扫描量热分析（DSC）图谱，能否给出确切的 $CuSO_4 \cdot 5H_2O$ 中 5 个结晶水的失水情况？为什么？

# 实验五十四　偶极矩的测定

## 一、实验目的

1. 测定正丁醇的偶极矩，了解偶极矩与分子电性质的关系。

2. 掌握溶液法测定偶极矩的原理和方法。

## 二、实验原理

分子呈电中性，但因其空间构型的不同，分子中正、负电荷的中心可能重合，也可能不重合。前者为非极性分子，后者为极性分子。

Debye 于 1912 年提出“偶极矩”的概念来度量分子极性大小，其定义：

$$\boldsymbol{\mu}=q\times \boldsymbol{d} \tag{7-57}$$

式中，$q$ 为正、负电荷中心所带的电荷量；$\boldsymbol{d}$ 为正、负电荷中心间的距离；$\boldsymbol{\mu}$ 为向量，其方向规定为从正到负。偶极矩的 SI 单位是库［仑］·米（C·m）。过去习惯使用的单位是德拜（D），$1D=3.338\times10^{-30}C\cdot m$。

通过偶极矩的测定，可以了解分子结构中有关电子云的分布、分子的对称性以及判断几何异构体和分子的立体结构。

极性分子具有永久偶极矩，但由于分子的热运动，偶极矩的方向在各方向上的机会相同，偶极矩的统计值为零，宏观上测不出偶极矩。若将极性分子置于均匀的外电场中，分子将沿电场方向转动，偶极矩也趋向电场方向，称为转向极化。转向极化的程度可以用摩尔转向极化度 $P_{转向}$ 来衡量。

$$P_{转向}=\frac{1}{9\varepsilon_0}N_A\frac{\mu^2}{kT} \tag{7-58}$$

式中，$\varepsilon_0$ 为真空电容率，$\varepsilon_0=8.85\times10^{-12}C\cdot V^{-1}\cdot m^{-1}$；$k$ 为玻耳兹曼常数，$k=1.38\times10^{-23}J\cdot K^{-1}$；$N_A$ 为阿伏伽德罗常数，$N_A=6.02\times10^{23}mol^{-1}$；$T$ 为热力学温度，K；$\mu$ 为分子的永久偶极矩，C·m。

在外电场作用下，无论是极性分子还是非极性分子，会发生电子云对分子骨架的相对移动和分子骨架的变形，这种现象称为诱导极化或变形极化，用摩尔诱导极化度 $P_{诱导}$ 来度量。$P_{诱导}$ 可以分为两项，即摩尔电子极化度（$P_{电子}$）和摩尔原子极化度（$P_{原子}$）之和：

$$P_{诱导}=P_{电子}+P_{原子} \tag{7-59}$$

如果外电场是交变场，极性分子的极化情况与交变场的频率有关。频率小于 $10^{10}s^{-1}$ 的低频电场或静电场中，极性分子所产生的摩尔极化度 $P$ 是摩尔转向极化度、摩尔电子极化度和摩尔原子极化度的总和：

$$P=P_{转向}+P_{电子}+P_{原子} \tag{7-60}$$

由于摩尔原子极化度一般只有摩尔电子极化度的 5%～10%，且 $P_{转向}$ 较 $P_{电子}$ 大很多，所以可以忽略原子极化度，式（7-60）可以近似处理为：

$$P=P_{转向}+P_{电子} \tag{7-61}$$

当频率提高到 $10^{12} \sim 10^{14} s^{-1}$ 的中频电场（红外频率）时，电场的交变周期小于分子偶极矩的松弛时间，极性分子的转向运动跟不上电场的变化，即极性分子来不及沿电场定向，故 $P_{转向}=0$。此时，$P=P_{诱导}=P_{电子}+P_{原子}$。

当频率高于 $10^{15} s^{-1}$ 高频电场（可见和紫外频率）时，极性分子的转向运动和分子骨架运动都跟不上电场的变化，$P=P_{电子}$。

因此，只要在低频电场（$\nu<10^{10} s^{-1}$）或静电场中测得 $P$，在 $\nu>10^{15} s^{-1}$ 的高频电场中测得 $P_{电子}$，代入式（7-61），可求得 $P_{转向}$，再由式（7-58）计算 $\mu$。

偶极矩测量工作开始于 20 世纪 20 年代，分子偶极矩通常可用微波波谱法、分子束法、介电常数法和其他一些间接方法来进行测量。由于前两种方法在仪器上受到的局限性较大，因而偶极矩数据绝大多数来自介电常数法。

在不考虑物质分子的相互作用情况下，Clausius、Mosotti 和 Debye 从电磁理论得到物质的介电常数 $\varepsilon$ 与极化度 $P$ 之间的关系：

$$P=\frac{\varepsilon-1}{\varepsilon+2}\times\frac{M}{\rho} \tag{7-62}$$

式中，$M$ 为被测分子的摩尔质量；$\rho$ 为该物质在 $T_K$ 时的密度。因此，只要测出物质的三个宏观性质：$M$、$\rho$、$\varepsilon$ 的值，就可以求出分子的极化度，从而求得分子的偶极矩。

式（7-62）是在假定分子间无相互作用的情况下推导的，只适用于温度不太低的气相体系。然而测定气相的介电常数在实验上难度较大，因此，后来提出了用溶液法来解决这个问题。

所谓溶液法就是将极性待测物溶于非极性溶剂中进行测定，然后外推到无限稀释。因为在无限稀的溶液中，极性溶质分子所处的状态与它在气相时十分相近。那么无限稀溶液中溶质的摩尔极化度 $P_2^{\infty}$ 就等于式（7-62）中的极化度 $P$。

Hedestrand 根据稀溶液的近似公式：

$$\varepsilon_{溶}=\varepsilon_1(1+\alpha x_2) \tag{7-63}$$

$$\rho_{溶}=\rho_1(1+\beta x_2) \tag{7-64}$$

导出无限稀释时溶质的摩尔极化度的公式：

$$P=P_2^{\infty}=\lim_{x_2\to 0}P_2=\frac{\varepsilon_1-1}{\varepsilon_1+2}\times\frac{M_2-\beta M_1}{\rho_1}+\frac{3\alpha\varepsilon_1}{(\varepsilon_1+2)^2}\times\frac{M_1}{\rho_1} \tag{7-65}$$

式中，$\varepsilon_{溶}$、$\rho_{溶}$ 分别为溶液的介电常数和密度；$\varepsilon_1$、$\rho_1$、$M_1$ 分别为溶剂的介电常数、密度和摩尔质量；$M_2$ 为溶质的摩尔质量；$x_2$ 是溶质的摩尔分数；$\alpha$、$\beta$ 为常数。式中，密度的单位是 $kg \cdot m^{-3}$，摩尔质量的单位是 $kg \cdot mol^{-1}$。

高频电场下极性分子的摩尔电子极化度 $P_{电子}$ 可以通过折射率来获得，所以高频电场中的摩尔极化度也称为摩尔折射度，用 $R$ 表示。根据 Lonenz-Lorentz 方程，透明物质的介电常数 $\varepsilon$ 与其折射率 $n$ 的关系是：

$$\varepsilon=n^2 \tag{7-66}$$

由稀溶液的近似公式：

$$n_{溶}=n_1(1+\gamma X_2) \tag{7-67}$$

式中，$n_1$ 为溶剂的折射率；$\gamma$ 为常数。则无限稀释时，溶质的摩尔折射度 $R_2^{\infty}$ 的公式为：

$$P_{电子}=R_2^{\infty}=\lim_{X_2\to 0}R_2=\frac{n_1^2-1}{n_1^2+2}\times\frac{M_2-\beta M_1}{\rho_1}+\frac{6n_1^2\gamma}{(n_1^2+2)^2}\times\frac{M_1}{\rho_1} \tag{7-68}$$

因此：

$$P_2^{\infty}-R_2^{\infty}=P-P_{电子}=P_{转向}=\frac{1}{9\varepsilon_0}N_A\frac{\mu^2}{kT} \tag{7-69}$$

整理得到分子的偶极矩计算公式为：

$$\mu=0.0426\times10^{-27}\sqrt{(P_2^{\infty}-R_2^{\infty})T}\quad(\mathrm{C\cdot m}) \tag{7-70}$$

介电常数 ε 可通过测量电容来求算。

$$\varepsilon=C/C_0 \tag{7-71}$$

式中，$C_0$ 为电容器在真空时的电容；$C$ 为充满待测液时的电容，由于空气的电容非常接近于 $C_0$，故式（7-71）改写成：

$$\varepsilon=C/C_{空} \tag{7-72}$$

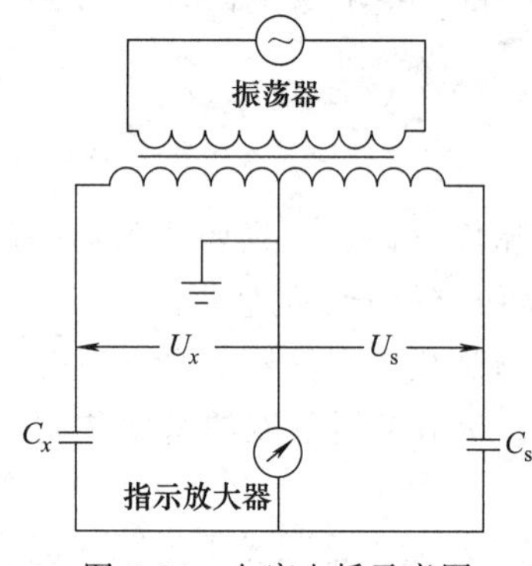

图 7-24　电容电桥示意图

本实验利用电桥法测定电容，其桥路为变压器比例臂电桥，如图 7-24 所示。电桥平衡的条件是：

$$\frac{C_x}{C_s}=\frac{U_s}{U_x} \tag{7-73}$$

式中，$C_x$ 为电容池两极间的电容；$C_s$ 为标准差动电器的电容。调节差动电容器，当 $C_x=C_s$ 时，$U_s=U_x$，此时指示放大器的输出趋近于零。$C_s$ 可从刻度盘上读出，这样 $C_x$ 即可测得。

在实际测量中，由于整个测试系统存在分布电容，所以实测的电容 $C_x$ 是样品电容 $C$ 和分布电容 $C_d$ 之和：

$$C_x=C+C_d \tag{7-74}$$

显然，为了求 $C$ 首先就要确定 $C_d$ 值。其方法是先测定无样品时空气的电容 $C'_{空}$：

$$C'_{空}=C_{空}+C_d \tag{7-75}$$

再测定一个已知介电常数（$\varepsilon_{标}$）的标准物质的电容 $C'_{标}$，则有：

$$C'_{标}=C_{标}+C_d=\varepsilon_{标}C_{空}+C_d \tag{7-76}$$

式（7-75）和式（7-76）联立，可得：

$$C_d=\frac{C'_{标}-\varepsilon_{标}C'_{空}}{1-\varepsilon_{标}} \tag{7-77}$$

将 $C_d$ 代入式（7-74）和式（7-75）可求得样品溶液的 $C$ 和电容池的 $C_{空}$，代入式（7-72）就可计算样品溶液的介电常数。

本实验是将正丁醇溶于非极性的环己烷中形成稀溶液，然后在低频电场中测量溶液的介电常数和溶液的密度，求得 $P_2^{\infty}$。在可见光下测定溶液的 $R_2^{\infty}$，然后由式（7-70）计算正丁醇的偶极矩。

## 三、实验用品

仪器：小电容测量仪，阿贝折光仪，超级恒温槽，电吹风机，密度瓶（10mL），移液管（5mL）。

药品：环己烷（分析纯），正丁醇，摩尔分数分别为 0.04、0.06、0.08、0.10 和 0.12 的五种正丁醇-环己烷溶液。

## 四、实验内容

1. 折射率的测定

在 (25.0±0.1)℃条件下，用阿贝折光仪分别测定环己烷和五份溶液的折射率。

2. 密度的测定

在 (25.0±0.1)℃条件下，用密度瓶分别测定环己烷和五份溶液的密度。

3. 电容的测定

(1) 空气 $C'_{空}$ 的测定　小电容测量仪的面板如图 7-25 所示。测定前，先调节恒温槽（以油为介质）温度为 (25.0±0.1)℃。用电吹风机的冷风将电容池的样品室吹干，盖上池盖。将电容池的下插头（连接内电极）插入电容仪的 m 插口，电缆插头插入 a 插口。测量时，将电源旋钮转向“检查”挡，此时表头指针偏转应超过红线（表示电源电压正常，否则应更换新电池）。然后将旋钮转向“测量”挡，倍率旋钮置于“1”挡。调节灵敏度旋钮，使指针有一定偏转（一开始不可将灵敏度调得太高），旋转差动电容器旋钮，寻找电桥的平衡位置（即指针向左偏转到最小点）。逐渐增大灵敏度，同时调节差动电容器旋钮和损耗旋钮，直至指针偏转到最小。电桥平衡后读取电容值。重复调节三次，三次电容读数的平均值为 $C'_{空}$。

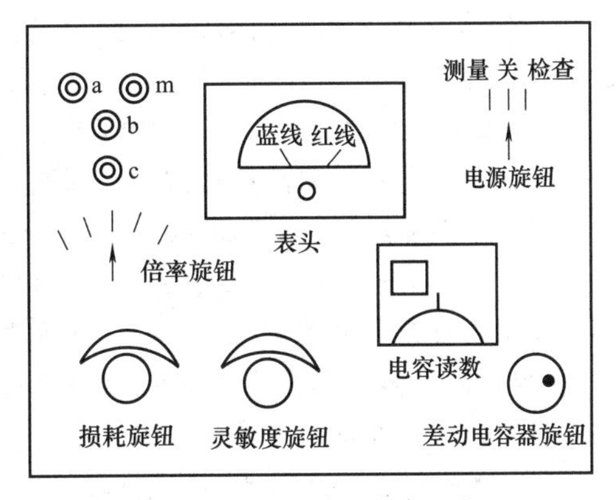


图 7-25　小电容测量仪面板

(2) 标准物质 $C'_{标}$ 的测定　用清洁、干燥的移液管吸取环己烷，加入电容池样品室中，溶液要盖过外电极，盖上池盖。用测量 $C'_{空}$ 相同的步骤测定环己烷的 $C'_{标}$。

已知环己烷的介电常数 $\varepsilon_{标}$ 与摄氏温度 $t$ 的关系：

$$\varepsilon_{标}=2.023-0.0016(t-20) \tag{7-78}$$

(3) 正丁醇-环己烷溶液 $C_x$ 的测定　将环己烷倒入回收瓶中。用冷风将样品室吹干后再测 $C'_{空}$，与前面所测 $C'_{空}$ 值相差应小于 0.05pF，否则表明样品室存有残液，应继续吹干。另取清洁干燥的移液管依次吸取五种溶液（体积与环己烷的相同），装入电容池样品室中，同法测定五份溶液的 $C_x$。

## 五、数据记录与处理

(1) 将所测数据列表，分别计算 $\varepsilon_{标}$、$C_d$、$C_{空}$、$C_x$ 和 $\varepsilon_{溶}$。

(2) 分别作 $\varepsilon_{溶}$-$x_2$ 图，$\rho_{溶}$-$x_2$ 图和 $n_{溶}$-$x_2$ 图，由各图的斜率求 $\alpha$、$\beta$、$\gamma$。

(3) 分别计算 $P_2^{\infty}$ 和 $R_2^{\infty}$ 值。

(4) 最后求算正丁醇的 $\mu$。

## 六、注意事项

1. 每次测定前要用冷风将电容池吹干，并重测 $C'_{空}$，与原来的 $C'_{空}$ 值相差应小于 0.01pF。严禁用热风吹样品室。

2. 测 $C'_{溶}$ 时，操作应迅速，池盖要盖紧，防止样品挥发和吸收空气中极性较大的水汽。装样品的滴瓶也要随时盖严。

3. 为了保证式 (7-74)～式 (7-76) 中的三个 $C_d$ 相等，与 $C$、$C_{空}$、$C_{标}$ 对应的电介质体积都要相同。故向电容池中加入液体样品的体积前后要一致，例如都是 3.5mL。

## 七、思考题

1. 本实验测定偶极矩时做了哪些近似处理？
2. 准确测定溶质的摩尔极化度和摩尔折射率时，为何要外推到无限稀释？
3. 试分析实验中误差的主要来源，如何改进？

# 实验五十五　晶体结构分析——粉末X射线衍射法

## 一、实验目的

1. 学习立方X射线衍射图的标定方法，测定NaCl的点阵形式并计算其晶体密度。
2. 初步了解X射线衍射仪的构造和使用方法。

## 二、实验原理

晶体结构的基本特征在于其内部粒子结构的排列有严格的规律性，即结构中分子、原子的排列存在一定的周期性和对称性。周期性排列的最小单位称为晶胞，晶胞有两个要素：一是晶胞的大小和形状，由晶胞参数 $a$、$b$、$c$、$\alpha$、$\beta$、$\gamma$ 规定；二是晶胞内部各个原子的坐标位置，由原子坐标参数 $x$、$y$、$z$ 规定。微观结构除了一定的周期性外，还有一定的对称性。各种可能的微观对称元素和Bravais点阵类型组合产生的微观对称类型共有230种，称为230种空间群。这种类型在宏观外形和性质上表现的宏观对称性称为点群，一共32种。以对称划分，晶体分属七大类：三斜、单斜、正交、四方、三方、六方、立方。

X射线衍射是研究物质晶体结构的主要手段之一，可用于区别晶态与非晶态、混合物与化合物，在物相分析、晶胞大小和点阵常数测定、晶体残余应力、晶粒尺寸和点阵畸变等方面已经成为常用的实验手段。测定晶体结构主要是确定晶胞参数及晶胞中粒子的位置（即晶胞两要素）。X射线在晶体中的衍射（相干散射）方向可以测定点阵结构的周期性，从衍射强度可以得出粒子在晶胞中的分布。可通过给出晶胞参数，如原子间距离、环平面距离、双面夹角等确定物质晶型与结构。

X射线是一种波长范围在0.001～10nm（0.01～100Å）之间的电磁波。当一束平行单色X射线通过晶体时，在偏离入射光的某些方向，会观察到一定的强度，即为衍射现象。用于晶体结构分析的X射线波长范围在0.5～2.5Å之间，与晶面间距的数量级相当，因此，晶体可以作为X射线的天然衍射光栅。衍射方向与所用波长（$\lambda$）、晶体结构和晶体取向有关。相干散射是晶体衍射的基础。

X射线衍射有单晶法和粉末X射线衍射法两种，其原理示意图如图7-26所示。当一束X射线照到单晶体上，和平面点阵族的夹角为 $\theta$ 满足布拉格公式时，衍射线方向与入射线方向相差 $2\theta$，如图7-26(a)所示。对于粉末晶体，晶粒有各种取向，同样一族平面点阵和X射

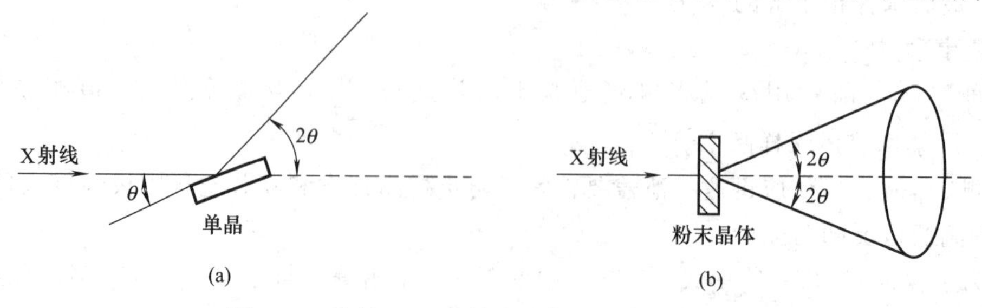


图7-26　单晶（a）和粉末晶体（b）衍射示意图

线夹角为 $\theta$ 的方向有无数个，产生无数个衍射，分布在顶角为 $4\theta$ 的圆锥上，如图 7-26（b）所示。晶体中有许多平面点阵族，当它们符合衍射条件时，相应地会形成许多张角不同的衍射线，共同以入射的 X 射线为中心轴，分散在 $2\theta=0°\sim180°$的范围内。

晶体的空间点阵可以划分为一簇簇平行等间距的平面点阵。在晶体点阵中任取一点阵点为原点 $O$，取晶胞的平行六面体单位的三个边为坐标轴（$x,y,z$），以晶胞相应的三个边长 $a$、$b$、$c$ 分别为 $x$、$y$、$z$ 上的单位长度，则有一平面点阵与坐标轴相交，截距为 $r$、$s$、$t$，用 $(1/r):(1/s):(1/t)=h^*:k^*:l^*$ 来表示这一平面点阵，即晶面指标（$h^*k^*l^*$）。所以一个晶面指标（$h^*k^*l^*$）代表一簇互相平行的平面点阵。

设波长为 $\lambda$ 的 X 射线入射到两个互相平行的点阵面（$h^*k^*l^*$）上，如图 7-27 所示，则由衍射条件可以得到：

$$\theta'_{散射角}=\theta_{入射角}$$

$$2d_{(h^*k^*l^*)}\sin\theta_{(nh^*nk^*nl^*)}=n\lambda \qquad (n=1,2,3,\cdots) \tag{7-79}$$

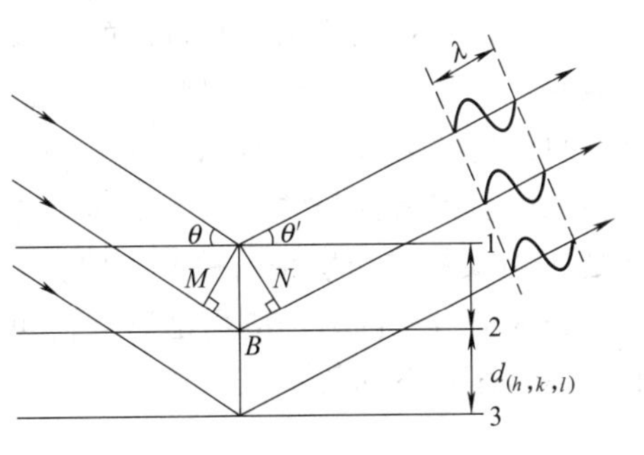

图 7-27 衍射示意图

式（7-79）称为 Bragg 方程，是理解晶体对 X 射线衍射的最基本方程。式中 $d_{(h^*k^*l^*)}$ 是晶面指标为（$h^*k^*l^*$）的两相邻平面之间的距离，整数 $n$ 是衍射级数。$nh^*nk^*nl^*$ 常用 $hkl$ 表示，$hkl$ 称为衍射指标。衍射指标和晶面指标间的关系为：$hkl=nh^*nk^*nl^*$，$\theta_{(nh^*nk^*nl^*)}$ 为第 $n$ 级衍射的衍射角。用衍射指标来表示 Bragg 方程为：$\lambda=2d_{hkl}\sin\theta_{hkl}$。

粉末 X 射线衍射法自德拜和谢乐发明以来，粉末衍射技术有了很大的发展。粉末法研究的对象不是单晶体，而是许多取向随机的小晶体的总和。此法准确度高，分辨能力强。每一种晶体的粉末图谱，几乎同人的指纹一样，其衍射线的分布位置和强度有着特征性规律，因而成为物相鉴定的基础。收集记录粉末晶体衍射线，常用的方法有德拜-谢乐（Debye-Schrrer）照相法和衍射仪法。本实验采用衍射仪法。

X 射线衍射仪主机由三个基本部分构成：①X 射线源（是一台发射 X 射线且强度高度稳定的 X 射线发生器）；②衍射角测量部分（一台精密分度的测角仪）；③X 射线强度测量记录部分（X 射线检测器及与之配合的一套量子计数测量记录系统）。图 7-28 给出 X 射线衍射仪法的原理示意图。X 射线衍射仪法是将样品装在测角圆台中心架上，圆台的圆周边装有

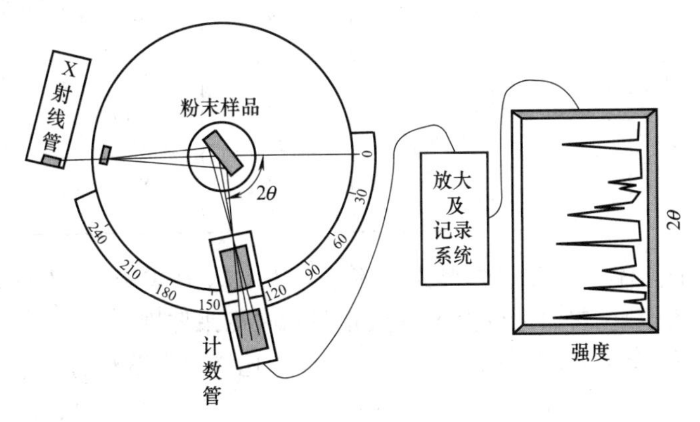

图 7-28 X 射线衍射仪原理示意图

X 射线计数管，以接受来自样品的衍射线，并将衍射转变成电信号后，再经放大器放大，输入记录器记录。实验时，将样品磨细，在样品架上压成平片，安置在衍射仪的测角器中心底座上，计数管始终对准中心，绕中心旋转。样品每转 $\theta$，计数管转 $2\theta$，电子记录仪的记录纸也同步转动，逐一地把各衍射线的强度记录下来。在记录所得的衍射图中，一个坐标代表衍射角 $2\theta$，另一坐标表示衍射强度的相对大小。

从粉末衍射图上量出每一衍射线的 $2\theta$，根据式（7-79）求出各衍射线的 d$n$ 值，各衍射线的强度($I$)可由衍射峰的面积求算，或近似地用峰的相对高度计算，这样即可获得“d$n$-$I$”的数据。

由于每一种晶体都有它特定的结构，不可能有两种晶体的晶胞大小、形状、晶胞中原子的数目和位置完全一样，因此晶体的粉末衍射图就像人的指纹一样各不相同，即每种晶体都有它自己的“d$n$-$I$”的数据。由于衍射线的分布和强度与物质内部的结构有关，因此，根据粉末衍射图得到的“d$n$-$I$”数据，查对 PDF 数据库就可鉴定未知晶体，进行物相分析，这是 X 射线粉末衍射法的重要应用。

粉末衍射法的另一应用是测定简单晶体的结构。在立方晶体中，晶面间距 $d_{(h'k'l')}$ 与晶面指标间存在下列关系：

$$d_{(h'k'l')}=\frac{a}{[(h')^2+(k')^2+(l')^2]^{\frac{1}{2}}} \tag{7-80}$$

式中，$a$ 为立方晶体晶胞的边长。将式（7-79）和式（7-80）合并，整理得：

$$\sin^2\theta=\frac{\lambda^2}{4a^2}(h^2+k^2+l^2) \tag{7-81}$$

立方点阵的衍射指标及其平方和见表 7-6。

**表 7-6　立方点阵的衍射指标及其平方和**

| $h^2+k^2+l^2$ | 简单(P) | 体心(I) | 面心(F) | $h^2+k^2+l^2$ | 简单(P) | 体心(I) | 面心(F) |
|---|---|---|---|---|---|---|---|
| 1 | 100 | | | 14 | 321 | 321 | |
| 2 | 110 | 110 | | 15 | | | |
| 3 | 111 | | 111 | 16 | 400 | 400 | 400 |
| 4 | 200 | 200 | 200 | 17 | 410、322 | | |
| 5 | 210 | | | 18 | 411、330 | 411、330 | |
| 6 | 211 | 211 | | 19 | 331 | | 331 |
| 7 | | | | 20 | 420 | 420 | 420 |
| 8 | 220 | 220 | 220 | 21 | 421 | | |
| 9 | 300、211 | | | 22 | 332 | 332 | |
| 10 | 310 | 310 | | 23 | | | |
| 11 | 311 | | 311 | 24 | 422 | 422 | 422 |
| 12 | 222 | 222 | 222 | 25 | 500、432 | | |
| 13 | 320 | | | … | | | |

属于立方晶系的晶体有三种点阵形式：简单立方（以 P 表示）、体心立方（以 I 表示）和面心立方（以 F 表示）。它们可以由 X 射线衍射粉末图来鉴别。

从式（7-81）可见，$\sin^2\theta$ 与（$h^2+k^2+l^2$）成正比。三个整数的平方和只能等于 1、2、3、4、5、6、8、9、10、11、12、13、14、16、17、18、19、20、21、22、24、25…因此，对于简单立方点阵，各衍射线相应的 $\sin^2\theta$ 之比为：

$\sin^2\theta_1 : \sin^2\theta_2 : \sin^2\theta_3 \cdots = 1:2:3:4:5:6:8:9:10:11:12:13:14:16\cdots$

对于体心立方点阵，由于系统消光的原因，所有（$h^2+k^2+l^2$）为奇数的衍射线都不会出现，因此，体心立方点阵各衍射线相应的 $\sin^2\theta$ 之比为：

$$\sin^2\theta_1 : \sin^2\theta_2 : \sin^2\theta_3 \cdots = 2:4:6:8:10:12:14:16:18:20\cdots$$
$$= 1:2:3:4:5:6:7:8:9:10\cdots$$

对于面心立方点阵，也由于系统消光原因，各衍射线相应的 $\sin^2\theta$ 之比为：

$$\sin^2\theta_1 : \sin^2\theta_2 : \sin^2\theta_3 \cdots = 1:1.33:2.67:3.67:4:5.33:6.33:6.67:8\cdots$$
$$= 3:4:8:11:12:16:19:20:24\cdots$$

从以上 $\sin^2\theta$ 比可以看到，简单立方和体心立方的差别在于前者无“7”“15”“23”等衍射线，而面心立方则具有明显的二密一稀分布的衍射线。因此，根据立方晶体衍射线 $\sin^2\theta$ 之比可以鉴定立方晶体所属的点阵形式。表 7-6 列出立方点阵三种形式的衍射指标及其平方和。

立方晶体的密度可由下式计算：

$$\rho = Z\left(\frac{M}{N_A}\right)/a^3 \tag{7-82}$$

式中，$Z$ 为晶胞中分子量或化学式量为 $M$ 的分子或化学式单位的个数；$N_A$ 为阿伏伽德罗常数。如果把一个分子或化学式单位与一个点阵联系起来，则简单立方的 $Z=1$，体心立方的 $Z=2$，面心立方的 $Z=4$。

## 三、实验用品

仪器：X 射线衍射仪（Y-2000 型），玛瑙研钵等。

药品：NaCl(A. R. )。

## 四、实验内容

（1）在玛瑙研钵中将 NaCl 晶体磨至 340 目左右（手摸时无颗粒感）。将玻璃样品框放于平台上，把样品均匀地洒于框内，略高于样品框玻璃平面，用玻璃片压样品，使样品足够紧密且表面光滑平整，附着在框内不至于脱落。将样品框插在测角仪粉末样品台上。

（2）按 X 射线衍射仪操作规程开机操作，并打开计算机控制程序，选择实验参数。本实验用铜靶（Cu、Ni 滤波片），连续扫描方式，闪烁计数器。选用发射狭缝为 1°，散射狭缝为 1°，接收为 0.2mm，扫描速度为 $0.05°\cdot s^{-1}$，采样时间为 0.5s，管压 30kV，管流 20mA，记录仪满量程为 5000CPS。起始角度为 25°，终止角度为 156°。

（3）扫描结束后，按“X 射线衍射仪操作规程”关机。用 Y-2000 SYSTEM 软件进行结果分析。

## 五、数据记录与处理

1. 在图谱上标出每条衍射线的 $2\theta$ 的度数，计算各衍射线的 $\sin^2\theta$ 之比，与表 7-6 比较，确定 NaCl 的点阵形式。

2. 根据表 7-6 标出各衍射线的指标 $hkl$，选择较高角度的衍射线，将 $\sin\theta$、衍射指标以及所用 X 射线的波长代入式（7-81）求 $a$。

3. 用式（7-82）计算 NaCl 的密度。

4. 由各衍射线的 $2\theta$ 值计算（或查表）相应的 $d$ 值，估算各衍射线的相对强度，同文献值相比较。

## 六、注意事项

1. 实验时应注意安全，以防高压触电和 X 射线辐射，有关 X 射线的防护见相关资料。

2. 严格按照开关机顺序操作，切忌颠倒。

## 七、思考题

1. 对于一定波长的X射线，是否晶面间距 $d$ 为任何值的晶面都可产生衍射？

2. X射线对人体有什么危害？应如何防护？

3. 计算晶胞参数 $a$ 时，为什么要用较高角度的衍射线？

## 八、Y-2000型X射线衍射仪操作规程

1. 准备

（1）关闭X射线光阑。

（2）关闭X射线防护罩。

（3）调整功率旋钮低于X射线管额定功率（2kW）。

（4）调整千伏、毫安旋钮至最小位置（10kV，50mA）。

（5）合上电源墙开关。

（6）给冷却水箱注水，启动水泵并检查排水是否流畅，有无漏水现象。

2. 开机

（1）按“低压开”，低压指示灯亮，准备灯亮，风扇转，蜂鸣器停鸣。

（2）按“高压开”，高压指示灯亮，准备灯灭，表针指示“10kV”“5mA”。

（3）调千伏、毫安旋钮至要求值（先调千伏，后调毫安）。

（4）计算机PW-1710准备好后，开光阑。

3. 关机

（1）关光阑。

（2）缓慢降低毫安、千伏旋钮至“5mA”“10kV”（先降毫安，后降千伏）。

（3）按“高压开”，准备灯亮，高压指示灯灭。

（4）按“低压开”，准备灯灭，低压指示灯灭。

（5）停10min后关水泵，水箱停止注水。

（6）关断电源墙开关。

# 实验五十六　X射线衍射物相分析

## 一、实验目的

1. 掌握X射线衍射仪的工作原理、操作方法。

2. 掌握X射线衍射实验的样品制备方法。

3. 学会X射线衍射实验方法、实验参数设置，独立完成一个衍射实验测试。

4. 学会MDI Jade 5的基本操作方法。

5. 学会物相定性分析的原理和利用Jade进行物相鉴定的方法。

6. 学会物相定量分析的原理和利用Jade进行物相定量的方法。

## 二、实验原理

X射线是利用衍射原理，精确测定物质的晶体结构、织构及应力，对物质进行物相分析、定性分析、定量分析，可广泛应用于冶金、石油化工、航空航天、材料生产等领域。

特征X射线是一种波长很短（20～0.06nm）的电磁波，能穿透一定厚度的物质，并能使荧光物质发光、照相乳胶感光、气体电离。在用电子束轰击金属“靶”产生的X射线中，

包含与靶中各种元素对应的具有特定波长的X射线，称为特征（或标识）X射线。考虑到X射线的波长和晶体内部原子间的距离相近，1912年德国物理学家劳厄（M. von Laue）提出一个重要的科学预见：晶体可以作为X射线的空间衍射光栅，即当一束X射线通过晶体时将发生衍射，衍射波叠加的结果使射线的强度在某些方向上加强，在其他方向上减弱。分析在照相底片上得到的衍射花样，便可确定晶体结构。这一预见很快被实验所验证。1913年英国物理学家布拉格父子（W. H. Bragg、W. L. Bragg）在劳厄发现的基础上，不仅成功地测定了NaCl、KCl等的晶体结构，并提出了作为晶体衍射基础的公式——布拉格定律：

$$2d\sin\theta = n\lambda$$

式中，$\lambda$ 为X射线的波长；$n$ 为任何正整数。当X射线以掠角 $\theta$（入射角的余角，又称为布拉格角）入射到某一点阵晶格间距为 $d$ 的晶面上时，在符合上式的条件下，将在反射方向上得到因叠加而加强的衍射线。

1. X射线衍射仪

（1）X射线管　X射线管是热阴极灯丝和阳极靶组成的大型真空管。靶用Cr、Fe、Cu、Co、Ni等金属制成，灯丝变压器供给一定的电流把灯丝加热到白热使它放射出电子。高压变压器在阴极和阳极之间，产生数万伏高压电场。阴极发射出来的电子受到高压加速轰击阳极，这时约1%的能量将转变为X射线，99%转变为热能，所以阳极必须用良好的循环水冷却，以防阳极熔化。射线波长很短，用毫安表测量电子流强度，以显示X射线强弱。X射线有两种：一种是连续X射线，当高能电子与靶上原子碰撞时，高能电子突然受阻产生负加速度。按照经典电磁辐射理论，作加速带电粒子辐射电磁波，从而产生连续X射线。另一种是特征X射线，高能电子撞击出靶材料原子的内层一个电子，被逐出电子的空位很快被外层的一个电子填占。而这个电子空位又被更外层来的电子占有，如此一系列步骤使该电离原子恢复正常状态。每一步的电子跃迁产生特征X射线。在结构分析中利用特征线作为X射线衍射的单色X射线。

X射线管工作时阴极接负高压，阳极接地。灯丝附近装有控制栅，使灯丝发出的热电子在电场的作用下聚焦轰击到靶面上。阳极靶面上受电子束轰击的焦点便成为X射线源，向四周发射X射线。在阳极一端的金属管壁上一般开有1个射线出射窗口（见图7-29）。

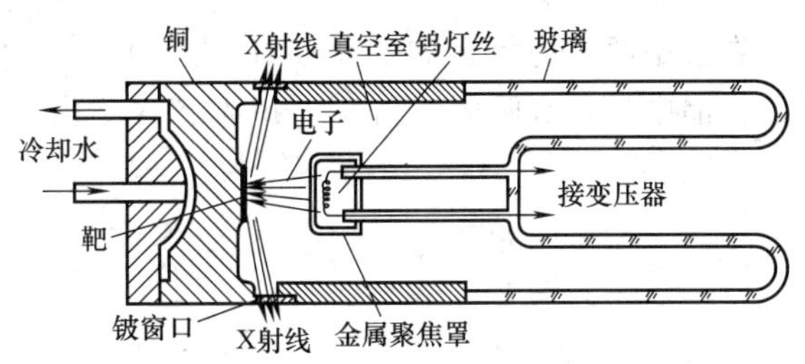

图7-29　X射线发生器原理图

（2）测角仪系统　测角仪圆中心是样品台，样品台可以绕中心轴转动，平板状粉末多晶样品安放在样品台上，样品台可围绕垂直于圆面的中心轴旋转；测角仪圆周上安装有X射线辐射探测器，探测器亦可以绕中心轴线转动；工作时，一般情况下试样台与探测器保持固定的转动关系（即 $\theta \sim 2\theta$ 连动），在特殊情况下也可分别转动；有的仪器样品台不动，而X射线发生器与探测器连动。

（3）衍射光路　X射线衍射仪光路见图7-30。

2. 物相定性分析

（1）每一物相具有其特有的特征衍射谱，没有任何两种物相的衍射谱是完全相同的。

（2）记录已知物相的衍射谱，并保存为PDF文件。

（3）从PDF文件中检索出与样品衍射谱完全相同的物相。

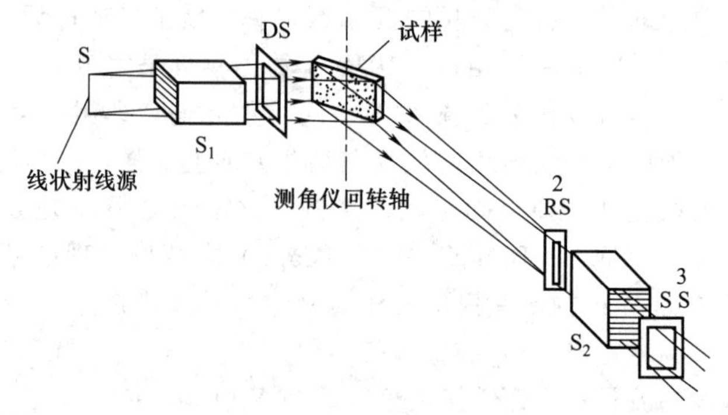


图 7-30　X 射线衍射仪光路图

(4) 多相样品的衍射谱是其中各相的衍射谱的简单叠加，互不干扰，检索程序能从 PDF 文件中检索出全部物相。

3. 物相定量分析

物相定量分析采用绝热法。

在一个含有 $N$ 个物相的多相体系中，每一个相的 RIR 值（参比强度）均为已知的情况下，测量出每一个相的衍射强度，可计算出其中所有相的质量分数。

其中，某相 X 的质量分数可表示为：

$$w_X=\frac{I_X}{K_A^X\sum_{i=A}^{N}\frac{I_i}{K_A^i}}$$

式中，A 为 $N$ 个相中被选定为内标相的物相名称。

$$K_A^X=\frac{K_{Al_2O_3}^X}{K_{Al_2O_3}^A}$$

右边是两个物相 X 和 A 的 RIR 值，可以通过实测、计算或查找 PDF 卡片获得。

样品中只含有两相 A 和 B，并选定 A 为内标物相，则有：

$$w_A=\frac{I_A}{I_A+\frac{I_B}{K_A^B}}$$

$$w_B=\frac{I_B}{I_B+I_AK_A^B}=1-w_A$$

## 三、实验用品

仪器：Y-2000 X 射线衍射仪。

数据处理软件：数据采集与处理终端与数据分析软件 MDI Jade5。

实验材料：①未知样品；②混合试样。

## 四、实验内容

1. 样品制备

(1) 粉末样品制备

① 将被测样品在研钵中研至 200～300 目；②将中间有浅槽的样品板擦干净，粉末样品

放入浅槽中，用另一个样品板压一下，样品压平且和样品板相平。

（2）固定样品制备　X射线照射面一定要磨平，大小能放入样品板孔，样品抛光面朝向毛玻璃面，用橡皮泥从后面把样品粘牢，注意勿让橡皮泥暴露在X射线下，以免引起不必要的干扰。

（3）薄膜样品制备　将薄膜样品剪成比样品孔稍大的块，用胶黏纸背面粘牢。

2. 测量数据

（1）准备样品。

（2）打开X射线衍射仪。

（3）装好样品。

（4）关上衍射仪门。

（5）打开“控制测量”程序，输入实验条件和样品名，开始测量，按表7-7记录实验数据。

**表7-7　实验参数设定**

| 仪器 | 扫描范围 | 扫描速度 | 管电压 | 管电流 |
| --- | --- | --- | --- | --- |
| Y-2000 X射线衍射仪 | | | | |

（6）按相同的实验条件测量其他样品的衍射数据。

3. 物相鉴定

（1）打开Jade，读入衍射数据文件。

（2）鼠标右键点击S/M工具按钮，进入“Search/Match”对话界面。

（3）选择“Chemistry filter”，进入元素限定对话框，选中样品中的元素名称，然后点击OK返回对话框，再点击OK。

（4）从物相匹配表中选中样品中存在的物相。在所选定的物相名称上双击鼠标，显示PDF卡片，按下Save按钮，保存PDF卡片数据。

（5）如果样品存在多个物相，在主要相鉴定完成后，选择剩余峰（未鉴定的衍射），做“Search/Match”，直至全部物相鉴定出来。

（6）鼠标右键点击“打印机”图标，显示打印结果，按下“Save”按钮，输出物相鉴定结果。

（7）以同样的方法标定其他样品的物相，物相鉴定实验完成。

要求：记录衍射数据，记录PDF卡片号，标出各衍射峰对应的衍射指数。

4. 物相定量分析

（1）在Jade窗口中，打开一个多相样品的衍射谱。

（2）完成多相样品的物相鉴定，物相鉴定时，选择有RIR值的PDF卡片。

（3）选择每个物相的主要未重叠的衍射峰进行拟合，求出衍射峰面积。

要求：记录各相RIR值和所选衍射峰的强度，计算各相的相对含量。

数据记录见表7-8。

**表7-8　数据记录表**

| 项　　目 | $K^{A}_{Al_2O_3}$ | $K^{B}_{Al_2O_3}$ | $I_A$ | $I_B$ |
| --- | --- | --- | --- | --- |
| PDF卡片号 | | | | |
| 数值 | | | | |

## 五、数据记录与处理

调出实验数据，分析衍射谱图是哪些物相产生的，标出各衍射峰所对应的物相及衍射晶面。利用衍射峰相对强度数据，计算物相百分比。

## 六、结果与讨论

1. X 射线衍射实验中，实验条件选择的依据有哪些？
2. 在 X 射线衍射谱图上，为什么衍射峰都有一定宽度？
3. X 射线衍射实验中，样品制备的要求是什么？
4. 利用 X 射线衍射方法进行物相定量分析，影响因素有哪些？

# 实验五十七　镍在硫酸溶液中的阳极钝化行为

## 一、实验目的

1. 掌握金属钝化行为的基本特征和测量方法。
2. 测量镍在硫酸溶液中的钝化行为。
3. 了解氯离子对镍钝化行为的影响。

## 二、实验原理

1. 金属的溶解和钝化过程

当电极电势高于热力学平衡电势时，金属作为阳极将发生下面电化学溶解过程：

$$M = M^{n+} + ne^- \tag{7-83}$$

电化学反应过程中，这种电极电势偏离其热力学电势的现象称为极化。当金属上超电势不大时，阳极过程的速率随电极电势而逐渐增大，这是金属的正常溶解。但当电极电势正到某一数值时，其溶解速度达到最大，而后随着电极电势的变正，阳极溶解速度反而大幅度降低，这种现象称为金属的钝化。

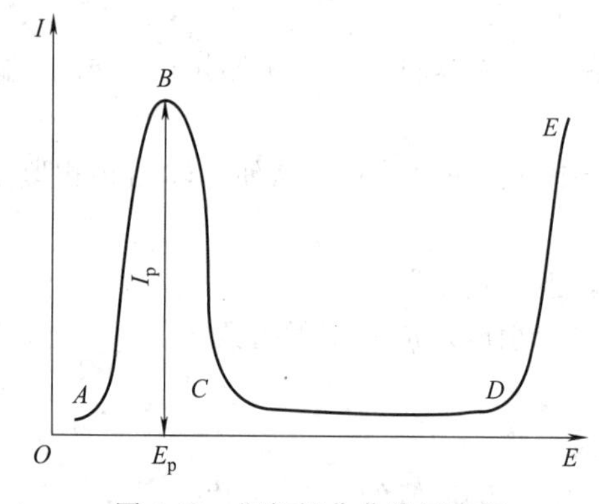


图 7-31　阳极钝化曲线示意图

$I_p$—致钝电流；$E_p$—致钝电势；

AB 段—活性溶解区；BC 段—活化钝化过渡区；

CD 段—钝化区；DE 段—过钝化区

研究金属的阳极溶解及钝化过程通常采用控制电势法。对于大多数金属来说，其阳极极化曲线大都具有如图 7-31 所示的形式。从恒电势法测定的极化曲线可以看出，它有一个“负坡度”区域的特点。具有这种特点的极化曲线是无法用控制电流的方法测定的，因为同一个电流 $I$ 可能相应于几个不同的电极电势，因而在控制电流极化时，体系的电极电势可能发生振荡现象，即电极电势将处于一种不稳定状态。控制电势技术测得的阳极极化曲线（图 7-31）通常分为四个区域。

① 活性溶解区（*AB* 段）　电极电势从初值开始逐渐往正变化，相应极化电流逐渐增加，此时金属进行正常的阳极溶解。

② 过渡钝化区（*BC* 段）　随着电极电势增加到 $B$ 点，极化电流达到最大值 $I_p$。若电极电势继续增加，金属开始发生钝化现象，即随着电势的变正，极化电流急剧下降到最小值。通常 $B$ 点的电流 $I_p$ 称为致钝电流，相应的电极电势 $E_p$ 称为致钝电势。在极化电流急剧下降到最小值的转折点（$C$ 点）的电势称为 Flade 电势。

③ 稳定钝化区（*CD* 段） 在此区域内金属的溶解速度维持最小值，且随着电势的改变，极化电流基本不变。此时的电流密度称为钝态金属的稳定溶解电流密度，这段电势区称为钝化电势区。

④ 过钝化区（*DE* 段） 此区域阳极极化电流随着电极电势的正移又急剧上升。

2. 金属阳极溶解和钝化机理

金属的阳极极化过程是一复杂过程，包括活化溶解过程、钝化过程和过钝化过程等。它的机理还不是很清楚，以下描述可能对分析结果有所帮助。金属 Me 活化溶解：

$$Me+H_2O \xlongequal{} MeOH^+ + H^+ + 2e^- \tag{7-84}$$

$$MeOH^+ + H^+ \xlongequal{} Me^{2+} + H_2O \tag{7-85}$$

它的电流决定于中间物 $MeOH^+$ 形成速度。$MeOH^+$ 将快速转变为 $Me^{2+}$。同时，Me 阳极溶解可能同时发生：

$$Me+H_2O \xlongequal{} MeOH + H^+ + e^- \tag{7-86}$$

产物 MeOH 按以下反应发生钝化过程：

$$MeOH+H_2O \xlongequal{} Me(OH)_2 + H^+ + e^- \tag{7-87}$$

$$Me(OH)_2 \xlongequal{} MeO + H_2O \tag{7-88}$$

钝化过程与反应（7-84）和反应（7-85）的活化溶解过程不同。它的双单电子串联过程，反应速率决定于表面 $Me(OH)_2$ 的形成速率。随后快速转变为 MeO，形成钝化层，阻滞 Me 继续溶解。溶液中 $H^+$ 会与钝化层物质产生化学反应，发生过钝化过程：

$$MeO+2H^+ \xlongequal{} Me^{2+} + H_2O \tag{7-89}$$

溶液中阴离子 $A^-$（如 $Cl^-$）也能与钝化层发生化学反应：

$$MeO+H_2O+2A^- \xlongequal{} MeA_2 + 2OH^- \tag{7-90}$$

产生可溶性 $MeA_2$，破坏钝化层，促使 Me 的活化溶解。

3. 控制电势阳极极化曲线的测量方法

控制电势方法测量阳极极化曲线，一般采用三电极体系——研究电极、辅助电极和参比电极。该方法是将研究电极的电势恒定维持在所需值，然后测量对应电势下的电流。由于电极表面状态在未建立稳定状态之前，电流会随时间而变化，因此实际测量时又有稳态技术和动态技术的区别。

① 稳态技术 将电极电势较长时间维持在某一定恒定值，测量该电势下电流的稳定值。如此逐个测量各个电极电势的稳定电流值，即可得到完整的极化曲线。

② 动态技术 控制电极电势以一定的速度连续扫描，记录相应电极电势下瞬时电流值，以瞬时电流值与相应的电极电势作图，得到阳极极化曲线。所采用的电极电势扫描速度需要根据体系的性质选定。一般来说，电极表面建立稳态的速度越慢，这样才能使测定的动态极化曲线与使用稳态技术接近。

阳极钝化曲线的主要实验数据是致钝电流 $I_p$、Flade 电势或致钝电势 $E_p$、钝化电势等。一般来说，致钝电流 $I_p$ 与硫酸浓度和温度有关，而且动态测量时，$I_p$ 还与电极电势扫描速度有关。

## 三、实验用品

仪器：电解池，电化学参比电极（饱和甘汞电极），辅助电极（Pt 电极），研究电极（镍电极），金相砂纸。

药品：石蜡，氢气，丙酮，硫酸，氯化钾。

## 四、实验内容

1. 测量镍在 $0.1mol \cdot L^{-1}$ 硫酸溶液中的阳极极化曲线

① 将研究电极（Ni 电极）用金相砂纸磨至镜面光亮，然后在丙酮中清洗除油，电极面积为 0.2$cm^2$（用石蜡封多余面积），再用被测硫酸浸泡几分钟，除去氧化膜。

② 洗净电极池，注入待测硫酸溶液，然后将研究电极、辅助电极、参比电极、盐桥装入电极池内，通氢气 15min，除氧气。

③ 调整恒电位仪，使初始电势位于－0.4V（相对于饱和甘汞电极），终止电势位于 1.4V（相对于饱和甘汞电极），控制电极电势扫描速度为 $8mV\cdot s^{-1}$、$6mV\cdot s^{-1}$、$5mV\cdot s^{-1}$、$3mV\cdot s^{-1}$，分别测量单程阳极极化曲线。

2. 测量氯离子对阳极钝化的影响

更换新研究电极，重复上述步骤。控制扫描起始电势范围与上述步骤一样，电势扫描速度控制为 $3mV\cdot s^{-1}$，分别测定下面溶液的阳极极化曲线，以考察氯离子对镍钝化的影响：

① $0.1mol\cdot L^{-1}H_2SO_4+0.02mol\cdot L^{-1}KCl$；

② $0.1mol\cdot L^{-1}H_2SO_4+0.2mol\cdot L^{-1}KCl$。

## 五、结果与讨论

1. 求出各极化曲线（即 $I$-$E$ 曲线）上致钝电流 $I_p$、Flade 电位、致钝电势 $E_p$、钝化电势（区）。

2. 讨论所得实验结果及离子浓度的极化曲线的意义。

## 六、思考题

1. 通过阳极极化曲线的测定，对极化过程和极化曲线的应用有何进一步理解？若要对某种金属进行阳极保护，应首先测定哪些参数？

2. 测定钝化曲线为什么不能采用恒电流法？

# 实验五十八　黏度法测定聚合物的分子量

## 一、实验目的

1. 了解黏度法测定聚合物分子量的基本原理。

2. 测定聚乙二醇的黏均分子量。

3. 掌握用乌氏黏度计测定黏度的方法。

## 二、实验原理

分子量是表征化合物特性的基本参数之一。但聚合物分子量大小不一、参差不齐，一般在 $10^3\sim10^7$ 之间，所以通常所测聚合物的分子量是平均分子量。测定聚合物分子量的方法很多，对线型聚合物，各方法适用的分子量范围如下：

| | |
|---|---|
| 端基分析 | $<3\times10^4$ |
| 沸点升高，凝固点降低，等温蒸馏 | $<3\times10^4$ |
| 渗透压 | $10^4\sim10^6$ |
| 光散射 | $10^4\sim10^7$ |
| 离心沉降及扩散 | $10^4\sim10^7$ |
| 黏度法 | $10^4\sim10^7$ |

其中，黏度法设备简单、操作方便，有相当好的实验精度，但黏度法不是测分子量的绝对方法，因为此法中所用的特性黏度与分子量的经验方程是要用其他方法来确定的，聚合物不同，溶剂不同，分子量范围不同，就要用不同的经验方程式。

聚合物在稀溶液中的黏度，主要反映了液体在流动时存在着内摩擦。在测聚合物溶液黏度求分子量时，常用到下面一些名词（见表 7-9）。

**表 7-9　相关名词**

| 名词与符号 | 物理意义 |
|---|---|
| 纯溶剂黏度 $\eta_0$ | 溶剂分子与溶剂分子间的内摩擦表现出来的黏度 |
| 溶液黏度 $\eta$ | 溶剂分子与溶剂分子之间、聚合物分子与聚合物分子之间和聚合物分子与溶剂分子之间，三者内摩擦的综合表现 |
| 相对黏度 $\eta_r$ | $\eta_r=\eta/\eta_0$，溶液黏度对溶剂黏度的相对值 |
| 增比黏度 $\eta_{sp}$ | $\eta_{sp}=(\eta-\eta_0)/\eta_0=\eta/\eta_0-1=\eta_r-1$，聚合物分子与聚合物分子之间，溶剂分子与聚合物分子之间的内摩擦效应 |
| 比浓黏度 $\eta_{sp}/c$ | 单位浓度下所显示出的黏度 |
| 特性黏度[$\eta$] | $\lim\limits_{c\to 0}\dfrac{\eta_{sp}}{c}=[\eta]$，反映聚合物分子与溶剂分子之间的内摩擦 |

如果聚合物分子的分子量大，则它与溶剂间的接触表面也就大，摩擦就大，表现出的特性黏度也大。特性黏度和分子量之间的经验关系式为：

$$[\eta]=K\overline{M}^{\alpha} \tag{7-91}$$

式中，$M$ 为黏均分子量；$K$ 为比例常数；$\alpha$ 为与分子形状有关的经验参数。$K$ 和 $\alpha$ 值与温度、聚合物、溶剂性质及分子量大小有关。$K$ 值受温度的影响较明显，而 $\alpha$ 值主要取决于高分子线团在某温度下、某溶剂中舒展的程度，其数值介于 0.5～1 之间。$K$ 与 $\alpha$ 的数值可通过其他绝对方法确定，例如渗透压法、光散射法等，从黏度法只能测定得到 [$\eta$]。

在无限稀释条件下：

$$\lim_{c\to 0}\frac{\eta_{sp}}{c}=\lim_{c\to 0}\frac{\ln\eta_r}{c}=[\eta] \tag{7-92}$$

因此，获得 [$\eta$] 的方法有两种：一种是以 $\eta_{sp}/c$ 对 $c$ 作图，外推到 $c\to 0$ 的截距值；另一种是以 $\ln\eta_r/c$ 对 $c$ 作图，也外推到 $c\to 0$ 的截距值，如图 7-32 所示，两条直线应会合于一点，这也可校核实验的可靠性。一般这两条直线的方程表达式为下列形式：

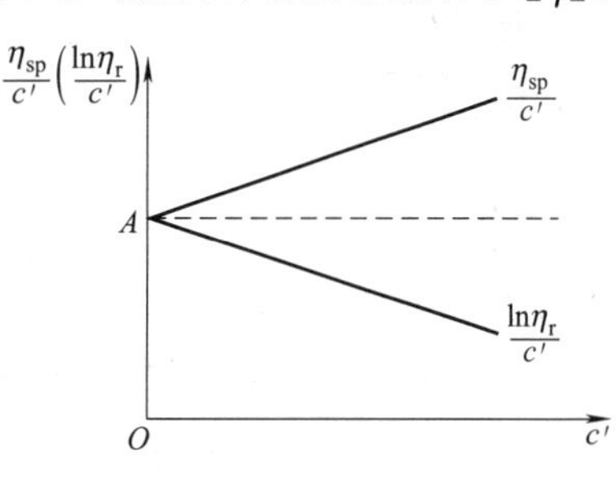


图 7-32　$\eta_{sp}/c$-$c$ 和 $\ln\eta_r/c$-$c$ 图

$$\frac{\eta_{sp}}{c}=[\eta]+k[\eta]^2c,\quad \frac{\ln\eta_r}{c}=[\eta]-\beta[\eta]^2c \tag{7-93}$$

测定黏度的方法主要有毛细管法、转筒法和落球法。在测定聚合物的特性黏度时，以毛细管流出法的黏度计最为方便。若液体在毛细管黏度计中，因重力作用流出时，可通过泊肃叶（Poiseuille）公式计算黏度。

$$\frac{\eta}{\rho}=\frac{\pi hgr^4t}{8LV}-m\frac{V}{8\pi Lt} \tag{7-94}$$

式中，$\eta$ 为液体的黏度；$\rho$ 为液体的密度；$L$ 为毛细管的长度；$r$ 为毛细管的半径；$t$ 为流出的时间；$h$ 为流过毛细管液体的平均液柱高度；$V$ 为流经毛细管的液体体积；$m$ 为毛细管末端校正的参数（一般在 $r/L\ll 1$ 时，可以取 $m=1$）。

对于某一只指定的黏度计而言，式（7-94）可以写成式（7-95）：

$$\frac{\eta}{\rho}=At-\frac{B}{t} \tag{7-95}$$

式中，$B<1$。当流出的时间 $t$ 在 2min 左右（大于 100s），该项（亦称动能校正项）可以忽略。又因通常测定是在稀溶液中进行（$c<1\times10^{-2}\text{g}\cdot\text{mL}^{-1}$），所以溶液的密度和溶剂的密度近似相等，因此可将 $\eta_r$ 写成：

$$\eta_r=\frac{\eta}{\eta_0}=\frac{t}{t_0} \tag{7-96}$$

式中，$t$ 为溶液的流出时间；$t_0$ 为纯溶剂的流出时间。所以通过溶剂和溶液在毛细管中的流出时间，从式（7-96）求得 $\eta_r$，再由图 7-32 求得 $[\eta]$。

## 三、实验用品

仪器：恒温槽，乌氏黏度计，移液管（10mL、5mL），砂芯漏斗（5 号），针筒，秒表，洗耳球，止水夹，乳胶管（约 5cm 长）。

药品：聚乙二醇，去离子水。

## 四、实验内容

本实验用的乌氏黏度计，又叫气承悬柱式黏度计。它的最大优点是可以在黏度计里逐渐稀释，从而节省许多操作步骤，其构造如图 7-33 所示。

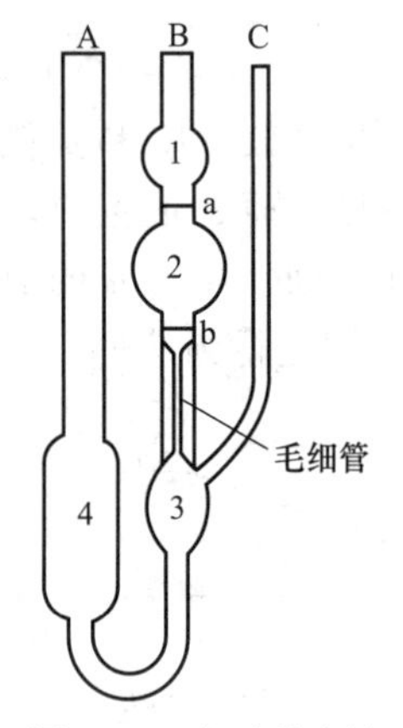

图 7-33 乌氏黏度计

1. 黏度计和玻璃仪器的洗涤

先用砂芯漏斗过滤过的洗液将黏度计洗净，再用自来水、去离子水分别冲洗几次，每次都要注意反复冲洗毛细管部分，洗好后烘干备用。移液管也要用滤过的洗液和水洗净，烘干备用。

2. 实验装置安装

调节恒温槽温度至（30.0±0.1)℃，在黏度计的 B 管和 C 管上都套上乳胶管，然后将其垂直放入恒温槽，使水面完全浸没 1 球。

3. 溶液流出时间的测定

用移液管吸取已知浓度的聚乙二醇溶液 10mL，由 A 管注入黏度计中，浓度记为 $c_1$，恒温 10min，测定溶液流出时间。测定方法如下：将 C 管用止水夹夹紧使之不通气，在 B 管用针筒将溶液从 4 球经 3 球、毛细管、2 球抽至 1 球 2/3 处，解去夹子，让 C 管通大气，此时 3 球内的溶液即回入 4 球，使毛细管以上的液体悬空。毛细管以上的液体下落，当液面流经 a 刻度时，立即按下秒表开始计时，当液面降至 b 刻度时，再按下秒表停止计时，测得刻度 a、b 之间的液体流经毛细管所需时间。重复这一操作至少三次，它们间相差不大于 0.3s，取三次的平均值为 $t_1$。

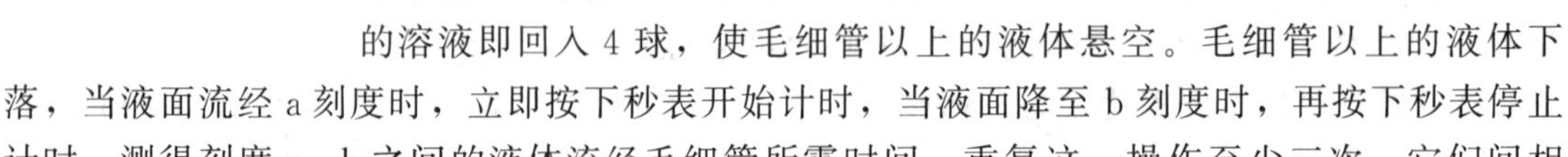

然后依次由 A 管用移液管加入 5mL、5mL、10mL、15mL 去离子水，将溶液稀释，注意每次加入去离子水后应在 C 管处用针筒打气，使溶液混合均匀，溶液浓度分别为 $c_2$、$c_3$、$c_4$、$c_5$，用同法测定每份溶液流经毛细管的时间 $t_2$、$t_3$、$t_4$、$t_5$。应注意每次稀释溶液后，要充分混合均匀，并抽洗黏度计的 1 球和 2 球，使黏度计内溶液各处的浓度相等。

4. 溶剂流出时间的测定

用去离子水洗净黏度计，尤其要反复抽洗黏度计的毛细管部分，然后由 A 管加入约 15mL 去离子水。用同法测定溶剂流出的时间 $t_0$。

实验完毕，黏度计一定要用去离子水洗干净。

## 五、注意事项

1. 乌氏黏度计上的 A、B、C 三支管中，B、C 两管特别细，极易折断，因此拿黏度计时，应该拿 A 管。特别是将它固定于恒温水浴中或从水浴中取出时，由于水的浮力关系，更应该只拿 A 管。只有在套乳胶管时，才可拿着 B、C 管操作，这时要倍加小心。

2. 黏度计必须洁净，聚合物溶液中若有絮状物，则不能将它移入黏度计中测量。

3. 本实验溶液的稀释是直接在黏度计中进行的，因此每加入一次溶剂进行稀释时必须混合均匀，并抽洗 1 球和 2 球。

4. 实验过程中恒温槽的温度要恒定，溶液每次稀释恒温后才能测量。

5. 黏度计要竖直放置，实验过程中不要振动黏度计，否则将影响实验结果的准确性。

6. 高聚物在溶剂中溶解比较缓慢，在配制溶液时一定要使其完全溶解，否则将影响溶液的起始浓度，而导致结果偏低。

## 六、数据记录与处理

（1）将所测的实验数据及计算结果填入表 7-10 中。

**表 7-10　所测实验数据及计算结果**

原始溶液浓度 $c_1$ ________ $g \cdot mL^{-1}$，恒温温度________℃

| $c/g \cdot mL^{-1}$ | $t_1/s$ | $t_2/s$ | $t_3/s$ | $t_{平均}/s$ | $\eta_r$ | $\ln\eta_r$ | $\eta_{SP}$ | $\eta_{SP}/c$ | $\ln\eta_r/c$ |
|---|---|---|---|---|---|---|---|---|---|
| $c_1$ | | | | | | | | | |
| $c_2$ | | | | | | | | | |
| $c_3$ | | | | | | | | | |
| $c_4$ | | | | | | | | | |
| $c_5$ | | | | | | | | | |

（2）作 $\eta_{SP}/c$-$c$ 及 $\ln\eta_r/c$-$c$ 图，并外推到 $c \to 0$，由截距求出 $[\eta]$。

（3）已知聚乙二醇-水体系 30℃时 $K=1.25 \times 10^{-2}\ mL \cdot g^{-1}$，$\alpha=0.78$，由式（7-91）计算聚乙二醇的黏均分子量。

## 七、思考题

1. 乌氏黏度计中支管 C 有何作用？除去支管 C 是否可测定黏度？

2. 影响黏度法测高聚物的分子量精确性的因素有哪些？

3. 外推法求 $[\eta]$ 时，两条直线的张角与什么有关？

## 八、奥氏黏度计介绍

当流体受外力作用产生流动时，在流动着的液体层之间存在着切向的内部摩擦力。如果要使液体通过管子，必须消耗一部分功来克服这种流动的阻力。在流速低时，管子中的液体沿着与管壁平行的直线方向前进，最靠近管壁的液体实际上是静止的，与管壁距离愈远，流动的速度也愈大。

流层之间的切向力 $f$ 与两层间的接触面积 $A$ 和速度差 $\Delta v$ 成正比，而与两层间的距离 $\Delta x$ 成反比：

$$f=\eta A\frac{\Delta v}{\Delta x} \tag{7-97}$$

其中，$\eta$ 是比例系数，称为液体的黏度系数，简称黏度。黏度系数的单位在 cgs 制单位中用“泊”表示，在国际单位制中用帕斯卡·秒（Pa·s）表示，1 泊$=10^{-1}$Pa·s。

液体的黏度可用毛细管法测定。泊肃叶（Poiseuille）得出液体流出毛细管的速度与黏度系数之间存在如下关系式：

$$\eta=\frac{\pi p r^4 t}{8VL} \tag{7-98}$$

式中，$V$ 为在时间 $t$ 内流过毛细管的液体体积；$p$ 为管两端的压力差；$r$ 为管半径；$L$

为管长。按式（7-98）由实验直接来测定液体的绝对黏度是困难的，但测定液体对标准液体（如水）的相对黏度是简单实用的。在已知标准液体的绝对黏度时，即可算出被测液体的绝对黏度。设两种液体在本身重力作用下分别流经同一毛细管，且流出的体积相等，则：

$$\eta_1=\frac{\pi r^4 p_1 t_1}{8VL}$$

$$\eta_2=\frac{\pi r^4 p_2 t_2}{8VL}$$

$$\frac{\eta_1}{\eta_2}=\frac{p_1 t_1}{p_2 t_2} \tag{7-99}$$

式（7-99）中，$p=\rho gh$，这里 $h$ 为推动液体流动的液位差；$\rho$ 为液体密度；$g$ 为重力加速度。如果每次取用试样的体积一定，则可保持 $h$ 在实验中的情况相同，因此可得：

$$\frac{\eta_1}{\eta_2}=\frac{\rho_1 t_1}{\rho_2 t_2} \tag{7-100}$$

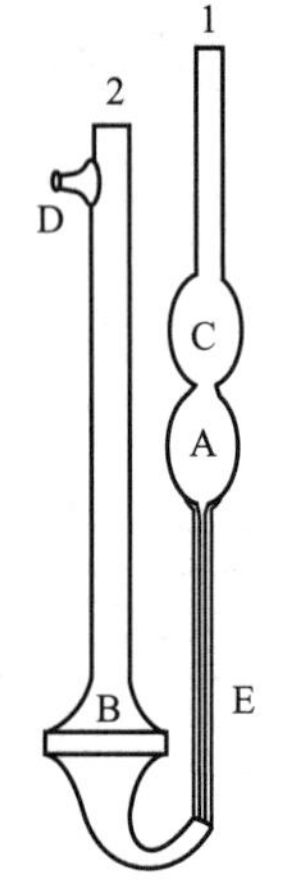

图 7-34　奥氏黏度计

已知标准液体的黏度和它们的密度，则可得到被测液体的黏度。

奥氏黏度计使用方法：

（1）将黏度计（见图 7-34）用洗液和去离子水洗净，然后烘干备用。

（2）调节恒温槽至（25.0±0.1）℃。

（3）用移液管取一定量待测液放入黏度计中，然后把黏度计竖直固定在恒温槽中，恒温 5～10min。

（4）用打气球接于 D 管并堵塞 2 管，向管内打气。待液体上升至 C 球的 2/3 处，停止打气，打开管口 2。利用秒表测定液体流经两刻度间所需的时间。重复同样操作，测定 5 次，要求各次的时间相差不超过 0.3s，取其平均值。

（5）将黏度计中的待测液倾入回收瓶中，用热风吹干，再用移液管取 10mL 去离子水放入黏度计中，与前述步骤相同，测定去离子水的流出时间，重复同样操作，要求同前。

# 实验五十九　热重分析法

## 一、实验目的

1. 掌握热重分析的原理。

2. 学习用热天平测 $CuSO_4 \cdot 5H_2O$ 样品的热重曲线，学会使用 HTG-1 型热天平。

## 二、实验原理

热重分析法（thermogravimetric analysis，TG）是在程序控制温度下，测量物质质量与温度关系的一种技术。许多物质在加热过程中常伴随质量的变化，这种变化过程有助于研究晶体性质的变化，如熔化、蒸发、升华和吸附等物质的物理现象；也有助于研究物质的脱水、解离、氧化、还原等物质的化学现象。

1. TG 和 DTG 的基本原理与仪器

进行热重分析的基本仪器为热天平。热天平一般包括天平、炉子、程序控温系统、记录系统等部分。有的热天平还配有通入气氛或真空装置。典型的热天平原理示意见图 7-35。

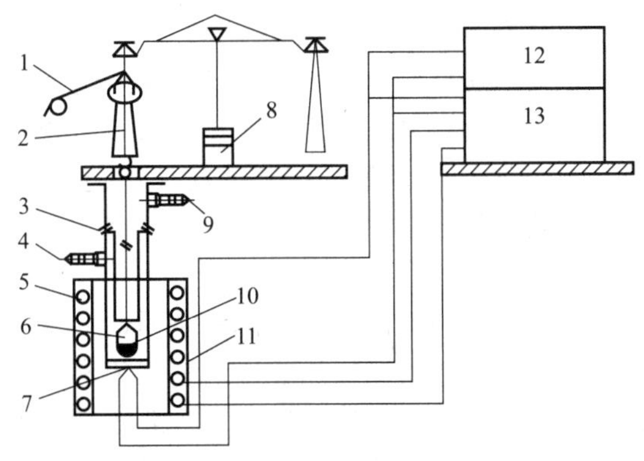


图 7-35　热天平原理示意

1—机械减码；2—吊挂系统；3—密封管；4—出气口；5—加热丝；6—试样盘；7—热电偶；8—光学读数；9—进气口；10—试样；11—管状电阻炉；12—温度读数表头；13—温控加热单元

除热天平外，还有弹簧秤。

热重分析法通常可分为两大类：静态法和动态法。

静态法又分为等压质量变化测定和等温质量变化测定两种。等压质量变化测定又称自发气氛热重分析，是在程序控制温度下，测量物质在恒定挥发物分压下平衡质量与温度 $T$ 的函数关系。该法利用试样分解的挥发产物所形成的气体作为气氛，并控制在恒定的大气压下测量质量随温度的变化，其特点是可减少热分解过程中氧化过程的干扰。等温质量变化测定是指一物质在恒温下，物质质量变化与时间 $t$ 的依赖关系，以质量变化为纵坐标，以时间为横坐标，获得等温质量变化曲线图。

动态法是在程序升温的情况下，测量物质质量的变化对时间的函数关系。

控制温度下，试样受热后质量减轻，天平（或弹簧秤）向上移动，使变压器内磁场移动输电功能改变；另一方面加热电炉温度缓慢升高时热电偶所产生的电位差输入温度控制器，经放大后由信号接收系统绘出 TG 热分析图谱。

热重法实验得到的曲线称为热重曲线（TG 曲线），如图 7-36 所示。TG 曲线以质量作纵坐标，从上向下表示质量减少；以温度（或时间）作横坐标，自左至右表示温度（或时间）增加。DTG 是 TG 对温度（或时间）的一阶导数。以物质的质量变化速率 $dm/dt$ 对温度 $T$（或时间 $t$）作图，即得 DTG 曲线，如图 7-36 所示。DTG 曲线上的峰代替 TG 曲线上的阶梯，峰面积正比于试样质量。DTG 曲线可以微分 TG 曲线得到，也可以用适当的仪器直接测得，DTG 曲线比 TG 曲线优越性大，它提高了 TG 曲线的分辨力。

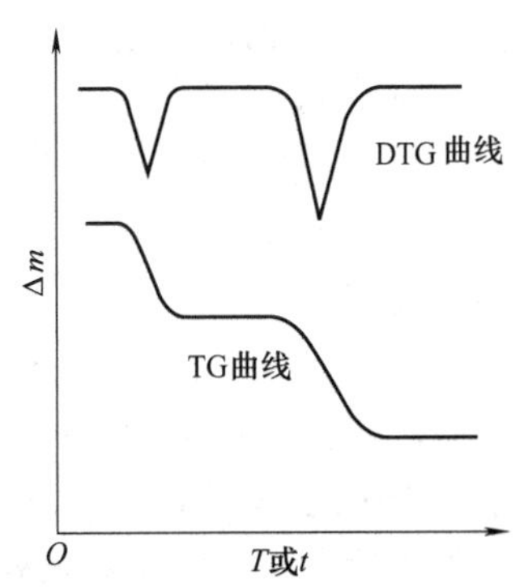


图 7-36　TG 曲线和 DTG 曲线

2. 影响热重分析的因素

热重分析的实验结果受许多因素的影响，基本可分为两类：一是仪器因素，包括升温速率、炉内气氛、炉子的几何形状、坩埚的材料等；二是试样因素，包括试样的质量、粒度、装样的紧密程度、试样的导热性等。

① 升温速率的影响

在 TGA 的测定中，升温速率增大会使试样分解温度明显升高。如升温太快，试样来不及达到平衡，会使反应各阶段分不开。合适的升温速率为 5～10℃·$min^{-1}$。

② 样品质量和粒度的影响

试样在升温过程中，往往会有吸热或放热现象，这样使温度偏离线性程序升温，从而改变了TG曲线位置。试样量越大，这种影响越大。对于受热产生气体的试样，试样量越大，气体越不易扩散。再则，试样量大时，试样内温度梯度也大，将影响TG曲线位置。总之实验时应根据天平的灵敏度，尽量减小试样量。试样的粒度不能太大，否则将影响热量的传递；粒度也不能太小，否则开始分解的温度和分解完毕的温度都会降低。

3. 热重分析法的应用

热重分析法的重要特点是定量性强，能准确地测量物质的质量变化及变化的速率，可以说，只要物质受热时发生质量的变化，就可以用热重法来研究其变化过程。

目前，热重分析法已在下述诸方面得到应用：①无机物、有机物及聚合物的热分解；②金属在高温下受各种气体的腐蚀过程；③固态反应；④矿物的煅烧和冶炼；⑤液体的蒸馏和汽化；⑥煤、石油和木材的热解过程；⑦含湿量、挥发物及灰分含量的测定；⑧升华过程；⑨脱水和吸湿；⑩爆炸材料的研究、反应动力学的研究、发现新化合物、吸附和解吸、催化活度的测定、表面积的测定、氧化稳定性和还原稳定性等研究。

## 三、实验用品

仪器：HTG-1热天平，氧化铝坩埚。

药品：$CuSO_4 \cdot 5H_2O$（分析纯）。

## 四、实验内容

1. 打开恒久热分析系统。
2. 打开仪器电源，预热30min。
3. 通循环水。
4. 做通气气氛实验时，提前通气排出空气，天平需要60min。
5. 抬起仪器的加温炉。向上提加温炉到限定高度后向逆时针旋转到限定位置。
6. 放入实验样品。支撑杆的左托盘放参比物（空坩埚），右托盘放试验样品坩埚，样品称量一定要精确。
7. 放下仪器的加温炉。顺时针旋转，双手托住缓慢向下放。切勿碰撞支撑杆。
8. 点击软件采集。
9. 升温速率设置：$40℃\cdot min^{-1}$，起始温度200℃以下，最高升至800℃；$20℃\cdot min^{-1}$，起始温度400℃以下，最高升至1000℃；$10℃\cdot min^{-1}$ 起始温度500℃以下，最高升至仪器允许的最高温度。
10. 实验完成后，点击保存，以便查找。
11. 实验完毕后40min，关闭循环水。坩埚可重复使用，请勿随意丢弃。

## 五、数据记录与处理

调入所存文件，做数据处理，选定每个台阶的起止位置，求算出各个反应阶段的TG失重百分比，失重始温、终温，失重速率最大点温度。依据失重百分比，推断 $CuSO_4 \cdot 5H_2O$ 的失水过程。

## 六、注意事项

1. 电源必须是左零右火。
2. 水源要求无杂质，以免堵塞冷却水系统。
3. 第一次安装热分析软件，需要进行基本参数设定。DTA通常量程50或100；TG量程10或20；温度上限设定：1型设置温度1150℃。
4. 1型仪器建议最高升温到1100℃，升温过高会影响炉体寿命。升温速率建议不要超过 40℃ · $min^{-1}$。

5. 样品一般不超过坩埚容积的三分之一。例如：铜加入过量，铜熔溢出，坩埚和支撑盘被铜焊接到一起。

6. 终止温度一定要根据样品恰当设置。例如：铟终止温度 300℃，如果设置到 800℃，铟升华后凝结在测温电偶上会导致仪器不能使用。

7. 在实验过程中，电脑不要同时上网，请勿用手随意触摸仪器和在附近使用移动电话，远离磁场。

## 七、思考题

1. 在空气和氮气气氛中，$CuSO_4 \cdot 5H_2O$ 热分解的 TG 曲线是否相同？

2. 讨论影响 TG 曲线的主要因素。通过实验，你有哪些具体体会？

# 实验六十　核磁共振实验

## 一、实验目的

1. 了解核磁共振测试原理及应用情况。

2. 了解核磁共振仪构造及测试操作基本方法。

3. 学会核磁共振谱图处理软件 NUTS2003 的使用。

4. 掌握 $^{1}H$ NMR 谱的解析方法并能够分析简单有机化合物的结构。

## 二、实验原理

核磁共振现象最早在 1945 年，以 F. Bloch 和 E. M. Purcell 为首的两个研究小组几乎同时发现了此现象，他们二人因此获得了 1952 年的诺贝尔物理学奖。目前，核磁共振已成为鉴定有机化合物结构的极为重要的方法，在有机化学、生物化学、药物化学等与有机分子结构有关的领域中得到了广泛应用。

核磁共振的研究对象是具有磁矩的原子核，原子核是带正电荷的粒子，其自旋运动将产生磁矩，但并非所有同位素的原子核都具有自旋运动，只有自旋量子数 $I \neq 0$ 的原子核才有自旋运动。

在 $^{1}H$、$^{13}C$、$^{15}N$、$^{19}F$、$^{31}P$ 等原子核中，中子数和质子数有一为偶数，另一为奇数，$I=1/2$，最合适核磁共振检测。对于 $^{12}C$、$^{14}N$、$^{16}O$ 等，中子数和质子数均为偶数，则 $I=0$，没有自旋，无法检测。

在静磁场中，具有磁矩的原子核存在着不同能级，此时，用某一特定频率的电磁波来照射样品，并使得电磁波满足原子核不同能级之间的能量差要求，原子核即可进行能级之间的跃迁，这就是核磁共振。

1. 化学位移 $\delta$

不同官能团的原子核谱峰位置相对于原点的距离，反映了它们所处的化学环境，故称为化学位移，四甲基硅烷 TMS 最常用作测量化学位移的基准。这是因为：TMS 只有一个峰，甲基 H 核的核外电子及甲基 C 核的核外电子的屏蔽作用强，无论氢谱还是碳谱一般化合物的峰大多都出现在 TMS 的左侧，按左正右负的规定，一般化合物的各个基团的 $\delta$ 值均为正值，且 TMS 沸点仅为 27℃，很容易从样品中除去，便于样品回收，TMS 与样品之间不会发生分子缔合，在 H 谱和 C 谱中规定 TMS 的 $\delta$ 值为 0。

氢谱中影响化学位移的因素如下。

① 取代基的电负性。由于诱导效应，取代基电负性越强，与取代基连接于同一个 C 上的 H 的共振峰越向低场移动，即化学位移越大。

② 相连 C 原子的杂化情况。$sp^3$ 杂化中，s 电子的成分占 25%；$sp^2$ 杂化中，s 电子占 33%，键电子更靠近 C 原子，因而对与之相连的氢有去屏蔽作用，即化学位移移到低场，即化学位移值增大。但对 sp 杂化来说，炔氢不会比烯氢移向更低场，而是处在比烯氢更高的场，是因为还有更强的影响因素。

③ 环状共轭体系的环电流效应。如果仅仅考虑 $sp^2$ 杂化，那么烯氢和芳氢化学位移一样大，但实际上芳氢化学位移一般较大。这是因为环状共轭体系的环电流效应所致。设想苯环分子与磁场方向垂直，其离域 $\pi$ 电子将产生环状电流，环电流产生的磁力线方向在苯环上下方向和环内与外磁场磁力线方向相反，但在环外，二者方向相同，即环电流增强了外磁场，氢核被去屏蔽，共振谱峰位置移向低场，即化学位移增大。

④ 相邻键的磁各向异性。

⑤ 相邻基团的偶极作用力和范德华力。

⑥ 介质。

⑦ 氢键。

2. 分裂与偶合常数 $J$

当自旋体系存在自旋-自旋偶合时，核磁共振谱线发生分裂，分裂所产生的裂矩反映了相互偶合作用的强弱，称为偶合常数 $J$。$J$ 反映的是两个核之间作用的强弱，有 $^1J$ 和 $^3J$，$^2J$ 以上称作长程偶合。峰的数目可以用 $n+1$ 规律描述。其中，$n$ 表示是磁等价氢核的个数，如果磁不等价，则用 $(n_1+1)(n_2+1)$ 描述。

## 三、实验用品

仪器：布鲁克 400 兆核磁共振仪。

试剂：苯乙烯，苯乙炔，丙酮，乙醇，二氯甲烷，乙酸乙酯，石油醚，氘代试剂。

## 四、实验内容

测试苯乙烯、苯乙炔、苯乙烯与苯乙炔混合物的 $^1H$ NMR 谱，解析谱图并计算混合物的摩尔比。

操作步骤如下。

1. 试样的配制：取约 10mg 样品装于核磁管中，加入约 0.6mL 氘代试剂。

2. 上样、建立实验号 EDC、锁场 lock、扫描 g、傅里叶变换 efp、相位调整 apk，基线调整 absn，在一个操作结束后（操作界面会提示 finished），在 Topspin 操作软件界面分别输入下一个操作的命令即可。

## 五、数据记录与处理

用 NUTS2003 处理核磁谱图，列出化合物数据，根据特征峰计算混合物的摩尔比。

## 六、思考题

1. 核磁共振可以测试哪些原子核？

2. 核磁共振对样品有何要求？

# 实验六十一　分光光度法测定磺基水杨酸合铁(Ⅲ)的组成和 $K_{稳}$

## 一、实验目的

1. 初步了解分光光度法测定溶液中配合物的组成和稳定常数的原理和方法。

2. 学习有关实验数据的处理方法。

3. 练习使用分光光度计。

## 二、实验原理

当一束具有一定波长的单色光通过一定宽度的有色溶液时，有色物质对光的吸收程度（用吸光度 $A$ 表示）与有色物质的浓度、液层宽度成正比：

$$A=Kbc$$

这就是朗伯-比耳定律。式中，$c$ 为有色物质浓度；$b$ 为液层宽度；$K$ 为比例常数，其数值与入射光的波长、有色物质的性质和温度有关。当有色物质成分明确、其分子量已知的情况下，可用 $\varepsilon$ 代替 $K$，$\varepsilon$ 称为摩尔吸光系数，在数值上等于单位摩尔浓度在单位光程中所测得的溶液的吸光度：

$$A=\varepsilon bc$$

磺基水杨酸与 $Fe^{3+}$ 形成的配合物的组成和颜色因 pH 不同而异。当溶液的 pH＜4 时，形成紫红色的配合物；pH 在 4～10 间生成红色的配合物；pH 在 10 左右时，生成黄色配合物。

本实验用等物质的量系列法测定 pH＝2 时磺基水杨酸与 $Fe^{3+}$ 形成的配合物的组成和稳定常数。等物质的量系列法就是在保持每份溶液中金属离子的浓度（$c_M$）与配体的浓度（$c_R$）之和不变（即总的物质的量不变）的前提下，改变这两种溶液的相对量，配制一系列溶液并测定每份溶液的吸光度。

若以不同的物质的量比 $\frac{n_M}{n_M+n_R}$ 与对应的吸光度 $A$ 作图得物质的量比-吸光度曲线，曲线上与吸光度极大值相对应的物质的量比就是该有色配合物中金属离子与配体的组成之比。

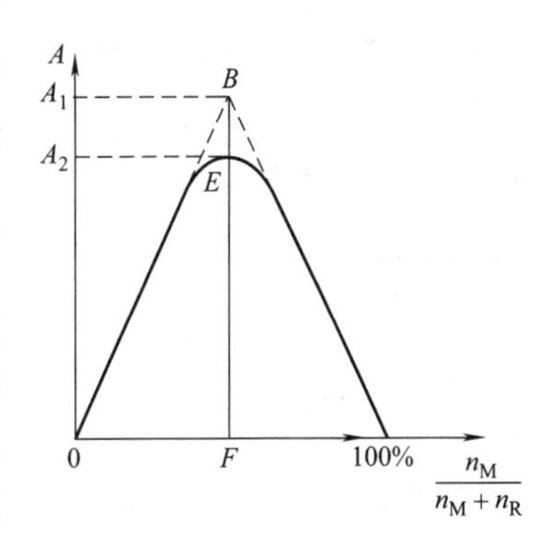

图 7-37　物质的量比-吸光度曲线

图 7-37 表示一个典型的低稳定性的配合物 MR 的物质的量比与吸光度曲线，将两边直线部分延长相交于 $B$，$B$ 点位于 50%处，即金属离子与配体的物质的量比为 1∶1。从图 7-37 可见，当物质完全以 MR 形式存在时，在 $B$ 点 MR 的浓度最大，对应的吸光度为 $A_1$，但由于配合物一部分解离，实验测得的最大吸光度对应于 $E$ 点的 $A_2$。

若配合物的解离度为 $\alpha$，则：

$$\alpha=\frac{A_1-A_2}{A_1}$$

1∶1 型配合物的标准稳定常数 $K$ 可由下列平衡关系导出：

| | M | + | R ⇌ | MR |
|---|---|---|---|---|
| 起始浓度 | 0 | | 0 | $c$ |
| 平衡浓度 | $c\alpha$ | | $c\alpha$ | $c(1-\alpha)$ |

$$K_{稳}=\frac{c_{MR}}{c_M c_R}=\frac{1-\alpha}{c\alpha^2}$$

式中，$c_{MR}$、$c_M$、$c_R$ 为解离平衡时各物质的浓度；$c$ 为溶液内 MR 的起始浓度，即当 $\frac{n_M}{n_M+n_R}=50\%$时，其值相当于溶液中金属离子或配体的起始浓度的一半。

这样计算得到的稳定常数是表观稳定常数，如果要测定热力学稳定常数，还要考虑弱酸的解离平衡，对酸效应进行校正。

## 三、实验用品

仪器：7200 型分光光度计，容量瓶（50mL、100mL），吸量管（10mL），精密 pH 试纸等。

药品：$NH_4Fe(SO_4)_2$（0.0100mol·$L^{-1}$，在 pH=2 的 $H_2SO_4$ 溶液中），磺基水杨酸（0.0100mol·$L^{-1}$，需标定出准确浓度），$H_2SO_4$（浓），NaOH（6mol·$L^{-1}$）。

## 四、实验内容

1. 0.0010mol·$L^{-1}$ $NH_4Fe(SO_4)_2$ 和 0.0010mol·$L^{-1}$ 磺基水杨酸溶液的配制

从 $NH_4Fe(SO_4)_2$ 和磺基水杨酸的储备液中，取出所需体积的溶液，分别置于 2 只 100mL 容量瓶中，配制成所需浓度的溶液，并使其 pH 均为 2（在稀释接近标线时，查其 pH，若 pH 偏离 2，滴加 1 滴浓 $H_2SO_4$ 或 6mol·$L^{-1}$ NaOH 溶液于该容量瓶中即可）。

2. 配制系列溶液

依表 7-11 所示溶液体积，依次在 7 支 50mL 容量瓶中混合配制等物质的量系列溶液。

3. 配合物吸收曲线的测定

用表 7-11 中的 4 号溶液，以蒸馏水为参比，在波长 400～700nm 范围、$b$=1cm 的比色皿条件下，每隔 20nm 测量一次吸光度，峰值附近每隔 5nm 测量一次吸光度 $A$ 值，记录于表 7-12 中，作出吸收曲线图，找出最大吸收波长 $\lambda_{max}$。

4. 测定系列溶液的吸光度

用 7200 型分光光度计，在 $\lambda_{max}$（约为 500nm）、$b$=1cm 的比色皿条件下，以蒸馏水为空白，测定一系列混合物溶液的吸光度 $A$，并记录于表 7-11 中。

**表 7-11　测定系列溶液的吸光度**

| 混合液编号 | 1 | 2 | 3 | 4 | 5 | 6 | 7 |
|---|---|---|---|---|---|---|---|
| $NH_4Fe(SO_4)_2$ 体积/mL | 0 | 1.00 | 3.00 | 5.00 | 7.00 | 9.00 | 10.00 |
| 磺基水杨酸体积/mL | 10.00 | 9.00 | 7.00 | 5.00 | 3.00 | 1.00 | 0 |
| 体积比=$\frac{V_{Fe^{3+}}}{V_{Fe^{3+}}+V_R}$ | | | | | | | |
| 混合液吸光度 $A$ | | | | | | | |

**表 7-12　配合物吸收曲线的测定**

| 波长 $\lambda$/nm | 400 | 420 | 440 | 460 | 480 | 485 | 490 | 495 | 500 | 505 | … | 680 | 700 |
|---|---|---|---|---|---|---|---|---|---|---|---|---|---|
| 吸光度 $A$ | | | | | | | | | | | | | |

## 五、数据记录与处理

1. 以 $\lambda$ 为横坐标，对应的吸光度 $A$ 为纵坐标作出吸收曲线图，找出最大吸收波长 $\lambda_{max}$。

2. 以体积比$\frac{V_{Fe^{3+}}}{V_{Fe^{3+}}+V_R}$为横坐标，对应的吸光度 $A$ 为纵坐标作图。

3. 根据图上的有关数据，确定在本实验条件下，$Fe^{3+}$ 与磺基水杨酸形成的配合物的组成。

4. 求出 $\alpha$ 和表观稳定常数 $K_稳$。

## 六、注意事项

1. 本实验两个同学一组，配制前务必将 7 支 50mL 容量瓶洗净并编号，以免搞错。

2. 溶液配好后，必须静置 30min 才能进行测定。

3. 磺基水杨酸合铁配合物的稳定常数：1∶1（$\lg\beta_n=14.64$）；1∶2（$\lg\beta_n=25.18$）；1∶3（$\lg\beta_n=32.12$）。

## 七、思考题

1. 使用分光光度计时，在操作上应注意些什么？

2. 若入射光不是单色光，能否准确测出配合物的组成与稳定常数？

3. 用等物质的量系列法测定配合物组成时，为什么溶液中金属离子的物质的量与配位体的物质的量之比正好与配合物组成相同时，配合物的浓度最大？

4. 本实验中，为何能用体积比$\left(\dfrac{V_{Fe^{3+}}}{V_{Fe^{3+}}+V_R}\right)$代替物质的量的比为横坐标作图？

# 实验六十二　氟化钙在水中的溶解性研究

## 一、实验目的

1. 了解氟离子选择性电极的结构和性能。

2. 掌握氟离子选择性电极测定氟的原理及测试方法。

3. 了解去离子水和自来水中氟化钙的溶解行为。

## 二、实验原理

1. 离子选择性电极

离子选择性电极，顾名思义，指选择性地对某种离子具有敏感的特性，并可以此测定该离子的含量。氟化镧单晶对氟离子有选择性，在氟化镧电极膜两侧的不同浓度氟溶液之间存在电位差，这种电位差通常称作膜电位。膜电位的大小与氟化物离子活度有关。

氟化镧电极与溶液中氟离子活度 $a_{F^-}$ 有如下关系：

$$E_{F^-}=E^{\ominus}-\frac{2.303RT}{F}\lg a_{F^-}$$

式中，$E^{\ominus}$ 为常数；$R$ 为摩尔气体常数；$T$ 为测定时的热力学温度；$F$ 为法拉第常数。

用氟离子选择性电极与饱和甘汞电极组成电池：

$$\mathrm{Ag,AgCl}\left|\begin{pmatrix}0.1\mathrm{mol\cdot L^{-1}} & \mathrm{NaF}\\ 0.1\mathrm{mol\cdot L^{-1}} & \mathrm{NaCl}\end{pmatrix}\right|\mathrm{LaF_3}\,|\,\mathrm{F^-}\text{试液}\,\|\,\mathrm{KCl}\text{（饱和）},\mathrm{Hg_2Cl_2}\,|\,\mathrm{Hg}$$

$$E_{cmf}=E_{SCE}-E_{F^-}=-E_{F^-}\text{（mV,相对于 SCE）}$$

通过测定该电池电动势 $E_{cmf}$，可直接求出试液中氟离子活度。

2. 氟离子的浓度测定原理

如要测定氟离子的浓度，需要考虑离子强度的影响。如果控制一定离子强度，可使离子活度系数（$\gamma$）维持不变，则上式可变换为：

$$E_{F^-}=E^{\ominus}-\frac{2.303RT}{F}\lg\gamma c_{F^-}=E^{\ominus}-\frac{2.303RT}{F}\lg\gamma-\frac{2.303RT}{F}\lg c_{F^-}$$

$$E_{F^-}=E^{\ominus\prime}-\frac{2.303RT}{F}\lg c_{F^-}$$

由此通过氟电极膜电位可直接求出氟离子浓度。

采用标准工作曲线法测定氟的浓度，就是配制一系列已知浓度的标准氟离子溶液，离子强度相同，分别测定其电动势；以测得的 $E$ 和 $\lg c_{F^-}$ 作图得一直线（工作曲线）。再在相同条件下测定自来水中的氟电极电位，在工作曲线上直接查得试液中氟离子的浓度。

3. 溶液中的干扰离子

酸度对氟电极有影响，氟化镧电极适于在 pH5～6 间使用，为此需用缓冲溶液调节 pH 值。

有些阳离子（如 $Al^{3+}$、$Fe^{3+}$ 等）可与氟离子生成稳定的配合物而干扰测定，为了消除这种干扰，加进配合剂如柠檬酸钾等来消除这些阳离子的干扰。使用总离子强度调节液（TISAB），既能控制溶液的离子强度，又可控制溶液的 pH 值，还可消除 $Al^{3+}$、$Fe^{3+}$ 对测定的干扰。TISAB 的组成要视被测溶液的成分及被测离子的浓度而定。本实验所用 TISAB 是在 NaAc-HAc 缓冲溶液中加入 $KNO_3$、柠檬酸钾配制而成。氟化镧电极选择性很高，$PO_4^{3-}$、$Ac^-$、$X^-$（卤素离子）、$NO_3^-$、$SO_4^{2-}$、$HCO_3^-$ 等都不干扰。$OH^-$ 是主要干扰离子。电极测量范围很宽，氟的浓度可测至 $10^{-6}$～$10^{-1}$ mol·L$^{-1}$。

## 三、实验用品

仪器：氟离子计，pH 计。

药品：氟化钠（A. R.），氟化钙（A. R.），TISAB：称取 102g $KNO_3$、83g NaAc、32g 柠檬酸钾，分别溶解后转入 1000mL 容量瓶中，加入 14mL 冰醋酸，用水稀释至 800mL 左右，摇匀，溶液 pH 值应在 5～5.6。若超出此范围，可用冰醋酸和 NaOH 在 pH 计上调节，调好后，稀释至刻度，摇匀备用。此溶液中 $KNO_3$（≈1mol·L$^{-1}$）、NaAc（≈1mol·L$^{-1}$）、HAc（≈0.25mol·L$^{-1}$）、柠檬酸钾（≈0.1mol·L$^{-1}$）的浓度基本稳定。

## 四、实验内容

1. 电极活化

实验前先将电极在相对应的 0.001mol·L$^{-1}$ 氟化钠溶液中浸泡 2h 进行活化，再用去离子水洗净。

2. 按离子计使用说明调整仪器，使仪器预热 30min 以上，安装好氟电极（接负极）和甘汞电极（接正极）。仪器处于测量状态。

3. 0.1mol·L$^{-1}$ NaF 标准溶液的配制

用称量瓶称取分析纯 NaF 1.0500g，在小烧杯中溶解后转入 250mL 容量瓶中，稀释至刻度。

4. 标准系列的配制

取五个 50mL 容量瓶，分别加入 10mL TISAB，移取 50mL 0.1mol·L$^{-1}$ 标准 NaF 溶液到第一个容量瓶中，稀至刻度，摇匀。再从第一个容量瓶中移取 5mL 溶液到第二个容量瓶中……，用此法配制含氟 $10^{-6}$～$10^{-2}$ mol·L$^{-1}$ 的标准系列。

取一个 50mL 容量瓶，加入 10mL TISAB，加去离子水稀释至刻度制成水样。

另取一个 50mL 容量瓶，加入 10mL TISAB，加自来水稀释至刻度制成水样。

5. 将标准系列从稀到浓依次列在 100mL 小烧杯中（浓度由小到大，电极和烧杯不必水洗），加入搅拌磁子，插入电极，搅拌 3min，再停 3min，然后读毫伏值。

6. 样品制备和测量

（1）用去离子水样配制氟化钙饱和溶液。待固体充分溶解后静置一段时间，插入电极，待读数稳定后，读取数据。

（2）用自来水样配制氟化钙饱和溶液。待固体充分溶解后静置一段时间，插入电极，待读数稳定后，读取数据。

## 五、注意事项

1. 氟电极测量范围 $10^{-6}$～$10^{-1}$mol·$L^{-1}$。

2. 新的或长时间未使用的氟离子电极使用前需要活化，使用前空白电位在－340mV以上。

3. 电极在使用时切忌将敏感膜与硬物碰撞，避免损坏电极。

4. 使用的容器需要及时清洗。

## 六、数据记录与处理

不同浓度溶液的电位值记于表 7-13。

**表 7-13　不同浓度溶液电位值**　　实验温度：________

| 样品序号 | 标准液浓度 | $\lg c_{F^-}$ | 电位 $E$/mV |
|---|---|---|---|
| 1 | | | |
| 2 | | | |
| 3 | | | |
| 4 | | | |
| 5 | | | |
| 6(去离子水样) | — | — | |
| 7(自来水样) | — | — | |

1. 绘制标准曲线：用标准液数据绘制 $E$-$\lg c_{F^-}$ 标准曲线。

2. 依据所测水样 $E$ 值，在标准曲线上求得水样氟含量。

3. 比较氟化钙在去离子水和自来水中的溶解性。

## 七、思考题

1. TISAB 作用是什么？本实验中所用 TISAB 的成分是什么？各起什么作用？

2. 溶液酸度对测定有何影响？

3. 本实验要提高测氟准确度关键在哪里？

# 实验六十三　$Fe(OH)_3$ 溶胶的制备、纯化及性质研究

## 一、实验目的

1. 利用水解法制备 $Fe(OH)_3$ 溶胶并用热渗析法纯化。

2. 测定 $Fe(OH)_3$ 溶胶的电泳速度，计算 $Fe(OH)_3$ 溶胶的 $\zeta$ 电势。

3. 了解电解质对溶胶稳定性的影响，测定其聚沉值，比较反离子价态对溶胶聚沉的影响。

## 二、实验原理

胶体溶液是大小在 1～100nm 之间的质点（称为分散相）分散在介质（称为分散介质）中而形成的高分散多相体系。分散介质为液态或气态的胶体体系能流动，外观类似普通的真溶液，通常称为溶胶。分散介质不能流动的胶体，则称为凝胶。

溶胶的制备方法可分为两大类：分散法，把较大的物质颗粒变为胶体大小的质点；凝聚法，把物质的分子或离子聚合成胶体大小的质点。本实验采用化学凝聚法，通过在溶液中进行化学反应，生产不溶解的物质，通过控制沉淀的颗粒大小，使之正好落在胶体的范围。

制成的胶体溶液中常有其他杂质存在而影响其稳定性，因此必须纯化。常用的纯化方法是半透膜渗析法。渗析时以半透膜隔开胶体溶液和纯溶剂，胶体溶液中的杂质，如电解质及小分子能透过半透膜，进入溶剂，而胶粒不透过。如果不断更换溶剂，则可把胶体溶液中的杂质除去，要提高渗析速度，可用热渗析或电渗析的方法。

胶核大多是分子或原子的聚集体，由于其本身电离、与介质摩擦或因选择性吸附介质中的某些离子而带电。由于整个胶体体系是电中性的，介质中必然存在与胶核所带电荷相反的离子（称为反离子）。反离子中有一部分因静电引力的作用，与吸附离子一起紧密吸附于胶核表面，形成了紧密层。于是胶核、吸附离子和部分紧靠吸附离子的反离子构成胶粒。反离子的另一部分由于热运动以扩散方式分布于介质中，故称为扩散层。扩散层和胶粒构成胶团。扩散层与紧密层的交界区称为滑动面，滑动面上存在电势差，称为 $\zeta$ 电势。此电势只有在电场中才能显示出来。在电场中胶粒会向正极（胶粒带负电）或负极（胶粒带正电）移动，称为电泳。$\zeta$ 电势越大，胶体体系越稳定，因此 $\zeta$ 电势大小是衡量溶胶稳定性的重要参数。$\zeta$ 电势的大小与胶粒的大小、胶粒浓度、介质的性质、成分、pH 及温度等因素有关。

$\zeta$ 电势的数值，可根据亥姆霍兹方程计算：

$$\zeta=\frac{4\pi\eta}{\varepsilon H}U\times 300(\mathrm{V})$$

$$H=E/L$$

式中，$\eta$ 是液体的黏度，P（$1\mathrm{P}=10^{-1}\mathrm{Pa\cdot s}$）；$H$ 为电位梯度；$\varepsilon$ 是液体的介电常数；$E$ 是外加电场的电压，V；$L$ 是两极间的距离（不是水平距离，而是 U 形管的导电距离）；$U$ 是电泳的速度及迁移速度，$U=S/t$，$\mathrm{cm\cdot s^{-1}}$。

对水而言：$\varepsilon=81$，$\eta_{20}=0.011005\mathrm{P}$，$\eta_{25}=0.00894\mathrm{P}$。

从能量观点来看，胶体体系是热力学不稳定体系，因高分散度体系界面能特别高，胶核有自发聚集而聚沉的倾向。但由于胶粒带同种电荷，因此在一定条件下又能相对稳定存在。在实际中有时需要胶体稳定存在，有时需要破坏胶体使之发生聚沉。使胶体聚沉的最有效方法是加入适量的电解质来中和胶粒所带电荷，降低 $\zeta$ 电势。一定量某种溶胶在一定时间内发生明显聚沉所需电解质的最低浓度称为该电解质的聚沉值。胶体聚沉能力的大小还与反离子的价数有关，价数越高，聚沉能力越大，聚沉值越小。

## 三、实验用品

仪器：恒温水浴锅，电炉，稳流稳压电泳仪，铂电极，电泳管，电导率仪，烧杯（50mL、400mL、800mL），10mL 量筒，移液管（1mL、10mL），150mL 锥形瓶，25mL 试管，试管架，棉线，直尺，胶头滴管，电吹风。

药品：10% $FeCl_3$ 溶液，1% $AgNO_3$，1% KCNS，4%火棉胶溶液，2.5mol·L$^{-1}$ KCl 溶液，KCl 溶液（0.1mol·L$^{-1}$、0.01mol·L$^{-1}$），0.01mol·L$^{-1}$ $K_2SO_4$ 溶液，0.01mol·L$^{-1}$ $K_3[Fe(CN)_6]$ 溶液，广泛 pH 试纸。

## 四、实验内容

1. 水解法制备 $Fe(OH)_3$ 溶胶

在 400mL 烧杯中加入约 120mL 的蒸馏水，加热煮沸。在沸腾条件下约 1min 滴加完 10mL 10% $FeCl_3$ 溶液，边加边不断搅拌，加完后继续煮沸 3min。水解得到深红色的 $Fe(OH)_3$ 溶胶约 100mL。

2. 制备火棉胶半透膜

取一个内壁干净光滑的 150mL 锥形瓶，加入 4%火棉胶溶液适量（能将瓶底覆盖即可)，然后瓶口朝下，缓慢转动锥形瓶，使火棉胶在锥形瓶内壁上形成均匀液膜，倒出多余的火棉胶溶液于小烧杯中，待多余的火棉胶溶液流尽后，取电吹风吹瓶口加快乙醚与乙醇蒸发，直至闻不出乙醚气味为止，此时用手轻摸瓶口不粘手，注满蒸馏水（若发白说明乙醚未干，膜不牢固)，以溶去剩余的乙醇。放置约 5～10min，倒出蒸馏水，用小刀在瓶口轻轻剥开一部分膜，在膜与瓶壁间注水，使膜脱离瓶壁，悬浮在水中，倒出水的同时，轻轻取出膜袋。检查是否有洞（用手托住膜袋底部，慢慢注满水)，若有洞，应重做。膜袋制备好后如暂时不用，应放入蒸馏水中浸泡。

3. 热渗析法纯化 $Fe(OH)_3$ 溶胶

将水解法制得的 $Fe(OH)_3$ 溶胶取出，装入制好的半透膜袋内，用细棉线拴住袋口置于加有 600mL 蒸馏水的烧杯中渗析，此烧杯置于温度设置为 60～70℃恒温水浴锅中，每隔 15min 换一次水，换 4 次水，即一共纯化 5 次。每换一次水均要取出少量水，用 1% $AgNO_3$、1% KCNS 检查水中的氯离子、铁离子，并用试纸检验溶液的 pH，直至检查不出氯离子（一般仍能检出)、铁离子及 pH=6 为止，记录纯化过程。把纯化好的溶胶倒入 1000mL 洁净的磨口棕色瓶中供电泳实验用。

4. $Fe(OH)_3$ 溶胶的电泳速度的测定

(1) 将纯化后的胶体倒入 50mL 的小烧杯中，测量其电导率。

(2) 用 $0.1mol \cdot L^{-1}$ KCl 溶液配制辅助溶液，其电导率应尽量与胶体的电导率相等。

(3) 用蒸馏水把电泳仪（图 7-38）洗干净，然后取出活塞，烘干。在活塞上涂上一层薄薄的凡士林，凡士林最好离孔远一些，以免弄脏溶液。

(4) 关紧电泳仪 U 形管下端的活塞，用滴管顺着侧管管壁加入 $Fe(OH)_3$ 溶胶（注意：若发现有气泡逸出，可慢慢旋开活塞放出气泡，但切勿使溶胶流过活塞，气泡放出后立即关闭活塞)，再从 U 形管的上口加入适量的辅助液。

(5) 缓慢打开活塞（动作过大会搅混液面，而导致实验失败)，使溶胶慢慢上升至适当高度，关闭活塞并记录液面的高度。轻轻将两铂电极插入 U 形管的辅助液中。

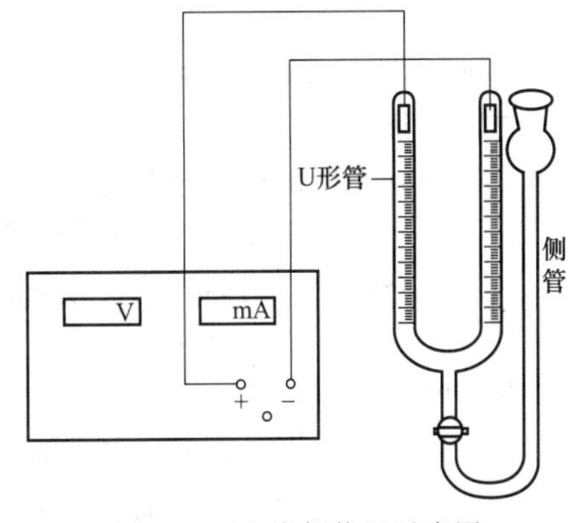

图 7-38 电泳仪装置示意图

(6) 将高压数显稳压电源的细调节旋钮逆时针旋到底。

(7) 按“+”“−”极性将输出线与负载相接。

(8) 将电源线连接到后面板电源插座。

(9) 接好线路，开启电源，点击按键“▲”进行升压，待接近所需电压（80V）时，再顺时针调节细调旋钮，直至满足要求，同时开始计时。20min 后，点击按键“▼”进行降压，直至数值显示为最小，再将细调节旋钮逆时针旋到底，然后关闭电源，记录溶胶界面移动的距离，用线测出两电极间的距离（注意：不是水平距离，而是 U 形管的距离，此数值重复测量 5～6 次，记下其平均值 $L$)。

5. 聚沉值的测定和反离子的聚沉作用

(1) 取 6 支干净试管分别以 0～5 号编号。1 号试管加入 10mL $2.5mol \cdot L^{-1}$ 的 KCl 溶液，0 号及 2～5 号试管各加入 9mL 蒸馏水。然后从 1 号试管中取出 1mL 溶液加入 2 号试管中，摇匀，又从 2 号试管中取出 1mL 溶液加到 3 号试管中，以下各试管操作相同，但 5 号试管中取出的 1mL 溶液弃去，使各试管具有 9mL 溶液，且依次浓度相差 10 倍。0 号试管作为对照。在 0～5 号试管内分别加入 1mL 纯化了的 $Fe(OH)_3$ 溶胶（用 1mL 移液管），并充分摇匀后，放置 2min 左右，确定哪些试管发生聚沉。最后以聚沉和不聚沉的两支顺号试管内的 KCl 溶液浓度的平均值作为聚沉值的近似值。

（2）不同价态的反离子对溶胶聚沉作用的影响：取 3 支 25mL 的试管，分别准确移入 2mL 的 $Fe(OH)_3$ 溶胶，用滴管分别加入 $0.01mol \cdot L^{-1}$ 的 KCl、$0.01mol \cdot L^{-1}$ 的 $K_2SO_4$ 和 $0.01mol \cdot L^{-1}$ 的 $K_3[Fe(CN)_6]$ 溶液，直至试管内溶胶出现浑浊为止，比较三种电解质溶液凝结能力的大小。

## 五、数据记录与处理

（1）将纯化过程的实验现象及结果用表格形式表示。

（2）电泳速度数据记录如下：

$Fe(OH)_3$ 溶胶的电导率＝________

外加电场电压 $E$＝________ V

两电极间距离 $L$＝________ cm

界面移动距离 $S$＝________ cm

电泳时间 $t$＝________ s

计算 $\zeta$ 电势________

聚沉值________

三种电解质溶液凝结能力比较：____________________。

## 六、注意事项

1. 制备胶体用的锥形瓶及电泳管内壁一定要光滑洁净。

2. 打开活塞一定要缓慢，使胶体与辅助液之间界面保持清晰。

3. 水的介电常数与温度的关系可用下面近似公式表示：$\varepsilon_{r(t)} = 80.1 - 0.4(t/℃ - 20)$，80.1 是水在 20℃时的介电常数。

## 七、思考题

1. 形成溶胶所必备的基本条件是什么？

2. 在电泳测定时，如不加辅助溶液，把电极直接插到溶胶中会发生什么现象？辅助溶液的电导率为什么必须和所测胶体的电导率十分接近？

3. 从电泳结果看出胶粒带何种电荷？电泳速度的快慢与哪些因素有关？

4. $\zeta$ 电势、聚沉值与哪些因素有关？

# 实验六十四　表面活性剂临界胶束浓度的测定

## 一、实验目的

1. 掌握电导法测定表面活性剂溶液临界胶束浓度的原理和方法。

2. 了解无机盐对表面活性剂溶液临界胶束浓度的影响。

3. 了解温度对表面活性剂溶液临界胶束浓度的影响。

## 二、实验原理

1. 临界胶束浓度

一般认为，表面活性剂在溶液中，超过一定浓度时会从单个离子或分子缔合成为胶态的聚集物，即形成胶束。溶液性质发生突变时的浓度，即胶团开始形成时溶液的浓度，称为临界胶束浓度（*cmc*）。

*cmc* 可看作是表面活性对溶液的表面活性的一种量度。因为 *cmc* 越小，则表示此种表面活性剂形成胶束所需浓度越低，达到表面饱和吸附的浓度越低。在 *cmc* 点上，由于溶液的结构改变，导致其物理及化学性质同浓度的关系曲线出现明显的转折。因此通过测定溶液的某些物理性质的变化，可以测定 *cmc*。

当表面活性剂溶于水中后，不但定向地吸附在溶液表面，而且达到一定浓度时还会在溶液中发生定向排列而形成胶束。表面活性剂为了使自己成为溶液中的稳定分子，有可能采取的两种途径：一是把亲水基留在水中，亲油基伸向油相或空气；二是让表面活性剂的亲油基团相互靠在一起，以减少亲油基与水的接触面积。前者就是表面活性剂分子吸附在界面上，其结果是降低界面张力，形成定向排列的单分子膜，后者就形成了胶束。由于胶束的亲水基方向朝外，与水分子相互吸引，使表面活性剂能稳定溶于水中。

2. 电导法测临界胶束浓度

对于一般电解质溶液，其导电能力由电导 $L$，即电阻的倒数（$1/R$）来衡量。若所用电导管电极面积为 $a$，电极间距为 $l$，用此管测定电解质溶液电导，则

$$L=\frac{1}{R}=\kappa\ \frac{a}{l}$$

式中，$\kappa$ 是 $a=1\text{m}^2$、$l=1\text{m}$ 时的电导，称作比电导或电导率，其单位为 $\Omega^{-1}\cdot\text{m}^{-1}$；$l/a$ 称作电极常数。电导率 $\kappa$ 和摩尔电导 $\lambda_{\text{m}}$ 有下列关系

$$\lambda_{\text{m}}=\kappa/c$$

式中，$\lambda_{\text{m}}$ 为 1mol 电解质溶液的导电能力；$c$ 为电解质溶液的摩尔浓度。$\lambda_{\text{m}}$ 随电解质浓度而变，对强电解质的稀溶液 $\lambda_{\text{m}}=\lambda_{\text{m}}^{\infty}-A\sqrt{c}$。$\lambda_{\text{m}}^{\infty}$ 为浓度无限稀时的摩尔电导，$A$ 为常数。对于离子型表面活性剂溶液，当溶液浓度很稀时，电导的变化规律也和强电解质一样；但当溶液浓度达到临界胶束浓度时，随着胶束的生成，电导率发生改变，摩尔电导急剧下降。这个现象是测定 *cmc* 的实验依据，也是表面活性剂的一个重要特性。

本实验利用电导率仪测定不同浓度 SDS 水溶液的电导率，作图，从图中的转折点求得临界胶束浓度。

## 三、实验用品

仪器：电导率仪，烧杯，量筒，滴定管，超级恒温槽。

试剂：十二烷基硫酸钠（SDS），氯化钠，氯化钾，硝酸钠，硝酸钾，硫酸钠，氯化钙。

## 四、实验内容

1. SDS 溶液临界胶束浓度的测定

（1）移取 $0.002\text{mol}\cdot\text{L}^{-1}$ SDS 溶液 50mL，放入 1 号烧杯中。

（2）清洗电导电极，浸入烧杯溶液中，读取电导率值。然后依次将 $0.020\text{mol}\cdot\text{L}^{-1}$ SDS 溶液滴入 1mL、4mL、5mL、5mL、5mL，并记录滴入溶液的体积和测量的电导率值。

（3）清洗电导电极。另取 $0.010\text{mol}\cdot\text{L}^{-1}$ SDS 溶液 50mL，放入 2 号烧杯中。插入电导电极，读取电导率值。然后依次将 $0.020\text{mol}\cdot\text{L}^{-1}$ SDS 溶液滴入 8mL、10mL、10mL、15mL，并记录滴入溶液的体积和测量的电导率值。

（4）清洗电导电极。

2. 无机电解质对 SDS 溶液临界胶束浓度的影响

（1）配制三种浓度 NaCl 溶液：$0.02\text{mol}\cdot\text{L}^{-1}$、$0.05\text{mol}\cdot\text{L}^{-1}$、$0.10\text{mol}\cdot\text{L}^{-1}$。

（2）取 50mL 0.02mol·L$^{-1}$ NaCl 溶液，放入干净的小烧杯中，加入少量 SDS 粉末，超声至粉末完全溶解，测量溶液电导率。逐次增加 SDS 粉末，如前操作，溶解，并记录每次加入 SDS 粉末质量和电导率值。SDS 总质量和每次加入的粉末质量参考实验 1 中 *cmc* 数据。

（3）选取（1）中其他浓度 NaCl 溶液，重复步骤（2）。

（4）选用 KCl，重复步骤（1）～（3）。

（5）选用 $NaNO_3$，重复步骤（1）～（3）。

（6）选用 $KNO_3$，重复步骤（1）～（3）。

（7）选用 $Na_2SO_4$，重复步骤（1）～（3）。

（8）选用 $CaCl_2$，重复步骤（1）～（3）。

3. 在不同温度下重复步骤 1。

## 五、数据记录与处理

1. 数据记录

数据记录见表 7-14～表 7-16。

室温：__________　　　　实验温度：__________

表 7-14　1 号烧杯中实验测试结果

| | 滴定次数 | 1 | 2 | 3 | 4 | 5 | 6 |
|---|---|---|---|---|---|---|---|
| | 滴入溶液体积/mL | 0 | 1 | 4 | 5 | 5 | 5 |
| | 烧杯中溶液总体积/mL | | | | | | |
| 1 号烧杯 | $c$/mol·L$^{-1}$ | | | | | | |
| | $\sqrt{c}$ | | | | | | |
| | 电导率 $\kappa$/μS·cm$^{-1}$ | | | | | | |
| | $\lambda_m$ | | | | | | |

表 7-15　2 号烧杯中实验测试结果

| | 滴定次数 | 1 | 2 | 3 | 4 | 5 |
|---|---|---|---|---|---|---|
| | 滴入溶液体积/mL | 0 | 8 | 10 | 10 | 15 |
| | 烧杯中溶液总体积/mL | | | | | |
| 2 号烧杯 | $c$/mol·L$^{-1}$ | | | | | |
| | $\sqrt{c}$ | | | | | |
| | 电导率 $\kappa$/μS·cm$^{-1}$ | | | | | |
| | $\lambda_m$ | | | | | |

表 7-16　不同浓度无机盐溶液中实验测试结果

| 无机盐 | SDS 质量/g | | | | | | | | | | |
|---|---|---|---|---|---|---|---|---|---|---|---|
| | $c$/mol·L$^{-1}$ | | | | | | | | | | |
| 浓度 | $\sqrt{c}$ | | | | | | | | | | |
| | 电导率 $\kappa$/μS·cm$^{-1}$ | | | | | | | | | | |
| | $\lambda_m$ | | | | | | | | | | |

2. 数据处理

（1）计算出不同浓度的 SDS 水溶液的浓度 $c$ 和 $\sqrt{c}$。

（2）计算出不同浓度的SDS水溶液的摩尔电导$\lambda_m$。

（3）作$\kappa$-$c$曲线和$\lambda_m$-$\sqrt{c}$曲线，分别在曲线的延长线交点上确定出$cmc$值。

（4）作图法得到不同电解质浓度、电解质种类、实验温度下SDS的$cmc$值。

## 六、思考题

1. 电导法测定临界胶束浓度的原理是什么？为什么胶束生成时电导率下降？
2. 采用电导法测定临界胶束浓度可能的影响因素有哪些？
3. 电解质种类和浓度对SDS临界胶束浓度有何影响？

# 实验六十五　荧光光度分析法测定维生素$B_2$

## 一、实验目的

1. 学习和掌握荧光光度分析法测定维生素$B_2$的基本原理和方法。
2. 熟悉荧光分光光度计的结构及使用方法。

## 二、实验原理

荧光光谱包括激发谱和发射谱两种。激发谱是荧光物质在不同波长的激发光作用下测得的某一波长处的荧光强度的变化情况，也就是不同波长的激发光的相对效率；发射谱则是某一固定波长的激发光作用下荧光强度在不同波长处的分布情况，也就是荧光中不同波长的光成分的相对强度。

既然激发谱是表示某种荧光物质在不同波长的激发光作用下所测得的同一波长下荧光强度的变化，而荧光的产生又与吸收有关，因此激发谱和吸收谱极为相似，呈正相关关系。

由于激发态和基态有相似的振动能级分布，而且从基态的最低振动能级跃迁到第一电子激发态各振动能级的概率与由第一电子激发态的最低振动能级跃迁到基态各振动能级的概率也相近，因此吸收谱与发射谱呈镜像对称关系。

对同一物质而言，若$abc<0.05$或$0.03$，即对很稀的溶液，荧光强度$F$与该物质的浓度$c$有以下的关系：

$$F=2.303\Phi_f I_0 abc$$

式中　$\Phi_f$——荧光过程的量子效率；

$I_0$——入射光强度；

$a$——荧光分子的吸收系数；

$b$——试液的吸收光程。

$I_0$和$b$不变时：

$$F=Kc$$

式中，$K$为常数。因此，在低浓度的情况下，荧光物质的荧光强度与浓度呈线性关系。维生素$B_2$（即核黄素）在430～440nm光的照射下，发出绿色荧光，其峰值波长为525nm。维生素$B_2$的荧光在pH＝6～7时最强，在pH＝11时消失。

## 三、实验用品

仪器：荧光光度计，吸量管（5mL），容量瓶（50mL），棕色试剂瓶（500mL）。

药品：$10.0mg \cdot L^{-1}$维生素$B_2$标准溶液（准确称取10.0mg维生素$B_2$，将其溶解于少量的1% HAc中，转移至1L容量瓶中，用1% HAc稀释至刻度，摇匀。该溶液应装于棕色试剂瓶中，置阴凉处保存），待测液（取市售维生素$B_2$一片，用1% HAc溶液溶解，定容成 1000mL，储于棕色试剂瓶中，置阴凉处保存）。

## 四、实验内容

1. 标准系列溶液的配制

在 5 只干净的 50mL 容量瓶中，分别加入 1.00mL、2.00mL、3.00mL、4.00mL 和 5.00mL 维生素 $B_2$ 标准溶液，用 $H_2O$ 稀释至刻度，摇匀。

2. 激发光谱和荧光发射光谱的绘制

设置 $\lambda_{em}$=525nm 为发射波长，在 250～500nm 范围内扫描，记录荧光发射强度和激发波长的关系曲线，得到激发光谱。从激发光谱图上可找出其最大激发波长 $\lambda_{ex}$。

从得到的激发光谱中找出最大激发波长，在此激发波长下，在 450～700nm 范围内扫描，记录发射强度与发射波长间的关系曲线，得到荧光发射光谱。从荧光发射光谱上找出其最大荧光发射波长 $\lambda_{em}$。

3. 绘制标准曲线

将激发波长固定在最大激发波长，荧光发射波长固定在最大荧光发射波长处，测定系列标准溶液的荧光发射强度，以溶液的荧光发射强度为纵坐标，标准溶液浓度为横坐标，绘制标准曲线。

4. 未知试样的测定

取待测液 2.50mL 置于 50mL 容量瓶中，用水稀释至刻度，摇匀。在标准系列溶液处于同样测定条件下，测定未知样品的荧光发射强度，并由标准曲线求算未知试样的浓度。

## 五、数据记录与处理

数据记录在表 7-17 中。

**表 7-17　数据记录**

| 项　　目 | 参比液 0 | 1 | 2 | 3 | 4 | 5 | 待测液 6(经稀释) |
|---|---|---|---|---|---|---|---|
| 加入维生素 $B_2$ 标准溶液体积/mL | — | 1.00 | 2.00 | 3.00 | 4.00 | 5.00 | — |
| 加入维生素 $B_2$ 待测液体积/mL | — | — | — | — | — | — | 2.50 |
| 用 $H_2O$ 稀释定容摇匀测定 $F$ | | | | | | | |
| $c$（维生素 $B_2$）/mg·L$^{-1}$ | 0.000 | 0.200 | 0.400 | 0.600 | 0.800 | 1.000 | |
| 荧光强度($F$) | | | | | | | |

（1）用标准系列溶液的荧光强度绘制标准工作曲线。

（2）根据经稀释的待测液的荧光强度，从标准工作曲线上求得其浓度 $c$（维生素 $B_2$）。

## 六、注意事项

维生素 $B_2$ 水溶液遇光易变质，标准溶液应新鲜配制，维生素 $B_2$ 的碱性溶液也易变质。

## 七、思考题

1. 结合荧光产生的机理，说明为什么荧光物质的最大发射波长总是大于最大激发波长。
2. 为什么测量荧光必须和激发光的方向成直角？
3. 说明能发生荧光的物质应具有什么样的分子结构。

# 实验六十六　毛细管色谱法分析白酒中若干微量成分

## 一、实验目的

1. 了解毛细管色谱法在复杂样品分析中的应用。

2. 了解程序升温色谱法的操作特点。

3. 进一步熟悉内标法定量。

## 二、实验原理

程序升温是指色谱柱的温度按照适宜的程序连续地随时间呈线性或非线性升高。在程序升温中，采用较低的初始温度，使低沸点组分得到良好分离。然后随着温度不断升高，沸点较高的组分就逐一“推出”。由于高沸点组分能较快地流出，因而峰形尖锐，与低沸点组分类似，显然在初始温度期间，高沸点组分几乎停留在柱入口，处于“初期冻结”状态，随着柱温升高，它的移动速度逐渐加快，当某组分的浓度极大值流出色谱柱时的柱温，称为该组分的保留温度 $T_t$。这是一个可用来定性的特征参数。在程序升温操作时，宜采用双柱双气路，即使用两根完全相同的色谱柱、两个检测器并保持色谱条件完全一致，这样可以补偿由于固定液流失和载气流量不稳等因素引起的检测器噪声和基线漂移，保持基线平直。当使用单柱时，应先不进样运行，把空白色谱信号（即基线信号）储存起来，然后进样，记录样品信号与储存的空白色谱信号之差。这样虽然也能补偿基线漂移，但效果不如采用双柱双气路理想。

白酒中微量芳香成分十分复杂，可分为醇、醛、酮、酯、酸等多类物质，共百余种。它们的极性和沸点变化范围很大，以致用传统的填充柱色谱法不可能做到一次同时分析它们，采用毛细管色谱技术并结合程序升温操作，利用 PEG-20M 交联石英毛细管柱，以内标法定量，就能直接进样分析白酒中的醇、酯、醛、有机酸等几十种物质。

## 三、实验用品

仪器：A91Plus 型气相色谱仪，色谱柱 PEG-20M 交联石英毛细管柱（50m×0.25mm×0.25μm），氢火焰离子化检测器，微量注射器。

药品：乙酸乙酯，正丙醇，正丁醇，异戊醇，乙酸正戊酯，乙醇（以上均为分析纯），白酒。

## 四、实验内容

1. 按 A91Plus 气相色谱仪操作方法使仪器正常运行，并调节至如下条件：

柱温：60℃恒温 3min 后，以 5℃·min$^{-1}$ 的速率升至 180℃，180℃恒温 2min。

检测器、进样器温度：220℃。

氢气和空气流量分别为 30mL·min$^{-1}$ 和 300mL·min$^{-1}$，载气（$N_2$）流量 30mL·min$^{-1}$。

2. 标准溶液的配制

在 10mL 容量瓶中，预先放入约 3/4 的 60%（体积分数）乙醇水溶液，然后分别加入 4.0μL 乙酸乙酯、正丙醇、正丁醇、乙酸正戊酯、异戊醇，用乙醇水溶液稀释至刻度，摇匀。

3. 样品的制备

预先用被测白酒荡洗过的 10mL 容量瓶，移取 4.0μL 乙酸正戊酯至容量瓶中，再用白酒样稀释至刻度，摇匀。

4. 注入 1.0μL 标准溶液至色谱仪，并同时按下启动键，开始执行升温程序，用色谱工作站记录各组分保留时间和峰面积。

5. 用标准物质对照，确定所测物质在色谱图上的位置。

6. 注入 1.0μL 白酒样品，同步骤 5 操作。用色谱工作站进行数据处理，并打印出计算结果。

## 五、数据记录与处理

计算样品中需分析的各组分百分含量的测定值，并以列表的形式总结实验结果。

## 六、注意事项

1. 在一个温度程序执行完成后，需等待色谱仪回到初始状态并稳定后，才能进行下一次进样。

2. 如果所需测定的组分沸点范围变化大，应采用多内标法定量。

3. 该法乙酸乙酯和乙缩醛、乳酸乙酯和正己醇分离不理想，乳酸在该柱上分离不出来。

## 七、思考题

1. 简述程序升温法的优缺点。

2. 白酒分析为什么需采用多内标法定量？

## 八、A91PLUS 气相色谱仪操作规程

1. FID 检测器的操作规程

（1）打开氮气钢瓶总阀门，输出压力 0.5MPa；氢气钢瓶阀门输出压力 0.3～0.4MPa；空气钢瓶阀门压力 0.3～0.4MPa。

（2）打开仪器电源，等自检通过后，开电脑、工作站，点击仪器控制，选择仪器分析条件，发送给仪器。主要参数：柱箱温度、检测器温度、进样口温度、柱子型号规格、流量、压力等。

（3）等仪器到达设置条件后，仪器就绪。

（4）要等工作站的基线平稳后就可以进样分析了。

（5）样品分析结束后会出现各组分含量，如果是非归一化法，需要用标样做标准曲线。

2. TCD 检测器的操作规程

（1）打开载气气源、输出压力 0.4～0.5MPa。

（2）打开仪器电源，等自检通过后，开电脑、工作站，点击仪器控制，选择仪器分析条件，发送给仪器。主要参数：柱箱温度、检测器温度、进样口温度、柱子型号规格、流量、压力等。

（3）等仪器到达设置条件后，仪器就绪。

（4）等工作站的基线平稳后就可以进样分析了。

（5）样品分析结束后会出现各组分含量，如果是非归一化法，那需要用标样，做标准曲线。具体操作步骤，工作站说明书上有详细讲解。

3. 注意事项

（1）仪器开机后，需要先通气再升温，一般通气 10min 左右再升温。

（2）用 TCD 时需要注意选对载气类型，以免烧坏 TCD 检测器。加电流前需要通载气 10min 以上。

（3）检测器有设置温度过低不工作功能，检测器温度设置一般要过 130℃。

（4）载气纯度要求达到 99.999%。

（5）关机同时要灭火和关掉 TCD 电流！

（6）保护检测器和色谱柱，注意用气安全！

# 实验六十七　氟离子选择电极测定自来水中的微量氟

## 一、实验目的

1. 了解用氟离子选择电极测定水中微量氟的原理和方法。
2. 了解总离子强度调节缓冲溶液的组成和作用。
3. 掌握用标准曲线法测定水中微量 $F^-$ 的方法。

## 二、实验原理

离子选择电极的分析方法较多，基本的方法是工作曲线法和标准加入法。用氟离子选择电极测定 $F^-$ 浓度的方法与测 pH 的方法相似。以氟离子选择电极为指示电极，甘汞电极为参比电极，插入溶液中组成电池，电池的电动势 $E$ 在一定条件下与 $F^-$ 的活度的对数值成直线关系：

$$E=K-\frac{2.303RT}{F}\lg a_{F^-}$$

式中，$K$ 为包括内外参比电极的电位、液接电位等的常数。通过测量电池电动势可以测定 $F^-$ 的活度。当溶液的总离子强度不变时，离子的活度系数为一定值，则：

$$E=K'-\frac{2.303RT}{F}\lg c_{F^-}$$

$E$ 与 $F^-$ 的浓度 $c_{F^-}$ 的对数值成直线关系。因此，为了测定 $F^-$ 的浓度，常在标准溶液与试样溶液中同时加入相等的、足够量的惰性电解质作总离子强度调节缓冲溶液，使它们的总离子强度相同。氟离子选择电极适用的范围很宽，当 $F^-$ 的浓度在 $1\sim10^{-6}mol\cdot L^{-1}$ 范围内时，氟电极电位与 pF（$F^-$ 浓度的负对数）成直线关系。因此可用标准曲线法或标准加入法进行测定。

应该注意的是，因为直接电位法测得的是该体系平衡时的 $F^-$ 浓度，因而氟电极只对游离 $F^-$ 有响应。在酸性溶液中，$H^+$ 与部分 $F^-$ 形成 HF 或 $HF_2^-$，会降低 $F^-$ 的浓度。在碱性溶液中 $LaF_3$ 薄膜与 $OH^-$ 发生交换作用而使溶液中 $F^-$ 浓度增加。因此溶液的酸度对测定有影响，氟电极适宜测定的 pH 范围为 5～7。另外有些阳离子（如 $Al^{3+}$、$Fe^{3+}$ 等）可与氟离子生成稳定的配合物而干扰测定，为了消除这种干扰，加进配合剂（如柠檬酸钾）等来消除这些阳离子的干扰。因而使用总离子强度调节液（TISAB），既能控制溶液的离子强度，又可控制溶液的 pH，还可消除 $Al^{3+}$、$Fe^{3+}$ 对测定的干扰。TISAB 的组成要视被测溶液的成分及被测离子的浓度而定。本实验所用 TISAB 是在 NaAc-HAc 缓冲溶液中加入 $KNO_3$、柠檬酸钾配制而成。

## 三、实验用品

仪器：pHS-3C 型酸度计，氟离子选择电极，232 型甘汞电极，电磁搅拌器，烧杯，容量瓶。

药品：NaF（分析纯），总离子强度调节缓冲溶液（TISAB，称取 102g $KNO_3$、83g NaAc、32g 柠檬酸钾，分别溶解后转入 1000mL 容量瓶中，加入 14mL 冰醋酸，用水稀释至 800mL 左右，摇匀，溶液 pH 应在 5.0～5.6 之间。若超出此范围，可用冰醋酸和 NaOH 在 pH 计上调节，调好后稀释至刻度，摇匀备用。此溶液中 $KNO_3$ 约 $12mol\cdot L^{-1}$，NaAc 约 $12mol\cdot L^{-1}$，HAc 约 $0.252mol\cdot L^{-1}$，柠檬酸钾约 $0.12mol\cdot L^{-1}$）。

## 四、实验内容

(1) 按 pHS-3C 型酸度计使用说明调整仪器，用 mV 挡，使仪器预热 0.5h 以上，安装好氟电极（接负）和甘汞电极（接正）。

(2) $0.1mol \cdot L^{-1}$ NaF 标准溶液配制　用称量瓶称取分析纯 NaF 1.0500g，在小烧杯中溶解后转入 250mL 容量瓶中，稀释至刻度。

(3) 标准系列的配制　取五只 50mL 容量瓶，分别加入 10mL TISAB，移取 50mL $0.1mol \cdot L^{-1}$ 标准 NaF 溶液到第一个容量瓶中，稀至刻度，摇匀。再从第一个容量瓶中移取 5mL 溶液到第二个容量瓶中……用此法配制含氟 $10^{-2} \sim 10^{-6} mol \cdot L^{-1}$ 的标准系列。

另取一个 50mL 容量瓶，加入 10mL TISAB，加入自来水至刻度制成水样。

(4) 将标准系列从稀到浓依次倒在 100mL 小烧杯中（浓度由小到大，电极和烧杯不必水洗），加入搅拌磁子，插入电极，搅拌 3min，再停 3min，然后读电位。

将电极充分洗净后，按照同样的操作步骤测定自来水样的电位。

## 五、数据记录与处理

数据记录于表 7-18 中。

表 7-18　测定 $F^-$ 的数据记录

温度：________

| 编　号 | 1 | 2 | 3 | 4 | 5 | 6 |
|---|---|---|---|---|---|---|
| $c_{F^-}/mol \cdot L^{-1}$ | $10^{-6}$ | $10^{-5}$ | $10^{-4}$ | $10^{-3}$ | $10^{-2}$ | 自来水样 |
| $E_{F^-}$ (vs　SCE)/mV | | | | | | |

将测得标准系列的 $E_{F^-}$ 电位对其氟离子浓度在半对数坐标纸上作图，即得标准曲线。利用 $\lg c_{F^-}$-$E_{F^-}$ （$c_{F^-}=10^{-5} \sim 10^{-2} mol \cdot L^{-1}$）具有的线性关系，在与标准曲线相同的条件下测定自来水的电位，从标准曲线上查出 $F^-$ 浓度，再计算水样中 $F^-$ 的浓度。

## 六、思考题

1. 氟离子选择电极测定 $F^-$ 的原理是什么？
2. 用氟离子选择电极测得的是 $F^-$ 浓度还是活度？两者有何关系？
3. 总离子强度调节缓冲溶液包含哪些组分？各组分的作用怎样？

# 实验六十八　聚乙烯和聚苯乙烯红外光谱的测绘——薄膜法制样

## 一、实验目的

1. 了解傅里叶变换红外光谱仪的结构和工作原理。
2. 了解试样的处理、样品制备技术，重点掌握薄膜法制样技术。
3. 通过对聚乙烯和聚苯乙烯的红外光谱解释，学习红外吸收光谱的分析方法。

## 二、实验原理

由乙烯聚合成聚乙烯的过程中，乙烯的双键被打开，聚合生成$\left[CH_2—CH_2\right]_n$长链，因而聚乙烯分子中基团是饱和的亚甲基$\left[CH_2—CH_2\right]$，其红外吸收光谱的基本振动形式有：$\nu_{C—H}$(—$CH_2$—) $2926cm^{-1}$、$2853cm^{-1}$；$\delta_{C—H}$(—$CH_2$—) $1468cm^{-1}$，$\delta_{C—H}$(—$CH_2$—)$_n$，

$n>4$ 时出现 $720cm^{-1}$，由于 $\delta_{C-H}$ $1305cm^{-1}$ 和 $\delta_{C-H}$ $1250cm^{-1}$ 为弱吸收峰，在光谱上未出现，因此只能观察到四个吸收峰。

在聚苯乙烯的结构中，除了亚甲基（$—CH_2—$）和次甲基$\left(—\overset{|}{C}H—\right)$外，还有苯环上不饱和碳氢基团（$═CH—$）和碳碳骨架（$—C═C—$），它们构成了聚苯乙烯分子中基团的基本振动形式。聚苯乙烯的基本振动形式有：$\nu_{=C-H}$（Ar 上）$3000cm^{-1}$、$3030cm^{-1}$、$3060cm^{-1}$、$3080cm^{-1}$（Ar 代表苯环）；$\nu_{C-H}$（$—CH_2—$）$2926cm^{-1}$、$2850cm^{-1}$ 和 $\nu_{C-H}$ $\left(—\overset{|}{C}H—\right)$ $2955cm^{-1}$；$\delta_{C-H}$ $1492cm^{-1}$、$1373cm^{-1}$、$1306cm^{-1}$；$\nu_{C=C}$（Ar 上）$1601cm^{-1}$、$1580cm^{-1}$、$1452cm^{-1}$；$\delta_{C-H}$（Ar 上单取代倍频峰）$1944cm^{-1}$、$1871cm^{-1}$、$1803cm^{-1}$、$1745cm^{-1}$；$\delta_{C-H}$（Ar 上邻接五氢）$770\sim730cm^{-1}$ 和 $710\sim690cm^{-1}$。可见聚苯乙烯的红外吸收光谱比聚乙烯的复杂得多。由于聚乙烯和聚苯乙烯是两种不同的有机化合物，因此，可通过红外吸收光谱加以区别，进行定性鉴定和结构剖析。

## 三、实验用品

仪器：Nicolet 6700 傅里叶变换红外光谱仪，镊子，剪刀，刮勺，脱脂棉，红外干燥灯。

药品：聚乙烯薄膜，聚苯乙烯板材，KBr 晶片，氯仿，无水乙醇。

## 四、实验条件

（1）测量波数范围：$4000\sim400cm^{-1}$。

（2）参比物：空气、KBr 晶片。

（3）扫描次数：32 次。

（4）室内温度：18～20℃。

（5）室内相对湿度：<65%。

## 五、实验内容

（1）开启空调机，使室内温度控制在 18～20℃。依次打开主机、计算机电源，仪器预热。光学台开启后 3min 即可稳定。

（2）测绘聚乙烯膜的红外吸收光谱

① 点击桌面上的 Omnic 快捷方式。选择“采集”菜单下的“实验设置”选项，按实验条件的要求进行扫描次数、分辨率的设置。背景光谱管理：一般选择“采集样品在 1000 分钟后”，*Y* 轴格式应为“透过率”。点击“光学台-MAX”为 6 左右，表示仪器稳定，点“确定”。

② 点击“采集”菜单下的“采集背景”，仪器样品室光路上不放置任何样品，点“确定”，即为空气背景的扫描，扫描结束后，点“确定”保存背景光谱。

③ 点击“采集”菜单下的“采集样品”，输入样品名，将聚乙烯膜试样置于样品室中光路固定位置上，点“确定”，扫描结束即得到样品的红外光谱图。

④ 谱图处理：点击菜单“图谱分析”中的“标峰”，上下点击鼠标，选择合适位置和阈值，使所需峰值标出，点击右上角的“替代”，得到标好峰的红外谱图，调整谱图使其在页面呈现完整即可打印输出。

⑤ 谱图打印，点击“编辑”菜单下“选项”，选择“打印”，在选项中将打印谱图的谱线粗细调整为“3”或“4”，点“确定”，再点击“报告”菜单下“预览/打印报告”打印出谱图。如需数字文件，选择“文件”菜单下“另存为”，把谱图存到相应的文件夹。根据需

要可将文件保存为：图谱文件 .SPA 格式（Omnic 软件识别格式）；.CSV 文本格式（Excel 可以打开格式）；.TIF 图片格式。

⑥ 实验结束，退出程序，取出晶片，将晶片上的聚苯乙烯膜用氯仿清洗擦拭干净，妥善放置。

(3) 测绘聚苯乙烯板材的红外吸收光谱　首先取一约 1.5cm×1.5cm 的 KBr 晶片，用酒精棉球清洗干净，以其作为参比物进行背景扫描。

聚苯乙烯试样的制备：取少量的聚苯乙烯板材于容器中，滴加少量氯仿使其溶解，蘸取少量溶液直接涂在上述 KBr 晶片上，置于红外灯下干燥，让溶剂挥发，使其在盐片上成膜。

将上述涂有聚苯乙烯膜的 KBr 晶片置于样品室中进行测试，测试步骤同聚乙烯膜。

## 六、数据记录与处理

(1) 记录实验条件。

(2) 根据获得的红外吸收光谱图，从高波数到低波数，指出各特征吸收峰属于何种基团及形式的振动，给出解析的结果或结论。

## 七、注意事项

在解释红外吸收光谱时，一般从高波数到低波数，但不必对光谱图的每一个吸收峰都进行解释，只需指出各基团的特征吸收峰即可。

## 八、思考题

1. 化合物的红外吸收光谱能提供哪些信息？
2. 如何进行红外吸收光谱图的图谱解释？
3. 单靠红外吸收光谱，能否判断未知物是何种物质，为什么？
4. 薄膜法制样的方法一般有哪几种，分别有哪些要注意的事项？

# 实验六十九　苯甲酸红外吸收光谱的测绘——KBr 压片法

## 一、实验目的

1. 了解傅里叶变换红外光谱仪的结构和工作原理。
2. 了解试样的处理、样品制备技术，重点掌握压片法制作固体试样晶片的方法。
3. 通过对苯甲酸和苯甲酸标样的红外光谱测绘，学习用红外吸收光谱进行化合物的定性分析。

## 二、实验原理

在化合物分子中，具有相同化学键的原子基团，其基本振动频率吸收峰（简称基频峰）基本上出现在同一频率区域内。例如，$CH_3(CH_2)_5CH_3$、$CH_3(CH_2)_4C{\equiv}N$ 和 $CH_3(CH_2)_5CH{=}CH_2$ 等分子中都有—$CH_3$、—$CH_2$—基团，它们的伸缩振动基频峰都出现在同一频率区域内，即在<3000$cm^{-1}$ 波数附近，但又有所不同。这是因为同一类型原子基团，在不同化合物分子中所处的化学环境有所不同，使基频峰频率发生一定移动，例如—C═O 基团的伸缩振动基频峰频率一般出现在 1850～1860$cm^{-1}$ 范围内，当它位于酸酐中时，为 1820～1750$cm^{-1}$；在酯类中时，为 1750～1725$cm^{-1}$；在醛中时，为 1740～1720$cm^{-1}$；在酮类中时，为 1725～1710$cm^{-1}$；在与苯环共轭时，如乙酰苯中伸缩振动基频峰为 1695～1680$cm^{-1}$；在酰胺中时，为 1650$cm^{-1}$ 等。因此可应用红外吸收光谱来确定有机化合物分子中存在的原子基团及其在分子结构中的相对位置。苯甲酸分子中各原子基团的振动形式及基频峰的频率所在

范围见表 7-19。

**表 7-19 苯甲酸分子中各原子基团的振动形式及基频峰的频率**

| 原子基团的基本振动形式 | 基频峰的频率/$cm^{-1}$ |
|---|---|
| $\nu_{O-H}$(形成氢键二聚体) | 3000～2500(多重峰) |
| $\nu_{=C-H}$(Ar 上) | 3077、3012 |
| $\nu_{C=O}$ | 1686 |
| $\nu_{C=C}$(Ar 上) | 1601、1583、1496、1454 |
| $\delta_{C-O-H}$(面内弯曲振动) | 1250 |
| $\delta_{O-H}$ | 933 |
| $\delta_{C-H}$(Ar 上邻接五氢) | 707、690 |

本实验用溴化钾晶体稀释苯甲酸标样和试样，研磨均匀后，分别压制成晶片，以纯溴化钾晶片作参比，在相同的实验条件下，分别测绘标样和试样的红外吸收光谱，然后从获得的两张图谱中，对照上述的各原子基团基频峰的频率及其吸收强度，若两张图谱一致，则可认为该试样是苯甲酸。

## 三、实验用品

仪器：Nicolet 6700 傅里叶变换红外光谱仪，压片机，模具，红外干燥灯，玛瑙研钵，镊子，剪刀，刮勺，滤纸，脱脂棉。

药品：苯甲酸（优级纯），溴化钾（优级纯），苯甲酸试样（经提纯），无水乙醇。

## 四、实验条件

（1）压片压力：10MPa。

（2）测量波数范围：4000～400$cm^{-1}$。

（3）参比物：纯溴化钾晶片。

（4）扫描次数：32 次。

（5）室内温度：18～20℃。

（6）室内相对湿度：<65%。

## 五、实验内容

（1）开启空调机，使室内温度控制在 18～20℃。依次打开主机、计算机电源，仪器预热。光学台开启后 3min 后即可稳定。

（2）苯甲酸标样、试样和纯溴化钾晶片的制作　取预先在 110℃下烘干 48h 以上，并保存在干燥器内的溴化钾 150mg 左右，置于洁净的玛瑙研钵中，研磨成均匀、细小的颗粒。从干燥器内取出模具，用酒精棉球擦干净。取一圆形滤纸片对折，剪出所需样片大小的圆，平置于下模上，将研磨后的溴化钾均匀地填铺在圆孔处，盖上上模。把压模置于压片机上，并旋转压力丝杆手轮压紧压模，顺时针旋转放油阀到底，缓慢上下移动压把，加压开始，注视压力表，当压力加到 10MPa 时，停止加压，维持 2～3min，逆时针旋转放油阀，加压解除，压力表指针指示“0”，旋松压力丝杆手轮，取出压模，即可得到直径为 13mm、厚 1～2mm 透明的溴化钾晶片，小心从压模中取出晶片，并保存在干燥器内，作参比测试用。

另取一份 150mg 左右溴化钾置于洁净的玛瑙研钵中，加入 2～3mg 优级纯苯甲酸，同上操作研磨均匀、压片并保存在干燥器中。

再取一份 150mg 左右溴化钾置于洁净的玛瑙研钵中，加入 2～3mg 苯甲酸试样，同上操作制成晶片，并保存在干燥器内。

注意制得的晶片，必须无裂痕，局部无发白现象，如同玻璃般完全透明，否则应重新制作。晶片局部发白，表示压制的晶片厚薄不均；晶片模糊，表示晶体吸潮，水在光谱图 3450$cm^{-1}$ 和 1640$cm^{-1}$ 处出现吸收峰。

（3）测绘苯甲酸红外吸收光谱

① 点击桌面上的Omnic快捷方式。选择“采集”菜单下的“实验设置”选项，按实验条件的要求进行扫描次数、分辨率的设置。背景光谱管理：一般选择“采集样品在1000分钟后”，$Y$轴格式应为“透过率”。点击“光学台-MAX”为6左右，表示仪器稳定，点“确定”。

② 点击“采集”菜单下的“采集背景”，将参比物纯溴化钾晶片置于样品室中，点“确定”，进行背景的扫描，扫描结束后，点“确定”保存背景光谱。

③ 点击“采集”菜单下的“采集样品”，输入样品名，分别将掺有苯甲酸标样、苯甲酸试样的溴化钾晶片置于样品室中光路固定位置上，点“确定”，扫描结束即得到标样和试样的红外光谱图。

④ 谱图处理：点击菜单“图谱分析”中的“标峰”，上下点击鼠标，选择合适位置和阈值，使所需峰值标出，点击右上角的“替代”，得到标好峰的红外谱图，调整谱图使其在页面呈现完整即可打印输出。

⑤ 谱图打印，点击“编辑”菜单下“选项”，选择“打印”，在选项中将打印谱图的谱线粗细调整为“3”或“4”，点“确定”，再点击“报告”菜单下“预览/打印报告”打印出谱图。如需数字文件，选择“文件”菜单下“另存为”，把谱图存到相应的文件夹。根据需要可将文件保存为：图谱文件.SPA格式（Omnic软件识别格式）；.CSV文本格式（Excel可以打开格式）；.TIF图片格式。

⑥ 实验结束，取出样品，将研钵、模具等擦干净，放好，退出程序。

## 六、数据记录与处理

（1）记录实验条件。

（2）将苯甲酸试样光谱图与其标样光谱图进行对比，根据获得的红外吸收光谱图，从高波数到低波数，指出各特征吸收峰属于何种基团的什么形式的振动，给出解析的结果或结论。

## 七、思考题

1. 红外吸收光谱分析，对固体试样的制片有何要求？
2. 如何着手进行红外吸收光谱的定性分析？

# 实验七十　Ag/氧化石墨烯复合物作SERS基底对罗丹明B的检测

## 一、实验目的

1. 了解拉曼光谱仪的简单操作。
2. 掌握拉曼检测的原理。

## 二、实验原理

由于分子在不同条件下的吸收或发射光谱波长、强度、偏振态等与该分子的结构特征有着固有关系，因此光谱法被认为是探测和研究痕量分子的有力工具。目前常用于物质分析和检测的光谱有红外光谱和拉曼光谱。拉曼光谱是在入射光子与分子振动、转动量子化能级共振后发生非弹性碰撞，并以另外一个频率出射光子而产生的散射光谱，实现对分子样品的“指纹”识别。但由于拉曼散射强度极弱，一般只有入射光的$10^{-12}\sim10^{-6}$，从而使得拉曼光谱本身的探测灵敏度很低，难以实现痕量分子。常见的基于金（Au）、银（Ag）、铜（Cu）等贵金属粗糙表面的表面增强拉曼散射（SERS）基底可以产生很强的电磁增强效果，从而使吸附在基底表面的分子产生很强的拉曼散射信号。利用SERS基底对有机分子拉曼增强效果不一样，可以实现对分子的痕量检测，见图 7-39。

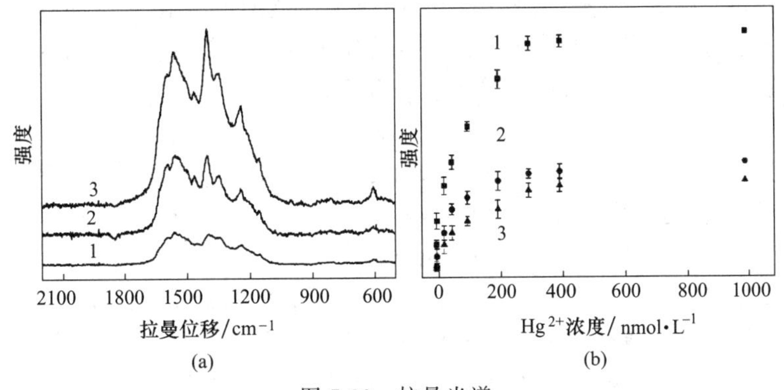


图 7-39 拉曼光谱

## 三、实验用品

仪器：玻璃片，抽纸，JK-250DB 型数控超声清洗器，LG16C 型高速离心机，BS 224S 型赛多利斯电子天平，85-2 控温磁力搅拌器，100mL 小烧杯，移液管，离心管，磁力搅拌子，标签，洗耳球，胶头滴管。

药品：罗丹明 B，无水乙醇。

## 四、实验内容

1. 制备 Ag/氧化石墨烯（GO）SERS 基底

本实验中采用 Ag/氧化石墨烯 SERS 基底，配制一定量的 GO 溶液，加入 0.1mol·L$^{-1}$ $AgNO_3$ 溶液 1mL 和 0.5mL 丙三醇，搅拌，光照 4h，离心洗涤，60℃下干燥 24h 备用。

2. 罗丹明 B 拉曼检测实验

(1) 配制 $1\times10^{-1}$mol·L$^{-1}$、$1\times10^{-3}$mol·L$^{-1}$、$1\times10^{-5}$mol·L$^{-1}$ 的罗丹明 B 溶液。

(2) 取相同质量 Ag/氧化石墨烯（GO）于三支离心管中。

(3) 在上述离心管中滴入（1）溶液 1mL，超声后静置，分别滴在载玻片上晾干。

(4) 打开拉曼仪器的开关和光源，检测三个样品的拉曼光谱。

(5) 对数据进行分析，得出结论。

## 五、数据记录与处理

(1) 认真记录实验操作过程中出现的现象。

(2) 记录拉曼数据并进行数据处理。

## 六、思考题

1. SERS 原理是什么？

2. 根据相关文献，查阅常用的 SERS 基底有哪些？

# 实验七十一　原子吸收法测定自来水中钙镁含量

## 一、实验目的

1. 掌握原子吸收分光光度计测试的原理，以及其操作与测定条件的选择。

2. 掌握用标准曲线法测定自来水中钙镁含量的过程，以及定量分析的方法。

3. 培养热爱探究规律的情感，形成科学严谨的态度，树立保护环境的价值观念。

## 二、实验原理

原子吸收分光光度法是基于物质所产生的原子蒸气对特定谱线（即待测元素的特征谱线）的吸收作用进行定量分析的一种方法。若使用锐线光源，待测组分为低浓度，在一定的实验条件下，基态原子蒸气对共振线的吸收符合下式：

$$A=\varepsilon cl$$

当 $l$ 以 cm 为单位，$c$ 以 $mol\cdot L^{-1}$ 为单位表示时，ε 称为摩尔吸光系数，单位为 $mol\cdot L^{-1}\cdot cm^{-1}$。上式就是朗伯-比耳定律的数学表达式。如果控制 $l$ 为定值，上式变为：

$$A=Kc$$

上式是原子吸收分光光度法的定量基础。定量方法可用标准加入法或标准曲线法。

标准曲线法是原子吸收分光光度分析中常用的定量方法，常用于未知试液中共存的基体成分较为简单的情况，如果溶液中基体成分较为复杂，则应在标准溶液中加入相同类型和浓度的基体成分，以消除或减少基体效应带来的干扰，必要时需采用标准加入法。标准曲线法的标准曲线有时会发生向上或向下弯曲现象。要获得线性好的标准曲线，必须选择适当的实验条件。

## 三、实验用品

仪器：原子吸收分光光度计，钙、镁空心阴极灯，烧杯（250mL），无油空气压缩机，乙炔钢瓶，容量瓶（50mL，100mL），微量移液管（50μL～5mL）。

药品：金属 Mg（G. R.），$MgCO_3$（G. R.），无水 $CaCO_3$（G. R.），$1mol\cdot L^{-1}$ HCl，浓 HCl（G. R.）。

（1）$1000\mu g\cdot mL^{-1}$ Ca 标准贮备液的配制

准确称取 0.6250g 的无水 $CaCO_3$（在 110℃下烘干 2h）于 100mL 烧杯中，用少量纯水润湿，盖上表面皿，滴加 $1mol\cdot L^{-1}$ HCl 溶液，直至完全溶解，然后把溶液转移到 250mL 容量瓶中，用水稀释至刻度，摇匀备用。

（2）$100\mu g\cdot mL^{-1}$ Ca 标准工作溶液的配制

准确吸取 10.00mL 上述钙标准贮备液于 100mL 容量瓶中，蒸馏水稀释至刻度，摇匀备用。

（3）$1000\mu g\cdot mL^{-1}$ Mg 标准贮备液的配制

准确称取 0.2500g 高纯金属 Mg 于 100mL 烧杯中，盖上表面皿，滴加 5mL（$1.0mol\cdot L^{-1}$）HCl 溶液溶解，然后把溶液转移至 250mL 容量瓶，蒸馏水稀释至刻度，摇匀备用。

（4）$10\mu g\cdot mL^{-1}$ Mg 标准工作溶液的配制

准确取 1.00mL 上述 Mg 标准贮备液于 100mL 容量瓶，蒸馏水稀释至刻度，摇匀备用。

（5）Ca 标准溶液系列的配制

准确取 2.00mL、4.00mL、6.00mL、8.00mL、10.00mL 上述钙标准使用液，分别置于五个干净的 25mL 容量瓶中，用蒸馏水稀释至刻度，摇匀备用。Ca 标准系列浓度分别为：$8\mu g\cdot mL^{-1}$、$16\mu g\cdot mL^{-1}$、$24\mu g\cdot mL^{-1}$、$32\mu g\cdot mL^{-1}$、$40\mu g\cdot mL^{-1}$。

（6）Mg 标准溶液系列的配制

准确取 1.00mL、2.00mL、3.00mL、4.00mL、5.00mL 上述 Mg 标准工作溶液，分别置于五个干净的 50mL 容量瓶中，用蒸馏水稀释至刻度，摇匀备用。Mg 标准系列浓度分别为：$0.2\mu g\cdot mL^{-1}$、$0.4\mu g\cdot mL^{-1}$、$0.6\mu g\cdot mL^{-1}$、$0.8\mu g\cdot mL^{-1}$、$1.0\mu g\cdot mL^{-1}$。

（7）自来水样的配制

测 Mg 时，准确取 5mL 自来水样置于 50mL 容量瓶中，用蒸馏水稀释至刻度，摇匀备用。测 Ca 时直接用小烧杯取自来水测定。

## 四、实验内容

根据实验要求，打开原子吸收分光光度计，按仪器操作步骤进行调节，待仪器电路和气路系统达到稳定，即可测定以上各溶液的吸光度。具体使用步骤如下：

(1) 打开抽风机，更换元素灯。

(2) 打开电脑，打开仪器（左下角红色开关）。

(3) 双击软件 AAW，仪器自动检测工况（工况正常，点击确定）。

(4) 选择工作灯，点击“完成”“寻峰”。

(5) 点击“能量”“自动平衡能量”。

(6) 关闭 (4)，(5) 两步中窗口。

(7) 上方功能栏，点击“样品”“下一步”，输入标准样品浓度。

(8) 打开空气压缩机（打开前，需在气泵口灌入纯水）。

(9) 打开乙炔钢瓶，逆时针松总阀，顺时针拧紧减压阀至 0.1MPa。

(10) 窗口上方功能栏，点击“火焰”“点火”。

(11) 将取样管插入纯水。

(12) 点击“测量”“校零”“开始测量”。

(13) 测下一个元素，更换工作灯（如无，则需手动更换机器内置元素灯），步骤同 (4)、(5)、(6)、(7)、(12)。

(14) 测量结束，保存数据。

(15) 关机顺序依次进行下列操作：取样管置空气中，关闭乙炔钢瓶总阀，关闭空气压缩机，关闭软件，关闭仪器，关闭电脑。

## 五、数据记录与处理

1. 记录实验条件

(1) 仪器型号；

(2) 吸收线波长 (nm)；

(3) 空心阴极灯电流 (mA)；

(4) 光谱通带或光谱带宽 (nm)；

(5) 乙炔流量 ($L \cdot min^{-1}$)；

(6) 空气流量 ($L \cdot min^{-1}$)；

(7) 燃助比。

2. 列表记录测量 Ca、Mg 标准系列溶液的吸光度，然后以吸光度为纵坐标，分别以 Ca、Mg 标准系列的浓度为横坐标绘制 Ca 的标准工作曲线和 Mg 的标准工作曲线，标准工作曲线要求使用 Excel 等软件绘制，给出相应元素标准工作曲线的线性回归方程和相关系数。

3. 根据自来水样的吸光度，以及上述 Ca、Mg 两元素标准工作曲线对应的回归方程，计算出自来水中 Ca 的含量 ($\mu g \cdot mL^{-1}$)。原始自来水中 Mg 的含量需乘上稀释倍数求得。

## 六、思考题

1. 原子吸收光谱的理论依据是什么？其光谱干扰主要有哪些？

2. 原子吸收分光光度分析为何要用待测元素的空心阴极灯做光源？能否用氘灯或钨灯代替，为什么？

3. 检索文献资料，谈谈饮用水中 Ca、Mg 元素对人体健康的影响。

**参考资料**


[1] 陈庆典，李海斌，任鹏，等．不同水源中钙镁元素的含量及 pH 测定的对比分析．安徽建筑大学学报，2019，27（6）：95-113．

[2] 李建伟，丁盛，刘长军，等．原子吸收火焰法测定盐中钙、镁离子的可行性研究．中国井矿盐，2015，46（1）：37-39．

[3] 方琦，黄艳．火焰原子吸收法测定地表水中钾钠钙镁的方法改进．环境科学与技术，2011，（1）：238-239．

[4] Zhang W，Zhang H，Zhou A. Smartphone colorimetric detection of calcium and magnesium in water samples using a flow injection system [J]. Microchemical Journal，2019，147：215-223．

[5] Jin-Yong Ha，Masashi Kamo，Masaki Sakamoto. Acute toxicity of copper to *Daphnia galeata* under different magnesium and calcium conditions [J]. Limnology，2017，18：63-70．


# 实验七十二　高效液相色谱法测定饮料中咖啡因的含量

## 一、实验目的

1. 学习高效液相色谱仪的操作。
2. 了解高效液相色谱法测定咖啡因的基本原理。
3. 掌握高效液相色谱法进行定性及定量分析的基本方法。

## 二、实验原理

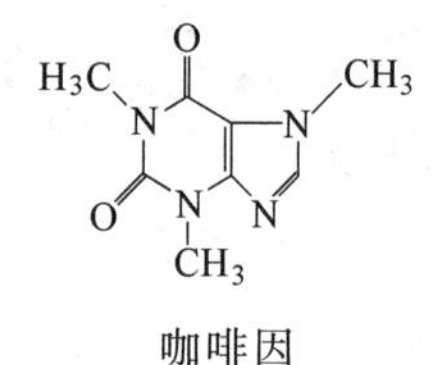

咖啡因

咖啡因又称咖啡碱，是由茶叶或咖啡中提取而得的一种生物碱，它属黄嘌呤衍生物，化学名称为 1,3,7-三甲基黄嘌呤。咖啡因能兴奋大脑皮层，使人精神兴奋。咖啡中含咖啡因约为 1.2%～1.8%，茶叶中约含 2.0%～4.7%。可乐饮料、APC 药片等中均含咖啡因。其分子式为 $C_8H_{10}O_2N_4$。

饮料中咖啡因含量的测定方法一般有紫外分光光度法和高效液相色谱法两种。在化学键合相色谱法中，若采用的流动相极性大于固定相极性，则称为反相化学键合相色谱法。该方法是目前应用最为广泛的色谱方法。本实验采用 $C_{18}$ 键合相色谱柱分离饮料中的咖啡因，即为一种反相色谱法。由于在一定的实验条件下，同一组分的保留值保持恒定，测定它们在色谱图上的保留时间 $t_R$ 和峰面积 $A$ 后，可直接用 $t_R$ 定性，用峰面积 $A$ 作为定量测定的参数，以咖啡因系列标准溶液的色谱峰面积 $A$ 对其浓度作标准曲线，采用工作曲线法（即外标法）测定饮料中的咖啡因含量。

## 三、实验用品

（1）高效液相色谱仪，UV 检测器。

（2）色谱柱：$C_{18}$ 柱。

（3）微量注射器：10$\mu$L。

（4）0.45$\mu$m 滤膜。

（5）1000mg·$L^{-1}$ 咖啡因标准储备溶液，甲醇（色谱纯），重蒸馏水，饮料试液（可乐、茶叶、速溶咖啡等）。

## 四、实验内容

（1）1000mg·$L^{-1}$ 咖啡因标准储备溶液：将咖啡因在 110℃下烘干 1h。准确称取 0.1000g 咖啡因，用重蒸馏水溶解，定量转移至 100mL 容量瓶中，并稀释至刻度。

（2）将标准储备液配制成浓度分别为 10μg·$mL^{-1}$、20μg·$mL^{-1}$、30μg·$mL^{-1}$、40μg·$mL^{-1}$、50μg·$mL^{-1}$ 的标准系列溶液。

（3）色谱条件。流动相：甲醇∶水 ＝70∶30（使用前超声波脱气）。流速：1.0mL·$min^{-1}$。检测波长：275nm。进样量：20μL。柱温：30℃。

（4）仪器基线稳定后，进咖啡因标准溶液，浓度由低到高，记录色谱图。

（5）样品处理

① 将约 25mL 可乐置于小烧杯中，剧烈搅拌 30min 或用超声波脱气 5min，以赶尽可乐中的二氧化碳，将其转移至 50mL 容量瓶中，加甲醇定容至刻度。②准确称取 0.04g 速溶咖啡置于小烧杯中，用 20mL 90℃蒸馏水溶解，冷却后转移至 50mL 容量瓶中，并用甲醇定容至刻度。③准确称取 0.04g 茶叶置于小烧杯中，加入 20mL 蒸馏水煮沸 10min，过滤，收集滤液；残渣再加入 20mL 蒸馏水煮沸 10min，过滤，收集滤液；将两次滤液全部转移至 50mL 容量瓶中，用甲醇定容至刻度。

（6）上述三份样品溶液分别进行过滤，弃去前过滤液，取后面的过滤液，备用。

（7）分别取可乐、咖啡饮料和茶叶水用 0.45μm 的过滤膜过滤后，注入样品试液各 20μL 进行分析，记录色谱图。

## 五、数据记录与处理

1. 测定每一个标准样的保留时间（进样标记至色谱峰顶尖的时间）及峰面积。

2. 根据咖啡因标准溶液的浓度与峰面积数值，利用 Excel 绘制工作曲线并得出回归方程及相关系数；求出线性范围。

3. 确定未知样中咖啡因的出峰时间，记录峰面积。

4. 根据样品的峰面积求取样品中咖啡因的浓度。

数据记录于表 7-20 中。

表 7-20　高效液相色谱法数据

| 序号 | 标样浓度/μg·$mL^{-1}$ | 保留时间 $t_R$ | 色谱峰面积 $S$ | 色谱峰高度 $H$ |
|---|---|---|---|---|
| 1 | 20 | | | |
| 2 | 40 | | | |
| 3 | 60 | | | |
| 4 | 80 | | | |
| 5 | 100 | | | |
| 6 | 速溶咖啡 | | | |
| 7 | 茶叶 | | | |
| 8 | 可乐 | | | |

## 六、注意事项

1. 不同品牌的可乐、茶叶、咖啡中，咖啡因含量不大相同，称取的样品量可酌量增减。

2. 若样品和标准溶液需保存，应置于冰箱中。

3. 为获得良好结果，标准和样品的进样量要严格保持一致。

## 七、思考题

1. 用标准曲线法定量的优缺点是什么？

2. 根据结构式，咖啡因能用离子交换色谱法分析吗？为什么？

3. 若标准曲线用咖啡因浓度对峰高作图，能给出准确结果吗？与本实验的标准曲线相比何者优越？为什么？

4. 在样品过滤时，为什么要弃去前过滤液？这样做会不会影响实验结果？为什么？

# 实验七十三　紫外分光光度法测定水杨酸的含量

## 一、实验目的

1. 了解紫外分光光度计的工作原理和使用方法。
2. 掌握紫外分光光度法测定物质含量的原理及其测定方法。
3. 了解紫外分光光度法测定未知浓度水杨酸含量的方法。

## 二、实验原理

从紫外-可见吸收光谱图的横坐标可以反映分子内部能级分布状况，是物质定性的依据。而根据朗伯-比耳定律 $A=\varepsilon bc$，物质在一定波长处的吸光度与它的浓度成正比。因此，选择适宜波长（一般为最大吸收波长 $\lambda_{max}$），测定溶液的吸光度就可以求出溶液的浓度和物质的含量，所以紫外-可见吸收光谱图的纵坐标吸收峰强度是定量分析依据，其方法多用标准曲线法。

标准曲线法：配制一系列已知浓度的标准溶液，并测得相应的吸光度值，绘制吸光度对浓度的关系曲线，即工作曲线；然后根据试样溶液的吸光度值找出对应的浓度。

## 三、实验用品

仪器：紫外可见分光光度计（TU-1800PC 型），石英比色皿（1cm），容量瓶（100mL、50mL），吸量管（10mL），移液管（10mL），胶头滴管。

药品：水杨酸标准溶液（$600\mu g \cdot mL^{-1}$），待测水杨酸试样。

## 四、实验内容

1. 定性分析

（1）溶液配制　精密称取一定量的分析纯水杨酸固体，溶于磷酸盐溶液（可增加溶解度）中，配制成质量浓度为 $600\mu g \cdot mL^{-1}$ 的储备液。

（2）光谱扫描　在 210～400nm 区间扫描样品溶液的紫外吸收图谱，确定水杨酸的最大吸收波长。可见，水杨酸的吸收波长位于 295nm 附近。

2. 定量分析

（1）标准溶液的配制　分别取 $600\mu g \cdot mL^{-1}$ 水杨酸标准溶液 0.5mL、1.0mL、1.5mL、2.0mL、2.5mL 于 50mL 容量瓶中，定容至刻度，得一系列已知浓度的标准溶液。

（2）标准工作曲线的绘制　使用 TU-1800 PC 型紫外可见分光光度计的“光度测量”工作模式，在 295nm 处测其吸光度，得一系列吸光度值 $A$，使用 Origin 软件或者 Excel 中的“图表”工具绘制吸光度对浓度的关系曲线得到标准工作曲线，并分析线性关系的好坏。

（3）测未知样含量　取未知浓度的水杨酸溶液，按上述实验方法在最大吸收波长处（295nm）测其吸光度值 $A$，再根据标准工作曲线即可得到该未知液中水杨酸的浓度。

## 五、注意事项

1. 本实验需要 6 只 50mL 容量瓶，使用前务必将其清洗干净并编号，以免混淆。
2. 溶液配制后需尽快测定。
3. 比色皿有毛面和光面，使用时不能接触光面。

4. 每一次进行测量之前，都要用待测样洗涤比色皿，并将比色皿周围用擦镜纸擦干。

5. 比色皿中的待测样要超过比色皿高度的 2/3，但不要装满，以免外溢。溶液中不能有气泡。

## 六、数据记录与处理

（1）以波长为横坐标、吸光度为纵坐标绘制吸收曲线，找出最大吸收波长。

（2）以标准溶液浓度为横坐标、吸光度为纵坐标绘制标准工作曲线。

（3）根据未知浓度样品溶液的吸光度，利用标准工作曲线得到其浓度。

# 实验七十四　自动电位滴定法测定酱油中总酸和氨基酸态氮

## 一、实验目的

1. 熟悉电位滴定法的基本原理和实验技术。

2. 掌握电位滴定法测定物质浓度的实验方法。

## 二、实验原理

电位滴定法是根据滴定过程中指示电极电位的变化确定终点的容量分析方法。目前，国家卫生标准规定了测定酱料调味品中总酸和氨基酸态氮的方法是人工电位滴定法，但人工滴定操作误差大，实验条件不容易控制。利用自动电位滴定仪可以自动测定调味品中的总酸和氨基酸态氮。

原理：氨基酸具有酸、碱两重性质，因为氨基酸含有—COOH 基显示酸性，又含有—$NH_2$ 基显示碱性。由于这两个基的相互作用，使氨基酸成为中性的内盐。当加入甲醛溶液时，—$NH_2$ 与甲醛结合，其碱性消失，破坏内盐的存在，就可用碱来滴定—COOH 基，以间接方法测定氨基酸态氮的含量。

样品中氨基酸态氮含量的计算公式：

$$X=\frac{(V_1-V_2)c\times 0.014}{V_3\times \frac{5}{100}}\times 100$$

式中　$X$——样品中氨基酸态氮的含量（以氮计），$g\cdot 100mL^{-1}$；

$V_1$——滴定样品稀释液消耗氢氧化钠标准溶液的体积，mL；

$V_2$——空白实验消耗氢氧化钠标准溶液的体积，mL；

$V_3$——样品稀释液取用量，mL；

$c$——氢氧化钠标准溶液的浓度，$mol\cdot L^{-1}$；

0.014——1.00mL 氢氧化钠标准溶液 [$c(NaOH)=1.000mol\cdot L^{-1}$] 相当于氮的质量，g。

## 三、实验用品

仪器：自动电位滴定仪（794 Basic Titrino）型，复合 pH 玻璃电极。

药品：37.0%～40.0%甲醛溶液，氢氧化钠标准溶液（$c_{NaOH}=0.05mol\cdot L^{-1}$），待测样品为酱油。

## 四、实验内容

（1）打开位于仪器后面板上的电源开关，仪器自检；打开电脑、打印机等外设单元；启动电脑中的数据处理软件。

(2) 仪器相关参数的设定

① 依次按【CONFIG】【ENTER】键，send to：HP。其他参数取默认值。

② 按【MODE】键，选择 mode 为 SET；按【ENTER】键，选择 SET：pH。

③ 按【PARAM】键，出现 SET1 ，按【ENTER】键，EP at pH：9.27，max. rate：$2mL \cdot min^{-1}$。其他值默认。

④ 按【DEF】键，选择 report 项，设置为 param；full。

⑤ 按【USER METH】键，选择 store method 项，输入 001，【ENTER】。

⑥ 依次按【CONFIG】【ENTER】键，send to：HP。其他参数取默认值。

⑦ 按【MODE】键，选择 mode 为 SET；按【ENTER】键，选择 SET：pH。

⑧ 按【PARAM】键，出现 SET1，按【ENTER】键，EPat pH：8.2，max，rate：$2mL \cdot min^{-1}$。其他值默认。

⑨ 按【DEF】键，选择 report 项，设置为 param；full。

⑩ 按【USER METH】键，选择 store method 项，输入 002，【ENTER】。

⑪ 重复⑥至⑩步骤，将其中⑧中的 pH 设为 9.2，第⑩步的 002 改为 003。

(3) 用氢氧化钠标准溶液洗涤储液瓶 2～3 次后将氢氧化钠标准溶液倒入储液瓶。

(4) 任取一 50mL 左右烧杯放到滴定台上，按【DOS】和【STOP/FILL】键清洗柱塞式滴定管 2～3 次。

(5) 按【USER METH】键，选择 recall method 项，输入 001，回车。配制和标定氢氧化钠标准溶液。

(6) 精确称取一定量（自己考虑）的邻苯二甲酸氢钾，溶于 50mL 去离子水中。按【START】键开始自动滴定。

(7) 当到达第一个终点（pH＝9.27）时，滴定结束，数据自动传输到电脑中，并通过打印机打印出滴定数据。

(8) 准确量取 5.0mL 酱油，置于 100mL 容量瓶中，加水至刻度，混匀后吸取 20.0mL，置于 200mL 干净烧杯中，加 60mL 水，开动磁力搅拌器，混匀。按【USER METH】键，选择 recall method 项，输入 002，回车。按【START】键开始自动滴定。

(9) 当到达第二个终点（pH＝8.2）时，滴定结束，数据自动传输到电脑中，并通过打印机打印出滴定数据。

(10) 加入 10mL 甲醛溶液，混匀。按【USER METH】键，选择 recall method 项，输入 003，回车。按【START】键，滴定又自动开始。

(11) 当 pH 到达 9.2 时，滴定结束，数据自动传输到电脑中，并通过打印机打印出滴定数据。

(12) 取 80mL 水，先选择 002method 用氢氧化钠溶液（$c_{NaOH}=0.05mol \cdot L^{-1}$）调节 pH＝8.2，再加入 10mL 甲醛溶液，混匀后选择 003method，用氢氧化钠标准溶液（$c_{NaOH}=0.05mol \cdot L^{-1}$）滴定至 pH＝9.2，做试剂空白实验。

## 五、数据记录与处理

(1) 通过第一个终点处消耗的氢氧化钠标准溶液的体积，可以算出总酸含量。

(2) 通过计算公式求出样品中氨基酸态氮的含量。

## 六、思考题

1. 滴定过程中两次设定 pH 为什么是 8.2 和 9.2？

2. 自动电位滴定与传统手工滴定相比有何差别？它的优势在哪？

# 实验七十五　电池电动势的测定及应用

## 一、实验目的

1. 通过实验加深对可逆电池、可逆电极概念的理解。
2. 掌握对消法测定电池电动势的原理及电位差计的使用方法。
3. 通过测量电池 $Ag|AgCl(s)|Cl^-\|AgNO_3|Ag$的电动势，求 AgCl 的溶度积 $K_{sp}$。
4. 通过 $Ag|AgCl(s)|Cl^-\|$醌，氢醌$|Pt$电池电动势的测量，求未知溶液的 pH。

## 二、实验原理

$$Ag|AgCl(s)|Cl^-\|AgNO_3|Ag$$

该电池的电极反应如下：

负极：$$Ag+Cl^-(a_1)\longrightarrow AgCl(s)+e^-$$

正极：$$Ag^+(a_2)+e^-\longrightarrow Ag$$

电池反应：$$Ag^+(a_2)+Cl^-(a_1)\longrightarrow AgCl(s)$$

电池电动势：$E=\varphi_{右}-\varphi_{左}$

$$=\left(\varphi^{\ominus}_{Ag^+/Ag}+\frac{RT}{F}\ln a_{Ag^+}\right)-\left(\varphi^{\ominus}_{AgCl/Ag}+\frac{RT}{F}\ln\frac{1}{a_{Cl^-}}\right)$$

$$=E^{\ominus}-\frac{RT}{F}\ln\frac{1}{a_{Ag^+}a_{Cl^-}}$$

又因为 $\Delta G^{\ominus}=-nE^{\ominus}F=-RT\ln\frac{1}{K_{sp}}(n=1)$，$E^{\ominus}=\frac{RT}{F}\ln\frac{1}{K_{sp}}$，故

$$E=\frac{RT}{F}\ln\frac{1}{K_{sp}}+\frac{RT}{F}\ln(a_{Ag^+}a_{Cl^-})=\frac{RT}{F}\ln\frac{a_{Ag^+}a_{Cl^-}}{K_{sp}}=\frac{RT}{F}\ln\frac{\gamma_{\pm Ag^+}c_{Ag^+}\gamma_{\pm Cl^-}c_{Cl^-}}{K_{sp}}$$

因此只要测得该电池的电动势，就可根据上式求得 AgCl 的 $K_{sp}$。

其中 $\gamma_{\pm Ag^+}$ 为 $AgNO_3$ 溶液的平均活度系数，$\gamma_{\pm Cl^-}$ 为 KCl 溶液的平均活度系数。当 $c_{AgNO_3}=0.1000mol\cdot L^{-1}$ 时，$\gamma_{\pm Ag^+}=0.734$；当 $c_{KCl}=1.000mol\cdot L^{-1}$ 时，$\gamma_{\pm Cl^-}=0.606$。

求溶液的 pH 可设计如下电池：

$$Ag|AgCl(s)|Cl^-\|醌,氢醌|Pt$$

醌氢醌为等物质的量的醌和氢醌的结晶混合物，在水中溶解度很小，作为正极时其反应为：

$$C_6H_4O_2+2H^++2e^-=\!=\!=C_6H_4(OH)_2$$

其电极电位为 $\varphi_{右}=\varphi^{\ominus}_{醌氢醌}-\frac{RT}{2F}\ln\frac{a_{氢醌}}{a_{醌}\,a^2_{H^+}}$

因为水溶液中氢醌电离度很小，可以认为醌与氢醌活度相等，所以上式可以写成：

$$\varphi_{右}=\varphi^{\ominus}_{醌氢醌}-\frac{RT}{2F}\ln\frac{1}{a^2_{H^+}}=\varphi^{\ominus}_{醌氢醌}-\frac{2.303RT}{F}pH$$

根据 $E=\varphi_{右}-\varphi_{左}=\varphi_{醌氢醌}-\varphi_{AgCl/Ag}$

25℃时，$\varphi^{\ominus}_{醌氢醌}=0.6995V$

所以 25℃时，$\varphi_{醌氢醌}=0.6995V-0.05915VpH$

$$E = 0.6995\text{V} - 0.05915\text{V}\,\text{pH} - \varphi_{AgCl/Ag}$$

$$\text{pH} = \frac{0.6995\text{V} - E - \varphi_{AgCl/Ag}}{0.05915\text{V}}$$

只要测得电池电动势，就可以求出未知溶液 pH。

## 三、实验用品

仪器：SDC-Ⅱ数字电位差综合测试仪，恒温槽，Pt 电极，Ag 电极，AgCl/Ag 电极，半电池管，饱和 $KNO_3$ 盐桥。

药品：$0.1000\text{mol} \cdot \text{L}^{-1}$ $AgNO_3$，$1.000\text{mol} \cdot \text{L}^{-1}$ KCl，饱和醌氢醌溶液。

## 四、实验内容

1. 制备 $KNO_3$ 盐桥（可由实验室事先准备）

按琼脂：水：$KNO_3$ 为 1.5：50：20 质量比的混合物放入烧杯中，在电炉上加热使其完全溶解，用滴管取其溶液迅速装入 U 形管中，注意不要在 U 形管中引入气泡，冷却后放入盛有 $KNO_3$ 的饱和溶液中待用。

2. 组装待测电池

$$\text{Ag} | \text{AgCl(s)} | \text{Cl}^- \| \text{AgNO}_3 | \text{Ag}$$

$$\text{Ag} | \text{AgCl(s)} | \text{Cl}^- \| \text{醌,氢醌} | \text{Pt}$$

3. 测量电池的电动势

（1）打开恒温槽，使其恒温在 (25.0±0.2)℃。将组装好的电池置于恒温槽中，恒温 10～15min。读室温，将标准电池在室温时的电动势计算出来，温度与电动势的关系为：

$$E = E_{20}[1 - 4.06 \times 10^{-5}(t-20) + 9.5 \times 10^{-7}(t-20)^2]$$

惠斯顿标准电池的电动势在 20℃时为 1.0186V。

（2）开机　用电源线将仪表后面板的电源插座与交流 220V 电源连接，打开电源开关（ON），预热 15min 后再进入下一步操作。

（3）以内标为基准进行测量

① 校验

a. 将“测量选择”旋钮置于“内标”。

b. 将测试线分别插入测量插孔内，将“$10^0$”位旋钮置于“1”，“补偿”旋钮逆时针旋到底，其他旋钮均置于“0”。此时，“电位指标”显示“1.00000”V，将两测试线短接。

c. 待“检零指示”显示数值稳定后，按一下【归零】键，此时，“检零指示”显示为“0000”。

② 测量

a. 将“测量选择”置于“测量”。

b. 用测试线将被测电动势按“+”“−”极性与“测量插孔”连接。

c. 调节“$10^0$～$10^{-4}$”五个旋钮，使“检零指示”显示数值为负且绝对值最小。

d. 调节“补偿旋钮”，使“检零指示”显示为“0000”，此时，“电位显示”数值即为被测电动势的值。

（4）以外标为基准进行测量

① 校验

a. 将“测量选择”旋钮置于“外标”。

b. 将已知电动势的标准电池按“+”“−”极性与“外标插孔”连接。

c. 调节“$10^0$～$10^{-4}$”五个旋钮和“补偿”旋钮，使“电位指示”显示的数值与外标电池数值相同。

d. 待“检零指示”数值稳定后，按一下[归零]键，此时，“检零指示”显示为“0000”。

② 测量

a. 拔出“外标插孔”的测试线，再用测试线将被测电动势按“+”“−”极性接入“测量插孔”。

b. 将“测量选择”置于“测量”。

c. 调节“$10^0$～$10^{-4}$”五个旋钮，使“检零指示”显示数值为负且绝对值最小。

d. 调节“补偿旋钮”，使“检零指示”为“0000”，此时，“电位显示”数值即为被测电动势的值。

(5) 从恒温槽中取出 $AgNO_3|Ag$电极，换上醌氢醌溶液和铂电极，拿出盐桥用去离子水冲洗干净，用滤纸把盐桥两端擦干，重新插入新的电池中。重复上面的操作，测得第二个电池的电动势。

$$Ag|AgCl(s)|Cl^-(1.000mol\cdot L^{-1}KCl)\|醌,氢醌|Pt$$

(6) 关机　实验结束后关闭电源。

**注意：**

① 测量过程中，若“检零指示”显示溢出符号“OU.L”，说明“电位指示”显示的数值与被测电动势值相差过大。

② 电阻箱 $10^{-4}$ 挡位显示值若稍有误差，可调节“补偿”电位器达到对应值。

③ 为防止电极极化，尽快达到对消，可在测量前粗估一下自己所测电池的电动势，将测量旋钮的读数放到粗估的数字上，然后用细调旋钮慢慢调整。

## 五、数据记录与处理

室温：________K，大气压：________kPa，标准电池电动势：________V，恒温槽温度：________。

测量电池 1 的电动势：

| $E_1$/V | | $K_{sp}$(AgCl) |
|---|---|---|
| 内标 | | |
| 外标 | | |

测量电池 2 的电动势：

| $E_2$/V | | 未知溶液 pH |
|---|---|---|
| 内标 | | |
| 外标 | | |

## 六、思考题

1. 为什么要用对消法进行测量？

2. 测量电动势为什么要用盐桥？如何选用盐桥以适合不同的体系？

## 附：对消法基本原理

测量可逆电池的电动势不能直接用伏特计来测量，因为电池与伏特计相接后，整个线路便有电流通过，此时电池内部由于存在内电阻而产生某一电位降，并在电池两极发生化学反应，溶液浓度发生变化，电动势数据不稳定，所以要准确测定电池的电动势，只有在电流无限小的情况下进行，所采用的对消法就是根据这个要求设计的。

对消法的原理是在待测电池上并联一个大小相等、方向相反的外加电势差，这样待测电池中没有电流通过，外加电势差的大小即等于待测电池的电动势。

对消法测电动势常用的仪器为电位差计，其简单原理如图 7-40 所示。电位差计由三个回路组成：工作电流回路、标准回路和测量回路。

1. 工作电流回路

*AB* 为均匀滑线电阻，通过可变电阻 *R* 与工作电源 *E* 构成回路，其作用是调节可变电阻 *R*，使流过回路的电流为某一定值，这样 *AB* 上有一定的电位降产生。工作电源 *E* 可用蓄电池或稳压电源，其输出电压必须大于待测电池的电动势。

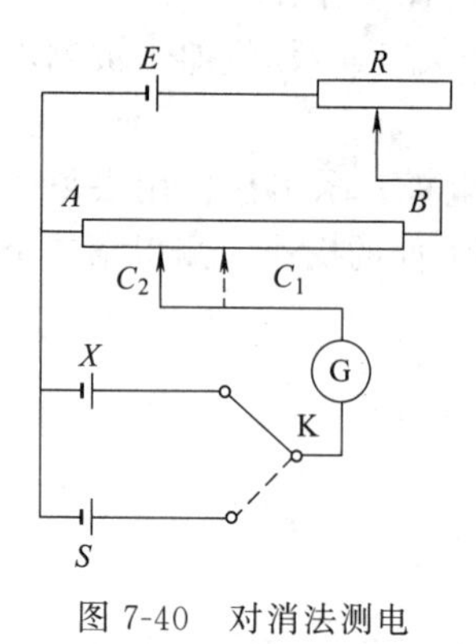

图 7-40　对消法测电动势原理图

2. 标准回路

*S* 为电动势精确已知的标准电池，*C* 是可在 *AB* 上移动的接触点，K 是双向开关，*KC* 间有一灵敏度很高的检流计 G。当 K 扳向 *S* 一方时，$AC_1GS$ 回路的作用是校准工作电流回路，以标定 *AB* 上的电位降。如标准电池 *S* 的电动势是 1.01865V，则先将 *C* 点移到 *AB* 标记 1.01865V 的 $C_1$ 处，迅速调节，直至使 G 中无电流通过。此时 *S* 的电动势与 $AC_1$ 间的电位降大小相等、方向相反而对消。

3. 测量回路

当双向开关 K 换向 *X* 一方时，用 $AC_2GX$ 回路根据校正好的 *AB* 上的电势降来测量未知电池的电动势。在保持校准后的工作电流不变（即固定 *R*）的条件下，在 *AB* 上迅速移动到 $C_2$ 点，使 G 中无电流通过，此时 *X* 的电动势与 $AC_2$ 间的电位降等值反向而对消，于是 $C_2$ 点所标记的电位降数值即为 *X* 的电动势。由于使用过程中工作电池的电压会有所变化，要求每次测量前均需重新校正标准回路的电流。

# 实验七十六　离子迁移数的测定——希托夫法

## 一、实验目的

1. 掌握希托夫法测离子迁移数的基本原理。
2. 了解离子迁移数测定的意义。
3. 加深离子迁移数的基本概念。

## 二、实验原理

电解质溶液通电之后，在两个电极与溶液的界面上发生氧化还原反应，同时在溶液中承担导电任务的正负离子分别向阴极和阳极迁移，由于正负离子移动的速率不同，所带电荷不等，因此它们在迁移电量时所分担的导电任务的百分数也不同。

迁移数的定义：一种离子所运载的电量占总电量的分数。

$$t_+ = q_+/Q,\ t_- = q_-/Q,\ q_+ + q_- = Q$$

所以 $t_+ + t_- = 1$。

式中，$t_+$ 和 $t_-$ 分别表示正离子和负离子的迁移数；$q_+$ 和 $q_-$ 分别表示正离子和负离子所输送的电量；$Q$ 表示总电量。

希托夫法测定迁移数有两个假定：①电荷的输送（传递）只考虑电解质离子，溶剂水不导电；②不考虑离子水化现象，实际上由于水化作用存在，水分子也跟随离子一同迁移，因此通电前后阴极区和阳极区电解质溶液浓度的变化是水迁移所致。这种不考虑离子水化现象测得的迁移数称为表观迁移数。

在本实验中，假设以电解质 $CuSO_4$ 作为测量对象，以金属 Cu 作为两个电极，且假定电解时发生的氧化还原反应为：

阴极：　　$Cu = Cu^{2+} + 2e^-$

阳极：　　$Cu^{2+} + 2e^- = Cu$

对阳极区 $Cu^{2+}$ 来说，希托夫法应满足下列关系式：

$$n_{迁} = n_{前} + n_{电} - n_{后}$$

式中，$n_{前}$ 表示电解前阳极区溶液中所含 $Cu^{2+}$ 的物质的量；$n_{后}$ 表示电解后阳极区溶液中所含 $Cu^{2+}$ 的物质的量；$n_{迁}$ 表示电解过程中从阳极区迁移至阴极区的 $Cu^{2+}$ 的物质的量；$n_{电}$ 表示由于电解反应进入阳极区的 $Cu^{2+}$ 的物质的量。

$$t_+ = \frac{q_+}{Q} = \frac{n_{迁}}{n_{电}}, n_{电} = \frac{\Delta m_{Cu}}{M_{Cu}}$$

式中，$\Delta m_{Cu}$ 为电解后 Cu 阴极与电解前 Cu 阴极质量之差；$M_{Cu}$ 表示 Cu 的摩尔质量。

间接碘量法包括置换滴定及剩余滴定两种方式。本实验用置换滴定法测定 $Cu^{2+}$ 的含量。测定时，用过量的 $I^-$ 还原样品，生成的 $I_2$ 用 $Na_2S_2O_3$ 标准溶液标定，从而求出 $Cu^{2+}$ 的含量。

用置换滴定法测定铜盐的依据是在 HAc 酸性溶液中，过量的 KI 将 $Cu^{2+}$ 还原成 CuI 沉淀，同时定量置换出 $I_2$，生成的 $I_2$ 与过量的 $I^-$ 形成配离子。

设 $n_{后}$ 是在电解后阳极区的 $CuSO_4$ 溶液中加入过量的 KI，使 $Cu^{2+}$ 转化为 CuI 并产生一定量的 $I_2$，然后以淀粉为指示剂，用准确浓度的 $Na_2S_2O_3$ 溶液滴定产生的 $I_2$，反应式为：

$$2Cu^{2+} + 4I^- = 2CuI + I_2$$

$$2Na_2S_2O_3 + I_2 = Na_2S_4O_6 + 2NaI$$

由滴定反应可得：　　$n_{后} = cV_{阳}$

式中，$c$ 为 $Na_2S_2O_3$ 的浓度；$V_{阳}$ 为滴定阳极区溶液所用的 $Na_2S_2O_3$ 的体积。

$$n_{前} = (m_{阳} - M_{CuSO_4} n_{后}) b_{中}$$

式中，$m_{阳}$ 为阳极区溶液的质量；$M_{CuSO_4}$ 为 $CuSO_4$ 的摩尔质量；$b_{中}$ 为中间区 $CuSO_4$ 的质量摩尔浓度。

$$b_{中} = \frac{cV_{中}}{m_{中} - cV_{中} M_{CuSO_4}}$$

式中，$m_{中}$ 为中间区溶液的质量；$V_{中}$ 为滴定中间区溶液所用的 $Na_2S_2O_3$ 的体积。

## 三、实验用品

仪器：离子迁移数测定仪，250mL 锥形瓶，量筒（10mL、25mL、100mL），移液管

(5mL、15mL、10mL)，300mL 烧杯，碱式滴定管，电子天平，电吹风。

药品：$1mol \cdot L^{-1}$ HAc，$0.05mol \cdot L^{-1}$ $CuSO_4$，铜镀液（100mL 水中含 15g $CuSO_4 \cdot 5H_2O$，5mL 浓 $H_2SO_4$，5mL 乙醇），$1mol \cdot L^{-1}$ $HNO_3$，10% KI，0.5%淀粉，已标定的 $Na_2S_2O_3$。

## 四、实验内容

(1) 所用 Cu 电极在实验前应在 $1mol \cdot L^{-1}$ $HNO_3$ 中浸泡几秒，以除去表面氧化物，然后用去离子水洗涤，再用乙醇淋洗，铜阴极用电吹风吹干，在室温下放置一段时间后再用电子天平称质量；通电 90min 结束后取出 Cu 阴极，用去离子水洗涤，再用乙醇淋洗，用电吹风吹干，在室温下放置一段时间后再用电子天平称质量，计算 $\Delta m_{Cu}$。

(2) 用两个贴上标签的锥形瓶烘干后称重，等通电（18mA，90min）结束后收集溶液再称重，计算 $m_{中}$、$m_{阳}$。

(3) 称重后的阳极区和中间区溶液再倒入两个已经干燥的量筒中，测出体积。

(4) 从量筒中用 5mL 移液管准确移取 5mL 阳极区溶液倒入一个大锥形瓶中，然后加入 5mL $1mol \cdot L^{-1}$ HAc，再加入 15mL 10% KI 溶液。

(5) 用 $Na_2S_2O_3$ 滴定。

(6) 用同样的方法再对中间区反应液进行滴定。

## 五、数据记录与处理

$c_{Na_2S_2O_3}$ = ________，$\Delta m_{Cu}$ = ________，$m_{阳}$ = ________，$m_{中}$ = ________，$V_{阳}$ = ________，$V_{中}$ = ________，$t$ = ________，$I$ = ________。

## 六、思考题

1. 什么是离子迁移？什么是离子迁移数？
2. 如果实验过程中 $I$ 和 $t$ 能够准确测定，那么理论上 $n_{电}$ 的值应为多少？
3. 如何减小实验中的误差？

# 第八章　综合、设计与研究性实验

## 实验七十七　化学反应摩尔焓变的测定与废液处理

### 一、实验目的

1. 了解测定化学反应焓变的原理和方法。
2. 学习用作图外推的方法处理实验数据。
3. 掌握反应废液处理的原理和方法。
4. 进一步学习溶解、沉淀、过滤、减压过滤、蒸发浓缩、结晶等基本操作。

### 二、实验原理

1. 测定原理

化学反应通常是在恒压条件下进行的，反应的热效应就是等压热效应 $Q_p$。化学热力学中反应的摩尔焓变 $\Delta_r H_m$ 等于 $Q_p$，因此，通常可用量热的方法测定反应的摩尔焓变。

本实验测定的是 $CuSO_4$ 溶液与 Zn 粉反应的摩尔焓变：

$$Cu^{2+}(aq) + Zn(s) = Cu(s) + Zn^{2+}(aq)$$

该反应的反应速率较快，为使反应完全，使用过量 Zn 粉。简易量热装置如图 8-1 所示。

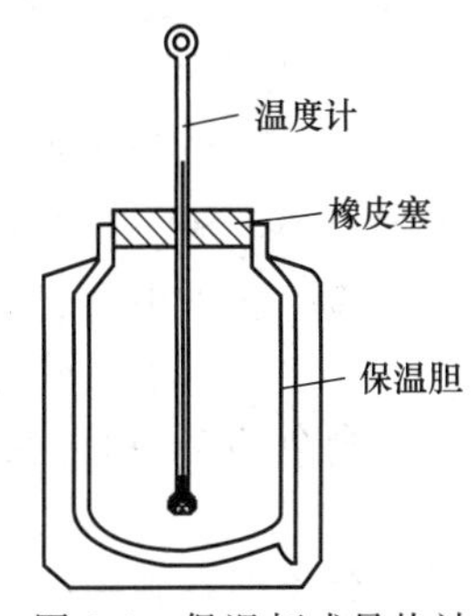

图 8-1　保温杯式量热计

反应摩尔焓变或反应热效应的测定原理是：设法使反应物在绝热条件下，于量热计中发生反应，即反应系统不与量热计外的环境发生热量交换，这样，量热计及其盛装物质的温度就会改变。从反应系统前后的温度变化及有关物质的热容，就可计算出反应系统放出的热量。

但由于量热计并非严格绝热，在实验时间内，量热计不可避免地会与环境发生少量热交换；采用作图外推的方法，可适当消除这一影响。

若不考虑简易量热计吸收的热量，则反应放出的热量等于系统中溶液所吸收的热量：

$$Q_p = m_s C_s \Delta T = V_s \rho_s C_s \Delta T \tag{8-1}$$

式中　$Q_p$——反应后溶液所吸收的热量，J；

$m_s$——反应后溶液的质量，g；

$C_s$——反应后溶液的比热容，$J \cdot g^{-1} \cdot K^{-1}$；

$\Delta T$——反应前后溶液的温度升高（由作图外推的方法确定），K；

$V_s$——反应后溶液的体积，mL；

$\rho_s$——反应后溶液的密度，$g \cdot mL^{-1}$。

设反应前溶液中 $CuSO_4$ 的物质的量为 $n$ mol，则反应的摩尔焓变以 $kJ \cdot mol^{-1}$ 计为：

$$\Delta_r H_m = \frac{-V_s \rho_s C_s \Delta T}{1000n} \tag{8-2}$$

设反应前后溶液的体积不变，则：

$$n = c(CuSO_4)\frac{V_s}{1000} \text{ (mol)}$$

式中　$c(CuSO_4)$——反应前溶液中 $CuSO_4$ 的浓度，$mol \cdot L^{-1}$。

将上式代入式（8-2）中，可得：

$$\Delta_r H_m = \frac{Q_p}{n(CuSO_4)} = \frac{-1000V_s\rho_s C_s \Delta T}{1000c(CuSO_4)V_s} = \frac{-\rho_s C_s \Delta T}{c(CuSO_4)} \tag{8-3}$$

若考虑量热计的热容，则反应放出的热量 $Q_p$ 等于系统中溶液所吸收的热量与量热计吸收的热量之和：

$$Q_p = -(m_s C_s \Delta T + C_b \Delta T) = -(V_s\rho_s C_s + C_b)\Delta T \tag{8-4}$$

式中　$C_b$——量热计的热容，$J \cdot K^{-1}$。

推导步骤同上，可得考虑量热计热容时，$CuSO_4$ 溶液与 Zn 粉反应的摩尔焓变 $\Delta_r H_m$ 的计算公式：

$$\Delta_r H_m = \frac{-(V_s\rho_s C_s + C_b)\Delta T}{c(CuSO_4)V_s} \tag{8-5}$$

在 100kPa 和 298.15K 时，Zn 与 $CuSO_4$ 溶液反应的标准焓变的理论值可由有关物质的标准生成焓算出；$\Delta_r H_m^{\ominus}$（298.15K）为 $-218.66kJ \cdot mol^{-1}$。

2. 反应废液处理

（1）分离提取硫酸锌　反应后保温杯中有剩余的 Zn 粉、Cu(s)、$Zn^{2+}$(aq)、$SO_4^{2-}$(aq)；滤液为 $Zn^{2+}$(aq)、$SO_4^{2-}$，采用过滤方法分离，滤渣为 Zn 粉（灰色）和 Cu（红棕色）。

（2）检验滤液中有无 $Cu^{2+}$(aq)

$$2Cu^{2+} + [Fe(CN)_6]^{4-} = Cu_2[Fe(CN)_6] \downarrow \text{（红褐色）}$$

（3）剩余的 Zn 粉与稀硫酸反应

$$Zn(s) + H_2SO_4 = Zn^{2+} + SO_4^{2-} + H_2 \uparrow$$

过滤分离混在其中的 Cu(s)之后，得到 $ZnSO_4$ 溶液。

3. 制备七水硫酸锌（$ZnSO_4 \cdot 7H_2O$）晶体

$ZnSO_4$ 滤液经过蒸发浓缩、结晶、抽滤等过程，根据硫酸锌及其结晶水合物的热稳定性，制备出 $ZnSO_4 \cdot 7H_2O$ 晶体。

4. 七水硫酸锌含量的测定

（1）采用容量分析法测定 $Zn^{2+}$。如：配位滴定法用 EDTA 标准溶液滴定 $Zn^{2+}$。

（2）采用仪器分析法测定 $Zn^{2+}$。如：光度分析等（可自行设计），由此可确定 $ZnSO_4 \cdot 7H_2O$ 含量及纯度级别（参见表 8-1）。

**表 8-1　七水硫酸锌技术要求**（GB 6693）

| 名　　称 | 分析纯 | 化学纯 |
|---|---|---|
| 主含量(以 $ZnSO_4 \cdot 7H_2O$ 计) | ≥99.5% | ≥99.0% |
| pH($50g \cdot L^{-1}$,25℃) | 4.4～6.0 | 4.4～6.0 |
| 澄清度试验 | 合格 | 合格 |
| 杂质最高含量:水不溶物 | 0.01 | 0.02 |
| 氯化物(Cl) | 0.0005 | 0.002 |
| 总氮量(N) | 0.001 | 0.002 |
| 砷(As) | 0.00005 | 0.0002 |
| 锰(Mn) | 0.0003 | 0.001 |
| 铁(Fe) | 0.0005 | 0.002 |
| 铜(Cu) | 0.001 | 0.005 |
| 镉(Cd) | 0.0005 | 0.002 |
| 铅(Pb) | 0.001 | 0.01 |
| 硫化铵不沉淀物(以硫酸盐计) | 0.05 | 0.2 |

## 三、实验用品

仪器：托盘天平（公用），分析天平，烧杯（50mL、100mL、150mL、250mL），试管，长滴管，量筒（50mL、100mL），移液管（25mL），酸式滴定管（50mL），容量瓶（250mL），温度计（0～50℃，要具有 0.1℃分度；0～100℃，要具有 1℃分度），量热计（保温杯），定性滤纸，表面皿（直径 9～10cm），长颈漏斗，布氏漏斗，吸滤瓶，水浴锅（或大烧杯），广泛 pH 试纸，洗瓶，玻璃棒，药匙，试剂瓶（500mL），称量纸等。

药品：锌粉（A. R.），EDTA（二钠盐，A. R.），酒石酸钾钠（A. R.），铬黑 T（1%固体指示剂：1g 铬黑 T 与 100g 干燥的 NaCl 研磨均匀，保存在干燥器中，注意防潮），硫酸铜（$CuSO_4$，$0.200mol \cdot L^{-1}$），稀 $H_2SO_4$（$3mol \cdot L^{-1}$），$K_4[Fe(CN)_6]$（$0.1mol \cdot L^{-1}$），HAc（$6mol \cdot L^{-1}$），乙醇（85%），稀氨水（1∶1），蒸馏水等。

## 四、实验内容

1. 量热计热容 $C_b$ 的测定

（1）洗净并擦干（可用滤纸片）用作量热计的保温杯，用量筒量取 50mL（尽可能准确）冷水（可用自来水），注入量热计中，盖上带有温度计（具有 0.1℃分度）的塞子（见图 8-1）。注意调节量热计中温度计安插的高度，要使其水银球能浸入溶液中，但又不能触及容器的底部，然后盖上量热计的塞子。

（2）用秒表每隔 30s 记录一次量热计中冷水的温度读数。边读数边记录，直至量热计中的水达到热平衡，即水的温度保持恒定（一般需 3～4min）。

（3）用量筒量取 100mL 热水（温度调至比室温高 10～15℃左右，不能太高，否则作图麻烦），将另一支温度计（具有 1℃分度）插入量筒，每隔 30s 记录一次温度读数。连续测定 3min 后，将量筒中的热水（尽快）全部倒入量热计中，立即盖紧量热计的塞子，准确、及时记录倒入时间（此时不应按停秒表）。以顺时针方向水平摇动保温杯，使量热计中的冷、热水充分混合（一般以使量热计中的水产生 0.5～1cm 深的旋涡为最佳。若速度过快，会产生摩擦热效应，引起实验误差）。与前一次测热水温度间隔一段时间（一般 30s 左右）后，继续每隔 30s 记录一次量热计中的温度读数，连续测定 8～9min。

（4）实验结束后，打开量热计的盖子，注意动作不能过猛，要边旋转边慢慢打开，否则容易将温度计折断，倒出量热计中的水。

对于冷水温度 $T_c$ 取测定的恒定值，对于热水温度 $T_h$ 和混合后水的温度 $T_m$ 可由作图外推法得出。

2. 反应的摩尔焓变的测定

（1）用分析天平准确称取 3g 左右锌粉（准确至小数点后第四位）。

（2）洗净并擦干（可用干净滤纸片）用作量热计的保温杯。用量筒取 $0.200mol \cdot L^{-1}$ 的硫酸铜溶液 100mL，注入量热计中（量热计是否事先要用硫酸铜溶液洗涤几次？为什么？量筒又应如何处理?），盖上量热计盖。

（3）不断平摇量热计，每隔 30s 记录一次温度读数。注意要边读数边记录，直至溶液与量热计达到热平衡，而温度保持恒定（一般约需 2min）。

为了能得到较准确的温度测定值，本实验中采用具有 0.1℃分度的精密温度计（应读至 0.01℃，第二位小数是估计值）。

（4）迅速往溶液中加入称好的锌粉，并立即盖紧量热计的盖子（为什么?）。同时记录开始反应的时间。继续不断平摇量热计，并每隔 30s 记录一次温度读数，直至温度上升至最高读数后，再每隔 30s 继续测定 5～6min。

（5）实验结束后，打开量热计的盖子（注意动作不能过猛，防止将温度计折断），溶液静置分层。

3. 反应废液处理

反应后的保温杯中含有剩余的 Zn 粉、Cu(s)、$Zn^{2+}$(aq) 和 $SO_4^{2-}$(aq)。

（1）分离提取 $ZnSO_4$　用长颈漏斗滤出量热计中反应后的上层清液，将滤液承接在 250mL 烧杯中。滤液为 $Zn^{2+}$(aq)、$SO_4^{2-}$，滤渣为剩余的 Zn 粉和产物 Cu(s)。

（2）检验滤液中有无 $Cu^{2+}$(aq)　取 1 滴澄清滤液置于洁净的小试管中，加 1 滴 $6mol\cdot L^{-1}$ HAc 酸化，观察溶液的颜色，随后加入 1～2 滴 $0.1mol\cdot L^{-1}$ $K_4[Fe(CN)_6]$ 溶液，估计会产生什么现象？生成了什么物质？试说明 $CuSO_4$ 与 Zn 溶液反应进行的程度。{提示：若有白色 $Zn_2[Fe(CN)_6]$ 沉淀析出（此沉淀不溶于稀酸，可溶于 NaOH 溶液），无红棕色 $Cu_2[Fe(CN)_6]$ 沉淀出现（此沉淀不溶于稀乙酸，但溶于 NaOH 溶液），则无 $Cu^{2+}$。说明 $CuSO_4$ 与 Zn 反应很完全}

（3）剩余的 Zn 粉与稀 $H_2SO_4$ 反应　滤渣全部转移到 150mL 烧杯中，放到通风橱内，打开抽风开关，取 50mL 的量筒量 15mL 的稀 $H_2SO_4$，用长滴管吸取并慢慢淋洗滤纸上附有的少量 Zn 粉，滤液承接在装有滤渣的容器中，不断摇动或搅拌，待剩余的 Zn 粉反应完全(即从烧杯底部看，沉淀中无灰色 Zn 粉，从上面看溶液也无气泡产生为止，约需 15min)。仍然用长颈漏斗滤出反应后的上层清液，滤液仍然承接在装有原滤液的烧杯中。滤渣（只有 Cu 粉）转入漏斗中，用 20mL 的蒸馏水，少量多次淋洗盛 Cu 粉的烧杯，将其全部转入漏斗中，滤液接入滤液杯中（为什么淋洗盛 Cu 粉烧杯并接入滤液杯中），滤液为 $ZnSO_4$ 溶液。

（4）用 100mL 的蒸馏水分几次淋洗漏斗滤纸中的 Cu 粉至中性（用干净玻璃棒蘸取，以广泛 pH 试纸检测其 pH），待晾干回收备用，其淋洗液弃去。

4. 制备七水硫酸锌晶体

（1）把烧杯中的滤液（约 150mL）盖上表面皿，放到垫有石棉网的电炉上，蒸发浓缩到总体积约为 50mL（约 30min），转移到水浴锅中进行水浴加热至表面有晶体膜出现，停止加热，自然冷却至室温，出现整块结晶，静置（约 20min），再把烧杯中上层的过饱和液缓慢倒入盛有 20mL 85%乙醇的小烧杯中，$ZnSO_4\cdot 7H_2O$ 结晶将逐渐析出，静置（约 30min），然后用少量 85%的乙醇（约 20mL）分次淋洗烧杯中的晶体，将其全部转入布氏漏斗中，抽干。乙醇滤液回收至指定的试剂瓶中。

（2）将抽干的晶体转移到已称重的表面皿中，待乙醇挥发完后再称重。记录产量，计算产率。

5. $ZnSO_4\cdot 7H_2O$ 晶体含量测定

此处介绍配位滴定法测定 $Zn^{2+}$。

（1）粗配 $0.1mol\cdot L^{-1}$ EDTA 溶液　用托盘天平称取 EDTA（二钠二水盐，A. R.，$M_r=372.24$）约 19g 于 100mL 烧杯中，加 80mL 蒸馏水溶解（可微热），转移至 500mL 试剂瓶中，稀释至约 500mL，摇匀。

（2）配 $0.1000mol\cdot L^{-1}$ Zn 标准液　用分析天平准确称取 Zn 粉（A. R.，$M_r=65.38$，实验前计算好需多少克，准确至小数点后 4 位）于 50mL 烧杯中（盖上表面皿，防止加酸后溶液溅出而引入误差），慢慢滴加 30mL 稀 $H_2SO_4$，使其完全溶解（可微热并搅拌），然后用蒸馏水淋洗表面皿，定量转移至 250mL 容量瓶中，用蒸馏水稀释至刻度，摇匀。计算 $c(ZnSO_4)$。

（3）标定 EDTA（平行做三份，取平均值） 移取 25.00mL Zn 标液（pH＝5～6）于 250mL 锥形瓶中，加 20mL 蒸馏水，再加 3g 酒石酸钾钠，溶解后滴加稀氨水至出现白色沉淀（约 5mL，白色沉淀是何物质?），继续滴加稀氨水至白色沉淀刚好溶解（约 4mL，pH≈10，又生成了何物质?），摇匀后加铬黑 T 指示剂（绿豆大，待全部溶解，溶液呈酒红色），用 EDTA 溶液滴定 Zn 标液至酒红色刚变纯蓝色即达终点。记录 $V(\mathrm{EDTA})$，计算 $c(\mathrm{EDTA})$（单位为 $\mathrm{mol \cdot L^{-1}}$）。

（4）产品 $ZnSO_4 \cdot 7H_2O$ 含量测定 用分析天平准确称取 0.7g 的 $ZnSO_4 \cdot 7H_2O$（$M_r$＝287.54）晶体试样（准确到小数点后 4 位）于 250mL 锥形瓶中，加 50mL 蒸馏水溶解试样（可用干净玻璃棒蘸取，以广泛 pH 试纸检测其 pH），加 3g 酒石酸钾钠，待溶解后再加 2mL 稀氨水，摇匀（同上法测其 pH≈10），加约绿豆大小的铬黑 T 指示剂（注意不能多加，否则终点变色不敏锐），待全部溶解，溶液呈酒红色，用 EDTA 标准液滴定至酒红色刚刚变为纯蓝色，即达终点。记录 $V(\mathrm{EDTA})$。

实验完毕，将实验中用过的器皿都洗净，放回原处，注意保护温度计和保温杯。

**注意：**当滤液蒸发到体积少于 50mL 以后，要密切注意观察溶液是否开始变得有点浑浊，一旦发现有点浑浊立即停止加热，否则会引起暴沸。

## 五、数据记录与处理

1. 数据记录

（1）温度 $T$：________℃。

（2）$CuSO_4$ 溶液的浓度 $c(CuSO_4 \cdot 5H_2O)$：________ $\mathrm{mol \cdot L^{-1}}$。

（3）Zn 标准液的浓度 $c(Zn^{2+})$：________ $\mathrm{mol \cdot L^{-1}}$。

（4）称量数据记录见表 8-2。

**表 8-2 称量数据**

| 项 目 | 纯锌粉 1(A. R.)（与 $CuSO_4$ 反应） | 纯锌粉 2(A. R.)（标定 EDTA） | 理论产品（由纯锌粉 1 的质量推算） | 实际产品 | 测定含量用产品 |
|---|---|---|---|---|---|
| 质量/g | | | | | |

（5）温度随实验观察时间的变化数据记录见表 8-3、表 8-4。

**表 8-3 量热计热容的测定**

| | 时间 $t$/s | 0.0 | 0.5 | 1.0 | 1.5 | 2.0 | 2.5 | 3.0 | | | |
|---|---|---|---|---|---|---|---|---|---|---|---|
| 温度 | 冷水 $T_c$/℃ | | | | | | | | | | |
| | 热水 $T_h$/℃ | | | | | | | | | | |
| 混合后的水 | 时间 $t$/min | 3.5 | 4.0 | 4.5 | 5.0 | 5.5 | 6.0 | 6.5 | 7.0 | 7.5 | 8.0 |
| | $T_m$/℃ | | | | | | | | | | |
| | 时间 $t$/min | 8.5 | 9.0 | 9.5 | 10.0 | 10.5 | 11.0 | 11.5 | 12.0 | | |
| | $T_m$/℃ | | | | | | | | | | |

表 8-4 反应的摩尔焓变的测定

| | | | | | | | | | |
|---|---|---|---|---|---|---|---|---|---|
| $CuSO_4$ | 时间 $t$/min | 0.0 | 0.5 | 1.0 | 1.5 | 2.0 | 2.5 | 3.0 | |
| | 温度 $T$/℃ | | | | | | | | |
| $CuSO_4+Zn$ | 时间 $t$/min | 3.5 | 4.0 | 4.5 | 5.0…10.0 | | 10.5 | | |
| | 温度 $T$/℃ | | | | | | | | |
| | 时间 $t$/min | 11.5 | 12.0 | 12.5 | 13.0 … 16.0 | | 16.5 | 17.0 | 17.5 |
| | 温度 $T$/℃ | | | | | | | | |
| | 时间 $t$/min | | | | | | | | |
| | 温度 $T$/℃ | | | | | | | | |

注：1. 温度上升至最高读数后，再每隔 30s 继续测定 5～6min，即再读 10～12 个数据。

2. 记录数据的有效数字的位数，以温度计的精度（即以能读到的位数，加上估读的一位）为准。

（6）EDTA 溶液的浓度标定数据记录表自拟，平行做三份，取平均值。

（7）$ZnSO_4 \cdot 7H_2O$ 含量测定数据记录表自拟。

2. 数据处理

（1）作图与外推

① 量热计热容　用本实验测定的温度对时间的读数作图，得时间-温度曲线（图 8-2），外推得出混合时热水的温度 $T_h$，在量筒中热水的温度变化呈曲线趋势，而并非线性变化，可延长曲线线段 $ef$，使与混合时的纵坐标相交于 $g$ 点，该点的纵坐标值即为热水在混合时的温度 $T_h$ 和混合后水的温度 $T_m$（可延长线段 $ab$，使与混合时的纵坐标相交于 $c$ 点，该点的纵坐标值即为 $T_m$）。$T_c$ 为冷水的温度，取测定的恒定值。

② 反应的摩尔焓变　用本实验测定的温度对时间的读数作图，可得时间-温度曲线（图 8-3），得出 $T_1$，外推得出 $T_2$。

实验中温度到达最高读数后，往往有逐渐下降的趋势，如图 8-3 所示。这是由于本实验所用的简易量热计不是严格的绝热装置，它不可避免要与环境发生少量热交换。图中线段 $bc$ 表明量热计热量散失的程度。考虑到散热从反应一开始就发生，因此应将该线段延长，使与反应开始时的纵坐标相交于 $d$ 点。图中 $dd'$ 所表示的纵坐标值，就是用外推法补偿由于热量散失于环境的温度差。为了获得准确的外推值，温度下降后的实验点应足够多，即温度上升至最高读数后，再每隔 30s 继续测定 5～6min。

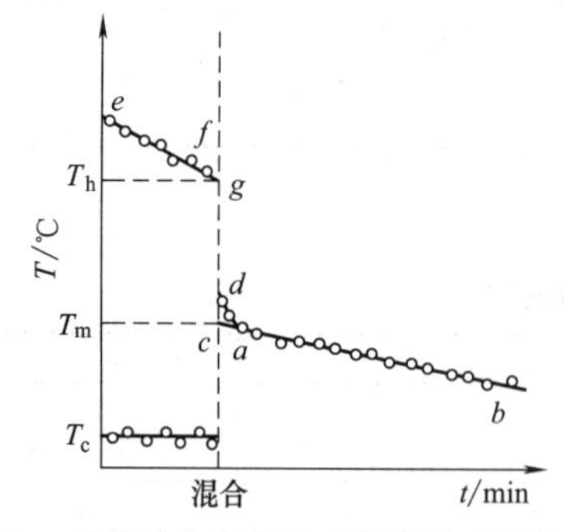

图 8-2　量热计热容测定时温度随时间的变化

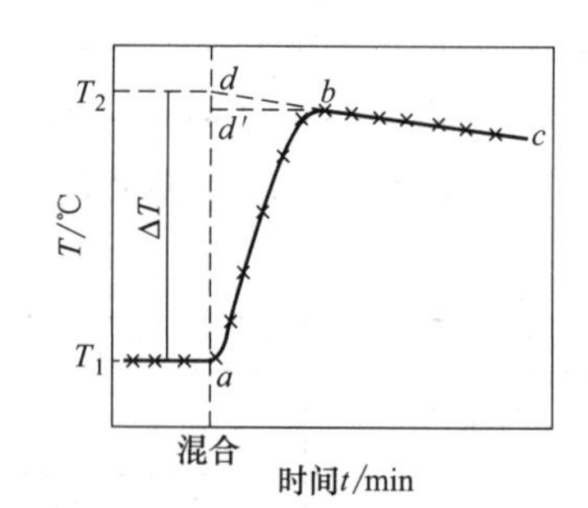

图 8-3　反应的摩尔焓变测定时温度随时间的变化

**注意：**作图时应适当选择坐标比例尺（必须在图中标出），使作图和实验测量的精度相吻合。实验点应明显标出，可用○、△或×等标记，标记的中心应与数据的坐标相重合。描出的曲线或直线尽可能接近（或贯穿）大多数的实验点（并非要求贯穿所有的点），并使处于曲线或直线两边的实验点的数目大致相等。这样描出的曲线或直线能较好地反映出实验测量的总体情况。在小方格纸以时间 $t$(s) 为横坐标，以温度 $T$(℃) 为纵坐标作图。建议对方格纸上时间坐标的分度，取每 10 小格（相当 1cm）为 60s；而温度坐标的分度则应与温度计的精度相同，取每 10 小格为 1℃（或 1K）。各实验点的表达要清楚，然后按实验点绘制一光滑曲线（不能连成折线），尽可能使偏离此光滑曲线的实验点较对称地分布于此曲线的两侧。

（2）量热计热容 $C_b$ 和反应摩尔焓变计算

① 量热计热容 $C_b$　根据式(8-6) 可计算量热计的热容 $C_b$。它是基于能量守恒原理，即热水放出的热量等于冷水吸收的热量与量热计吸收的热量之和：

$$(T_h - T_m)V_h\rho(H_2O)C(H_2O) = (T_m - T_c)[V_c\rho(H_2O)C(H_2O) + C_b] \tag{8-6}$$

式中　$T_h$、$T_m$、$T_c$——热水、混合后的水、冷水的温度（注意换算℃为 K）；

$V_h$、$V_c$——热水、冷水的体积，mL；

$\rho(H_2O)$——水的密度，可取 $1.00g \cdot mL^{-1}$；

$C(H_2O)$——水的比热容，可取 $4.18J \cdot g^{-1} \cdot K^{-1}$；

$C_b$——量热计热容，$J \cdot K^{-1}$。

② 反应的摩尔焓变　根据式（8-3）和式（8-5）可分别计算未经量热计热容校正的反应摩尔焓变和经量热计热容校正的反应摩尔焓变。反应后溶液的比热容 $C_s$ 可近似地用水的比热容代替：$C_s = C(H_2O)$，反应后溶液密度 $\rho_s$ 可近似地取室温时 $0.200mol \cdot L^{-1}$ $ZnSO_4$ 溶液的密度为 $1.03g \cdot mL^{-1}$。

③ 摩尔焓变测定结果的相对误差公式

$$相对误差(RE) = \frac{(\Delta_r H_m)_{实验值} - (\Delta_r H_m)_{理论值}}{(\Delta_r H_m)_{理论值}} \times 100\% \tag{8-7}$$

式中，$(\Delta_r H_m)_{理论值}$ 可近似地以 $\Delta_r H_m^{\ominus}(298.15K)$ 代替。

分别计算未经校正和经量热计热容校正的反应摩尔焓变的百分误差，并分析产生误差的原因。

（3）产率计算

$$产率 = \frac{实际产量/g}{理论产量/g} \times 100\% \tag{8-8}$$

（4）产品含量计算

$$x(ZnSO_4 \cdot 7H_2O) = \frac{c(EDTA)平均值\ V(EDTA)M(ZnSO_4 \cdot 7H_2O) \times 100\%}{m(样)} \tag{8-9}$$

## 六、注意事项

1. 量热计热容及焓变的测定中，注意事先看准温度计的分度值（防止读错），调节量热计中温度计安插的高度，注意保护温度计和保温杯。反应温度上升至最高读数后，再每隔 30s 读 10～12 个数据。

2. 用分析天平称取物品时，要准确至小数点后第四位。

3. 配制 Zn 标准液中，Zn 粉与稀 $H_2SO_4$ 反应时，滤液需盖上表面皿再慢慢滴加稀 $H_2SO_4$，防止加酸后溶液溅出而引入误差。

4. 凡是有气体产生的反应须在通风橱内进行。

5. 用 EDTA 标准液滴定时，注意指示剂加入量的控制及加入顺序和终点色变的观察。

6. 数据记录和处理时，要记录合理，有效数字要正确；作图时坐标选择比例应适当，使图和实验测量的精度相吻合。

7. 过滤：普通法要用长颈漏斗趁热过滤，抽滤要待自然冷至室温后进行。

## 七、思考题

1. 如何配制 250mL 0.1000mol·L$^{-1}$ $ZnSO_4$ 标准溶液？操作中应注意哪些？

2. 为什么不取反应物混合后溶液的最高温度与刚混合时的温度之差，作为实验中测定的数值，而要采用作图外推的方法求得？作图与外推中有哪些应注意之处？

3. 如何根据实验结果计算反应焓变的数值？如何分析其可能产生的误差？

4. 如何鉴定 $CuSO_4$ 是否反应完全？

5. 制备 $ZnSO_4 \cdot 7H_2O$ 晶体的操作中应注意哪些？

6. 用 EDTA 滴定含 $Zn^{2+}$ 溶液时，为什么要待滴加稀氨水至白色沉淀刚好溶解后再加铬黑 T 指示剂？

7. 铬黑 T 指示剂多加后会产生何种影响？可能会导致测定结果有何变化？

8. 试分析产品纯度过高或过低的原因。

9. 要提高产率，哪些步骤是比较关键的？为什么？

# 实验七十八　水泥熟料分析

## 一、实验目的

1. 了解用重量法测定水泥熟料中 $SiO_2$ 含量的原理和方法。

2. 进一步掌握配位滴定法的原理，特别是通过控制试液的酸度、温度及选择适当的掩蔽剂和指示剂等，在铁、铝、钙、镁共存时，分别测定它们的方法。

3. 掌握配位滴定的几种测定方法——直接滴定法、返滴法和结果计算以及差减法称量。

4. 掌握水浴加热、沉淀、过滤、洗涤、灰化、灼烧等操作技术。

## 二、实验原理

水泥熟料是调和生料经 1400℃以上的高温煅烧而成的。通过熟料分析，可以检验熟料质量和烧成情况的好坏，根据分析结果，可及时调整原料的配比以控制生产。

目前，我国立窑生产的硅酸盐水泥熟料的主要化学成分及其控制范围见表 8-5。

表 8-5　硅酸盐水泥熟料

| 化学成分 | 含量范围 | 一般控制范围 |
|---|---|---|
| $SiO_2$ | 18%～24% | 20%～22% |
| $Fe_2O_3$ | 2%～5.5% | 3%～4% |
| $Al_2O_3$ | 4%～9.5% | 5%～7% |
| CaO | 60%～67% | 62%～66% |

同时，对几种成分限制为：MgO<4.5%，$SO_3$<3.0%。

水泥熟料中碱性氧化物占 60%以上，因此易为酸分解。水泥熟料主要为硅酸三钙（$3CaO \cdot SiO_2$）[1]、硅酸二钙（$2CaO \cdot SiO_2$）、铝酸三钙（$3CaO \cdot Al_2O_3$）和铁铝酸四钙（$4CaO \cdot Al_2O_3 \cdot Fe_2O_3$）等化合物的混合物。这些化合物与盐酸作用时，生成硅酸和可溶性的氯化物，反应式如下：

$$2CaO \cdot SiO_2 + 4HCl = 2CaCl_2 + H_2SiO_3 + H_2O$$

$$3CaO \cdot SiO_2 + 6HCl \xlongequal{\quad} 3CaCl_2 + H_2SiO_3 + 2H_2O$$

$$3CaO \cdot Al_2O_3 + 12HCl \xlongequal{\quad} 3CaCl_2 + 2AlCl_3 + 6H_2O$$

$$4CaO \cdot Al_2O_3 \cdot Fe_2O_3 + 20HCl \xlongequal{\quad} 4CaCl_2 + 2AlCl_3 + 2FeCl_3 + 10H_2O$$

硅酸是一种很弱的无机酸，在水溶液中绝大部分以溶胶状态存在，其化学式应以 $SiO_2 \cdot nH_2O$ 表示。在用浓酸和加热蒸干等方法处理后，能使绝大部分硅酸水溶胶脱水成水凝胶析出，因此可以利用沉淀分离的方法把硅酸与水泥中的铁、铝、钙、镁等其他组分分开。

1. $SiO_2$ 的测定

本实验中以重量法测定 $SiO_2$ 的含量。

在水泥经酸分解后的溶液中，采用加热蒸发近干和加固体氯化铵两种措施，使水溶性胶状硅酸尽可能全部脱水析出。蒸干脱水是将溶液控制在 100～110℃温度下进行的。由于 HCl 的蒸发，硅酸中所含的水分大部分被带走，硅酸水溶胶即成为水凝胶析出。由于溶液中的 $Fe^{3+}$、$Al^{3+}$ 等离子在温度超过 110℃时易水解生成难溶性的碱式盐，而混在硅酸凝胶中，这样将使 $SiO_2$ 的结果偏高，而 $Fe_2O_3$、$Al_2O_3$ 等的结果偏低，故加热蒸干宜采用水浴，以严格控制温度。

加入固体 $NH_4Cl$ 后由于 $NH_4Cl$ 易解离生成 $NH_3 \cdot H_2O$ 和 HCl，在加热的情况下，它们易挥发逸去，从而消耗了水，因此能促进硅酸水溶胶的脱水作用，反应式如下：

$$NH_4Cl + H_2O \rightleftharpoons NH_3 \cdot H_2O + HCl$$

含水硅酸的组成不固定，故沉淀经过滤、洗涤、烘干后，还需经 950～1000℃高温灼烧成固定成分 $SiO_2$，然后称量，根据沉淀的质量计算 $SiO_2$ 的含量。

灼烧时，硅酸凝胶不仅失去吸附水，并进一步失去结合水，脱水过程的变化如下：

$$H_2SiO_3 \cdot nH_2O \xrightarrow{110℃} H_2SiO_3 \xrightarrow{950\sim1000℃} SiO_2$$

灼烧所得 $SiO_2$ 沉淀是雪白而又疏松的粉末。如所得沉淀呈灰色、黄色或红棕色，说明沉淀不纯。在要求比较高的测定中，应用氢氟酸-硫酸处理。

水泥中的铁、铝、钙、镁等组分以 $Fe^{3+}$、$Al^{3+}$、$Ca^{2+}$、$Mg^{2+}$ 等形式存在于过滤 $SiO_2$ 沉淀后的滤液中，它们都与 EDTA 形成稳定的配离子。但这些配离子的稳定性有较显著的差别，因此只要控制适当的酸度，就可用 EDTA 分别滴定它们。

2. 铁的测定

控制酸度为 pH＝2～2.5。实验表明，溶液酸度控制得不恰当，对测定铁的结果影响很大。在 pH＝1.5 时，结果偏低；pH＞3 时，$Fe^{3+}$ 开始形成红棕色氢氧化物，往往无滴定终点，共存的 $Ti^{4+}$ 和 $Al^{3+}$ 的影响也显著增加。

滴定时以磺基水杨酸为指示剂，它与 $Fe^{3+}$ 形成的配合物的颜色与溶液酸度有关，在 pH＝1.2～2.5 时，配合物呈红紫色。由于 $Fe^{3+}$-磺基水杨酸配合物不及 $Fe^{3+}$-EDTA 配合物稳定，所以临近终点时加入的 EDTA 便会夺取 $Fe^{3+}$-磺基水杨酸配合物中的 $Fe^{3+}$，使磺基水杨酸游离出来，因而溶液由红紫色变为微黄色，即为终点。磺基水杨酸在水溶液中是无色的，但由于 $Fe^{3+}$-EDTA 配合物是黄色的，所以终点时由红紫色变为黄色。

滴定时溶液的温度以 60～70℃为宜（隔玻璃壁感觉微烫，冒出较多水蒸气），当温度高于 75℃并有 $Al^{3+}$ 存在时，$Al^{3+}$ 亦可能与 EDTA 配位，使 $Fe_2O_3$ 的测定结果偏高，而 $Al_2O_3$ 的结果偏低。当温度低于 50℃时，则反应速率缓慢，不易得出准确的终点。

由于配位滴定的过程中有 $H^+$ 产生（$Fe^{3+} + H_2Y^{2-} \rightleftharpoons FeY^- + 2H^+$），所以在没有缓冲作用的溶液中，当铁含量较高时（$Fe_2O_3$ 在 40mg 以上），滴定的过程中溶液的 pH 逐渐降低，妨碍反应进一步完成，以致终点变色缓慢，难以准确测定。实验表明，$Fe_2O_3$ 的含量以不超过 30mg 为宜。

3. 铝的测定

以 PAN 为指示剂的铜盐回滴法是普遍采用的一种测定铝的方法。因为 $Al^{3+}$ 与 EDTA 的配位作用进行得较慢，所以一般先加入过量的 EDTA 溶液，并加热煮沸，使 $Al^{3+}$ 与 EDTA 充分配位，然后用 $CuSO_4$ 标准溶液回滴过量的 EDTA。

Al-EDTA 配合物是无色的，PAN 指示剂在 pH 为 4.3 的条件下是黄色的，所以滴定开始前溶液呈黄色。随着 $CuSO_4$ 标准溶液的加入，$Cu^{2+}$ 不断与过量的 EDTA 配位，由于 Cu-EDTA 是淡蓝色的，因此溶液逐渐由黄色变为绿色。在过量的 EDTA 与 $Cu^{2+}$ 完全配位后，继续加入 $CuSO_4$，过量的 $Cu^{2+}$ 即与 PAN 配合成深红色配合物，由于蓝色的 Cu-EDTA 的存在，所以终点呈紫色。滴定过程中的主要反应如下：

$$Al^{3+} + H_2Y^{2-} \rightleftharpoons 2H^+ + \underset{\text{(无色)}}{AlY^-}$$

$$H_2Y^{2-} + Cu^{2+} \rightleftharpoons 2H^+ + \underset{\text{(蓝色)}}{CuY^{2-}}$$

$$\underset{\text{(黄色)}}{Cu^{2+} + PAN} \rightleftharpoons \underset{\text{(深红色)}}{Cu\text{-}PAN}$$

这里需要注意的是，溶液中存在三种有色物质，而它们的含量又在不断变化之中，因此溶液的颜色特别是终点时的变化就较复杂，决定于 Cu-EDTA、PAN 和 Cu-PAN 的相对含量和浓度。滴定终点是否敏锐的关键是蓝色的 Cu-EDTA 浓度的大小，终点时 Cu-EDTA 配合物的量等于加入的过量的 EDTA 的量。一般来说，在 100mL 溶液中加入的 EDTA 标准溶液（浓度在 $0.015mol \cdot L^{-1}$ 附近），以过量 10mL 左右为宜。

4. 钙、镁含量的测定

将分离 $SiO_2$ 后的滤液调节酸度至 pH≥12，以钙指示剂指示终点，用 EDTA 标准溶液滴定，即得到钙量。再取一份试液，调节其酸度至 pH=10，以铬黑 T（或 K-B 指示剂）作指示剂，用 EDTA 标准溶液滴定，此时得到钙、镁的总量，由此二量相减即得镁量。

## 三、实验用品

仪器：50mL 烧杯（或 100～150mL 瓷蒸发皿），玻璃三脚架，平头玻璃棒，表面皿，中速定量滤纸，胶头滴管，250mL 容量瓶，瓷坩埚，电炉，高温炉，干燥器，250mL 锥形瓶，滴定管，50mL 吸量管，小量筒，分析天平，精密 pH 试纸等。

药品：浓盐酸，1∶1 HCl 溶液，3∶97 HCl 溶液，浓硝酸，1∶1 氨水，10% NaOH 溶液，固体 $NH_4Cl$，10% $NH_4SCN$ 溶液，纯三乙醇胺，$0.015mol \cdot L^{-1}$ EDTA 标准溶液，$0.015mol \cdot L^{-1}$ $CuSO_4$ 标准溶液，HAc-NaAc 缓冲溶液（pH=4.3），$NH_3$-$NH_4Cl$ 缓冲溶液（pH=10），0.05% 溴甲酚绿指示剂，10%磺基水杨酸指示剂，0.2% PAN 指示剂，酸性铬蓝 K-萘酚绿 B，钙指示剂。

## 四、实验内容

1. $SiO_2$ 的测定

准确称取试样 0.5g 左右，置于干燥的 50mL 烧杯（或 100～150mL 瓷蒸发皿）中，加 2g 固体氯化铵，用平头玻璃棒混合均匀。盖上表面皿，沿杯口滴加 3mL 浓盐酸和 1 滴浓硝酸[2]，仔细搅匀，使试样充分分解（仍有部分未溶解的补加1滴浓硝酸）。将烧杯置于沸水浴上，杯上放一玻璃三脚架，再盖上表面皿，蒸发至近干（约需10～15min）（为什么要蒸发至近干?）。取下，加10mL热的稀盐酸（3∶97），搅拌，使可溶性盐类溶解，以中速定量滤纸过滤，用胶头滴管以热的稀盐酸（3∶97）[3] 擦洗玻璃棒及烧杯，并洗涤沉淀至洗涤液中不含$Fe^{3+}$为止。$Fe^{3+}$可用$NH_4SCN$溶液检验[4]。一般来说，洗涤10次即可达到不含$Fe^{3+}$的要求。滤液及洗涤液保存在250mL容量瓶中，并用水稀释至刻度，摇匀，供测定$Fe^{3+}$、$Al^{3+}$、$Ca^{2+}$、$Mg^{2+}$等离子用。

将沉淀和滤纸移至已称至恒重的瓷坩埚中，先在电炉上低温烘干（为什么?）。再升高温度使滤纸充分灰化[5]。然后在950～1000℃的高温炉内灼烧30min。取出，稍冷，再移置于干燥器中冷却至室温（需15～40min），称量。如此反复灼烧，直至恒重。

2. $Fe^{3+}$的测定

准确吸取分离$SiO_2$后的滤液25mL[6]，置于400mL烧杯中，加入2滴[7] 0.05%溴甲酚绿指示剂（溴甲酚绿指示剂在pH小于3.8时呈黄色，大于0.4时呈绿色），此时溶液呈黄色。逐滴滴加1∶1氨水，使之成绿色。然后再用1∶1HCl溶液调节溶液酸度至呈黄色后再过量3滴，此时溶液酸度约为pH=2。加热至约70℃[8]（根据经验，感到烫手但还不觉得非常烫），取下，加6～8滴[9] 10%磺基水杨酸，以0.015mol·L$^{-1}$EDTA标准溶液滴定。滴定开始时溶液呈红紫色，此时滴定速度宜稍快些。当溶液开始呈淡红紫色时，滴定速度放慢，一定要每加1滴，摇摇，看看，然后再加1滴，最好同时再加热[10]，直至滴到溶液变为淡黄色，即为终点。滴得太快，EDTA易多加，这样不仅会使$Fe^{3+}$的测定结果偏高，同时还会使$Al^{3+}$的测定结果偏低。

3. $Al^{3+}$的测定

在滴定铁含量后的溶液中，继续加入0.015mol·L$^{-1}$EDTA标准溶液25mL[11]，记下读数，摇匀。然后再加入15mL pH=4.3的HAc-NaAc缓冲液[12]，以精密pH试纸检查，煮沸1～2min，取下，冷至90℃左右，加入6滴0.2% PAN指示剂，以0.015mol·L$^{-1}$$CuSO_4$标准溶液滴定。开始时溶液呈黄色，随着$CuSO_4$标准溶液的加入，颜色逐渐变绿并加深，直至再加入1滴时突然变紫，即为终点。在变紫色之前，曾有由蓝绿色变灰绿色的过程，在灰绿色溶液中再加1滴$CuSO_4$溶液，即变紫色。

4. $Ca^{2+}$的测定

分别准确吸取分离$SiO_2$后的滤液5mL三份置于三个250mL锥形瓶中，各加水稀释至约25mL，加4mL纯三乙醇胺溶液，摇匀后再加5mL 10% NaOH溶液，再摇匀，加入约0.01g固体钙指示剂（用药勺小头取约1勺），此时溶液呈酒红色。然后以0.015mol·L$^{-1}$ EDTA标准溶液滴定至溶液呈蓝色，即为终点。

5. $Mg^{2+}$的测定

分别准确吸取分离$SiO_2$后的滤液5mL三份于三个250mL锥形瓶中，各加水稀释至约25mL，加6mL纯三乙醇胺溶液，摇匀，调节pH约10左右，再加入10mL pH为10的$NH_3$-$NH_4Cl$缓冲溶液，摇匀，然后加入适量酸性铬蓝K-萘酚绿B指示剂或铬黑T指示剂。以0.0150mol·L$^{-1}$ EDTA标准溶液滴定至溶液呈蓝色，即为终点。根据此结果计算所得的为钙、镁含量，由此减去钙量即为镁量。

## 五、分析结果的误差范围及要求

根据我国国家标准《水泥化学分析方法》GB 176—2017中规定，同一人员或同一实验室对上述测定项目的允许误差范围见表8-6。

表 8-6　允许误差范围

| 测定项目 | 允许误差范围(绝对误差/%) |
|---|---|
| $SiO_2$ | 0.20 |
| $Fe_2O_3$ | 0.10 |
| $Al_2O_3$ | 0.30 |
| CaO | 0.5 |
| MgO | |
| 含量<2% | 0.15 |
| 含量>2% | 0.20 |

即同一人员分别进行两次测定，所得结果的绝对差值应在此范围内。如不超出此范围，取其平均值作为分析结果；如超出此范围，则应进行第三次测定，所得结果与前两次或其中任一次之差值符合此规定的范围时，取符合规定的结果（有几次就取几次）的平均值[13]。否则，应查找原因，并再次进行测定。

除了对每一测定项目的平行实验应考虑是否超出允许误差范围外，还应把这几项的测定结果累加起来，看其总和是多少。一般来说，这五项是水泥熟料的主要成分，其总和应是相当高的，但不可能是100%，因为水泥熟料中还可能有 $MnO_2$、$TiO_2$、$K_2O$、$Na_2O$、$SO_3$、烧失量和酸不溶物等，如果总和超过100%，这是不合理的，应查找原因。

**六、注释**

[1] 化学式 $3CaO \cdot SiO_2$ 是指3分子CaO与1分子 $SiO_2$，不是3分子 $CaO \cdot SiO_2$。其他化学式，如 $2CaO \cdot SiO_2$ 的含义均同此。

[2] 加入浓硝酸的目的是使铁全部以正三价状态存在。

[3] 以热的稀盐酸溶解残渣是为了防止 $Fe^{3+}$ 和 $Al^{3+}$ 水解成氢氧化物沉淀而混在硅酸中，以及防止硅酸胶溶。

[4] $Fe^{3+}$ 与 $NH_4SCN$ 反应生成血红色的 $Fe(SCN)_3$。

[5] 使滤纸灰化也可以放在电炉上干燥后，直接送入高温炉灰化，而将高温炉的温度由低温（例如100～200℃）渐渐升高。

[6] 分离 $SiO_2$ 后的滤液要节约使用（例如清洗移液管时，可取用少量此溶液，最好用干燥的移液管），尽可能多保留一些溶液，以便必要时用以进行重复滴定。

[7] 溴甲酚绿指示剂不宜多加，如加多了，黄色的底色深，在铁的滴定中，对准确观察终点的颜色变化有影响。

[8] 注意防止剧沸，否则 $Fe^{3+}$ 会水解形成氢氧化铁，使实验失败。

[9] 磺基水杨酸与 $Al^{3+}$ 有配位作用，不宜多加。

[10] $Fe^{3+}$ 与EDTA的配位反应进行较慢，故最好加热以加速反应。滴定慢，溶液温度降得低，不利于配位，但是如果滴得快，来不及配位，又容易滴过终点。较好的办法是开始时滴得稍快（注意也不能很快），至终点附近时放慢。

[11] 根据水泥熟料中 $Al_2O_3$ 的大致含量以及试样的称取量进行粗略计算。此处加入20mL EDTA标准溶液，约过量10mL。

[12] $Al^{3+}$ 在 pH=4.3 的溶液中会产生沉淀，因此必须先加EDTA标准溶液，然后再加HAc-NaAc缓冲液，并加热。这样使溶液的pH达4.3之前，部分 $Al^{3+}$ 已配位成Al-EDTA配合物，从而降低 $Al^{3+}$ 的浓度，以免 $Al^{3+}$ 水解而形成沉淀。

[13] 从数理统计观点，严格地说，从仅有的三个数据中取两个相近的，而舍弃掉一个相差远的，是不合适的。

**七、思考题**

1. 如何分解水泥熟料试样？分解时的化学反应是什么？

2. 本实验测定 $SiO_2$ 含量的方法、原理是什么？

3. 试样分解后加热蒸发的目的是什么？操作中应注意些什么？

4. 洗涤沉淀的操作中应注意些什么？怎样提高洗涤的效果？

5. 沉淀在高温煅烧前，为什么需经干燥、炭化？

6. 在滴定 $Fe^{3+}$、$Al^{3+}$、$Ca^{2+}$ 和 $Mg^{2+}$ 等时，酸度各应控制在什么范围？怎样控制？

7. 滴定 $Fe^{3+}$、$Al^{3+}$ 时，各应控制怎样的温度范围，为什么？

8. 如果 $Fe^{3+}$ 的测定结果不准确，对 $Al^{3+}$ 的测定结果有何影响？

9. 在 $Al^{3+}$ 的测定中，为什么要注意 EDTA 标准溶液的加入量？以加入多少为宜？

10. 本实验中为什么测定铁、铝的含量时要吸取滤液 50mL，而测定钙、镁的含量时只要吸取 25mL？

11. 在钙含量的测定中，为什么要先加三乙醇胺而后加 NaOH 溶液？

12. 写出测定中所涉及的主要化学反应式。

# 实验七十九　自然水源质量分析

**一、实验目的**

1. 了解水质分析的指标。

2. 巩固学过的分析方法（化学分析法、电位分析法和可见分光光度法）。

**二、实验原理**

自然水常用于种植灌溉、生产养殖等，其水质指标对生物过程等是非常重要的。水质分析主要包括 pH、硬度、溶解氧、化学耗氧量等的测定。

1. pH 的测定

pH 是水化学中最重要、最经常检验的项目之一，现在广泛采用的是酸度计法（也可以考虑 pH 试纸法）测定。注意水的 pH 受二氧化碳含量、温度等的影响。

2. 硬度的测定（化学分析法）

水的硬度是由 $Ca^{2+}$、$Mg^{2+}$ 等引起，这些离子的总量称为总硬度。硬度的测定，现在常用配位滴定法，即在一定的条件下，以 EDTA 标液滴定（考虑共存离子的干扰、缓冲溶液、标液的配制与标定、指示剂等）。

3. 溶解氧的测定（化学分析法）

溶解于水中的氧称为“溶解氧”。水中溶解氧的含量与水温、气压、空气中氧的分压有关。溶解氧是水生生物必不可少的物质。水被还原性有机物污染时，溶解氧含量低。当溶解氧含量低于 $4g \cdot L^{-1}$ 时，水生生物可能因缺氧窒息而死。

一般天然水中溶解氧的测定，可用间接碘量法（Winkler 法）。被还原性物质污染的水，则必须除去还原性物质后再用碘量法测定（$KMnO_4$ 修正法）。

4. 化学耗氧量的测定（化学分析法）

化学耗氧量，是指在一定条件下，水中易被强氧化剂（$K_2Cr_2O_7$ 或 $KMnO_4$）氧化的还原性物质所消耗的氧的量。水中如果含有还原性有机物，会使溶解于水中的氧被消耗而减少，以致影响水中生物的生长，但是却常常有利于某些厌氧细菌或微生物等的繁殖。这些还原性有机物，一般必须在较高温度及特定条件下，才能和强氧化剂作用。水中可能含有无机还原性物质，如 $NO_2^-$、$S^{2-}$、$Fe^{2+}$、$Cl^-$ 等，这些物质在常温下就可以被强氧化剂氧化。由化学耗氧量的测定过程可知，化学耗氧量实际上主要是指水中还原性有机物的含量。所以化学耗氧量是水体被某些有机物污染的指标之一。

测定化学耗氧量（COD）时通常采用重铬酸钾法（$K_2Cr_2O_7$ 法），以 $mg \cdot L^{-1}$（$O_2$）表示；也可以用高锰酸钾法，并以水中易氧化的物质所消耗的高锰酸钾量（$mg \cdot L^{-1} KMnO_4$）表示。

在水质检验中，有时还要求测定生物化学耗氧量。生物化学耗氧量是指当微生物存在时，氧化某些有机物所消耗的氧的量，和化学耗氧量意义不同。

5. 可溶性磷酸盐和总磷的测定（分光光度法）

磷是生物生长的必需元素之一，但磷量过高（如超过 $0.2mg \cdot L^{-1}$），则造成藻类的过度繁殖，使水质变坏。水中存在各种形态的磷，包括可溶性、不溶性的无机磷和有机磷，通过测定水中的磷酸盐含量可估计水体是否受污染以及受污染的程度。分析水中的总磷时，可以先用过硫酸钾处理，使不同形态的磷转化为可溶性的磷酸盐，再用磷钼蓝分光光度法测量。

6. 其他有毒离子，如 $Hg^{2+}$、$Pb^{2+}$、$Cd^{2+}$、Cr(Ⅵ) 等的测定（分光光度法）

$Hg^{2+}$：包括有机汞和无机汞，毒性都很强。

有机汞进入水体后经微生物作用甲基化，能变成毒性更强的甲基汞，有机汞还可富集于生物体（如鱼类）中。汞的测定中，被广泛认可的是冷蒸气技术（AAS，即原子吸收法）。此外，还可以用双硫腙分光光度法（工作波长 485nm）。

$Pb^{2+}$：有毒离子。其测定有 AAS、双硫腙分光光度法（工作波长 620nm）等。

$Cd^{2+}$：有毒离子。其测定有 AAS、氯仿萃取双硫腙分光光度法（工作波长 530nm）等。

Cr(Ⅵ)：有毒元素。其测定有 AAS、二苯卡巴腙分光光度法（工作波长 540nm）等。

## 三、实验内容

1. 自拟分析方案

根据所学习过的分析方法知识，自选拟出包含下列项目之二的分析方案，并提交给有关的指导教师审阅。实验完毕，写出实验报告（包括实验项目、原理、步骤、仪器和试剂、数据处理、测定结果及其表示、心得体会及建议等）。

（1）pH 的测定。

（2）硬度的测定。

（3）溶解氧的测定。

（4）化学耗氧量的测定。

（5）可溶性磷酸盐和总磷的测定。

（6）有毒离子，如 $Hg^{2+}$、$Pb^{2+}$、$Cd^{2+}$、Cr(Ⅵ) 等的测定。

2. 方案的设计要求写出

（1）所采用测定方法的简单原理及注意事项。

（2）所需的仪器和试剂。

（3）操作步骤（包括取样、样品处理、试剂的配制、用量等）。

（4）有关计算公式、结果表示和误差来源。

# 实验八十　废弃物的综合利用——含铬废液的处理与比色测定（分光光度法）

## 一、实验目的

1. 了解含 Cr(Ⅵ) 废液的常用处理方法。

2. 了解分光光度法测定 Cr(Ⅵ) 的原理及方法。

## 二、实验原理

含铬的工业废液，其铬的存在形式多为 Cr(Ⅵ) 及 Cr(Ⅲ)。Cr(Ⅵ) 的毒性比 Cr(Ⅲ) 大 100 倍，它能诱发皮肤溃疡、贫血、肾炎及神经炎等。工业废水排放时，要求 Cr(Ⅵ) 的含量不超过 $0.3mg \cdot L^{-1}$，而生活饮用水和地面水，则要求 Cr(Ⅵ) 的含量不超过 $0.05mg \cdot L^{-1}$。Cr(Ⅵ) 的除去方法，通常在酸性条件下用还原剂将 Cr(Ⅵ) 还原为 Cr(Ⅲ)，然后在碱性条件下，将 Cr(Ⅲ) 沉淀为 $Cr(OH)_3$，经过滤除去沉淀而使水净化。

分光光度比色法测定微量 Cr(Ⅵ)，常用二苯碳酰二肼 $CO(NHNHC_6H_5)_2$ 在微酸性条件下作为显色剂，生成紫红色化合物，其最大吸收波长在 540nm 处。该反应机理可参看本实验末的文献。

## 三、实验用品

仪器：72 型或 721 型分光光度计等。

药品：$H_2SO_4$($6mol \cdot L^{-1}$)，$FeSO_4 \cdot 7H_2O$(s)，NaOH($6mol \cdot L^{-1}$)，二苯胺磺酸钠（0.5%）。Cr(Ⅵ) 标准溶液：称取 0.1414g $K_2Cr_2O_7$（已在 140℃左右干燥 2h）溶于适量蒸馏水中，然后用容量瓶定容至 500mL，此溶液含 Cr(Ⅵ) 量为 $100mg \cdot L^{-1}$。准确吸取上述标准溶液 10.00mL，置于 1000mL 容量瓶中，用蒸馏水定容至标线，此溶液含 Cr(Ⅵ) 量为 $1.00mg \cdot L^{-1}$。

二苯碳酰二肼乙醇溶液：称取邻苯二甲酸酐 2g，溶于 50mL 乙醇中，再加入二苯碳酰二肼 0.25g，溶解后贮于棕色瓶中，此溶液可保存两周左右。

硫磷混酸：150mL 浓硫酸与 300mL 水混合，冷却，再加 150mL 浓磷酸，然后稀释至 1000mL。

## 四、实验内容

1. 除去含 Cr(Ⅵ) 废液中的 Cr(Ⅵ)

视含 Cr(Ⅵ) 废液的酸碱性及含量高低等具体情况，可先在实验室进行小型试验。具体步骤如下：

首先检查废液的酸碱性，若为中性或碱性，可用工业硫酸（或不含有害物质的工业副产品硫酸）调节废液至弱酸性。取出一定量的上述溶液，滴入几滴二苯胺磺酸钠指示剂，使溶液呈紫红色，慢慢加入 $FeSO_4$(s) 或 $FeSO_4$ 饱和溶液并充分搅拌，直至溶液变为绿色，再多加入 2%左右的 $FeSO_4$，加热，继续充分搅拌 10min。

将 CaO 粉末或 NaOH 溶液加至上述热溶液中，直至有大量棕黄色 [Cr(Ⅵ) 含量高时，可达棕黑色] 沉淀产生，并使溶液 pH 值在 10 左右。

待溶液冷却后过滤，滤液应基本无色。该水样留作下面分析 Cr(Ⅵ) 含量用。

2. 工作曲线的绘制

在 6 个 50mL 容量瓶中，用吸量管分别加入 0.25mL、0.50mL、1.00mL、2.00mL、

4.00mL、8.00mL 的 Cr(Ⅵ)(1.00mg·$L^{-1}$) 标准溶液，加入硫磷混酸 1.0mL，加蒸馏水至 20mL 左右，然后加入 1.5mL 二苯碳酰二肼溶液，用蒸馏水稀释至刻度，摇匀。放置 10min 后，立即以空白溶液为参比，在 540nm 波长下，测出各溶液的吸光度，并绘出吸光度 $A$ 与 Cr(Ⅵ) 含量的工作曲线（$A$-$m$[Cr(Ⅵ)]曲线）。

3. 水样的测定

将上述水样首先用 6mol·$L^{-1}$ $H_2SO_4$ 调至 pH=7 左右，准确量取 25mL 水样置于 50mL 容量瓶中，按上法显色，定容，在同样条件下测出吸光度值，并从工作曲线上求出相应的 $m$[Cr(Ⅵ)]，然后计算水样中 Cr(Ⅵ) 含量（单位为 mg·$L^{-1}$）。

## 五、注意事项

1. Cr(Ⅵ) 的还原需在酸性条件下进行，故必须首先检查废液的酸碱性。

2. 若废液中 Cr(Ⅵ) 含量在 1g·$L^{-1}$ 以下，可将 $FeSO_4 \cdot 7H_2O$ 配成饱和溶液加入，这样易控制 $Fe^{2+}$ 的加入量。

3. 二苯碳酰二肼溶液应接近无色，如已变成棕色，则不宜使用。

4. 比色测定时最适宜的显色酸度为 0.2mol·$L^{-1}$ 左右。

5. 如用 72 型分光光度计测定，可选用 3cm 比色皿。

## 六、数据记录与处理

数据记录与处理见表 8-7。

表 8-7　六价铬的吸光度测量值

| 吸取 Cr(Ⅵ)体积/mL | 0.50 | 1.00 | 2.00 | 4.00 | 6.00 | 8.00 | 水样 |
|---|---|---|---|---|---|---|---|
| Cr(Ⅵ)含量/mg·$L^{-1}$ | | | | | | | |
| 吸光度 $A$ | | | | | | | |

## 七、思考题

1. 本实验从工作曲线上求得的是处理后的废液中 Cr(Ⅵ) 的含量，Cr(Ⅲ) 的存在对测定有无影响？如何测定处理后废液中的总铬含量？

2. 本实验比色测定中所用的各种玻璃器皿能否用铬酸洗液洗涤？如何洗涤可保证实验结果的准确性？

## 参考资料


[1] Willems GJ，et al，Anal Chim Acta，1977，88：345.

[2] 王志铿，方国春，李星辉．武汉大学学报（自然科学版），1988，(3)：128.


# 实验八十一　植物生长调节剂中间体对氯苯氧乙酸的制备

## 一、实验目的

1. 了解对氯苯氧乙酸的制备方法。

2. 复习机械搅拌、分液漏斗的使用、重结晶、蒸馏等操作。

3. 学习多步法合成有机物。

## 二、实验原理

本实验遵循先缩合后氯化的合成路线，采用浓盐酸加过氧化氢和次氯酸钠在酸性介质中的分步氯化来制备对氯苯氧乙酸。

其反应式如下：

$$ClCH_2COOH \xrightarrow{Na_2CO_3} ClCH_2COONa \xrightarrow{C_6H_5OH,\ NaOH} C_6H_5OCH_2COONa \xrightarrow{HCl} C_6H_5OCH_2COOH$$

$$C_6H_5OCH_2COOH + HCl + H_2O_2 \xrightarrow{FeCl_3} p\text{-}Cl\text{-}C_6H_4OCH_2COOH$$

## 三、实验用品

仪器：搅拌器，回流冷凝管，滴液漏斗，三口烧瓶，水浴锅，锥形瓶。

药品：氯乙酸，苯酚，饱和 $Na_2CO_3$ 溶液，35% NaOH 溶液，冰醋酸，浓盐酸，33%过氧化氢，次氯酸钠，乙醇，乙醚，四氯化碳，三氯化铁等。

## 四、实验内容

（1）在装有搅拌器、回流冷凝管和滴液漏斗的 100mL 三口烧瓶中，加入 7.6g 氯乙酸和 10mL 水。开动搅拌，慢慢滴加饱和碳酸钠溶液（约需 10mL，如果超过 10mL，加入碳酸钠粉末），至溶液 pH 为 7～8。然后加入 5g 苯酚，再慢慢滴加 35%的氢氧化钠溶液，至反应混合物 pH 为 12。将反应物在沸水浴中加热约 0.5h。为防止 $ClCH_2COOH$ 水解，先加入 $Na_2CO_3$ 2g，再用饱和 $Na_2CO_3$ 溶液使之成盐，并且加碱的速度要慢。后反应过程中 pH 会下降，应补加氢氧化钠溶液，保持为 12，在沸水浴上再加热 15min。

（2）反应完毕，将三口烧瓶移出水浴，趁热转入锥形瓶中，在搅拌下用浓盐酸酸化至 pH＝3～4。在冰水浴中冷却，析出晶体，待结晶完成后，抽滤，粗产物用冷水洗涤 2～3 次，在 60～65℃下干燥。粗产物可直接用于对氯苯氧乙酸的制备。

（3）测定熔点和红外光谱，熔点 98～99℃。

（4）在装有搅拌器、回流冷凝管和滴液漏斗的 100mL 的三口烧瓶中加入 3g（0.02mol）上述制备的苯氧乙酸和 10mL 冰醋酸。将三口烧瓶置于水浴上加热，同时开动搅拌。开始滴加时，可能有沉淀产生，不断搅拌后又会溶解，盐酸不能过量太多，否则会生成钅羊盐而溶于水。若未见沉淀生成，可再补加 2～3mL 浓盐酸。

（5）待水浴温度上升至 55℃时，加入少许（约 20mg）三氯化铁和 10mL 浓盐酸。当水浴温度升至 60～70℃时，在 10min 内慢慢滴加 3mL 过氧化氢（33%），滴加完毕后保持此温度再反应 20min。升高温度使瓶内固体全溶，慢慢冷却，析出结晶。抽滤，粗产物用水洗涤 3 次。

（6）测熔点，熔点 158～159℃。

## 五、注意事项

1. 先用饱和碳酸钠溶液将氯乙酸转变为氯乙酸钠，以防止氯乙酸水解。因此，滴加碱液的速度宜慢。

2. HCl 勿过量，滴加 $H_2O_2$ 宜慢，严格控温，让生成的 $Cl_2$ 充分参与亲核取代反应。$Cl_2$ 有刺激性，特别是对眼睛、呼吸道和肺等器官。应注意操作勿使其逸出，并注意开窗通风。

3. 开始加浓 HCl 时，$FeCl_3$ 水解会有 $Fe(OH)_3$ 沉淀生成，继续加 HCl 又会溶解。

## 六、产品表征

（1）对氯苯氧乙酸熔点测定。

（2）对氯苯氧乙酸红外测定。

## 七、思考题

从亲核取代反应、亲电取代反应和产品分离纯化的要求等方面，说明本实验中各步反应调节 pH 的目的和作用。

# 实验八十二　从茶叶中提取咖啡因

## 一、实验目的

1. 学习天然物的提取技术和鉴定知识。
2. 掌握从茶叶中提取咖啡因的方法，索氏提取器的原理和操作。
3. 掌握利用升华方法纯化固体产物的原理和基本操作。
4. 掌握紫外-可见分光光度定性方法。
5. 掌握液相色谱定量检测咖啡因的方法。

## 二、实验原理

咖啡因存在于自然界的咖啡、茶和可拉果中。测定表明，茶叶中含咖啡因 1%～55%，鞣酸 11%～12%，色素、纤维素、蛋白质等约 0.6%。含结晶水的咖啡因为白色针状结晶粉末，味苦，能溶于水、乙醇、丙酮、氯仿等，微溶于石油醚。在 100℃时失去结晶水，开始升华，120℃时升华显著，178℃以上升华加快。无水咖啡因的熔点为 238℃。咖啡因是弱碱性化合物，能与酸成盐。

从茶叶中提取咖啡因，是用适当的溶剂（乙醇、氯仿、苯等），在索氏提取器中连续抽取，浓缩即得粗咖啡因，进一步可利用升华法提纯。

提纯得到的咖啡因首先采用紫外光谱法进行定性。定性方法主要通过对比纯品的紫外光谱进行。

提取得到的咖啡因的纯度采用液相色谱法进行测定。

## 三、实验用品

仪器：蒸馏仪器，索氏提取器，电热套，玻璃棒，表面皿，玻璃漏斗，棉花，滤纸，紫外-可见分光光度计，液相色谱仪，天平，蒸发皿。

药品：茶叶（10g），95%乙醇（90mL），氧化钙（4g），沸石，甲醇。

## 四、实验内容

（1）用滤纸制作圆柱状滤纸筒，称取 10g 茶叶末，装入滤纸筒中，将开口端折叠封住，放入提取筒中，将 150mL 圆底烧瓶安装于电热套上，放入 2 粒沸石，量取 95%乙醇 90mL 倒入圆底烧瓶，安装好索氏提取器，打开电源，加热回流，当提取筒中提取液颜色变得很浅时，说明被提取物已大部分被提取。停止加热，拆除索氏提取器（若提取筒中仍有少量提取液，倾斜使其全部流到圆底烧瓶中），安装冷凝管进行蒸馏，蒸出提取液中的大部分乙醇，至提取液浓缩至 10mL 时，停止蒸馏，趁热把浓缩液倒入蒸发皿中。

（2）往盛有提取液的蒸发皿中加入 4g 生石灰粉及 2 粒沸石，搅成浆状，放在电热套上加热蒸干，使之成粉状（不断搅拌，压碎块状物）。然后小火加热，焙炒片刻，除去水分。

（3）在蒸发皿上盖一张刺有许多小孔且孔刺向上的滤纸，再在滤纸上罩一个大小适宜的玻璃漏斗，漏斗中塞一团棉花，把蒸发皿放在电热套上加热，适当控制温度，当发现有棕色烟雾时，即升华完毕，停止加热。冷却后，取下漏斗，轻轻揭开滤纸，用刮刀将附在滤纸下面的咖啡因针状晶体刮下。

## 五、产品表征

（1）产品外观：白色针状晶体。

（2）取少量晶体溶解于去离子水中，采用紫外光谱法鉴定制备得到的咖啡因的纯度。

（3）取少量晶体溶解于甲醇溶液中，采用液相色谱法进一步确定咖啡因的纯度，并测定咖啡因的含量。

## 六、思考题

1. 采用何种色谱分离模式分离咖啡因样品最有效？

2. 采用色谱方法进行样品定量的方法有哪几种？常用的方法为哪一种，为什么？

3. 色谱定量方法有哪几种？

# 实验八十三　$Fe^{3+}$掺杂纳米 $TiO_2$ 材料的制备及光催化性能研究

## 一、实验目的

1. 掌握采用溶胶-凝胶法制备 $Fe^{3+}$ 掺杂纳米 $TiO_2$ 的方法。

2. 学习对纳米材料进行表征的方法。

3. 熟悉分光光度计的原理和使用。

## 二、实验原理

随着全球工业化进程的发展，能源危机和环境污染日益严重，如何解决能源和环境问题已成为社会关注的热点。由于优良的光催化性能，半导体光催化剂在污水处理、空气净化、保洁除菌等方面有着广阔的发展和应用前景。$TiO_2$ 光催化剂由于具有化学性质稳定、氧化性和还原性强、对生物无毒性和低成本等优点，已成为当前最具应用潜力的一种光催化材料。它可以将许多有机物降解为 $CO_2$ 和 $H_2O$。

但是，由于纯的 $TiO_2$ 光催化剂带隙较宽（$E_g$=312eV），只有在紫外线激发下价带电子才能跃迁到导带，形成光生电子和空穴。而且，由于光生电子和空穴的复合，导致其光量子效率很低。如何降低光生电子-空穴对（$e^-/h^+$）的复合，以及拓展和提高可见光催化性能，是推广 $TiO_2$ 光催化降解技术所面临的主要难题。

在 $TiO_2$ 中掺杂 $Fe^{3+}$ 是提高 $TiO_2$ 光催化活性的有效途径之一。掺杂 $Fe^{3+}$ 后的 $TiO_2$，其响应光谱向可见光扩展，并且可有效地抑制电子-空穴对的复合，提高 $TiO_2$ 的光催化效率，因此掺杂 $Fe^{3+}$ 的纳米 $TiO_2$ 得到了广泛的研究。采用水热法制备了 Fe 掺杂的纳米 $TiO_2$，以亚甲基蓝（MB）模拟印染废水，在卤钨灯（或太阳光）照射下对亚甲基蓝进行光催化降解，为其实际应用奠定了基础。

## 三、实验用品

仪器：722 型分光光度计，分析天平，烧杯，分液漏斗，容量瓶（50mL、10mL）。

药品：钛酸正丁酯，冰醋酸，超纯水，乙醇，$Fe(NO_3)_3\cdot 9H_2O$，以上均为分析纯。

## 四、实验内容

1. 样品的制备

纳米 $TiO_2$ 的制备采用 A、B 液混合的方法，依据体积比为钛酸正丁酯：无水乙醇：冰醋酸：水=1：6：0.3：0.3，具体操作如下。

（1）称取 0.09g $Fe(NO_3)_3\cdot 9H_2O$，加入 35mL 无水乙醇，然后再加入 100mL 烧杯中，

依次加入 10mL 钛酸正丁酯和 3mL 冰醋酸，搅拌 0.5h，得 A 液。

（2）另取 15mL 无水乙醇加入另一 100mL 烧杯中，依次加入 3mL 水和 1mL $HNO_3$，混合得 B 液。

（3）用分液漏斗将 B 液以每秒 1～2 滴速度滴加到 A 液中，用 $HNO_3$ 调节 pH=3，再混合搅拌 0.5h，使其充分反应。

（4）把盛混合溶液的烧杯放入 40℃恒温水浴锅中，静置陈化 2～3h，得白色凝胶。

（5）将该产品放在 80℃下干燥得粉末，抽滤洗涤至 pH=7，再干燥、研磨。

（6）最后在马弗炉中 450℃煅烧 1h，即可得纳米 $TiO_2$，称重，记录其质量。

用同样的方法制备纯的纳米 $TiO_2$ 粉末。

2. 样品的表征

物相组成表征在 Rigaku DMax-2500 型 X 射线衍射仪上完成［Cu $K_\sigma$（=0.15418nm）辐射，Ni 滤波片，石墨单色器，广角衍射测量范围 20°～80°］，通过 Hitachi H-800 型透射电子显微镜对形貌和粒度进行观测，测试时加速电压为 150kV，测试前样品在无水乙醇中超声分散 5～10min。在日本岛津公司型号为 UV-2550 型紫外-可见光谱仪上测量紫外-可见吸收光谱，样品池为 1cm 的石英槽。

3. 光催化实验

采用自制的光催化反应器，将适量的纳米粉体加入浓度为 $0.03g \cdot L^{-1}$ 的亚甲基蓝水溶液中，首先在暗处搅拌 30min，使亚甲基蓝分子在 $TiO_2$ 表面达到吸脱平衡，然后用磁力搅拌器搅拌，使催化剂保持悬浮状态，并用 300W 卤钨灯照射（也可用太阳光）。每隔 10min 取样一次，每次取样 2mL，$10000r \cdot min^{-1}$ 离心 3min，取上层清液，稀释后，用可见分光光度计测定上层清液的吸光度。用吸光度换算成浓度计算降解率（$G$）：

$$G=(A_0-A_t)/c_0 \times 100\%$$

式中，$A_0$ 为亚甲基蓝溶液的初始浓度下的吸光度；$A_t$ 为 $t$ 时刻光催化降解后亚甲基蓝溶液的吸光度。将 $TiO_2$ 和 $Fe^{3+}$ 掺杂的 $TiO_2$ 产品的降解效果作 $G$-$t$ 图，对比降解效果。

## 五、注意事项

1. 分光光度法测定亚甲基蓝工作曲线时，要求至少有五个有效数据在标准工作曲线上成图，并且相关度不能低于 0.99。

2. 降解过程中，每次取样需要高速离心，取上清液进行测定，否则影响吸光度测定效果。

## 六、思考题

1. 试另外提出两种制备纳米 $TiO_2$ 的方法。

2. 对比 $TiO_2$ 和 $Fe^{3+}$ 掺杂的 $TiO_2$ 产品的降解效果，并对结果进行讨论和误差分析。

# 实验八十四　表面活性剂的性质实验

## 一、实验目的

1. 用吊片法测定十二烷基硫酸钠的表面张力与浓度的关系曲线。

2. 了解表面活性剂的表面吸附性质。

3. 掌握 Sigma701 型自动表面张力测定仪的原理和使用方法。

## 二、实验原理

表面活性剂是一类具有多种灵活用途的有机化合物。除了大量作为日用洗涤剂外，还广泛应用于石油、煤炭、机械、化学、冶金、材料、轻工业及农业生产中。此外，表面活性剂科学与其他科学也有着密切的联系，特别是再生物物理化学和化学动力学领域中，表面活性剂逐渐成为重要的研究对象。因此，表面活性剂的开发与应用已成为一个非常重要的领域。通过本综合实验，让学生掌握表面活性剂的最基本的实验技术和知识。

在化学结构上，表面活性剂都是由非极性的、亲油（疏水）的长碳氢链和极性的亲水（疏油）的基团共同构成，这两个基团分处分子的两端，形成不对称的结构。因此，表面活性剂分子是一种两亲分子，具有亲油又亲水的两亲性质。亲油基团的差别主要表现在碳氢链的机构变化上，差别较小。亲水部分的基团则种类繁多，各式各样，所以表面活性剂的性质差异，除与碳氢链的长短、形状有关外，主要还与亲水基团的不同有关。亲水基团的结构变化远大于亲油基团，因而表面活性剂的分类，一般也以亲水基团的结构为依据。根据亲水基团的离子性或非离子性考虑，表面活性剂可分为阴离子、阳离子、非离子及两性表面活性剂等。表面张力是衡量表面活性剂大小的最重要的物理量。在表面活性剂溶液的浓度很稀时，溶液中的表面活性分子呈分散状态，表面上分子的状态是亲水基团留在水中，亲油基团伸向空气。由于表面活性剂分子在溶液表面上的吸附，溶液的表面张力随着表面活性剂浓度的增加而急剧下降。但当浓度超过一定值后，表面上的表面活性分子达到吸附饱和状态，溶液中的表面活性分子的亲油基团相互靠在一起而形成胶团，以减小亲油基团与水的接触面积。由于胶团不具有活性表面，溶液的表面张力不再随着表面活性剂浓度的增加而下降，这一定值称为临界胶团浓度（*cmc*）。

1. 表面张力和表面吸附量的测定

在一定的温度下，表面活性剂浓度、表面张力与表面吸附量之间的定量关系可用 Gibbs 吸附等温方程表达：

$$\Gamma=-\frac{c}{RT}\left(\frac{\mathrm{d}\gamma}{\mathrm{d}c}\right)_T \tag{8-10}$$

式中 $\Gamma$——气/液界面上的吸附量，$\mathrm{mol\cdot m^{-2}}$；

$\gamma$——溶液的表面张力，$\mathrm{N\cdot m^{-2}}$；

$T$——热力学温度，K；

$c$——表面活性剂浓度，$\mathrm{mol\cdot L^{-1}}$；

$R$——摩尔气体常数。

式（8-10）适用于非离子表面活性剂，对于离子表面活性剂，情况比较复杂。对于 1-1 型不水解的离子型表面活性剂，如 $Na^+R^-$（$R^-$ 为表面活性剂离子），在水溶液中基本完全电离。此时 Gibbs 吸附吸附方程应取式（8-11）形式：

$$\Gamma=-\frac{c}{nRT}\left(\frac{\mathrm{d}\gamma}{\mathrm{d}c}\right)_T \tag{8-11}$$

当溶液中有过量无机盐存在时，$n=1$；当溶液中无盐时，$n=2$。

用曲线拟合的方法找出 $\gamma$-$c$ 的关系式，然后求出 $(\mathrm{d}\gamma/\mathrm{d}c)_T$ 的表达式，代入 Gibbs 吸附公式，即可求出在不同浓度时气/液界面上的吸附量 $\Gamma$。

2. 吸附等温线

吸附等温线一般可分为两种类型。

(1) 理想表面模型　表面吸附和脱附的活化能与吸附量无关（$E_a=E_a^{\ominus}$，$E_a=E_d^{\ominus}$），

如 Langmuir 吸附等温方程。Langmuir 吸附等温方程被表示为：

$$\Pi = RT\Gamma_{\infty}\ln\left(1+\frac{c}{a}\right) = -RT\Gamma_{\infty}\ln\left(1-\frac{\Gamma}{\Gamma_{\infty}}\right)$$

$$\frac{\Gamma}{\Gamma_{\infty}} = \frac{\frac{c}{a}}{1+\frac{c}{a}}$$

式中 $\Pi$——表面压；

$a$——Langmuir-Szyszkowski 常数；

$\Gamma_{\infty}$——溶液表面极限吸附量；

$c$——溶液中表面活性剂的浓度。

（2）非理想表面模型 表面吸附和脱附的活化能与表面吸附量有关（$E_a = E_a^{\ominus} + \upsilon_a\Gamma$，$E_a = E_d^{\ominus} + \upsilon_d\Gamma$），如 Frumkin 方程：

$$\Gamma = \frac{\Gamma_{\infty}c}{a\exp\left(-\frac{2H}{RT}\times\frac{\Gamma}{\Gamma_{\infty}}\right)+c}$$

$$\Pi = -RT\Gamma_{\infty}\left[\ln\left(1-\frac{\Gamma}{\Gamma_{\infty}}\right)+\frac{H}{RT}\left(\frac{\Gamma}{\Gamma_{\infty}}\right)^2\right]$$

式中，$H = 1/2(\upsilon_a - \upsilon_d)\Gamma_{\infty}$；$\upsilon_a$、$\upsilon_d$ 是常数。当 $H = 0$ 时，Frumkin 方程还原为 Langmuir 方程。

3. 胶团形成的热力学函数

根据质量作用模型，胶团形成可看成是一种缔合过程。对于正离子表面活性剂在溶液中的缔合，采用关系式：

$$jC^{+} + (j-z)A^{-} = M^{z+}$$

胶团、$M^{z+}$ 是 $j$ 个表面活性剂的正离子和 $j-c$ 个表面活性剂的负离子牢固结合的聚合体。其平衡常数为：

$$K_M = \frac{F[M^{z+}]}{[C^+]^j[A^-]^{j-z}}$$

式中，$F = f_M/[(f_C)^j(f_A)^{(j-c)}]$（$f$ 为有关的活度系数）。

胶团形成的标准自由能变化为：

$$\Delta G_{MA}^{\ominus} = -\frac{RT}{j}\ln K_M = -\frac{RT}{j}\ln\frac{F[M^{z+}]}{[C^+]^j[A^-]^{j-z}}$$

一般情况下，在 $cmc$ 时，溶液的浓度很稀，而胶团聚集数 $j$ 较大，$(1/j)\ln(F[M^{z+}])$ 项可以略去，且 $[C^+] \approx [A^-] = cmc$，若 $z=0$，则：

$$\Delta G_{MA}^{\ominus} = 2RT\ln cmc$$

相应于这种处理的标准焓变化 $\Delta H_{MA}^{\ominus}$ 为：

$$\Delta H_{MA}^{\ominus} = -2RT^2\left(\frac{\partial \ln cmc}{\partial T}\right)_p$$

标准熵变化 $\Delta S_{MA}^{\ominus}$ 为：

$$\Delta S_{MA}^{\ominus}=\frac{\Delta H^{\ominus}-\Delta G^{\ominus}}{T}$$

## 三、实验用品

仪器：Sigma701 型自动表面张力测定仪，N1-2RC 低温恒温循环水槽。

药品：十二烷基硫酸钠（A. R.）等。

## 四、实验内容

（1）用重蒸馏水准确配制 0.002mol·L$^{-1}$、0.004mol·L$^{-1}$、0.006mol·L$^{-1}$、0.007 mol·L$^{-1}$、0.008mol·L$^{-1}$、0.009mol·L$^{-1}$、0.010mol·L$^{-1}$、0.012mol·L$^{-1}$、0.014mol·L$^{-1}$、0.016mol·L$^{-1}$、0.018mol·L$^{-1}$、0.020mol·L$^{-1}$ 的十二烷基硫酸钠各 100mL。

（2）仔细阅读自动表面张力测定仪说明书，掌握自动表面张力测定仪的原理和正确的使用方法。

（3）用重铬酸钾洗液清洗吊片和样品池。重铬酸钾溶液具有腐蚀性，要戴上橡胶手套，不可让洗液沾到皮肤和眼睛。

（4）分别测定上述溶液在温度为 25℃、30℃、35℃、40℃、45℃时的表面张力。

（5）实验完毕，要将吊片和样品池洗净并放回原处。

## 五、数据记录与处理

（1）作表面张力 $\gamma$ 与浓度 $c$ 的关系曲线。

（2）用曲线拟合的方法找出 $\gamma$-$c$ 的关系式，然后求出 $(\mathrm{d}\gamma/\mathrm{d}c)_T$ 的表达式，代入 Gibbs 吸附公式，求出在不同浓度时气/液界面上的吸附量 $\Gamma$，并作吸附量 $\Gamma$ 与浓度 $c$ 的关系曲线。

（3）用 Langmuir 吸附等温方程和 Frumkin 吸附等温方程分别对实验曲线进行拟合，找出实验曲线是符合哪种吸附等温方程。

（4）作 $cmc$ 与温度的关系曲线，计算出胶团形成的标准自由能、标准焓变化和标准熵变化，并列成表格。

## 六、思考题

1. 少量的杂质（如醇类）对十二烷基硫酸钠的表面张力会有什么影响？

2. 温度对十二烷基硫酸钠的表面张力会有什么影响？

3. 测定溶液的表面张力，除了吊片法外，还有哪些方法？请论述它们的优缺点。

4. 关于胶团形成的热力学，除了质量作用模型外，还有哪些模型？请讨论它们的优缺点。

# 实验八十五　石墨相 $C_3N_4$ 的制备及催化性能研究

## 一、实验目的

1. 了解石墨相 $C_3N_4$（g-$C_3N_4$）结构和特性，熟悉纳米 g-$C_3N_4$ 的性能和应用。

2. 掌握 g-$C_3N_4$ 的制备方法。

3. 了解 g-$C_3N_4$ 的光催化性能。

## 二、实验原理

氮化碳聚合物材料的发展最早可以追溯到 1834 年，Berzelius 制备了这种聚合物衍生物，Liebig 将其命名为“melon”。$C_3N_4$ 有 5 种不同的晶体结构，分别是 α-$C_3N_4$、β-$C_3N_4$、立方 $C_3N_4$、准立方 $C_3N_4$、g-$C_3N_4$。通过进一步研究发现，基于三均三嗪结构的 g-$C_3N_4$ 在外界环境下是能够稳定存在的，而且只有准立方 $C_3N_4$ 结构和 g-$C_3N_4$ 结构是直接带隙半导体，其他的都是间接带隙半导体，考虑到带隙能级，只有 g-$C_3N_4$ 可以作为光催化剂来使用（图 8-4）。

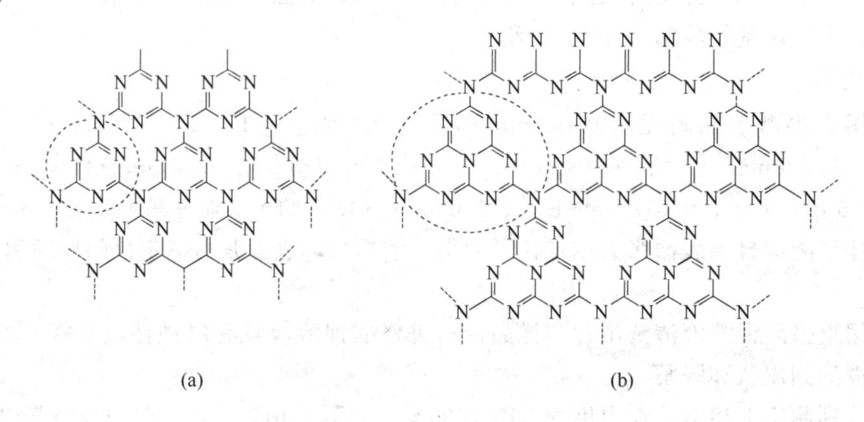


图 8-4　准立方 $C_3N_4$（a）和 g-$C_3N_4$（b）

g-$C_3N_4$ 作为光催化剂，具有一系列的优异性能。首先，g-$C_3N_4$ 拥有高的热稳定性。热重实验表明，空气中 600℃加热条件下，g-$C_3N_4$ 未发生分解产生气体，仍保持原有的形态；当加热到 630℃时，有连续的质量损失，说明 g-$C_3N_4$ 在该温度下发生汽化分解（见图 8-5）。研究者研究发现，采用不同方法制备的 g-$C_3N_4$ 的热稳定性会有一些不同，这可能是由于 g-$C_3N_4$ 采用不同的制备方法，其聚合程度不同，导致 g-$C_3N_4$ 的热稳定性不同。g-$C_3N_4$ 具有与石墨类似的层状结构，层与层之间存在范德华力，因此，g-$C_3N_4$ 在大多数溶剂（如水、乙醇、吡啶、乙腈、DMF 等）中能够稳定存在，具有良好的化学稳定性。此外，通过 UV-Vis 光谱和光致发光实验证明，g-$C_3N_4$ 吸收峰在 420nm 左右，即在可见光区有吸收。

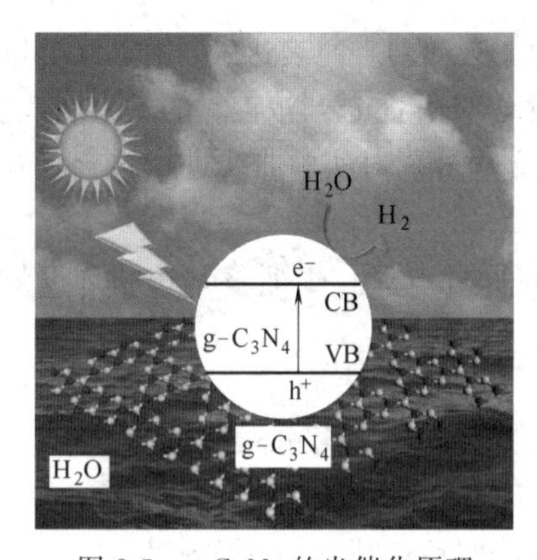


图 8-5　g-$C_3N_4$ 的光催化原理

热缩聚有机物法是将富含碳氮的有机物通过高温反应，脱去小分子生成产物 g-$C_3N_4$。

## 三、实验用品

仪器：JK-250DB 型数控超声清洗器，LG16C 型高速离心机，紫外-可见分光光度计，BS 224S 型赛多利斯电子天平，85-2 控温磁力搅拌器，马弗炉，氙灯光源，坩埚，100mL 小烧杯，移液管，离心管，磁力搅拌子，标签，洗耳球，胶头滴管。

药品：三聚氰胺，罗丹明 B，甲基橙，无水乙醇。

## 四、实验内容

1. 采用热解尿素的方法制备 g-$C_3N_4$

本实验中 g-$C_3N_4$ 合成采用热解三聚氰胺的方法制备。将一定量的三聚氰胺放在坩埚中，将放有三聚氰胺的坩埚放在 80℃的烘箱中干燥 24h，随后称量 2g 干燥好的三聚氰胺放入坩埚后放在马弗炉中，以 10℃·$min^{-1}$ 的升温速率上升到 550℃并保温 3h。待马弗炉冷却到室温后，将坩埚中 g-$C_3N_4$ 取出备用。

2. 光催化实验

（1）配制 500mL $1\times10^{-5}mol\cdot L^{-1}$ 的罗丹明 B 溶液。

（2）准备浓度为 $1\times10^{-5}mol\cdot L^{-1}$ 的罗丹明 B 溶液，并量取 50mL 倒入一个洗干净的烧杯中。

（3）取以上制好的 g-$C_3N_4$ 约 0.05g 加入烧杯中，放入搅拌子，在磁力搅拌器上搅拌大约 0.5h。

（4）打开光源，在磁力搅拌下每隔 10min 取 2～3mL 的甲基橙溶液放入离心管中，在 $9000r\cdot min^{-1}$ 的情况下，离心 4min。取出液体。

（5）取若干组样后，取一组浓度为 $1\times10^{-5}mol\cdot L^{-1}$ 的原样为参照组，然后使用紫外-可见分光光度计对溶液进行检测。

## 五、数据记录与处理

（1）认真记录实验操作过程中出现的现象。

（2）记录光催化数据及结论。

## 六、思考题

1. 如何制薄片状的 g-$C_3N_4$？

2. 查阅相关文献，给出 1～2 种制备 g-$C_3N_4$ 的其他方法。

# 实验八十六　硫化铜化合物的制备及对有机染料的芬顿矿化

## 一、实验目的

1. 了解硫化铜化合物的性能和应用。

2. 掌握水浴法制备硫化铜纳米晶的方法。

3. 了解芬顿矿化降解机制。

## 二、实验原理

环境污染的控制和治理是人类面临的重要难题，伴随着人类工业化的发展，经济得到了快速的发展，但与此同时在全球范围内人类赖以生存的环境受到了严重的破坏，如大气污染、海洋污染、城市环境污染等，间接导致了土地沙漠化、森林破坏以及人类自身疾病的增加。其中，水污染问题仍然是许多科研工作者所关注的焦点，水污染的主要污染来源是工业污染、生活污水和农业污水。有机染料是造成水污染的代表物之一，纺织等工业的发展离不开染料，它们相互促进相互发展。据报道，全球每年的染料产量达数十万吨，有 2% 是直接排出，由纺织等的生产流入自然界的约为 10%。这些染料基本是人工合成的，成分多样、结构复杂，大多是含有苯基、偶氮基等基团的物质，不仅难以在自然条件下生物降解而稳定存在，造成水体有色化严重、增加的化学需氧量不利于生物的生存，还能造成生物基因突变、人类致癌等潜在的危害。

Fenton，中文名为芬顿，到目前为止用人名作为无机化学反应名字的并不多，芬顿反应就是其中的一个。在 1893 年，化学家 Fenton 在他的研究中发现一个奇怪的现象，即 $H_2O_2$ 和 $Fe^{2+}$ 的混合溶液拥有很强的氧化性，当时很多已知的有机化合物都可以被最终氧化为小分子，并且有十分出色的氧化效果。但在后来的半个多世纪中，这种氧化剂却没能得到众多研究者的重视，是由于它的氧化性太强。到了 20 世纪 70 年代的时候，芬顿试剂得到了它应有的价值。在环境化学领域，可以除去难降解的有机污染物，如：印染废水、含油废水、焦化废水等领域。Fenton起初发现芬顿试剂的时候，并不知道过氧化氢和二价铁离子在一起到底生成了什么，而且这种物质的氧化性特别强。几十年以后，有些研究者推断在反应过程中很有可能生成了羟基自由基，否则，芬顿试剂的氧化性不可能如此之强。反应式如下：

$$Fe^{2+}+H_2O_2 = Fe^{3+}+OH^-+HO\cdot \quad (8\text{-}12)$$

$$Fe^{3+}+H_2O_2+OH^- = Fe^{2+}+H_2O+HO\cdot \quad (8\text{-}13)$$

$$Fe^{3+}+H_2O_2 = Fe^{2+}+H^++HO_2\cdot \quad (8\text{-}14)$$

$$HO_2\cdot+H_2O_2 = H_2O+O_2\uparrow+HO\cdot \quad (8\text{-}15)$$

后人发现过渡金属及其化合物有类似的效果，因此采用了一个较广泛应用的化学反应方程式来描述类芬顿在实际中发生的主要化学反应：

$$L_mM^{n+}+H_2O_2 = L_mM^{(n+1)+}+OH^-+HO\cdot \quad (8\text{-}16)$$

近些年，由于环境恶化进一步加剧，这种类芬顿催化降解有机物的方法又引起了科研工作者的重视。类芬顿反应是指低价的过渡金属离子与过氧化氢催化反应，产生了高活性羟基自由基，羟基自由基再将有机污染物最终氧化降解为无害的有机小分子。由于类芬顿反应中的羟基自由基的产生，属于化学反应，因此该方法具有快速、有效的优越性。

硫化铜作为一种类芬顿试剂，对有机染料的降解机理如下：

$$Cu^{2+}+H_2O_2 = H^++CuOOH^+ \quad (8\text{-}17)$$

$$CuOOH^+ = HOO\cdot+Cu^+ \quad (8\text{-}18)$$

$$Cu^++H_2O_2 = Cu^{2+}+OH^-+HO\cdot \quad (8\text{-}19)$$

$$HO\cdot+RH = R\cdot+H_2O \quad (8\text{-}20)$$

## 三、实验用品

仪器：水浴锅，干燥箱，真空循环水泵，镍勺，100mL高脚烧杯，100mL小烧杯，500mL容量瓶。

药品：$Cu(CH_3COO)_2\cdot H_2O$，硫脲，$H_2O_2$（30%），亚甲基蓝，去离子水，乙二胺。

## 四、实验内容

1. 样品的制备

（1）准确称取3mmol $Cu(CH_3COO)_2\cdot H_2O$和6mmol硫脲，依次加入100mL高脚烧杯中，加入60mL去离子水，磁力搅拌溶解，滴加5mL乙二胺，继续搅拌。

（2）取出搅拌子，将反应液放入90℃水浴锅并恒温反应4h。

（3）反应结束后，取出、冷却，陈化1h，依次加入蒸馏水、乙醇，洗涤，过滤，60℃干燥箱中干燥1h，获得产品备用。

2. 芬顿催化降解实验

（1）仔细认真配制$10mg\cdot L^{-1}$亚甲基蓝（MB）的模拟废水。

（2）称取80mg的CuS催化剂，将其加入100mL、浓度$c_0$为$10mg\cdot L^{-1}$亚甲基蓝

(MB) 的模拟废水中，在搅拌的情况下，暗吸附 2h。暗吸附过后，向溶液中加入 0.3mL $H_2O_2$，继续搅拌，每隔 2min、5min、15min、20min、25min、30min……取出 3～4mL 上层溶液，离心处理，取上清液，待测，直至不再褪色取样为止。

(3) 在紫外-可见分光光度计上测试其吸光度值 $A$，待测溶液中 MB 浓度的计算：

$$c_t = (A_t/A_0)c_0$$

模拟废水中 MB 降解率的计算：

$$降解率=[(c_0-c_t)/c_0]\times 100\%$$

(4) 同样的条件下，做空白（不加催化剂和 $H_2O_2$）和对照实验（加 $H_2O_2$，不加催化剂）。

## 五、数据记录与处理

(1) 认真记录实验操作过程中出现的现象（包括制备过程和催化实验过程）。

(2) 做出催化降解 MB 的降解率随降解时间 $t$ 的变化关系曲线图，进行对比、讨论分析。

## 六、思考题

1. 查阅芬顿催化的 1～2 篇相关文献。
2. 在催化降解实验过程中要注意哪些事项？

# 实验八十七　煤基材料中溶解性有机质的研究

## 一、实验目的

1. 掌握煤基材料溶出有机物的特性，熟悉光谱学仪器测试及分析技能。
2. 掌握煤基材料研磨、筛分、过滤等实验步骤，掌握光谱分析有机物特性的方法。
3. 培养热爱科学探究的兴趣，形成细致观察态度，树立环保节能的价值观。

## 二、实验原理

溶解性有机质（DOM）是一类具有复杂组成、结构及环境行为的有机混合物。DOM 包括腐殖质、蛋白质及其他芳香族或脂肪族有机化合物，其对重金属离子、有机污染物、金属氧化物的迁移转化等产生重要影响。煤基材料作为典型的工业原料及废弃物，很容易向水体中释放浸出物，最终容易对饮用水安全及周边生态系统构成潜在影响。因此，考察煤基材料中溶出 DOM 的 UV-vis 与 EEMs 特征有其必要性。

UV-vis 扫描波长为 200～500nm，$E_2/E_3$、$E_2/E_4$、$E_3/E_4$ 值分别通过 250nm 与 365nm、254nm 与 436nm 、300nm 与 400nm 处吸光度之比计算。新鲜度指数（$\beta:\alpha$）计算为 $E_x$=310nm 时，$E_m$ 在 380nm 荧光强度与 420～435nm 波段最大荧光强度比值；荧光指数（FI）为 $E_x$=370nm 时，$E_m$ 在 450nm 与 500nm 处荧光强度比值；生物源指数（BIX）为 $E_x$=310nm 时，$E_m$ 在 380nm 与 430nm 处荧光强度比值；腐殖化指数（HIX）为 $E_x$=254nm 时，$E_m$=435～480nm 与 $E_m$=300～345nm 荧光强度积分值的比值。

$$\alpha^*(\lambda)=2.303A(\lambda)/l \tag{1}$$

$$\alpha(\lambda)=\alpha^*(\lambda)-\alpha^*(700)\lambda/700 \tag{2}$$

式中，$\lambda$ 为波长，nm；$\alpha^*(\lambda)$ 为 $\lambda$ 条件下未去除误差的吸收系数，$m^{-1}$；$\alpha(\lambda)$ 为 $\lambda$

条件下去除误差的吸收系数，$m^{-1}$；$A(\lambda)$ 为 $\lambda$ 条件下吸光度；$l$ 为光程路径，0.01m。$\beta:\alpha$ 反映新生 DOM 所占比例，FI 表征 DOM 来源，BIX 衡量 DOM 自生源相对贡献，HIX 正比于腐殖化程度。

## 三、实验用品

仪器：紫外-可见分光光度计，荧光分光光度计。

药品：煤基材料（包括粉煤灰、煤矸石、煤炭等材料，煤基材料也可替换为土壤、湖泊沉积物、电厂飞灰等），氢氧化钠（分析纯），盐酸（分析纯），超纯水。

## 四、实验内容

1. 研磨已经干燥的煤基材料，通过筛分获得实验所用材料。

2. 称取 1g 粉煤灰加入 50mL 固定系列 pH 溶液中，采用 $0.1mol\cdot L^{-1}$ 盐酸或氢氧化钠溶液调节 pH，其调节范围为 3.00～11.00，考察 pH 影响。

3. 将制备的样品置于恒温（25℃）水浴中振荡不同时间，振荡结束后采用 0.45μm 滤膜过滤上清液，考察溶出的动力学。

4. 取上清液测紫外-可见分光光谱与三维荧光光谱，并分析数据。

5. 计算光谱参数 $E_2/E_3$、$E_2/E_4$、$E_3/E_4$ 值及 $\beta:\alpha$、FI 、BIX、HIX，并绘图与分析 pH 和时间对参数的影响。

## 五、数据记录与处理

1. pH 影响数据（25℃）

本组数据选做材料：__________，数据记录入表 8-8。

表 8-8　pH 对荧光参数的影响

| pH | 时间 | $E_2/E_3$ | $E_2/E_4$ | $E_3/E_4$ | $\beta:\alpha$ | FI | BIX | HIX | 电导率 | 终 pH |
|---|---|---|---|---|---|---|---|---|---|---|
|  | 2h |  |  |  |  |  |  |  |  |  |
|  | 2h |  |  |  |  |  |  |  |  |  |
|  | 2h |  |  |  |  |  |  |  |  |  |

2. 时间影响数据（25℃）

本组数据选取 pH：__________，数据记录入表 8-9。

表 8-9　溶出时间对荧光参数的影响

| 时间 | $E_2/E_3$ | $E_2/E_4$ | $E_3/E_4$ | $\beta:\alpha$ | FI | BIX | HIX | 电导率 | 终 pH |
|---|---|---|---|---|---|---|---|---|---|
| 0.5h |  |  |  |  |  |  |  |  |  |
| 1h |  |  |  |  |  |  |  |  |  |
| 1.5h |  |  |  |  |  |  |  |  |  |
| 2h |  |  |  |  |  |  |  |  |  |
| 2.5h |  |  |  |  |  |  |  |  |  |

3. 数据绘图分析示例

选取地铁渣土为研究对象，图 8-6 为其 DOM 的 UV-vis 图。DOM 吸光度在波长 200～500nm 呈指数递减，250～280nm 处的吸收峰为木质素磺酸及其衍生物所引起。pH 升高 DOM 的吸光度增大，说明 pH 升高有利于 DOM 溶出。图 8-7 所示为 pH5.42 条件下溶出 DOM 的 EEMs 图，A 峰与 B 峰分别为色氨酸与酪氨酸。

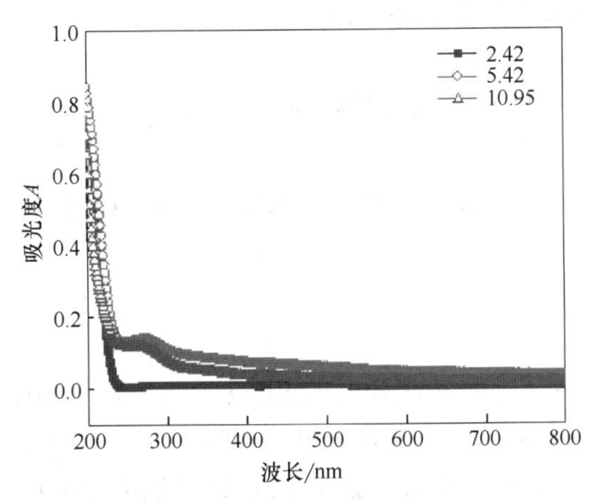


图 8-6　DOM 紫外-可见吸收光谱曲线

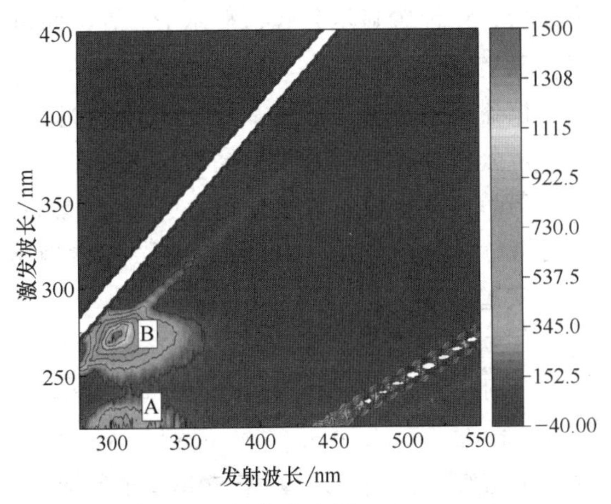


图 8-7　三维荧光光谱（pH＝5.42）

## 六、思考题

1. pH 对 DOM 的电导率大小有什么影响？可能存在的原因是什么？

2. UV-vis 参数 $E_2/E_3$、$E_2/E_4$、$E_3/E_4$ 随 pH 变化有何规律？

3. 荧光光谱参数（FI、BIX、HIX、$\beta:\alpha$）表示的意义及其与 pH 是否存在相关性？

## 参考资料

[1]　孟庆俊，李小孟，高波，等．煤中可溶性有机质荧光光谱特征及其对微量元素赋存的影响．煤炭学报，2017，42（1）：257-266.

[2]　赵丽，田云飞，王世东，等．煤矸石中溶解性有机质（DOM）溶出的动力学变化．煤炭学报，2017，42（9）：2455-2461.

[3]　翟红侠，赵越，李盈盈，等．不同 pH 溶液对粉煤灰中溶解性有机质光谱特征的影响［J］．煤炭转化，2023，46（3）：70-80.

# 实验八十八　不同形貌氧化镁的制备及其除磷性能实验

## 一、实验目的

1. 加深理解吸附的基本原理，掌握吸附实验的操作方法。

2. 学会制备不同形貌的氧化镁，掌握除磷的方法与步骤。

3. 了解制备不同形貌氧化镁的影响因素，培养环境保护意识。

## 二、实验原理

本实验考察氧化镁对磷的吸附规律，并分析不同实验条件下氧化镁对磷酸盐的吸附性能。磷在氧化镁上的吸附行为受诸多因素影响，包括 pH 值、磷初始浓度、温度、固液比与溶液中溶解有机质含量等。按如下公式计算氧化镁对磷的吸附量：

$$q_e=\frac{(c_0-c_e)V}{m}$$

式中，$q_e$ 为平衡吸附量，mg/g；$c_0$ 为溶液中磷的初始浓度，mg/L；$c_e$ 为吸附平衡后溶液中剩余磷的浓度，mg/L；$V$ 为磷溶液体积，mL；$m$ 为氧化镁质量，mg。

线性拟合的方法是先在表格中输入横、纵坐标数据，点插入散点图后，右击散点添加趋势线后，点设置显示公式、显示 $R^2$ 值，即可根据公式计算其他参数。

## 三、实验用品

仪器：恒温振荡摇床，原子吸收分光光度计，pH 计，磁力搅拌器，50mL 离心管，移液器，分析天平，离心机，烧杯。

药品：氧化镁，氢氧化钙，(1+1) 硫酸，10%抗坏血酸溶液，钼酸盐溶液，磷酸盐标准溶液（2mg·L$^{-1}$），1000mg·L$^{-1}$ 的含磷溶液。

## 四、实验内容

1. 标准曲线的绘制

分别取 0.0mL、0.50mL（0.02mg·L$^{-1}$）、1.00mL（0.04mg·L$^{-1}$）、3.00mL（0.12mg·L$^{-1}$）、5.00mL（0.2mg·L$^{-1}$）、10.0mL（0.4mg·L$^{-1}$）、15.0mL（0.6mg·L$^{-1}$）磷酸盐标准溶液（2mg·L$^{-1}$）于 50mL 比色管中，用水稀释至标线。加入 1mL 10%抗坏血酸溶液，混匀。30s 后加 2mL 钼酸盐溶液充分混匀，静置 15min，于 700nm 波长处测量吸光度，与对应的磷含量绘制标准曲线。

2. 氧化镁的制备

配制 40mL 浓度为 4mol·L$^{-1}$ 的氯化镁溶液，加入适当的表面活性剂，加入 10mL 固液比为 1∶10 的氢氧化钙或氢氧化钠料浆，搅拌均匀后将料浆转移至 100mL 烧杯中反应 2h，经抽滤、洗涤、干燥、煅烧得氧化镁。

3. 吸附动力学的测定

取 12 支 50mL 的离心管，分别装入初始浓度为 20mg·L$^{-1}$ 的磷溶液和 0.02g 氧化镁放入 25℃的振荡器振荡，间隔 10min、20min、30min、1h、2h、3h、4h、5h、6h、7h、8h 和 9h（注：10min 取第 1 支管，20min 取第 2 支管，依次类推），取上清液稀释 50 倍后测定剩余磷浓度，并计算吸附量大小。磷含量的测定：取上清液（5mL），稀释至 50mL 后，加入 1mL 10%抗坏血酸溶液、2mL 钼酸盐溶液，混匀，静置 15min，于 700nm 波长处测量吸光度。

4. 吸附等温线的测定

由 1000mg·L$^{-1}$ 的磷溶液稀释配制 50mL 初始浓度分别为 20mg·L$^{-1}$、40mg·L$^{-1}$、60mg·L$^{-1}$、80mg·L$^{-1}$、100mg·L$^{-1}$ 的磷溶液 3 组，分别加入 0.02g 氧化镁后，第 1 组放入 25℃振荡器振荡，第 2 组放入 35℃振荡器振荡，第 3 组放入 45℃振荡器振荡，达到吸附平衡后，取上清液分别稀释 50 倍、100 倍、150 倍、200 倍、250 倍后测定剩余磷的浓度，磷含量的测定按照上述步骤，并计算吸附量大小。

## 五、数据记录与处理

1. 吸附动力学数据（25℃）

时间对吸附量的影响见表 8-10。

**表 8-10 时间对吸附量的影响**

| 时间 | 初始浓度 $c_0$/(mg/L) | 氧化镁用量/g | 稀释倍数 | 吸附量/(mg/g) |
|---|---|---|---|---|
| 10min | 20 | 0.02 | 50 | |
| 20min | 20 | 0.02 | 50 | |
| 30min | 20 | 0.02 | 50 | |
| 1h | 20 | 0.02 | 50 | |

续表

| 时间 | 初始浓度 $c_0$/(mg/L) | 氧化镁用量/g | 稀释倍数 | 吸附量/(mg/g) |
|---|---|---|---|---|
| 2h | 20 | 0.02 | 50 | |
| 3h | 20 | 0.02 | 50 | |
| 4h | 20 | 0.02 | 50 | |
| 5h | 20 | 0.02 | 50 | |
| 6h | 20 | 0.02 | 50 | |

采用时间为横坐标，吸附量为纵坐标绘制图，并利用表 8-11 公式线性拟合或非线性计算。

**表 8-11 动力学模型**

| 模型名称 | 公式 | 线性拟合方法 | 参数 | $R^2$ |
|---|---|---|---|---|
| 准一级动力学模型 | $q_t=q_{e,c}(1-e^{-k_1t})$ | $q_t$ 为纵坐标，$t$ 为横坐标，作散点图后线性拟合 | | |
| 二级动力学 | $\frac{t}{q_t}=\frac{1}{k_2q_e^2}+\frac{1}{q_e}t$ | $\frac{t}{q_t}$为纵坐标，$t$ 为横坐标，作散点图后线性拟合 | | |
| Elovich | $q_t=\frac{1}{\beta}\ln(\alpha\beta)+\frac{1}{\beta}\ln t$ | $q_t$ 为纵坐标，$\ln t$ 为横坐标，作散点图后线性拟合 | | |
| 质粒扩散 | $q_t=k_p\sqrt{t}+C$ | $q_t$ 为纵坐标，$\sqrt{t}$ 为横坐标，作散点图后线性拟合 | | |

2. 吸附等温线数据（见表 8-12）

**表 8-12 温度对吸附量的影响**

| 分组 | 初始浓度 $c_0$/(mg/L) | 氧化镁用量/g | 稀释倍数 | 吸附量/(mg/g) |
|---|---|---|---|---|
| 第 1 组 25℃ | 20 | 0.02 | 50 | |
| | 40 | 0.02 | 100 | |
| | 60 | 0.02 | 150 | |
| | 80 | 0.02 | 200 | |
| | 100 | 0.02 | 250 | |
| 第 2 组 35℃ | 20 | 0.02 | 50 | |
| | 40 | 0.02 | 100 | |
| | 60 | 0.02 | 150 | |
| | 80 | 0.02 | 200 | |
| | 100 | 0.02 | 250 | |
| 第 3 组 45℃ | 20 | 0.02 | 50 | |
| | 40 | 0.02 | 100 | |
| | 60 | 0.02 | 150 | |
| | 80 | 0.02 | 200 | |
| | 100 | 0.02 | 250 | |

采用平衡浓度 $c_e$(mg/L) 为横坐标，吸附量为纵坐标绘图，并利用表 8-13 公式线性拟合或非线性计算。

**表 8-13　等温吸附模型**

| 模型名称 | 公式 | 线性拟合方法 | 温度/℃ | $R^2$ |
| --- | --- | --- | --- | --- |
| Langmuir 方程 | $\frac{c_e}{q_e}=\frac{c_e}{q_m}+\frac{1}{q_m K_L}$ | $\frac{c_e}{q_e}$为纵坐标，$c_e$ 为横坐标，作散点图后线性拟合 | | |

## 六、思考题

1. 查阅资料通过 Freundlich 方程拟合等温曲线，比较拟合非线性相关系数与 Langmuir 方程非线性拟合相关系数大小关系，并分析原因。

2. 尝试计算热力学参数 $\Delta H$、$\Delta G$、$\Delta S$ 数值，并分析其大小说明了什么规律。

3. 结合所学仪器，选择 1 台其他仪器可用于检测氧化镁对磷的吸附，并说明其检测的原理。

## 参考资料


[1] 苟生莲，乃学瑛，肖剑飞，等. 碱式氯化镁晶须制备纳米氧化镁热分解动力学研究. 无机材料学报，2019，34 (7)：781-785.

[2] 谢发之，圣丹丹，胡婷婷，等. 针铁矿对焦磷酸根的吸附特征及吸附机制. 应用化学，2016，33 (3)：343-349.


# 实验八十九　壳聚糖的制备

## 一、实验目的

1. 掌握脱除乙酰基的方法及回流操作。

2. 掌握物质的洗涤、过滤操作。

## 二、实验原理

甲壳素是一种天然线型多糖，广泛存在于低等动物特别是节肢动物（如虾、蟹）的外壳及细胞壁中。甲壳素又名聚(1,4)-2-乙酰氨基-2-脱氧-β-D-葡萄糖，壳聚糖是甲壳素的脱乙酰化产物，又名聚(1,4)-2-氨基-2-脱氧-β-D-葡萄糖。由于甲壳素大分子中存在大量的氢键作用，使其溶解性能很差，不溶于碱及其他有机溶剂，也不溶于水，仅溶于浓盐酸、磷酸、硫酸、乙酸，从而限制了其应用。而甲壳素的脱乙酰化产物——壳聚糖的溶解性能有所改善，可溶解于稀酸，而且具有一些独特的理化性质和生理功能，在医药、食品、化妆品、工农业及环保诸方面具有广泛的应用前景。

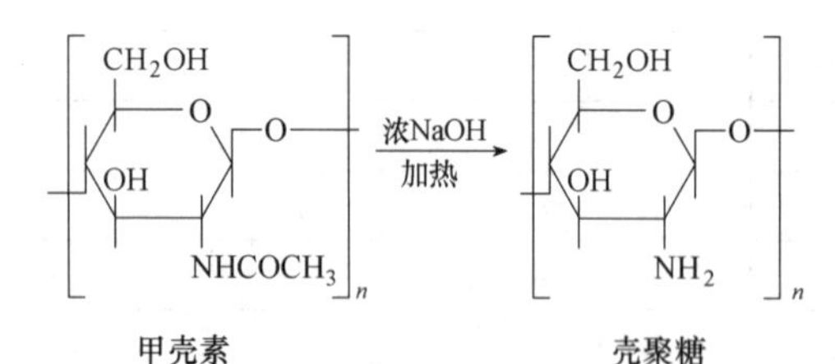


图 8-8　制备壳聚糖的反应

制备脱乙酰基简单而常用的方法是浓碱法，反应式如图 8-8 所示。甲壳素用热浓 NaOH 溶液处理，乙酰基脱除率主要受到 NaOH 浓度、温度、反应时间的影响。NaOH 作为反应催化剂，虽然浓度增大有利于催化酰胺水解，但是浓度太大也会促进糖苷键的断裂，致使大分子主链发生断裂而降解。一般 NaOH 的浓度在 40%～50%比较适宜。

上述反应过程很难快速达到 100%的脱除率，通常产物是一个酰氨基团和伯氨基团共存的体系。分子中伯氨基团含量越高，脱乙酰程度就越高。脱乙酰度的大小直接影响它在稀酸中的溶解能力、黏度、离子交换能力和絮凝能力等。壳聚糖的脱乙酰度大小是产品质量的重要标准。脱乙酰度可以通过测定分子中氨基含量来获得。游离氨基具有碱性，可吸收质子，故可用酸碱滴定法进行测定。为提高滴定准确性，采用先加过量盐酸中和游离氨基，再用标准氢氧化钠碱液滴定过量酸的反滴法。

## 三、实验用品

仪器：100mL 三口烧瓶，温度计，冷凝管，铁架台，铁夹，铁圈，石棉网，酒精灯，玻璃棒，100mL 烧杯，布氏漏斗，抽滤瓶，表面皿，分析天平，锥形瓶。

药品：甲壳素（工业品），50% NaOH，1.0% HAc，$1mol \cdot L^{-1}$ NaOH。

## 四、实验内容

1. 壳聚糖的制备

称取 2.0g 粉状甲壳素，小心量取 50mL 50% NaOH 加入 100mL 三口烧瓶中，混匀，装好温度计和回流装置，接通冷凝水，加热升温至 140℃，在此温度下回流 0.5h。冷却至室温，抽滤，滤液回收。产物用去离子水洗涤至中性（倾注法），抽滤，产物散开置于表面皿上，在干燥箱中干燥，称量，计算产率。

制备壳聚糖的装置见图 8-9。

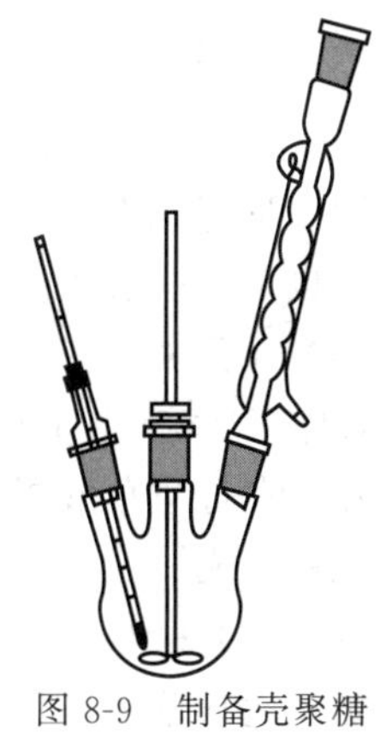

图 8-9　制备壳聚糖的装置

2. 壳聚糖的提纯

如时间允许，可进一步提纯。将洗涤、抽滤后的产物溶于 1.0%HAc 中，滤去不溶物，滤液用 $0.1mol \cdot L^{-1}$NaOH 调 pH＝8～10，抽滤，产物用去离子水洗涤至中性（倾注法），抽滤，产物散开置于表面皿上，在干燥箱中干燥，称量，计算产率。

3. 脱乙酰度的测定

准确称取 0.4～0.5g 产物于 250mL 锥形瓶中，加入 30.00mL $0.1mol \cdot L^{-1}$HCl 标准溶液，溶解后，以甲基橙为指示剂，用 $0.1mol \cdot L^{-1}$NaOH 标准溶液滴定至终点，按下式计算脱乙酰度（D. D.）：

$$NH_2\ 含量=\frac{(c_1V_1-c_2V_2)\times 16}{m}\times 100\%$$

$$D.D.=\frac{203\times NH_2\ 含量(\%)}{16+42\times NH_2\ 含量(\%)}$$

式中，$c_1$、$c_2$ 分别为 HCl、NaOH 的浓度，$mol \cdot L^{-1}$；$V_1$、$V_2$ 分别为 HCl、NaOH 的体积，L；16 为 $NH_2$ 的摩尔质量，$g \cdot mol^{-1}$；$m$ 为样品质量，g；42 为甲壳素与壳聚糖的单体摩尔质量差。

## 五、思考题

1. 脱除乙酰基的一般反应条件是什么？

2. 固体物的干燥方法有哪几种？

# 实验九十　三草酸合铁(Ⅲ)酸钾的制备、组成测定及表征

## 一、实验目的

1. 巩固配合物的制备及定性、定量化学分析的基本操作。

2. 掌握确定化合物化学式的基本原理及方法。

3. 学习热重、差热分析、磁化率测定、红外光谱分析、X射线粉末衍射分析的操作技术。

4. 通过实验的基本训练，培养学生分析与解决较复杂问题的能力。

## 二、实验原理

1. 性质与制备

三草酸合铁(Ⅲ)酸钾（含三个结晶水）为翠绿色的单斜晶体，易溶于水（溶解度0℃，$4.7g\cdot100g^{-1}$；100℃，$317.7g\cdot200g^{-1}$），难溶于乙醇。110℃下可失去全部结晶水，230℃时分解。此配合物对光敏感，受光照射分解变为黄色：

$$2K_3[Fe(C_2O_4)_3] \xlongequal{光} 3K_2C_2O_4+2FeC_2O_4+2CO_2$$

因其具有光敏性，所以常用来作为化学光量计。另外它是制备某些活性铁催化剂的主要原料，也是一些有机反应良好的催化剂，在工业上具有一定的应用价值。其合成工艺路线有多种，本实验采用的方法是首先由硫酸亚铁铵与草酸反应制备草酸亚铁：

$$(NH_4)Fe(SO_4)\cdot6H_2O+H_2C_2O \xlongequal{} 6FeC_2O_4\cdot2H_2O+(NH_4)_2SO_4+H_2SO_4+4H_2O$$

然后在过量草酸根存在下，用过氧化氢氧化草酸亚铁即可得到三草酸合铁酸钾，同时有氢氧化铁生成：

$$6FeC_2O_4\cdot2H_2O+3H_2O_2+6K_2C_2O_4 \xlongequal{} 4K_3[Fe(C_2O_4)_3]+2Fe(OH)_3+12H_2O$$

加入适量草酸可使$Fe(OH)_3$转化为三草酸合铁(Ⅲ)酸钾配合物：

$$2Fe(OH)_3+3H_2C_2O_4+3K_2C_2O_4 \xlongequal{} 2K_3[Fe(C_2O_4]_3+6H_2O$$

再加入乙醇，放置即可析出产物的结晶。其后几步总反应式为：

$$2FeC_2O_4\cdot2H_2O+2H_2O_2+K_2C_2O_4 \xlongequal{} 2K_3[Fe(C_2O_4)_3]\cdot3H_2O$$

2. 产物的定性分析

产物组成的定性分析，采用化学分析和红外吸收光谱法。

$Fe^{3+}$、$K^+$用化学分析方法进行鉴定，可以判断出它们是配合物的内界还是外界；草酸根和结晶水通过红外光谱分析。结晶水的吸收带在$3550\sim3200cm^{-1}$之间，一般在$3450cm^{-1}$附近，所以只要将产品红外光谱图的各吸收带与之对照即可得出定性的分析结果。

草酸根能以单齿、双齿形式与金属离子配位形成配合物，但最常见的是以双齿配位形成螯合结构的配合物。

3. 产物的定量分析

产物的定量分析，采用化学分析方法。通过定量分析可以测定各组分的质量分数，各离子、基团等的个数比，再根据定性实验得到对配合物内、外界的判断，从而可推断出产物的化学式。结晶水的含量采用重量分析方法。将已知质量的产品，在110℃下干燥脱水。待脱水完全后再进行称量，即可计算出结晶水的质量分数。

草酸根含量的测定用氧化还原滴定法。草酸根在酸性介质中，可被高锰酸钾定量氧化。其反应为：

$$5C_2O_4^{2-}+2MnO_4^-+16H^+ \xlongequal{} 2Mn^{2+}+10CO_2+8H_2O$$

铁的分析也采用氧化还原滴定法。在上述测定草酸根后剩余的溶液中，用过量还原剂锌粉将$Fe^{3+}$还原为$Fe^{2+}$，然后再用$KMnO_4$的标准溶液滴定$Fe^{2+}$，其反应为：

$$Zn+2Fe^{3+} \xlongequal{} 2Fe^{2+}+Zn^{2+}$$

$$5Fe^{2+} + MnO_4^- + 8H^+ \longrightarrow 5Fe^{3+} + Mn^{2+} + 4H_2O$$

由消耗高锰酸钾的量可计算出铁的质量分数。

钾的质量分数可由总量100%减去铁、草酸根、结晶水的质量分数而得到。

4. 产物的表征

(1) 配合物的类型、配离子电荷数的测定　该测定一般应用电导法或离子交换法（配合容量分析）。本实验采用离子交换法和电势法联合进行测定。当含配合物阴离子（$X^{n-}$）的溶液通过已转化为氯型的强碱性阴离子交换树脂时，就发生离子交换反应：

$$nR{\equiv}N^+Cl^- + X^{n-} \rightleftharpoons (R{\equiv}N^+)_nX + nCl^-$$

利用氯离子选择电极及离子计可测定出 $Cl^-$ 的浓度，计算出被置换 $Cl^-$ 的物质的量，进而计算出配离子的电荷数。

首先配制 $Cl^-$ 溶液的标准系列（离子强度大致相同），利用离子计、氯离子选择电极及参比电极测定其平衡电势，作出 $\lg c(Cl^-)$ 与其对应电势的工作曲线图，再测定未知浓度的 $Cl^-$ 溶液的平衡电势，从工作曲线中查出对应的 $\lg c(Cl^-)$，计算出 $Cl^-$ 的浓度。

(2) 配合物中心离子的外层电子结构　通过对配合物磁化率的测定，可推算出未成对电子数，推断出中心离子外层电子的结构、配键类型、立体化学结构，在某些情况下还需要与X射线晶体结构分析等手段相配合。

(3) 热重、差热分析　通过对TG曲线的分析，了解物质在升温过程中质量的变化情况；通过对DTA曲线的分析，可了解物质在升温过程中热量（吸热、放热）变化情况。所以对产品进行TG、DTA分析可测量出失去结晶水的温度、热分解温度及脱水分解反应热量变化的情况，各步失重的数量、含结晶水的个数对于判断反应的产物是极有帮助的。

(4) X射线粉末衍射分析　每种物质的晶体都具有自己独特的晶体结构，通过X射线衍射分析，由所产生的衍射图，可鉴别晶体的物相，测定简单晶体物质的晶胞参数等。

## 三、实验用品

仪器：PXD-2型离子计，磁天平，WCT-1计算机差热天平，BIO-RAD红外光谱仪，BDX-3200自动X射线衍射分析仪，分析天平，玛瑙研钵，吹风机，干烘器，电热干燥箱，恒温水浴，真空泵，吸滤瓶，漏斗，滴定管，烧杯，试管，称量瓶，锥形瓶，量筒。

药品：$(NH_4)_2Fe(SO_4)_2 \cdot 6H_2O$(C.P.)，$H_2SO_4$($3mol \cdot L^{-1}$)，$H_2C_2O_4 \cdot 2H_2O$，$K_2C_2O_4$(饱和)，$H_2O_2$(6%)，乙醇(95%，C.P.)，饱和酒石酸氢钠，KSCN($0.1mol \cdot L^{-1}$)，$CaCl_2$($0.5mol \cdot L^{-1}$)，$FeCl_3$($0.1mol \cdot L^{-1}$)，$KMnO_4$($0.0200mol \cdot L^{-1}$)。

## 四、实验内容

1. $K_3[Fe(C_2O_4)_3] \cdot 3H_2O$ 的制备

(1) 制取 $FeC_2O_4 \cdot 2H_2O$　称取 $(NH_4)_2Fe(SO_4)_2 \cdot 6H_2O$ 6.0g（如不做磁化率测定及X射线衍射分析，所用试剂量都可减半），放入250mL烧杯中，加入 $3mol \cdot L^{-1}$ $H_2SO_4$ 1mL、蒸馏水20mL，加热使之溶解。另称 $H_2C_2O_4 \cdot 2H_2O$ 3.5g，放到100mL烧杯中加35mL蒸馏水微热、搅拌、溶解。溶解后取22mL倒入上述250mL烧杯中，加热搅拌至沸，并维持微沸5min。静置，得到黄色 $FeC_2O_4 \cdot 2H_2O$ 沉淀，待沉降后用倾析法倒出上层清液，用热蒸馏水少量多次洗涤沉淀，以除去可溶性杂质（以在酸性条件下检验不到 $SO_4^{2-}$ 为止）。

(2) 制备 $K_3[Fe(C_2O_4)_3] \cdot 3H_2O$　往上述已洗涤过的沉淀中，加入饱和 $K_2C_2O_4$ 15mL，水浴加热至40℃，用滴管慢慢加入6% $H_2O_2$ 12mL，不断搅拌，在生成 $K_3[Fe(C_2O_4)_3]$ 的同时，有 $Fe(OH)_3$ 沉淀生成。然后将溶液加热至沸，并不断搅拌以除去过量的 $H_2O_2$。取适量由（1）配制的 $H_2C_2O_4$ 溶液渐渐加入上述保持沸腾的溶液中，不断搅拌，使沉淀完全溶解变为透明的绿色溶液为止。冷却后，加入 95％乙醇 15mL，在暗处放置、结晶。减压过滤，抽干后用少量乙醇洗涤产品，继续抽干，称量，计算产率，产品放在干燥器内避光保存。

（3）产物重结晶　为得到纯净的产物并用于分析，由学生自己设计方案，利用重结晶方法进行产物的纯制。

2. 产物的定性分析

（1）检定 $K^+$　在试管中取少量产物加蒸馏水溶解，再加入饱和酒石酸氢钠 1mL，充分摇动试管（可用玻璃棒摩擦试管内壁后放置片刻），观察现象。

（2）检定 $Fe^{3+}$　在试管中取少量产物加蒸馏水溶解，另取一支试管加入少量的 $FeCl_3$ 溶液，各加 KSCN($0.1mol \cdot L^{-1}$)2 滴，观察现象。在装有产物溶液的试管中加入 2 滴 $H_2SO_4$ ($3mol \cdot L^{-1}$)，再观察溶液颜色有何变化，解释实验现象。

（3）检定 $C_2O_4^{2-}$　在试管中取少量产物加蒸馏水溶解，另取一试管加入少量 $K_2C_2O_4$ 溶液，各加入 $CaCl_2$($0.5mol \cdot L^{-1}$) 2 滴，观察现象有何不同。

（4）利用红外光谱确定 $C_2O_4^{2-}$ 及结晶水　制样（取少量 KBr 晶体及小于 KBr 用量 1/100 的样品，在玛瑙研钵中研细，压片），在红外光谱仪上测定红外吸收光谱，并将谱图的各主要谱带与标准红外光谱图对照，确定是否含有 $C_2O_4^{2-}$（C═O、C—O、O—C═O、M—O、C—C 振动吸收谱带）及结晶水。

对实验（3）（4）的结果进行解释。根据实验（1）～（4）的结果，判断该产物是复盐还是配合物，配合物的中心离子、配位体、内界、外界各是什么？

3. 产物组成的定量分析

（1）结晶水含量的测定　洗净两个称量瓶（记下编号），在 110℃电热烘箱中干燥 1h，置于干燥器中冷却，至室温时在分析天平上称量。然后再放到 110℃电热烘箱中干燥 0.5h，即重复上述干燥—冷却—称量操作，直至恒重（两次称量相差不超过 0.3mg）为止。在分析天平上准确称取两份样品（产物）各 0.5～0.6g，分别放入上述已恒重的两个称量瓶中。在 110℃电热烘箱中干燥 3h，然后置于干燥器中冷却，至室温后，称量。重复上述干燥（0.5h）—冷却—称量操作，直至恒重。根据称量结果计算产品中结晶水的质量分数。

（2）草酸根含量的测定　在分析天平上准确称取两份样品（0.15～0.20g），分别放入两只锥形瓶中，加入 $3mol \cdot L^{-1}$ $H_2SO_4$ 10mL、蒸馏水 20mL，微热溶解，加热至 75～85℃（为加快滴定反应的速率，但温度再高草酸易分解），趁热用 $0.02000mol \cdot L^{-1}$ $KMnO_4$ 标准溶液进行滴定。先滴加 1～2 滴，待 $KMnO_4$ 褪色后，再继续滴入 $KMnO_4$，直到溶液呈粉红色（30s 内不褪色）即为终点（保留溶液待下一步分析使用）。根据消耗 $KMnO_4$ 溶液的体积，计算产物中 $C_2O_4^{2-}$ 的质量分数。

（3）铁含量的测定　在上述保留的溶液中加入一小牛角匙锌粉，加热近沸，直到黄色消失，将 $Fe^{3+}$ 还原为 $Fe^{2+}$ 即可。趁热过滤除去多余的锌粉，滤液收集到另一锥形瓶中，再用 5mL 蒸馏水洗涤漏斗并将洗涤液也一并收集在上述锥形瓶中。继续用 $0.0200mol \cdot L^{-1}$ $KMnO_4$ 标准溶液进行滴定，至溶液呈粉红色。根据消耗 $KMnO_4$ 溶液的体积，计算 $Fe^{3+}$ 的质量分数。

根据（1）～（3）的实验结果，计算 $K^+$ 的质量分数．再根据相关结论，推断出配合物的化学式。

4. 测定配离子电荷

（1）树脂的预处理及装柱　将市售的强碱性阴离子交换树脂用水多次洗涤，除去可溶性杂质，并在去离子水中浸泡数小时至一天，使其充分膨胀（使用新树脂可按产品使用说明书的要求进行预处理）。为使其转变为氯型，用5倍于树脂体积的$1mol \cdot L^{-1}$ HCl进行交换处理，最后用去离子水洗涤数次。

将处理过的树脂和水一起装入小离子交换柱中，树脂层高度约为15～20cm，并使水面要略高于树脂层，注意排除树脂及系统中的气泡。

用去离子水淋洗交换柱，用$AgNO_3$溶液检查流出液（在试管中取少量试液）。当仅出现轻微浑浊（留作以后比较使用），即可认为基本淋洗干净，用螺旋夹夹紧交换柱下端的出水口。

（2）离子交换　在分析天平上准确称取0.15～0.20g自制的$K_3[Fe(C_2O_4)_3] \cdot 3H_2O$，加入5mL去离子水溶解。将其转移（可分次转移）至交换柱内，同时松开外交换柱下部的螺旋夹并调节交换柱流出液的速度为$2mL \cdot min^{-1}$。交换后的溶液收集在100mL的容量瓶中，待交换柱内的液面与树脂床高齐平时，用5mL洗过小烧杯的去离子水洗涤树脂床，如此重复洗涤2～3次后，可直接用洗瓶的去离子水将管壁上残留的溶液冲洗下去（洗涤时每次用水量要少，且前一次洗涤的液面与树脂层齐平时再洗第二次）。待收集的流出液约60mL时，用$AgNO_3$溶液检查流出液，当仅出现轻微浑浊时[与（1）中留作比较使用的溶液进行对照]，即可停止淋洗。在容量瓶中加入$1mol \cdot L^{-1}$的$KNO_3$ 10.0mL（用10mL量筒量取），再用水将容量瓶内的溶液稀释至刻度，摇匀，待下一步测定氯离子的浓度用。

树脂回收集中再生处理：可用数倍树脂体积的$1mol \cdot L^{-1}$ HCl，分多次浸泡处理，或在交换柱中再生数小时，也可用高氯酸及盐酸溶液再生。

（3）氯离子浓度的测定

① KCl标准系列的配制。洗净四个100mL容量瓶并编号，按照表8-14的用量配制氯离子标准系列溶液（离子强度基本相同）各100.0mL。

**表8-14　用量配比**

| 编　　号 | 1 | 2 | 3 | 4 |
|---|---|---|---|---|
| $0.1000mol \cdot L^{-1}$ KCl取用量/mL | 1.0 | 5.0 | 10.0 | 50.0 |
| $1mol \cdot L^{-1}$ $KNO_3$取用量/mL | 10.0 | 10.0 | 9.0 | 5.0 |

② 测定KCl标准系列平衡电势值，绘制$E$-lg$c(Cl^-)$工作曲线。将配制的KCl标准系列溶液，分别移入四个50mL烧杯中（先用少量被测液冲洗干净的烧杯三次），按氯离子浓度由稀到浓的次序，用离子计（安装氯离子选择电极和饱和甘汞电极）测定其平衡电势值（可静态改动态加电磁搅拌测定）。

③ 将由（2）得到的待测未知$Cl^-$浓度的溶液，按照上述步骤测定其平衡电势值，并记录测定的数据。

数据处理：

① 绘制工作曲线。在坐标纸上以电势值为纵坐标，以lg$c(Cl^-)$为横坐标，绘制$E$-lg$c(Cl^-)$工作曲线。

② 根据所测样品的电势值，由工作曲线求得$Cl^-$浓度，并计算由树脂交换出的$Cl^-$物质的量，进一步推算出配离子的电荷数。

5. 配合物磁化率的测定

(1) 样品管的准备　洗涤磁天平的样品管（必要时用洗液浸泡），并用蒸馏水冲洗，再用乙醇、丙酮各冲洗一次，用吹风机吹干（可预先烘干）。

(2) 样品管的测定　在磁天平的挂钩上挂好样品管，并使其处于两磁极的中间，调节样品管的高度，使样品管底部对准电磁铁两极中心的连线（即磁场强度最强处）。在不加磁场的条件下称量样品管的质量。

通冷却水，打开电源预热（高斯计调零、校准，并将量程选择开关转到10K挡，如不接入高斯计，此步骤可免去）用调节器旋钮，慢慢调大输入电磁铁线圈的电流至5.0A（如用高斯计可记下相对数值），在此磁场强度下测量样品管的质量。测量后，用调节器旋钮慢慢调小输入电磁铁的电流，直至零为止，记录测量温度。

(3) 标准物质的测定　从磁天平上取下空样品管，装入已研细的标准物 $(NH_4)_2Fe(SO_4)_2 \cdot 6H_2O$（装样不均匀是测量误差的主要原因，因此需将样品一点一点地装入样品管，边装边在垫有橡皮板的桌面上轻轻撞击样品管，并要求每个样品填装的均匀程度、紧密状况都一致）至刻度处，在不加磁场和加磁场的情况下（与样品管的测定步骤完全相同的实验条件）测量"标准物质+样品管"的质量。取下样品管，倒出标准物，按步骤（1）的要求洗净并干燥样品管。

(4) 样品的测定　取产品（约2g）在玛瑙研钵中研细，按照标准物质测定步骤及实验条件，在不加磁场和加磁场的情况下，测量"样品+样品管"的质量。测量后关闭电源及冷却水。测量后的样品倒出，留作X射线粉末衍射分析使用。

实验数据记录于表8-15中。

**表 8-15　实验数据记录**

| 测量物品 | 无磁场时的称量数值 | 加磁场后的称量数值 | 加磁场后 $\Delta W$ |
|---|---|---|---|
| 空样品管 $W_0$ | | | |
| 标准物质＋空管 | | | |
| 样品＋空管 | | | |

根据实验数据和标准物质的比磁化率 $\chi_m = 9500 \times 10^{-6}/(T+1)$、计算样品的摩尔磁化率 $\chi_m$，近似得到样品的摩尔顺磁化率，计算出有效磁矩，求出样品 $K_3[Fe(C_2O_4)_3] \cdot 3H_2O$ 中心离子的未成对电子数 $n$，判断其外层电子结构，判断是属于内轨型还是外轨型配合物，或判断此配合物中心离子的d电子构型，形成高自旋还是低自旋配合物，草酸根属于强场配体还是弱场配体。

(5) 测定 $FeC_2O_4 \cdot 2H_2O$ 的未成对电子数　自己拟定实验步骤进行测定，与 $K_3[Fe(C_2O_4)_3] \cdot 3H_2O$ 对比并解释之。

6. 配合物的热分析

使用十万分之一（或万分之一）天平，在热分析仪的小坩埚内，准确称取已研细的样品5～6mg，小心轻轻地放到热分析仪的坩埚支架上，在450℃以下进行热重（TG）、差热分析（DTA）。

仪器各量程及参数的选择：

热重（TG）量程：5mg；

差热分析量程：50μV；

微分热重量程：$10mV \cdot min^{-1}$；

升温速率：$10℃ \cdot min^{-1}$。

实验后根据 TG、DTA 曲线，由学生自己用外推法求出外推起始分解温度、失去结晶水的温度及结晶水的个数。学生可根据自己的兴趣，对 TG 曲线各段失重的数据进行分析，推测 400℃以下可能生成的热分解产物，查阅资料找出还需要哪些测试手段、分析方法才能够确证分解产物。

7. 配合物的 X 射线粉末衍射分析

取做完实验 5 后的样品，在玛瑙研钵中保留一部分，继续研细至无颗粒感（约 300 目），装入 X 射线粉末衍射仪样品板的凹槽中，用平面玻璃适当压紧（只能垂直方向按压，不能横向搓压，防止晶体产生择优取向），制得“样品压片”。将其放到 X 射线衍射仪的样品支架上，在教师的指导下，按操作使用说明开机，对试样进行 X 射线衍射分析。实验操作条件选择：Cu 靶（$A_h$=1.5418A）、管电压 35kV、管电流 30mA、扫描速度 4°·$min^{-1}$、扫描角度（$2\theta$）5°～60°。经过自动扫描、信号处理及计算机数据采集、数据处理，打印出衍射图谱，同时打印出各个衍射峰的 $d$ 值以及 $I/I_1$ 值。

查找 $K_3[Fe(C_2O_4)_3]\cdot 3H_2O$ 的 PDF 卡片（编号为 14-720），将实验得到的各个衍射峰的 $d$、$I/I_1$ 值，与 PDF 卡片一一进行对照，确定产品的物相，并可以从卡片中查出产品所属的晶系、单位晶胞中化学式的数目、晶胞体积等结晶学数据及物理学性质（如 $D$、熔点、颜色）等［有兴趣者可以从实验中得到的各个衍射峰的 $d$、$I/I_1$ 值，查找数字索引（numerical index），找出对应的 PDF 卡片进行比较，确定产品的物相］。

## 实验九十一　植物叶绿体色素的提取、分离、表征及含量测定

### 一、实验目的

1. 学会提取和纯化植物叶片中的叶绿素、胡萝卜素色素的方法。

2. 利用光谱技术和高效液相色谱法进行表征和含量测定，让学生初步掌握天然产物的分离提取、鉴定及含量测定等实验技术，提高综合实验能力。

### 二、实验原理

高等植物体内的叶绿体色素有叶绿素和类胡萝卜素两类，主要包括叶绿素 a($C_{55}H_{72}O_5N_4Mg$)、叶绿素 b（$C_{55}H_{72}O_6N_4Mg$)、$\beta$-胡萝卜素（$C_{40}H_{56}$）和叶黄素（$C_{40}H_{56}O_2$）4 种。叶绿素 a 和叶绿素 b 为吡咯衍生物与金属镁的配合物，$\beta$-胡萝卜素和叶黄素为四萜类化合物。根据它们的化学特性，可将它们从植物叶片中提取出来，并通过萃取、沉淀和色谱方法将它们分离开来。

高效液相色谱是在高效分离的基础上对各个色素进行测定的，对叶绿素和胡萝卜素等天然产物的分析测定是一种非常有效的手段。

### 三、实验用品

仪器：TSP 高压梯度 HPLC 仪（包括 UV-2000 型双波长吸收检测器和 PC 工作站），天平，研钵，培养皿。

药品：碳酸镁，丙酮，无水硫酸钠，展开剂。叶绿素 a、叶绿素 b 和 $\beta$-胡萝卜素纯品，为定购产品，甲醇和乙腈为液相色谱淋洗液，其他溶剂均为 C. P. 或 A. R. 级。

### 四、实验内容

#### Ⅰ　叶绿体色素的提取和色谱分离

（1）叶绿体色素的提取　称取干净的新鲜绿色蔬菜（如菠菜等）10g，剪碎后放入研钵，

加入 0.5g 碳酸镁，将菜叶粗捣烂后加入 20mL 丙酮，迅速研磨 5min。倒入不锈钢网过滤器中过滤，残渣再研磨提取一次。合并滤液，转入预先放有 20mL 石油醚的分液漏斗中，加入 5mL 饱和 NaCl 溶液和 45mL 蒸馏水，摇匀，使色素转入石油醚层。再用 50mL 蒸馏水洗涤石油醚层 2 次。往石油醚色素提取液中加入无水 $Na_2SO_4$ 除水，并进行适当浓缩，约得 10mL 提取液。

（2）纸色谱　采用新华 1# 色谱滤纸，展开剂用 $CCl_4$、石油醚-乙醚-甲醇（体积比为 30∶1.0∶0.5）等。展开方式可以采用上升法、下降法或辐射法等。如为制备少量天然叶绿素 a 和叶绿素 b 纯品，最好采用辐射法。用毛细管在直径为 11cm 滤纸中心重复点样 3～4 次，斑点约 1cm。吹干后，另在样斑中心点加 1～2 滴展开剂，让样品斑形成一个均匀的样品环。沿着样品环中心穿一个直径约为 3mm 的洞，做一条 2cm 长的滤纸芯穿过。取一对直径为 10cm 培养皿，其中一个倒入约 1/3 的石油醚-乙醚-甲醇展开剂，放上色谱滤纸，盖上另一个培养皿，展开。

纸色谱分离后，分别将各个色带剪下，用体积比为 90∶10 的丙酮-水溶液溶出，以备配制色素标准溶液时使用。

（3）硅胶薄层色谱　采用 5cm×20cm 硅胶板，105℃活化 0.5h。展开剂为石油醚（60～90℃）-丙酮-乙醚（体积比为 3∶1∶1）。

（4）氧化铝柱色谱　在直径为 1.0cm 的加压色谱柱底部放少量的玻璃丝，分别加入 0.5cm 高的海沙、10cm 高的色谱中性氧化铝（250 目）和 0.5cm 高的海沙。加入 25mL 石油醚，用双连球打气加压浸湿氧化铝填料。整个洗脱过程应保持液面高于氧化铝填料。将 2.0mL 植物色素提取液加到色谱柱顶部。流完后，再加入少量石油醚洗涤，使色素全部进入氧化铝柱体。加入 25mL 石油醚-丙酮（体积比为 9∶1）溶液，适当加压洗脱出第一有色组分——橙黄色的 $\beta$-胡萝卜素溶液。然后用约 50mL 石油醚-丙酮（体积比为 7∶3）的溶液洗脱出第二黄色带——叶黄素溶液和第三色带——叶绿素 a（蓝绿色）。最后用石油醚-丙酮（体积比为 1∶1）的溶液洗脱叶绿素 b（黄绿色）组分。收集各色带后，放入棕色瓶低温保存。

（5）样品纯度的鉴定　色谱法分离得到的样品组分，可用吸收光谱（400～700nm）和荧光光谱进行表征和鉴定。其纯度可通过薄层色谱和 HPLC 进行测定。

## Ⅱ　叶绿素 a 和叶绿素 b 的同时测定（HPLC 法）

（1）色谱条件实验　色谱柱为 Hypersil BDS $C_{18}$（$\phi$4.0mm×200mm，5$\mu$m），另加一支 $\phi$20mm $C_{18}$ 的保护柱。流动相为二氯甲烷-乙腈-甲醇-水（体积比为 20∶10∶65∶5）溶液，流速 1.5mL·min$^{-1}$，检测波长为 440nm 和 660nm，进样体积为 20$\mu$L。注入混合标准化合物溶液，分析记录色谱图，确定出峰顺序。

（2）工作曲线的绘制　分别注入 0.20mg·mL$^{-1}$、0.40mg·mL$^{-1}$、0.60mg·mL$^{-1}$、0.80mg·mL$^{-1}$ 和 1.00mg·mL$^{-1}$ 混合色素标准溶液，进行色谱分析。绘制各个色素的浓度-峰面积工作曲线。为提高各个组分的检测灵敏度，可设定一个检测波长-时间程序进行检测。

（3）实际样品测定　实际样品试液经 0.2$\mu$m 针头式过滤器直接进样分析。根据保留值定性，对照工作曲线计算各组分含量。

## 五、实验结果和讨论

1. 观察提取过程溶液的颜色情况，并根据化合物的特性分析色素的去处。

2. 记录色谱分离谱图，包括斑点的颜色和形状，展开时间及前沿形状，计算比移值，确定各色素组分。

3. 对制备纸色谱和氧化铝柱色谱收集到的各种色素进行吸收光谱扫描（400～700nm），确定为何种化合物及其纯度。

4. 讨论样品组分的出峰顺序和对比两个波长的色谱图。绘制叶绿素 a 和叶绿素 b 的工作曲线，并求出它们的拟合方程和相关系数。

5. 计算各样品的叶绿素 a 和叶绿素 b 的实际含量和叶绿素 a 和叶绿素 b 的比值。

## 六、注意事项

1. 叶绿体色素对光、温度、氧气、酸碱及其他氧化剂都非常敏感。色素的提取和分析一般都要在避光、低温及无干扰的情况下进行。提取液不宜长期存放，必要时应抽干充氮、避光低温保存。

2. 色素提取液可能含有不溶物（如植物组织），色谱分析时必须除去，否则将缩短柱寿命。实验过程采用保护柱和针头过滤器保护色谱柱。

3. 每完成一种试液的分析后，应用丙酮等溶剂将液池和进样注射针筒彻底清洗干净，否则会引起样品残留，影响下一个样品的分析。

## 七、思考题

1. 绿色植物叶片的主要成分是什么？一般天然产物的提取方式有哪些？

2. 色谱法是一种高效分离技术，其高效性在于独特的色谱分离过程。结合本实验观察到的植物色素分离的过程，联想和体会 GC 和 HPLC 的分离过程。

3. 试比较叶绿素、胡萝卜素和叶黄素三种色素的极性，为什么胡萝卜素在氧化铝色谱柱中移动最快？

4. 在 HPLC 中，采用双波长检测有什么好处？如何确定色谱峰的纯度？

# 实验九十二　沸石分子筛合成及其性质表征

## 一、实验目的

1. 学习和掌握 NaA、NaY 和 ZSM-5 分子筛的水热合成方法。

2. 了解静态氮吸附法测定微孔材料比表面积、微孔体积和孔径分布的原理及方法。

## 二、实验原理

沸石是指一系列具有规整孔道结构的水和硅铝化合物，孔径为 0.3～3.0nm。自 1756 年 Cronstedt 首次发现天然分子筛 Stibite 后，目前已确定结构的分子筛已超过 145 种。自然界中存在的天然沸石最初是用来分离混合物的。20 世纪 60 年代末，人工合成沸石成功，并称为分子筛。沸石分子筛是一类重要的无机微孔材料，具有优异的择形催化、酸碱催化、吸附分离和离子交换能力，在许多工业过程包括催化、吸附和离子交换等有广泛应用。由于人工合成的分子筛比原来无定形的硅铝催化剂有更优越的性能，因此受到石油化工界越来越多的重视，合成各种新型分子筛和开发原有分子筛的新的工艺过程的研究工作从来就没有停止过。

沸石分子筛的基本骨架元素是硅、铝及与其配位的氧原子，基本结构单元为硅氧四面体和铝氧四面体，四面体可以按照不同的组合方式相连，构筑成各式各样的沸石分子骨架结构。不同数量的硅（铝）氧四面体连接起来可以组成不同的四元环、六元环、八元环、十二元环等。由六个四元环组成的立方体称为γ笼，由六个四元环和两个六元环组成的称为六方柱笼，由六个四元环和八个六元环组成的二十四面体称为β笼，由十二个四元环、八个六元环、六个八元环组成的二十六面体称为α笼。α、β、γ和六方柱笼的进一步不同形式的连接即构成最常见的A型、X型和Y型沸石分子筛膜。

α笼和β笼是A、X和Y型分子筛晶体结构的基础。α笼为26面体，由6个八元环和8个六元环组成，同时聚成12个四元环，窗口最大有效直径为$4.5\times10^{-10}$m，笼的有效直径为$1.14\times10^{-9}$m；β笼为14面体，由8个六元环和6个四元环相连而成，窗口最大有效直径为$2.8\times10^{-10}$m，笼的平均有效直径为$6.6\times10^{-10}$m。A型分子筛属于立方晶系，晶胞组成为$Na_{12}(Al_{12}Si_{12}O_{48})\cdot27H_2O$。将β笼置于立方体的8个顶点，用四元环相互连接，围成一个α笼，α笼之间可通过八元环三维相通，八元环是A型分子筛的主窗口，见图8-10(a)。NaA（钠型）平均孔径为$4\times10^{-10}$m，称为4A型分子筛，离子交换为钙后，孔径增大到$5\times10^{-10}$m，而钾型的孔径约为$3\times10^{-10}$m。

X型和Y型分子筛具有相同的骨架结构，区别在于骨架硅铝的比例不同，习惯上把$SiO_2/Al_2O_3$等于2.2～3.0的称为X型分子筛，而大于3.0的叫作Y型分子筛。类似金刚石晶体结构，用β笼代替金刚石结构中的碳原子，相邻的β笼通过一个六方柱相连接，形成一个超笼，即八面沸石笼，由多个八面沸石笼相连而形成X、Y型分子筛晶体的骨架结构，见图8-10（b）；十二元环是X型、Y型分子筛的主通道，窗口的最大有效直径为$8.0\times10^{-10}$m。阳离子的种类对孔道直径有一定的影响，如称作13X型分子筛的NaX，平均孔径为$(9\sim10)\times10^{-10}$m，而称为10X型分子筛的CaX平均孔径在$(8\sim9)\times10^{-10}$m，Y型分子筛随着硅铝比和阳离子种类的不同而变化。

20世纪70年代，美国Mobil石油公司开发成功的一种新型的高硅铝比的结晶硅铝酸性沸石催化剂，即ZSM（zeolites socony mobil）。现已开发出了许多品种，最常见的有ZSM-2、3、4、5、8、10、11、12、20、21、23、35、38等，其结构大同小异，但每一品种都有特殊的X射线衍射图谱，最常见的并且在国外已工业化的只有ZSM-5沸石分子筛催化剂。ZSM-5分子筛属于正交晶系，空间群*Pnma*，晶格常数为$a=2.007$nm，$b=1.992$nm，$c=1.342$nm。ZSM-5具有比较特殊的结构，硅氧四面体和铝氧四面体以五元环形式相连，8个五元环组成一个基本的结构单元，有$D_2$对称性。这些结构单元通过公用边的形式相连，进一步连接成片，片与片之间采用特定的方式相接形成ZSM-5分子筛的晶体结构，见图8-10（c）。因此，ZSM-5分子筛只有二维的孔道系统，平行于$a$轴的十元环孔道呈S形弯曲，孔径为$(5.1\times5.5)\times10^{-10}$m。平行于$b$轴的十元环孔道为直线型，孔径为$(5.3\times5.6)\times10^{-10}$m。

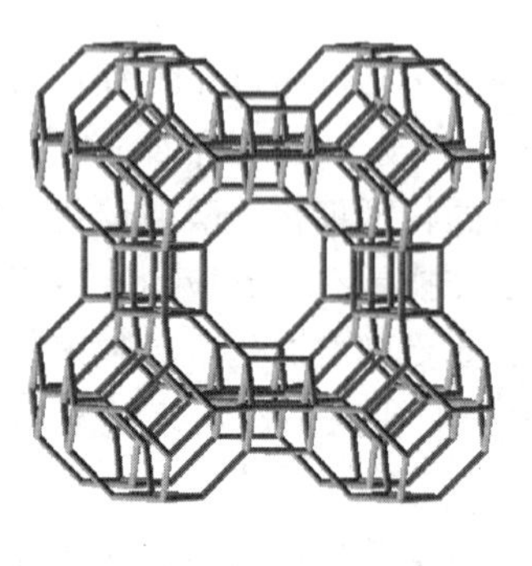

(a) NaA[100]

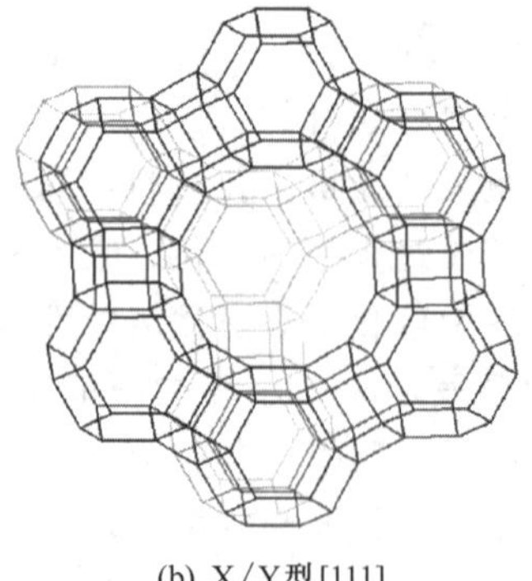

(b) X/Y型[111]

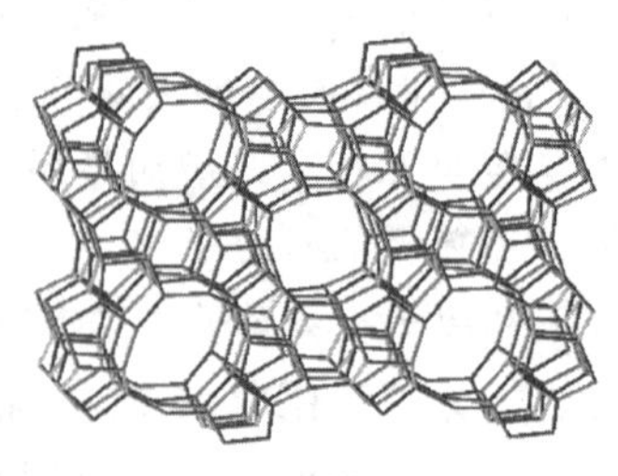

(c) ZSM-5[010]

图8-10 晶体结构

常规的沸石分子筛合成方法为水热法，即将原料按适当比例均匀混合成反应凝胶，密封于水热反应釜中，恒温处理一段时间，晶化出分子筛产品。反应凝胶多为四元组分体系，可表示为 $R_2O$-$Al_2O_3$-$SiO_2$-$H_2O$，其中 $R_2O$ 可以是 NaOH、KOH 或有机胺等，作用是提供分子筛晶化必要的碱性环境或者结构导向的模板剂。硅和铝元素提供可选择多种多样的硅源和铝源，如硅溶胶、硅酸钠、正硅酸乙酯、硫酸铝和铝酸钠等。反应凝胶的配比，硅源、铝源和 $R_2O$ 的种类及晶化温度等对沸石分子筛产物的结晶类型、结晶速度和硅铝比都有重要的影响。沸石分子筛的晶化过程十分复杂，目前还没有完善的理论来解释，粗略地可以描述分子筛晶化过程为：当各种原料混合后，硅酸根和铝酸根可以发生一定程度的聚合反应，形成硅铝酸盐初始凝胶。在一定的温度下初始溶胶发生解聚合重排，形成特定的结构单元，并经一部围绕模板分子（可以是水合氧离子或有机胺离子等）构成多面体，凝聚成晶核，并逐渐成长为分子筛晶体。鉴定分子筛结晶类型的方法主要是粉末 X 射线衍射，各类分子筛具有特征的 X 射线衍射峰，通过比较实测衍射图谱和标准衍射数据，可以推断出分子筛产品的结晶类型。此外，还可以通过比较分子筛某些特征衍射峰的峰面积大小，计算出相对结晶度，以判断分子筛晶化状况好坏。

比表面积、孔径分布和孔体积是多孔材料十分重要的物理常数。比表面积是指单位质量固体物质具有的表面积值，包括外表面积和内表面积；孔径分布是多孔材料的孔体积相对于孔径大小的分布；孔体积是单位质量固体物质中一定孔径分布范围内的孔体积值。等温吸脱附线用来研究多孔材料表面和孔的基本数据。一般来说，获得等温吸脱附线后，方能根据合适的理论方法计算出比表面积和孔径分布等。

等温吸脱附线是对于给定的吸附剂和吸附质，在一定温度下，吸附量（脱附量）与一系列相对压力之间的变化关系。最经典也是最常用的测定等温吸脱附线的方法是静态氮气吸附法，该法具有优异的可靠度和准确度，采用氮气为吸附质，因氮气是化学惰性物质，在液氮温度下不易发生化学吸附，能够准确地给出吸附剂物理表面的信息，基本测量方法如下：先将已知质量的吸附剂置于样品管中，对其进行抽空脱气处理，并可根据样品的性质适当加热以提高处理效率，目的是尽可能地让吸附质的表面洁净；将处理好的样品接入测试系统，套上液氮冷阱，利用可定量转移气体的托普勒泵向吸附剂导入一定数量的吸附气体氮气。吸附达到平衡时，用精确压力传感器测得压力值。因样品管体积等参数已知，根据压力值可以算出未吸附氮气量。用已知的导入氮气总量扣除此值，便可求出此相对压力下的吸附量。继续用托普勒泵定量导入或移走氮气，测出一系列平衡压力下的吸附量，便可获得等温吸脱附线。

获取等温吸脱附线后，需根据样品的孔结构的特性，选择合适的理论方法推算出比表面积和孔分布数据。一般来说，按孔径平均宽度来分类，可分为微孔（小于 2nm）、中孔（2～50nm）和大孔（大于 50nm），不同尺寸的孔道表现出不同的等温吸附特征。对于沸石分子筛而言，其平均孔径通常在 2nm 以下，属微孔材料。由于微孔孔道的孔壁间距非常小，宽度相当于几个分子直径总和，形成场势能要比间距更宽的孔道高，因此表面与吸附质分子的相互作用更加强烈。在相对压很低的情况下，微孔便可被吸附质分子完全充满。通常情况下，微孔材料呈现 I 形等温曲线。这类等温线以一个几乎水平的平台为特征，这是由于在较低的相对压力下，微孔发生了毛细孔填充。当孔完全充满后，内表面失去了继续吸附分子的能力，吸附能力急剧下降，表现出等温吸附线的平台。当在较大的相对压力下，由微孔材料颗粒之间堆积形成的大孔径间隙孔开始发生毛细孔凝聚现象，表现出吸附量有所增加的趋势，即在等温吸附线上一陡峭的“拖尾”。

由于BET方程适用的相对压力范围为0.05～0.3，该压力下沸石分子筛的微孔已发生毛细孔填充，敞开平面上Langmuir理想吸附模型也不合适，均带来较大误差。目前常采用D-R方程（Dubinin和Radushkevich）来推算微孔材料的比表面积。D-R方程是由吸附等温线的低中压部分来描述微孔吸附的方程，认为吸附势满足以下方程：

$$A=RT\ln(p_0/p) \tag{8-21}$$

式中 $p$——平衡压力；

$p_0$——饱和压力。

引入一个重要的参数$\theta$，即微孔填充度：

$$\theta=\omega/\omega_0 \tag{8-22}$$

式中 $\omega_0$——微孔总体积；

$\omega$——一定相对压力下已填充的微孔体积。

假设$\theta$为吸附势$A$的函数：

$$\theta=\Phi(A/\beta) \tag{8-23}$$

式中，$\beta$为吸附质决定的一个特征常数。

假设孔分布为Gaussian分布，于是：

$$\theta=\exp\left[-k\left(\frac{A}{\beta}\right)^2\right] \tag{8-24}$$

式中，$k$为特征常数。

将式（8-21）和式（8-22）代入式（8-24），得到D-R方程：

$$\omega=\omega_0\exp\left\{-\frac{k}{\beta^2}[RT\ln(p_0/p)]^2\right\} \tag{8-25}$$

变化后可得：

$$\lg\omega=\lg\omega_0-D[\lg(p_0/p)]^2 \tag{8-26}$$

其中：

$$D=B\left(\frac{T}{\beta}\right)^2 \tag{8-27}$$

式中，$B$为吸附结构常数。

因此，在一定相对压范围内，以$\lg\omega$对$[\lg(p_0/p)]^2$作图可得到一条直线，从截距值可计算出微孔总体积$\omega_0$。

比表面积还需借助另一个近似公式来推算。Stoeckli等指出，假设微孔为狭长条形，则微孔的平均宽度$L_0$与吸附能$E_0$有关系：

$$L_0=10.8/(E_0-11.4) \tag{8-28}$$

其中，吸附能$E_0$由吸附质和微孔材料的表面性质决定。于是，比表面积可以通过下式计算得到：

$$S=2000\omega_0/L_0 \tag{8-29}$$

同样，由于微孔环境的特殊性，其孔径分布的计算也有别于中孔和大孔材料。目前，有两种理论可以较好地描述微孔孔径分布，即HK（Horvath-Kawazoe）方程和DFT（density functional theory）方程，后者非常复杂，此处仅简要说明DHK方程。

1983年，Horvath和Kawazoe两人提出了HK方程，认为微孔吸附势能$\phi$满足方程：

$$\phi=\frac{N_1A_1+N_2A_2}{(2\sigma)^4}\left[\left(\frac{\sigma}{d+z}\right)^{10}+\left(\frac{\sigma}{d-z}\right)^{10}-\left(\frac{\sigma}{d+z}\right)^4-\left(\frac{\sigma}{d-z}\right)^4\right] \tag{8-30}$$

式中，$N_1$、$N_2$、$A_1$、$A_2$ 分别由吸附数量、吸附质和孔壁原子的极性、直径等决定；$d$ 、$z$ 分别为微孔半径、吸附质原子与孔心的间距；$\sigma$ 由二者决定。

势能函数 $U_0$ 可以用以下方程表示：

$$RT\ln\left(\frac{p}{p_0}\right)=U_0+p_a$$

式中，$p_a$ 为吸附质和孔壁的相互作用。

关联式（8-29）和式（8-30）两个方程式，有：

$$RT\ln\left(\frac{p}{p_0}\right)= K\frac{N_1A_1+N_2A_2}{(2\sigma)^4(2d-\sigma_1-\sigma_2)}\int_{-z}^{z}\left[\left(\frac{\sigma}{d+z}\right)^{10}+\left(\frac{\sigma}{d-z}\right)^{10}-\left(\frac{\sigma}{d+z}\right)^{4}-\left(\frac{\sigma}{d-z}\right)^{4}\right]dz$$

积分后得：

$$\ln\left(\frac{p}{p_0}\right)=\frac{K}{RT}\times\frac{N_1A_1+N_2A_2}{\sigma^4(2d-\sigma_1-\sigma_2)}\left[\frac{\sigma^{10}}{9\left(\frac{\sigma_1+\sigma_2}{2}\right)^9}-\frac{\sigma^4}{3\left(\frac{\sigma_1+\sigma_2}{2}\right)^3}-\frac{\sigma^{10}}{9\left(2d-\frac{\sigma_1+\sigma_2}{2}\right)^9}-\frac{\sigma^4}{3\left(2d-\frac{\sigma_1+\sigma_2}{2}\right)^3}\right]$$

上述方程描述出微孔孔径和相对压力的关系，因已假设微孔为狭长条形，一定孔径对应的孔体积 $W$ 可通过数学公式求出，因此可得到微孔体积相对于孔径的分布曲线，即孔径分布图。

## 三、实验用品

仪器：微型高压反应釜，比表面积和孔径分析仪，磁力搅拌器，机械搅拌器，电热烘箱，马弗炉，烧杯，滴管，表面皿，天平。

药品：氢氧化钠，硫酸铝，25%硅溶胶，硅酸钠，四丙基溴化铵（TPABr）。

## 四、实验内容

1. 分子筛制备

① NaA 型分子筛　反应胶配比为 $Na_2O:SiO_2:Al_2O_3:H_2O=4:2:1:300$。

具体步骤为：在 250mL 的烧杯中，将 13.5g NaOH 和 12.6g $Al_2(SO_4)_3\cdot18H_2O$ 溶于 130mL 的去离子水中，在磁力搅拌状态下，用滴管缓慢加入 9g 25%硅溶胶，先充分搅拌约 10min，所得的白色溶胶转移入洁净的不锈钢反应釜中，密封，放入恒温 80℃的电热烘箱中，6h 后取出，将反应釜水冷至室温，打开密封盖，抽滤，洗涤晶化产物至滤液为中性，移至表面皿中，放在 120℃的烘箱中干燥过夜，取出称量后置于硅胶干燥器中存放。

② NaY 型分子筛　NaY 型分子筛的制备需要在反应溶胶中加入 Y 型导向剂，提供 Y 型分子筛晶体成长的晶核，才能完成高选择性的晶化过程。Y 型导向剂反应胶配比为 $Na_2O:SiO_2:Al_2O_3:H_2O=16:15:1:310$。

具体实验步骤为：在 250mL 烧杯中，将 18.4g 的 NaOH 溶解于 42.6mL 的去离子水中，冷却后，在搅拌状态下缓慢注入 60mL 硅酸钠溶液（$SiO_2$ 浓度为 $5mol\cdot L^{-1}$，$Na_2O$ 浓度为 $2.5mol\cdot L^{-1}$），然后用滴管缓慢滴加 20mL 的 $1mol\cdot L^{-1}$ 的硫酸铝溶液，均匀搅拌 30min，室温下陈化 24h 以上。

反应胶最终配比为 $Na_2O:SiO_2:Al_2O_3:H_2O=4.5:10:1:300$，导向剂的含量为 10%（以 $SiO_2$ 的物质的量为参比）。具体实验步骤为：在 250mL 烧杯中，将 8.2g NaOH 溶解于 50mL 去离子水中，冷却后分别加入 16.7g Y 型导向剂和 40.8g 25%硅溶胶，均匀搅拌 10min，在强烈机械搅拌状态下，用滴管缓慢加入 18mL 的 $1mol \cdot L^{-1}$ 硫酸铝溶液，充分搅拌约 10min，所得白色凝胶转移入洁净的不锈钢水热反应釜中，密封，送入恒温 90℃的电热烘箱中，24h 后取出。将反应釜水冷至室温，打开密封盖，抽滤，洗涤晶化的产物至滤液为中性，移至表面皿中，放在 120℃烘箱中干燥过夜，取出后称量，置于硅胶干燥器中存放。

③ ZSM-5 分子筛　ZSM-5 分子筛的合成体通常含有有机胺模板剂，模板剂对形成特定晶体结构的分子筛具有诱导作用。反应胶配比为 $Na_2O$ ∶ $SiO_2$ ∶ $Al_2O_3$ ∶ TPABr ∶ $H_2O$ = 6 ∶ 60 ∶ 1 ∶ 8 ∶ 4000。具体实验步骤为：在 150mL 烧杯中将 1.2g NaOH、3.5g 四丙基溴化铵（TPABr）和 1.1g $Al_2(SO_4)_3 \cdot 18H_2O$ 溶解在 100mL 去离子水中，然后加入 24g 25%硅溶胶，充分搅拌约 20min，所得白色凝胶转移入洁净的不锈钢水热反应釜中，密封，送入恒温 180℃电热烘箱中，72h 后取出。将反应釜水冷至室温，打开密封盖，抽滤，洗涤晶化产物至滤液为中性，转移到表面皿中，放在 120℃烘箱中干燥过夜，取出后称量，置于硅胶干燥器中存放。

所合成的上述三种分子筛的相结构可以用 XRD 进行表征。

2. 比表面积、微孔体积和孔径分布测定

准确称取 0.2g 左右的干燥分子筛粉末，转移至吸附仪样品管中，用少量真空油脂均匀涂抹玻璃磨口，套上考可并旋紧阀门，接入吸附仪的预处理脱气口。设置预处理温度为 300℃，缓慢打开考可阀。样品处理是使样品表面洁净。约处理 2h 后，转移至吸附仪测试口上进行氮气等温吸附线的测定，具体操作步骤参考仪器使用说明。测试完毕，取下样品管，回收并清洁样品管。

## 五、数据记录与处理

比表面积、孔体积以及平均孔径的计算参考仪器说明，数据记录于表 8-16 中。

表 8-16　NaA、NaY 和 ZSM-5 分子筛的产量、比表面积、微孔体积和平均孔径

| 分子筛 | 产量/g | 比表面积/$cm^3 \cdot g^{-1}$ | 微孔体积/$cm^3 \cdot g^{-1}$ | 平均孔径/nm |
|---|---|---|---|---|
| NaA<br>NaY<br>ZSM-5 | | | | |

## 六、思考题

1. 进行等温吸附测试前，为何要对样品抽真空及加热处理？将样品管从预处理口转移到测试口时应注意些什么？

2. 比较 NaA、NaY 和 ZSM-5 沸石分子筛等温吸附线形状的差异，确定其为第几类等温吸附线型，并简要分析比表面积和微孔体积大小与等温吸附线之间的关系。

3. 比较 NaA、NaY 和 ZSM-5 沸石分子筛晶体主要窗口的理论直径和实测平均孔径的大小顺序，试说明二者的区别。

# 实验九十三　金属酞菁的合成、表征和性能测定

自由酞菁（$H_2Pc$）的分子结构见图 8-11（a）。它是四氮大环配体的重要种类，具有高度共轭 π 体系。它能和金属离子形成金属酞菁配合物（MPc），其分子结构式见图 8-11

(b)。这类配合物具有半导体、光电导、光化学反应活性、荧光、光记忆等特性。金属酞菁是近年来广泛研究的经典金属大环配合物中的一类，其基本结构和金属卟啉相似，具有良好的热稳定性和化学稳定性，因此金属酞菁在光电转换、催化活化小分子、信息储存、生物模拟及工业燃料等方面具有重要应用。

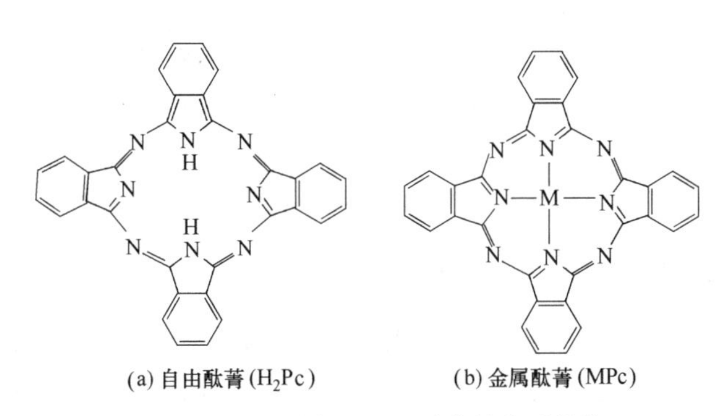


图 8-11　自由酞菁和金属酞菁的分子结构

金属酞菁的合成一般有以下两种方法：

① 通过金属模板反应来合成，即通过简单配体单元与中心金属离子的配位作用；

② 与配合物的经典合成方法相似，即先采用有机合成的方法制得并分离出自由的有机大环配体，然后再与金属离子配位，合成得到金属大环配合物，其中模板反应是主要的合成方法。

金属酞菁配合物的合成主要有以下几种途径（以 2 价金属 M 为例）。

（1）中心金属离子的置换：

$$MX + LiPc \xlongequal{\text{室温,溶剂}} MPc + LiX$$

（2）以邻苯二甲腈为原料：

$$MX_n + 4\ C_6H_4(CN)_2 \xrightarrow[\text{干或溶剂}]{300℃} MPc$$

（3）以邻苯二甲酸酐、尿素为原料：

$$MX_n(\text{或}M) + 4\ C_6H_4(CO)_2O + CO(NH_2)_2 \xrightarrow[(NH_4)_2MoO_4]{200\sim300℃} MPc + H_2O + CO_2$$

（4）以 2-氰基苯甲酸胺为原料：

$$M + 4\ C_6H_4(CN)(COONH_2) \xrightarrow[\triangle]{250℃} MPc + H_2O$$

## Ⅰ　金属酞菁的合成

### 一、实验目的

1. 通过合成酞菁金属配合物，掌握这类大环配合物的一般合成方法，了解金属模板反应在无机合成中的应用。

2. 进一步熟练掌握常规操作方法和技能，了解酞菁纯化方法。

### 二、实验原理

本实验按途径（3）制备金属酞菁，原料为金属盐、邻苯二甲酸酐和尿素，催化剂为钼酸铵。利用溶液法或熔融法进行制备。

金属酞菁配合物的稳定性与金属离子的电荷及离子半径有关。由于电荷半径比较大的金属，如 $Al^{3+}$、$Cu^{2+}$ 等形成的金属酞菁较难被质子酸取代并具有较大的稳定性，这些配合物可以通过真空升华或先溶于硫酸并在水中沉淀等方法进行纯化。

F 区金属易形成夹心型金属酞菁，如在 250℃下，$AnI_4$（An＝Th、Pa、U）与邻苯二甲腈反应可以制得夹心型锕类酞菁配合物。这类配合物的酞菁环异吲哚中的 8 个 N 原子与中心金属形成八齿配合物。酞菁环并非呈平面，而是略向上凸出，并且两个酞菁环相互错开一定的角度。对于铀酞菁 $Pc_2U$，由配体原子 $N_4$ 所形成的大环平面间距为 $2.81\times10^{-10}$m。形成这类配合物，一般中心金属原子必须具有较高氧化态（＋3、＋4 价），同时金属离子半径应比酞菁环半径大。

## 三、实验用品

仪器：电热套，冷凝管，圆底烧瓶，烧杯，量筒，研钵，水泵，试管，托盘天平，电炉，抽滤瓶，布氏漏斗，高速离心机，离心管，恒温水浴锅，超声波粉碎器，真空升华纯化装置。

药品：氯化亚铁（C. P.），硫酸铜（C. P.），氯化镍（C. P.），邻苯二甲酸酐（C. P.），尿素（C. P.），钼酸铵（C. P.），煤油，丙酮（C. P.），无水乙醇（C. P.），浓硫酸，2%盐酸。

## 四、实验内容

1. 金属酞菁粗产品的制备

MPc 的制备以 CoPc 为例，其他金属酞菁合成的反应物料见表 8-17。

称取邻苯二甲酸酐 7.4g、尿素 12g 和钼酸铵 0.5g 于研钵中，研细后加入 1.7g 无水 $CoCl_2$，混匀后马上移入 250mL 圆底烧瓶中，加入 70mL 煤油，加热（200℃左右）回流 2h 左右，在配体形成酞菁环而使溶液由无色（浅黄色）变为暗绿色时停止加热（加热期间应注意控制温度，以避免由于过热而使尿素或邻苯二甲酸酐升华）。冷却至 70℃左右，加入适量无水乙醇稀释后趁热抽滤，滤饼置于研钵中，加入适量丙酮，研细，抽滤，并依次用丙酮和 2%盐酸洗涤 2～3 次，得到粗产品。

**表 8-17　合成不同金属酞菁反应物投料量**　　单位：g

| 金属酞菁 | 金属盐投料量 | 邻苯二甲酸酐 | 尿素 | 钼酸铵 |
|---|---|---|---|---|
| FePc | 2.5($FeCl_2\cdot4H_2O$) | 7.4 | 12 | 0.5 |
| CoPc | 1.7($CoCl_2$) | 7.4 | 12 | 0.5 |
| NiPc | 1.7($NiCl_2$) | 7.4 | 12 | 0.5 |
| CuPc | 2.0($CuSO_4$) | 7.4 | 12 | 0.5 |

2. 粗产品提纯

（1）方法一　将粗产品倾入 10 倍量的浓硫酸中，搅拌使其完全溶解，在 50～55℃水浴中加热搅拌 1h。冷却至室温后慢慢倾入 10 倍浓硫酸体积的蒸馏水中（小心操作，为得到纯净沉淀及较大颗粒产物，应怎样操作?），并不断搅拌，加热煮沸，静置过夜。抽滤（或离心分离），滤液收集于废液缸中，滤饼（或沉淀物）移入 200mL 烧杯中，加入适量的蒸馏水，煮沸 5～10min，冷却后移入离心管离心分离，沉淀物用热蒸馏水洗至无 $SO_4^{2-}$（应重复操作 7～8 次），并分别以无水乙醇、丙酮为洗涤剂，超声波粉碎洗涤，离心分离各 4 次，母液分别集中收集于废液缸中。产物在 60℃下真空干燥 2h，得纯品。称量，计算产率（以邻苯二甲酸酐计）。对废液进行处理后回收或排放。

（2）方法二　金属酞菁在真空条件下升华而得到纯化。将1g左右的粗金属酞菁置于石英管内高温区与低温区之间（图8-12），真空度维持在133～266Pa，$N_2$ 流量控制在 $20mL\cdot min^{-1}$（未抽真空时），高温区控制温度在813K，低温区控制在713K，待高温区达到指定温度后，恒温2h，停止加热，旋转三通活塞，关掉真空系统，待体系内已近1atm（1atm＝101325Pa）时，使体系与大气相通，自然冷却到室温，取出升华产品。

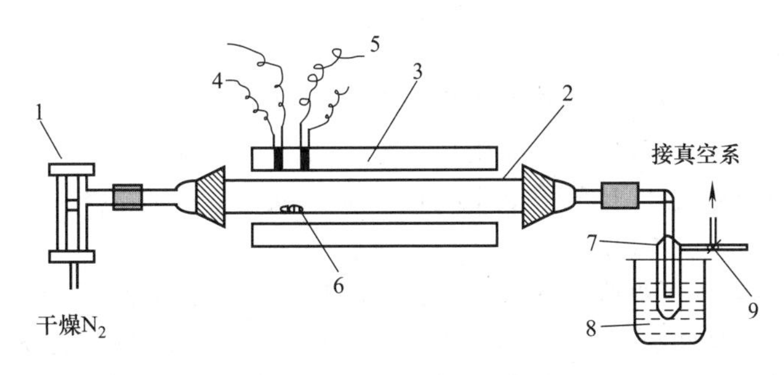


图8-12　金属酞菁真空升华纯化装置

1—转子流量计；2—石英管；3—双温区管式炉；4—热电偶（控高温）；5—热电偶（控低温）；6—样品；7—冷阱；8—冰盐浴；9—三通活塞

## 五、思考题

1. 在合成产物过程中应注意哪些操作问题？

2. 在用乙醇和丙酮处理合成的粗产品时，主要能除掉哪些杂质？产品提纯中是否有更优越的方法？

3. 如何处理实验过程中产生的废液（酸、有机物）？不经处理的废液直接倒入水槽后将会造成什么危害？

# Ⅱ　金属酞菁的表征与性能测试

## 一、实验目的

运用红外光谱、紫外-可见光谱、磁化率测定、差热-热重、循环伏安等表征方法，推测所合成的配合物的组成和结构，加深对配合物的认识。

## 二、实验原理

在表征金属配合物时常用到IR、UV-Vis、磁化率、DTA-TG以及元素分析来确定分子组成、官能团、电子结构和一些键的特征。本实验利用上述实验技术，对所合成的金属酞菁的组成和结构进行表征。

1. 红外光谱（IR）

金属酞菁是以自由酞菁作为配体的金属配合物。在配位前后自由酞菁的红外光谱发生变化。一方面，N—H红外吸收带消失，同时出现新的N—M红外振动光谱；另一方面，由于对称性由原来的 $D_{2h}$ 提高到 $D_{4h}$，使得原来的非红外活性变为红外活性，从而产生新的吸收峰。金属酞菁特征吸收带主要分布在4个区域：①2900～3500$cm^{-1}$ 处的一组峰是 $\nu_{N-H}$ 和芳环上的 $\nu_{N-C}$，芳环上的 $\nu_{N-C}$ 一般比脂肪族的 $\nu_{N-C}$ 弱。②1600～1615$cm^{-1}$ 和1520～1535$cm^{-1}$ 都各有一个吸收峰，这是由芳香环上C═C及C═N的伸缩振动引起的。十六氢酞菁虽然没有芳香环，但其C═C和酞菁的内环共轭，使得C═C伸缩振动也在1600$cm^{-1}$

左右。因为 C═C 键和 C═N 键相互共轭，两键的频率非常接近，很难区分上述两个吸收峰的归属。③在低频区可以看到在与金属酞菁相应的位置上，自由酞菁的谱图上是两个对应的谱带。而且相比之下，金属酞菁谱带更偏于较高频率，不同中心金属原子使金属酞菁吸收峰向高频移动的程度也不同。④在远红外区，骨架振动吸收带主要出现在 150～200cm$^{-1}$ 区间。对于 Fe、Co、Ni 和 Cu 金属酞菁，这组谱带为金属-配体-配体振动，自由酞菁不出现谱带。金属酞菁中的金属-配体-配体的振动频率按下列顺序向高频方向移动：

$$Zn > Pt > Cu > Fe > Co > Ni$$

2. 紫外-可见吸收光谱

过渡金属配合物的吸收光谱有三种类型的电子跃迁所产生的吸收带：①d-d 跃迁产生的吸收带；②荷移跃迁产生的吸收带；③配体内电子 $\pi$-$\pi^*$ 跃迁产生的吸收带。由于配体内电子 $\pi$-$\pi^*$ 跃迁产生的吸收光谱覆盖了 d-d 跃迁和荷移跃迁，故看不到 d-d 跃迁和荷移跃迁光谱。

在有机化合物的紫外可见吸收光谱中，分子轨道的能量递增次序是：$\sigma$ 轨道＜$\pi$ 轨道＜非键轨道（n）＜$\pi^*$ 反键轨道＜$\sigma^*$ 反键轨道。一般来说，$n \rightarrow \pi^*$ 跃迁比 $\pi \rightarrow \pi^*$ 跃迁呈现更长的波长。酞菁的电子光谱主要有两个特征吸收峰：B 带（Soret 谱带），能量是 3.8eV；Q 带，其能量约是 1.8eV。这两个吸收峰都是酞菁配体上的 $\pi$ 电子跃迁引起的。B 带被指定为 $4a_{2u} \rightarrow 6e_g$ 的跃迁；而 Q 带则被认定为 $2a_{1u} \rightarrow 6e_g$ 的跃迁。一般金属酞菁的 B 带在 250～350nm，而 Q 带在 700～800nm。B 带受中心金属及酞菁环的变化，如取代、加氢等的影响较小。相反，Q 带则易于受影响。金属酞菁分子轨道示意见图 8-13。

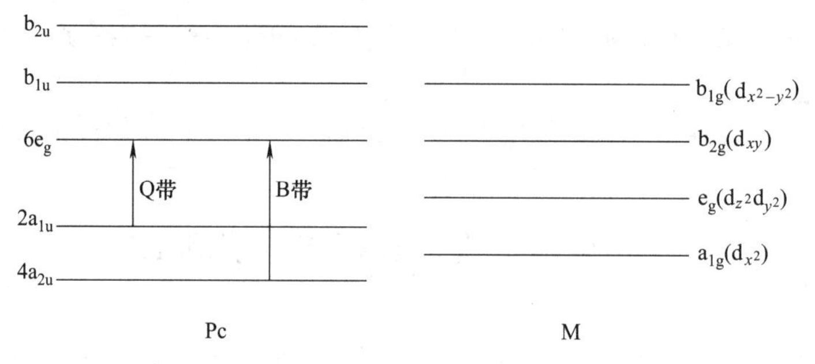


图 8-13　金属酞菁分子轨道示意图

溶剂对吸收峰的位置也会产生影响。如以浓硫酸为溶剂时，一方面由于酞菁环上的 N 和浓硫酸形成氢键，Q 带比以 $\alpha$-氯萘为溶剂时红移；另一方面，以浓硫酸为溶剂将使酞菁基态能量下降，使其发生电子跃迁所需的能量更大，因此浓硫酸中酞菁 B 带比 $\alpha$-氯萘中的 B 带蓝移。中心金属对酞菁的 B 带和 Q 带影响较小。

3. 热分析

利用差热-热重的联合分析仪，对金属酞菁 MPc 的热分解、晶型转变进行研究。对金属酞菁进行热分析时，还应注意是否有晶型的转变，如锌、铜酞菁及无金属酞菁存在两种构型——$\alpha$ 型和 $\beta$ 型，在低温区处于 $\alpha$ 构型，在高温区为 $\beta$ 构型。因此对于这些配合物，在温度为 250～430℃之间还会出现一个晶型转变峰，由于对于晶型转变热效应通常比较小，所以该峰较不明显。

金属酞菁热分解时先断裂的可能是酞菁环上的键，也可能是配位键。其热分解开始温度是与配位键强度密切相关的。在氧气气氛中，由于氧分子配位到金属酞菁的轴向上，降低了酞菁环上的电子云密度，削减了酞菁环上键的强度，因此在氧气气氛和惰性气氛中，金属酞菁的热稳定性稍有差别。

## 三、实验用品

仪器：紫外-可见分光光度计，红外分光光谱仪，古埃磁天平，微量差热天平，电导率仪。

药品：金属酞菁。

## 四、实验内容

1. 红外光谱测定

用 KBr 压片或石蜡油研磨的方法测定所合成金属酞菁的红外光谱，指认金属酞菁的特征吸收峰，并找出 MPc-$H_2$Pc 特征频率的变化规律。

2. 紫外-可见光谱测定

3. 磁化率测定

测定磁化率，计算有效磁矩和不成对电子数，并讨论配合物的电子结构。

4. 差热-热重测试

正确分析谱图，讨论在氮气气氛和氧气气氛中，金属酞菁热分解温度变化规律及晶型转变。

## 五、思考题

1. 低频区金属酞菁与自由酞菁红外光谱的差异提供了什么结构信息？

2. 合成产物的顺磁化率测试结果说明了什么问题？请简单讨论配合物中金属离子的电子排布。

3. 详细讨论所得差热-热重曲线，比较不同中心金属酞菁的热稳定性。

# Ⅲ 设计实验

## 一、实验目的

1. 培养收集、综合资料和独立完成实验的能力。

2. 进一步熟练有关的实验技术。

## 二、实验内容

1. MPc 的循环伏安行为及催化活化小分子研究

NO、CO、$SO_2$、烃类化合物等气体小分子是造成空气污染的主要原因。利用化学方法清除这些气体对于环境保护具有重要的意义。由于这些气体分子中都含具有孤对电子的原子（如 N、O、S），配位能力较强，故利用过渡金属配合物与这些分子配位可达到活化催化分解它们的目的。

查阅有关文献，设计研究氧化还原及催化活化小分子的实验方案，利用循环伏安法研究 MPc 在通入 NO 前后循环伏安曲线的变化，来探讨 MPc 对 NO 等的催化活性作用。

2. 晶型转变研究

同一物质可能存在多种晶型，即为多晶型化合物。不同的制备方法，或者改变条件都可能使晶型发生变化。不同晶型在一定条件下能够相互转化。不同晶型的同一键的振动及晶格可能存在差异，因此它们的红外光谱及 X 射线衍射谱也可能不同。

金属酞菁和自由酞菁存在两种晶型：α 型和 β 型，如 ZnPc、CuPc 在低温区为 α 型，在高温区为 β 型。查阅有关文献，设计相关的实验方法，探索 α 型和 β 型金属酞菁不同晶型以及它们相互转变过程。

3. 金属酞菁光电导性能研究

一般认为，有机固体的光电导机制是电子的而不是离子的现象，是由于电子载流子的形成和迁移所致，因此其光电导性与该种分子的能级与晶格能级有关，而且对相邻分子之间重叠的 $\pi$ 轨道电子特别敏感。

有机光电导体的结构有单层结构和功能分离型双层结构之分。当光照射到双层光电导体表面时，光生载流子发生层中就产生了一对一对的光生载流子，同时由于外加静电场的作用，使产生的光生载流子的空穴和电子同时向相反方向迁移，光电导体表面的负电荷因与光生载流子的空穴中和而减少，导致了光电导体表面负电荷分布不均，形成了信息记录的静电潜像。

有机光电导的光电导性能可以用黑暗时和光照 1min 时的电导率的比值 $n$ 来衡量。光电导性能的好坏可用以下参数表示。

暗衰（$V_d$），以没有光照的条件每分钟电位的下降值来表示，它表示双层光电导体保持电荷能力的大小。$V_d$ 越小，保持电荷的能力越强。光衰（$V_p$），光照 1min 后电压下降值，表示光电导体光灵敏性能的好坏，$t_{1/2}$ 为电压下降到 1/2 $V_0$ 时的光照时间。

查阅有关文献，用光电表面电位特性测试仪对金属酞菁光电导性能进行测试，设计完成：①铝片预处理；②置备阻挡层材料及涂层；③光生载流子发生层涂膜；④发生载流子传输层涂膜；⑤光电导性能测试步骤的实验方案。

4. 水溶性金属酞菁的合成

金属酞菁的溶解性较差，但它的磺化衍生物在有机溶剂或水中具有较大的溶解度。磺化酞菁可由磺化邻苯二甲酸酐来制备，也可利用金属酞菁进行磺化制得。查阅有关文献，设计合成水溶性金属酞菁配合物的实验方案（重点在于分离提纯）。

5. 其他合成

查阅有关文献，设计合成除 Fe、Co、Ni、Cu 以外其他金属酞菁配合物的实验方案，并在教师指导下付诸实施。

# 实验九十四　$SnS_2$ 光阳极光电催化水分解性能探究

## 一、实验目的

1. 掌握溶剂热法合成 $SnS_2$ 光阳极的方法。
2. 了解光电化学谱仪的简单操作。
3. 区分半导体光电催化原理与光催化原理的差异。

## 二、实验原理

光电催化分解水的原理就是以半导体作为光电催化剂，利用太阳光的辐射产生光生电子和空穴，再借由外加电场的作用将水分解为氢气和氧气，实现太阳能到化学能的转化。n 型半导体常被用作析氧催化剂，p 型半导体则被用作析氢催化剂。光电催化是一种介于光催化及电催化之间的特殊存在，它同时具有二者的特点。现以 $SnS_2$ 光电极为例，介绍半导体光电催化水分解反应机理。当具有足够能量的光照射到 $SnS_2$ 表面时，电子吸收能量后从价带跃迁到导带，产生电子-空穴对，此时向该光电极施加一定的电压或电流，迫使产生的光电流向对电极流动，从而降低电子-空穴对的再结合。由于水是一种弱电解质，可以电离产生氢离子（$H^+$）和氢氧根离子（$OH^-$），半导体在吸光后产生光生电子和空穴。一定电势下，一方面，光生电子可以把氢离子还原成氢气，另一方面，光生空穴可以把水氧化成氧气，其中，$H^+$的还原电极电位为0V，水的氧化电位为1.23V。因此，从理论上可以理解为，分解一个水分子为氢气和氧气需要1.23eV的能量。半导体光电催化分解水可以分为三步（见图8-14）：

① 半导体的光吸收。当半导体受到光照时，其产生的光生电子由价带直接跃迁至导带，而光生空穴则留在价带；

② 光生电荷迁移。由于外加电场的作用，光生电子-空穴对分离，光生电子迁移至光阴极表面，而光生空穴留在光阳极表面；

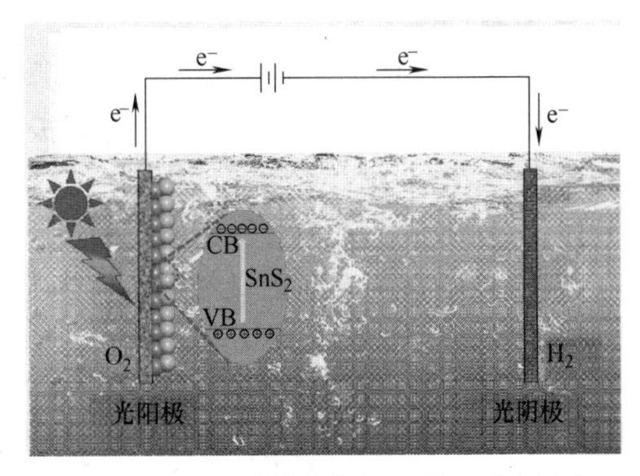

图8-14 光电催化分解水原理示意图

③ 氧化还原反应。光生电子在光阴极将$H^+$还原为$H_2$，光生空穴在光阳极表面将$H_2O$氧化为$O_2$。

## 三、实验用品

仪器：Zahner CIMPS可控强度调制光电化学谱仪、烧杯、量筒、电化学电解池、Pt片电极夹、Ag/AgCl参比电极、Pt电极夹、滤纸、称量纸、20mL聚四氟乙烯反应釜、烘箱。

药品：结晶四氯化锡、硫代乙酰胺（TAA）、无水乙醇、FTO导电玻璃、无水硫酸钠、磷酸氢二钠、磷酸二氢钠。

## 四、实验内容

1. $SnS_2$光阳极的制备

（1）取0.02mmol $SnCl_4 \cdot 5H_2O$、0.04mmol TAA、15mL无水乙醇放入烧杯中搅拌30min。

（2）将混合溶液转移到20mL反应釜中，并将一块FTO玻璃倾斜45°向下放置，然后在温度180℃下反应12h。

（3）清洗$SnS_2$光阳极。用镊子将FTO玻璃从反应釜中取出，并用无水乙醇和超纯水缓慢冲洗数次。

2. 不同电解质溶液下$SnS_2$光阳极光电催化水分解性能测定

（1）配制两种相同浓度的电解质溶液：$0.5mol \cdot L^{-1}$ $Na_2SO_4$、$0.5mol \cdot L^{-1}$磷酸缓冲溶液。

（2）取50mL电解质溶液倒入干净的电解槽中，将FTO固定到电极夹上，固定好三电极的位置。

（3）打开Zahner CIMPS可控强度调制光电化学谱仪，测定EIS、LSV、$i$-$t$曲线。

（4）换用另一种电解质，重复步骤（2）(3)。

（5）实验结束后，将所得到的数据保存到电脑中。

## 五、数据记录与处理

1. 数据记录

所有数据仪器会自动记录，实验结束后，及时保存数据即可。

2. 数据处理

（1）将保存的数据（EIS、LSV、$i$-$t$）导出后，用Origin软件作图，得出实验结果图。

（2）根据得到的EIS数据绘制等效电路图并求出电阻值。

（3）求出$1.23V_{RHE}$下的电流密度。

## 六、思考题

1. 溶剂热法的原理是什么？常选用哪些溶剂？与水热法有何异同点？

2. 通过查找文献，再写出三种光阳极的合成方案。

## 参考资料


[1] 刘志锋. 氧化物基光电极的构筑及光电催化性能. 北京：中国石油出版社，2020.

[2] 刘守新. 光催化及光电催化基础与应用. 北京：化学工业出版社，2005.

[3] 唐安平. 电化学实验. 徐州：中国矿业大学出版社，2018.


# 实验九十五　食物中某些组分的分析

## 一、实验目的

1. 了解食物中的化学常识。

2. 学习运用化学知识及化学实验技术解决一些问题。

## 二、实验原理

1. 掺假食品的鉴别

(1) 牛奶中掺豆浆的检查

牛奶是一种营养丰富、老少皆宜的食品。正常牛奶为白色或浅黄色均匀胶状液体，无沉淀、无凝块、无杂质，具有轻微的甜味和香味，其成分见表 8-18。

表 8-18　牛奶中的成分

| 成分 | 水 | 脂肪 | 蛋白质 | 酪蛋白 | 乳糖 | 白蛋白 | 灰分 |
|---|---|---|---|---|---|---|---|
| 含量/% | 87.35 | 3.75 | 3.40 | 3.00 | 4.75 | 0.40 | 0.75 |

在牛奶中掺入价格低得多的豆浆，尽管此时牛奶的密度、蛋白质含量变化不大，可能仍在正常范围内，但由于豆浆中含约 25%碳水化合物（主要是棉籽糖、水苏糖、蔗糖、阿拉伯半乳聚糖等），它们遇碘后显污绿色，所以利用这一变化可定性检查牛奶中是否掺有豆浆。

(2) 掺蔗糖蜂蜜的鉴定

蜂蜜是人们喜爱的营养丰富的保健食品，正常蜂蜜的密度为 1.401～1.433$g\cdot mL^{-1}$，主要成分中葡萄糖和果糖 65%～81%，蔗糖约 8%，水 16%～25%，糊精、非糖物质、矿物质和有机酸等约 5%。此外还含有少量酵素、芳香物质、维生素及花粉粒等，因所采花粉不同，其成分也有一定差异。人为地将价廉的蔗糖熬成糖浆掺入蜂蜜中，外观上也会出现一些变化。一般掺糖蜂蜜色泽比较鲜艳，大多为浅黄色、味淡，回味短，且糖浆味较浓。用化学方法可取掺假样品加水搅拌，如有浑浊或沉淀再加 $AgNO_3$ 溶液（1%），若有絮状物产生，即为掺蔗糖蜂蜜。

(3) 亚硝酸钠与食盐的区别

亚硝酸钠（$NaNO_2$）是一种白色或浅黄色晶体或粉末，有咸味，很像食盐，容易错当食盐使用。误食 0.3～0.5g 亚硝酸钠就会中毒，食后 10min 就会出现明显的中毒症状，如呕吐、腹痛、发绀、呼吸困难，甚至抽搐、昏迷，严重时还会危及生命。亚硝酸钠不仅有毒，而且还是致癌物，对人体健康危害很大。

$NaNO_2$ 在酸性条件下氧化 KI 生成单质碘：

$$2NaNO_2+2KI+2H_2SO_4 \xlongequal{} 2NO+I_2+K_2SO_4+Na_2SO_4+2H_2O$$

单质碘遇淀粉显蓝色，借此可以区分亚硝酸钠与食盐。

2. 食品中的微量有害元素

(1) 油条中微量铝的鉴定

油条（或油饼）是很多人喜欢的大众化食物。为了使油条松脆可口，揉制油条面剂时，每 500g 面粉约需加入 10g 明矾 [$KAl(SO_4)_2 \cdot 12H_2O$] 和若干苏打（$Na_2CO_3$），在高温油炸过程中，明矾和苏打发生以下反应：

$$Al^{3+}+3H_2O \xlongequal{} Al(OH)_3+3H^+$$

$$2H^++CO_3^{2-} \xlongequal{} H_2O+CO_2\uparrow$$

由于 $CO_2$ 大量产生，使油条面剂体积迅速膨胀，并在表面形成一层松脆的皮膜，非常可口。

但是，医学研究发现，摄入人体的铝对健康危害很大，能引起痴呆、骨痛、贫血、甲状腺功能降低、胃液分泌减少等多种疾病。摄入过量的铝还会影响人体对磷的吸收和能量代谢，降低生物酶的活性。铝不仅能造成神经细胞的死亡，还会损害心脏。铝进入人体后，可形成牢固的、难以消化的配位化合物，使其毒性增加。因此，日常生活中要避免从油饼等食物中摄入过量的铝。

取小块油饼切碎后经灼烧成灰，用 6mol·L$^{-1}$ $HNO_3$ 浸取，浸取液加巯基乙酸溶液，混匀后，加铝试剂缓冲液加热，如观察到特征的红色溶液生成，样品中即含有铝。

(2) 松花蛋中铅的鉴定

松花蛋是一种具有特殊风味的食品，但往往受铅的污染。而铅及其化合物具有较大毒性，在人体内还有积累作用，会引起慢性中毒。

在一定条件下，铅离子能与双硫腙形成一种红色配合物：

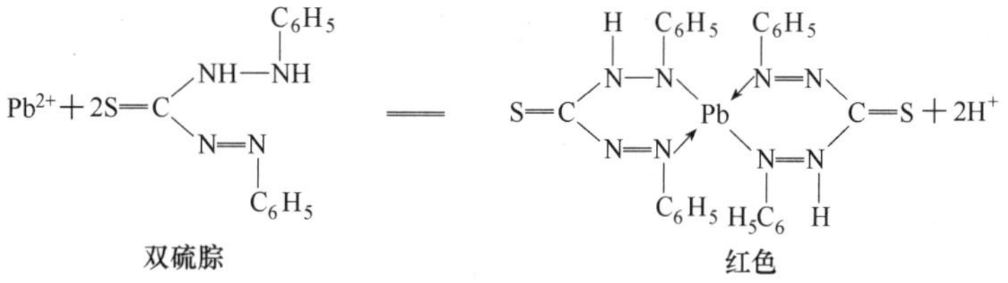

$$Pb^{2+}+2S{=}C(NH{-}NH{-}C_6H_5)(N{=}N{-}C_6H_5) \xlongequal{} [\text{红色配合物}]+2H^+$$

双硫腙　　　　红色

由于双硫腙是一种广泛配位剂，用它测定 $Pb^{2+}$ 时，必须考虑其他金属离子的干扰，通过控制溶液的酸度和加入掩蔽剂可加以消除。用氨水调节试液 pH 值到 9 左右，此时 $Pb^{2+}$ 与双硫腙作用生成红色配合物，加盐酸羟胺还原 $Fe^{3+}$，同时加柠檬酸铵掩蔽 $Fe^{2+}$、$Sn^{2+}$、$Cd^{2+}$、$Cu^{2+}$ 等，用 $CHCl_3$ 萃取后，铅的双硫腙配合物萃取入 $CHCl_3$ 中，干扰离子则留在水溶液中。

3. 食物中微量营养元素

(1) 海带中碘的鉴定

海带是营养价值和经济价值都比较高的食品，特别是它含有对人类健康很重要的碘。人体内缺少碘不但会引起甲状腺肿病，而且还会造成智力低下。

海带在碱性条件下灰化，其中的碘被有机物还原为 $I^-$，它与碱金属离子结合成碘化物。碘化物可在酸性条件下与 $K_2Cr_2O_7$ 反应析出 $I_2$：

$$6I^-+Cr_2O_7^{2-}+14H^+ \xlongequal{} 2Cr^{3+}+3I_2+7H_2O$$

若用 $CHCl_3$ 萃取，$I_2$ 在 $CHCl_3$ 中显粉红色（或深红色，颜色深浅依含碘量多少决定）。

（2）大豆中微量铁的鉴定

大豆营养丰富，各类豆制品是人们喜爱的大众食品。大豆中不仅富含植物性蛋白质，没有胆固醇，而且还含有一些人体所需的微量元素。大豆中微量铁，经样品粉碎、浸取和氧化处理后，以 $Fe^{3+}$ 形式存在溶液中，在酸性条件下，$Fe^{3+}$ 与 $SCN^-$ 反应：

$$Fe^{3+} + 3SCN^- = Fe(SCN)_3 \text{（血红色）}$$

生成特征的血红色配合物。

（3）面粉中微量锌的鉴定

锌是维持人体正常生理活动和生长发育所必需的一种微量元素，食物中含有微量锌，一般坚果、豆类、谷物等食品中含量较多一些，小麦中锌主要存在于胚芽和麸皮中。

微量锌的检定，可采用双硫腙显色。在 pH＝4.5～5 时，锌与双硫腙作用生成紫红色配合物：

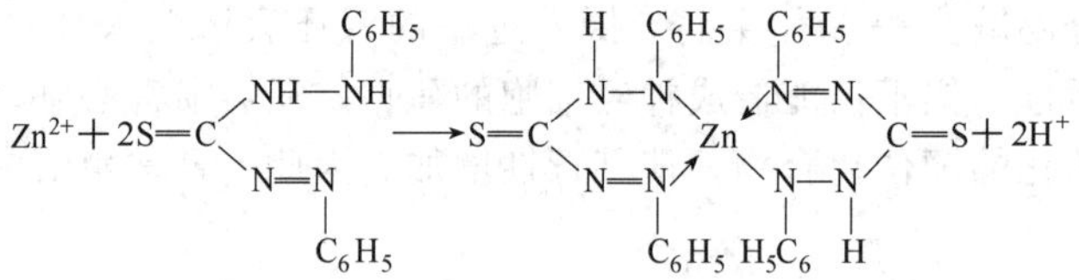

双硫腙　　红色

它能溶于 $CHCl_3$、$CCl_4$ 等有机溶剂中，故可用有机溶剂萃取。但 $Pb^{2+}$、$Cd^{2+}$、$Cu^{2+}$、$Hg^{2+}$、$Fe^{3+}$ 等有干扰作用，可加 $Na_2S_2O_3$ 和盐酸羟胺掩蔽。

4. 新鲜蔬菜中胡萝卜素的提取、分离及含量的测定

许多绿色植物如蔬菜、瓜果中含有丰富的胡萝卜素 $C_{40}H_{56}$，它是维生素 A 的前体，具有类似维生素 A 的活性。胡萝卜素有 α-异构体、β-异构体、γ-异构体，其中以 β-胡萝卜素生理活性最强，含量最多。β-胡萝卜素的结构式如下：

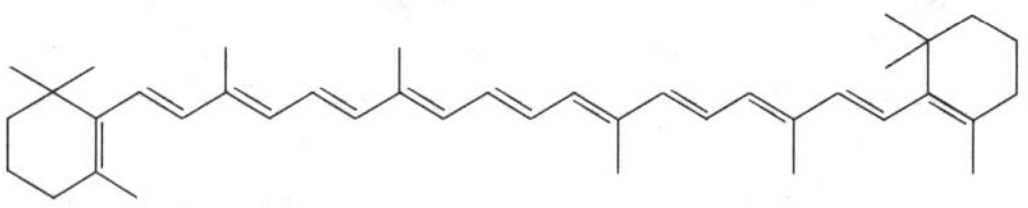

β-胡萝卜素

β-胡萝卜素是含有 11 个共轭双键的长链多烯化合物，它的 $\pi \rightarrow \pi^*$ 跃迁吸收带处于可见光区，因此纯的 β-胡萝卜素是橘红色晶体。

胡萝卜素不溶于水，可溶于有机溶剂，因此植物中胡萝卜素可以用溶剂提取。但叶黄素、叶绿素等成分也会同时被提取出来，对测定产生干扰，需要用适当的方法加以分离。本实验采用柱色谱法将提取液中的胡萝卜素分离出来，经分离提纯的胡萝卜素可以直接用分光光度法测定。

5. 新鲜蔬菜中叶绿素的提取、分离及含量的测定

叶绿素广泛存在于果蔬等绿色植物组织中，并在植物细胞中与蛋白质结合成叶绿体。当植物细胞死亡后，叶绿素即游离出来，游离叶绿素很不稳定，对光、热较敏感：在酸性条件下叶绿素生成绿褐色的脱镁叶绿素，在稀碱液中可水解成鲜绿色的叶绿酸盐以及叶绿醇和甲醇。高等植物中叶绿素有两种：叶绿素 a 和叶绿素 b，两者均易溶于乙醇、乙醚、丙酮和氯仿。叶绿素的含量测定有多种方法。

（1）原子吸收光谱法　通过测定镁元素的含量，进而间接计算叶绿素的含量。

（2）分光光度法　利用分光光度计测定叶绿素提取液在最大吸收波长下的吸光值，即可

用朗伯-比耳定律计算出提取液中各色素的含量。

叶绿素 a 和叶绿素 b 在 645nm 和 663nm 处有最大吸收，因此测定提取液在 645nm、663nm 波长下的吸光值，并可根据经验公式分别计算出叶绿素 a 、叶绿素 b 和总叶绿素的含量。

根据朗伯-比耳定律，列出浓度 $c$ 与吸光度 $A$ 之间的关系式：

$$A_{663}=82.04c_{a}+9.27c_{b} \tag{1}$$

$$A_{645}=16.75c_{a}+45.6c_{b} \tag{2}$$

式（1）、（2）中的 $A_{663}$、$A_{645}$ 分别为叶绿素溶液在波长 663nm 和 645nm 时测得的吸光度。$c_a$、$c_b$ 为叶绿素 a、叶绿素 b 的浓度，单位为 $mg \cdot L^{-1}$。82.04 、9.27 分别为叶绿素 a、叶绿素 b 在波长 663nm 下的摩尔收光系数。16.75 、45.6 分别为叶绿素 a、叶绿素 b 在波长 645nm 下的摩尔收光系数。

式（1）、（2）联立可得：

$$c_{a}=12.70A_{663}-2.69A_{645} \tag{3}$$

$$c_{b}=22.9A_{645}-4.68A_{663} \tag{4}$$

$$c_{T}=c_{a}+c_{b}=20.21A_{645}+8.02A_{663} \tag{5}$$

式中，$c_a$、$c_b$ 分别为叶绿素 a、叶绿素 b 的浓度；$c_T$ 为总叶绿素浓度，$mg \cdot L^{-1}$，联立式（3）、（4）、（5）可以计算出叶绿素 a、叶绿素 b 及总叶绿素浓度。

**三、实验用品**

仪器：试管，坩埚，电炉，高温电炉（马弗炉，约 500℃），水浴（恒温箱），组织捣碎机，蒸发皿，烘箱，布氏漏斗，吸滤瓶，抽滤泵，研钵，筛（40 目），锥形瓶（50mL），酒精灯，紫外-可见分光光度计，分析天平，色谱柱，分液漏斗（150mL、250mL），容量瓶（10mL、50mL），吸液管（1mL）。

药品：碘水，1% $AgNO_3$，浓食盐水，$2mol \cdot L^{-1}$ $H_2SO_4$，浓 $H_2SO_4$，1∶1$HNO_3$，$6mol \cdot L^{-1}$ $HNO_3$，$1mol \cdot L^{-1}$ $HNO_3$，1%$HNO_3$，$6mol \cdot L^{-1}$ HCl，$1mol \cdot L^{-1}$ HCl，$2mol \cdot L^{-1}$ HAc，30%$H_2O_2$，0.8%巯基乙酸，$0.1mol \cdot L^{-1}$ KI，新鲜淀粉溶液，铝试剂缓冲液，20%柠檬酸铵，20%盐酸羟胺，双硫腙使用液，0.002%双硫腙 $CCl_4$ 溶液，1∶1 氨水，$10mol \cdot L^{-1}$ KOH，$CHCl_3$，$0.02mol \cdot L^{-1}$ $K_2Cr_2O_7$，2%$K_2S_2O_8$，20%KSCN，pH=4.74 的缓冲溶液，25%$K_2S_2O_3$，丙酮，正己烷，$KMnO_4$（A. R），$Na_2SO_3$（A. R.），$NaNO_2$（A. R.），NaCl（A. R.），$\beta$-胡萝卜素，活性氧化镁，硅藻土助滤剂，无水硫酸钠（A. R.），石英砂，碳酸钙。

其他：正常牛奶，掺豆浆牛奶，掺蔗糖蜂蜜，油条（加明矾的），松花蛋，海带，大豆，标准面粉，新鲜蔬菜，滤纸（布氏漏斗用），滤纸片。

**四、实验内容**

1. 掺假食品的鉴别

（1）牛奶中掺豆浆的检查

取两支试管分别加入正常牛奶和掺豆浆牛奶各 2mL，再分别加入 2～3 滴碘水，混匀后观察两支试管中颜色的不同变化。正常牛奶显橙黄色，而掺豆浆牛奶则显污绿色。

（2）掺蔗糖蜂蜜的鉴定

在一支试管中加入掺蔗糖蜂蜜样品约 1mL，再加水约 4mL，振荡搅拌，如有浑浊或沉淀，再滴加 2 滴 1%$AgNO_3$，若有絮状物产生就证明此蜂蜜中掺有蔗糖。

(3) 亚硝酸钠与食盐的区别

取两支试管分别加入少量 $NaNO_2$ 固体和 NaCl 固体，再加入 2mol·$L^{-1}$ $H_2SO_4$ 和 0.1mol·$L^{-1}$ KI，观察两支试管中不同的实验现象，再用新配制的淀粉溶液鉴别。

2. 食品中微量有害元素的鉴定

(1) 油条中微量铝的鉴定

称取新鲜油条 1g，将其研碎，置于小烧杯中，加入 1.0mol·$L^{-1}$ 盐酸 10mL，搅拌后静置一会儿进行过滤，得到浅黄色滤液。在滤液中加入适量活性炭进行脱色处理，再过滤后得到无色透明试液。把含 0.0094g 铝的 0.165g 明矾用 15mL 蒸馏水溶解，得对照实验试液。

取两支试管分别加入 2 滴铝离子试液和 2 滴对照实验试液，然后再依次滴加 5 滴水、2 滴 2mol·$L^{-1}$ HAc 和 2 滴铝试剂，振荡后在水浴中加热片刻，再加入 2 滴氨水，若生成红色絮状沉淀，证明有铝离子存在。

(2) 松花蛋中铅的鉴定

取松花蛋一枚，洗去外壳上的料泥，剥去外壳，小心分开蛋白和蛋黄，将蛋白部分用塑料刀切碎备用。称取试样 5.00g 置于 250mL 定氮烧瓶中，各加 3 粒小玻璃珠，装上分液漏斗，从分液漏斗缓慢加入浓硝酸 5mL、过氧化氢 2mL。待剧烈反应缓和后，置电热套上加热煮沸，小心逐滴加入过氧化氢，直至有机质完全消化，消化液为澄清的无色或微黄色溶液。冷却后转移至 50mL 容量瓶中，用水少量多次洗涤烧瓶，洗液合并于容量瓶中并定容至刻度，混匀备用。

取所得样品溶液约 2mL，加入 2mL 1% $HNO_3$、2mL 20%柠檬酸铵和 1mL 20%盐酸羟胺，用 1∶1 氨水调节溶液 pH=9，再加入 5mL 双硫腙使用液，剧烈摇动约 1min，静置分层后，观察有机溶剂（$CHCl_3$）层中红色配合物的生成。

3. 食物中微量营养元素的鉴定

(1) 海带中碘的鉴定

将除去泥沙后的海带切细、混匀，取均匀样品约 2g 放入坩埚中，加入 5mL 10mol·$L^{-1}$ KOH。先在烘箱内烘干，然后放在电炉上低温炭化，再移入高温炉中，于 600℃ 灰化至呈白色灰烬。取出冷却后，加水约 10mL 加热溶解灰分，并过滤。用约 30mL 热水分几次洗涤坩埚和滤纸，所得滤液供鉴定用。

取约 2mL 供鉴定用的滤液，加 2mL 浓 $H_2SO_4$ 和 10mL 0.02mol·$L^{-1}$ $K_2Cr_2O_7$，摇匀后放置 30min，然后再加入 10mL $CHCl_3$ 剧烈摇动，静置分层，观察 $CHCl_3$ 层中碘的颜色。

(2) 大豆中微量铁的鉴定

大豆样品经研磨粉碎，过筛（40 目）。称取约 2g 放入 50mL 锥形瓶中，加入约 10mL 浓 $H_2SO_4$，放在电炉上低温加热至瓶内硫酸开始冒白烟后 5min，从电炉上取下。稍冷却，使瓶内温度约为 60～70℃，逐滴加 2mL 30% $H_2O_2$（必须缓慢滴加，以防反应过猛）。放电炉上继续加热 2min。如果瓶内溶液仍有黑色或棕色物质，再从电炉上取下，稍冷却后再滴加 $H_2O_2$，随后再加热，如此反复处理，直至瓶内溶液完全无色为止。最后再加热 5min，以除去过量的 $H_2O_2$，冷却后，溶液供以下检验用。

取上述样品溶液约 2mL，加入约 0.2mL 浓 $H_2SO_4$、0.1mL 2% $K_2S_2O_8$ 和 1mL 20% KSCN，观察有无血红色配合物生成。

(3) 面粉中微量元素锌的鉴定

取约 5g 标准粉，放入蒸发皿中，放在电炉上低温炭化，待浓烟挥尽后，转移入高温炉（500℃）中灰化。当蒸发皿内灰分呈白色残渣时，停止加热。取出冷却后，加 2mL 6mol·

$L^{-1}$ HCl或$HNO_3$溶液，放在水浴上加热蒸发至干。冷却后将所得物质加水溶解，即得到样品溶液。

取约2mL样品溶液，用1mol·$L^{-1}$ HCl或$HNO_3$溶液调节pH=4.5～5，加2mL pH=4.74的缓冲溶液，再加0.5mL 25%$Na_2S_2O_3$和0.5mL 20%盐酸羟胺。混合摇匀后，加入约5mL 0.002%双硫腙$CCl_4$溶液，经剧烈摇动后，静置分层。观察$CCl_4$层是否生成紫红色配合物。

4. 新鲜蔬菜中胡萝卜素的提取、分离及含量的测定

（1）β-胡萝卜素的提取

将新鲜胡萝卜粉碎混匀，称取1～2g，加10mL 1∶1丙酮-正己烷混合溶剂，于研钵中研磨5min，将混合溶剂滤入预先盛有50mL蒸馏水的150mL分液漏斗中，残渣继续用10mL 1∶1丙酮-正己烷混合溶剂研磨、过滤，如此反复浸提几次，直到浸提液无色为止，浸提液滤入分液漏斗中，水洗后将水相放入另一个250mL分液漏斗中。继续用3份30mL蒸馏水洗涤浸提液，将洗涤后的水溶液合并于250mL分液漏斗中，加入20mL正己烷萃取水溶液，然后将正己烷萃取液与150mL分液漏斗中浸提液合并供柱色谱分离，弃去萃取后的水溶液。

（2）β-胡萝卜素的柱色谱分离

① 吸附剂的处理。将活性氧化镁在600℃下灼烧4h，冷却，与硅藻土助滤剂按质量比1∶1均匀混合。

② 柱色谱分离。色谱柱为外径22mm、长175mm的玻璃管，下端接有外径10mm、长50mm的细玻璃管。在色谱柱细径处填入少许玻璃毛或脱脂棉。将吸附剂疏松地装入色谱柱中，装入高度约150mm，然后用水泵抽气使吸附剂逐渐密实。装填密实后吸附剂高度约为100mm，再在吸附剂顶面盖上一层约1cm的无水硫酸钠。

将样品浸提液逐渐倾入色谱柱中，在连续抽气条件下使浸提液通过色谱柱。用正己烷冲洗色谱柱，使β-胡萝卜素谱带与其他色谱带分开，当β-胡萝卜素谱带移过色谱柱中部，用1∶9丙酮-正己烷混合溶剂洗脱并收集流出液，β-胡萝卜素将首先从色谱柱中流出，而其他色素仍保持在色谱柱中。将洗脱的β-胡萝卜素流出液收集在50mL容量瓶中，用1∶9丙酮-正己烷混合溶剂定容；在整个色谱柱过程中，柱的顶端应始终保持有溶剂。

（3）绘制工作曲线

① 配制β-胡萝卜素标准溶液。用逐级稀释法准确配制25μg·$mL^{-1}$ β-胡萝卜素正己烷标准溶液。分别吸取该溶液0.2mL、0.4mL、0.6mL、0.8mL和1.0mL于5个容量瓶中，用正己烷定容。

② 测定吸收光谱。用1cm比色皿，以正己烷为参比，分别测定5个β-胡萝卜素标准溶液的吸收光谱（测定的波长范围为380～600nm）。

（4）样品浸提液中胡萝卜素含量的测定

以1∶9丙酮-正己烷溶剂为参比，在分光光度计上测定柱色谱分离后的β-胡萝卜素溶液的吸收光谱。

5. 新鲜蔬菜中叶绿素的提取、分离及含量的测定

（1）取新鲜植物叶片（或其他绿色组织），擦净表面污物，剪碎，混匀。

（2）称取剪碎的新鲜样品1.0g，放入研钵中，加少量石英砂、碳酸钙粉和5mL 95%乙醇，研成匀浆，再加乙醇10mL，继续研磨至组织变白，静置3～5min。

（3）取滤纸，置漏斗中，用乙醇湿润，沿玻棒把提取液倒入漏斗中，过滤到50mL容量

瓶中，用少量乙醇冲洗研钵、研棒及残渣数次，最后连同残渣一起倒入漏斗中。

（4）用乙醇将滤纸上的叶绿体色素全部洗入容量瓶中，直至滤纸和残渣中无绿色为止。最后用乙醇定容至 50mL，摇匀。

（5）以 95%乙醇为空白，在波长 665nm、649nm 下测定吸光度，分别计算出叶绿素 a、叶绿素 b 及总叶绿素浓度。

## 五、数据记录与处理

1. 绘制 $\beta$-胡萝卜素工作曲线

（1）根据吸收光谱确定标准溶液最大吸收波长 $\lambda_{max}$ 和吸光度 $A$。

（2）以 $\beta$-胡萝卜素标准溶液浓度为横坐标，吸光度为纵坐标，绘制工作曲线。

（3）根据工作曲线的斜率计算摩尔吸光系数 $\varepsilon$。

2. 确定样品溶液 $\lambda_{max}$ 处的吸光度，计算胡萝卜中胡萝卜素的含量

$$胡萝卜素含量=\frac{50c_x}{1000m_{样品}}(mg \cdot L^{-1})$$

式中，$c_x$ 为工作曲线上查到的胡萝卜素浓度，$\mu g \cdot mL^{-1}$；$m_{样品}$ 为胡萝卜样品的质量，g。

3. 根据共轭多烯 $\pi \rightarrow \pi^*$ 跃迁吸收波长及摩尔吸光系数的计算公式，计算 $\beta$-胡萝卜素的吸收波长 $\lambda_{max}$ 和摩尔吸光系数 $\varepsilon_{max}$。将实验测定的吸收波长和摩尔吸光系数与计算值进行比较。

4. 根据样品在 665nm、649nm 波长下的吸光度，分别计算出叶绿素 a、叶绿素 b 及总叶绿素的浓度。

## 六、思考题

1. 正常牛奶与掺豆浆牛奶的主要差别是什么？如何鉴别？
2. 如何区别正常蜂蜜与掺蔗糖蜂蜜？
3. 认识亚硝酸钠当食盐使用的危害，利用它们哪些不同的化学性质加以区别？
4. 指出铝对人体健康的危害，如何鉴定食品中含有的铝？
5. 用什么方法鉴定食物中少量有害元素铅的存在？
6. 碘对人体健康具有怎样的重要性？如何鉴定海带中碘的含量？
7. 采用什么方法检测大豆中微量元素铁？
8. 简述面粉中微量元素锌的检定方法。
9. 天然产物的提取方式通常有哪些？
10. 应用柱色谱法将胡萝卜素与其他色素分离的原理是什么？
11. 如何制备性能良好的色谱柱？
12. 影响胡萝卜素含量测定的准确性有哪些因素？
13. 叶绿素 a 和叶绿素 b 的结构有何不同？
14. 在破碎青菜叶组织时，为什么要加入碳酸钙或碳酸钠？

# 第三部分

# 附　录

## 附录1　常用仪器操作规程

### 附录1.1　DP-AF-Ⅱ型饱和蒸气压实验装置使用说明书

**一、简介**

（1）饱和蒸气压一体化实验装置是专门为高校设计的，其将实验中所需要的恒温水浴、低真空压力计和缓冲储气罐合为一体，结构紧凑、体积小、美观、操作方便，易于实验室的整体布局。

（2）按键式操作：水浴实时温度、控制设定温度和压力同时显示，读数直观明了。

**二、实验原理**

在一定温度下与纯液体处于平衡状态时的蒸气压，称为该温度下的饱和蒸气压，这里的平衡状态是指动态平衡。在某一温度下被测液体处于密封容器中液体分子从表面逃逸成蒸气，同时蒸气分子因碰撞面凝结成液体，当两者的速率相同时，就达到了动态平衡，此时气相中的蒸气密度不再改变，因而具有一定的饱和蒸气压。DP-AF-Ⅱ型饱和蒸气压装置就是利用这个原理而设计制造的。

**三、技术指标**

**1. 技术指标**

① 压力测量范围：0～－101.3kPa。

② 压力分辨率：0.01kPa。

③ 温度测控范围：室温到100℃（或室温到99.9℃）。

④ 温度分辨率：0.01℃（或0.1℃）。

**2. 使用条件**

① 电源：交流220V±10% 50Hz。

② 环境温度：－5～50℃。

③ 相对湿度：≤85％RH。

④ 介质：除氟化物气体外的各种气体介质均可使用。

⑤ 场所：无腐蚀性气体，无强烈振动的场所。

### 3. 前面板示意图

前面板示意见图 9-1。

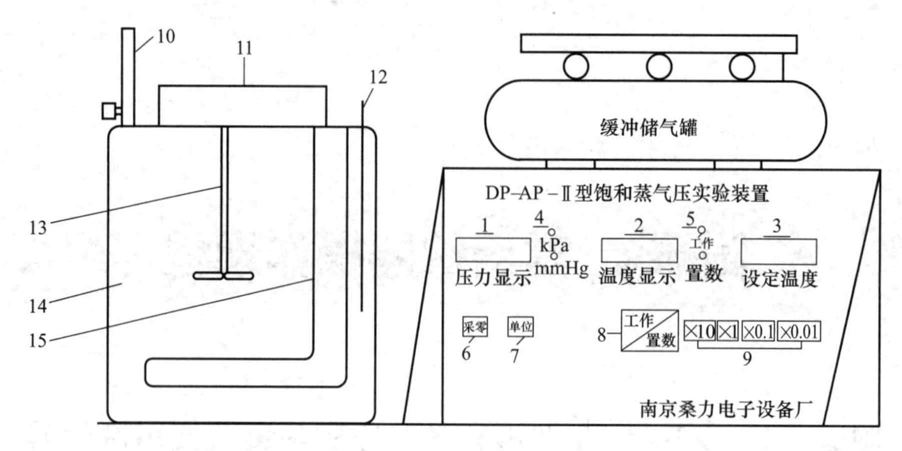


图 9-1　前面板示意

1—压力显示窗口；2—温度显示窗口；3—设定温度显示窗口；4—指示灯（显示压力计量单位的指示灯）；5—工作、置数指示灯；6—采零键（扣除仪表的零压力值，即零点漂移）；7—单位键（选择压力计量单位）；8—工作/置数转换按键；9—温度设置增、减键；10—可升降支架；11—电机盒；12—温度传感器；13—搅拌器；14—玻璃水槽；15—加热器

### 4. 后面板示意图

后面板示意见图 9-2。

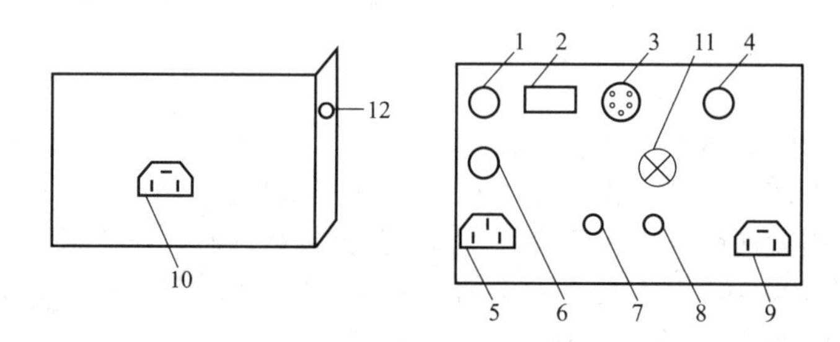


图 9-2　后面板示意

1—电源开关；2—USB 接口（与计算机连接，可选配）；3—传感器插座（将传感器航空插头插入此插座）；4—压力接口（被测压力的引入接口）；5—电源插座（与交流 220V 相接）；6—10A 熔断器座；7—温度调试（生产厂家进行仪表校验时用，用户切勿调节此处，以免影响仪表的准确度）；8—压力调试（生产厂家进行仪表校验时用，用户切勿调节此处，以免影响仪表的准确度）；9—三芯插座（加热搅拌输出，与电机三芯插座对接）；10—三芯插座；11—风扇；12—加热强、弱开关

### 5. 缓冲储气罐

（1）技术条件

① 压力罐的使用压力：－100～250kPa。

② 系统气密性：≤0.1kPa·10s$^{-1}$。

(2) 缓冲储气罐的使用方法

缓冲储气罐示意图见图 9-3。

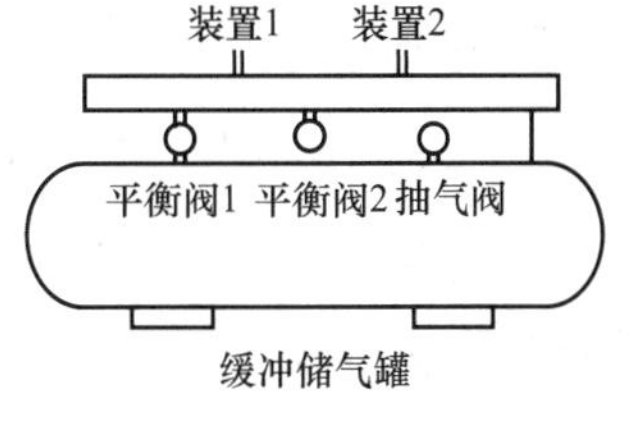

图 9-3 缓冲储气罐示意图

① 安装。用橡胶管将真空泵气嘴与缓冲罐抽气阀相连接，装置 2 用堵头塞紧，装置 1 与压力接口连接。

② 整体气密性检查。将抽气阀、平衡阀 1 打开，平衡阀 2 关闭（三阀均为顺时针旋转关闭，逆时针旋转开启）。启动真空泵抽真空至压力为－100kPa 左右，关闭抽气阀及真空泵。观察压力显示窗口，若显示数值无上升，说明整体气密性良好。否则需查找并清除漏气之处，直至合格。

③ “微调部分”的气密性检查。关闭平衡阀 1，用平衡阀 2 调整“微调部分”的压力，使之低于压力罐中压力的 1/2，观察压力显示窗口，其显示值无变化，说明气密性良好。若显示值有上升，说明平衡阀 2 泄漏，若下降说明平衡阀 1 泄漏。

(3) 与被测系统连接进行测试

用橡胶管将缓冲储气罐装置 1 与被测系统连接，装置 2 与仪表接口连接。关闭平衡阀 2，开启平衡阀 1，使微调部分与罐内压力相等。之后，关闭平衡阀 1，缓慢开启平衡阀 2，泄压至低于气罐压力。关闭平衡阀 2，观察压力显示窗口，显示值变化≤0.01kPa·4s$^{-1}$，即为合格。检漏完毕，开启平衡阀 2 使微调部分泄压至零。

## 四、饱和蒸气压实验的步骤

(1) 上述各组成部分检测后，按图 9-4 用橡胶管将各仪器连接成饱和蒸气压的实验装置。

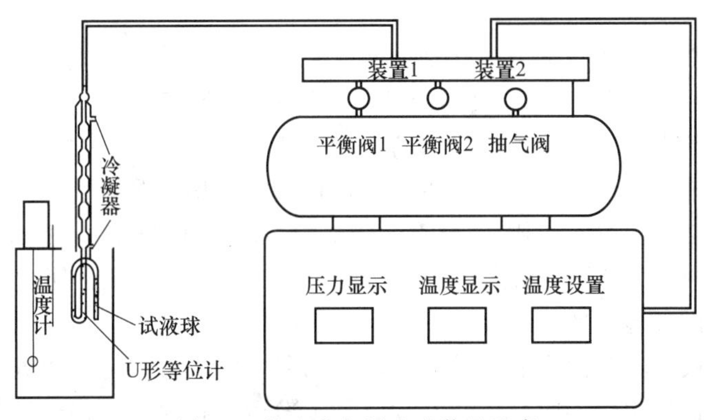

图 9-4 饱和蒸气压实验装置示意

(2) 取下等位计，向加料口注入乙醇。使乙醇充满试液球体积的 2/3 和 U 形等位计的大部分，按图 9-4 接好等位计。

(3) 将玻璃缸加入冷却水。

① 开机。用电源线将仪表后面板的电源插座与交流 220V 电源连接，用另一根对接线将仪表与电机后面板的三芯插座相连接。打开电源开关（ON），预热 15min 再进入下一步操作。

② 设置控制温度 25℃。按“工作/置数”键至置数灯亮。依次按“X10”“X1”“X0.1”“X0.01”键，设置“设定温度”的十位、个位及小数位的数字，每按动一次，数码显示由 0～9 依次递增，直至调整到所需“设定温度”的数值。设置完毕，再按“工作/置数”键，

转换到工作状态，工作指示灯亮，仪表即进入自动升温控温状态。

**注意**："X0.01"键只有在温度分辨率为0.01℃时，按此键才有效。

(4) 系统温度达到设定温度时，由PID调节自整定，将水浴温度自动准确地控制在所需的温度范围内。

**注意**：① 置数状态时，仪器不对加热器进行控制，即不加热。

② 水槽不能剧冷剧热，防止玻璃爆裂。

(5) 当水浴温度达到25℃时，将真空泵接到抽气阀上，关闭平衡阀2，打开平衡阀1。开启真空泵，打开抽气阀使体系中的空气被抽出（压力计上显示－90kPa左右）。当U形等位计内的乙醇沸腾至3～5min时，关闭抽气阀和真空泵，缓缓打开平衡阀2，漏入空气，当U形等位计中两臂的液面平齐时关闭平衡阀2。若等位计液柱再变化，再打开平衡阀2使液面平齐，待液柱不再变化时，记下温度值和压力值。若液柱始终变化，说明空气未被抽干净，应重复（3）步骤。

测定30℃、35℃、40℃、45℃、50℃时乙醇的蒸气压。

**注意**：测定过程中如不慎使空气倒灌入试液球，则需重新抽真空后方能继续测定。如升温过程中，U形等位计内液体发生暴沸，可缓缓打开平衡阀2，漏入少量空气，防止管内液体大量挥发而影响实验进行。

实验结束后，慢慢打开抽气阀，使压力显示值为零。关闭冷却水，拔去电源插头。

## 五、实验注意事项

(1) 实验系统必须密闭，一定要仔细检漏。

(2) 必须让U形等位计中的试液缓缓沸腾3～4min后方可进行测定。

(3) 升温时可预先漏入少许空气，以防止U形等位计中液体暴沸。

(4) 液体的蒸气压与温度有关，所以测定过程中需严格控制温度。

(5) 漏入空气必须缓慢，否则U形等位计中的液体将冲入试液球中。

(6) 必须充分抽净U形等位计空间的全部空气。U形等位计必须放置于恒温水浴中的液面以下，以保证试液温度的准确度。

(7) 仪器不宜放置在潮湿及有腐蚀性气体的场所，应放置在通风干燥的地方。

(8) 长期搁置再启用仪器时，应将灰尘打扫干净后，将仪器试通电运行，检查有无漏电现象，避免因长期搁置产生的灰尘及受潮造成漏电事故。

(9) 为保证使用安全，严禁无水干烧（无水通电加热）而损坏加热器。

(10) 为保证系统工作正常，没有专门的检验设备的单位和个人请勿打开机盖进行检修，更不允许调整和更换元件，否则将无法保证仪表测控温的准确度。

(11) 传感器和仪表必须配套使用，不可互换！互换虽也能工作，但测控温的准确度必将有所下降。

## 六、简单故障及排除

简单故障及排除见表9-1。

表9-1是一些简单的故障及排除方法，其他故障建议与厂家联系。

表 9-1 简单故障及排除

| 故障现象 | 排除方法 |
| --- | --- |
| 打开电源开关，LED 无显示 | 检查电源线和熔断器是否接牢 |
| 设定温度显示窗口跳跃显示“0” | 处于“温度设定”状态中 |
| LED 显示窗口显示不稳定，有跳字现象 | 检查传感器插入是否良好 |
| 按下面板按键，状态无变化 | 重新启动仪器 |

# 附录 1.2 7200 型分光光度计

## 一、仪器基本操作

（1）连接仪器电源线，确保仪器供电电源有良好的接地性能。

（2）接通电源，使仪器预热 20min（不包括仪器自检时间）。

（3）用〈MODE〉键设置测试方式：透射比（$T$）、吸光度（$A$）、已知标准样品浓度值方式（$c$）和已知标准样品斜率（$F$）方式。

（4）用波长选择旋钮设置所需的分析波长。

（5）将参比样品溶液和被测样品溶液分别倒入比色皿中，打开样品室盖，将盛有溶液的比色皿分别插入比色皿槽中，盖上样品室盖。一般情况下，参比样品放在第一个槽位中。仪器所附的比色皿，其透射比是经过配对测试的，未经配对处理的比色皿将影响样品的测试精度。比色皿透光部分表面不能有指印、溶液痕迹，被测溶液中不应有气泡、悬浮物，否则也将影响样品测试的精度。

（6）将%$T$ 校具（黑体）置入光路中，在 $T$ 方式下按“%$T$”键，此时显示器显示“000.0”。

（7）将参比样品推（拉）入光路中，按“0$A$/100%$T$”键调 0$A$/100%$T$，此时显示器显示的“BLA”，直至显示“100.0%$T$”或“0.000$A$”为止。

（8）当仪器显示器显示出“100.0%$T$”或“0.000$A$”后，将被测样品推（拉）入光路，这时，便可从显示器上得到被测样品的透射比或吸光度值。

## 二、样品浓度的测量方法

### 1. 已知标准样品浓度值的测量方法

（1）用〈MODE〉键将测试方式设置至 $A$（吸光度）状态。

（2）用波长设置样品的分析波长，根据分析规程，每当分析波长改变时，必须重新调整 0$A$/100%和 0%$T$。

（3）将参比样品溶液、标准样品溶液和被测样品分别倒入比色皿中，打开样品室盖，将盛有溶液的比色皿插入比色皿槽中，盖上样品室盖。一般情况下，参比样品放在第一个槽位中。仪器所附的比色皿，其透射比是经过配对测试的，未经配对处理的比色皿将影响样品的测试精度。比色皿透光部分表面不能有指印、溶液痕迹，被测溶液中不应有气泡、悬浮物，否则也将影响样品测试的精度。

（4）将参比样品推（拉）入光路中，按“0$A$/100%$T$”键调 0$A$/100%$T$，此时显示器显示的“BLA”，直至显示“0.000A”为止。

(5) 用〈MODE〉键将测试方式设置至 $c$ 状态。

(6) 将标准样品推（或拉）入光路中。

(7) 按"INC"或"DEC"键，将已知的标准样品浓度值输入仪器，当显示器显示样品浓度值时，按"ENT"键。浓度值只能输入整数值，设定范围为0～1999。

(8) 将被测样品依次推（或拉）入光路，这时，便可从显示器分别得到被测样品的浓度值。

**2. 已知标准样品浓度斜率（K值）的测量方法**

(1) 用〈MODE〉键将测试方式设置至 $A$（吸光度）状态。

(2) 用波长旋钮设置样品的分析波长，根据分析规程，每当分析波长改变时，必须重新调整0$A$/100%和0%$T$。

(3) 将参比样品溶液和被测样品分别倒入比色皿中，打开样品室盖，将盛有溶液的比色皿插入比色皿槽中，盖上样品室盖。一般情况下，参比样品放在第一个槽位中。仪器所附的比色皿，其透射比是经过配对测试的，未经配对处理的比色皿将影响样品的测试精度。比色皿透光部分表面不能有指印、溶液痕迹，被测溶液中不应有气泡、悬浮物，否则也将影响样品测试的精度。

(4) 将参比样品推（拉）入光路中，按"0$A$/100%$T$"键调0$A$/100%$T$，此时显示器显示的"BLA"，直至显示"0.000A"为止。

(5) 用〈MODE〉键将测试方式设置至F状态。

(6) 按"INC"或"DEC"键输入已知的标准样品斜率值，当显示器显示标准样品斜率时，按"ENT"键。这时，测试方式指示灯自动指向"$c$"，斜率只能输入整数。

(7) 将被测样品依次推（或拉）入光路，这时，便可从显示器上分别得到被测样品的浓度值。

## 三、使用注意事项

(1) 仪器应在5～35℃、相对湿度不大于85%的环境中工作。

(2) 放置仪器的工作台应平坦、牢固，不应有振动或其他影响仪器正常工作的现象。

(3) 强烈电磁场、静电及其他电磁干扰，都可能影响仪器正常工作，放置仪器时应尽可能远离干扰源。

(4) 仪器放置应避开有化学腐蚀气体的地方，如硫化氢、二氧化硫、氨气等。

(5) 仪器应避免阳光直射。

(6) 仪器使用在额定电压的±10%范围内，频率变化在±1Hz范围内，并要有良好的接地。

(7) 仪器通电前检查

① 接通电源，让仪器预热至少20min，使仪器进入热稳定工作状态。有时仪器会因运输、存储环境因素而受潮，产生诸如读数波动等不稳定现象，此时，应保持仪器周围有良好的通风环境，并连续开机数小时，直到读数稳定为止。

② 仪器接通电源后，即进入自检状态，首先显示"UNICO"，数秒后显示为0.×××$A$（或－0.×××$A$），即自检完毕。

(8) 维护。每次使用后应检查样品室是否积存有溢出溶液，应经常擦拭样品室，以防废液对部件或光路系统的腐蚀。

# 附录1.3 pHS-3C型精密pH计使用操作规程

## 一、操作规程

### 1. 开机前的准备

（1）先将pH复合电极下端的电极保护套拔下，并且拉下电极上端的橡皮套使其露出上端小孔。

（2）用蒸馏水冲洗电极，并用面纸轻轻拭干，不能用力擦拭。

（3）将标准缓冲溶液从冰箱中拿出，在室温下放置30min，方可使用。

### 2. 标定

仪器使用前先要标定。一般情况下仪器在连续使用时，每天要标定一次。

（1）打开电源开关，按“pH/mV”按钮，使仪器进入pH测量状态。

（2）把用蒸馏水清洗过的电极插入pH=7.0的标准缓冲溶液中，待读数稳定后按“定位”键的上下箭头（此时pH指示灯慢闪烁，表明仪器在定位标定状态），使读数为该溶液的pH，然后按“确定”键，仪器进入pH测量状态，pH指示灯停止闪烁。

（3）把用蒸馏水清洗过的电极插入pH=4.00的标准缓冲溶液中，待读数稳定后按“斜率”键的上下箭头（此时pH指示灯慢闪烁，表明仪器在斜率标定状态），使读数为该溶液的pH，然后按“确定”键，仪器进入pH测量状态，pH指示灯停止闪烁，标定完成（误差）。

（4）用蒸馏水清洗电极并用面纸轻轻拭干后即可对被测溶液进行测量。

（5）标定的缓冲溶液一般第一次用pH=7.0的溶液，第二次用pH=4.00的缓冲溶液。

（6）一般情况下，在24h内仪器不需再标定。

（7）如果在标定过程中操作失误或按键按错而使仪器测量不正常，可关闭电源，然后按住“确定”键再开启电源，使仪器恢复初始状态，然后重新标定。

**注意：** 经标定后，“定位”键及“斜率”键不能再按，如果触动，此时仪器pH指示灯闪烁，请不要按“确定”键，而是按“pH/mV”键，使仪器重新进入pH测量即可，而无须再进行标定。

### 3. 测量

（1）用蒸馏水清洗电极头部，并用面纸将电极表面轻轻擦拭干净。

（2）把电极浸入被测溶液中，用玻璃棒搅拌使溶液均匀，在显示屏上读出溶液的pH。

（3）测量结束，用蒸馏水清洗电极头部，并用面纸将电极表面轻轻擦拭干净，然后将上端橡皮套按入小孔中，再将电极棒插入电极架中，最后将电极保护套套上，电极套内应放少量外参比补充液，以保持电极球泡的湿润，切忌浸泡在蒸馏水中。

## 二、维护规程及注意事项

（1）取下电极保护套后，应避免电极的敏感玻璃泡与硬物接触，因为任何破损或擦毛都会使电极失效。

（2）复合电极的外参比补充液为 $3mol \cdot L^{-1}$ 氯化钾溶液，补充液可以从电极上端小孔加入，复合电极不使用时，拉上橡皮套，防止补充液干涸。

（3）电极应避免长期浸在蒸馏水、蛋白质溶液和酸性氟化物溶液中。

（4）电极避免与有机硅油接触。

（5）电极经长期使用后，如发现斜率略有降低，可把电极下端浸泡在4%HF（氢氟酸）中3～5s，用蒸馏水洗净，然后在 $0.1mol \cdot L^{-1}$ 盐酸溶液中浸泡，使之复新。

（6）被测溶液中如含有易污染敏感球泡或堵塞液接界的物质而使电极钝化，会出现斜率降低、显示读数不准现象。如发生该现象，则应根据污染物质的性质，用适当溶液清洗，使电极复新。

# 附录1.4 DYJ电泳实验装置使用说明书

## 一、简介

DYJ系列电泳实验装置是通过界面移动法来测定溶胶粒子在电场的作用下，发生定向运动，通过测定胶粒的电泳速度计算出 $\zeta$ 电位。该装置具有使用简便，显示清晰直观，实验数据稳定、可靠等特点，是院校做此实验的理想实验装置。

## 二、产品配置

| | | |
|---|---|---|
| DYJ-1型 | $WYJ\text{-}G_B$（稳压源） | U形电泳仪<br>铂电极 |
| DYJ-2型 | $WYJ\text{-}G_A$（稳压源） | |
| DYJ-3型 | WYJ-G（稳压源） | |

## 三、输出电源技术条件

### 1. 技术指标

| 型　号 | $WYJ\text{-}G_B$ | $WYJ\text{-}G_A$ | WYJ-G |
|---|---|---|---|
| 输出电压 | 0～180V | 0～300V | 0～600V |
| 输出电流 | 0～100mA | 0～100mA | 0～100mA |
| 分辨率 | 0.1V、0.1mA | 0.1V、0.1mA | 0.1V、0.1mA |

### 2. 使用条件

电源：交流220V±10%，50Hz。

环境：温度－5～50℃，湿度≤85%，无腐蚀性气体的场合。

## 四、仪器及药品

（1）高压数显稳压电源　　1台

（2）U形电泳仪　　1套

（3）铂电极　　2支

（4）铁架台　　1个

(5) $FeCl_3$（化学纯）

(6) KCl（化学纯）

(7) 火棉胶

(8) 电导率仪　　　　　　　　　　　　　　　　　　　　1台

## 五、使用说明

### 1. 前面板示意图

前面板示意见图 9-5。

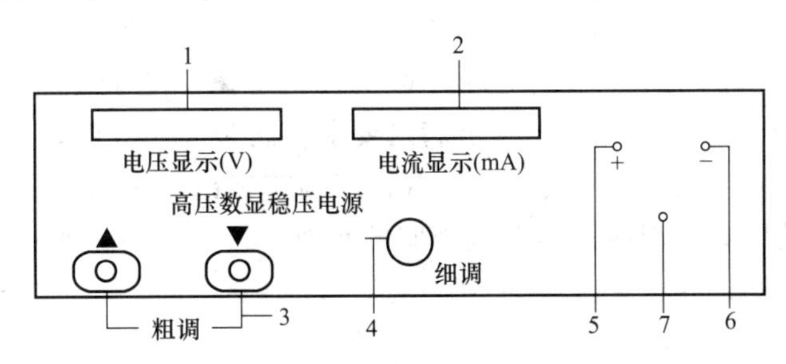


图 9-5　前面板示意

1—电压显示窗口（显示输出的实际电压）；2—电流显示窗口（显示输出的实际电流）；3—粗调按键（粗略调节所需电压，“▲”表示升压按键，“▼”表示降压按键。内置电压调节，共 9 挡，点击按键 1 次对应 1 挡电压调节）；4—细调旋钮（精确调节所需电压）；5—正极接线柱（负载的正极接入处）；6—负极接线柱（负载的负极接入处）；7—接地接线柱

### 2. 实验装置连接图

实验装置连接示意见图 9-6。

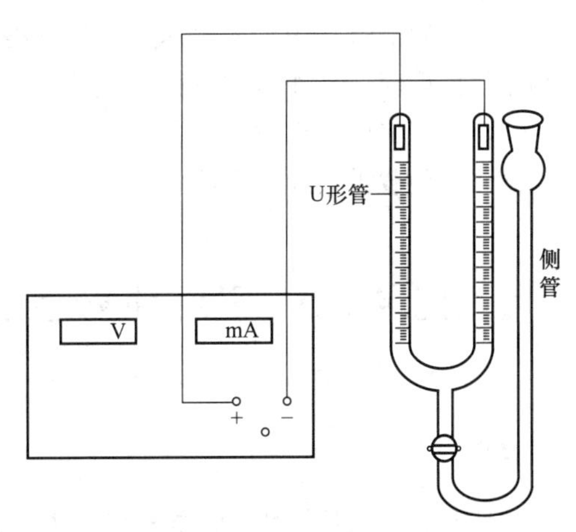


图 9-6　实验装置连接示意

### 3. 操作步骤

(1) $Fe(OH)_3$ 溶胶的制备：将 0.5g 无水 $FeCl_3$ 溶于 20mL 蒸馏水中，在搅拌的情况下将上述溶液滴入 200mL 沸水中（控制在 4～5min 内滴完），然后再煮沸 1～2min，即制得 $Fe(OH)_3$ 溶胶。

(2) 透析袋的制备：将约 20mL 胶棉液倒入干净的 250mL 锥形瓶内，小心转动锥形瓶使瓶内壁均匀展开一层液膜，倾出多余的胶棉液，将锥形瓶倒置，待溶剂挥发完（此时胶膜已不沾手），用蒸馏水注入胶膜与瓶壁之间，使胶膜与瓶壁分离，将其从瓶中取出，然后注入蒸馏水，检查胶袋是否有漏洞，如无，则浸入蒸馏水待用。

(3) 溶胶的纯化：将冷至约 50℃ 的 $Fe(OH)_3$ 溶胶转移到透析袋，用约 50℃ 的蒸馏水渗析，约 10min 换水 1 次，渗析 10 次。

(4) 将渗析好的 $Fe(OH)_3$ 溶胶冷却至室温，测其电导率，用 $0.1mol\cdot L^{-1}$ KCl 溶液和蒸馏水配制与溶胶电导率相同的辅助液。

(5) 用蒸馏水把电泳仪洗干净，然后取出活塞，烘干。在活塞上涂上一层薄薄的凡士林，凡士林最好离孔远一些，以免弄脏溶液。

（6）关紧U形电泳仪下端的活塞，用滴管顺着侧管管壁加入$Fe(OH)_3$溶胶（注意：若发现有气泡逸出，可慢慢旋开活塞放出气泡，但切勿使溶胶流过活塞，气泡放出后立即关闭活塞），再从U形管的上口加入适量的辅助液。

（7）缓慢打开活塞（动作过大会搅浑液面，而导致实验重做），使溶胶慢慢上升至适当高度，关闭活塞并记录液面的高度，轻轻将两铂电极插入U形管的辅助液中。

（8）将高压数显稳压电源的细调节旋钮逆时针旋到底。

（9）按"＋""－"极性将输出线与负载相接，输出线枪式迭插座插入铂电极枪式迭插座尾。

（10）将电源线连接到后面板电源插座。

（11）按图9-6接好线路，开启电源，点击按键"▲"进行升压，待接近所需电压（50V）时，再顺时针调节细调旋钮，直至满足要求。同时开始计时，一段时间后，点击按键"▼"进行降压，直至数值显示为最小，再将细调节旋钮逆时针旋到底，然后关闭电源，记录溶胶界面移动的距离，用线测出两电极间的距离（注意：不是水平距离，而是U形管的距离，此数值重复测量5～6次，计下其平均值$L$）。

## 六、注意事项

（1）高压危险，在使用过程中，必须接好负载后再打开电源。

（2）在调节粗调时，一定要等电压、电流稳定后，再调节下一挡。

（3）输出线插入接线柱应牢固、可靠，不得有松动，以免高压打火。

（4）在调节过程中，若电压、电流不变化，是由于保护电路工作，形成死机，此时应关闭电源，再重新按操作步骤操作，此状态一般不会出现。

（5）不得将两输出线短接。

（6）若负载需接地，可将负载接地线与仪器面板黑接线柱（⊥）相连。

# 附录1.5　SDC-Ⅱ数字电位差综合测试仪使用说明书

## 一、特点

（1）一体化设计　将UJ系列电位差计、光电检流计、标准电池等集成一体，体积小、重量轻、便于携带。

（2）数字显示　电位差值六位显示，数值直观清晰、准确可靠。

（3）内外基准　既可使用内部基准进行校准，又可外接标准电池作基准进行校准，使用方便灵活。

（4）准确度高　保留电位差计测量功能，真实体现电位差计对比检测误差微小的优势。

（5）性能可靠　电路采用对称漂移抵消原理，克服了元器件的温漂和时漂，提高了测量的准确度。

## 二、技术条件

技术条件如表9-2所示。

表 9-2　技术条件

| 测量范围 | 0～±5V |
| --- | --- |
| 测量分辨率 | 10μV(六位显示) |
| 线性误差 | 内标:0.05%F.S,外标以外以电池精度为准 |
| 外形尺寸 | 380mm×170mm×225mm |
| 重 量 | 约 2kg |
| 电 源 | 交流 220V±10%,50Hz |
| 环 境 | 温度:−5～40℃,湿度:≤85% |

## 三、使用方法

### 1. 开机

用电源线将仪表后面板的电源插座与交流 220V 电源连接，打开电源开关（ON），预热 15min 再进入下一步操作。

### 2. 以内标为基准进行测量

### 3. 校验

① 将“测量选择”旋钮置于“内标”。

② 将测试线分别插入测量插孔内，将“$10^0$”位旋钮置于“1”，“补偿”旋钮逆时针旋到底，其他旋钮均置于“0”。此时，“电位指标”显示“1.00000”V，将两测试线短接。

③ 待“检零指示”显示数值稳定后，按一下 归零 键，此时，“检零指示”显示为“0000”。

### 4. 测量

① 将“测量选择”置于“测量”。

② 用测试线将被测电动势按“+”“−”极性与“测量插孔”连接。

③ 调节“$10^0$～$10^{-4}$”五个旋钮，使“检零指示”显示数值为负且绝对值最小。

④ 调节“补偿旋钮”，使“检零指示”显示为“0000”。此时，“电位显示”数值即为被测电动势的值。

**注意：**① 测量过程中，若“检零指示”显示溢出符号“OU.L”，说明“电位指示”显示的数值与被测电动势值相差过大；② 电阻箱 $10^{-4}$ 挡位显示值若稍有误差，可调节“补偿”电位器达到对应值。

### 5. 以外标为基准进行测量

(1) 校验

① 将“测量选择”旋钮置于“外标”。

② 将已知电动势的标准电池按“+”“−”极性与“外标插孔”连接。

③ 调节“$10^0$～$10^{-4}$”五个旋钮和“补偿”旋钮，使“电位指示”显示的数值与外标电池数值相同。

④ 待“检零指示”数值稳定后，按一下 归零 键，此时，“检零指示”显示为“0000”。

(2) 测量

① 拔出“外标插孔”的测试线，再用测试线将被测电动势按“+”“-”极性接入“测量插孔”。

② 将“测量选择”置于“测量”。

③ 调节“$10^0$～$10^4$”五个旋钮，使“检零指示”显示数值为负且绝对值最小。

④ 调节“补偿旋钮”，使“检零指示”为“0000”，此时，“电位显示”数值即为被测电动势的值。

**注意：**① 断挡适用于SDC-ⅡB型，SDC-Ⅱ型无此功能；②调节挡位时，指示灯常亮，表示挡位未调节到位，请调节至指示灯熄灭。

## 四、关机

实验结束后关闭电源。

**注意：**在正常测试时，若外界有强电磁干扰，检零显示会显示“OU.L”，此时仪器内部保护电路开启，一般情况下，稍等片刻即可自动恢复正常。若长时间不恢复或显示明显异常，说明此干扰程度过于强烈，此时应关闭电源重新开机。

## 五、维护注意事项

(1) 置于通风、干燥、无腐蚀性气体的场合。

(2) 不宜放置在高温环境，避免靠近发热源，如电暖气或炉子等。

(3) 为了保证仪表工作正常，没有专门检测设备的单位和个人，请勿打开机盖进行检修，更不允许调整和更换元件，否则将无法保证仪表测量的准确度。

# 附录1.6 SHR-15A燃烧热实验仪使用说明书

## 一、简介

SHR-15A燃烧热实验仪采集数据快捷、准确，集数据采集、点火控制、搅拌控制于一体，外观新颖。

## 二、技术条件及使用条件

### 1. 技术指标

| 温度测量范围 | -50～150℃ | 计算机接口 | USB接口（可选配） |
|---|---|---|---|
| 温度测量分辨率 | 0.01℃ | 点火输出 | 0～36V |
| 温差测量范围 | ±19.999℃ | 搅拌输出 | 交流220V,50Hz |
| 温差测量分辨率 | 0.001℃ | | |

### 2. 使用条件

电源：交流220V±10%，50Hz。

环境：温度-5～50℃，湿度≤85%，无腐蚀性气体的场合。

## 三、面板示意图

### 1. 前面板示意图

前面板示意见图 9-7。

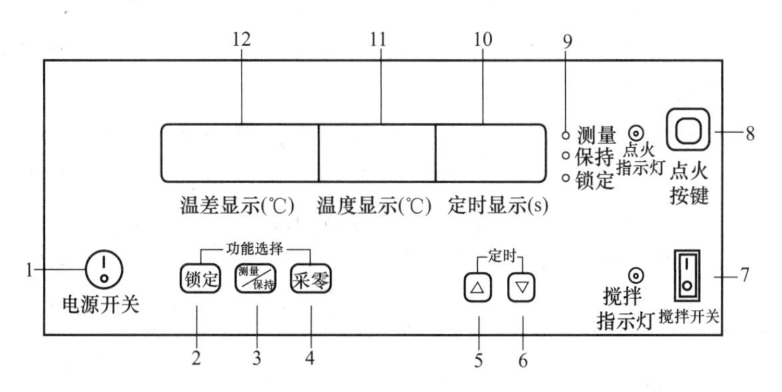


图 9-7　前面板示意图

1—电源开关；2—锁定键（锁定选择的基温，按下此键，基温自动锁定，此时“采零”键不起作用，直至重新开机）；3—测量/保持键（测量与保持功能之间的转换）；4—采零键（用于消除仪表当时的温差值）；5—增时键（按下此键，延长定时时间）；6—减时键（按下此键，缩短定时时间）；7—搅拌开关；8—点火按键（按下此键，点火输出线输出 0～36V 交流电压）；9—指示灯（灯亮，表明仪表处于相对应的状态）；10—定时显示窗口（显示设定的间隔时间）；11—温度显示窗口（显示所测物的温度值）；12—温差显示窗口（显示温差值）

### 2. 后面板示意图

后面板示意见图 9-8。

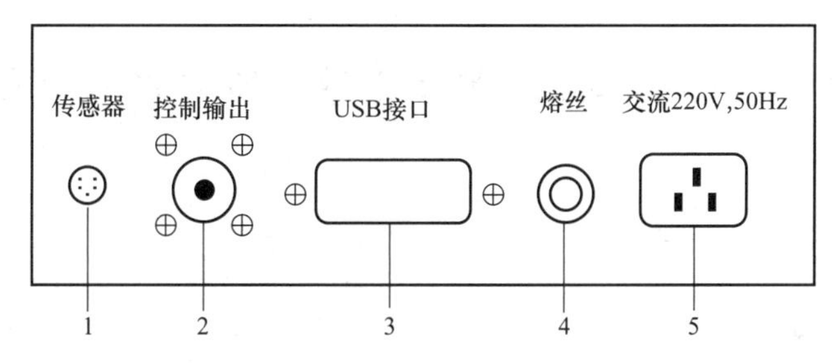


图 9-8　后面板示意

1—传感器插座（将传感器插头插入此插座）；2—控制输出（搅拌电机、点火输出连接处）；3—USB 接口（计算机接口，可选配）；4—熔丝盒（保险丝，2A）；5—电源线插座（接交流 220V 电源）

## 四、使用方法

（1）将传感器接入后面板传感器座，用专用连接线一端接入后面板“控制输出”座。另一端接量热计的输入（连接搅拌电机、氧弹），如需与电脑连接，用 USB 线与 USB 接口连接即可。最后将电源线一端与仪器连接，另一端与交流 220V 的电源连接。

（2）打开电源开关，前面板显示如下，测量指示灯亮：

| 8.672 | 28.67 | 00 |
|---|---|---|
| 温差显示（℃） | 温度显示（℃） | 定时显示（s） |

（3）将传感器放入被测介质中，待温度、温差相对稳定后按“采零”键，温差即显示为“0.000”，此后温差窗口显示即为介质温度“变化量”。

(4) 按下“锁定”键，“锁定”指示灯亮，仪器自动锁定所需基温，如在26.77℃时，仪器自动锁定20℃为基温，26.77℃－20℃＝6.77℃，温差显示为6.77℃。

**注意：**按下“锁定”键后，“采零”键不起作用，直至重新开机。

(5) 打开搅拌开关，搅拌指示灯亮，仪器输出220V的搅拌电机工作电压。

(6) 按下“点火”按键，“点火”指示灯亮，仪器输出0～36V点火电压，延续数秒后，点火指示灯灭，表明点火成功。

(7) 数据采集过程如需手工记录数据或观测数据，按一下“保持”键，蜂鸣器响，温度、温差不变化，方便记录，再按一下“测量/保持”键，仪器自动跟踪测量，如需定时记录，按“定时”键可在0～99s之间设定记录时间的间隔。

(8) 实验完毕，关闭电源开关，拔下电源线。

### 五、维护注意事项

(1) 不宜放置在过于潮湿的地方，应置于阴凉通风处。

(2) 不宜放置在高温环境，避免靠近发热源，如电暖气或炉子等。

(3) 为了保证仪表工作正常，没有专门检测设备的单位和个人，请勿打开机盖进行检修，更不允许调整和更换元件，否则将无法保证仪表测量的准确度。

(4) 传感器和仪表必须配套使用（传感器探头编号和仪表的出厂编号应一致），以保证检测的准确度，否则，将无法保证仪表温度测量的准确度。

(5) 在测量过程中，一旦按“锁定”键后，基温自动选择，此时“采零”键将不起作用，直至重新开机。

## 附录1.7 Renishaw显微共焦激光拉曼光谱仪操作说明

### 一、开机顺序

#### 1. 打开主机电源

#### 2. 打开计算机电源

#### 3. 将使用的激光器电源打开

(1) 532nm：打开激光器后面的总电源开关→打开激光器上的钥匙。

(2) 785nm：直接打开激光器电源开关。

### 二、自检

(1) 用鼠标双击WiRE2.0图标，进入仪器工作软件环境。

(2) 系统自检画面出现，选择Reference All Motors并确定（OK），系统将检验所有的电机。

(3) 从主菜单Measurement→New→New Acquisition设置实验条件。静态取谱（Static），中心520 Raman Shift $cm^{-1}$，Advanced→Pinhole设为in。

(4) 使用硅片，用50倍物镜，1s曝光时间，100％激光功率取谱，使用曲线拟合

(Curve fit) 命令检查峰位。

## 三、实验

### 1. 实验条件设置

(1) 点击设置按钮 (或者菜单中 Measurement→Setup Measurement), 设置下列参数。

(2) OK: 采用当前设置条件, 并关闭设置窗口。Apply: 应用当前设置条件, 不关闭窗口。

### 2. 采谱

执行 Measurement→Run 命令。

## 四、关机

### 1. 关闭计算机

(1) 关闭 WiRE2.0 软件。

(2) Start→Shut Down→Turn off computer, 计算机将自动关闭。

### 2. 关闭主机电源

### 3. 关闭激光器

(1) 关闭钥匙。

(2) 514 激光器散热风扇会继续运转, 此时不要关闭主电源开关。等风扇自动停转后再关闭主电源开关。

## 五、注意事项

(1) 开机顺序: 主机在前, 计算机在后。

(2) 关机顺序: 计算机在前, 主机在后, 532nm 激光器要充分冷却后才能关闭主电源。

(3) 自检: 一定要等自检完成再做其他动作, 不能取消 (Cancel)。

(4) 硅片: 532nm, 自然解理线与横向成 45°时信号最强; 785nm, 自然解理线与横向基本平行时信号最强。

# 附录 1.8 WXG-4 型圆盘旋光仪

## 一、测量原理

### 1. 用途及适应范围

圆盘旋光仪适用于化学工厂、医院、高等学校和科研单位, 用来测定含有旋光性的有机物质。糖溶液、松节油、樟脑等几千种活性物质, 都可用旋光仪来测定它们的密度、纯度、浓度与含量。

例如, 用于食品工业: 检验含糖量和测定食品调味品的淀粉含量。用于临床及医院: 测定尿中含糖量及蛋白质。用于糖厂: 检验生产过程中糖溶液浓度。用于药物香料工业: 测定药物香料油的旋光性。用于高等院校: 教学实验。

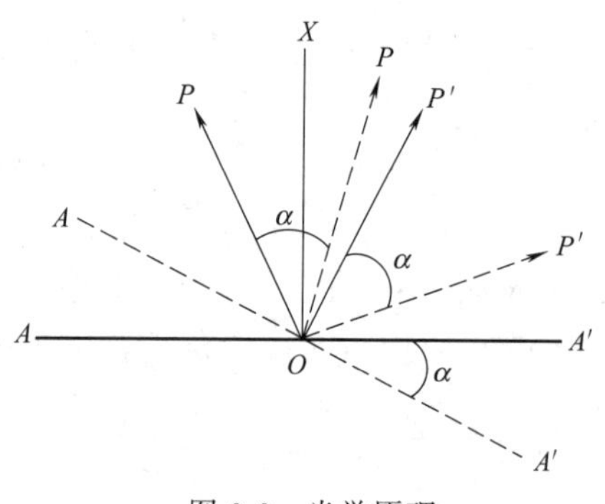

图 9-9　光学原理

**2. 主要技术参数参见说明书。**

**3. 工作原理**

旋光仪的工作原理是建立在偏振光的基础上，并用旋转偏振光偏振面的方法来达到测量目的。

在图 9-9 中的零度位置时，$AA'$ 垂直于中线 $OX$。

$AA'$表示检偏镜振动方向，$OP$ 与 $OP'$表示视场两半偏振光的振动方向。

当光束经过旋光物质后，偏振面被旋转了一个角度 $\alpha$，如图 9-9 虚线所示，这时，两半的偏振光在 $AA'$上的投影不等，而是右半亮、左半暗，如把检偏镜偏振面 $AA'$在相同方向上转动 $\alpha$ 角，则重新可使视场照度相等。这时，检偏镜所转的角度，就是物质的旋光度。知道旋转角（旋光度）、溶柱（试管）长度和浓度，就可根据下式求出物质的比旋光度（旋光本领或旋光率）：

$$[\alpha]_{\lambda}^{t}=\frac{Q}{lc}\times 100$$

式中　$Q$——在温度 $t$ 时用波长为 $\lambda$ 的光测得的旋转角（旋光度）；

$l$——液柱（试管）长度，dm；

$c$——浓度，即 100mL 溶液中溶质的克数。

由上式可知，旋光度 $Q$ 与液柱（试管）长度 $l$ 及浓度 $c$ 成正比。

即
$$Q=[\alpha]lc$$

旋光度和温度也有关系。对大多数物质，用 $\lambda=589.3$nm（钠光）测定，当温度升高 1℃时，旋光度约减小 0.3%。对于要求较高的测定工作，最好能在 (20±2)℃的条件下进行。

**4. 仪器结构**

（1）仪器原理（见图 9-10）　光线从光源 1 投射到聚光镜 2、滤色镜 3、起偏镜 4 后，变成平面直线偏振光，再经半波片 5 分解成寻常光与非常光后，视场中出现了三分视界。旋光物质盛入试管 6 放入镜筒测定，由于溶液具有旋光性，故把平面偏振光旋转了一个角度，通过检偏镜 7 起分析作用，从目镜 9 中观察，就能看到中间亮（或暗）、左右暗（或亮）的照

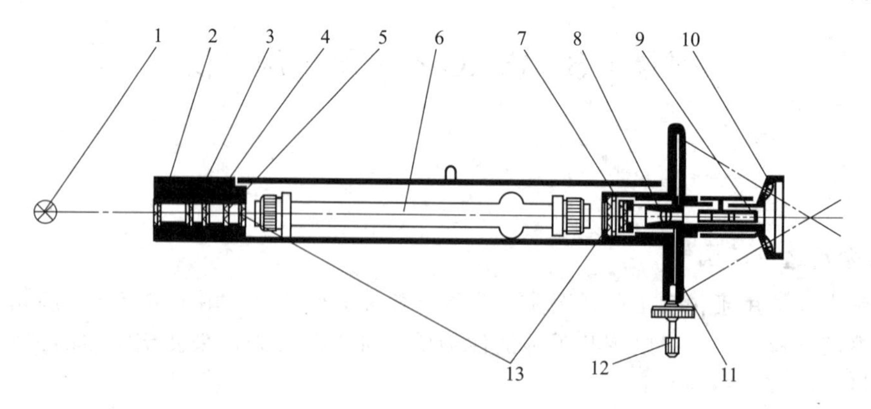

图 9-10　仪器系统图

1—光源（钠光）；2—聚光镜；3—滤色镜；4—起偏镜；5—半波片；6—试管；7—检偏镜；8—物镜；9—目镜；10—放大镜；11—度盘游标；12—度盘转动手轮；13—保护片

度不等的三分视场［见图 9-11（a）或（b）］，转动度盘手轮 12、带动度盘游码 11、检偏镜 7，使得视场照度（暗视场）相一致［见图 9-11（c）］时为止，然后从放大镜中读出度盘旋转的角度（见图 9-12）。

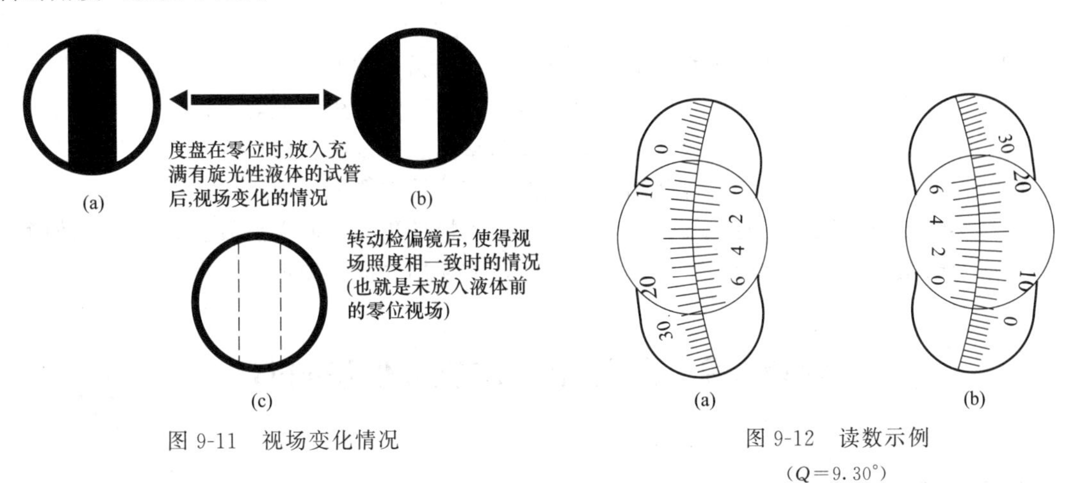


图 9-11　视场变化情况

图 9-12　读数示例

（$Q=9.30°$）

（2）仪器结构　为便于操作，仪器的光学系统以倾斜 20°安装在基座上。光源采用 20W 钠光灯（波长 $\lambda=5893\text{Å}$），钠光灯的限流器安装在基座底部，不需外接限流器。仪器的偏振器均为聚乙烯醇人造偏振片。三分视界是采用劳伦特石英板装置（半波片）。转动起偏镜可调整三分视场的阴影角（仪器出厂时调整在 3°左右）。仪器采用双游标读数，以消除度盘偏心差。度盘分 360 格，每格 1°，游标分 20 格，等于度盘 19 格，用游标直接读数到 0.05°（图 9-12）。度盘和检偏镜固为一体，借手轮能做粗、细转动。游标窗前方装有两块 4 倍的放大镜，供读数时用。

## 二、使用方法

### 1. 准备工作

（1）先把欲测溶液配好，并加以稳定和沉淀。

（2）把欲测溶液盛入试管待测，但应注意试管两端螺旋不能旋得太紧（一般以随手旋紧不漏水为止），以免护玻片产生应力而引起视场亮度变化，影响测定的准确度，并将两端残液揩净。

（3）接通电源，约点燃 10min，待完全发出钠黄光后，才可观察使用。

（4）检验度盘零度位置是否正确，如不正确，可旋松度盘盖四只连接螺钉，转动度盘壳校正之（只能校正 0.5°以下），或把误差值在测量过程中加减。

### 2. 测定工作

（1）打开镜盖，把试管放入镜筒中测定，并应把镜盖盖上，试管有圆泡一端朝上，以便把气泡存入，不致影响观察和测定。

（2）调节视度螺旋至视场中三分视界清晰时止。

（3）转动度盘手轮，至视场照度相一致时止。

（4）从放大镜中读出度盘所旋转的角度。

（5）利用前述公式，求出物质的密度、浓度、纯度与含量。

### 3. 仪器保养

（1）仪器应放在空气流通和温度适宜的地方，并不宜放低，以免光学零部件、偏振片受潮发霉及性能衰退。

(2) 钠光灯管使用时间不宜超过 4h，长时间使用应用电风扇吹风或关熄 10～15min，待冷却后再使用。灯管如遇有发红光不能发黄光时，往往是输入电压过低（不到 220V）所致，这时应设法升高电压到 220V 左右。

(3) 试管使用后，应及时用水或蒸馏水冲洗干净，揩干放好。

(4) 镜片不能用不洁或硬质布、纸去揩，以免镜片表面产生划痕等。

(5) 仪器不用时，应将仪器放入箱内或用塑料罩罩上，以防灰尘侵入。

(6) 仪器、钠光灯管、试管等装箱时，应按规定位置放置，以免压碎。

(7) 不懂装校方法，切勿随便拆动，以免由于不懂校正方法而无法装校好。遇有故障或损坏，应及时送制造厂或修理厂整修，以保持仪器的使用寿命和测定准确度。

# 附录 1.9 WZZ-2 自动旋光仪说明书

## 一、测量原理

### 1. 仪器的用途

旋光仪是测定物质旋光度的仪器。通过对样品旋光度的测定，可以分析确定物质的浓度、含量及纯度等。WZZ-2 自动旋光仪采用光电检测自动平衡原理，进行自动测量。测量结果由数字显示。它既保持了 WZZ-1 自动指示旋光仪稳定可靠的优点，又弥补了读数不方便的缺点，具有体积小、灵敏度高、没有误差、读数方便等特点，对目视旋光仪难以分析的低旋光度样品也能适应。因此广泛应用于医药、食品、有机化工等各个领域。

### 2. 仪器的性能

(1) 测定范围：$-45°\sim+45°$。

(2) 准确度：$\pm(0.01°+$测量值$\times0.05\%)$。

(3) 读数重复性：$\leqslant0.01°$。

(4) 显示方式：五位 LED 自动数字显示。

最小读数：0.005°。

(5) 光源：钠单色光源。

波长：589.44nm。

(6) 试管：200mm、100mm 两种。

(7) 电源：220V±22V，50Hz±1Hz。

(8) 仪器尺寸：600mm×320mm×220mm。

(9) 仪器净重：28kg。

### 3. 仪器的结构及原理

仪器采用 20W 钠光灯作光源，由小孔光阑和物镜组成一个简单的点光源平行光管（图 9-13），平行光经偏振镜 1 变为平面偏振光，其振动平面为 $OO$ [图 9-14(a)]。当偏振光经过有法拉第效应的磁旋线圈时，其振动平面产生 50Hz 的 $\beta$ 角往复摆动 [图 9-14(b)]，光线经过偏振镜 2 投射到光电倍增管上，产生交变的电信号。

仪器以两偏振镜光轴正交时（即 $OO\perp PP$）作为光学零点，此时，$\alpha=0°$（图 9-15）。

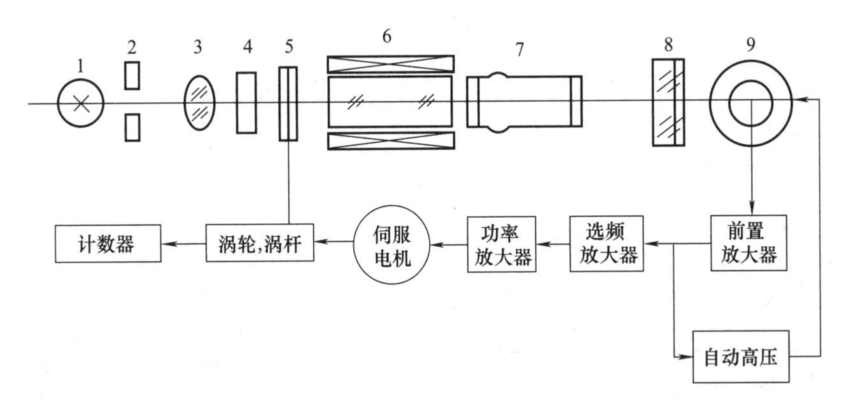


图 9-13　WZZ-2 自动旋光仪工作原理

1—光源；2—小孔光阑；3—物镜；4—滤色片；5—偏振镜 1；6—磁旋线圈；7—试样；8—偏振镜 2；9—光电倍增管

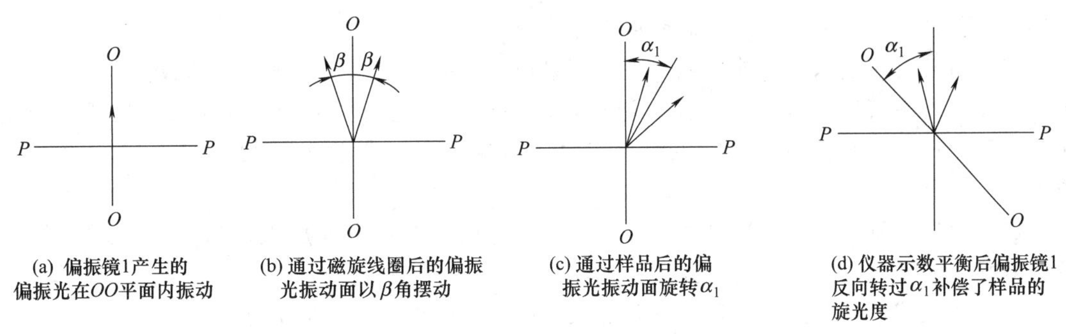


图 9-14　光学原理图

*OO*—偏振镜 1 的偏振轴；*PP*—偏振镜 2 的偏光轴

磁旋线圈产生的 $\beta$ 角摆动，在光学零点时得到 100Hz 的光电信号（曲线 $C'$）；在有 $\alpha_1$ 或 $\alpha_2$ 的试样时得到 50Hz 的信号，但它们的相位正好相反（曲线 $B'$、$D'$）。因此，能使工作频率为 50Hz 的伺服电机转动。伺服电机通过涡轮、蜗杆，将偏振镜转过 $\alpha(\alpha=\alpha_1$ 或 $\alpha=\alpha_2)$，仪

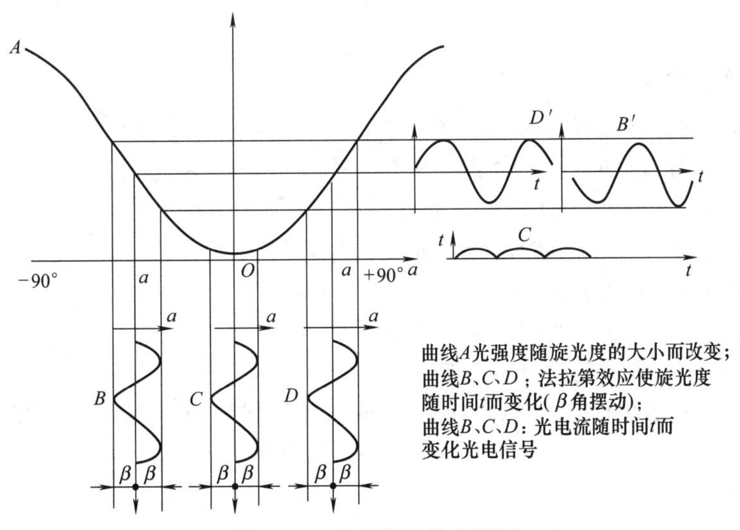


图 9-15　光电信号转变原理

器回到光学零点，伺服电机在100Hz信号的控制下，重新出现平衡指示。

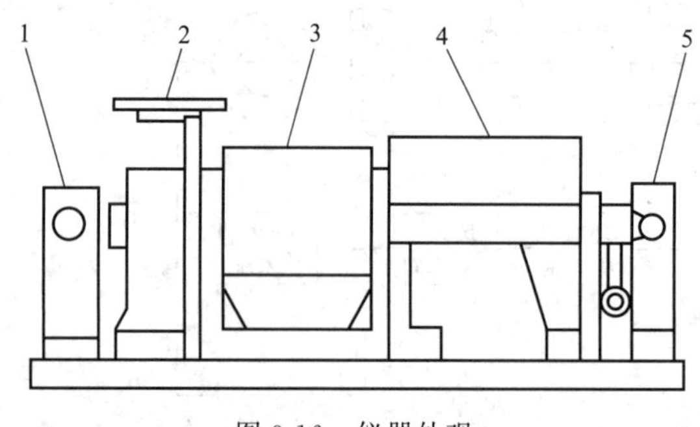

图 9-16　仪器外观

1—光源；2—计数盘；3—磁旋线圈；4—样品室；5—光电倍增管

## 二、使用方法

### 1. 操作方法

(1) 将仪器电源插头插入220V交流电源，要求使用交流电子稳压器（1kV·A），并将接地脚可靠接地（见图9-16）。

(2) 打开电源开关，这时钠光灯应启亮，需经5min钠光灯预热，使之发光稳定。

(3) 打开电源开关，若光源开关扳上后，钠光灯熄灭，则再将光源开关上下重复扳动1～2次，使钠光灯在直流下点亮，为正常。

(4) 打开测量开关，这时数码管应有数字显示。

(5) 将装有蒸馏水或其他空白溶剂的试管放入样品室，盖上箱盖，待示数稳定后，按清零按钮。试管中若有气泡，应先让气泡浮在凸颈处。通光面两端的雾状水滴，应用软布揩干。试管螺母不宜旋得过紧，以免产生应力，影响读数。试管安放时应注意标记的位置和方向。

(6) 取出试管。将待测样品注入试管，按相同的位置和方向放入样品室内，盖好箱盖。仪器数显窗将显示出该样品的旋光度。

(7) 逐次按下复测按钮，重复读几次数，取平均值作为样品的测定结果。

(8) 如样品超过测量范围，仪器在±45°处来回振荡。此时，取出试管，仪器即自动转回零位。

(9) 仪器使用完毕后，应依次关闭测量、光源、电源开关。

(10) 钠光灯在直流供电系统出现故障不能使用时，仪器也可在钠光灯交流供电的情况下测试，但仪器的性能可能略有降低。

(11) 当放入小角度样品时（小于0.5°）时，示数可能变化，这时只要按复测按钮，就会出现新的数字。

### 2. 测定浓度或含量

先将已知纯度的标准品或参考样品按一定比例稀释成若干不同浓度的试样，分别测出其旋光度。然后以横轴为浓度、纵轴为旋光度，绘成旋光曲线（见图9-17）。一般，旋光曲线均按算术插值法制成查对表形式。

测定时，先测出样品的旋光度，根据旋光度从旋光曲线上查出该样品的浓度或含量。

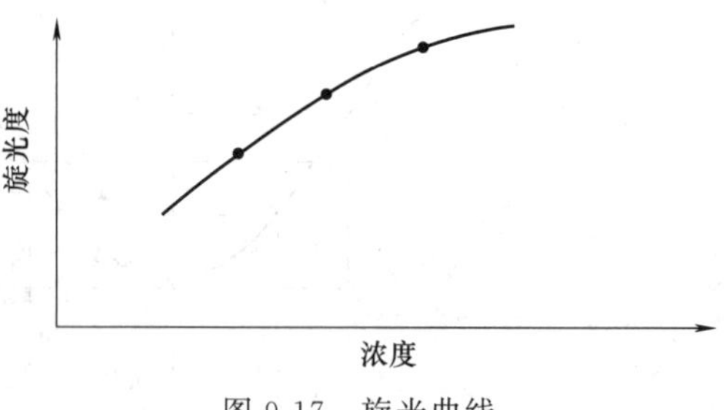

图 9-17　旋光曲线

旋光曲线的旋光度与样品的旋光度应用同一台仪器、同一支试管来做，测定时应予注意。

### 3. 测定比旋度、纯度

先按规定的浓度配制好溶液，依法测出旋光度，然后按下列公式计算出比旋

度 $[\alpha]$：

$$[\alpha]=\frac{\alpha}{Lc}$$

式中　$\alpha$——测得的旋光度，(°)；

$c$——溶液的浓度，$g \cdot mL^{-1}$；

$L$——溶液的长度，dm。

由测得的比旋度，可求得样品的纯度：

$$纯度=\frac{实测比旋度}{理论比旋度}$$

**4. 测定国际糖度**

根据国际糖度标准，规定用 26g 纯糖制成 100mL 溶液，用 200mm 试管，在 20℃下用钠光灯测定，其旋光度为 +34.626°，其糖度为 100 糖分度。

**5. 仪器的维修及保养**

（1）仪器应放在干燥通风处，防止潮气侵蚀，尽可能在 20℃的工作环境中使用。搬动仪器应小心轻放，避免震动。

（2）光源（钠光灯）积灰或损坏，可打开机壳进行擦拭或更换。

（3）机械部位摩擦阻力增大，可以打开后门板，在伞形齿轮蜗轮蜗杆处加少许机油。

（4）打开电源后，若钠光灯不亮，可检查熔丝。

（5）如果仪器发现停转或其他元件损坏的故障，应按电原理图详细检查或告知生产厂家，由厂方维修人员进行检修。

# 附录 1.10　WRT-3P 热重分析仪使用说明书

## 一、概述

高温微量热天平 WRT-3P 是具有计算机数据处理系统的热重分析仪器，在温度程序控制（等速升温、降温、恒温和循环）下，测量物质的质量随温度变化的一种热分析仪器，用以测定物质的脱水、分解、蒸发、升华等在某一特定温度下所发生的质量变化，例如测定金属有机物的降解、煤的组分、聚合物的热稳定性、催化剂的筛选、炸药的性能以及反应动力学的研究等。

由于微量热天平比常量的试样量少，样品中温度梯度很小，测定试样内部不致产生二次效应；失重曲线明显，分辨率高；适宜于质量大而失重小的试样。

## 二、仪器工作原理及结构

微量热天平主要由天平测量系统、微分系统和温度控制系统组成，辅以气氛和冷却风扇，测量结果由计算机数据处理系统处理，见图 9-18。

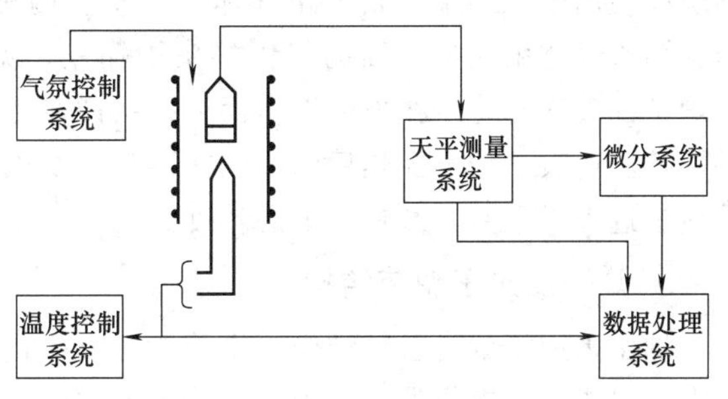


图 9-18　仪器工作原理

### 1. 天平测量系统

当物质被加热时，随着温度的升高，物质内部在某一特定温度下产生物理变化和化学性质的变化（如分解、氧化等）时，常常伴随着物质质量的变化。热重分析的原理就是将被加热试样的质量变换成电流，电流大小代表质量的大小。

当天平左边称盘中加入试样时，天平横梁连同线圈和遮光小旗发生逆时针转动，这时，通过光电转换等输出一电流，电流在磁场下受力而产生一个顺时针的转动，只有当试样质量产生的力矩和线圈产生的力矩相等时，才达到平衡。此时，试样质量正比于电流、电压，经放大后，通过接口单元送入计算机处理。试样质量 $m$ 在升温过程中不断变化，就得到热重曲线 TG，见图 9-19。

### 2. 微分系统

微分系统的作用是对热重曲线 TG 进行一次微分运算，得到热重微分曲线 DTG。微分曲线的峰顶点就是试样质量变化速率的最大值。如图 9-20 所示，该点所对应的温度，就是试样失重速率最快点的温度。

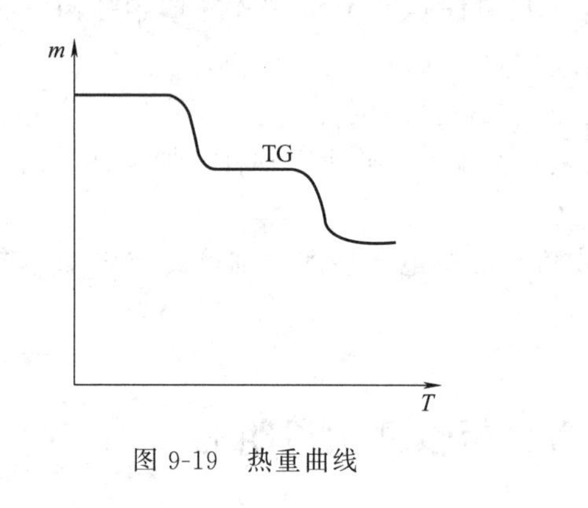


图 9-19　热重曲线

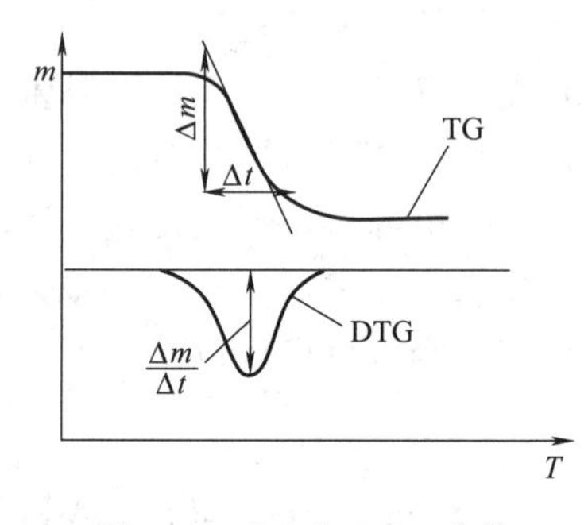


图 9-20　TG 和 DTG 曲线

### 3. 温度控制系统

该系统由程序温度控制单元、控温热电偶及加热炉组成。程序温度控制单元可编程序模拟复杂的温度曲线，给出毫伏信号。当控温热电偶的热电势与该毫伏值有偏差时，说明炉温偏离定值，由偏差信号调整加热炉功率，使炉温很好地跟踪设定值，产生理想的温度曲线。

### 4. 气氛系统

气氛系统由气体净化器、稳压阀、压力表、气体调节阀、流量计等气动元件组成。气氛系统在使用中可用于控制单路气体的流量、两种气体的切换和两种不同流量气体的混合使用。输入气体由底板下面的气体接头中输入，见图 9-21。气体经过天平室，通过气导管进入炉子外玻璃套管，在玻璃管下面的接头内流出。由于气体在炉外玻璃套管中流向是由上而下，其流量大于炉子加热后向上的热流量，所以能起到保护样品的作用，又防止了炉子升温后热量进入天平室，影响天平的精度。

### 5. 炉子及炉子调节结构

炉子采用管状电阻炉结构，由薄壁螺纹氧化铝管、铀金炉、铀金外罩和四孔氧化铝炉杆等零件组成，热电偶设置在炉子恒温区的中心。在炉杆的中下部设有热反射板，以减少热量向下传递和辐射。

炉子固定在炉外玻璃管的中间，炉底座与玻璃管之间用密封圈连接，在外壳底座上有三只中心调节螺钉，炉底座的下面是高度调节圈。安装时，当炉子套进玻璃管后，用高度调节螺圈向上调节，使炉底座与玻璃之间紧密连接，保持良好的密封性能，调节中心调节螺钉，使炉子能位于玻璃管的中心。样品盘位于炉子的中心，见图 9-22。

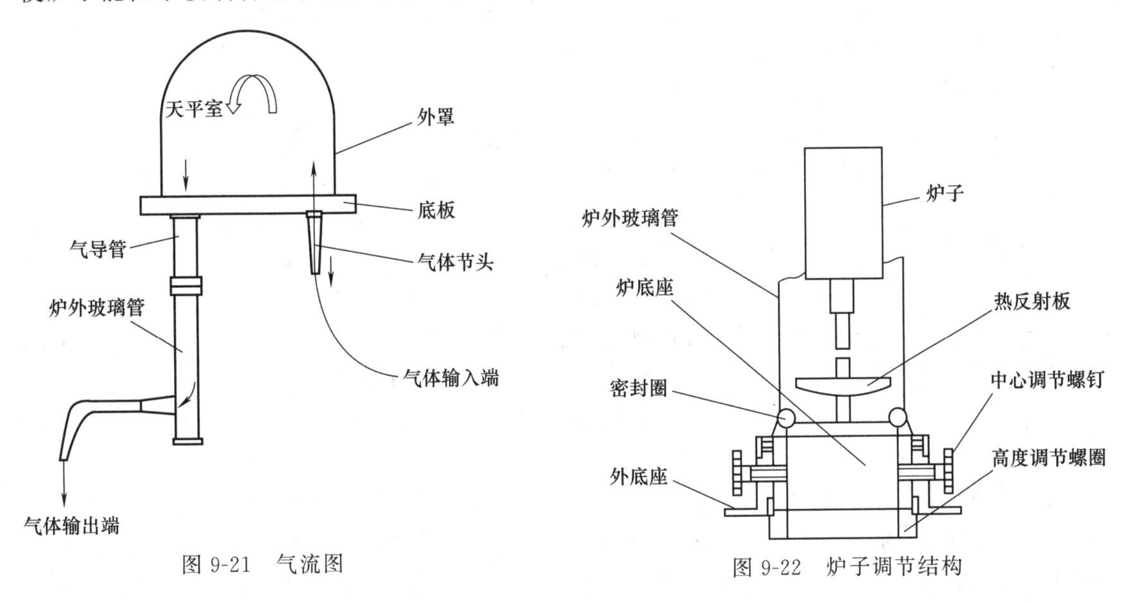


图 9-21 气流图

图 9-22 炉子调节结构

#### 6. 数据处理系统

该系统由接口放大单元、A/D 转换卡、计算机、打印机及系统软件组成，见图 9-23。

接口单元将 T、TG、DTG 信号变换成与 A/D 转换卡匹配的模拟量，经 A/D 转换成数字量，被计算机采集。采集到的数据曲线，由软件进行各种处理，结果可由屏幕显示、打印。

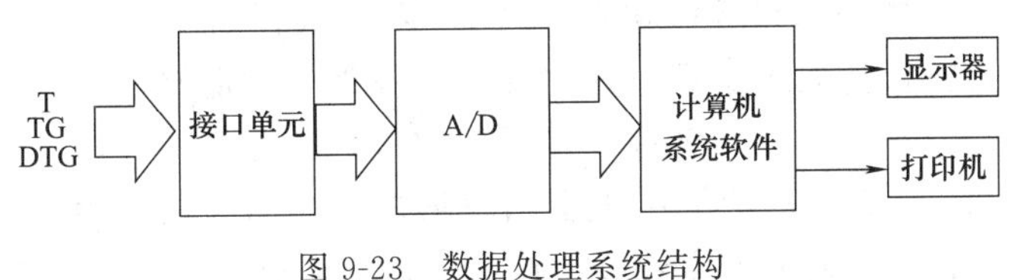


图 9-23 数据处理系统结构

## 三、仪器操作

仪器正确安装后可投入使用，下面介绍开机前的准备工作及各单元面板装置和操作方法。

#### 1. 准备工作

先检查电源线、信号电缆线、通气管是否连接好、正确无误，并将下列开关、按钮放在指定的位置：

① 天平单元量程开关置于短路挡；

② 气氛单元 A 路、B 路气路开关拨在关闭位置。

**注意：** 仪器各单元在开机时必须最先打开温控单元，同时按下电炉“开”按钮，最后打开电源开关。而在关机时其操作顺序正好相反，即最先关闭“数据接口单元”，最后关闭温控单元。

打开各单元电源后，预热30min。

### 2. 天平控制单元

(1) 面板装置及作用

a. 粗调零、细调零　用来消除放大器失调等引起的偏差。当偏差较大时，用粗调旋钮调节，接近零时，再用细调旋钮调节。

b. 零位指示表　用以显示称重偏差。

c. 量程开关和倍率开关　量程开关从0.1～1mg分四挡转换，倍率开关分为四挡从1～1000，量程乘以倍率所得的积是此选择的满量程。

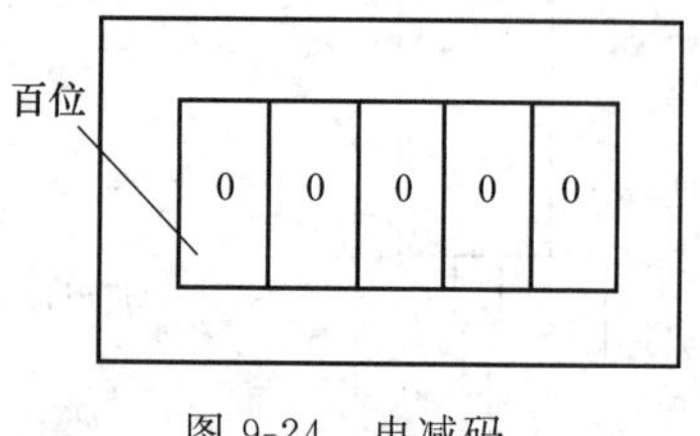

图9-24　电减码

d. 电减码　可用来减去样品器皿的重量。另外，如果试样加热到所需要的终温时，其失重很小，为了提高测量精度，可预先估计试样的剩余质量，采用电减码来扣除一部分剩余质量，然后减小量程，就能使较小的失重更明显，更精确地反映出来。电减码见图9-24。

e. 百分比细调和百分比粗调　本型号不使用。

(2) 样品称重

a. 零位调整　在开机20min后即可调整，先选择适当的量程（即量程开关与倍率开关乘积），接口单元的显示选择开关打在TG挡，调粗、细调零旋钮，观察该单元的电压表值，使调整至零附近。执行计算机采样软件，并点击“调零”按钮（具体操作详见数据处理系统操作说明），再调节细调零旋钮，直至计算机采样值接近“0”但略大于“0”左右。

b. 炉子升降　先拧松炉外玻璃套管上部的拼帽，左手托住炉子托架，并拧松托架上固定螺钉，将炉子缓慢下降至导柱的底部。炉子上升时，两手托住炉子托架向上移动，使玻璃管上口与导气管平面接触。然后，左手托住炉子托架，右手先拧紧托架固定螺钉，再拧紧玻璃管上拼帽，然后将托架固定螺钉拧松，玻璃管自动调整位置后，再次拧紧托架固定螺钉。

c. 取放样品　先把微分单元量程放置于“⊥”挡。放样品时，先将炉子（按上述方法）下降至导杆的底部，拧松托架固定螺钉，将样品盘托移至样品盘的下方。把盘托放在托板上，然后将托板向上移动，使样品盘位于盘托的空穴内，并微托样品盘，左手托住样品托架，右手拧紧托架固定螺钉，将经清洗烘干的坩埚放入样品盘内，用电减码（图9-24）平衡坩埚的质量。观察接口单元的电压表值（显示选择开关放在TG挡），显示在零附近。取出坩埚，将被测样品放入坩埚内，均匀铺平，用医用镊子夹住坩埚，轻轻放入样品盘内。注意观察接口单元TG挡电压值不得超过5V。左手托住托板，右手拧松托板螺钉，将托架向下移动，当盘托脱离样品盘10～20mm时，将托架向右转动，停于主机中心或偏右的位置，将炉子上升（方法同前），拧紧玻璃管上拼帽，计算机采样得到试样质量，升温实验结束后按上述方法取出样品。

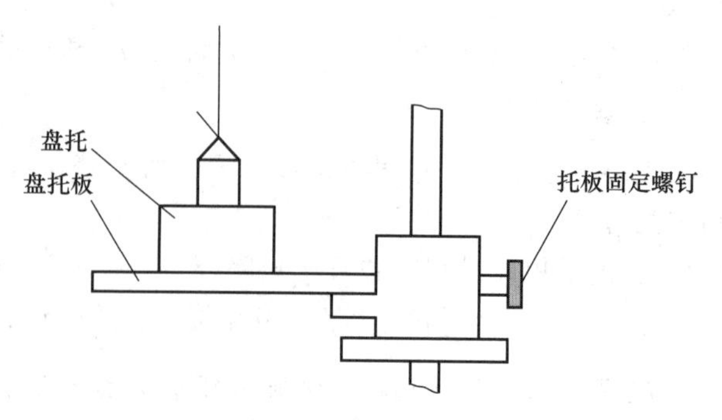

图9-25　加样品操作

**注意：**取放样品时（加样品操作见图9-25），应尽量防止样品盘和吊杆晃动。如果发生晃动，应设法使样品停止晃动后，再将炉子上升，炉子上升并固定后，应复检样品盘是否在炉子的中心。如发现偏离中心时，可调节炉子中心调节螺钉，直至符合要求。

### 3. 微分单元

先将量程开关置“⊥”短路挡，待装有试样的坩埚放入样品盘，天平稳定后，再将量程开关置于合适位置，调节调零旋钮可移动微分基线位置。

微分量程由天平单元的倍率和微分单元的微分量程之乘积确定。当天平单元的倍率确定后，微分单元的微分量程值较小，其灵敏度越高，微分峰越大，反之则相反，选择适当的倍率和量程组合可得到满意的 DTG 曲线。

### 4. 接口单元

接口单元的显示选择开关有六挡：DTA（差热）、T（温度）、TG（热重）、DTG（热重微分）、DSC（差示扫描）和 TMA（热机械），本仪器使用三挡。即 T（温度）、TG（热重）、DTG（热重微分）。

开关放在 T 位置，显示温度，由于温度与热电势的非线性关系，此温度值并非准确的试样温度，试样温度应以计算机采样值为准。开关放在其余各挡位置，显示的是对应各信号的电压值，各挡电压值不得超过 5V。

### 5. 计算机温控单元

（1）面板装置及功能（图 9-26）

（2）程序编排与操作

仪表的程序编排统一采用：温度—时间—温度—时间……格式。其定义为：从当前段设置温度，经过该段设置的时间到达下一温度。温度设置值的单位都是℃，而时间设置值的单位都是 min。

例如，有一工艺曲线如图 9-27 所示。

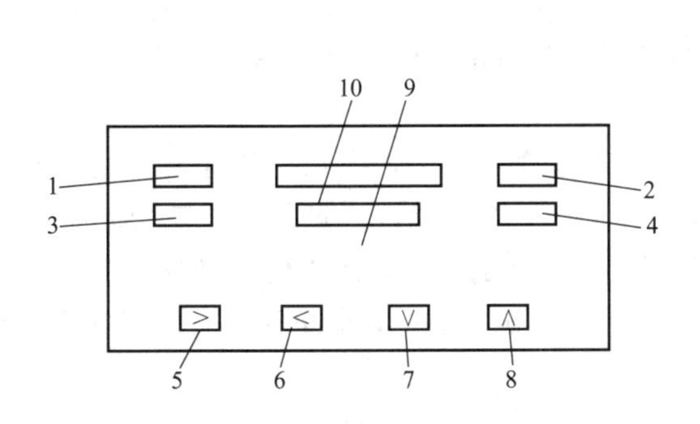


图 9-26 面板装置及功能

1—输出指示；2—报警指示；3—自整定；4—程序控温运行指示；5—设置键（回车键）；6—数据移位键（程序温度设置）；7—数据减少键（暂停/运行）；8—数据增加键（停止 Stop）；9—给定值显示；10—测量值显示

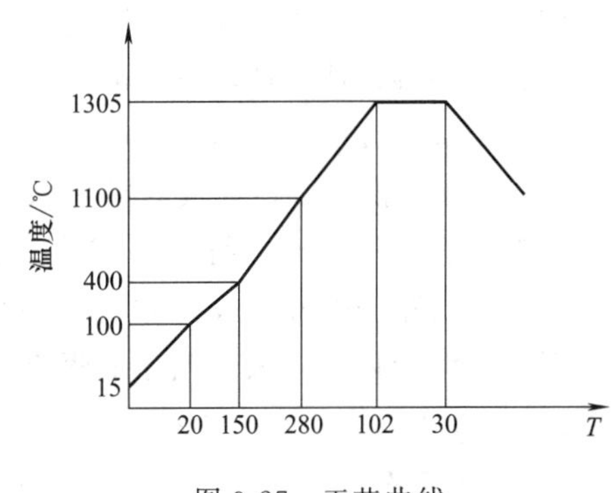


图 9-27 工艺曲线

按“＜”键，仪表就进入程序输入设置状态。先显示第一段的温度值，其后依次按键，就依次显示第一段及其后各段的时间值及温度值，可按“∧、∨”键修改数据。按“＜”键可移动光标，可分别移至个位、十位、百位、千位，能起到快速修改的目的。

以上工艺曲线操作步骤如下：

| 按键 | 上显示器 | 下显示器 | 说明 |
|---|---|---|---|
| < | C01 | 15 | 第一段温度为15℃，即起始温度 |
| | T01 | 20 | 第一段时间为20min |
| | C02 | 100 | 第二段温度为100℃ |
| | T02 | 150 | 第二段时间为150min |
| | C03 | 400 | 第三段温度为400℃ |
| | T03 | 280 | 第三段时间为280min |
| | C04 | 1100 | 第四段温度为1100℃ |
| | T04 | 102 | 第四段时间为102min |
| | C05 | 1305 | 第五段温度为1305℃，到达保温温度 |
| | T05 | 30 | 第五段时间为30min，即保温时间 |
| | C06 | 1305 | 第六段时间为30min，保温结束 |
| | T06 | －120 | 结束，关闭输出 |

温控单元操作如下：

先程序编排，方法如上，在每次升温前必须先按“∧”停止Stop键，使SV显示“Stop”时松键，然后按“∨”运行/暂停键SV显示“run”时松键，观察电压表，若已有较高电压时，应立刻按“∨”运行/暂停键SV显示“Hold”时松键，仪表进入放电等待，当电压降至约0V时，再按“∨”运行/暂停键SV显示“run”时松键，此时进入程序升温，可将电炉电压开关打开，炉压开关绿色为炉压开，红色为炉压关。

“Loc”必须为“0”，否则只能运行前一个程序，用户不能现场修改升温程序。

按设置键所显示的参数，不得随意改变，否则影响温控单元的正常工作。设置键通常作为回车键。

**6. 气氛控制单元**

(1) 打开所需气体钢瓶上的压力表，调节减压阀手柄，使压力表指针指示在2～3kg·$cm^{-2}$位置。

(2) 接通气氛控制仪电源，撤电源开关，电源指示灯亮，将气路切换开关拨向氮气处，调流量计上的旋钮使气体流量计的转子上升到所需流量范围之内。例如操作热天平时转子应调到30～60mL·$min^{-1}$之内。

(3) 气氛切换操作，在气氛控制仪后板上有气体输入接口，应预先接好所需的两种气体。例如：氧气和氮气，将气路切换开关拨到左面$N_2$处，就接通氮气。当需要切换氧气时，只需将气路切换开关拨向$O_2$处，就达到了气体切换的要求，既方便又直观。

气氛操作结束时，关闭气体钢瓶压力阀，然后撤电源开关，切断电源，气氛仪安全操作结束。

**7. 关机操作**

单击“关机”，退出软件操作界面。

# 附录1.11 美谱达V-1100D型可见分光光度计使用说明书

## 一、仪器使用前的注意事项

(1) 确认仪器的使用环境是否符合仪器要求的使用环境。

(2) 仪器在连接电源时，应检查电源电压是否正常，接地线是否可靠，在得到确认后方可接通电源使用。

(3) 在开机之前，需先确认仪器样品室内是否有物品挡在光路上，样品架是否定位好(一般是移动过样品架后需要注意)。

(4) 仪器的预热

① 接通电源后，最好预热 0.5h 后使用，这样确保读出的数据更可靠。

② 若是刚开机的新仪器，预热 0.5h 后，在 $T$ 或 $A$ 状态下观察仪器是否稳定，若稳定可正常使用。一般在 $T(A)$ 状态下出现 99.9 (0.001)、100.0 (0.000)、100.1 (−0.001) 来回跳动或很小幅度的最后位数字上下连续跳动，属于正常现象，因为此款仪器显示的是真值，灵敏度相对较高。

③ 若仪器长期未用，预热时间应相对长一些，同时在使用前，也要观察其稳定性，和上述新仪器一样。

④ 仪器使用之前应对所用的比色皿进行配对处理，因为它能直接影响到测试结果。同时比色皿的透光表面，不能有指印或未洗净的残留痕迹。

⑤ 注意待测溶液的浓度是否在仪器的测量范围内，建议将溶液配制成吸光度在 $0.09A \sim 0.9A$ 范围内，因为这样测出的数据更准确。

## 二、透光率 ($T$) 的测试方法

(1) 将仪器的电源线的一端插入电源插座，另一端接上仪器的插座。

(2) 打开仪器的开关。

(3) 仪器预热 30min (一般情况下 15min 即可)。

(4) 配好溶液，将参比液和待测液分别倒入已经配对好的比色皿中。

(5) 打开样品室盖，将 $0\%T$ 校具 (黑体) 放入比色槽中，同时将装有参比液和待测液的比色皿分别放进其他的比色槽中。建议将黑体放进第一个槽中，将装有参比液的比色皿放入第二个槽中 (若第一个槽中不放黑体，建议将装有参比液的比色皿放入第一个槽中)，盖上样品室盖。

(6) 旋转波长旋钮设置波长，观察波长显示窗口中的波长移动，直至指定波长。

(7) 按 MODE 键，切换到 T 状态下，将黑体拉 (推) 到光路中，按 $0\%T$ 键，直至显示 0.0。建议每次波长值改变时都要重新校 $0\%T$。

(8) 测透光率 ($T$)：将参比液拉 (推) 到光路中，按 $100\%T$ 键，直至显示 100.0，再将待测液拉 (推) 到光路中，即可得出待测液的透光率值。

## 三、吸光度 ($A$) 的测试方法

(1) 将仪器的电源线的一端插入电源插座，另一端接上仪器的插座。

(2) 打开仪器的开关。

(3) 仪器预热 30min (一般情况下 15min 即可)。

(4) 配好溶液，将参比液和待测液分别倒入已经配对好的比色皿中。

(5) 打开样品室盖，将 $0\%T$ 校具 (黑体) 放入比色槽中，同时将装有参比液和待测液的比色皿分别放进其他的比色槽中。建议将黑体放进第一个槽中，将装有参比液的比色皿放入第二个槽中 (若第一个槽中不放黑体，建议将装有参比液的比色皿放入第一个槽中)，盖上样品室盖。

（6）旋转波长旋钮设置波长，观察波长显示窗口中的波长移动，直至指定波长。

（7）按 MODE 键，切换到 $T$ 状态下，将黑体拉（推）到光路中，按 0%$T$ 键，直至显示 0.0。建议每次波长值改变时都要重新校 0%$T$。

（8）测吸光度（$A$）：再按 MODE 键切换到 $A$ 状态下，将参比液拉（推）到光路中，按 0Abs 键，直至显示 0.000，再将待测液拉（推）到光路中，即可得出待测液的吸光度值。

**注意：**校 0%$T$ 与调 0.000$A$ 是完全不同的两回事，校 0%$T$ 是用来校准仪器的暗电流，在暗电流有漂移的情况下，用校 0%$T$ 的方式是将暗电流重新置 0.0，以避免影响测试结果；调 0.000$A$（相当于调 100%$T$）是针对参比液，实际上就是扣除配制溶液（即参比液）的吸光度值，以方便测出溶于配制溶液的待测物质的真实吸光度。

## 四、已知标准样品浓度测未知样品的浓度

（1）开机准备同上。

（2）按 MODE 键，切换至 $A$ 状态。

（3）旋转波长旋钮设置波长，根据分析的要求，每当波长改变时，必须重新校 0%$T$，步骤参考以上操作。

（4）配好溶液，将参比液、标准液和待测液分别倒入已经配对好的比色皿中。

（5）打开样品室盖，将装有参比液、标准液和待测液的比色皿分别放进比色槽中。建议将装有参比液的比色皿放入第一个槽中，盖上样品室盖。

（6）将参比溶液拉（推）入光路中，按 0Abs 键，直至显示 0.000，按 MODE 键，切换至 C 状态。

（7）将标准样品拉（推）入光路中，按“上升”键或“下降”键，输入该标准样品的浓度值，按 ENTER 键确认。仪器状态直接被切换到 F 状态，并显示经过仪器自动计算的 F（如果测得的数据有误，会显示 ERR.，按任意键，跳到 A 状态下，需要重新操作），再按 ENTER 键，自动切换到 C 状态。

（8）将被测样品依次拉（推）入光路中，便可从显示器上分别得到被测样品的浓度值。

## 五、已知标准样品斜率测未知样品的浓度

（1）开机准备同上。

（2）按 MODE 键，切换至 $A$ 状态。

（3）旋转波长旋钮设置波长，根据分析要求，每当波长改变时，必须重新校 0%$T$，步骤参考上述操作。

（4）配好溶液，将参比液和待测液分别倒入已经配对好的比色皿中。

（5）打开样品室盖，将装有参比液和待测液的比色皿分别放进比色槽中。建议将装有参比液的比色皿放入第一个槽中，盖上样品室盖。

（6）将参比溶液拉（推）入光路中，按 0Abs 键，直至显示 0.000，按 MODE 键，切换至 F 状态。

（7）按“上升”键或“下降”键，输入标准样品的斜率值，按 ENTER 键确认。仪器状态直接被切换到 C 状态。

（8）将被测样品依次拉（推）入光路中，这时，便可从显示器上分别得到被测样品的浓度值。

注意事项：此款仪器的 C 和 F 值在输入的时候是整数值，若需要输入小数值，先将小

数换算成整数，得到测试结果后再换算回去即可。

## 六、仪器使用的注意事项

（1）注意仪器的放置环境。

（2）不可轻易打开仪器罩壳，触摸内部的元器件；不能碰伤或触摸光学件的表面，也不可随意擦拭。

（3）实验过程中留在仪器表面的溶液，应立即擦拭干净，样品室内应经常擦拭，保持洁净。

（4）仪器在搬动过程中，要注意轻拿轻放。

（5）仪器在不用的情况下，放在工作台上用布掩盖，防止灰尘侵入。

# 附录 1.12　燃烧热实验——热量计使用说明书

## 一、简介

燃烧焓是指 1mol 物质在等温、等压下与氧进行完全氧化反应时的焓变，是热化学中的重要数据。一般化学反应的热效应，往往因为反应太慢或反应不完全，不是不能直接测定，就是测不准。但是，通过盖斯定律可用燃烧热数据间接求算。因此燃烧热广泛地用于各种热化学测量。测量燃烧热原理是能量守恒定律，样品完全燃烧放出的能量使量热计本身及其周围介质温度升高，测量了介质燃烧前后温度的变化，就可计算该样品的恒容燃烧热。许多物质的燃烧热和反应热已经测定。

系统除样品燃烧放出热量引起系统温度升高以外还有其他因素，这些因素都需进行校正。其中系统热漏必须经过雷诺作图法校正。

校正方法如下：

称适量待测物质，估计其燃烧后可使水温升高 1.5～2.0℃，预先调节水温使其低于环境 1.0℃左右。按操作步骤进行测定，将燃烧前后观察所得的一系列水温和时间关系作图，可得图 9-28（a）的图形，图中 $H$ 点意味着开始燃烧，热传入介质；$D$ 点为观察到的最高温度值；从相当于室温的 $J$ 点作水平线交曲线于 $I$ 点，过 $I$ 点作垂线 $ab$，再将 $FH$ 线和 $GD$ 线延长并交 $ab$ 线于 $A$、$C$ 两点。$A$ 点与 $C$ 点所表示的温度差即为欲求温度的升高 $\Delta T$。图中 $AA'$ 为开始燃烧到温度上升至室温这一段时间 $\Delta t_1$ 内，由环境辐射和搅拌引进的能量而造成量热计温度的升高，必须扣除。$CC'$ 为室温升高到最高点 $D$ 这一段时间 $\Delta t_2$ 内，量热计向环境的热漏造成温度的降低，计算时必须考虑在内。由此可见，$A$、$C$ 两点的差值较客观地表示了由于样品燃烧促使温度升高的数值。

有时量热计的绝热情况良好，热漏小，而搅拌器功率大，不断稍微引进能量使得燃烧后的最高点不出现，如图 9-28（b）所示。其校正方法同前述。

## 二、仪器药品

氧弹式热量计，SHR-15A 燃烧热实验仪，氧气钢瓶，减压阀，压片机，YCY-4 充氧气，燃烧丝，萘，苯甲酸。

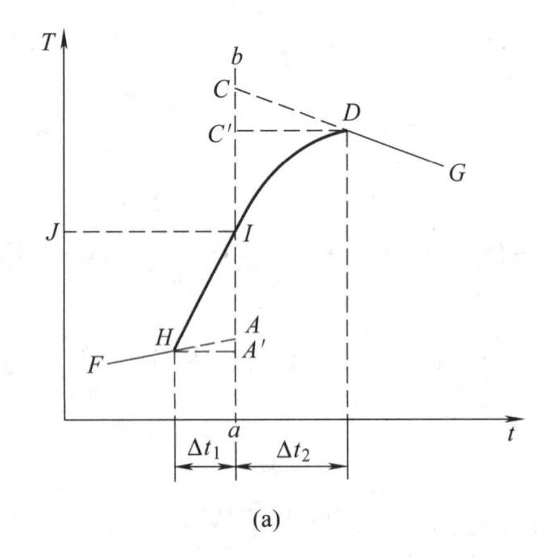

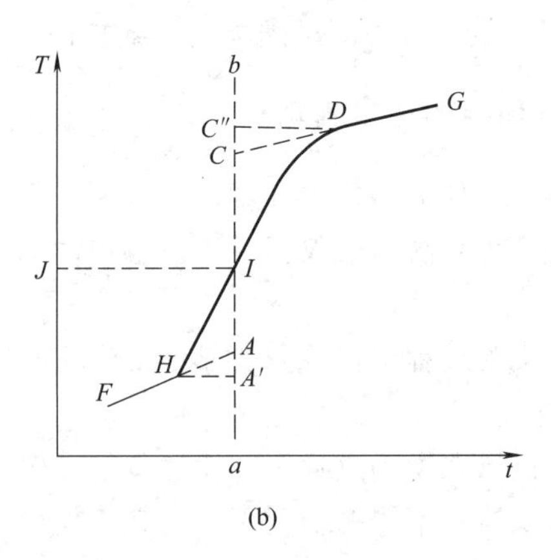


图 9-28　校正方法

## 三、使用方法

（1）仔细阅读 SHR-15A 燃烧热实验仪说明书。

（2）将热量计及全部附件加以整理并洗净。

（3）测量水当量 $K$

① 压片　先用天平粗称 1.0g 左右的苯甲酸，在压片机中压成片状（不能压太紧，太紧点火后不能充分燃烧）。压成片状后，再在天平上准确称重。

② 装样　旋开氧弹，把氧弹的弹头放在弹头架上，将样品苯甲酸放入坩埚内，把坩埚放在燃烧架上。取一根燃烧丝并测量其长度，然后将燃烧丝两端分别固定在弹头中的两根电极上，中部贴紧样品苯甲酸（燃烧丝与坩埚壁不能相碰）。在弹杯中注入 10mL 水，把弹头放入弹杯中，用手拧紧。

③ 充氧　使用高压钢瓶必须严格遵守操作规则。开始先充入少量氧气（约 0.5MPa），然后将氧弹中的氧气放掉，借以赶出氧弹中空气。再向氧弹中充入约 2MPa 的氧气。

④ 调节水温　将量热计外筒内注满水，用手动搅拌器稍加搅动。按使用说明书将热量计与燃烧热实验仪连接起来，打开 SHR-15A 燃烧热实验仪的电源（不要开启搅拌开关），将传感器插入外筒加水口测其温度，待温度稳定后，记录其温度值。再用桶取适量自来水，测其温度，如温度偏高或相平，则加冰调节水温使其低于外筒水温 1℃左右。用容量瓶精取 3000mL 已调好的自来水注入内筒，再将氧弹放入，使水面刚好盖过氧弹。如氧弹有气泡逸出，说明氧弹漏气，寻找原因并排除。盖上盖子，并将热量计上的筒盖开关关上，此时点火指示灯亮（注意：搅拌器不要与弹头相碰）。

⑤ 点火　开启搅拌开关，进行搅拌。将传感器插入内筒，待水温基本稳定后，将温差“采零”并“锁定”，然后将传感器取出，放入外筒水中，待温度稳定后，记录温差值，再将传感器放入内筒。设置定时 20s，每隔 20s 蜂鸣器鸣响，记录温差值（精确至±0.002℃），连续记录 5min 后，按下“点火”按钮，此时点火指示灯灭，停顿一会点火指示灯又亮，直到燃烧丝烧断，点火指示灯才灭。杯内样品一经燃烧，水温很快上升，点火成功。每隔 20s，记录一次温差值，直至两次读数差值小于 0.005℃，再每隔 20s，记录一次温差值，连续记录 5min（精确至±0.002℃），实验结束（定时时间可根据需要自行设定）。

**注意：**水温没有上升，说明点火失败，应关闭电源，取出氧弹，放出氧气，仔细检查燃烧丝及连接线，找出原因并排除。

⑥ 校验　实验停止后，关闭电源，将传感器放入外筒。取出氧弹，放出氧弹内的余气。旋下氧弹盖，测量燃烧后残丝长度并检查样品燃烧情况。样品没完全燃烧，实验失败，需重做；反之，说明实验成功。

(4) 测量待测物　称取 0.6g 左右萘，同法进行上述实验操作一次。

## 四、维护注意事项

(1) 待测样品需干燥，受潮样品不易燃烧且称量有误。

(2) 注意压片的紧实程度，太紧不易燃烧，太松容易裂碎。

(3) 加热丝应紧贴样品，点火后样品才能充分燃烧。

(4) 点火后，温度急速上升，说明点火成功。若温度不变或有微小变化，说明点火没有成功或样品没充分燃烧，应检查原因并排除。

(5) 实验仪“采零”或正式测量后必须“锁定”。

## 五、数据处理

(1) 用图解法求出苯甲酸燃烧引起量热计温度变化的差值 $\Delta t_1$，计算水当量 $K$ 值。

(2) 用图解法求出萘燃烧引起量热计温度变化的差值——恒容燃烧值 $\Delta t_2$，计算萘的恒容燃烧热 $Q_V$。

(3) 由 $Q_V$ 计算萘的摩尔燃烧焓 $\Delta_c H_m$。

# 附录 1.13　阿贝折光仪

阿贝折光仪（也称阿贝折射仪）是根据光的全反射原理设计的仪器，它利用全反射临界角的测定方法测定未知物质的折射率，可定量地分析溶液中的某些成分，检验物质的纯度。

## 一、构造原理

众所周知，光从一种介质进入另一种介质时，在界面上将发生折射，对任何两种介质，在一定波长和一定外界条件下，光的入射角（$\alpha$）和折射角（$\beta$）的正弦值之比等于两种介质的折射率之比的倒数：

$$\frac{\sin\alpha}{\sin\beta}=\frac{n_B}{n_A}$$

式中，$n_A$、$n_B$ 分别为 A、B 两介质的折射率。如果 $n_A>n_B$，则折射角（$\beta$）必大于入射角（$\alpha$）[图 9-29(a)]。若 $\alpha=\alpha_0$，$\beta=90°$ 达到最大，此时光沿界面方向前进 [图 9-29(b)]。若 $\alpha>\alpha_0$，则光线不能进入介质 B，而从界面反射 [图 9-29(c)]。此现象称为“全反射”，$\alpha_0$ 叫作临界角。

以上海光学仪器厂生产的 2W 型阿贝折光仪为例（图 9-30）。该仪器由望远系统和读数系统两部分组成，分别由测量镜筒和读数镜筒进行观察，属于双镜筒折光仪。在测量系统中，主要部件是两块直角棱镜，上面一块表面光滑，为折光棱镜（测量棱镜），下面一块是磨砂面的，为进光棱镜（辅助棱镜）。两块棱镜可以启开与闭合，当两棱镜对角线平面叠合时，两镜之间有一细缝，将待测溶液注入细缝中，便形成一薄层液。当光由反射镜入射而透过表面粗糙的棱镜时，光在此毛玻璃面上产生漫射，以不同的入射角进入液体层，然后到达

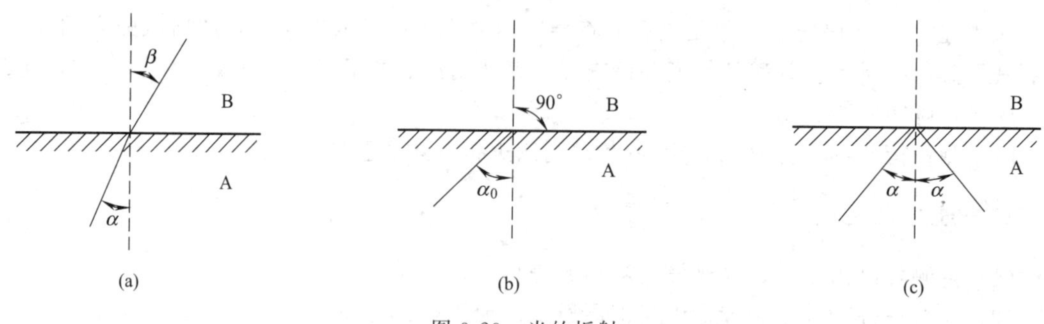

图 9-29 光的折射

表面光滑的棱镜，光线在液体与棱镜界面上发生折射。

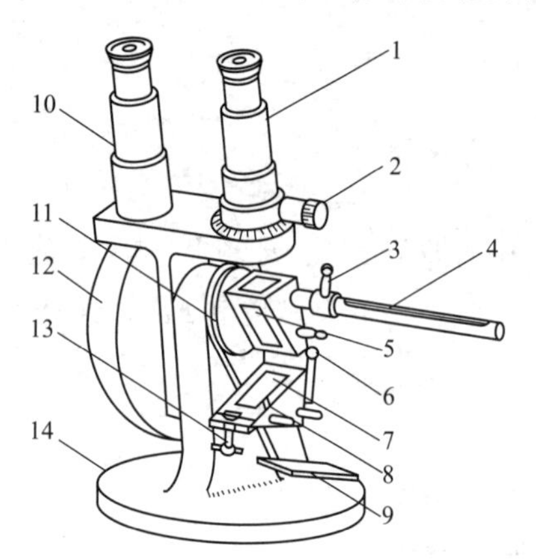

图 9-30 2W 型阿贝折光仪构造

1—测量镜筒；2—阿米西棱镜手轮；3—恒温器接头；4—温度计；5—测量棱镜；6—铰链；7—辅助棱镜；8—加样品孔；9—反射镜；10—读数镜筒；11—转轴；12—刻度盘罩；13—棱镜锁紧扳手；14—底座

因为棱镜的折射率比液体折射率大，因此光的入射角($\alpha$) 大于折射角($\beta$) [图 9-31(a)]，所有的入射线全部能进入棱镜 E 中，光线透出棱镜时又会发生折射，其入射角为 $S$，折射角为 $\gamma$。根据入射角、折射角与两种介质折射率之间的关系，从图 9-31(a) 中可以推导出，在棱镜的 $\phi$ 角及折射率固定的情况下，如果每次测量均用同样的 $\alpha$，则 $\gamma$ 的大小只和液体的折射率 $n$ 有关。通过测定 $\gamma$，便可求得 $n$ 值。$\alpha$ 的选择就是利用了全反射原理，将入射角 $\alpha$ 调至 $\alpha_0=90°$，此时折射角 $\theta$ 为最大——临界角。因此在其左面不会有光，是黑暗部分；而另一面则是明亮部分。透过棱镜的光线经过消色散棱镜和会聚透镜，最后在目镜中便呈现了一个清晰的明暗各半的图像，如图 9-31(b) 所示。测量时，要将明暗界线调到目镜中十字线的交叉点上，以保证镜筒的轴与入射光线平行。读数指针是和棱镜连在一起转动的，阿贝折光仪已将 $\gamma$ 换算成 $n$，故在标尺上读得的是折射率数值。

另一类折光仪是将望远系统与读数系统合并在同一个镜筒内，通过同一目镜进行观察，属单镜筒折射仪。例如 2WA-J 型阿贝折光仪（如图 9-32 所示），其工作原理与 2W 型折光仪相似。

## 二、使用方法

### 1. 2W 型阿贝折光仪操作方法

（1）准备工作　将折光仪与恒温水浴连接（不必要时，可不用恒温水），调节所需要的温度（一般恒温在 20.0℃±0.2℃），同时检查保温套的温度计是否准确。打开直角棱镜，用

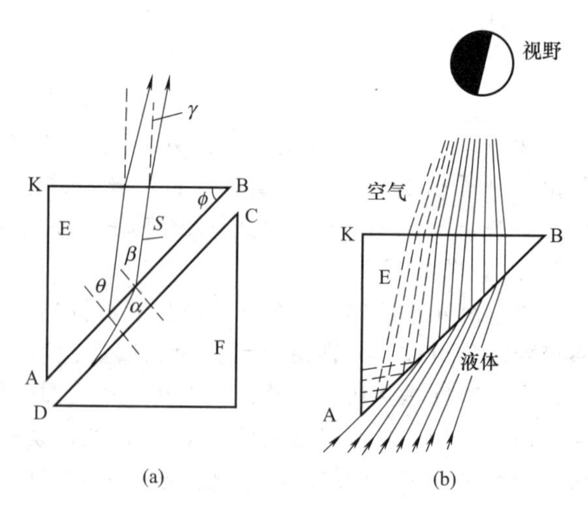

图 9-31 阿贝折光仪明暗线形成原理

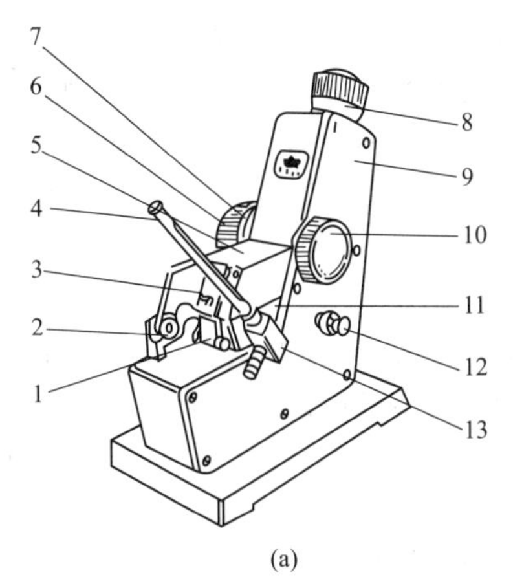


(a)

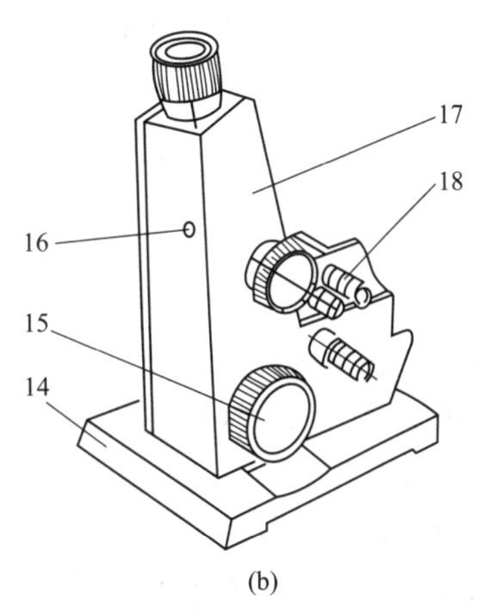


(b)

图 9-32　2WA-J 型阿贝折光仪结构

1—反射镜；2—转轴折光棱镜；3—遮光板；4—温度计；5—进光棱镜；6—色散调节手轮；7—色散值刻度圈；8—目镜；9—盖板；10—棱镜锁紧手轮；11—折射棱镜座；12—照明刻度盘聚光镜；13—温度计座；14—底座；15—折射率刻度调节手轮；16—调节物镜螺丝孔；17—壳体；18—恒温器接头

丝绢或擦镜纸蘸少量 95%乙醇或丙酮轻轻擦洗上、下镜面，注意只可单向擦而不可来回擦，待晾干后方可使用。

（2）仪器校准　使用之前应用重蒸馏水或已知折射率的标准折射玻璃块来校正标尺刻度。如果使用标准折光玻璃块来校正，先拉开下面棱镜，用一滴 1-溴代萘把标准玻璃块贴在折光棱镜下，旋转棱镜转动手轮（在刻度盘罩一侧），使读数镜内的刻度值等于标准玻璃块上注明的折射率，然后用附件方孔调节扳手转动示值调节螺钉（该螺钉处于测量镜筒中部），使明暗界线和十字线交点相合。如果使用重蒸馏水作为标准样品，只要把水滴在下面棱镜的毛玻璃面上，并合上两棱镜，旋转棱镜转动手轮，使读数镜内刻度值等于水的折射率，然后同上方法操作，使明暗界线和十字线交点相合。

（3）样品测量　阿贝折光仪的量程为 1.3000～1.7000，精密度为±0.0001。测量时，用洁净的长滴管将待测样品液体 2～3 滴均匀地置于下面棱镜的毛玻璃面上。此时应注意切勿使滴管尖端直接接触镜面，以免造成划痕。关紧棱镜，调节反射镜，使光线射入样品，然后轻轻转动棱镜手轮，并在望远镜筒中找到明暗分界线。若出现彩带，则调节阿米西棱镜手轮，消除色散，使明暗界线清晰。再调节棱镜调节手轮，使分界线对准十字线交点。记录读数及温度，重复测定 1～2 次。如果是挥发性很强的样品，可把样品液体由棱镜之间的小槽滴入，快速进行测定。

测定完后，立即用 95%乙醇或丙酮擦洗上、下棱镜，晾干后再关闭。

**2. 2WA-J 阿贝折光仪的操作方法**

（1）准备工作　参照 2W 型阿贝折光仪的操作方法。

（2）仪器校准　对折射棱镜的抛光面加 1～2 滴溴代萘，把标准玻璃块贴在折光棱镜抛光面上，当读数视场指示于标准玻璃块上的折射率时，观察望远镜内明暗分界线是否在十字线中间，若有偏差，则用螺丝刀微量旋转物镜调节螺丝孔中的螺丝，使分界线和十字线交点相合。

（3）样品测量　将被测液体用干净滴管滴加在折射镜表面，并将进光棱镜盖上，用棱镜锁紧手轮锁紧，要求液层均匀，充满视场，无气泡。打开遮光板，合上反射镜，调节目镜视度，使十字线成像清晰，此时旋转折射率刻度调节手轮，并在目镜视场中找到明暗分界线的位置。若出现彩带，则旋转色散调节手轮，使明暗界线清晰。再调节折射率刻度调节手轮，使分界线对准十字线交点。再适当转动刻度盘聚光镜，此时目镜视场下方显示的示值即为被测液体的折射率。

### 三、注意事项

（1）折光棱镜必须注意保护，不能在镜面上造成划痕，不能测定强酸、强碱及有腐蚀性的液体，也不能测定对棱镜、保温套之间的黏合剂有溶解性的液体。

（2）在每次使用前应洗净镜面；在使用完毕后，也应用丙酮或95%乙醇洗净镜面，待晾干后再关上棱镜。

（3）仪器在使用或储藏时均不得曝于日光中，不用时应放入木箱内，木箱置于干燥地方。放入前应注意将金属夹套内的水倒干净，管口要封起来。

（4）测量时应注意恒温温度是否正确。如欲测准至±0.0001，则温度变化应控制在±0.1℃的范围内。若测量精度不要求很高，则可放宽温度范围或不使用恒温水。

（5）阿贝折光仪不能在较高温度下使用；对于易挥发或易吸水样品的测量比较困难；对样品的纯度要求较高。

## 附录1.14　GC7900操作规范——TCD检测器

（1）检查仪器安装是否完好，载气气路连接是否完好。

（2）将色谱柱一端安装到进样器，根据使用频次，确定是否需要更换进样垫。

（3）打开钢瓶载气，若为氮气，其输入压力应在0.35～0.4MPa范围；若为氢气，其输入压力应在0.2～0.4MPa范围。

（4）打开主机电源，仪器经初始化检查，进入主菜单界面。

（5）进入流量压力显示菜单，查看柱前压，确认系统是否有堵塞现象，通气约5min，把系统中的空气或其他杂质赶出。

（6）将色谱柱的另一端连接到TCD检测器。

（7）观察柱前压，根据填充柱长短、内径大小等，判断系统是否有漏气现象，如果有漏气现象的话，则要仔细检查，并加以排除，直至气密性完好。有关气密性的检查以及解决办法，应参照说明书事项。

（8）用信号线将电脑与主机连接好，打开电脑电源。运行D7900工作站，按“连接”“查询”键，确认工作站与主机连接是否完好。

（9）根据需要设置进样器、柱箱、检测器温度，使仪器预热10～15min。

（10）根据需要，通过流量组合阀的旋钮来调节载气流量，在主机界面有所显示。用皂膜流量计检测TCD检测器出口气体流量，确认载气流过TCD检测器。

（11）在主机界面上，进入TCD检测器菜单，根据实验需要设置桥电流。

（12）根据分析要求，设置TCD检测器微电流放大器的量程。

（13）走基线　在做样品分析之前，务必使基线走平稳（要求基线噪声小于30μV，漂移小于100μV·30$min^{-1}$，具体以不影响样品测定为准）。

（14）按照工作站说明书编写样品项；一般先进行标样分析，然后进行样品分析。

(15) 按工作站的“调零”键，使基线回到零电位附近。

(16) 进样分析　进样之后，按“运行”(恒温) 或“开始”键 (程序升温)，工作站即进行采样；采集的谱图数据等将自动保存在电脑中。

(17) 分析任务完成后，在色谱柱最高使用温度下30℃充分老化色谱柱，以避免样品污染色谱柱。色谱柱的老化方法，可以参考其使用说明书。

(18) 分析完毕，先将桥电流设置为零。

(19) 将进样器、柱箱、检测器的温度降低，降至50℃以下。确认电流已经切断后，可以关闭载气。

**注意：**TCD检测器有桥电流时，务必有载气通过，否则钨丝容易烧坏。

(20) 关闭主机电源，退出工作站，并将电脑关闭。

## 附录1.15　GC7900操作规范——ECD检测器

(1) 检查仪器安装是否完好，载气气路连接是否完好。

(2) 确认仪器背面ECD废气接头与放空管连接排放到室外。

(3) 检查脱氧管是否安装，并确保其能有效脱氧。

(4) 将色谱柱一端安装到进样器，填充柱、大口径毛细管柱、小口径毛细管柱的连接方法均不同，具体安装方法应参照使用说明书；根据使用频次，确定是否需要更换进样垫。

(5) 将色谱柱的另一端连接到ECD检测器，填充柱、大口径毛细管柱、小口径毛细管柱的连接方法均不同，具体安装方法可以参照说明书。

(6) 打开钢瓶载气，确认输入压力在0.35～0.4MPa范围之内。

(7) 打开主机电源，仪器经初始化检查，进入主菜单界面。

(8) 观察柱前压，根据柱的类型 (填充柱或毛细管柱)、柱的长短、内径大小，判断系统是否有漏气现象，如果有漏气现象的话，则要仔细检查，并加以排除，直至气密性完好。有关气密性的检查以及解决办法，应参照说明书事项。

(9) 用信号线将电脑与主机连接好，打开电脑电源，运行D7900工作站，按“连接”“查询”键，确认工作站与主机连接是否完好。

(10) 根据需要设置进样器、柱箱、检测器温度。

(11) 根据需要，通过流量组合阀的旋钮来调节载气流量。若为填充柱或大口径的毛细管柱，界面所显示的柱流量即为柱的实际流量；若为小口径毛细管柱，界面所显示的柱流量，实际为载气总流量，包括分流流量、隔膜流量、毛细管柱流量。载气总流量、分流流量、隔膜流量均可以通过相应的阀来调节，其中后两者还可以用皂膜流量计来测定，柱流量对应于柱前压力，柱前压力一定，则柱流量也就固定，具体操作可以参考使用说明书。

(12) 根据实验需要，确定是否需加尾吹气以及其大小。出厂时，尾吹气的流量调节为$30mL \cdot min^{-1}$，在具体实验时，可以通过针形阀做适当的调节。

(13) 根据分析要求，设置ECD检测器微电流放大器的量程。

(14) 走基线。

(15) 在做样品分析之前，务必使基线走平稳 (要求基线噪声小于$15\mu V$，漂移小于$50\mu V \cdot 30min^{-1}$，具体以不影响样品测定为准)。

(16) 按照工作站说明书编写样品项，先进行标样分析，然后进行样品分析。

(17) 按工作站的“调零”键，使基线回到零电位附近。

(18) 进样分析。

(19) 进样之后，按“运行”（恒温）或“开始”键（程序升温），工作站即进行采样；采样的时间可以自行设置，程序升温时间由程序来决定。采集的谱图数据等将自动保存在电脑中。

(20) 分析任务完成后，在色谱柱最高使用温度下30℃充分老化色谱柱，以避免样品污染色谱柱。色谱柱的老化方法，可以参考其使用说明书。

(21) 分析完毕，将载气调小，保证有一定的流量（2～3mL·$min^{-1}$）流过ECD检测器，关闭尾吹气。

(22) 将进样器、柱箱、检测器的温度降低，待其降至50℃之下，即可关闭主机电源，退出D7900工作站，并将电脑关闭。

## 附录1.16 GC7900操作规范——FID检测器

(1) 检查仪器安装是否完好，载气、空气、$H_2$ 气路连接是否完好。

(2) 确认色谱柱安装完好，确认进样垫密封性良好。

(3) 打开钢瓶载气，确认总的输入压力在0.35～0.4MPa范围。

(4) 打开主机电源，仪器经初始化检查，进入主菜单界面。

(5) 观察柱前压，检查气路系统的气密性，确保气密性完好。

(6) 确认主机与电脑之间有数据信号线连接。打开电脑电源，运行D7900工作站，按“连接”“查询”键，确认工作站与主机之间软件连接完好。

(7) 在工作站中，新建一个仪器参数名文件，包括进样器、柱箱、检测器温度、升温程序、分流控制程序以及仪器方面的信息，如仪器型号、色谱柱类型、进样器、色谱柱的流量以及分流比、燃烧气的流速等。下次做同样的分析实验，可以调用该仪器参数。

(8) 在检测器的温度大于100℃的条件下，预热10～15min，以防止过早点火，检测器中水蒸气冷凝会影响检测器的性能。

(9) 根据需要，通过流量组合阀的旋钮来调节载气流量。若为填充柱或大口径的毛细管柱，界面所显示的柱流量即为柱的实际流量；若为小口径毛细管柱，界面所显示的柱流量，实际为载气总流量，包括分流流量、隔膜流量、毛细管柱流量。载气总流量、分流流量、隔膜流量均可以通过相应的阀来调节，其中后两者还可以用皂膜流量计来测定，柱流量对应于柱前压力，柱前压力一定，则柱流量也就固定，具体操作可以参考使用说明书。

(10) 打开氢气、空气钢瓶总阀，确认氢气气源输入压力在0.2～0.4MPa，空气气源输入压力在0.3～0.4MPa。将主机上的氢气、空气阀也打开，然后按“FIRE”键点火，根据工作站的基线是否有明显的突变或在FID检测器出口检查是否有水蒸气存在，均可以判断点火是否成功。根据实验需要，确定是否需加尾吹气以及其大小。

(11) 氢气、空气流量出厂时已经调整好，氢气为20mL·$min^{-1}$，空气为160mL·$min^{-1}$，尾吹流量为15mL·$min^{-1}$。在具体实验时，可以通过针形阀做适当的调节。

(12) 根据分析要求，设置FID检测器微电流放大器的量程。

(13) 走基线　在做样品分析之前，务必使基线走平稳（要求基线噪声小于 $40\mu V$，漂移小于 $80\mu V \cdot 30min^{-1}$，具体以不影响样品测定为准）。

(14) 按照工作站说明书编写样品项，先进行标样分析，然后进行样品分析。

(15) 按工作站的“调零”键，使基线回到零电位附近。

(16) 进样分析　进样之后，按“运行”（恒温）或“开始”键（程序升温），工作站即进行采样；采样的时间可以自行设置，程序升温时间由程序来决定。采集的谱图数据等将自动保存在电脑中。

(17) 分析任务完成后，在色谱柱最高使用温度下 30℃充分老化色谱柱，以避免样品污染色谱柱。色谱柱的老化方法，可以参考其使用说明书。

(18) 分析完毕，分别关闭氢气、空气，主机上的氢气、空气组合阀和钢瓶上的总阀均应该关闭，特别是氢气，以确保实验室安全。

(19) 将进样器、柱箱、检测器的温度降低，待其降至 50℃之下，关闭载气。同样，主机上的载气调节阀和钢瓶上的总阀均应该关闭。

(20) 关闭主机电源，退出工作站，并将电脑关闭。

# 附录 1.17　JXL-Ⅱ微电脑控制金属相图实验炉

## 一、概述

微电脑控制金属相图实验炉用于化学教学、金属冶炼和石油产品分离工程等方面，应用广泛。它利用微电脑的卓越功能，通过软件设置，对系统进行非线性补偿，从而使传感器及检测电路的输出和输入特性成线性，并可利用 8031 的定时器 T，实现定时报时功能。因此，整个装置更加智能化、小型化。

## 二、使用前说明

(1) 本仪器专供绘制二元合金步冷曲线用，目前多数使用锡铋合金或铅锡合金，由于铅有毒且熔点高（纯铅熔点为 327℃）、密度大的特点，试剂用锡铋合金较好。

(2) 控制面板　拨码开关为百位、十位、个位，用来设置温度，控制电炉丝的通断电；数码管显示的数值为铂电阻测量的温度。拨码开关与数码管之间的关系是：当设置温度高于显示温度时，开始通电加热，运行过程中也可通过按复位键加热，加热时加热灯亮，通过调节炉体上的黑色可调电位器来改变电压表上的电压大小，从而改变加热功率；如果炉体上升的温度高于设置温度时，加热灯灭，电压表的读数应为零，但由于存在热惯性，这时显示器上的温度值还会上升，等上升到一定的数值后就会下降。

(3) 数码管共 4 位，千位上（最左边）的数码管为过量程标记，当检测电压信号低于零度信号电压（或大于等于 500℃时的信号）时，显示为“ ⊔ ”，表示过量程。

(4) 定时键与复位键　它们为互锁关系。按定时键可选择 15～60s 的定时鸣笛，这样可以方便记录下降温度，当按第一次时，显示 15s，表示 15s 叫一声，按第二次显示 30s，依次类推，按复位键可使叫声停止，按定时键可停止加热（一般手工记录选择 60s 定时，586 计算机采样选择 15s 定时）。

(5) 软件限温功能　为了防止拨码开关设置过大而损坏铂电阻，软件功能使拨码开关百位数不大于2，即温度最高设置为299℃，万一拨码开关百位数大于2，程序中也认为2，这样温度上冲后，不会超过铂电阻的极限值500℃。

（6）炉底暗开关　向后掀起60°，可看到炉底暗开关，暗开关在“ON”时，炉体不受控制器控制，顺时针转动炉体面板黑色可调电位器，使炉体中电压上升，炉体开始加热，此暗开关在特殊情况下才使用，例如：做纯铅步冷曲线时，纯铅平台在327℃，它降温快且不明显，可加一个50V保温电压，这样可使平台明显（即平台时间加长）。另外，当炉温上升到300℃左右，达不到需要值时可拨动暗开关，在“ON”位置上加上一个100V左右电压可使炉温上升一些再关掉。

**注意：**此暗开关如果打在“ON”位置，人员离开后炉温将一直上升，会引发事故，一般情况下应拨到“OFF”位置，只有“OFF”位置，炉体升温才受温度控制器控制。因此，尽量少用或不用“ON”位置。

（7）一次加热功能　由于实验中按先升温后降温的顺序进行，所以软件中采取一定的措施使得温度降到低于拨码开关值时仍不加热，只有操作人员按复位键或重新通断一次电源，炉体才重新开始加热到拨码开关值时停止。

（8）炉体升温的几种办法

① 一次快速升温到位。通电后，加热灯亮时，转动炉体上黑色旋钮，在最高电压下加热，拨码开关数值对应最高温度的数值见表9-3（供参考）。

**表9-3　拨码开关数值对应最高温度数值**（室温26℃）

| 拨码开关数值 | 最高温度数值 | 拨码开关数值 | 最高温度数值 |
| --- | --- | --- | --- |
| 100℃ | 200～230℃ | 160℃ | 300～320℃ |
| 120℃ | 230～260℃ | 180℃ | 320～340℃ |
| 140℃ | 260～280℃ | 200℃ | 340～360℃ |

炉体升温受室温、炉体温度、试样成分、气流大小、电压高低等影响，操作时稍加修正，实验之前，教师先预先试一下。

② 在升温过程中，转动炉体上的黑色电位器，逐渐减小加热电压来减少热惯性，例如：要求升温到320℃，拨码开关设置299℃。从室温开始升温，加上最高电压升温，当显示温度达到150℃时，减小电压为100℃，到250℃时，电压减为50℃，升温到299℃时，自动停止加热，热惯性上冲到320℃左右。

升温超过要求值处理：一手提出玻璃试管在空中冷却，另一手用练习本拍打炉口30～50次，然后把玻璃试管放入炉内再试。

## 三、操作步骤

（1）按图9-33连接好炉体电源线（地线钩片拧在接地线上），控制器电源、铂电阻（引线中二根蓝色线合并在一起接同一接线柱上）、控制器插头（五芯）、拨码开关设置为“000”。

（2）装好样品，加入石墨粉，并在玻璃管中插入不锈钢套管，放入炉体内。

（3）将炉底暗开关拨到“OFF”位置。

（4）校对室温　铂电阻放在炉体外，接通电源2min，观察数码管温度是否符合室温，如与室温不符，参照维修操作调之。

（5）将铂电阻插入不锈钢套管中，按照上述升温方法来设置拨码开关值大小。

（6）按下复位键，加热灯亮，开始升温，转动炉体上黑色电位器旋钮，使电压调到最大

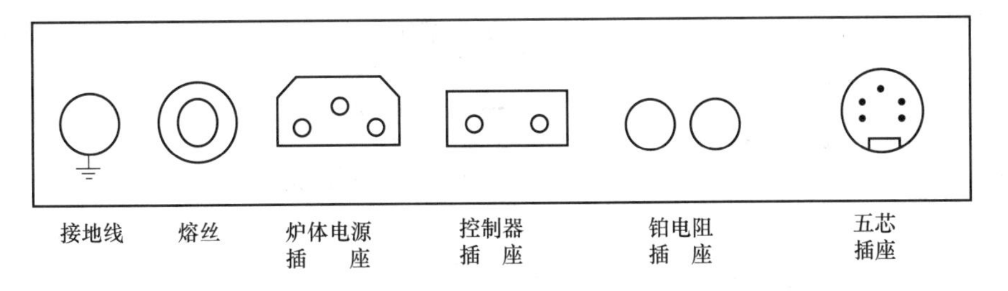


图 9-33 接线孔位

值，当显示温度超过设置温度时，加热灯灭，电压指示为零，为防止可控硅漏电，使炉子继续加热，把黑色旋钮逆时针旋到底（最底位置）。

（7）当温度达到最高温度时，迅速拨出橡皮塞，用玻璃棒搅拌玻璃管里面的样品，但动作要轻，防止把玻璃管弄破，然后重新塞上橡皮塞，也可提起玻璃管左右倾斜摇晃几次。

（8）待温度降到需要记录的温度时，按四次定时键，数码管显示“60s”，即 60s 报时一次，操作人员可开始记录温度值。

（9）当温度降到“平台”以下时，停止记录，如锡铋合金“平台”为 138℃，平台出现 4～5 次就可停止记录。

## 四、注意事项

（1）金属相图炉工作时应放在耐火的材料上（瓷砖等）以防止事故，工作时，操作人员不能离开。

（2）测试时，如果发现温度超过 400℃还在上升，应立即抽出铂电阻放炉外冷却，随后也抽出玻璃管冷却，排除故障后再通电（铂电阻最高温度为 500℃，玻璃管最高温度为 800℃）。

（3）控制器的五芯插头应缺口向下，对准炉体后的五芯插座的凸起插入。

（4）炉底暗开关在“ON”时，炉子升温已不受控制器的控制，如不注意显示温度，炉子升温会超过 500℃而烧坏铂电阻及玻璃管，所以炉底保温开关可根据实验是否需要保温，决定开关与否。

（5）测试结束后，拨码开关应置于“000”，铂电阻取出来放在炉体外冷却。

# 附录 1.18 高效液相色谱仪

## 一、高效液相色谱仪简介

高效液相色谱仪主要有分析型、制备型和专用型三类，有多种型号，一般都由输液系统、进样系统、分离系统、检测系统和数据处理系统这五部分组成，如图 9-34 所示。

在储液器内储存有流动相，它由高压泵输送，流经进样器、色谱柱、检测器，最后至废液槽。分析前，选择适当的色谱柱和流动相，开泵，冲洗色谱柱，待色谱柱达到平衡而且基线平直后，用微量注射器把样品注入进样口，流动相把试样带入色谱柱进行分离，分离后的组分依次流入检测器的流通池，最后和洗脱液一起排入流出物收集器。当有样品组分流过流通池时，检测器把组分浓度转变成电信号，经过放大，用记录器记录下来就得到色谱图。色

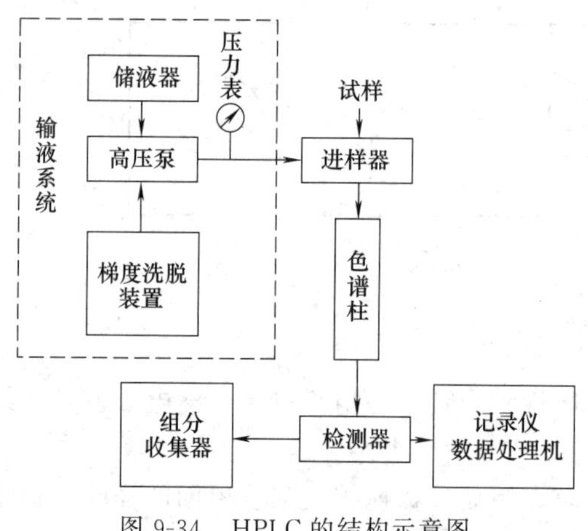

图 9-34　HPLC 的结构示意图

谱图是定性、定量和评价柱效高低的依据。

## 二、主要部件

### 1. 输液系统

输液系统包括储液器、脱气装置、高压输液泵、过滤器、梯度洗脱装置等。

储液器：储液器用于存放溶剂。溶剂必须很纯，储液器材料要耐腐蚀，对溶剂呈惰性。储液器应配有溶剂过滤器，以防止流动相中的颗粒进入泵内。溶剂过滤器一般用耐腐蚀的镍合金制成，空隙大小一般为 2mm。

脱气装置：脱气的目的是防止流动相从高压柱内流出时，释放出气泡进入检测器而使噪声剧增，甚至不能正常检测。

高压输液泵：高压输液泵是高效液相色谱仪的重要部件，是驱动溶剂和样品通过色谱柱和检测系统的高压源，其性能好坏直接影响分析结果的可靠性。

对高压泵的基本要求是：①流量稳定；②输出压力高，最高输出压力为 50MPa；③流量范围宽，可在 $0.01 \sim 10\text{mL} \cdot \text{min}^{-1}$ 范围任选；④耐酸、碱、缓冲液腐蚀；⑤压力波动小。

梯度洗脱装置：梯度洗脱是利用两种或两种以上的溶剂，按照一定时间程序连续或阶段地改变配比浓度，以达到改变流动相极性、离子强度或 pH，从而提高洗脱能力，改善分离的一种有效方法。当一个样品混合物的容量因子范围很宽，用等度洗脱时间太长，且后出的峰形扁平不便检测时，用梯度洗脱可以改善峰形并缩短分离时间。HPLC 的梯度洗脱与 GC 的程序升温相似，可以缩短分析时间，提高分离效果，使所有的峰都处于最佳分离状态，而且峰形尖而窄。

### 2. 进样系统

进样器一般要求密封性好，死体积小，重复性好，保证中心进样，进样时对色谱系统的压力和流量波动小，并便于实现自动化。高压进样阀是目前广泛采用的一种方式。阀的种类很多，有六通阀、四通阀、双路阀等，以六通阀最为常用。

### 3. 分离系统

色谱柱是色谱分离系统的核心部分，柱应具备耐高压、耐腐蚀、抗氧化、密封不漏液和柱内死体积小、柱效高、柱容量大、分析速度快、柱寿命长的要求，通常采用优质不锈钢管制成。

色谱柱按内径不同可分为常规柱、快速柱和微量柱三类。常规分析柱柱长一般为 10～25cm，内径 4～5mm，固定相颗粒直径为 5～10mm。为了保护分析柱不受污染，一般在分析柱前加一短柱，约数厘米长，称为保护柱（微量分析柱内径小于 1mm，凝胶色谱柱内径 3～12mm，制备柱内径较大，可达 25mm 以上）。

### 4. 检测系统

检测器的作用是将柱流出物中样品组成和含量的变化转化为可供检测的信号，常用检测器有紫外吸收、荧光、示差折光、化学发光等。

（1）紫外可见吸收检测器（ultraviolet-visible detector，UVD）　紫外可见吸收检测器

(UVD) 是 HPLC 中应用最广泛的检测器之一，几乎所有的液相色谱仪都配有这种检测器。其特点是灵敏度较高、线性范围宽、噪声低，适用于梯度洗脱，对强吸收物质检测限可达 1ng，检测后不破坏样品，可用于制备，并能与任何检测器串联使用。紫外可见检测器的工作原理与结构同一般分光光度计相似，实际上就是装有流动池的紫外可见光度计。

① 紫外吸收检测器　紫外吸收检测器常用氘灯作光源，氘灯可发射紫外-可见区范围的连续波长，并安装一个光栅型单色器，其波长选择范围宽（190～800nm)。它有两个流通池，一个作参比用，一个作测量用，光源发出的紫外光照射到流通池上，若两流通池都通过纯的均匀溶剂，则它们在紫外波长下几乎无吸收，光电管上接收到的辐射强度相等，无信号输出。当组分进入测量池时，吸收一定的紫外光，使两光电管接收到的辐射强度不等，这时有信号输出，输出信号大小与组分浓度有关。

局限：流动相的选择受到一定限制，即具有一定紫外吸收的溶剂不能作流动相，每种溶剂都有截止波长，当小于该截止波长的紫外光通过溶剂时，溶剂的透光率降至 10%以下，因此，紫外吸收检测器的工作波长不能小于溶剂的截止波长。

② 光电二极管阵列检测器（photodiode array detector，PAD）　也称快速扫描紫外可见分光检测器，是一种新型的光吸收式检测器。它采用光电二极管阵列作为检测元件，构成多通道并行工作，同时检测由光栅分光，再入射到阵列式接收器上的全部波长的光信号，然后对二极管阵列快速扫描采集数据，得到吸收值（$A$）是保留时间（$t_R$）和波长（$l$）函数的三维色谱光谱图。由此可及时观察与每一组分的色谱图相应的光谱数据，从而迅速决定具有最佳选择性和灵敏度的波长。

(2) 荧光检测器（fluorescence detector，FD）　荧光检测器是一种高灵敏度、有选择性的检测器，可检测能产生荧光的化合物。某些不发荧光的物质可通过化学衍生化生成荧光衍生物，再进行荧光检测。其最小检测浓度可达 $0.1ng \cdot mL^{-1}$，适用于痕量分析；一般情况下荧光检测器的灵敏度比紫外检测器约高 2 个数量级，但其线性范围不如紫外检测器宽。

近年来，采用激光作为荧光检测器的光源而产生的激光诱导荧光检测器极大地增强了荧光检测的信噪比，因而具有很高的灵敏度，在痕量和超痕量分析中得到广泛应用。

(3) 示差折光检测器（differential refractive index detector，RID）　示差折光检测器是一种浓度型通用检测器，对所有溶质都有响应，某些不能用选择性检测器检测的组分，如高分子化合物、糖类、脂肪烷烃等，可用示差检测器检测。示差检测器是基于连续测定样品流路和参比流路之间折射率的变化来测定样品含量的。光从一种介质进入另一种介质时，由于两种物质的折射率不同就会产生折射。只要样品组分与流动相的折射率不同，就可被检测，二者相差愈大，灵敏度愈高，在一定浓度范围内检测器的输出与溶质浓度成正比。

(4) 电化学检测器（electrochemical detector，ED）　电化学检测器主要有安培、极谱、库仑、电位、电导等检测器，属选择性检测器，可检测具有电活性的化合物。目前它已在各种无机和有机阴阳离子、生物组织和体液的代谢物、食品添加剂、环境污染物、生化制品、农药及医药等的测定中获得了广泛的应用。其中，电导检测器在离子色谱中应用最多。

电化学检测器的优点是：①灵敏度高，最小检测量一般为纳克级，有目可达皮克级；②选择性好，可测定大量非电活性物质中极痕量的电活性物质；③线性范围宽，一般为 4～5 个数量级；④设备简单，成本较低；⑤易于自动操作。

(5) 化学发光检测器（chemiluminescence detector，CD）　化学发光检测器是近年来发展起来的一种快速、灵敏的新型检测器，其设备简单、价廉、线性范围宽。其原理是基于某些物质在常温下进行化学反应，生成处于激发态势反应中间体或反应产物，当它们从激发态返回基态时，就发射出光子。由于物质激发态的能量是来自化学反应，故叫作化学发光。当分离组分从色谱柱中洗脱出来后，立即与适当的化学发光试剂混合，引起化学反应，导致发光物质产生辐射，其光强度与该物质的浓度成正比。

这种检测器不需要光源，也不需要复杂的光学系统，只要有恒流泵，将化学发光试剂以一定的流速泵入混合器中，使之与柱流出物迅速而又均匀地混合产生化学发光，通过光电倍增管将光信号变成电信号，就可进行检测。

**5. 数据处理系统**

早期的 HPLC 只配有记录仪记录色谱峰，用人工计算 $A$ 或 $H$。随着计算机技术的发展，简单的积分仪可自动打印出 $H$、$A$ 和 $t_R$，做一些简单的计算，但不能存储数据。现在的色谱工作站功能增多，一般包括：色谱参数的选择和设定；自动化操作仪器；色谱数据的采集和存储，并做“实时”处理；对采集和存储的数据进行后处理；自动打印，给出一套完整的色谱分析数据和图谱。同时也可把一些常用色谱参数、操作程序及各种定量计算方法存入存储器中，需用时调出直接使用。

## 三、高效液相色谱仪（Agilent 1200 型）操作步骤

**1. 开机**

（1）打开计算机，进入中文 Windows XP 画面，并运行 CAG Bootp Server 程序。

（2）打开 1200 LC 各模块电源。

（3）待各模块自检完成后，双击“Instrument 1 Online”图标，化学工作站自动与 1200LC 通信，进入工作站画面。

（4）从“视图”菜单中选择“方法和运行控制”画面，点击“视图”菜单中的“显示顶部工具栏”“显示状态工具栏”“系统视图”“样品视图”，使其命令前有“√”标志，来调用所需的界面。

（5）把流动相放入溶剂瓶中。

（6）打开冲洗阀。

（7）点击“泵”图标，点击“设置泵”选项，进入泵编辑画面。

（8）设流速：$5mL \cdot min^{-1}$，点击“确定”。

（9）点击“泵”图标，点击“控制”选项，选中“启动”，点击“确定”，则系统开始冲洗，直到管线内（由溶剂瓶到泵入口）无气泡为止，切换通道继续冲洗，直到所有要用通道无气泡为止。

（10）点击“泵”图标，点击“控制”选项，选中“关闭”，点击“确定”关泵，关闭冲洗阀。

（11）点击“泵”图标，点击“设置泵”选项，设流速为 $1.0mL \cdot min^{-1}$。

（12）点击泵下面的瓶图标，输入溶剂的实际体积和瓶体积，也可输入停泵的体积，点击“确定”。

**2. 数据采集方法编辑**

（1）开始编辑完整方法　从“方法”菜单中选择“编辑完整方法”项，选中除“数据分析”外的三项，点击“确定”，进入下一画面。

（2）方法信息　在“方法注释”中加入方法的信息（如测试方法），点击“确定”，进入下一画面。

（3）泵参数设定（以四元泵为例） 在“流速”处输入流量，如 1mL·min$^{-1}$，在“溶剂 B”处输入 80.0（$A=100-B-C-D$），也可“插入”一行“时间表”，编辑梯度。在“压力限”处输入色谱柱的最大耐高压，以保护色谱柱，点击“确定”，进入下一画面。

（4）柱温箱参数设定 在“温度”下面的空白方框内输入所需温度（如 40℃），并选中它，点击“更多≫”键，选中“与左侧相同”，使柱温箱的温度左右一致，点击“确定”，进入下一画面。

（5）DAD 检测器参数设定 进入“DAD signals”画面，输入样品波长及其带宽、参比波长及其带宽（参比波长带宽默认值为 100nm），选择“Stoptime：as Pump”，在“Spectrum”中输入采集光谱方式“store”，选 All。如只进行正常检测，则可选 None。范围 Range：可选范围为 190～950nm。步长 Step 可选 2.0nm。阈值：选择需要的灯。Peak width（Response time）即响应值，应尽可能接近要测的窄峰峰宽，可选“2s”或“4s”。Slit-：狭窄缝，光谱分辨率高，宽时，噪声低，可选 4nm，单击 OK，进入下一画面。

（6）在“运行时选项表”中选中“数据采集”，点击“确定”。

（7）点击“方法”菜单，选中“方法另存为”，输入一方法名，如“测试”，点击“确定”。

（8）从菜单“视图”中选中“在线信号”，选中“信号窗口 1”，然后点击“改变”钮，将所要绘图的信号移到右边的框中，点击“确定”[如同时检测二个信号，则重复（8），选中“信号窗口 2”]。

（9）从“运行控制”菜单中选择“样品信息”选项，输入操作者名称，如“安装工程师”；在“数据文件”中选择“手动”或“前缀/计数器”（区别：手动——每次做样之前必须给出新名字，否则仪器会将上次的数据覆盖掉。Pr——在“前缀/计数器的前缀”框中输入前缀，在“计数器”框中输入计数器的起始位，仪器会自动命名，如 vwd 数据 0001，vwd 数据 0002 等）。

（10）点击“确定”，从“仪器”菜单选择“系统开启”。

（11）等仪器准备好，基线平稳，从“运行控制”菜单中选择“运行方法”，进样（若无自动进样器，则基线平稳后，进样并搬动手动进样阀，启动运行）。

**3. 数据分析方法编辑**

（1）从“视图”菜单中，点击“数据分析”，进入数据分析画面。

（2）从“文件”菜单选择“调用信号”，选中数据文件名，点击“确定”，则数据被调出。

（3）做谱图优化：从“图形”菜单中选择“信号选项”，从“范围”中选择“满量程”或“自动量程”及合适的时间范围，或选择“自定义量程”调整。反复进行，直到图的比例合适为止，点击“确定”。

（4）积分

① 从“积分”菜单中选择“积分事件”选项，选择合适的“斜率灵敏度”“峰宽”“最小峰面积”“最小峰高”。

② 从“积分”菜单中选择“积分”选项，则数据被积分。

③ 如积分结果不理想，则修改相应的积分参数，直到满意为止。

④ 点击左边“√”图标，将积分参数存入方法。

（5）打印报告

① 从“报告”菜单中选择“设定报告”选项。

② 点击“定量结果”框中“计算”右侧的黑三角，选中“面积百分比”，其他选项不变。

③ 点击“确定”。

④ 从“报告”菜单中选择“打印报告”，则报告结果将打印到屏幕上，如想输出到打印机上，则点击“报告”底部的“打印”钮。

**4. 关机**

① 关机前，先关灯，用相应的溶剂充分冲洗系统。

② 退出化学工作站，依提示关泵及其他窗口，关闭计算机。

③ 关闭 Agilent 1200 各模块电源开关。

④ 清理台面，按有关规定填写仪器使用记录。

## 四、注意事项

**1. 流动相**

(1) 流动相应选用色谱纯试剂、高纯水或双蒸水，酸碱液及缓冲液需经过滤后使用，过滤时注意区分水系膜和油系膜的使用范围。

(2) 水相流动相需经常更换（一般不超过 2 天），防止细菌生长变质。

(3) 使用双泵时，A、B、C、D 四相中，若所用流动相中有含盐流动相，则 A、D（进液口位于混合器下方）放置含盐流动相，B、C（进液口位于混合器上方）放置不含盐流动相，A、B、C、D 四个储液器中一个为棕色瓶，用于存放水相流动相。

**2. 样品**

(1) 采用过滤或离心方法处理样品，确保样品中不含固体颗粒。

(2) 用流动相或比流动相弱（若为反相柱，则极性比流动相大；若为正相柱，则极性比流动相小）的溶剂制备样品溶液，尽量用流动相制备样品液。

(3) 手动进样时，进样量尽量小，使用定量管定量时，进样体积应为定量管的 3～5 倍。

**3. 色谱柱**

(1) 使用前仔细阅读色谱柱附带的说明书，注意适用范围，如 pH 范围、流动相类型等。

(2) 使用符合要求的流动相。

(3) 使用保护柱。

(4) 如所用流动相为含盐流动相，反相色谱柱使用后，先用水或低浓度甲醇水（如 5% 甲醇水溶液）冲洗，再用甲醇冲洗。

(5) 色谱柱在不使用时，应用甲醇冲洗，取下后紧密封闭两端保存。

(6) 不要高压冲洗色谱柱。

(7) 不要在高温下长时间使用硅胶键合相色谱柱，使用过程中注意轻拿轻放。

(8) 若柱子使用的时间较长、柱压较高时，可采用柱子再生法处理，即按水—甲醇—四氢呋喃—二氯甲烷—四氢呋喃—甲醇—水的顺序来冲洗柱子，以提高柱子的柱效和寿命。

**4. 操作过程**

(1) 打开电源，用 Harb 相连接时，注意 Harb 电源，打开计算机，打开 Bootp Server（一般启动时已打开）。

(2) 自上而下打开个组件电源，Bootp Server 里显示有信号时（有六行字符），打开工作站（先打开 On line）。

(3) 打开冲洗泵头的 10%异丙醇溶液的开关（需用针筒抽），控制流量大小，以能流出的最小流量为准。

(4) 注意各流动相所剩溶液的容积设定，若设定的容积低于最低限会自动停泵，注意洗泵溶液的体积，及时加液。

(5) 更换溶剂时，若流路中有气泡时，应从旁路彻底排除气泡。

(6) 使用过程中要经常观察仪器工作状态，及时正确处理各种突发事件。

(7) 先以所用流动相冲洗系统一定时间（如所用流动相为含盐流动相，必须先用水冲洗 20min 以上再换上含盐流动相），正式进样分析前 30min 左右开启 D 灯或 W 灯，以延长灯的使用寿命。

(8) 建立色谱操作方法，注意保存为自己命名的方法，勿覆盖或删除他人的方法及实验结果。

(9) 使用手动进样器进样时，在进样前和进样后都需用洗针液洗净进样针筒，洗针液一般选择与样品液一致的溶剂，进样前必须用样品液清洗进样针筒 3 遍以上，并排除针筒中的气泡。

(10) 溶剂瓶中的沙芯过滤头容易破碎，在更换流动相时注意保护，当发现过滤头变脏或长菌时，不可用超声洗涤，可用 5%稀硝酸溶液浸泡后再洗涤。

(11) 实验结束后，一般先用水或低浓度甲醇水溶液冲洗整个管路 30min 以上，再用甲醇冲洗。冲洗过程中关闭 D 灯、W 灯。

(12) 关机时，先关闭泵、检测器等，再关闭工作站，然后关机，最后自下而上关闭色谱仪各组件，关闭洗泵溶液的开关。

(13) 使用者须认真履行仪器使用登记制度，出现问题及时向教师报告，不要擅自拆卸仪器。

## 附录 1.19 A3-F 型原子吸收分光光度计(火焰法)常用测定操作

(1) 开电脑→开仪器→双击 AAwin 图标→确定。

(2) 仪器初始化→等待……。

(3) 选择工作灯和预热灯→下一步（如果只做一种元素，不需要预热其他灯，可以把预热灯设成没有插灯的位置，或者把预热灯电流设成零）→下一步→完成（如果只做一种元素，不需要预热其他灯，可以把预热灯设成没有插灯的位置，或者把预热灯电流设成零）。

(4) 点击“寻峰”→关闭→下一步→完成。

Cr 的寻峰比较特殊，仪器自动定位的是能量高的峰，但是此峰的灵敏度反而低，这时需要在图谱上点击鼠标右键，选择读取坐标，然后把十字心移到小峰的尖端，读取波长值。将此波长值输入在仪器菜单下的波长定位对话框里。

(5) 调整原子化器位置：点击仪器，测量方法设置成火焰吸收。点击菜单中“仪器”→“燃烧器参数”，用调光片观察并调整参数（调光片的另一个作用是清洁燃烧器缝隙）。光斑要在燃烧缝的正上方，高度可以参考分析手册建议数值。

(6) 点击样品→下一步→设置标样样品数量和浓度→下一步→完成。

（7）点击“参数”→在测量重复次数的设置中设定标准样品和未知样品的次数，其余默认→在火焰法设置中测定方式选“自动”，其余默认→“信号处理”→在“计算方式”中选“连续法”，“积分时间”一般设1～3s，“滤波系数”参照《分析手册》，为0.6～1。

（8）开无油气体压缩机的开关（出口压力调至0.22～0.25MPa）→开乙炔（调至0.05～0.08MPa）。检查液封有没有加满水。

（9）点击菜单中“点火”→点燃火焰。

（10）点击菜单中“能量”→自动平衡能量→关闭。

（11）点击菜单中“测量”→测量窗口被打开。

（12）标准曲线测定：毛细吸管插入空白对照样品→等待信号线走稳之后，点击“校零”→再按“开始”记录数据。

（13）换吸下一个标准样品→等待信号线走稳之后→点击“开始”，记录数据，依次测量标准样品，完成之后会自动绘成标准曲线。

（14）点击“终止”，双击左侧标准曲线图→出现工作曲线状态相关数据。

（15）样品测定：进样品空白，等待信号线走稳之后，点击校零，换吸每一个样品→点击“开始”，记录数据。

（16）测定使用完毕，继续喷空白溶液几分钟，以清洗雾化系统→关乙炔→火焰熄灭后→关无油气体压缩机的工作开关→按压工作开关旁的放水阀→关软件 →关仪器→关电脑。

**注意：**标准曲线不理想时，可重新测量某个浓度的数据，方法是点击测量窗口中“终止”→选择需重新测量的样品号→鼠标右键→选“重新测量”→直至数据符合要求→点击测量窗口中“终止”→再点击“测量”，继续测下一个样品。

## 附录1.20　Cary Eclipse荧光分光光度计操作规程

（1）开电脑进入Windows系统。

（2）开Cary Eclipse主机（保证样品室内是空的）。

（3）双击Cary Eclipse图标。

（4）在Cary Eclipse主显示窗下，双击所选图标（以Concentration为例），进入浓度主菜单。

（5）新编一个方法步骤。

① 单击Setup功能键，进入参数设置页面。

② 按Cary Control→Options→Accessories→Standards→ Samples→Reports→Auto store顺序，设置好每页的参数，然后点击OK回到浓度主菜单。

③ 单击View菜单，选择好需要显示的内容。基本选项Toolbar；Buttons；Graphics；Report。

④ 单击Zero放空白到样品室内→按OK。

提示：Load blank press ok to read（放空白按OK读）。

⑤ 单击Start. 出现标准/样品选择页。

Solutions Available（溶液有效），此左框中的标准或样品为不需要重新测量的内容。

Selected for Analysis（选择分析的标准和样品），此右框的内容为准备分析的标准和样品。

⑥ 按 OK 进入分析测试。

Present std1（1.0g/L）：放标准 1 然后按 OK 键进行读数。

Press OK to read：放标准 2 按 OK 进行读数，直到全部标准读完。

⑦ Present Sample 1 press OK to read：放样品 1 按 OK 开始读样品，直到样品测完。

⑧ 为了存标准曲线在方法中，可在测完标准后，不选择样品而由 File 文件菜单中存此编好的方法。以后调用此方法，标准曲线一起调出。

（6）运行一个已存的方法（方法中包含标准曲线）。

① 单击 File→单击 Open Method→选调用方法名→单击 Open。

② 单击 Start 开始运行调用的方法。如用已存的标准曲线，在右框中将全部标准移到左框，按 OK→进入样品测试。

③ 按提示完成全部样品的测试。

④ 按 Print 键打印报告和标准曲线。

⑤ 如要存数据和结果，单击 File 文件，选 Save Data As... 在下面 File name 中送入数据文件名，单击 Save，全部操作完成。

其他软件包，如 Scan 软件操作步骤相同，具体内容有些差别，请按屏幕提示操作。

**注意：**（1）保持仪器的表面清洁，可使用软布（若需要可使用少量的水和清洁剂，但不可使用有机溶剂或研磨剂）擦拭。任何溢出样品室的样品需马上擦拭干净。

（2）仪器清洁过程中勿擦拭石英窗。

# 附录 1.21 F-4600 荧光分光光度计标准操作规程

## 一、开机

打开光度计左侧的电源开关，仪器前方右侧的运行指示灯和氙灯指示灯亮。

## 二、操作

仪器启动 15min 后，打开电脑，打开荧光分光光度计工作站，联机工作。在工作站的右侧出现一个绿色的显示为 Ready 字样的标志，表明电脑与仪器连接良好，可以进行下面的工作。在工作站的右侧出现一竖排的指示，点击“Method”新建一个测定方法。如果之前已经有设定完成的，可以直接沿用。

（1）在 General 选项中，Measurement 有四种选择，分别是：①wavelength scan，波长扫描；②time scan，时间扫描；③photometry，光度值法；④3D Scan，三维扫描。使用者可以根据实验的要求进行方法选择。氯化钠、氯化钾的铝盐测量选用的是 photometry 光度值法。

（2）在 Operator 选项中输入操作者的名字；Instrument 显示的是联机仪器的型号；如果实验需要测定样品组、设定样品表，则在下面的 Comments 空格中进行设定，如果测定过程中有空白，则不需设定样品表，即不选择 Use sample table，而实验过程中每一个样品均需人工操作。

(3) Quantitation（定量法）界面中的操作

① 在 Quantitation 中可选择的定量类型有 Wavelength（波长）、Peak area（峰面积）、Peak height（峰高）、Derivative（派生方法）、Ratio（比率），选择 Wavelength（波长）。

② 在 Number of 选项中有：a. 单波长计算；b. 双波长计算；c. 三波长计算，选择单波长计算。

③ 在 Calibration 中选择校准类型，选项有：None（无关联测定样品）、1st order（直线）、2nd order（2 次方曲线）、3rd order（3 次方曲线）、Segmented（折线法），选择直线模式。选择 None 时，在后面的仪器波长设定中最高可选择 6 个可设定波长。而选择其他选项时，可设定 3 个波长。在 Concentration 中选择数据单位为%（百分数）。对 Manual calibrate（手工校准）、Force curve through zero（强制曲线通过零点）均可不做选择，又要求时按照标准操作。Digit after decimal 选项中按要求填写十进制小数点后的位数，输入范围为 0～3。此处设为 0。下面的 Lower concentration 、Upper concentration 中设定浓度的下限与上限。此处设定为 0～1000。如果被测浓度高于浓度上限，在 Avg Conc 列阵上将出现“H”，如果低于浓度上限，将出现“L”。

(4) Instrument 界面中的操作

① Data mode：其中有三种数据模式 Fluorescence 荧光强度、Luminescence 发光强度、Phosphorescence 磷光强度，选择 Fluorescence 荧光强度。

② Wavelength：在 Wavelength 中选择波长类型。EX WL Fixed（固定的激发光波长）、EM WL Fixed（固定的发射光波长）、Both WL Fixed（固定的两者波长）。实验者根据要求选择 Both WL Fixed，然后在下面的空格中填入实验所需要的波长。

③ EX：激发光夹缝宽度；EM：发射光夹缝宽度。均选择 5nm。

④ PMT voltage ：PMT 电压，用于控制光电倍增管检测器的电压，从 400～700V 选择一个数值——400V。

⑤ Auto statistic calc ：自动进行数理统计计算。输入数值后设定，需进行计算的样品数，可计算它们的平均值、SD（标准偏差）、CV（变异系数）。设定为 2。

⑥ Replicates：设定重复测量的数目，输入范围为 1～20，此处设定为 1。

⑦ Integration：积分时间，在规定的时间内获得平均的数据值，从而获得稳定的数据。设定时间：0.1s。

⑧ Delay：扫描延迟时间，输入范围为 0～9999s，为实验时点击对话框的确定按键后仪器默认的延迟扫描时间，也可以人为的自己控制速度而不需要设定扫描延迟时间。

(5) 在 Standards 界面中选择标准的数量，在下面的空格中选择标准的数量，并设定好标准的浓度等。

(6) 在 Monitor 中设定 *Y* 轴的最大、最小值。一般最大值设定为 1000，最小值为 0。同时选择 Open data processing window after data acquisition 选项。

(7) 在 Report 界面中，Output 选项中选择 Print Report，同时将 Print items 下面的选型根据需要进行选择，也可全选。

## 三、检测

在设定完方法后，点击“确定”，进入工作站的测定界面。按照工作站的要求测定，前面设定的方法为 None 无关联测定样品，首先测定的是对照品。点击右侧的 Measure 选项，开始测定。将空白样品放入检测室后，选择左下角的 Blank（空白样品）测定。之后将待测样品放入检测室，点击 Sample 进行测定。每个样品测定两遍，自动计算平均值。之后仪器自动计算并生成检测报告。如果某个样品测定值不稳定，可以选择这个样品的数据后，点击 Remeasure 重新测定。待测定完成后，点击 End 按键，测定结束。可直接打印报告，也可在关闭工作界面时，将文件保存在固定的文件夹中，方便以后查找数据。

## 四、关机

测定完成后，关闭工作站，会显示一个提示界面，如果下面还有其他样品需要测定，可以选择 Close the monitor window、but keep the lamp open，如果测定完成，则选择 Close the lamp、then close the monitor window，这时荧光灯关闭，但是仪器内的风机继续运转，在 30 min 后，仪器冷却下来后，关闭左边的电源开关，盖上防尘罩，填写仪器使用记录。

## 五、注意事项

(1) 溶剂不纯会带入较大误差，应先做空白检查，必要时应用玻璃磨口蒸馏器蒸馏后再用。

(2) 溶液中的悬浮物对光有散射作用，必要时应用垂熔玻璃滤器滤过或用离心法除去。

(3) 所用玻璃仪器与荧光池等也必须保持高度洁净。

(4) 温度对荧光强度有较大影响，测定时应控制温度一致。

(5) 溶液中的溶氧有降低荧光作用，必要时可在测定前通入惰性气体除氧。

(6) 测定时需注意溶液 pH 和试剂的纯度等对荧光强度的影响。

# 附录2 重要理化数据

## 附录 2.1 化学中与国际单位并用的一些单位

| 量的名称 | 单位名称 | 单位代号 | | 相互关系 |
|---|---|---|---|---|
| | | 中文 | 国际 | |
| 压力(压强) | 帕斯卡<br>毫米汞柱<br>标准大气压 | 帕<br>毫米汞柱<br>标准大气压 | Pa<br>mmHg<br>atm | 1atm=760mmHg=101325Pa(1 标准大气压=760 毫米汞柱=101325 帕) |
| 能、功、热量 | 焦耳 | 焦<br>千焦 | J<br>kJ | $1J=1N \cdot m=1Pa \cdot m^3$<br>(1 焦=1 牛•米=1 帕•米$^3$)<br>1kJ=1000J |
| 面积 | 平方米 | 米$^2$ | $m^2$ | |
| 体积(容积) | 立方米<br>立方分米(升)<br>立方厘米(毫升) | 米$^3$<br>分米$^3$(升)<br>厘米$^3$(毫升) | $m^3$<br>$dm^3$(L)<br>$cm^3$(mL) | $1m^3=10^3dm^3(L)=10^6cm^3(mL)$<br>1 米$^3$=$10^3$ 分米$^3$=$10^6$ 厘米$^3$<br>$1L=10^3mL$ |
| 密度 | 千克每立方米<br>克每立方分米<br><br>克每立方厘米 | 千克•米$^{-3}$<br>克•分米$^{-3}$<br>(克•升$^{-1}$)<br>克/厘米$^{-3}$<br>(克•毫升$^{-1}$) | $kg \cdot m^{-3}$<br>$g \cdot dm^{-3}$<br>($g \cdot L^{-1}$)<br>$g \cdot cm^{-3}$<br>($g \cdot mL^{-1}$) | $1kg \cdot m^{-3}=1g \cdot dm^{-3}=1g \cdot L^{-1}=1mg \cdot mL^{-1}$<br>$1g \cdot L^{-1}=10^{-3}g \cdot mL^{-1}$ |
| 温度 | 热力学温度($T$)<br>摄氏温度($t$) | 开尔文<br>摄氏度 | K<br>℃ | $T=273.15+t$(K)<br>$t=T-273.15$(℃) |
| 摩尔质量<br>摩尔体积 | 千克每摩尔<br>立方米每摩尔 | 千克•摩$^{-1}$<br>米$^3$•摩$^{-1}$ | $kg \cdot mol^{-1}$<br>$m^3 \cdot mol^{-1}$ | |
| 质量<br><br>物质的量<br>体积摩尔浓度($c$) | 克、毫克<br>微克、纳克<br>摩尔<br>摩尔每立方米<br>摩尔每立方分米<br><br>摩尔每立方厘米 | 克、毫克<br>微克、纳克<br>摩尔<br>摩•米$^{-3}$<br>摩•分米$^{-3}$<br>(摩•升$^{-1}$)<br>摩•厘米$^{-3}$<br>(摩•毫升$^{-1}$) | g、mg<br>μg、ng<br>mol<br>$mol \cdot m^{-3}$<br>$mol \cdot dm^{-3}$<br>($mol \cdot L^{-1}$)<br>$mol \cdot cm^{-3}$<br>($mol \cdot mL^{-1}$) | $1g=10^3mg=10^6\mu g=10^9ng$<br><br>$1mol \cdot m^{-3}=10^{-3}mol \cdot dm^{-3}=10^{-6}mol \cdot cm^{-3}$<br>$1mol \cdot dm^{-3}=1mol \cdot L^{-1}$<br>$1\ mol \cdot cm^{-3}=1mol \cdot mL^{-1}$ |
| 质量摩尔浓度($m$)<br>滴定度($T_{X/S}$) | 摩尔每千克<br>克每毫升 | 摩•千克$^{-1}$<br>克•毫升$^{-1}$ | $mol \cdot kg^{-1}$<br>$g \cdot mL^{-1}$ | 滴定度是指 1mL 标准溶液相当于被测组分的质量 |
| 微量组分浓度<br>(浓度<0.1mg•L$^{-1}$ 时常用) | 毫克每升<br><br>微克每升<br>纳克每升 | 毫克•升$^{-1}$<br><br>微克•升$^{-1}$<br>纳克•升$^{-1}$ | $mg \cdot L^{-1}$<br><br>$\mu g \cdot L^{-1}$<br>$ng \cdot L^{-1}$ | $1mg \cdot L^{-1}=10^3\mu g \cdot L^{-1}=10^6ng \cdot L^{-1}$<br>$1mg \cdot L^{-1}$=1ppm(百万分之一)<br>$1\mu g \cdot L^{-1}$=1ppb(十亿分之一)<br>$1ng \cdot L^{-1}$=1ppt(万亿分之一) |

# 附录 2.2 几种常见酸碱的密度和浓度

| 酸或碱 | 分子式 | 密度/$g \cdot mL^{-1}$ | 溶质质量分数 | 浓度/$mol \cdot L^{-1}$ |
|---|---|---|---|---|
| 冰醋酸<br>稀醋酸 | $CH_3COOH$ | 1.05<br>1.04 | 0.995<br>0.34 | 17<br>6 |
| 浓盐酸<br>稀盐酸 | HCl | 1.18<br>1.10 | 0.36<br>0.20 | 12<br>6 |
| 浓硝酸<br>稀硝酸 | $HNO_3$ | 1.42<br>1.19 | 0.72<br>0.32 | 16<br>6 |
| 浓硫酸<br>稀硫酸 | $H_2SO_4$ | 1.84<br>1.18 | 0.96<br>0.25 | 18<br>3 |
| 磷酸 | $H_3PO_4$ | 1.69 | 0.85 | 15 |
| 浓氨水<br>稀氨水 | $NH_3 \cdot H_2O$ | 0.90<br>0.96 | 0.28～0.30($NH_3$)<br>0.10 | 15<br>6 |
| 稀氢氧化钠 | NaOH | 1.22 | 0.20 | 6 |

# 附录 2.3 定性分析试液配制方法

### 附录 2.3.1 阳离子试液（含阳离子 $10g \cdot L^{-1}$）

| 阳离子 | 试　剂 | 配制方法 |
|---|---|---|
| $Na^+$ | $NaNO_3$ | 37g 溶于水，稀至 1L |
| $K^+$ | $KNO_3$ | 26g 溶于水，稀至 1L |
| $NH_4^+$ | $NH_4NO_3$ | 44g 溶于水，稀至 1L |
| $Mg^{2+}$ | $Mg(NO_3)_2 \cdot 6H_2O$ | 106g 溶于水，稀至 1L |
| $Ca^{2+}$ | $Ca(NO_3)_2 \cdot 4H_2O$ | 60g 溶于水，稀至 1L |
| $Sr^{2+}$ | $Sr(NO_3)_2 \cdot 4H_2O$ | 32g 溶于水，稀至 1L |
| $Ba^{2+}$ | $Ba(NO_3)_2$ | 19g 溶于水，稀至 1L |
| $Al^{3+}$ | $Al(NO_3)_3 \cdot 9H_2O$ | 139g 加 1∶1 $HNO_3$ 10mL，用水稀至 1L |
| $Pb^{2+}$ | $Pb(NO_3)_2$ | 16g 加 1∶1 $HNO_3$ 10mL，用水稀至 1L |
| $Cr^{3+}$ | $Cr(NO_3)_3 \cdot 9H_2O$ | 77g 溶于水，稀至 1L |
| $Mn^{2+}$ | $Mn(NO_3)_2 \cdot 6H_2O$ | 53g 加 1∶1 $HNO_3$ 5mL，用水稀至 1L |
| $Fe^{2+}$ | $(NH_4)_2SO_4 \cdot FeSO_4 \cdot 6H_2O$ | 70g 加 1∶1 $H_2SO_4$ 20mL，用水稀至 1L |
| $Fe^{3+}$ | $Fe(NO_3)_3 \cdot 9H_2O$ | 72g 加 1∶1 $HNO_3$ 20mL，用水稀至 1L |
| $Co^{2+}$ | $Co(NO_3)_2 \cdot 6H_2O$ | 50g 溶于水，稀至 1L |
| $Ni^{2+}$ | $Ni(NO_3)_2 \cdot 6H_2O$ | 50g 溶于水，稀至 1L |
| $Cu^{2+}$ | $Cu(NO_3)_2 \cdot 3H_2O$ | 38g 加 1∶1 $HNO_3$ 5mL，用水稀至 1L |
| $Ag^+$ | $AgNO_3$ | 16g 溶于水，稀至 1L |
| $Zn^{2+}$ | $Zn(NO_3)_2 \cdot 6H_2O$ | 46g 加 1∶1 $HNO_3$ 5mL，用水稀至 1L |
| $Hg^{2+}$ | $Hg(NO_3)_2 \cdot H_2O$ | 17g 加 1∶1 $HNO_3$ 20mL，用水稀至 1L |
| Sn(Ⅳ) | $SnCl_4$ | 22g 加 1∶1 HCl 溶解，并用该酸稀至 1L |

### 附录 2.3.2 阴离子试液（含阴离子 $10g \cdot L^{-1}$）

| 阴离子 | 试　剂 | 配制方法 |
|---|---|---|
| $CO_3^{2-}$ | $Na_2CO_3 \cdot 10H_2O$ | 48g 溶于水，稀至 1L |
| $NO_3^-$ | $NaNO_3$ | 14g 溶于水，稀至 1L |
| $PO_4^{3-}$ | $Na_2HPO_4 \cdot 12H_2O$ | 38g 溶于水，稀至 1L |
| $SO_4^{2-}$ | $Na_2SO_4 \cdot 10H_2O$ | 34g 溶于水，稀至 1L |

续表

| 阴离子 | 试剂 | 配制方法 |
| --- | --- | --- |
| $SO_3^{2-}$ | $Na_2SO_3$ | 16g溶于水，稀至1L① |
| $S_2O_3^{2-}$ | $Na_2S_2O_3\cdot 5H_2O$ | 22g溶于水，稀至1L① |
| $S^{2-}$ | $Na_2S\cdot 9H_2O$ | 75g溶于水，稀至1L |
| $Cl^-$ | NaCl | 17g溶于水，稀至1L |
| $I^-$ | KI | 13g溶于水，稀至1L |
| $CrO_4^{2-}$ | $K_2CrO_4$ | 17g溶于水，稀至1L |

① 这些溶液不稳定，最好临时配制。

## 附录2.4 特殊试剂的配制

(1) 甲基橙-二甲苯赛安路FF混合指示剂（也称遮蔽指示剂，变色点3.8）：称取甲基橙1.0g，用500mL水完全溶解。另称取1.8g蓝色染料二甲苯赛安路FF，用500mL乙醇完全溶解，然后将两种指示剂混合均匀。取2滴指示剂用于酸碱滴定，检查是否有明显的颜色变化。如终点呈蓝灰色，可在原指示剂中滴加甲基橙（0.1%）少许；如终点呈灰绿色稍带红，可滴加少许蓝色染料。调至有敏锐的终点（即从碱性变到酸性，由绿色变为淡灰色或无色）后，储存于棕色瓶中。

(2) 百里酚蓝和甲酚红混合指示剂：取3份0.1%的百里酚蓝乙醇溶液与1份0.1%甲酚红溶液混合均匀（在混合前一定要溶解完全）。

(3) 淀粉（0.5%）溶液：在盛有5g可溶性淀粉与100mg氯化锌的烧杯中，加入少量水，搅匀。把得到的糊状物倒入约1L正在沸腾的水中，搅匀并煮沸至完全透明。淀粉溶液最好现用现配。

(4) 镁试剂：溶0.001g对硝基苯偶氮间苯二酚于100mL $1mol\cdot L^{-1}$ NaOH溶液中。

(5) 铝试剂（0.2%）：溶0.2g铝试剂于100mL水中。

(6) 奈斯勒试剂：将11.5g $HgI_2$ 及8g KI溶于水中，稀释至50mL，加入 $6mol\cdot L^{-1}$ NaOH 50mL，静置后取清液储于棕色瓶中。

(7) 乙酸铀酰锌：溶解10g $UO_2(Ac)_2\cdot 2H_2O$ 于6mL 30%的HAc中，略微加热使其溶解，稀释至50mL（溶液A）。另溶解30g $Zn(Ac)_2\cdot 2H_2O$ 于6mL 30%的HAc中，搅动后稀释到50mL（溶液B）。将A、B两种溶液加热至70℃后混合，静置24h，取其澄清溶液储于棕色瓶中。

(8) 钼酸铵试剂（5%）：5g $(NH_4)_2MoO_4$ 加5mL浓 $HNO_3$，加水至100mL。

(9) 铁铵矾 $(NH_4)Fe(SO_4)_2\cdot 12H_2O$(40%)：铁铵矾的饱和水溶液加浓 $HNO_3$ 至溶液变清。

(10) 硫代乙酰胺（5%）：溶解5g硫代乙酰胺于100mL水中，如浑浊需过滤。

(11) 二乙酰二肟（丁二肟）：溶解1g二乙酰二肟于100mL 95%的乙醇中。

(12) 钴亚硝酸钠试剂：溶解 $NaNO_2$ 23g于500mL水中，加 $6mol\cdot L^{-1}$ HAc 16.5mL及 $Co(NO_3)_2\cdot 6H_2O$ 3g，静置过夜，过滤或取其清液，稀释至100mL，储存于棕色瓶中。每隔四星期重新配制，或直接加六硝基合钴酸钠固体于水中，至溶液为深红色即可使用。

(13) 亚硝酰铁氰化钠：溶解1g亚硝酰铁氰化钠于100mL水中。每隔数日，即需重新配制。

（14）硝胺指示剂（0.1%）：0.1g 硝胺溶于 100mL 70%的乙醇溶液中。

（15）邻菲罗啉指示剂（0.25%）：0.25g 邻菲啰啉加几滴 $6mol\cdot L^{-1}$ $H_2SO_4$，溶于 100mL 水中。

（16）硫氰酸汞铵 $(NH_4)_2[Hg(SCN)_4]$：溶 8g $HgCl_2$ 和 9g $NH_4SCN$ 于 100mL 水中。

（17）氯化亚锡（$1mol\cdot L^{-1}$）：溶 23g $SnCl_2\cdot 2H_2O$ 于 34mL 浓 HCl 中，加水稀释至 100mL，临用时配制。

（18）二苯碳酰二肼丙酮溶液（0.25%）：称取 0.25g 二苯碳酰二肼，溶于 100mL 丙酮中。

（19）喹钼柠酮混合溶液沉淀剂

溶液 1：称取 70g 钼酸钠，溶于 150mL 蒸馏水中。

溶液 2：称取 60g 柠檬酸，溶于 85mL 硝酸和 150mL 蒸馏水的混合液中，冷却。

溶液 3：在不断搅拌下将溶液 1 慢慢加至溶液 2 中。

溶液 4：取喹啉 5mL，溶于 35mL 浓 $HNO_3$ 和 100mL 蒸馏水的混合液中，然后在不断搅拌下将溶液 4 缓慢加至溶液 3 中，混匀，放置暗处 24h 后，过滤。在溶液中加入丙酮 280mL（如试样中不含铵离子，也可不加丙酮），用蒸馏水稀释至 1L，混匀后储存于聚乙烯瓶中，放置暗处备用。

（20）二苯硫腙：溶解 0.1g 二苯硫腙于 1000mL $CCl_4$ 或 $CHCl_3$ 中。

（21）甲基橙（0.1%）：溶解 0.1g 甲基橙于 100mL 水中，必要时加以过滤。

（22）银氨溶液：溶解 1.7g $AgNO_3$ 于 17mL 浓氨水中，再用蒸馏水稀释至 1L。

（23）碘化钾-亚硫酸钠溶液：将 50g KI 和 200g $Na_2SO_3\cdot 7H_2O$ 溶于 1000mL 水中。

## 附录 2.5 某些离子和化合物的颜色①

| 离子或化合物 | 颜色 | 离子或化合物 | 颜色 | 离子或化合物 | 颜色 |
|---|---|---|---|---|---|
| $Ag^+$ | 无 | $BaCO_3$ | 白 | $CaHPO_4$ | 白 |
| $AgBr$ | 淡黄 | $BaC_2O_4$ | 白 | $Ca_3(PO_4)_2$ | 白 |
| $AgCl$ | 白 | $BaCrO_4$ | 黄 | $CaSO_3$ | 白 |
| $AgCN$ | 白 | $BaHPO_4$ | 白 | $CaSO_4$ | 白 |
| $Ag_2CO_3$ | 白 | $Ba_3(PO_4)_2$ | 白 | $CaSiO_3$ | 白 |
| $Ag_2C_2O_4$ | 白 | $BaSO_3$ | 白 | $Cd^{2+}$ | 无 |
| $Ag_2CrO_4$ | 砖红 | $BaSO_4$ | 白 | $CdCO_3$ | 白 |
| $Ag_3[Fe(CN)_6]$ | 橙 | $BaS_2O_3$ | 白 | $CdC_2O_4$ | 白 |
| $Ag_4[Fe(CN)_6]$ | 白 | $Bi^{3+}$ | 无 | $Cd_3(PO_4)_2$ | 白 |
| $AgI$ | 黄 | $BiOCl$ | 白 | $CdS$ | 黄 |
| $AgNO_3$ | 白 | $Bi_2O_3$ | 黄 | $Co^{2+}$ | 粉红 |
| $Ag_2O$ | 褐 | $Bi(OH)_3$ | 白 | $CoCl_2$ | 蓝 |
| $Ag_3PO_4$ | 黄 | $BiO(OH)$ | 灰黄 | $CoCl_2\cdot 2H_2O$ | 紫红 |
| $Ag_4P_2O_7$ | 白 | $Bi(OH)CO_3$ | 白 | $CoCl_2\cdot 6H_2O$ | 粉红 |
| $Ag_2S$ | 黑 | $BiONO_3$ | 白 | $Co(CN)_6^{3-}$ | 紫 |
| $AgSCN$ | 白 | $Bi_2S_3$ | 黑 | $Co(NH_3)_6^{2+}$ | 黄 |
| $Ag_2SO_3$ | 白 | $Ca^{2+}$ | 白 | $Co(NH_3)_6^{3+}$ | 橙黄 |
| $Ag_2SO_4$ | 白 | $CaCO_3$ | 白 | $CoO$ | 灰绿 |
| $Ag_2S_2O_3$ | 白 | $CaC_2O_4$ | 白 | $Co_2O_3$ | 黑 |
| $As_2S_3$ | 黄 | $CaF_2$ | 白 | $Co(OH)_2$ | 粉红 |
| $As_2S_5$ | 黄 | $CaO$ | 白 | $Co(OH)_3$ | 棕褐 |
| $Ba^{2+}$ | 无 | $Ca(OH)_2$ | 白 | $Co(OH)Cl$ | 蓝 |

续表

| 离子或化合物 | 颜色 | 离子或化合物 | 颜色 | 离子或化合物 | 颜色 |
|---|---|---|---|---|---|
| $Co_2(OH)_2CO_3$ | 红 | $FeS$ | 黑 | $Pb^{2+}$ | 无 |
| $Co_3(PO_4)_2$ | 紫 | $Fe_2S_3$ | 黑 | $PbBr_2$ | 白 |
| $CoS$ | 黑 | $Fe(SCN)^{2+}$ | 血红 | $PbCl_2$ | 白 |
| $Co(SCN)_4^{2-}$ | 蓝 | $Fe_2(SiO_3)_3$ | 棕红 | $PbCl_4^{2-}$ | 无 |
| $CoSiO_3$ | 紫 | $Hg^{2+}$ | 无 | $PbCO_3$ | 白 |
| $CoSO_4 \cdot 7H_2O$ | 红 | $Hg_2^{2+}$ | 无 | $PbC_2O_4$ | 白 |
| $Cr^{2+}$ | 蓝 | $HgCl_4^{2-}$ | 无 | $PbCrO_4$ | 黄 |
| $Cr^{3+}$ | 蓝紫 | $Hg_2Cl_2$ | 白 | $PbI_2$ | 黄 |
| $CrCl_3 \cdot 6H_2O$ | 绿 | $HgI_2$ | 红 | $PbO$ | 黄 |
| $Cr_2O_3$ | 绿 | $HgI_4^{2-}$ | 无 | $PbO_2$ | 棕褐 |
| $CrO_3$ | 橙红 | $Hg_2I_2$ | 黄 | $Pb_3O_4$ | 红 |
| $CrO_2^-$ | 绿 | $HgNH_2Cl$ | 白 | $Pb(OH)_2$ | 白 |
| $CrO_4^{2-}$ | 黄 | $HgO$ | 红/黄 | $Pb_2(OH)_2CO_3$ | 白 |
| $Cr_2O_7^{2-}$ | 橙 | $HgS$ | 黑/红 | $PbS$ | 黑 |
| $Cr(OH)_3$ | 灰绿 | $Hg_2S$ | 黑 | $PbSO_4$ | 白 |
| $Cr_2(SO_4)_3$ | 桃红 | $Hg_2SO_4$ | 白 | $SbCl_6^{3-}$ | 无 |
| $Cr_2(SO_4)_3 \cdot 6H_2O$ | 绿 | $I_2$ | 紫 | $SbCl_6^-$ | 无 |
| $Cr_2(SO_4)_3 \cdot 18H_2O$ | 蓝紫 | $I_3^-$ | 棕黄 | $Sb_2O_3$ | 白 |
| $Cu^{2+}$ | 蓝 | $K[Fe(CN)_6Fe]$ | 蓝 | $Sb_2O_5$ | 淡黄 |
| $CuBr$ | 白 | $KHC_4H_4O_6$ | 白 | $SbOCl$ | 白 |
| $CuCl$ | 白 | $K_2Na[Co(NO_2)_6]$ | 黄 | $Sb(OH)_3$ | 白 |
| $CuCl_2^-$ | 无 | $K_3[Co(NO_2)_6]$ | 黄 | $SbS_3^{3-}$ | 无 |
| $CuCl_4^{2-}$ | 黄 | $K_2[PtCl_6]$ | 黄 | $SbS_4^{3-}$ | 无 |
| $CuCN$ | 白 | $MgCO_3$ | 白 | $SnO$ | 黑/绿 |
| $Cu_2[Fe(CN)_6]$ | 红棕 | $MgC_2O_4$ | 白 | $SnO_2$ | 白 |
| $CuI$ | 白 | $MgF_2$ | 白 | $Sn(OH)_2$ | 白 |
| $Cu(IO_3)_2$ | 淡蓝 | $MgNH_4PO_4$ | 白 | $Sn(OH)_4$ | 白 |
| $Cu(NH_3)_4^{2+}$ | 深蓝 | $Mg(OH)_2$ | 白 | $Sn(OH)Cl$ | 白 |
| $Cu(NH_3)_2^+$ | 无 | $Mg_2(OH)_2CO_3$ | 白 | $SnS$ | 棕 |
| $CuO$ | 黑 | $Mn^{2+}$ | 肉色 | $SnS_2$ | 黄 |
| $Cu_2O$ | 暗红 | $MnCO_3$ | 白 | $SnS_3^{2-}$ | 无 |
| $Cu(OH)_2$ | 浅蓝 | $MnC_2O_4$ | 白 | $SrCO_3$ | 白 |
| $Cu(OH)_4^{2-}$ | 蓝 | $MnO_4^{2-}$ | 绿 | $SrC_2O_4$ | 白 |
| $Cu_2(OH)_2CO_3$ | 淡蓝 | $MnO_4^-$ | 紫红 | $SrCrO_4$ | 黄 |
| $Cu_3(PO_4)_2$ | 淡蓝 | $MnO_2$ | 棕 | $SrSO_4$ | 白 |
| $CuS$ | 黑 | $Mn(OH)_2$ | 白 | $Ti^{3+}$ | 紫 |
| $Cu_2S$ | 深棕 | $MnS$ | 肉色 | $TiO^{2+}$ | 无 |
| $CuSCN$ | 白 | $NaBiO_3$ | 黄 | $Ti(H_2O_2)^{2+}$ | 桔黄 |
| $CuSO_4 \cdot 5H_2O$ | 蓝 | $Na[Sb(OH)_6]$ | 白 | $V^{2+}$ | 蓝紫 |
| $Fe^{2+}$ | 浅绿 | $NaZn(UO_2)_3(Ac)_9 \cdot 9H_2O$ | 黄 | $V^{3+}$ | 绿 |
| $Fe^{3+}$ | 淡紫 | $(NH_4)_2Fe(SO_4)_2 \cdot 6H_2O$ | 蓝绿 | $VO^{2+}$ | 蓝 |
| $FeCl_3 \cdot 6H_2O$ | 黄棕 | $NH_4Fe(SO_4)_2 \cdot 12H_2O$ | 浅紫 | $VO_2^+$ | 黄 |
| $[Fe(CN)_6]^{4-}$ | 黄 | $(NH_4)_3PO_4 \cdot 12MoO_3 \cdot 6H_2O$ | 黄 | $VO_3^-$ | 无 |
| $[Fe(CN)_6]^{3-}$ | 红棕 | $Ni^{2+}$ | 亮绿 | $V_2O_3$ | 红棕 |
| $FeCO_3$ | 白 | $Ni(CN)_4^{2-}$ | 黄 | $ZnC_2O_4$ | 白 |
| $FeC_2O_4 \cdot 2H_2O$ | 淡黄 | $NiCO_3$ | 绿 | $Zn(NH_3)_4^{2+}$ | 无 |
| $FeF_6^{3-}$ | 无 | $Ni(NH_3)_6^{2+}$ | 蓝紫 | $ZnO$ | 白 |
| $Fe(HPO_4)_2^-$ | 无 | $NiO$ | 暗蓝 | $Zn(OH)_4^{2-}$ | 无 |
| $FeO$ | 黑 | $Ni_2O_3$ | 黑 | $Zn(OH)_2$ | 白 |
| $Fe_2O_3$ | 砖红 | $Ni(OH)_2$ | 浅绿 | $Zn_2(OH)_2CO_3$ | 白 |
| $Fe_3O_4$ | 黑 | $Ni(OH)_3$ | 黑 | $ZnS$ | 白 |
| $Fe(OH)_2$ | 白 | $Ni_2(OH)_2CO_3$ | 淡绿 | | |
| $Fe(OH)_3$ | 红棕 | $Ni_3(PO_4)_2$ | 绿 | | |
| $FePO_4$ | 浅黄 | $NiS$ | 黑 | | |

① 离子均指水溶液中的水合离子。

# 附录 2.6 某些氢氧化物沉淀和溶解时所需的 pH

| 氢氧化物 | pH | | | | |
|---|---|---|---|---|---|
| | 开始沉淀 | | 沉淀完全 | 沉淀开始溶解 | 沉淀完全溶解 |
| | 原始 $C_M^{n+}$ 浓度 ($1mol \cdot L^{-1}$) | 原始 $C_M^{n+}$ 浓度 ($0.01mol \cdot L^{-1}$) | | | |
| $Sn(OH)_2$ | 0 | 0.5 | 1.0 | 13 | >14 |
| $TiO(OH)_2$ | 0 | 0.5 | 2.0 | | |
| $Sn(OH)_2$ | 0.9 | 2.1 | 4.7 | 10 | 13.5 |
| $ZrO(OH)_2$ | 1.3 | 2.3 | 3.8 | | |
| $Fe(OH)_3$ | 1.5 | 2.3 | 4.1 | 14 | |
| HgO | 1.3 | 2.4 | 5.0 | 11.5 | |
| $Al(OH)_3$ | 3.3 | 4.0 | 5.2 | 7.8 | 10.8 |
| $Cr(OH)_3$ | 4.0 | 4.9 | 6.8 | 12 | |
| $Be(OH)_2$ | 5.2 | 6.2 | 8.8 | | >14 |
| $Zn(OH)_2$ | 5.4 | 6.4 | 8.0 | 10.5 | |
| $Fe(OH)_2$ | 6.5 | 7.5 | 9.7 | 13.5 | |
| $Co(OH)_2$ | 6.6 | 7.6 | 9.2 | 14 | 12～13 |
| $Ni(OH)_2$ | 6.7 | 7.7 | 9.5 | | |
| $Cd(OH)_2$ | 7.2 | 8.2 | 9.7 | | |
| $Ag_2O$ | 6.2 | 8.2 | 11.2 | 12.7 | |
| $Mn(OH)_2$ | 7.8 | 8.8 | 10.4 | 14 | |
| $Mg(OH)_2$ | 9.4 | 10.4 | 12.4 | | |

# 附录 2.7 溶度积常数

| 化　合　物 | 溶度积(温度/℃) |
|---|---|
| Al | |
| 铝酸 $H_3AlO_3$ | $4\times10^{-13}$(15) |
| 铝酸 | $1.1\times10^{-15}$(18) |
| | $3.7\times10^{-15}$(25) |
| 氢氧化铝 | $1.9\times10^{-33}$(18～20) |
| Ba | |
| 碳酸钡 | $7\times10^{-9}$(16) |
| | $8.1\times10^{-9}$(25) |
| 铬酸钡 | $1.6\times10^{-10}$(18) |
| | $2.4\times10^{-10}$(28) |
| 氟化钡 | $1.6\times10^{-6}$(9.5) |
| | $1.7\times10^{-6}$(18) |
| | $1.73\times10^{-6}$(25.6) |
| 碘酸钡[$Ba(IO_3)_2\cdot2H_2O$] | $8.4\times10^{-11}$(10) |
| 碘酸钡 | $6.5\times10^{-10}$(25) |
| 草酸钡($BaC_2O_4\cdot2H_2O$) | $1.2\times10^{-7}$(18) |
| 硫酸钡 | $0.87\times10^{-10}$(18) |
| | $1.08\times10^{-10}$(25) |
| | $1.98\times10^{-10}$(50) |
| Ca | |
| 碳酸钙(方解石) | $0.99\times10^{-8}$(15) |
| | $0.87\times10^{-8}$(25) |
| 氟化钙 | $3.4\times10^{-11}$(18) |
| | $3.95\times10^{-11}$(26) |
| 碘酸钙[$Ca(IO_3)_2\cdot6H_2O$] | $22.2\times10^{-8}$(10) |
| 碘酸钙 | $64.4\times10^{-8}$(18) |
| 草酸钙($CaC_2O_4\cdot H_2O$) | $1.78\times10^{-9}$(18) |
| 草酸钙 | $2.57\times10^{-9}$(25) |
| 碳酸锂 | $1.7\times10^{-3}$(25) |

续表

| 化合物 | 溶度积(温度/℃) |
| --- | --- |
| 硫酸钙 | $2.45\times10^{-5}$(25) |
| 磷酸钙 | $2.07\times10^{-33}$(25) |
| Cd | |
| 草酸镉($CdC_2O_4\cdot3H_2O$) | $1.53\times10^{-8}$(18) |
| 氢氧化镉 | $1.2\times10^{-14}$(25) |
| 硫化镉 | $3.6\times10^{-29}$(18) |
| Co | |
| 硫化钴(Ⅱ)α-CoS | $4.0\times10^{-21}$(18～25) |
| β-CoS | $2.0\times10^{-25}$(18～25) |
| Cu | |
| 碘酸铜 | $1.4\times10^{-7}$(25) |
| 草酸铜 | $2.87\times10^{-8}$(25) |
| 硫化铜 | $8.5\times10^{-45}$(18) |
| 溴化亚铜 | $4.15\times10^{-8}$(18～20) |
| 氯化亚铜 | $1.02\times10^{-8}$(18～20) |
| 碘化亚铜 | $5.06\times10^{-12}$(18～20) |
| 硫化亚铜 | $2\times10^{-47}$(16～18) |
| 硫氰酸亚铜 | $1.6\times10^{-11}$(18) |
| 亚铁氰化铜 | $1.3\times10^{-16}$(18～25) |
| Fe | |
| 氢氧化铁 | $1.1\times10^{-36}$(18) |
| 氢氧化亚铁 | $1.64\times10^{-14}$(18) |
| 草酸亚铁 | $2.1\times10^{-7}$(25) |
| 硫化亚铁 | $3.7\times10^{-19}$(18) |
| Pb | |
| 碳酸铅 | $3.3\times10^{-14}$(18) |
| 铬酸铅 | $1.77\times10^{-14}$(18) |
| 氟化铅 | $2.7\times10^{-8}$(9) |
| | $3.2\times10^{-8}$(18) |
| | $3.7\times10^{-8}$(26.5) |
| 碘酸铅 | $5.3\times10^{-14}$(9.2) |
| | $1.2\times10^{-13}$(18) |
| | $2.6\times10^{-13}$(25.8) |
| 碘化铅 | $7.47\times10^{-9}$(15) |
| | $1.39\times10^{-8}$(25) |
| 草酸铅 | $2.74\times10^{-11}$(18) |
| 硫酸铅 | $1.06\times10^{-8}$(18) |
| 硫化铅 | $3.4\times10^{-28}$(18) |
| 二氯化铅 | $1.17\times10^{-5}$(25) |
| Li | |
| 碘化银 | $1.5\times10^{-16}$(25) |
| 硫化银 | $1.6\times10^{-49}$(18) |
| 硫氰酸银 | $0.49\times10^{-12}$(18) |
| | $1.16\times10^{-12}$(25) |
| Mg | |
| 磷酸镁铵 | $2.5\times10^{-13}$(25) |
| 碳酸镁 | $2.6\times10^{-6}$(12) |
| 氟化镁 | $7.1\times10^{-9}$(18) |
| 氟化镁 | $6.4\times10^{-9}$(27) |
| 氢氧化镁 | $1.2\times10^{-11}$(18) |
| 草酸镁 | $8.57\times10^{-5}$(18) |
| Mn | |
| 氢氧化锰 | $4\times10^{-14}$(18) |
| 硫化锰 | $1.4\times10^{-15}$(18) |
| Hg | |
| 氢氧化汞 | $3.0\times10^{-26}$(18～25) |
| 硫化汞(红) | $4.0\times10^{-53}$(18～25) |
| 硫化汞(黑) | $1.6\times10^{-52}$(18～25) |
| 溴化亚汞 | $1.3\times10^{-21}$(25) |
| 氯化亚汞 | $2\times10^{-18}$(25) |
| 碘化亚汞 | $1.2\times10^{-28}$(25) |
| Ni | |
| 硫化镍(Ⅱ)α-NiS | $3.2\times10^{-19}$(18～25) |
| β-NiS | $1.0\times10^{-24}$(18～25) |
| γ-NiS | $2.0\times10^{-26}$(18～25) |
| Ag | |
| 溴酸银 | $3.97\times10^{-5}$(20) |
| | $5.77\times10^{-5}$(25) |
| 溴化银 | $4.1\times10^{-13}$(18) |
| | $7.7\times10^{-13}$(25) |
| 碳酸银 | $6.15\times10^{-12}$(25) |
| 氯化银 | $0.21\times10^{-10}$(4.7) |
| | $0.37\times10^{-10}$(9.7) |
| | $1.56\times10^{-10}$(25) |
| | $13.2\times10^{-10}$(50) |
| | $215\times10^{-10}$(100) |
| 铬酸银 | $1.2\times10^{-12}$(14.8) |
| | $9\times10^{-12}$(25) |
| 重铬酸银 | $2\times10^{-7}$(25) |
| 氢氧化银① | $1.52\times10^{-8}$(20) |
| 碘酸银 | $0.92\times10^{-8}$(9.4) |
| 碘化银 | $0.32\times10^{-16}$(13) |
| 磷酸银 | $1.4\times10^{-16}$(25) |
| Sr | |
| 碳酸锶 | $1.6\times10^{-9}$(25) |
| 氟化锶 | $2.8\times10^{-9}$(18) |
| 草酸锶 | $5.61\times10^{-8}$(18) |
| 硫酸锶 | $2.77\times10^{-7}$(2.9) |
| | $3.81\times10^{-7}$(17.4) |
| 铬酸锶 | $2.2\times10^{-5}$(18～25) |
| Zn | |
| 氢氧化锌 | $5\times10^{-17}$(25) |
| 草酸锌($ZnC_2O_4\cdot2H_2O$) | $1.35\times10^{-9}$(18) |
| 硫化锌 | $1.2\times10^{-23}$(18) |

① 为$\frac{1}{2}Ag_2O(s)+\frac{1}{2}H_2O═Ag^++OH^-$。

# 附录 2.8 标准电极电势

电极反应的进行有时要求一定的介质。因此，把明显要求碱性介质的反应列于附录 2.8.2，其余列入附录 2.8.1。另外以元素符号的英文字母顺序和氧化数由低到高变化的次序编排，以便查阅。

附录 2.8.1 在酸性溶液中

| 电偶氧化数 | 电极反应 | $\varphi^{\ominus}$/V |
| --- | --- | --- |
| Ag (Ⅰ)-(0) | $Ag^{+}+e^{-}=Ag$ | +0.7996 |
| (Ⅰ)-(0) | $AgBr+e^{-}=Ag+Br^{-}$ | +0.0713 |
| (Ⅰ)-(0) | $AgCl+e^{-}=Ag+Cl^{-}$ | +0.2223 |
| (Ⅰ)-(0) | $AgI+e^{-}=Ag+I^{-}$ | −0.1519 |
| (Ⅰ)-(0) | $[Ag(S_2O_3)_2]^{3-}+e^{-}=Ag+2S_2O_3{}^{2-}$ | +0.01 |
| (Ⅰ)-(0) | $Ag_2CrO_4+2e^{-}=2Ag+CrO_4{}^{2-}$ | +0.4463 |
| (Ⅱ)-(Ⅰ) | $Ag^{2+}+e^{-}=Ag^{+}$ | +2.00 |
| (Ⅲ)-(Ⅰ) | $Ag_2O_3(s)+6H^{+}+4e^{-}=2Ag^{+}+3H_2O$ | +1.76 |
| (Ⅲ)-(Ⅱ) | $Ag_2O_3(s)+2H^{+}+2e^{-}=2AgO\downarrow+H_2O$ | +1.71 |
| Al (Ⅲ)-(0) | $Al^{3+}+3e^{-}=Al$ | −1.66 |
| (Ⅲ)-(0) | $[AlF_6]^{3-}+e^{-}=Al+6F^{-}$ | −2.07 |
| As (0)-(-Ⅲ) | $As+3H^{+}+3e^{-}=AsH_3$ | −0.54 |
| (Ⅲ)-(0) | $HAsO_2(aq)+3H^{+}+3e^{-}=As+2H_2O$ | +0.2475 |
| (Ⅴ)-(Ⅲ) | $H_3AsO_4+2H^{+}+2e^{-}=HAsO_2+2H_2O$(1mol·L$^{-1}$ HCl) | +0.58 |
| Au (Ⅰ)-(0) | $Au^{+}+e^{-}=Au$ | +1.68 |
| (Ⅰ)-(0) | $[AuCl_2]^{-}+e^{-}=Au(s)+2Cl^{-}$ | +1.15 |
| (Ⅲ)-(0) | $Au^{3+}+3e^{-}=Au$ | +1.42 |
| (Ⅲ)-(0) | $[AuCl_4]^{-}+3e^{-}=Au(s)+4Cl^{-}$ | +0.994 |
| (Ⅲ)-(Ⅰ) | $Au^{3+}+2e^{-}=Au^{+}$ | +1.29 |
| B (Ⅲ)-(0) | $H_3BO_3+3H^{+}+3e^{-}=B+3H_2O$ | −0.73 |
| Ba (Ⅱ)-(0) | $Ba^{2+}+2e^{-}=Ba$ | −2.90 |
| Be (Ⅱ)-(0) | $Be^{2+}+2e^{-}=Be$ | −1.70(−1.85) |
| Bi (Ⅲ)-(0) | $Bi^{3+}+3e^{-}=Bi(s)$ | +0.293 |
| (Ⅲ)-(0) | $BiO^{+}+2H^{+}+3e^{-}=Bi+H_2O$ | +0.32 |
| (Ⅲ)-(0) | $BiOCl+2H^{+}+3e^{-}=Bi+Cl^{-}+H_2O$ | +0.1583 |
| (Ⅴ)-(Ⅲ) | $Bi_2O_6+6H^{+}+4e^{-}=2BiO^{+}+3H_2O$ | +1.6 |
| Br (0)-(−Ⅰ) | $Br_2(aq)+2e^{-}=2Br^{-}$ | +1.087 |
| (0)-(−Ⅰ) | $Br_2(l)+2e^{-}=2Br^{-}$ | +1.065 |
| (Ⅰ)-(−Ⅰ) | $HBrO+H^{+}+2e^{-}=Br^{-}+H_2O$ | +1.33 |
| (Ⅰ)-(0) | $HBrO+H^{+}+e^{-}=1/2Br_2+H_2O$ | +1.6 |
| (Ⅴ)-(−Ⅰ) | $BrO_3^{-}+6H^{+}+6e^{-}=Br^{-}+3H_2O$ | +1.44 |
| (Ⅴ)-(0) | $BrO_3^{-}+6H^{+}+5e^{-}=1/2Br_2(l)+3H_2O$ | +1.52 |
| C (Ⅳ)-(Ⅱ) | $CO_2(g)+2H^{+}+2e^{-}=HCOOH(aq)$ | −0.2 |
| (Ⅳ)-(Ⅱ) | $CO_2(g)+2H^{+}+2e^{-}=CO(g)+H_2O$ | −0.12 |
| (Ⅳ)-(Ⅲ) | $2CO_2+2H^{+}+2e^{-}=H_2C_2O_4(aq)$ | −0.49 |
| (Ⅳ)-(Ⅲ) | $2HCNO+2H^{+}+2e^{-}=(CN)_2+2H_2O$ | +0.33 |
| Ca (Ⅱ)-(0) | $Ca^{2+}+2e^{-}=Ca$ | −2.76 |
| Cd (Ⅱ)-(0) | $Cd^{2+}+2e^{-}=Cd$ | −0.4026 |
| (Ⅱ)-(0) | $Cd^{2+}+(Hg)+2e^{-}=Cd(Hg)$ | −0.3521 |
| Ce (Ⅲ)-(0) | $Ce^{3+}+3e^{-}=Ce$ | −2.335 |
| (Ⅳ)-(Ⅲ) | $Ce^{4+}+e^{-}=Ce^{3+}$(1mol·L$^{-1}$ $H_2SO_4$) | +1.443 |
| (Ⅳ)-(Ⅲ) | $Ce^{4+}+e^{-}=Ce^{3+}$(0.5～2mol·L$^{-1}$ $HNO_3$) | +1.61 |
| (Ⅳ)-(Ⅲ) | $Ce^{4+}+e^{-}=Ce^{3+}$(1mol·L$^{-1}$ $HClO_4$) | +1.70 |
| Cl (0)-(−Ⅰ) | $Cl_2(g)+2e^{-}=2Cl^{-}$ | +1.3583 |
| (Ⅰ)-(−Ⅰ) | $HOCl+H^{+}+2e^{-}=Cl^{-}+H_2O$ | +1.49 |
| (Ⅰ)-(0) | $HOCl+H^{+}+e^{-}=1/2Cl_2+H_2O$ | +1.63 |
| (Ⅲ)-(Ⅰ) | $HClO_2+2H^{+}+2e^{-}=HClO+H_2O$ | +1.64 |
| (Ⅳ)-(Ⅲ) | $ClO_2+H^{+}+e^{-}=HClO_2$ | +1.275 |
| (Ⅴ)-(−Ⅰ) | $ClO_3^{-}+6H^{+}+6e^{-}=Cl^{-}+3H_2O$ | +1.45 |
| (Ⅴ)-(0) | $ClO_3^{-}+6H^{+}+5e^{-}=1/2Cl_2+3H_2O$ | +1.47 |
| (Ⅴ)-(Ⅲ) | $ClO_3^{-}+3H^{+}+2e^{-}=HClO_2+H_2O$ | +1.21 |
| (Ⅴ)-(Ⅳ) | $ClO_3^{-}+2H^{+}+e^{-}=ClO_2(g)+H_2O$ | +1.15 |
| (Ⅶ)-(−Ⅰ) | $ClO_4^{-}+8H^{+}+8e^{-}=Cl^{-}+4H_2O$ | +1.37 |

续表

| 电偶氧化数 | 电极反应 | $\varphi^{\ominus}$/V |
|---|---|---|
| (Ⅶ)-(0) | $ClO_4^- + 8H^+ + 7e^- = 1/2Cl_2 + 4H_2O$ | +1.34 |
| (Ⅶ)-(Ⅴ) | $ClO_4^- + 2H^+ + 2e^- = ClO_3^- + H_2O$ | +1.19 |
| Co (Ⅱ)-(0) | $Co^{2+} + 2e^- = Co$ | −0.28 |
| (Ⅲ)-(Ⅱ) | $Co^{3+} + e^- = Co^{2+}$ ($3mol \cdot L^{-1}$ $HNO_3$) | +1.842 |
| Cr (Ⅲ)-(0) | $Cr^{3+} + 3e^- = Cr$ | −0.74 |
| (Ⅱ)-(0) | $Cr^{2+} + 2e^- = Cr$ | −0.86 |
| (Ⅲ)-(Ⅱ) | $Cr^{3+} + e^- = Cr^{2+}$ | −0.41 |
| (Ⅳ)-(Ⅲ) | $Cr_2O_7^{2-} + 14H^+ + 6e^- = 2Cr^{3+} + 7H_2O$ | +1.33 |
| (Ⅳ)-(Ⅲ) | $HCrO_4^- + 7H^+ + 3e^- = Cr^{3+} + 4H_2O$ | +1.195 |
| Cs (Ⅰ)-(0) | $Cs^+ + e^- = Cs$ | −2.923 |
| Cu (Ⅰ)-(0) | $Cu^+ + e^- = Cu$ | +0.522 |
| (Ⅰ)-(0) | $Cu_2O(s) + 2H^+ + 2e^- = 2Cu + H_2O$ | −0.36 |
| (Ⅰ)-(0) | $CuI + e^- = Cu + I^-$ | −0.185 |
| (Ⅰ)-(0) | $CuBr + e^- = Cu + Br^-$ | +0.033 |
| (Ⅰ)-(0) | $CuCl + e^- = Cu + Cl^-$ | +0.137 |
| (Ⅱ)-(0) | $Cu^{2+} + 2e^- = Cu$ | +0.3402 |
| (Ⅱ)-(Ⅰ) | $Cu^{2+} + e^- = Cu^+$ | +0.153 |
| (Ⅱ)-(Ⅰ) | $Cu^{2+} + Br^- + e^- = CuBr$ | +0.640 |
| (Ⅱ)-(Ⅰ) | $Cu^{2+} + Cl^- + e^- = CuCl$ | +0.538 |
| (Ⅱ)-(Ⅰ) | $Cu^{2+} + I^- + e^- = CuI$ | +0.86 |
| F (0)-(−Ⅰ) | $F_2 + 2e^- = 2F^-$ | +2.87 |
| (0)-(−Ⅰ) | $F_2(g) + 2H^+ + 2e^- = 2HF(aq)$ | +3.06 |
| Fe (Ⅱ)-(0) | $Fe^{2+} + 2e^- = Fe$ | −0.409 |
| (Ⅲ)-(0) | $Fe^{3+} + 3e^- = Fe$ | −0.036 |
| (Ⅲ)-(Ⅱ) | $Fe^{3+} + e^- = Fe^{2+}$ ($1mol \cdot L^{-1}$ HCl) | +0.770 |
| (Ⅲ)-(Ⅱ) | $[Fe(CN)_6]^{3-} + e^- = [Fe(CN)_6]^{4-}$ | +0.36 |
| (Ⅵ)-(Ⅲ) | $FeO_4^{2-} + 8H^+ + 3e^- = Fe^{3+} + 4H_2O$ | +1.9 |
| (8/3)-(Ⅱ) | $Fe_3O_4(s) + 8H^+ + 2e^- = 3Fe^{2+} + 4H_2O$ | +1.23 |
| Ga (Ⅲ)-(0) | $Ga^{3+} + 3e^- = Ga$ | −0.560 |
| Ge (Ⅳ)-(0) | $H_2GeO_3 + 4H^+ + 4e^- = Ge + 3H_2O$ | −0.13 |
| H (0)-(−Ⅰ) | $H_2(g) - 2e^- = 2H^+$ | −2.25 |
| (Ⅰ)-(0) | $2H^+ + 2e^- = H_2(g)$ | 0.0000 |
| (Ⅰ)-(0) | $2H^+(10^{-7} mol \cdot L^{-1}) + 2e^- = H_2$ | −0.414 |
| Hg (Ⅰ)-(0) | $Hg_2^{2+} + 2e^- = 2Hg$ | +0.7961 |
| (Ⅰ)-(0) | $Hg_2Cl_2 + 2e^- = 2Hg + 2Cl^-$ | +0.2415 |
| (Ⅰ)-(0) | $Hg_2I_2 + 2e^- = 2Hg + 2I^-$ | −0.0405 |
| (Ⅱ)-(0) | $Hg^{2+} + 2e^- = Hg$ | +0.851 |
| (Ⅱ)-(0) | $[HgI_4]^{2-} + 2e^- = Hg + 4I^-$ | −0.04 |
| (Ⅱ)-(Ⅰ) | $2Hg^{2+} + 2e^- = Hg_2^{2+}$ | +0.905 |
| I (0)-(−Ⅰ) | $I_2 + 2e^- = 2I^-$ | +0.5355 |
| (0)-(−Ⅰ) | $I_3^- + 2e^- = 3I^-$ | +0.5338 |
| (Ⅰ)-(−Ⅰ) | $HIO + H^+ + 2e^- = I^- + H_2O$ | +0.99 |
| (Ⅰ)-(0) | $HIO + H^+ + e^- = 1/2I_2 + H_2O$ | +1.45 |
| (Ⅴ)-(−Ⅰ) | $IO_3^- + 6H^+ + 6e^- = I^- + 3H_2O$ | +1.085 |
| (Ⅴ)-(0) | $IO_3^- + 6H^+ + 5e^- = 1/2I_2 + 3H_2O$ | +1.195 |
| (Ⅶ)-(Ⅴ) | $H_5IO_6 + H^+ + 2e^- = IO_3^- + 3H_2O$ | 约+1.7 |
| In (Ⅰ)-(0) | $In^+ + e^- = In$ | −0.18 |
| (Ⅲ)-(0) | $In^{3+} + 3e^- = In$ | −0.343 |
| K (Ⅰ)-(0) | $K^+ + e^- = K$ | −2.924(−2.923) |
| La (Ⅲ)-(0) | $La^{3+} + 3e^- = La$ | −2.37 |
| Li (Ⅰ)-(0) | $Li^+ + e^- = Li$ | −3.045(−3.02) |
| Mg (Ⅱ)-(0) | $Mg^{2+} + 2e^- = Mg$ | −2.375 |
| Mn (Ⅱ)-(0) | $Mn^{2+} + 2e^- = Mn$ | −1.029 |
| (Ⅲ)-(Ⅱ) | $Mn^{3+} + e^- = Mn^{2+}$ | +1.51 |
| (Ⅳ)-(Ⅱ) | $MnO_2 + 4H^+ + 2e^- = Mn^{2+} + 2H_2O$ | +1.208 |
| (Ⅳ)-(Ⅲ) | $2MnO_2(s) + 2H^+ + 2e^- = Mn_2O_3(s) + H_2O$ | +1.04 |
| (Ⅶ)-(Ⅱ) | $MnO_4^- + 8H^+ + 5e^- = Mn^{2+} + 4H_2O$ | +1.491 |
| (Ⅶ)-(Ⅳ) | $MnO_4^- + 4H^+ + 3e^- = MnO_2 + 2H_2O$ | +1.679 |
| (Ⅶ)-(Ⅵ) | $MnO_4^- + e^- = MnO_4^{2-}$ | +0.564 |

续表

| 电偶氧化数 | 电极反应 | $\varphi^{\ominus}$/V |
|---|---|---|
| Mo (Ⅲ)-(0) | $Mo^{3+}+3e^{-}=Mo$ | 约−0.2 |
| (Ⅵ)-(0) | $H_2MoO_4+6H^{+}+6e^{-}=Mo+4H_2O$ | 0.0 |
| N (Ⅰ)-(0) | $N_2O+2H^{+}+2e^{-}=N_2+H_2O$ | +1.77 |
| (Ⅱ)-(Ⅰ) | $2NO+2H^{+}+2e^{-}=N_2O+H_2O$ | +1.59 |
| (Ⅲ)-(Ⅰ) | $2HNO_2+4H^{+}+4e^{-}=N_2O+3H_2O$ | +1.27 |
| (Ⅲ)-(Ⅱ) | $HNO_2+H^{+}+e^{-}=NO+H_2O$ | +1.00 |
| (Ⅳ)-(Ⅱ) | $N_2O_4+4H^{+}+4e^{-}=2NO+2H_2O$ | +1.03 |
| (Ⅳ)-(Ⅲ) | $N_2O_4+2H^{+}+2e^{-}=2HNO_2$ | +1.07 |
| (Ⅴ)-(Ⅲ) | $NO_3^{-}+3H^{+}+2e^{-}=HNO_2+H_2O$ | +0.94 |
| (Ⅴ)-(Ⅱ) | $NO_3^{-}+4H^{+}+3e^{-}=NO+2H_2O$ | +0.96 |
| (Ⅴ)-(Ⅳ) | $2NO_3^{-}+4H^{+}+2e^{-}=N_2O_4+2H_2O$ | +0.81 |
| Na (Ⅰ)-(0) | $Na^{+}+e^{-}=Na$ | −2.7109 |
| (Ⅰ)-(0) | $Na^{+}+(Hg)+e^{-}=Na(Hg)$ | −1.84 |
| Ni (Ⅱ)-(0) | $Ni^{2+}+2e^{-}=Ni$ | −0.23 |
| (Ⅲ)-(Ⅱ) | $Ni(OH)_3+3H^{+}+e^{-}=Ni^{2+}+3H_2O$ | +2.08 |
| (Ⅳ)-(Ⅱ) | $NiO_2+4H^{+}+2e^{-}=Ni^{2+}+2H_2O$ | +1.93 |
| O (0)-(−Ⅱ) | $O_3+2H^{+}+2e^{-}=O_2+H_2O$ | +2.07 |
| (0)-(−Ⅱ) | $O_2+4H^{+}+4e^{-}=2H_2O$ | +1.229 |
| (0)-(−Ⅱ) | $O(g)+2H^{+}+2e^{-}=H_2O$ | +2.42 |
| (0)-(−Ⅱ) | $1/2O_2+2H^{+}(10^{-7}mol\cdot L^{-1})+2e^{-}=H_2O$ | +0.815 |
| (0)-(−Ⅰ) | $O_2+2H^{+}+2e^{-}=H_2O_2$ | +0.682 |
| (−Ⅰ)-(−Ⅱ) | $H_2O_2+2H^{+}+2e^{-}=2H_2O$ | +1.776 |
| (Ⅱ)-(−Ⅱ) | $F_2O+2H^{+}+4e^{-}=H_2O+2F^{-}$ | +2.87 |
| P (0)-(−Ⅲ) | $P+3H^{+}+3e^{-}=PH_3(g)$ | −0.04 |
| (Ⅰ)-(0) | $H_3PO_2+H^{+}+e^{-}=P+2H_2O$ | −0.51 |
| (Ⅲ)-(Ⅰ) | $H_3PO_3+2H^{+}+2e^{-}=H_3PO_2+H_2O$ | −0.50(−0.59) |
| (Ⅴ)-(Ⅲ) | $H_3PO_4+2H^{+}+2e^{-}=H_3PO_3+H_2O$ | −0.276 |
| Pb (Ⅱ)-(0) | $Pb^{2+}+2e^{-}=Pb$ | −0.1263(−0.126) |
| (Ⅱ)-(0) | $PbCl_2+2e^{-}=Pb+2Cl^{-}$ | −0.268 |
| (Ⅱ)-(0) | $PbI_2+2e^{-}=Pb+2I^{-}$ | −0.365 |
| (Ⅱ)-(0) | $PbSO_4+2e^{-}=Pb+SO_4^{2-}$ | −0.356 |
| (Ⅱ)-(0) | $PbSO_4+(Hg)+2e^{-}=Pb(Hg)+SO_4^{2-}$ | −0.3505 |
| (Ⅳ)-(Ⅱ) | $PbO_2+4H^{+}+2e^{-}=Pb^{2+}+2H_2O$ | +1.46 |
| (Ⅳ)-(Ⅱ) | $PbO_2+SO_4^{2-}+4H^{+}+2e^{-}=PbSO_4+2H_2O$ | +1.685 |
| (Ⅳ)-(Ⅱ) | $PbO_2+2H^{+}+2e^{-}=PbO(s)+H_2O$ | +0.28 |
| Pd (Ⅱ)-(0) | $Pd^{2+}+2e^{-}=Pd$ | +0.83 |
| (Ⅳ)-(Ⅱ) | $[PdCl_6]^{2-}+2e^{-}=[PdCl_4]^{2-}+2Cl^{-}$ | +1.29 |
| Pt (Ⅱ)-(0) | $Pt^{2+}+2e^{-}=Pt$ | 约+1.2 |
| (Ⅱ)-(0) | $[PtCl_4]^{2-}+2e^{-}=Pt+4Cl^{-}$ | +0.73 |
| (Ⅱ)-(0) | $Pt(OH)_2+2H^{+}+2e^{-}=Pt+2H_2O$ | +0.98 |
| (Ⅳ)-(Ⅱ) | $[PtCl_6]^{2-}+2e^{-}=[PtCl_4]^{2-}+2Cl^{-}$ | +0.74 |
| Rb (Ⅰ)-(0) | $Rb^{+}+e^{-}=Rb$ | −2.925(−2.99) |
| S (−Ⅰ)-(−Ⅱ) | $(CNS)_2+2e^{-}=2CNS^{-}$ | +0.77 |
| (0)-(−Ⅱ) | $S+2H^{+}+2e^{-}=H_2S(aq)$ | +0.141 |
| (Ⅳ)-(0) | $H_2SO_3+4H^{+}+4e^{-}=S+3H_2O$ | +0.45 |
| (Ⅳ)-(0) | $S_2O_3^{2-}+6H^{+}+4e^{-}=2S+3H_2O$ | +0.50 |
| (Ⅳ)-(Ⅱ) | $2H_2SO_3+2H^{+}+4e^{-}=S_2O_3^{2-}+3H_2O$ | +0.40 |
| (Ⅳ)-() | $H_2SO_3+4H^{+}+6e^{-}=S_4O_6^{2-}+6H_2O$ | +0.51 |
| (Ⅵ)-(Ⅳ) | $SO_4^{2-}+4H^{+}+2e^{-}=H_2SO_3+H_2O$ | +0.172 |
| (Ⅶ)-(Ⅵ) | $S_2O_8^{2-}+2e^{-}=2SO_4^{2-}$ | +2.01 |

续表

| 电偶氧化数 | 电极反应 | $\varphi^{\ominus}$/V |
|---|---|---|
| Sb (Ⅲ)-(0) | $Sb_2O_3+6H^++6e^-$ ══ $2Sb+3H_2O$ | +0.1445(+0.152) |
| (Ⅲ)-(0) | $SbO^++2H^++3e^-$ ══ $Sb+H_2O$ | +0.21 |
| (Ⅴ)-(Ⅲ) | $Sb_2O_5+6H^++4e^-$ ══ $2SbO^++3H_2O$ | +0.581 |
| Se (0)-(-Ⅱ) | $Se+2e^-$ ══ $Se^{2-}$ | -0.78 |
| (0)-(-Ⅱ) | $Se+2H^++2e^-$ ══ $H_2Se(aq)$ | -0.36 |
| (Ⅳ)-(0) | $H_2SeO_3+4H^++4e^-$ ══ $Se+3H_2O$ | +0.74 |
| (Ⅵ)-(Ⅳ) | $SeO_4^{2-}+4H^++2e^-$ ══ $H_2SeO_3+H_2O$ | +1.15 |
| Si (0)-(-Ⅳ) | $Si+4H^++4e^-$ ══ $SiH_4(g)$ | +0.102 |
| (Ⅳ)-(0) | $SiO_2+4H^++4e^-$ ══ $Si+2H_2O$ | -0.84 |
| (Ⅳ)-(0) | $[SiF_6]^{2-}+4e^-$ ══ $Si+6F^-$ | -1.2 |
| Sn (Ⅱ)-(0) | $Sn^{2+}+2e^-$ ══ $Sn$ | -0.1364 |
| (Ⅳ)-(Ⅱ) | $Sn^{4+}+2e^-$ ══ $Sn^{2+}$ | +0.15 |
| Sr (Ⅱ)-(0) | $Sr^{2+}+2e^-$ ══ $Sr$ | -2.89 |
| Ti (Ⅱ)-(0) | $Ti^{2+}+2e^-$ ══ $Ti$ | -1.63 |
| (Ⅳ)-(0) | $TiO^{2+}+2H^++4e^-$ ══ $Ti+H_2O$ | -0.89 |
| (Ⅳ)-(0) | $TiO_2+4H^++4e^-$ ══ $Ti+2H_2O$ | -0.86 |
| (Ⅳ)-(Ⅲ) | $TiO^{2+}+2H^++e^-$ ══ $Ti^{3+}+H_2O$ | +0.1 |
| (Ⅲ)-(Ⅱ) | $Ti^{3+}+e^-$ ══ $Ti^{2+}$ | -0.369 |
| V (Ⅱ)-(0) | $V^{2+}+2e^-$ ══ $V$ | 约-1.2 |
| (Ⅲ)-(Ⅱ) | $V^{3+}+e^-$ ══ $V^{2+}$ | -0.255 |
| (Ⅳ)-(Ⅱ) | $V^{4+}+2e^-$ ══ $V^{2+}$ | -1.186 |
| (Ⅳ)-(Ⅲ) | $VO^{2+}+2H^++e^-$ ══ $V^{3+}+H_2O$ | +0.359 |
| (Ⅴ)-(0) | $V(OH)_4{}^++4H^++5e^-$ ══ $V+4H_2O$ | -0.253 |
| (Ⅴ)-(Ⅳ) | $V(OH)_4{}^++2H^++e^-$ ══ $VO^{2+}+3H_2O$ | +1.00 |
| (Ⅵ)-(Ⅳ) | $VO_2{}^{2+}+4H^++2e^-$ ══ $V^{4+}+2H_2O$ | +0.62 |
| Zn (Ⅱ)-(0) | $Zn^{2+}+2e^-$ ══ $Zn$ | -0.7628 |

### 附录 2.8.2 在碱性溶液中

| 电偶氧化数 | 电极反应 | $\varphi^{\ominus}$/V |
|---|---|---|
| Ag (Ⅰ)-(0) | $AgCN+e^-$ ══ $Ag+CN^-$ | -0.02 |
| (Ⅰ)-(0) | $[Ag(CN)_2]^-+e^-$ ══ $Ag+2CN^-$ | -0.31 |
| (Ⅰ)-(0) | $[Ag(NH_3)_2]^++e^-$ ══ $Ag+2NH_3$ | +0.373 |
| (Ⅰ)-(0) | $Ag_2O+H_2O+2e^-$ ══ $2Ag+2OH^-$ | +0.342 |
| (Ⅰ)-(0) | $Ag_2S+2e^-$ ══ $2Ag+S^{2-}$ | -0.7051 |
| (Ⅱ)-(Ⅰ) | $2AgO+H_2O+2e^-$ ══ $Ag_2O+2OH^-$ | +0.599 |
| Al (Ⅲ)-(0) | $H_2AlO_3^-+H_2O+3e^-$ ══ $Al+4OH^-$ | -2.35 |
| As (Ⅲ)-(0) | $AsO_2^-+2H_2O+3e^-$ ══ $As+4OH^-$ | -0.68 |
| (Ⅴ)-(Ⅲ) | $AsO_4^{3-}+2H_2O+2e^-$ ══ $AsO_2{}^-+4OH^-$ | -0.71 |
| Au (Ⅰ)-(0) | $[Au(CN)_2]^-+e^-$ ══ $Au+2CN^-$ | -0.60 |
| B (Ⅲ)-(0) | $H_2BO_3^-+H_2O+3e^-$ ══ $B+4OH^-$ | -2.5 |
| Ba (Ⅱ)-(0) | $Ba(OH)_2\cdot 8H_2O+2e^-$ ══ $Ba+2OH^-+8H_2O$ | -2.97 |
| Be (Ⅱ)-(0) | $Be_2O_3^{2-}+3H_2O+4e^-$ ══ $2Be+6OH^-$ | -2.28 |
| Bi (Ⅲ)-(0) | $Bi_2O_3+3H_2O+6e^-$ ══ $2Bi+6OH^-$ | -0.46 |
| Br (Ⅰ)-(-Ⅰ) | $BrO^-+H_2O+2e^-$ ══ $Br^-+2OH^-$ ($1mol\cdot L^{-1}$ NaOH) | +0.76 |
| (Ⅰ)-(0) | $2BrO^-+2H_2O+2e^-$ ══ $Br_2+4OH^-$ | +0.45 |
| (Ⅴ)-(-Ⅰ) | $BrO_3{}^-+3H_2O+6e^-$ ══ $Br^-+6OH^-$ | +0.61 |
| Ca (Ⅱ)-(0) | $Ca(OH)_2+2e^-$ ══ $Ca+2OH^-$ | -3.02 |
| Cd (Ⅱ)-(0) | $Cd(OH)_2+2e^-$ ══ $Cd+2OH^-$ | -0.761 |
| Cl (Ⅰ)-(-Ⅰ) | $ClO^-+H_2O+2e^-$ ══ $Cl^-+2OH^-$ | +0.90 |
|  | $ClO_2^-+2H_2O+4e^-$ ══ $Cl^-+4OH^-$ | +0.76 |

续表

| 电偶氧化数 | 电极反应 | $\varphi^{\ominus}$/V |
|---|---|---|
| (Ⅲ)-(－Ⅰ) | $ClO_2^- + H_2O + 2e^- = ClO^- + 2OH^-$ | +0.59 |
| (Ⅲ)-(Ⅰ) | $ClO_3^- + 3H_2O + 6e^- = ClO^- + 6OH^-$ | +0.62 |
| (Ⅴ)-(－Ⅰ) | $ClO_3^- + H_2O + 2e^- = ClO_2^- + 2OH^-$ | +0.35 |
| (Ⅴ)-(Ⅲ) | $ClO_4^- + H_2O + 2e^- = ClO_3^- + 2OH^-$ | +0.36 |
| (Ⅶ)-(Ⅴ) | | −0.73 |
| Co (Ⅱ)-(0) | $Co(OH)_2 + 2e^- = Co + 2OH^-$ | +0.2 |
| (Ⅲ)-(Ⅱ) | $Co(OH)_3 + e^- = Co(OH)_2 + OH^-$ | +0.1 |
| (Ⅲ)-(Ⅱ) | $[Co(NH_3)_6]^{3+} + e^- = [Co(NH_3)_6]^{2+}$ | −1.3 |
| Cr (Ⅲ)-(0) | $Cr(OH)_3 + 3e^- = Cr + 3OH^-$ | −1.2 |
| (Ⅲ)-(0) | $CrO_2^- + 3H_2O + 3e^- = Cr + 4OH^-$ | −0.13 |
| (Ⅵ)-(Ⅲ) | $CrO_4^{2-} + 4H_2O + 3e^- = Cr(OH)_3 + 5OH^-$ | −0.429 |
| Cu (Ⅰ)-(0) | $[Cu(CN)_2]^- + e^- = Cu + 2CN^-$ | −0.12 |
| (Ⅰ)-(0) | $[Cu(NH_3)_2]^+ + e^- = Cu + 2NH_3$ | −0.361 |
| (Ⅰ)-(0) | $Cu_2O + H_2O + 2e^- = 2Cu + 2OH^-$ | −0.877 |
| Fe (Ⅱ)-(0) | $Fe(OH)_2 + 2e^- = Fe + 2OH^-$ | |
| (Ⅲ)-(Ⅱ) | $Fe(OH)_3 + e^- = Fe(OH)_2 + OH^-$ | −0.56 |
| (Ⅲ)-(Ⅱ) | $[Fe(CN)_6]^{3-} + e^- = [Fe(CN)_6]^{4-}$ (0.01mol·L$^{-1}$ NaOH) | +0.46 |
| H (Ⅰ)-(0) | $2H_2O + 2e^- = H_2 + 2OH^-$ | −0.8277 |
| Hg (Ⅱ)-(0) | $HgO + H_2O + 2e^- = Hg + 2OH^-$ | +0.0984 |
| I (Ⅰ)-(－Ⅱ) | $IO^- + H_2O + 2e^- = I^- + 2OH^-$ | +0.49 |
| (Ⅴ)-(－Ⅰ) | $IO_3^- + 3H_2O + 6e^- = I^- + 6OH^-$ | +0.26 |
| (Ⅶ)-(Ⅴ) | $H_3IO_6^{2-} + 2e^- = IO_3^- + 3OH^-$ | 约+0.70 |
| La (Ⅲ)-(0) | $La(OH)_3 + 3e^- = La + 3OH^-$ | −2.76 |
| Mg (Ⅱ)-(0) | $Mg(OH)_2 + 2e^- = Mg + 2OH^-$ | −2.76 |
| Mn (Ⅱ)-(0) | $Mn(OH)_2 + 2e^- = Mn + 2OH^-$ | −1.47 |
| (Ⅳ)-(Ⅱ) | $MnO_2 + 2H_2O + 2e^- = Mn(OH)_2 + 2OH^-$ | −0.05 |
| (Ⅵ)-(Ⅳ) | $MnO_4^{2-} + 2H_2O + 2e^- = MnO_2 + 4OH^-$ | +0.60 |
| (Ⅶ)-(Ⅳ) | $MnO_4^- + 2H_2O + 3e^- = MnO_2 + 4OH$ | +0.588 |
| Mo (Ⅴ)-(Ⅳ) | $MoO_4^{2-} + 4H_2O + 6e^- = Mo + 8OH^-$ | −0.92 |
| N (Ⅴ)-(Ⅲ) | $NO_3^- + H_2O + 2e^- = NO_2^- + 2OH^-$ | +0.01 |
| (Ⅴ)-(Ⅳ) | $2NO_3^- + 2H_2O + 2e^- = N_2O_4 + 4OH^-$ | −0.85 |
| Ni (Ⅱ)-(0) | $Ni(OH)_2 + 2e^- = Ni + 2OH^-$ | −0.66 |
| (Ⅲ)-(Ⅱ) | $Ni(OH)_3 + e^- = Ni(OH)_2 + OH^-$ | +0.48 |
| O (0)-(－Ⅱ) | $O_2 + 2H_2O + 4e^- = 4OH^-$ | +0.401 |
| (0)-(－Ⅱ) | $O_3 + H_2O + 2e^- = O_2 + 2OH^-$ | +1.24 |
| P (0)-(－Ⅲ) | $P + 3H_2O + 3e^- = PH_3(g) + 3OH^-$ | −0.87 |
| (Ⅴ)-(Ⅲ) | $PO_4^{3-} + 2H_2O + 2e^- = HPO_3^{2-} + 3OH^-$ | −1.05 |
| Pb (Ⅳ)-(Ⅱ) | $PbO_2 + H_2O + 2e^- = PbO + 2OH^-$ | +0.28 |
| Pt (Ⅱ)-(0) | $Pt(OH)_2 + 2e^- = Pt + 2OH^-$ | +0.16 |
| S (0)-(－Ⅱ) | $S + 2e^- = S^{2-}$ | −0.508 |
| (5/2)-(Ⅱ) | $S_4O_6^{2-} + 2e^- = 2S_2O_3^{2-}$ | +0.09(0.10) |
| (Ⅳ)-(－Ⅱ) | $SO_3^{2-} + 3H_2O + 6e^- = S^{2-} + 6OH^-$ | −0.66 |
| (Ⅳ)-(Ⅱ) | $2SO_3^{2-} + 3H_2O + 4e^- = S_2O_3^{2-} + 6OH^-$ | −0.58 |
| (Ⅵ)-(Ⅳ) | $SO_4^{2-} + H_2O + 2e^- = SO_3^{2-} + 2OH^-$ | −0.92 |
| Sb (Ⅲ)-(0) | $SbO_2^- + 2H_2O + 3e^- = Sb + 4OH^-$ | −0.66 |
| (Ⅴ)-(Ⅲ) | $H_3SbO_6^{4-} + H_2O + 2e^- = SbO_2^- + 5OH^-$ | −0.40 |
| Se (Ⅵ)-(Ⅳ) | $SeO_4^{2-} + H_2O + 2e^- = SeO_3^{2-} + 2OH^-$ | +0.05 |
| Si (Ⅳ)-(0) | $SiO_3^{2-} + 3H_2O + 4e^- = Si + 6OH^-$ | −1.73 |
| Sn (Ⅱ)-(0) | $SnS + 2e^- = Sn + S^{2-}$ | −0.94 |
| (Ⅱ)-(0) | $HSnO_2^- + H_2O + 2e^- = Sn + 3OH^-$ | −0.79 |
| (Ⅳ)-(Ⅱ) | $[Sn(OH)_6]^{2-} + 2e^- = HSnO_2^- + 3OH^- + H_2O$ | −0.96 |
| Zn (Ⅱ)-(0) | $[Zn(CN)_4]^{2-} + 2e^- = Zn + 4CN^-$ | −1.26 |
| (Ⅱ)-(0) | $[Zn(NH_3)_4]^{2+} + 2e^- = Zn + 4NH_3(aq)$ | −1.04 |
| (Ⅱ)-(0) | $Zn(OH)_2 + 2e^- = Zn + 2OH^-$ | −1.245 |
| (Ⅱ)-(0) | $ZnO_2^{2-} + 2H_2O + 2e^- = Zn + 4OH^-$ | −1.216 |
| (Ⅱ)-(0) | $ZnS + 2e^- = Zn + S^{2-}$ | −1.44 |

# 附录 2.9　配合物的稳定常数（18～25℃）

| 金属离子 | $n$ | $\lg\beta_n$ | $I$ |
|---|---|---|---|
| 氨配合物 | | | |
| $Ag^{+}$ | 1、2 | 3.40、7.40 | 0.1 |
| $Cd^{2+}$ | 1、…、6 | 2.65、4.75、6.19、7.12、6.80、5.14 | 2 |
| $Co^{2+}$ | 1、…、6 | 2.11、3.74、4.79、5.55、5.73、5.11 | 2 |
| $Co^{3+}$ | 1、…、6 | 6.7、14.0、20.1、25.7、30.8、35.2 | 2 |
| $Cu^{+}$ | 1、2 | 5.93、10.86 | 2 |
| $Cu^{2+}$ | 1、…、6 | 4.31、7.98、11.02、13.32、12.36 | 2 |
| $Ni^{2+}$ | 1、…、6 | 2.80、5.04、6.77、7.96、8.71、8.74 | 2 |
| $Zn^{2+}$ | 1、…、4 | 2.27、4.61、7.01、9.06 | 0.1 |
| 溴配合物 | | | |
| $Ag^{+}$ | 1、…、4 | 4.38、7.33、8.00、8.73 | 0 |
| $Bi^{3+}$ | 1、…、6 | 4.30、5.55、5.89、7.82、—、9.70 | 2.3 |
| $Cd^{2+}$ | 1、…、4 | 1.75、2.34、3.32、3.70 | 3 |
| $Cu^{+}$ | 2 | 5.89 | 0 |
| $Hg^{2+}$ | 1、…、4 | 9.05、17.32、19.74、21.00 | 0.5 |
| 氯配合物 | | | |
| $Ag^{+}$ | 1、…、4 | 3.04、5.04、5.04、5.30 | 0 |
| $Hg^{2+}$ | 1、…、4 | 6.74、13.22、14.07、15.07 | 0.5 |
| $Sn^{2+}$ | 1、…、4 | 1.51、2.24、2.03、1.48 | 0 |
| $Sb^{3+}$ | 1、…、6 | 2.26、3.49、4.18、4.72、4.72、4.11 | 4 |
| 氰配合物 | | | |
| $Ag^{+}$ | 1、…、4 | —、21.1、21.7、20.6 | 0 |
| $Cd^{2+}$ | 1、…、4 | 5.48、10.60、15.23、18.78 | 3 |
| $Co^{2+}$ | 6 | 19.09 | |
| $Cu^{+}$ | 1、…、4 | —、24.0、28.59、30.3 | 0 |
| $Fe^{2+}$ | 6 | 35 | 0 |
| $Fe^{3+}$ | 6 | 42 | 0 |
| $Hg^{2+}$ | 4 | 41.4 | 0 |
| $Ni^{2+}$ | 4 | 31.3 | 0.1 |
| $Zn^{2+}$ | 4 | 16.7 | 0.1 |
| 氟配合物 | | | |
| $Al^{3+}$ | 1、…、6 | 6.13、11.15、15.00、17.75、19.37、19.84 | 0.5 |
| $Fe^{3+}$ | 1、…、6 | 5.2、9.2、11.9、—、15.77、— | 0.5 |
| $Th^{4+}$ | 1、…、3 | 7.65、13.46、17.97 | 0.5 |
| $TiO_2^{2+}$ | 1、…、4 | 5.4、9.8、13.7、18.0 | 3 |
| $ZrO_2^{2+}$ | 1、…、3 | 8.80、16.12、21.94 | 2 |
| 碘配合物 | | | |
| $Ag^{+}$ | 1、…、3 | 6.58、11.74、13.68 | 0 |
| $Bi^{3+}$ | 1、…、6 | 3.63、—、—、14.95、16.80、18.80 | 2 |
| $Cd^{2+}$ | 1、…、4 | 2.10、3.43、4.49、5.41 | 0 |
| $Pb^{2+}$ | 1、…、4 | 2.00、3.15、3.92、4.47 | 0 |
| $Hg^{2+}$ | 1、…、4 | 12.87、23.82、27.60、29.83 | 0.5 |
| 磷酸配合物 | | | |
| $Ca^{2+}$ | CaHL | 1.7 | 0.2 |
| $Mg^{2+}$ | MgHL | 1.9 | 0.2 |
| $Mn^{2+}$ | MnHL | 2.6 | 0.2 |
| $Fe^{3+}$ | FeHL | 9.35 | 0.66 |
| 硫氰酸配合物 | | | |
| $Ag^{+}$ | 1、…、4 | —、7.57、9.08、10.08 | 2.2 |
| $Au^{+}$ | 1、…、4 | —、23、—、42 | 0 |
| $Co^{2+}$ | 1 | 1.0 | 1 |
| $Cu^{+}$ | 1、…、4 | —、11.00、10.90、10.48 | 5 |

续表

| 金属离子 | $n$ | $\lg\beta_n$ | $I$ |
|---|---|---|---|
| $Fe^{3+}$ | 1、…、5 | 2.3、4.2、5.6、6.4、6.4 | 离子强度不定 |
| $Hg^{2+}$ | 1、…、4 | —、16.1、19.0、20.9 | 1 |
| 硫代硫酸配合物 | | | |
| $Ag^{+}$ | 1、…、3 | 8.82、13.46、14.15 | 0 |
| $Cu^{+}$ | 1、2、3 | 10.35、12.27、13.71 | 0.8 |
| $Hg^{2+}$ | 1、…、4 | —、29.86、32.26、33.61 | 0 |
| $Pb^{2+}$ | 1、3 | 5.1、6.4 | 0 |
| 乙酰丙酮配合物 | | | |
| $Al^{3+}$ | 1、2、3 | 8.60、15.5、21.30 | 0 |
| $Cu^{2+}$ | 1、2 | 8.27、16.84 | 0 |
| $Fe^{2+}$ | 1、2 | 5.07、8.67 | 0 |
| $Fe^{3+}$ | 1、2、3 | 11.4、22.1、26.7 | 0 |
| $Ni^{2+}$ | 1、2、3 | 6.06、10.77、13.09 | 0 |
| $Zn^{2+}$ | 1、2 | 4.98、8.81 | 0 |
| 柠檬酸配合物 | | | |
| $Ag^{+}$ | $Ag_2HL$ | 7.1 | 0 |
| $Al^{3+}$ | AlHL | 7.0 | 0.5 |
| | AlL | 20.0 | |
| | AlHL | 30.6 | |
| $Ca^{2+}$ | $CaH_3L$ | 10.9 | 0.5 |
| | $CaH_2L$ | 8.4 | |
| | CaHL | 3.5 | |
| $Cd^{2+}$ | $CdH_2L$ | 7.9 | 0.5 |
| | CdHL | 4.0 | 0.5 |
| | CdL | 11.3 | |
| $Co^{2+}$ | $CoH_2L$ | 8.9 | |
| | CoHL | 4.4 | 0.5 |
| | CoL | 12.5 | 0 |
| $Cu^{2+}$ | $CuH_2L$ | 12.0 | 0.5 |
| | CuHL | 6.1 | 0.5 |
| | CuL | 18.0 | |
| $Fe^{2+}$ | $FeH_2L$ | 7.3 | |
| | FeHL | 3.1 | 0.5 |
| | FeL | 15.5 | |
| $Fe^{3+}$ | $FeH_2L$ | 12.2 | |
| | FeHL | 10.9 | 0.5 |
| | FeL | 25.0 | |
| $Ni^{2+}$ | $NiH_2L$ | 9.0 | |
| | NiHL | 4.8 | 0.5 |
| | NiL | 14.3 | |
| $Pb^{2+}$ | $PbH_2L$ | 11.2 | |
| | PbHL | 5.2 | 0.5 |
| | PbL | 12.3 | |
| $Zn^{2+}$ | $ZnH_2L$ | 8.7 | |
| | ZnHL | 4.5 | |
| | ZnL | 11.4 | 0 |
| 草酸配合物 | | | 0.5 |
| $Al^{3+}$ | 1、2、3 | 7.26、13.0、16.3 | 0.5 |
| $Cd^{2+}$ | 1、2 | 2.9、4.7 | |
| $Co^{2+}$ | CoHL | 5.5 | 0 |
| | $CoH_2L$ | 10.6 | |
| | 1、2、3 | 4.79、6.7、9.7 | 0.5 |
| $Co^{3+}$ | 3 | 约 20 | |
| $Cu^{2+}$ | CuHL | 6.25 | 0.5～1 |
| | 1、2 | 4.5、8.9 | 0 |
| $Fe^{2+}$ | 1、2、3 | 2.9、4.52、5.22 | 0.1 |

续表

| 金属离子 | $n$ | $\lg\beta_n$ | $I$ |
|---|---|---|---|
| $Fe^{3+}$ | 1、2、3 | 9.4、16.2、20.2 | 2 |
| $Mg^{2+}$ | 1、2 | 2.76、4.38 | 0.1 |
| Mn(Ⅲ) | 1、2、3 | 9.98、16.57、19.42 | 0.1 |
| $Ni^{2+}$ | 1、2、3 | 5.3、7.64、8.5 | 2 |
| Th(Ⅳ) | 4 | 24.5 | |
| $TiO^{2+}$ | 1、2 | 6.6、9.9 | |
| $Zn^{2+}$ | $ZnH_2L$ | 5.6 | 0.5 |
| | 1、2、3 | 4.89、7.60、8.15 | |
| 磺基水杨酸配合物 | | | |
| $Al^{3+}$ | 1、2、3 | 13.20、22.83、28.89 | 0.1 |
| $Cd^{2+}$ | 1、2 | 16.68、29.08 | 0.25 |
| $Co^{2+}$ | 1、2 | 6.13、9.82 | 0.1 |
| $Cr^{2+}$ | 1 | 9.56 | 0.1 |
| $Cu^{2+}$ | 1、2 | 9.52、16.45 | 0.1 |
| $Fe^{2+}$ | 1、2 | 5.90、9.90 | 1～0.5 |
| $Fe^{3+}$ | 1、2、3 | 14.64、25.18、32.12 | 0.25 |
| $Mn^{2+}$ | 1、2 | 5.24、8.24 | 0.1 |
| $Ni^{2+}$ | 1、2 | 6.42、10.24 | 0.1 |
| $Zn^{2+}$ | 1、2 | 6.05、10.65 | 0.1 |
| 酒石酸配合物 | | | |
| $Bi^{3+}$ | 3 | 8.30 | 0 |
| $Ca^{2+}$ | CaHL | 4.85 | 0.5 |
| | 1、2 | 2.98、9.01 | 0 |
| $Cd^{2+}$ | 1 | 2.8 | 0.5 |
| $Cu^{2+}$ | 1、…、4 | 3.2、5.11、4.78、6.51 | 1 |
| $Fe^{3+}$ | 3 | 7.49 | 0 |
| $Mg^{2+}$ | MgHL | 4.65 | 0.5 |
| | 1 | 1.2 | |
| $Pb^{2+}$ | 1、2、3 | 3.78、—、4.7 | 0 |
| $Zn^{2+}$ | ZnHL | 4.5 | 0.5 |
| | 1、2 | 2.4、8.32 | |
| 乙二胺配合物 | | | |
| $Ag^{+}$ | 1、2 | 4.70、7.70 | 0.1 |
| $Cd^{2+}$ | 1、2、3 | 5.47、10.09、12.09 | 0.5 |
| $Co^{2+}$ | 1、2、3 | 5.91、10.64、13.94 | 1 |
| $Co^{3+}$ | 1、2、3 | 18.70、34.90、48.69 | 1 |
| $Cu^{+}$ | 2 | 10.8 | |
| $Cu^{2+}$ | 1、2、3 | 10.67、20.00、21.0 | 1 |
| $Fe^{2+}$ | 1、2、3 | 4.34、7.65、9.70 | 1.4 |
| $Hg^{2+}$ | 1、2 | 14.30、23.3 | 0.1 |
| $Mn^{2+}$ | 1、2、3 | 2.73、4.79、5.67 | 1 |
| $Ni^{3+}$ | 1、2、3 | 7.52、13.80、18.06 | 1 |
| $Zn^{2+}$ | 1、2、3 | 5.77、10.83、14.11 | 1 |
| 硫脲配合物 | | | |
| $Ag^{+}$ | 1、2 | 7.4、13.1 | 0.03 |
| $Bi^{3+}$ | 6 | 11.9 | |
| $Cu^{2+}$ | 3、4 | 13、15.4 | 0.1 |
| $Hg^{2+}$ | 2、3、4 | 22.1、24.7、26.8 | |
| 氢氧基配合物 | | | |
| $Al^{3+}$ | 4 | 33.3 | 2 |
| | $Al_6(OH)_{15}^{3+}$ | 163 | |
| $Bi^{3+}$ | 1 | 12.4 | 3 |
| | $Bi_6(OH)_{12}^{6+}$ | 168.3 | |
| $Cd^{2+}$ | 1、…、4 | 4.3、7.7、10.3、12.0 | 3 |
| $Co^{2+}$ | 1、3 | 5.1、—、10.2 | 0.1 |
| $Cr^{3+}$ | 1、2 | 10.2、18.3 | 0.1 |
| $Fe^{2+}$ | 1 | 4.5 | 1 |

续表

| 金属离子 | $n$ | $\lg\beta_n$ | $I$ |
| --- | --- | --- | --- |
| $Fe^{3+}$ | 1、2 | 11.0、21.7 | 3 |
| | $Fe_2(OH)_2^{4+}$ | 25.1 | |
| $Hg^{2+}$ | 2 | 21.7 | 0.5 |
| $Mg^{2+}$ | 1 | 2.6 | 0 |
| $Mn^{2+}$ | 1 | 3.4 | 0.1 |
| $Ni^{2+}$ | 1 | 4.6 | 0.1 |
| $Pb^{2+}$ | 1、2、3 | 6.2、10.3、13.3 | 0.3 |
| | $Pb_2(OH)^{3+}$ | 7.6 | |
| $Sn^{2+}$ | 1 | 10.1 | 3 |
| $Th^{4+}$ | 1 | 9.7 | 1 |
| $Ti^{3+}$ | 1 | 11.8 | 0.5 |
| $TiO^{2+}$ | 1 | 13.7 | 1 |
| $VO^{2+}$ | 1 | 8.0 | 3 |
| $Zn^{2+}$ | 1、…、4 | 4.4、10.1、14.2、15.5 | 0 |
| 乙二胺四乙酸配合物（EDTA） | | | |
| $Ag^{+}$ | 1 | 7.32 | 0.1 |
| $Al^{3+}$ | 1 | 16.13 | 0.1 |
| $Ba^{2+}$ | 1 | 7.86 | 0.1 |
| $Be^{2+}$ | 1 | 9.2 | 0.1 |
| $Bi^{3+}$ | 1 | 27.94 | 0.1 |
| $Ca^{2+}$ | 1 | 10.69 | 0.1 |
| $Cd^{2+}$ | 1 | 16.46 | 0.1 |
| $Co^{2+}$ | 1 | 16.31 | 0.1 |
| $Co^{3+}$ | 1 | 36 | 0.1 |
| $Cr^{3+}$ | 1 | 23.4 | 0.1 |
| $Cu^{2+}$ | 1 | 18.80 | 0.1 |
| $Fe^{2+}$ | 1 | 14.32 | 0.1 |
| $Fe^{3+}$ | 1 | 25.1 | 0.1 |
| $Ga^{3+}$ | 1 | 20.3 | 0.1 |
| $Hg^{2+}$ | 1 | 21.7 | 0.1 |
| $In^{3+}$ | 1 | 25.0 | 0.1 |
| $Li^{+}$ | 1 | 2.79 | 0.1 |
| $Mg^{2+}$ | 1 | 8.7 | 0.1 |
| $Mn^{2+}$ | 1 | 13.87 | 0.1 |
| Mo(Ⅴ) | 1 | 约 28 | 0.1 |
| $Na^{+}$ | 1 | 1.66 | 0.1 |
| $Ni^{2+}$ | 1 | 18.62 | 0.1 |
| $Pb^{2+}$ | 1 | 18.04 | 0.1 |
| $Pd^{2+}$ | 1 | 18.5 | 0.1 |
| $Sc^{2+}$ | 1 | 23.1 | 0.1 |
| $Sn^{2+}$ | 1 | 22.11 | 0.1 |
| $Sr^{2+}$ | 1 | 8.63 | 0.1 |
| $Th^{4+}$ | 1 | 23.2 | 0.1 |
| $TiO^{2+}$ | 1 | 17.3 | 0.1 |
| $Tl^{3+}$ | 1 | 37.8 | 0.1 |
| U(Ⅳ) | 1 | 25.8 | 0.1 |
| $VO^{2+}$ | 1 | 18.8 | 0.1 |
| $Y^{3+}$ | 1 | 18.09 | 0.1 |
| $Zn^{2+}$ | 1 | 16.50 | 0.1 |
| $ZrO^{2+}$ | 1 | 29.5 | 0.1 |
| 稀土元素 | 1 | 16～20 | 0.1 |

注：1. $\beta_n$ 为配合物的累积稳定常数，即

$$\beta_n = K_1K_2K_3\cdots K_n = K_{稳}$$

$$\lg\beta_n = \lg K_1 + \lg K_2 + \lg K_3 + \cdots + \lg K_n$$

例如 $Ag^+$ 与 $NH_3$ 配合物：

$$\lg\beta_1 = 3.40，即 \lg K_1 = 3.40，K_{稳}[Ag(NH_3)]^+ = 3.40；$$

$$\lg\beta_2 = 7.40，即 \lg K_1 = 3.40，\lg K_2 = 4.00，K_{稳}[Ag(NH_3)_2]^+ = 7.40。$$

2. 酸式、碱式配合物及多核氢氧基配合物的化学式标明于 $n$ 栏中。

# 附录 2.10 化合物的分子量

| 化合物 | 分子量 | 化合物 | 分子量 | 化合物 | 分子量 |
|---|---|---|---|---|---|
| $Ag_3AsO_4$ | 462.52 | $CoCl_2 \cdot 6H_2O$ | 237.93 | $FeSO_4 \cdot 7H_2O$ | 278.01 |
| $AgBr$ | 187.77 | $Co(NO_3)_2$ | 182.94 | $FeSO_4 \cdot (NH_4)_2SO_4 \cdot 6H_2O$ | 392.13 |
| $AgCl$ | 143.32 | $Co(NO_3)_2 \cdot 6H_2O$ | 291.03 | | |
| $AgCN$ | 133.89 | $CoS$ | 90.99 | $Hg_2(NO_3)_2$ | 525.19 |
| $AgSCN$ | 165.95 | $CoSO_4$ | 154.99 | $Hg_2(NO_3)_2 \cdot 2H_2O$ | 561.22 |
| $Ag_2CrO_4$ | 331.73 | $CoSO_4 \cdot 7H_2O$ | 281.10 | $Hg(NO_3)_2$ | 324.60 |
| $AgI$ | 234.77 | $Co(NH_2)_2$ | 60.06 | $HgO$ | 216.59 |
| $AgNO_3$ | 169.87 | $CrCl_3$ | 158.35 | $HgS$ | 232.65 |
| $AlCl_3$ | 133.34 | $CrCl_3 \cdot 6H_2O$ | 266.45 | $H_3AsO_3$ | 125.94 |
| $AlCl_3 \cdot 6H_2O$ | 241.43 | $Cr(NO_3)_3$ | 238.01 | $H_3AsO_4$ | 141.94 |
| $Al(NO_3)_3$ | 213.00 | $Cr_2O_3$ | 151.99 | $H_3BO_3$ | 61.83 |
| $Al(NO_3)_3 \cdot 9H_2O$ | 375.13 | $CuCl$ | 98.999 | $HBr$ | 80.912 |
| $Al_2O_3$ | 101.96 | $CuCl_2$ | 134.45 | $HCN$ | 27.026 |
| $Al(OH)_3$ | 78.00 | $CuCl_2 \cdot 2H_2O$ | 170.48 | $HCOOH$ | 46.026 |
| $Al_2(SO_4)_3$ | 342.14 | $CuSCN$ | 121.62 | $H_2CO_3$ | 62.025 |
| $Al_2(SO_4)_3 \cdot 18H_2O$ | 666.41 | $CuI$ | 190.45 | $H_2C_2O_4$ | 90.035 |
| $As_2O_3$ | 197.84 | $Cu(NO_3)_2$ | 187.56 | $(CH_3)_2C_2O_4$ | 118.09 |
| $As_2O_5$ | 229.84 | $Cu(NO_3)_2 \cdot 3H_2O$ | 241.60 | $HCl$ | 36.461 |
| $As_2S_3$ | 246.02 | $CuO$ | 79.545 | $HF$ | 20.006 |
| | | $Cu_2O$ | 143.09 | $HI$ | 127.91 |
| $BaCO_3$ | 197.34 | $CuS$ | 95.61 | $HIO_3$ | 175.91 |
| $BaC_2O_4$ | 225.35 | $CuSO_4$ | 159.60 | $HNO_3$ | 63.013 |
| $BaCl_2$ | 208.24 | $CuSO_4 \cdot 5H_2O$ | 249.68 | $HNO_2$ | 47.013 |
| $BaCl_2 \cdot 2H_2O$ | 244.27 | $CH_3COOH$ | 60.052 | $H_2O$ | 18.015 |
| $BaCrO_4$ | 253.32 | $CH_3COONa$ | 82.034 | $H_2O_2$ | 34.015 |
| $BaO$ | 153.33 | $CH_3COONa \cdot 3H_2O$ | 136.08 | $H_3PO_4$ | 97.995 |
| $Ba(OH)_2$ | 171.34 | $C_4H_8N_2O_2$ | 116.12 | $H_2S$ | 34.08 |
| $BaSO_4$ | 233.39 | (丁二酮肟) | | $H_2SO_3$ | 82.07 |
| $BiCl_3$ | 315.34 | $C_6H_4 \cdot COOH \cdot COOK$ | 204.23 | $H_2SO_4$ | 98.07 |
| $BiOCl$ | 260.43 | (邻苯二甲酸氢钾) | | $Hg(CN)_2$ | 252.63 |
| | | $(C_9H_7N)_3H_3PO_4 \cdot 12MoO_3$ | 2212.7 | $HgCl_2$ | 271.50 |
| $CO_2$ | 44.01 | (磷钼酸喹啉) | | $Hg_2Cl_2$ | 472.09 |
| $CaO$ | 56.08 | | | $HgI_2$ | 454.40 |
| $CaCO_3$ | 100.09 | $FeCl_2$ | 126.75 | $HgSO_4$ | 296.65 |
| $CaC_2O_4$ | 128.10 | $FeCl_2 \cdot 4H_2O$ | 198.81 | $Hg_2SO_4$ | 497.24 |
| $CaCl_2$ | 110.99 | $FeCl_3$ | 162.21 | | |
| $CaCl_2 \cdot 6H_2O$ | 219.08 | $FeCl_3 \cdot 6H_2O$ | 270.30 | $KNO_3$ | 101.10 |
| $Ca(NO_3)_2 \cdot 4H_2O$ | 236.15 | $FeNH_4(SO_4)_2 \cdot 12H_2O$ | 482.18 | $KNO_2$ | 85.104 |
| $Ca(OH)_2$ | 74.09 | $Fe(NO_3)_3$ | 241.86 | $K_2O$ | 94.196 |
| $Ca_3(PO_4)_2$ | 310.18 | $Fe(NO_3)_3 \cdot 9H_2O$ | 404.00 | $KOH$ | 56.106 |
| $CaSO_4$ | 136.14 | $FeO$ | 71.846 | $K_2SO_4$ | 174.25 |
| $CdCO_3$ | 172.42 | $Fe_2O_3$ | 159.69 | $KAl(SO_4)_2 \cdot 12H_2O$ | 474.38 |
| $CdCl_2$ | 183.32 | $Fe_3O_4$ | 231.54 | $KBr$ | 119.00 |
| $CdS$ | 144.47 | $Fe(OH)_3$ | 106.87 | $KBrO_3$ | 167.00 |
| $Ce(SO_4)_2$ | 332.24 | $FeS$ | 87.91 | $KCl$ | 74.551 |
| $Ce(SO_4)_2 \cdot 2H_2O$ | 404.30 | $Fe_2S_3$ | 207.87 | $KClO_3$ | 122.55 |
| $CoCl_2$ | 129.84 | $FeSO_4$ | 151.90 | $KClO_4$ | 138.55 |

续表

| 化合物 | 分子量 | 化合物 | 分子量 | 化合物 | 分子量 |
|---|---|---|---|---|---|
| KCN | 65.116 | $NH_4HCO_3$ | 79.055 | $PbCrO_4$ | 323.20 |
| KSCN | 97.18 | $(NH_4)_2MoO_4$ | 196.01 | $Pb(CH_3COO)_2$ | 325.30 |
| $K_2CO_3$ | 138.21 | $NH_4NO_3$ | 80.043 | $Pb(CH_3COO)_2 \cdot 3H_2O$ | 379.30 |
| $K_2CrO_4$ | 194.19 | $(NH_4)_2HPO_4$ | 132.06 | $PbI_2$ | 461.00 |
| $K_2Cr_2O_7$ | 294.18 | $(NH_4)_3PO_4 \cdot 12MoO_3$ | 1876.3 | $Pb(NO_3)_2$ | 331.20 |
| $K_3Fe(CN)_6$ | 329.25 | $(NH_4)_2S$ | 68.14 | PbO | 223.20 |
| $K_4Fe(CN)_6$ | 368.35 | $(NH_4)_2SO_4$ | 132.13 | PbO | 239.20 |
| $KFe(SO_4)_2 \cdot 12H_2O$ | 503.24 | $NH_4VO_3$ | 116.98 | $Pb_3(PO_4)_2$ | 811.54 |
| $KHC_2O_4$ | 146.14 | $Na_3AsO_3$ | 191.89 | PbS | 239.30 |
| $KHC_2O_4 \cdot H_2C_2O_4 \cdot 2H_2O$ | 254.19 | $Na_2B_4O_7$ | 201.22 | $PbSO_4$ | 303.30 |
| $KHC_4H_4O_3$ | 188.18 | $Na_2B_4O_7 \cdot 10H_2O$ | 381.37 | | |
| $KHSO_4$ | 136.16 | $NaBiO_3$ | 279.97 | $SO_3$ | 80.06 |
| KI | 166.00 | NaCN | 49.007 | $SO_2$ | 64.06 |
| $KIO_3$ | 214.00 | NaSCN | 81.07 | $SbCl_3$ | 228.11 |
| $KIO_3 \cdot HIO_3$ | 389.91 | $Na_2CO_3$ | 105.99 | $SbCl_5$ | 299.02 |
| $KMnO_4$ | 158.03 | $Na_2CO_3 \cdot 10H_2O$ | 286.14 | $Sb_2O_3$ | 291.50 |
| $KNaC_4H_4O_6 \cdot 4H_2O$ | 282.22 | $Na_2C_2O_4$ | 134.00 | $Sb_2S_3$ | 339.68 |
| | | NaCl | 58.443 | $SiF_4$ | 104.08 |
| $MgCO_3$ | 84.314 | NaClO | 74.442 | $SiO_2$ | 60.084 |
| $MgCl_2$ | 95.211 | $NaHCO_3$ | 84.007 | $SnCl_2$ | 189.60 |
| $MgCl_2 \cdot 6H_2O$ | 203.30 | $Na_2HPO_4 \cdot 12H_2O$ | 358.14 | $SnCl_2 \cdot 2H_2O$ | 225.63 |
| $MgC_2O_4$ | 112.33 | $Na_2H_2Y \cdot 2H_2O$ | 372.24 | $SnCl_4$ | 260.50 |
| $Mg(NO_3)_2 \cdot 6H_2O$ | 256.41 | $NaNO_2$ | 68.995 | $SnCl_4 \cdot 5H_2O$ | 350.58 |
| $MgNH_4PO_4$ | 137.32 | $NaNO_3$ | 84.995 | $SnO_2$ | 150.69 |
| MgO | 40.304 | $Na_2O$ | 61.979 | SnS | 150.75 |
| $Mg(OH)_2$ | 58.32 | $Na_2O_2$ | 77.978 | $SrCO_3$ | 147.63 |
| $Mg_2P_2O_7$ | 222.55 | NaOH | 39.997 | $SrC_2O_4$ | 175.64 |
| $MgSO_4 \cdot 7H_2O$ | 246.47 | $Na_3PO_4$ | 163.94 | $SrCrO_4$ | 203.61 |
| $MnCO_3$ | 114.95 | $Na_2S$ | 78.04 | $Sr(NO_3)_2$ | 211.63 |
| $MnCl_2$ | 197.91 | $Na_2S \cdot 9H_2O$ | 240.18 | $Sr(NO_3)_2 \cdot 4H_2O$ | 283.69 |
| $Mn(NO_3)_2 \cdot 6H_2O$ | 287.04 | $Na_2SO_3$ | 126.04 | $SrSO_4$ | 183.68 |
| MnO | 70.937 | $Na_2SO_4$ | 142.04 | | |
| $MnO_2$ | 86.937 | $Na_2S_2O_3$ | 158.10 | $UO_2(CH_3COO)_2 \cdot 2H_2O$ | 424.15 |
| MnS | 87.00 | $Na_2S_2O_3 \cdot 5H_2O$ | 248.17 | | |
| $MnSO_4$ | 151.00 | $Ni(C_4H_7N_2O_2)_2$ | 288.91 | $ZnCO_3$ | |
| $MnSO_4 \cdot 4H_2O$ | 223.06 | (丁二酮肟镍) | | $ZnC_2O_4$ | 125.39 |
| | | $NiCl_2 \cdot 6H_2O$ | 237.69 | $ZnCl_2$ | 153.40 |
| NO | 30.006 | NiO | 74.69 | $Zn(CH_3COO)_2$ | 136.29 |
| $NO_2$ | 46.006 | $Ni(NO_3)_2 \cdot 6H_2O$ | 290.79 | $Zn(CH_3COO)_2 \cdot 2H_2O$ | 183.47 |
| $NH_3$ | 17.03 | NiS | 90.75 | $Zn(NO_3)_2$ | 219.50 |
| $CH_3COONH_4$ | 77.083 | $NiSO_4 \cdot 7H_2O$ | 280.85 | $Zn(NO_3)_2 \cdot 6H_2O$ | 189.39 |
| $NH_4Cl$ | 53.491 | | | ZnO | 297.48 |
| $(NH_4)_2CO_3$ | 96.086 | $P_2O_5$ | 141.94 | ZnS | 81.38 |
| $(NH_4)_2C_2O_4$ | 124.10 | $PbCO_3$ | 267.20 | $ZnSO_4$ | 97.44 |
| $(NH_4)_2C_2O_4 \cdot H_2O$ | 142.11 | $PbC_2O_4$ | 295.22 | $ZnSO_4 \cdot 7H_2O$ | 161.44 |
| $NH_4SCN$ | 76.12 | $PbCl_2$ | 278.10 | | 287.54 |

## 附录 2.11 标准缓冲溶液在不同温度下的 pH（定量分析用）

| 温度/℃ | 0.05mol·L$^{-1}$ 草酸二氢钾 | 25℃饱和酒石酸氢钾 | 0.05mol·L$^{-1}$ 邻苯二甲酸氢钾 | 0.025mol·L$^{-1}$ $KH_2PO_4$＋0.025mol·L$^{-1}$ $Na_2HPO_4$ | 0.01mol·L$^{-1}$ 硼砂 | 25℃饱和氢氧化钙 |
|---|---|---|---|---|---|---|
| 0 | 1.666 | … | 4.003 | 6.984 | 9.464 | 13.423 |
| 5 | 1.668 | … | 3.999 | 6.951 | 9.395 | 13.207 |
| 10 | 1.670 | … | 3.998 | 6.923 | 9.332 | 13.003 |
| 15 | 1.672 | … | 3.999 | 6.900 | 9.276 | 12.810 |
| 20 | 1.675 | … | 4.002 | 6.881 | 9.225 | 12.627 |
| 25 | 1.679 | 3.557 | 4.008 | 6.865 | 9.180 | 12.454 |
| 30 | 1.683 | 3.552 | 4.015 | 6.853 | 9.139 | 12.289 |
| 35 | 1.688 | 3.549 | 4.024 | 6.844 | 9.102 | 12.133 |
| 38 | 1.691 | 3.548 | 4.030 | 6.840 | 9.081 | 12.043 |
| 40 | 1.694 | 3.547 | 4.035 | 6.838 | 9.068 | 11.984 |
| 45 | 1.700 | 3.547 | 4.047 | 6.834 | 9.038 | 11.841 |
| 50 | 1.707 | 3.549 | 4.060 | 6.833 | 9.011 | 11.705 |
| 55 | 1.715 | 3.554 | 4.075 | 6.834 | 8.985 | 11.574 |
| 60 | 1.723 | 3.560 | 4.091 | 6.836 | 8.962 | 11.449 |
| 70 | 1.743 | 3.580 | 4.126 | 6.845 | 8.921 | … |
| 80 | 1.766 | 3.609 | 4.164 | 6.859 | 8.885 | … |
| 90 | 1.792 | 3.650 | 4.205 | 6.877 | 8.850 | … |
| 95 | 1.806 | 3.674 | 4.227 | 6.886 | 8.833 | … |

## 附录 2.12 常用缓冲溶液的配制

| pH | 配制方法 |
|---|---|
| 2.5 | 113g $Na_2HPO_4\cdot12H_2O$ 和柠檬酸溶于水，稀释至 1L |
| 2.9 | 500g 邻苯二甲酸氢钾溶于水，加 80mL 浓 HCl，稀释至 1L |
| 3.7 | 95g 甲酸和 40g NaOH 溶于水，稀释至 1L |
| 4.5 | 77g $NH_4Ac$ 溶于水，加 59mL 冰醋酸，稀释至 1L |
| 4.7 | 83g 无水 NaAc 溶于水，加 60mL 冰醋酸，稀释至 1L |
| 5.0 | 160g 无水 NaAc 溶于水，加 60mL 冰醋酸，稀释至 1L |
| 5.4 | 40g 六亚甲基四胺溶于水，加 100mL 浓 HCl，稀释至 1L |
| 6.0 | 600g $NH_4Ac$ 溶于水，加 20mL 冰醋酸，稀释至 1L |
| 7.0 | 154g $NH_4Ac$ 溶于水，稀释至 1L |
| 8.0 | 50g 无水 NaAc 和 50g $Na_2HPO_4\cdot12H_2O$ 溶于水，稀释至 1L |
| 8.5 | 80g $NH_4Cl$ 溶于水，加 17.6mL 浓 $NH_3\cdot H_2O$，稀释至 1L |
| 9.0 | 70g $NH_4Cl$ 溶于水，加 48mL 浓 $NH_3\cdot H_2O$，稀释至 1L |
| 9.5 | 54g $NH_4Cl$ 溶于水，加 126mL 浓 $NH_3\cdot H_2O$，稀释至 1L |
| 10.0 | 54g $NH_4Cl$ 溶于水，加 350mL 浓 $NH_3\cdot H_2O$，稀释至 1L |

# 附录 2.13 常用指示剂

**附录 2.13.1 酸碱指示剂**（18～25℃）

| 指示剂名称 | 变色 pH 范围 | 颜色变化 | 溶液配制方法 |
|---|---|---|---|
| 甲基紫<br>（第一变色范围） | 0.13～0.5 | 黄～绿 | 0.1%或 0.05%的水溶液 |
| 甲基绿 | 0.1～2.0 | 黄～绿～浅蓝 | 0.05%水溶液（绿蓝色） |
| 甲酚红<br>（第一变色范围） | 0.2～1.8 | 红～黄 | 0.04g 指示剂溶于<br>100mL 50%乙醇 |
| 甲基紫<br>（第二变色范围） | 1.0～1.5 | 绿～蓝 | 0.1%水溶液 |
| 百里酚蓝<br>（麝香草酚蓝）<br>（第一变色范围） | 1.2～2.8 | 红～黄 | 0.1g 指示剂溶于<br>100mL 20%乙醇 |
| 甲基紫<br>（第三变色范围） | 2.0～3.0 | 蓝～紫 | 0.1%水溶液 |
| 二甲基黄<br>（别名：甲基黄） | 2.9～4.0 | 红～黄 | 0.1%的 90%乙醇溶液 |
| 甲基橙 | 3.1～4.4 | 红～橙黄 | 0.1%水溶液 |
| 溴酚蓝 | 3.0～4.6 | 黄～蓝 | 0.1g 指示剂溶于<br>100mL 20%乙醇 |
| 刚果红 | 3.0～5.2 | 蓝紫～红 | 0.1%水溶液 |
| 溴甲酚绿 | 3.8～5.4 | 黄～蓝 | 0.1g 指示剂溶于<br>100mL 20%乙醇 |
| 甲基红 | 4.4～6.2 | 红～黄 | 0.1g 或 0.2g 指示剂<br>溶于 100mL 60%乙醇 |
| 溴百里酚蓝 | 6.0～7.6 | 黄～蓝 | 0.05g 指示剂溶于<br>100mL 20%乙醇 |
| 中性红 | 6.8～8.0 | 红～亮黄 | 0.1g 指示剂溶于<br>100mL 60%乙醇 |
| 酚红 | 6.8～8.0 | 黄～红 | 0.1g 指示剂溶于<br>100mL 20%乙醇 |
| 甲酚红 | 7.2～8.8 | 亮黄～紫红 | 0.1g 指示剂溶于<br>100mL 50%乙醇 |
| 百里酚蓝<br>（麝香草酚蓝）<br>（第二变色范围） | 8.0～9.0 | 黄～蓝 | 同第一变色范围 |
| 酚酞 | 8.2～10.0 | 无色～紫红 | 0.1g 指示剂溶于<br>10mL 60%乙醇 |
| 百里酚酞 | 9.4～10.6 | 无色～蓝 | 0.1g 指示剂溶于<br>100mL 90%乙醇 |
| 达旦黄 | 12.0～13.0 | 黄～红 | 溶于水、乙醇 |

**附录 2.13.2 混合酸碱指示剂**

| 指示剂溶液组成 | 变色时 pH | 颜色 | | 备　注 |
|---|---|---|---|---|
| | | 酸色 | 碱色 | |
| 一份 0.1%甲基黄乙醇溶液<br>一份 0.1%亚甲基蓝乙醇溶液 | 3.25 | 蓝紫 | 绿 | pH＝3.2，蓝紫色<br>pH＝3.4，绿色 |
| 一份 0.1%甲基橙水溶液<br>一份 0.25%靛蓝二磺酸水溶液 | 4.1 | 紫 | 黄绿 | |

续表

| 指示剂溶液组成 | 变色时 pH | 颜色 | | 备　　注 |
|---|---|---|---|---|
| | | 酸色 | 碱色 | |
| 一份 0.1%溴甲酚绿钠盐水溶液<br>一份 0.2%甲基橙水溶液 | 4.3 | 橙 | 蓝绿 | pH=3.5,黄色<br>pH=4.05,绿色<br>pH=4.3,浅绿色 |
| 三份 0.1%溴甲酚绿乙醇溶液<br>一份 0.2%甲基红乙醇溶液 | 5.1 | 酒红 | 绿 | |
| 一份 0.1%溴甲酚绿钠盐水溶液<br>一份 0.1%氯酚红钠盐水溶液 | 6.1 | 黄绿 | 蓝绿 | pH=5.4,蓝绿色<br>pH=5.8,蓝色<br>pH=6.0,蓝带紫<br>pH=6.2,蓝紫色 |
| 一份 0.1%中性红乙醇溶液<br>一份 0.1%亚甲基蓝乙醇溶液 | 7.0 | 紫蓝 | 绿 | pH=7.0,紫蓝色 |
| 一份 0.1%甲酚红钠盐水溶液<br>三份 0.1%百里酚蓝钠盐水溶液 | 8.3 | 黄 | 紫 | pH=8.2,玫瑰红<br>pH=8.4,清晰的紫色 |
| 一份 0.1%百里酚蓝 50%乙醇溶液<br>三份 0.1%酚酞 50%乙醇溶液 | 9.0 | 黄 | 紫 | 从黄到绿,再到紫 |
| 一份 0.1%酚酞乙醇溶液<br>一份 0.1%百里酚酞乙醇溶液 | 9.9 | 无 | 紫 | pH=9.6,玫瑰红<br>pH=10,紫色 |

注：此表参考宫为民主编《分析化学》第 64 页，大连理工大学出版社，2000 年。

### 附录 2.13.3　金属离子指示剂

| 指示剂名称 | 使用 pH 范围 | 颜色变化 | | 直接滴定的金属离子 | 指示剂配制 |
|---|---|---|---|---|---|
| | | In | MIn | | |
| 铬黑 T (EBT) | 9～10.5 | 蓝 | 紫红 | pH=10;$Mg^{2+}$、$Zn^{2+}$、$Cd^{2+}$、$Pb^{2+}$、$Mn^{2+}$、稀土 | 0.5%水溶液 |
| 钙指示剂 | 10～13 | 蓝 | 酒红 | pH=12～13;$Ca^{2+}$ | 0.5%的乙醇溶液 |
| 二甲酚橙 (XO) | <6 | 黄 | 红 | pH<1;$ZrO^{2+}$<br>pH=1～3;$Bi^{3+}$、$Th^{4+}$<br>pH=5～6;$Zn^{2+}$、$Cd^{2+}$、$Pb^{2+}$、$Hg^{2+}$、稀土 | 0.2%水溶液（可保存 15 天） |
| PAN | 2～12 | 黄 | 红 | pH=2～3;$Bi^{3+}$、$Th^{4+}$<br>pH=4～5;$Cu^{2+}$、$Ni^{2+}$ | 0.1%的乙醇溶液 |

注：EBT、钙指示剂等在水溶液中稳定性较差，可以配成指示剂与 NaCl 之比为 1∶100 的固体粉末。

### 附录 2.13.4　氧化还原指示剂

| 指示剂名称 | $\varphi_{In}^{\ominus'}$/V [$H^+$]=1mol·$L^{-1}$ | 颜色变化 | | 溶液配制方法 |
|---|---|---|---|---|
| | | 氧化态 | 还原态 | |
| 二苯胺磺酸钠 | 0.85 | 紫红 | 无色 | 0.5%的水溶液 |
| *N*-邻苯氨基苯甲酸 | 1.08 | 紫红 | 无色 | 0.1g 指示剂加 20mL 5%的 $Na_2CO_3$ 溶液，用水稀释至 100mL |
| 邻二氮菲-Fe(Ⅱ) | 1.06 | 浅蓝 | 红 | 1.485g 邻二氮菲加 0.965g $FeSO_4$，溶于 100mL 水(0.025mol·$L^{-1}$ 水溶液) |

### 附录 2.13.5　沉淀滴定吸附指示剂

| 指示剂 | 被测离子 | 滴定剂 | 使用 pH 范围 | 溶液配制方法 |
|---|---|---|---|---|
| 荧光黄 | $Cl^-$、$Br^-$、$I^-$ | $AgNO_3$ | 7～10(一般 7～8) | 0.2%乙醇溶液 |
| 二氯荧光黄 | $Cl^-$、$Br^-$、$I^-$ | $AgNO_3$ | 4～10(一般 5～8) | 0.1%水溶液 |
| 曙红 | $Br^-$、$I^-$、$SCN^-$ | $AgNO_3$ | 2～10(一般 3～8) | 0.5%水溶液 |
| 甲基紫 | $Ag^+$ | NaCl | 酸性 | |

# 附录 2.14 一些无机物质常用的俗名

| 类别 | 俗名 | 主要成分或分子式 |
|---|---|---|
| 钠的化合物 | 硫化碱 | $Na_2S$ |
| | 食盐 | $NaCl$ |
| | 小苏打、食用苏打、重碱 | $NaHCO_3$ |
| | 苏打、纯碱 | $Na_2CO_3$ |
| | 苛性钠、苛性碱、火碱、烧碱 | $NaOH$ |
| | 山柰 | $NaCN$ |
| | 水玻璃、泡花碱 | $Na_2SiO_3$ |
| | 智利硝石、钠硝石 | $NaNO_3$ |
| | 硼砂 | $Na_2B_4O_7 \cdot 10H_2O$ |
| | 芒硝 | $Na_2SO_4 \cdot 10H_2O$ |
| | 大苏打 | $Na_2S_2O_3 \cdot 5H_2O$ |
| 钾的化合物 | 钾碱、草碱 | $K_2CO_3$ |
| | 苛性钾 | $KOH$ |
| | 钾硝石、火硝、土硝 | $KNO_3$ |
| | 灰锰氧 | $KMnO_4$ |
| | 光卤石 | $KCl \cdot MgCl_2 \cdot 6H_2O$ |
| | 黄血盐 | $K_4[Fe(CN)_6] \cdot 3H_2O$ |
| | 赤血盐 | $K_3[Fe(CN)_6]$ |
| 镁的化合物 | 白苦土<br>烧苦土 | $MgO$ |
| | 泻盐<br>苦盐 | $MgSO_4 \cdot 7H_2O$ |
| | 卤水 | $MgCl_2 \cdot 6H_2O$ |
| | 菱苦土矿 | $MgCO_3$ |
| 钙的化合物 | 电石 | $CaC_2$ |
| | 生石灰<br>煅烧石灰 | $CaO$ |
| | 熟石灰<br>消石灰 | $Ca(OH)_2$ |
| | 碱石灰<br>钠石灰 | $NaOH$ 与 $Ca(OH)_2$ 的混合物 |
| | 方解石 | $CaCO_3$ |
| | 白垩 | $CaCO_3$ |
| | 石灰石 | $CaCO_3$ |
| | 大理石 | $CaCO_3$ |
| | 漂白粉、氯化石灰 | $Ca(OCl)Cl$ |
| | 萤石、氟石 | $CaF_2$ |
| | 挪威硝石 | $Ca(NO_3)_2$ |
| | 石膏、生石膏 | $CaSO_4 \cdot 2H_2O$ |
| | 烧石膏、熟石膏、巴黎石膏 | $CaSO_4 \cdot 1/2H_2O$ |
| | 磷灰石、磷矿粉 | $3Ca_3(PO_4)_2 \cdot CaF_2$ |
| | 过磷酸钙、普钙 | $Ca(H_2PO_4)_2$、$CaSO_4 \cdot 2H_2O$ 的混合物 |
| | 重钙 | $Ca(H_2PO_4)_2$ |
| | 重石 | $CaWO_4$ |
| 锶的化合物 | 天青石 | $SrSO_4$ |
| | 锶垩石 | $SrCO_3$ |
| 铝的化合物 | 矾土 | $Al_2O_3 \cdot nH_2O$ |
| | 刚玉、刚石 | $Al_2O_3$ |
| | 冰晶石 | $Na_3AlF_6$ |
| | 明矾 | $K_2SO_4 \cdot Al_2(SO_4)_3 \cdot 24H_2O$ |
| 碳的化合物 | 石墨 | $C$ |
| | 木炭 | $C$ |
| | 金刚石 | $C$ |
| | 碳酸气<br>干冰 | $CO_2$ |
| 硅的化合物 | 石英、硅石 | $SiO_2$ |
| | 燧石、打火石 | $SiO_2$ |
| | 沙子 | $SiO_2$ |
| | 水晶 | $SiO_2$ |
| | 玛瑙 | $SiO_2$ |
| | 金刚砂 | $SiC$ |
| | 硅胶 | $mSiO_2 \cdot nH_2O$ |
| 铅的化合物 | 密陀僧、黄丹 | $PbO$ |
| | 铅丹、红铅 | $Pb_3O_4$ |
| | 方铅矿 | $PbS$ |
| | 铅白 | $2PbCO_3 \cdot Pb(OH)_2$ |
| | 铅矾 | $PbSO_4$ |
| 氮的化合物 | 笑气 | $N_2O$ |
| | 硇砂 | $NH_4Cl$ |
| | 硝铵 | $NH_4NO_3$ |
| | 硫铵 | $(NH_4)_2SO_4$ |
| | 硝酸 | $HNO_3$ |
| | 王水 | 3 份 HCl 与 1 份 $HNO_3$ 的混合物 |
| 砷的化合物 | 砒霜、白砒 | $As_2O_3$ 或 $As_4O_6$ |
| | 信石 | $As_2O_3$ |
| | 雄黄 | $As_2S_2$ 或 $As_4S_4$ |
| | 雄黄、砒黄 | $As_2S_3$ |
| 锑的化合物 | 锑白<br>锑华 | $Sb_2O_3$ 或 $Sb_4O_6$ |
| | 辉锑矿<br>闪锑矿 | $Sb_2O_3$ |

续表

| 类别 | 俗名 | 主要成分或分子式 |
|---|---|---|
| 铜的化合物 | 赤铜矿 | $Cu_2O$ |
| | 辉铜矿 | $Cu_2S$ |
| | 胆矾<br>蓝矾 | $CuSO_4 \cdot 5H_2O$ |
| | 孔雀石<br>铜绿 | $Cu(OH)_2 \cdot 5H_2O$ |
| 锌的化合物 | 锌白<br>锌氧粉 | ZnO |
| | 锌钡白<br>立德粉 | $ZnS \cdot BaSO_4$ |
| | 红锌矿 | ZnO |
| | 闪锌矿 | ZnS |
| | 菱锌矿 | $ZnCO_3$ |
| | 皓矾 | $ZnSO_4 \cdot 7H_2O$ |
| 汞的化合物 | 水银 | Hg |
| | 三仙丹 | HgO |
| | 辰砂、朱砂 | HgS |
| | 雷汞 | $Hg(ONC)_2$ |
| | 甘汞 | $Hg_2Cl_2$ |
| | 升汞 | $HgCl_2$ |
| 铬的化合物 | 铬绿 | $Cr_2O_3$ |
| | 铬黄 | $PbCrO_4$ |
| | 红矾 | $K_2Cr_2O_7$ |
| | (钾)铬矾 | $K_2SO_4 \cdot Cr_2(SO_4)_3 \cdot 24H_2O$ |
| | 铵铬矾 | $(NH_4)_2SO_4 \cdot Cr_2(SO_4)_3 \cdot 24H_2O$ |
| 铁的化合物 | 铁丹、土红 | $Fe_2O_3$ |
| | 赤铁矿 | $Fe_2O_3$ |
| | 磁铁矿 | $Fe_3O_4$ |
| | 褐铁矿 | $2Fe_2O_3 \cdot 3H_2O$ |
| | 菱铁矿 | $FeCO_3$ |
| | 普鲁士蓝 | $Fe_4[Fe(CN)_6]_3$ |
| | 腾氏蓝(腾布尔蓝) | $Fe_3[Fe(CN)_6]_2$ |
| | 黄铁矿、硫铁矿 | $FeS_2$ |
| | 毒砂 | FeAsS |
| | 绿矾 | $FeSO_4 \cdot 7H_2O$ |
| | (钾)铁矾 | $K_2SO_4 \cdot Fe_2(SO_4)_3 \cdot 24H_2O$ |
| | (钾)亚铁矾 | $K_2Fe(SO_4)_2 \cdot 6H_2O$ |
| | 铵铁矾 | $(NH_4)_2SO_4 \cdot Fe_2(SO_4)_3 \cdot 24H_2O$ |
| | 铵亚铁矾 | $(NH_4)_2Fe(SO_4)_2 \cdot 6H_2O$ |

# 附录 2.15 一些有机物质常用的俗名

| 俗名 | 化学名称 | 化学式 |
|---|---|---|
| 沼气 | 甲烷 | $CH_4$ |
| 氯仿 | 三氯甲烷 | $CHCl_3$ |
| 碘仿 | 三碘甲烷 | $CHI_3$ |
| 四氯化碳 | 四氯甲烷 | $CCl_4$ |
| 氯化苦 | 三氯硝基甲烷 | $CCl_3NO_2$ |
| 电石气 | 乙炔 | $C_2H_2$ |
| 木精(木醇) | 甲醇 | $CH_3OH$ |
| 酒精(火酒) | 乙醇 | $C_2H_5OH$ |
| 甘醇 | 乙二醇 | $HO—CH_2—CH_2—OH$ |
| 甘油 | 丙三醇 | $C_3H_5(OH)_3$ |
| 冰片(龙脑) | 莰醇 | OH |
| 水杨醇(柳醇) | 邻羟基苯甲醇 | $CH_2OH$<br>OH |
| 福尔马林 | 40%甲醛(水溶液) | HCHO |

续表

| 俗　　名 | 化学名称 | 化　学　式 |
|---|---|---|
| 水杨醛 | 邻羟基苯甲醛 | 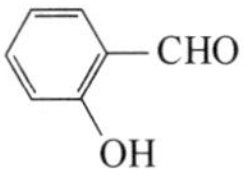 —CHO, —OH |
| 糠醛 | 呋喃甲醛 | 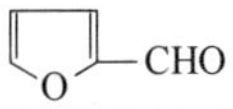 O, —CHO |
| 樟脑 | 莰酮 | 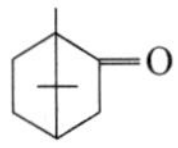 =O |
| 蚁酸 | 甲酸 | HCOOH |
| 醋酸 | 乙酸(28%～60%) | $CH_3COOH$ |
| 冰醋酸 | 乙酸(无水) | $CH_3COOH$ |
| 草酸 | 乙二酸 | HOOC—COOH |
| 酒石酸 | 二羟基丁二酸 | $[CH(OH)COOH]_2$ |
| 乳酸 | 2-羟基丙酸 | $CH_3CHOHCOOH$ |
| 苹果酸 | 羟基丁二酸 | HO—CH—COOH<br>│<br>$CH_2$—COOH |
| 吐酒石 | 酒石酸锑氧基钾 | CHOHCOO(SbO)<br>│<br>CHOHCOOK |
| 柠檬酸(枸橼酸) | 2-羟基丙烷-1,2,3-三羧酸 | $CH_2$—COOH<br>│<br>HO—C—COOH<br>│<br>$CH_2$—COOH |
| 安息香酸 | 苯甲酸 | 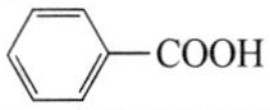 —COOH |
| 水杨酸 | 2-羟基苯甲酸 | 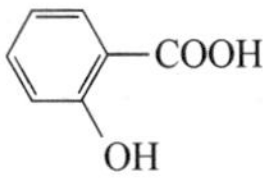 —COOH, —OH |
| 硬脂酸 | 十八(烷)酸 | $CH_3(CH_2)_{16}COOH$ |
| 软脂酸 | 十六(烷)酸 | $CH_3(CH_2)_{14}COOH$ |
| 琥珀酸 | 丁二酸 | HOOC—$CH_2$—$CH_2$—COOH |
| 石炭酸 | 苯酚 | 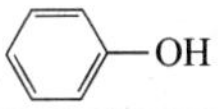 —OH |
| 来苏儿 | 甲苯酚(三种异构体混合物) | $CH_3$—$C_6H_4OH$ |
| 焦性没食子酚 | 1,2,3-苯三酚 | 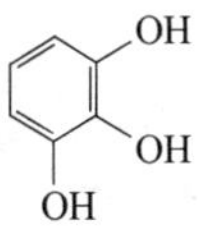 OH, OH, OH |
| 苦味酸 | 2,4,6-三硝基苯酚 | 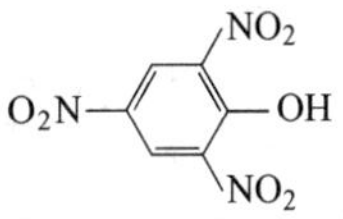 $O_2N$—, —OH, $NO_2$, $NO_2$ |
| 甘氨酸 | 氨基乙酸 | $H_2N$—$CH_2$—COOH |
| 醋酐 | 乙酸酐 | $(CH_3CO)_2O$ |
| 苯酐 | 邻苯二甲酸酐 | 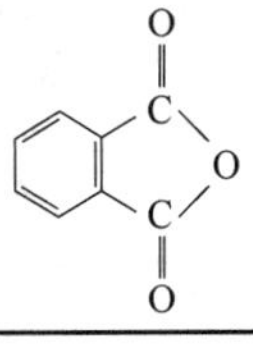 O, C, O, C, O |

| 俗　　名 | 化学名称 | 化　学　式 |
|---|---|---|
| 乙醚 | 二乙醚 | $C_2H_5—O—C_2H_5$ |
| 大茴香醚 | 苯甲醚 | $C_6H_5—OCH_3$ |
| 阿尼林油(阿尼林) | 苯胺 | $C_6H_5—NH_2$ |
| 糖精 | 邻磺酰苯酰亚胺 | $C_6H_4COSO_2NH$ |
| 凡士林 | 液体和固体石蜡烃的混合物 | |
| 火棉 | 硝酸纤维素 | $[(C_6H_7O_2)(—O—NO_2)_3]_n$ |
| 石油皂 | 烷基磺酸钠 | $R—SO_3Na$ |
| 光气 | 碳酰氯 | $COCl_2$ |
| TNT | 三硝基甲苯 | $CH_3C_6H_2(NO_2)_3$（2,4,6-位 $NO_2$） |
| 味精 | 谷氨酸(一)钠 | $HOOCCH(NH_2)CH_2CH_2COONa$ |
| 香蕉水 | 由酯(如乙酸乙酯、乙酸丁酯、乙酸戊酯)、酮(如丙酮、甲乙酮)、醇(如乙醇、丁醇)、芳烃(如苯、甲苯)等混合配制而成 | |
| 六六六 | 六氯环己烷 | $C_6H_6Cl_6$ |
| 滴滴涕(二二三,DDT) | 对,对-二氯二苯三氯乙烷 | $(Cl—C_6H_4)_2CH—CCl_3$ |

## 附录 2.16　常见无机化合物在水中的溶解度（单位为 $g \cdot 100g\ H_2O^{-1}$）

| 化合物 | 温度/℃ | | | | | |
|---|---|---|---|---|---|---|
| | 0 | 20 | 40 | 60 | 80 | 100 |
| $AgC_2H_3O_2$ | 0.72 | 1.04 | 1.41 | 1.89 | 2.52 | $2\times10^{-3}$ |
| $AgF$ | 85.9 | 172 | 203 | | | |
| $AgNO_3$ | 122 | 216 | 311 | 440 | 585 | 733 |
| $Ag_2SO_4$ | 0.57 | 0.80 | 0.98 | 1.15 | 1.30 | 1.41 |
| $AlCl_3$ | 43.9 | 45.8 | 47.3 | 48.1 | 48.6 | 49.0 |
| $AlF_3$ | 0.56 | 0.67 | 0.91 | 1.10 | 1.32 | 1.72 |
| $Al(NO_3)_3$ | 60.0 | 73.9 | 88.7 | 106 | 132 | 160 |
| $Al_2(SO_4)_3 \cdot 18H_2O$ | 31.2 | 36.4 | 45.8 | 49.2 | 73.0 | 89.0 |
| $As_2O_3$ | 1.20 | 1.82 | 2.93 | 4.31 | 6.11 | 8.2 |
| $As_2O_5$ | 59.5 | 65.8 | 71.2 | 73.0 | 75.1 | 76.7 |
| $BaCl_2 \cdot 2H_2O$ | 31.2 | 35.8 | 40.8 | 46.2 | 52.5 | 59.4 |
| $Ba(NO_3)_2$ | 4.95 | 9.02 | 14.1 | 20.4 | 27.2 | 34.4 |
| $Ba(OH)_2$ | 1.67 | 3.89 | 8.22 | 20.94 | 101.4 | |

续表

| 化合物 | 温度/℃ | | | | | |
|---|---|---|---|---|---|---|
| | 0 | 20 | 40 | 60 | 80 | 100 |
| $CaCl_2 \cdot 6H_2O$ | 59.5 | 74.5 | 128 | 137 | 147 | 159 |
| $CaC_2O_4$ | 4.5 | 2.25 | 1.49 | 0.83 | | |
| $Ca(HCO_3)_2$ | 16.15 | 16.60 | 17.05 | 17.50 | 17.95 | 18.40 |
| $CaI_2$ | 64.6 | 67.6 | 70.8 | 74 | 78 | 81 |
| $Ca(NO_3)_2 \cdot 4H_2O$ | 102 | 129 | 191 | | 358 | 363 |
| $Ca(OH)_2$ | 0.189 | 0.173 | 0.141 | 0.121 | | 0.076 |
| $CaSO_4 \cdot 1/2H_2O$ | | 0.32 | | | | 0.071 |
| $CaSO_4 \cdot 2H_2O$ | 0.223 | | 0.265 | | | 0.205 |
| $CdCl_2 \cdot H_2O$ | | 135 | 135 | 136 | 140 | 147 |
| $Cd(NO_3)_2$ | 122 | 150 | 194 | 310 | 713 | |
| $CdSO_4$ | 75.4 | 76.6 | 78.5 | 81.8 | 66.7 | 60.8 |
| $Cl_2$(101.3kPa) | 1.46 | 0.716 | 0.451 | 0.324 | 0.219 | 0 |
| $CO_2$(101.3kPa) | 0.384 | | 0.097 | 0.058 | | |
| $CoCl_2$ | 43.5 | 52.9 | 69.5 | 93.8 | 97.6 | 106 |
| $Co(NO_3)_2$ | 84.0 | 97.4 | 125 | 174 | 204 | |
| $CoSO_4$ | 25.5 | 36.1 | 48.8 | 55.0 | 53.8 | 38.9 |
| $CoSO_4 \cdot 7H_2O$ | 44.8 | 65.4 | 88.1 | 101 | | |
| $CrO_3$ | 164.9 | 167.2 | 172.5 | | 191.6 | 206.8 |
| $CuCl_2$ | 68.6 | 73.0 | 87.6 | 96.5 | 104 | 120 |
| $Cu(NO_3)_2$ | 83.5 | 125 | 163 | 182 | 208 | 247 |
| $CuSO_4 \cdot 5H_2O$ | 23.1 | 32.0 | 44.6 | 61.8 | 83.8 | 114 |
| $FeCl_2$ | 49.7 | 62.5 | 70.0 | 78.3 | 88.7 | 94.9 |
| $FeCl_3 \cdot 6H_2O$ | 74.4 | 91.8 | | | 525.8 | 535.7 |
| $FeSO_4 \cdot 7H_2O$ | 15.6 | 26.5 | 40.2 | | | |
| $H_3BO_3$ | 2.67 | 5.04 | 8.72 | 14.81 | 23.62 | 40.25 |
| HBr(101.3kPa) | 221.2 | 198 | | | | 130 |
| HCl(101.3kPa) | 82.3 | | 63.3 | 56.1 | | |
| $HgCl_2$ | 3.63 | 6.57 | 10.2 | 16.3 | 30.0 | 61.3 |
| $I_2$ | | 0.029 | 0.056 | | | |
| KBr | 53.48 | 65.2 | 75.5 | 85.5 | 95.2 | 102 |
| $KBrO_3$ | 3.1 | 6.9 | 13.3 | 22.7 | 34.0 | 49.75 |
| KCl | 27.6 | 34.0 | 40.0 | 45.5 | 51.1 | 56.7 |
| $KClO_3$ | 3.3 | 7.1 | 13.9 | 23.8 | 37.6 | 57 |
| $KClO_4$ | 0.75 | 1.68 | 3.73 | 7.3 | 13.4 | 21.8 |
| $K_2CO_3$ | 105 | 111 | 117 | 127 | 140 | 156 |
| $K_2CrO_4$ | 58.2 | 62.9 | 65.2 | 68.6 | 72.1 | 79.2 |
| $K_2Cr_2O_7$ | 4.9 | 12 | 26 | 43 | 61 | 102 |
| $K_3[Fe(CN)_6]$ | 30.2 | 46 | 59.3 | 70 | | 91 |
| $K_4[Fe(CN)_6]$ | 14.5 | 28.2 | 41.4 | 54.8 | 66.9 | 74.2 |
| $KHCO_3$ | 22.4 | 33.7 | 47.5 | 65.6 | | |
| KI | 128 | 144 | 162 | 176 | 192 | 206 |
| $KIO_3$ | 4.74 | 8.08 | 12.6 | 18.3 | 24.8 | 32.3 |
| $KMnO_4$ | 2.83 | 6.38 | 12.6 | 22.1 | | |
| $KNO_2$ | 281 | 306 | 329 | 348 | 376 | 413 |
| $KNO_3$ | 13.3 | 31.6 | 61.3 | 106 | 167 | 247 |
| KOH | 95.7 | 112 | 134 | 154 | | 178 |
| KSCN | 177 | 224 | 289 | 372 | 492 | 675 |

续表

| 化合物 | 温度/℃ | | | | | |
|---|---|---|---|---|---|---|
| | 0 | 20 | 40 | 60 | 80 | 100 |
| $K_2SO_4$ | 7.4 | 11.1 | 14.8 | 18.2 | 21.4 | 24.1 |
| $K_2S_2O_8$ | 1.75 | 4.70 | 11.0 | | | |
| $KAl(SO_4)_2 \cdot 12H_2O$ | 3.00 | 5.90 | 11.70 | 24.80 | 71.0 | |
| LiCl | 63.7 | 83.5 | 89.8 | 98.4 | 112 | |
| $Li_2CO_3$ | 1.54 | 1.33 | 1.17 | 1.01 | 0.85 | 0.72 |
| LiI | 151 | 165 | 179 | 202 | 435 | 481 |
| $LiNO_3$ | 53.4 | 70.1 | 152 | 175 | | |
| LiOH | 11.91 | 12.35 | 13.22 | 14.63 | 16.56 | 19.12 |
| $Li_2SO_4$ | 36.1 | 34.8 | 33.7 | 32.6 | 31.4 | |
| $MgCl_2$ | 52.9 | 54.2 | 57.5 | 61.0 | 66.1 | 72.7 |
| $Mg(NO_3)_2$ | 62.1 | 69.5 | 78.9 | 78.9 | 91.6 | |
| $MgSO_4$ | 22.0 | 33.7 | 44.5 | 54.6 | 55.8 | 50.4 |
| $MnCl_2$ | 63.4 | 73.9 | 88.5 | 109 | 113 | 115 |
| $MnF_2$ | | 1.06 | 0.67 | 0.44 | | 0.48 |
| $Mn(NO_3)_2$ | 102 | 139 | | | | |
| $MnSO_4$ | 52.9 | 62.9 | 60.0 | 53.6 | 45.6 | 35.3 |
| NaBr | 79.5 | 90.8 | 107 | 118 | 120 | 121 |
| $Na_2B_4O_7$ | 1.11 | 2.56 | 6.67 | 19.0 | 31.4 | 52.5 |
| $NaBrO_3$ | 27.5 | 36.4 | 48.8 | 62.6 | 75.7 | 90.9 |
| $NaC_2H_3O_2$ | 36.2 | 46.4 | 65.6 | 139 | 153 | 170 |
| $Na_2C_2O_4$ | 2.69 | 3.41 | 4.18 | 4.93 | 5.71 | 6.33 |
| NaCl | 35.7 | 36.0 | 36.6 | 37.3 | 38.4 | 39.1 |
| $NaClO_3$ | 79 | 95.9 | 115 | 137 | 167 | 204 |
| $Na_2CO_3$ | 7.1 | 21.5 | 49.0 | 46.0 | 43.9 | 45.5 |
| $Na_2CrO_4$ | 31.7 | 84.0 | 96.0 | 115 | 125 | 126 |
| $Na_2Cr_2O_7$ | 163 | 180 | 215 | 269 | 376 | 415 |
| NaF | 3.66 | 4.06 | 4.40 | 4.68 | 4.89 | 5.08 |
| $NaHCO_3$ | 6.9 | 9.6 | 12.7 | 16.4 | | |
| $NaH_2PO_4$ | 56.5 | 86.9 | 133 | 172 | 211 | |
| $Na_2HPO_4$ | 1.68 | 7.83 | 55.3 | 82.8 | 92.3 | 104 |
| NaI | 159 | 178 | 205 | 257 | 295 | 302 |
| $NaIO_3$ | 2.48 | 9 | 13.3 | 19.8 | 26.6 | 34 |
| $NaNO_2$ | 71.2 | 80.8 | 94.9 | 111 | 133 | 163 |
| $NaNO_3$ | 73.0 | 87.6 | 102 | 122 | 148 | 180 |
| NaOH | 42 | 109 | 129 | 174 | | 347 |
| $Na_3PO_4$ | 4.5 | 12.1 | 20.2 | 29.9 | 60.0 | 77.0 |
| $Na_2S$ | 9.6 | 15.7 | 26.6 | 39.1 | 55.0 | |
| $Na_2SO_3$ | 14.4 | 26.3 | 37.2 | 32.6 | 29.4 | |
| $Na_2SO_4$ | 4.9 | 19.5 | 48.8 | 45.3 | 43.7 | 42.5 |
| $Na_2SO_4 \cdot 7H_2O$ | 19.5 | 44.1 | | | | |
| $Na_2S_2O_3 \cdot 5H_2O$ | 50.2 | 70.1 | 104 | | | |
| $NaVO_3$ | | 19.3 | 26.3 | 33.0 | 40.8 | |
| $Na_2WO_4$ | 71.5 | 73.0 | 77.6 | | 90.8 | 97.2 |
| $NH_4Cl$ | 29.7 | 37.2 | 45.8 | 55.3 | 65.6 | 77.3 |
| $(NH_4)_2C_2O_4$ | 2.54 | 4.45 | 8.18 | 14.0 | 22.4 | 34.7 |
| $(NH_4)_2CrO_4$ | 25.0 | 34.0 | 45.3 | 59.0 | 76.1 | |
| $(NH_4)_2Cr_2O_7$ | 18.2 | 35.0 | 58.5 | 86.0 | 115 | 156 |

续表

| 化合物 | 温度/℃ | | | | | |
|---|---|---|---|---|---|---|
| | 0 | 20 | 40 | 60 | 80 | 100 |
| $(NH_4)_2Fe(SO_4)_2$ | 12.5 | 26.4 | 46 | | | |
| $NH_4HCO_3$ | 11.9 | 21.7 | 36.6 | 59.2 | 109 | 354 |
| $NH_4H_2PO_4$ | 22.7 | 37.4 | 56.7 | 82.5 | 118 | 173.2 |
| $(NH_4)_2HPO_4$ | 42.9 | 68.9 | 81.8 | 97.2 | | |
| $NH_4I$ | 154.2 | 172 | 191 | 209 | 229 | 250.3 |
| $NH_4NO_3$ | 118.3 | 192 | 297 | 421 | 580 | 871 |
| $NH_4SCN$ | 120 | 170 | 234 | 248 | | |
| $(NH_4)_2SO_4$ | 70.6 | 75.4 | 81 | 88 | 95 | 103.8 |
| $NiCl_2$ | 53.4 | 60.8 | 73.2 | 81.2 | 86.6 | 87.6 |
| $Ni(NO_3)_2$ | 79.2 | 94.2 | 119 | 158 | 187 | |
| $NiSO_4\cdot 7H_2O$ | 26.2 | 37.7 | 50.4 | | | |
| $Pb(C_2H_3O_2)_2$ | 19.8 | 44.3 | 116 | | | |
| $PbCl_2$ | 0.67 | 1.00 | 1.42 | 1.94 | 2.54 | 3.20 |
| $Pb(NO_3)_2$ | 37.6 | 54.3 | 72.1 | 91.6 | 111 | 133 |
| $SO_2$(101.3kPa) | 22.83 | 11.09 | 5.41 | | | |
| $SbCl_3$ | 602 | 910 | 1368 | | | |
| $SrCl_2$ | 43.5 | 52.9 | 63.5 | 81.8 | 90.5 | 101 |
| $Sr(NO_3)_2$ | 39.5 | 69.5 | 89.4 | 93.4 | 96.9 | |
| $Sr(OH)_2$ | 0.91 | 1.77 | 3.95 | 8.42 | 20.2 | 91.2 |
| $ZnCl_2$ | 389 | 446 | 591 | 618 | 645 | 672 |
| $Zn(NO_3)_2$ | 98 | 118.3 | 211 | | | |
| $ZnSO_4$ | 41.6 | 53.8 | 70.5 | 75.4 | 71.1 | 60.5 |

注：溶解度表示在一定温度下，给定化学式的物质溶解在100g $H_2O$中成饱和溶液时，该物质的质量（单位为g）。

# 附录 2.17 不同温度下水的饱和蒸气压（单位为Pa）

| 温度/℃ | 0.0 | 0.2 | 0.4 | 0.6 | 0.8 |
|---|---|---|---|---|---|
| 0 | 601.5 | 619.5 | 628.6 | 637.9 | 647.3 |
| 1 | 656.8 | 666.3 | 675.9 | 685.8 | 695.8 |
| 2 | 705.8 | 715.9 | 726.2 | 736.6 | 747.3 |
| 3 | 757.9 | 768.7 | 779.7 | 790.7 | 801.9 |
| 4 | 813.4 | 824.9 | 836.5 | 848.3 | 860.3 |
| 5 | 872.3 | 884.6 | 897.0 | 909.5 | 922.2 |
| 6 | 935.0 | 948.1 | 961.1 | 974.5 | 988.1 |
| 7 | 1001.7 | 1015.5 | 1029.5 | 1043.6 | 1058.0 |
| 8 | 1072.6 | 1087.2 | 1102.2 | 1117.2 | 1132.4 |
| 9 | 1147.8 | 1163.5 | 1179.2 | 1195.2 | 1211.4 |
| 10 | 1227.8 | 1244.3 | 1261.0 | 1277.9 | 1295.1 |
| 11 | 1312.4 | 1330.4 | 1347.8 | 1365.8 | 1383.9 |
| 12 | 1402.3 | 1421.0 | 1439.7 | 1458.7 | 1477.6 |
| 13 | 1497.3 | 1517.1 | 1536.9 | 1557.2 | 1577.6 |
| 14 | 1598.1 | 1619.1 | 1640.1 | 1661.5 | 1683.1 |
| 15 | 1704.9 | 1726.9 | 1749.3 | 1771.9 | 1794.7 |
| 16 | 1817.7 | 1841.1 | 1864.8 | 1888.6 | 1912.8 |
| 17 | 1937.2 | 1961.8 | 1986.9 | 2012.1 | 2037.7 |

续表

| 温度/℃ | 0.0 | 0.2 | 0.4 | 0.6 | 0.8 |
|---|---|---|---|---|---|
| 18 | 2063.4 | 2089.6 | 2116.0 | 2142.6 | 2169.4 |
| 19 | 2196.8 | 2224.5 | 2252.3 | 2280.5 | 2309.0 |
| 20 | 2337.8 | 2366.9 | 2396.3 | 2426.1 | 2456.1 |
| 21 | 2486.5 | 2517.1 | 2550.5 | 2579.7 | 2611.4 |
| 22 | 2643.4 | 2675.8 | 2708.6 | 2741.8 | 2775.1 |
| 23 | 2808.8 | 2843.8 | 2877.5 | 2913.6 | 2947.8 |
| 24 | 2983.4 | 3019.5 | 3056.0 | 3092.8 | 3129.9 |
| 25 | 3167.2 | 3204.9 | 3243.2 | 3282.0 | 3321.3 |
| 26 | 3360.9 | 3400.9 | 3441.3 | 3482.0 | 3523.2 |
| 27 | 3564.9 | 3607.0 | 3646.0 | 3692.5 | 3735.8 |
| 28 | 3779.6 | 3823.7 | 3858.3 | 3913.5 | 3959.3 |
| 29 | 4005.4 | 4051.9 | 4099.0 | 4146.6 | 4194.5 |
| 30 | 4242.9 | 4286.1 | 4314.1 | 4390.3 | 4441.2 |
| 31 | 4492.3 | 4543.9 | 4595.8 | 4648.2 | 4701.0 |
| 32 | 4754.7 | 4808.9 | 4863.2 | 4918.4 | 4974.0 |
| 33 | 5030.1 | 5086.9 | 5144.1 | 5202.0 | 5260.5 |
| 34 | 5319.2 | 5378.8 | 5439.0 | 5499.7 | 5560.9 |
| 35 | 5622.9 | 5685.4 | 5748.5 | 5812.2 | 5876.6 |
| 36 | 5941.2 | 6006.7 | 6072.7 | 6139.5 | 6207.0 |
| 37 | 6275.1 | 6343.7 | 6413.1 | 6483.1 | 6553.7 |
| 38 | 6625.1 | 6696.9 | 6769.3 | 6842.5 | 6916.6 |
| 39 | 6991.7 | 7067.3 | 7143.4 | 7220.2 | 7297.7 |
| 40 | 7375.9 | 7454.1 | 7534.0 | 7614.0 | 7695.4 |
| 41 | 7778.0 | 7860.7 | 7943.3 | 8028.7 | 8114.0 |
| 42 | 8199.3 | 8284.7 | 8372.6 | 8460.6 | 8548.6 |
| 43 | 8639.3 | 8729.9 | 8820.6 | 8913.9 | 9007.3 |
| 44 | 9100.6 | 9195.2 | 9291.2 | 9387.2 | 9484.6 |
| 45 | 9583.2 | 9681.9 | 9780.5 | 9881.9 | 9983.2 |
| 46 | 10086 | 10190 | 10293 | 10399 | 10506 |
| 47 | 10612 | 10720 | 10830 | 10939 | 11048 |
| 48 | 11160 | 11274 | 11388 | 11503 | 11618 |
| 49 | 11735 | 11852 | 11971 | 12091 | 12211 |
| 50 | 12334 | 12466 | 12586 | 12706 | 12839 |
| 60 | 19916 | | | | |
| 70 | 31157 | | | | |
| 80 | 47343 | | | | |
| 90 | 70096 | | | | |
| 100 | 101325 | | | | |

摘自：古风才等编. 基础化学实验教程. 第2版. 北京：科学出版社，2005：479.

# 附录 2.18 不同温度下水的表面张力

| $t$/℃ | $10^3\sigma$/N·m$^{-1}$ | $t$/℃ | $10^3\sigma$/N·m$^{-1}$ | $t$/℃ | $10^3\sigma$/N·m$^{-1}$ | $t$/℃ | $10^3\sigma$/N·m$^{-1}$ |
|---|---|---|---|---|---|---|---|
| 0 | 75.64 | 17 | 73.19 | 26 | 71.82 | 60 | 66.18 |
| 5 | 74.92 | 18 | 73.05 | 27 | 71.66 | 70 | 64.42 |
| 10 | 74.22 | 19 | 72.90 | 28 | 71.50 | 80 | 62.61 |
| 11 | 74.07 | 20 | 72.75 | 29 | 71.35 | 90 | 60.75 |
| 12 | 73.93 | 21 | 72.59 | 30 | 71.18 | 100 | 58.85 |
| 13 | 73.78 | 22 | 72.44 | 35 | 70.38 | 110 | 56.89 |
| 14 | 73.64 | 23 | 72.28 | 40 | 69.56 | 120 | 54.89 |
| 15 | 73.59 | 24 | 72.13 | 45 | 68.74 | 130 | 52.84 |
| 16 | 73.34 | 25 | 71.97 | 50 | 67.91 | | |

摘自：John A Dean. Lange's Handbook of Chemistry. New York：McGraw-Hill Book Company Inc，1973：10-265.

# 附录 2.19 不同温度下液体的密度（单位为 $g \cdot cm^{-3}$）

| 温度/℃ | 水 | 乙醇 | 苯 | 汞 | 环己烷 | 乙酸乙酯 | 丁醇 |
|---|---|---|---|---|---|---|---|
| 6 | 0.9999 | 0.8012 | — | 13.581 | 0.7906 | — | — |
| 7 | 0.9999 | 0.8003 | — | 13.578 | — | — | — |
| 8 | 0.9998 | 0.7995 | — | 13.576 | — | — | — |
| 9 | 0.9998 | 0.7987 | — | 13.573 | — | — | — |
| 10 | 0.9997 | 0.7978 | 0.887 | 13.571 | — | 0.9127 | — |
| 11 | 0.9996 | 0.7970 | — | 13.568 | — | — | — |
| 12 | 0.9995 | 0.7962 | — | 13.566 | 0.7850 | — | — |
| 13 | 0.9994 | 0.7953 | — | 13.563 | — | — | |
| 14 | 0.9992 | 0.7945 | — | 13.561 | — | — | 0.8135 |
| 15 | 0.9991 | 0.7936 | 0.883 | 13.559 | — | — | — |
| 16 | 0.9989 | 0.7928 | 0.882 | 13.556 | — | — | — |
| 17 | 0.9988 | 0.7919 | 0.882 | 13.554 | — | — | — |
| 18 | 0.9986 | 0.7911 | 0.881 | 13.551 | 0.7736 | — | — |
| 19 | 0.9984 | 0.7902 | 0.881 | 13.549 | — | — | — |
| 20 | 0.9982 | 0.7894 | 0.879 | 13.546 | — | 0.9008 | — |
| 21 | 0.9980 | 0.7886 | 0.879 | 13.544 | — | — | — |
| 22 | 0.9978 | 0.7877 | 0.878 | 13.541 | — | — | 0.8072 |
| 23 | 0.9975 | 0.7869 | 0.877 | 13.539 | 0.7736 | — | — |
| 24 | 0.9973 | 0.7860 | 0.876 | 13.536 | — | — | — |
| 25 | 0.9970 | 0.7852 | 0.875 | 13.534 | — | — | — |
| 26 | 0.9968 | 0.7843 | — | 13.532 | — | — | — |
| 27 | 0.9965 | 0.7835 | — | 13.529 | — | — | — |
| 28 | 0.9962 | 0.7826 | — | 13.527 | — | — | — |
| 29 | 0.9959 | 0.7818 | — | 13.524 | — | — | — |
| 30 | 0.9956 | 0.7809 | 0.869 | 13.522 | 0.7678 | 0.8888 | 0.8007 |

摘自：古凤才等编．基础化学实验教程．第 2 版．北京：科学出版社，2005：498.

# 附录 2.20 常压下共沸物的沸点和组成

| 共 沸 物 | | 各组分的沸点/℃ | | | 共沸物的性质 |
|---|---|---|---|---|---|
| 甲组分 | 乙组分 | 甲组分 | 乙组分 | 沸点/℃ | 组成(组分甲的质量分数)/% |
| 苯 | 乙醇 | 80.1 | 78.3 | 67.9 | 68.3 |
| 环己烷 | 乙醇 | 80.8 | 78.3 | 64.8 | 70.8 |
| 正己烷 | 乙醇 | 68.9 | 78.3 | 58.7 | 79.0 |
| 乙酸乙酯 | 乙醇 | 77.1 | 78.3 | 71.8 | 69.0 |
| 乙酸乙酯 | 环己烷 | 77.1 | 80.7 | 71.6 | 56.0 |
| 异丙醇 | 环己烷 | 82.4 | 80.7 | 69.4 | 32.0 |

摘自：Robert C Weast. CRC Handbook of Chemistry Physics. USA：CRC Press，Inc，1985-1986，66th：12-30.

## 附录 2.21 高分子化合物特性黏度与分子量关系式中的参数

| 高聚物 | 溶剂 | $t$/℃ | $10^3K/dm^3\cdot kg^{-1}$ | $\alpha$ | 分子量范围 $M\times10^{-4}$ |
|---|---|---|---|---|---|
| 聚丙烯酰胺 | 水 | 30 | 6.31 | 0.80 | 2～50 |
| | 水 | 30 | 68 | 0.66 | 1～20 |
| | $1mol\cdot dm^{-3}$ $NaNO_3$ | 30 | 37.3 | 0.66 | |
| 聚丙烯腈 | 二甲基甲酰胺 | 25 | 16.6 | 0.81 | 5～27 |
| 聚甲基丙烯酸甲酯 | 丙酮 | 25 | 7.5 | 0.70 | 3～93 |
| 聚乙烯醇 | 水 | 25 | 20 | 0.76 | 0.6～2.1 |
| | 水 | 30 | 66.6 | 0.64 | 0.6～16 |
| 聚己内酰胺 | 40% $H_2SO_4$ | 25 | 59.2 | 0.69 | 0.3～1.3 |
| 聚醋酸乙烯酯 | 丙酮 | 25 | 10.8 | 0.72 | 0.9～2.5 |

摘自：印永嘉主编. 大学化学手册. 济南：山东科学技术出版社，1985：692.

## 附录 2.22 几种化合物的磁化率

| 无机物 | $T$/K | 质量磁化率 $10^9x_m/m^3\cdot kg^{-1}$ | 摩尔磁化率 $10^9x_M/m^3\cdot mol^{-1}$ |
|---|---|---|---|
| $CuBr_2$ | 292.7 | 38.6 | 8.614 |
| $CuCl_2$ | 289 | 100.9 | 13.57 |
| $CuF_2$ | 293 | 129 | 13.19 |
| $Cu(NO_3)_2\cdot 3H_2O$ | 293 | 81.7 | 19.73 |
| $CuSO_4\cdot 5H_2O$ | 293 | 73.5(74.4) | 18.35 |
| $FeCl_2\cdot 4H_2O$ | 293 | 816 | 162.1 |
| $FeSO_4\cdot 7H_2O$ | 293.5 | 506.2 | 140.7 |
| $H_2O$ | 293 | −9.50 | −0.163 |
| $Hg[Co(CNS)_4]$ | 293 | 206.6 | |
| $K_3Fe(CN)_6$ | 297 | 87.5 | 28.78 |
| $K_4Fe(CN)_6$ | 室温 | 4.699 | −1.634 |
| $K_4Fe(CN)_6\cdot 3H_2O$ | 室温 | | −2.165 |
| $NH_4Fe(SO_4)_2\cdot 12H_2O$ | 293 | 378 | 182.2 |
| $(NH_4)_2Fe(SO_2)_2\cdot 6H_2O$ | 293 | 397(406) | 155.8 |

摘自：复旦大学等编. 物理化学实验. 第2版. 北京：高等教育出版社，1995：461.

## 附录 2.23 某些液体的折射率（25℃）

| 名称 | $n_{25}^{D}$ | 名称 | $n_{25}^{D}$ |
|---|---|---|---|
| 甲醇 | 1.326 | 四氯化碳 | 1.459 |
| 乙醚 | 1.352 | 乙苯 | 1.493 |
| 丙酮 | 1.357 | 甲苯 | 1.494 |
| 乙醇 | 1.359 | 苯 | 1.498 |
| 乙酸 | 1.370 | 苯乙烯 | 1.545 |
| 乙酸乙酯 | 1.370 | 溴苯 | 1.557 |
| 正己烷 | 1.372 | 苯胺 | 1.583 |
| 1-丁醇 | 1.397 | 溴仿 | 1.587 |
| 氯仿 | 1.444 | | |

摘自：Robert C Weast. CRC Handbook of Chemistry Physics. USA：CRC Press，Inc，1982-1983，63：375.

## 附录 2.24 乙醇水溶液的混合体积与浓度的关系

| 乙醇的质量分数/% | $V_{混}$/mL | 乙醇的质量分数/% | $V_{混}$/mL |
|---|---|---|---|
| 20 | 103.24 | 60 | 112.22 |
| 30 | 104.84 | 70 | 115.25 |
| 40 | 106.93 | 80 | 118.56 |
| 50 | 109.43 | | |

注：温度为20℃，混合物的质量为100g。

摘自：傅献彩等编. 物理化学：上册. 北京：人民教育出版社，1979：212.

## 附录 2.25 几种溶剂的冰点下降常数

| 溶剂 | 凝固点/℃ | $K_f$ | 溶剂 | 凝固点/℃ | $K_f$ |
|---|---|---|---|---|---|
| 环己烷 | 6.54 | 20.0 | 酚 | 40.9 | 7.40 |
| 溴仿 | 8.05 | 14.4 | 萘 | 80.290 | 6.94 |
| 乙酸 | 16.66 | 3.90 | 樟脑 | 178.75 | 37.7 |
| 苯 | 5.533 | 5.12 | 水 | 0.0 | 1.853 |

摘自：John A Dean. Lange's Handbook of Chemistry (12th Edition). Mexico city：McGraw-Hill Inc，1979：10-80.

## 附录 2.26 弱电解质的解离常数（0.01～0.1mol·$L^{-1}$水溶液）

### 附录 2.26.1 弱酸的解离常数

| 酸 | 温度/℃ | 级 | $K_a$ | $pK_a$ |
|---|---|---|---|---|
| 砷酸($H_3AsO_4$) | 18 | 1 | $5.62\times10^{-3}$ | 2.25 |
| | 18 | 2 | $1.70\times10^{-7}$ | 6.77 |
| | 18 | 3 | $3.95\times10^{-12}$ | 11.60 |
| 亚砷酸($H_3AsO_3$) | 25 | | $6\times10^{-19}$ | 9.23 |
| 正硼酸($H_3BO_3$) | 20 | | $7.3\times10^{-10}$ | 9.14 |
| 碳酸($H_2CO_3$) | 25 | 1 | $4.30\times10^{-7}$ | 6.37 |
| | 25 | 2 | $5.61\times10^{-11}$ | 10.25 |
| 铬酸($H_2CrO_4$) | 25 | 1 | $1.8\times10^{-1}$ | 0.74 |
| | 25 | 2 | $3.20\times10^{-7}$ | 6.49 |
| 氢氰酸(HCN) | 25 | | $4.93\times10^{-10}$ | 9.31 |
| 氢氟酸(HF) | 25 | | $3.53\times10^{-4}$ | 3.45 |
| 氢硫酸($H_2S$) | 18 | 1 | $9.1\times10^{-8}$ | 7.04 |
| | 18 | 2 | $1.1\times10^{-12}$ | 11.96 |
| 过氧化氢($H_2O_2$) | 25 | | $2.4\times10^{-12}$ | 11.62 |
| 次溴酸(HBrO) | 25 | | $2.06\times10^{-9}$ | 8.69 |
| 次氯酸(HClO) | 18 | | $2.95\times10^{-8}$ | 7.53 |
| 次碘酸(HIO) | 25 | | $2.3\times10^{-11}$ | 10.64 |
| 碘酸($HIO_3$) | 25 | | $1.69\times10^{-1}$ | 0.77 |
| 亚硝酸($HNO_2$) | 12.5 | | $4.6\times10^{-4}$ | 3.37 |

续表

| 酸 | 温度/℃ | 级 | $K_a$ | $pK_a$ |
|---|---|---|---|---|
| 高碘酸($HIO_4$) | 25 | | $2.3\times10^{-2}$ | 1.64 |
| 正磷酸($H_3PO_4$) | 25 | 1 | $7.52\times10^{-3}$ | 2.12 |
| | 25 | 2 | $6.23\times10^{-8}$ | 7.21 |
| | 18 | 3 | $2.2\times10^{-12}$ | 12.67 |
| 亚磷酸($H_3PO_3$) | 18 | 1 | $1.0\times10^{-2}$ | 2.00 |
| | 18 | 2 | $2.6\times10^{-7}$ | 6.59 |
| 焦磷酸($H_4P_2O_7$) | 18 | 1 | $1.4\times10^{-1}$ | 0.85 |
| | 18 | 2 | $3.2\times10^{-2}$ | 1.49 |
| | 18 | 3 | $1.7\times10^{-6}$ | 5.77 |
| | 18 | 4 | $6\times10^{-9}$ | 8.22 |
| 硒酸($H_2SeO_4$) | 25 | 2 | $1.2\times10^{-2}$ | 1.92 |
| 亚硒酸($H_2SeO_3$) | 25 | 1 | $3.5\times10^{-3}$ | 2.46 |
| | 25 | 2 | $5\times10^{-8}$ | 7.31 |
| 硅酸($H_2SiO_3$) | 常温 | 1 | $2\times10^{-10}$ | 9.70 |
| | 常温 | 2 | $1\times10^{-12}$ | 12.00 |
| 硫酸($H_2SO_4$) | 25 | 2 | $1.20\times10^{-2}$ | 1.92 |
| 亚硫酸($H_2SO_3$) | 18 | 1 | $1.54\times10^{-2}$ | 1.81 |
| | 18 | 2 | $1.02\times10^{-7}$ | 6.91 |
| 甲酸(HCOOH) | 20 | | $1.77\times10^{-4}$ | 3.75 |
| 醋酸(HAc) | 25 | | $1.76\times10^{-5}$ | 4.75 |
| 草酸($H_2C_2O_4$) | 25 | 1 | $5.90\times10^{-2}$ | 1.23 |
| | 25 | 2 | $6.40\times10^{-5}$ | 4.19 |

附录 2.26.2 弱碱的解离常数

| 碱 | 温度/℃ | 级 | $K_b$ | $pK_b$ |
|---|---|---|---|---|
| 氨水($NH_3\cdot H_2O$) | 25 | | $1.79\times10^{-5}$ | 4.75 |
| 氢氧化铍[$Be(OH)_2$] | 25 | 2 | $5\times10^{-11}$ | 10.30 |
| 氢氧化钙[$Ca(OH)_2$] | 25 | 1 | $3.74\times10^{-3}$ | 2.43 |
| | 30 | 2 | $4.0\times10^{-2}$ | 1.40 |
| 联氨($NH_2\cdot NH_2$) | 20 | | $1.7\times10^{-6}$ | 5.77 |
| 羟胺($NH_2OH$) | 20 | | $1.07\times10^{-8}$ | 7.97 |
| 氢氧化铅[$Pb(OH)_2$] | 25 | | $9.6\times10^{-4}$ | 3.02 |
| 氢氧化银(AgOH) | 25 | | $1.1\times10^{-4}$ | 3.96 |
| 氢氧化锌[$Zn(OH)_2$] | 25 | | $9.6\times10^{-4}$ | 3.02 |

# 附录 2.27 一些物质的热力学数据 (298.15K)

| 物 质 | $\Delta_f H_m^\ominus/kJ\cdot mol^{-1}$ | $\Delta_f G_m^\ominus/kJ\cdot mol^{-1}$ | $S_m^\ominus/J\cdot K^{-1}\cdot mol^{-1}$ |
|---|---|---|---|
| Ag(s) | 0 | 0 | 42.6 |
| $Ag^+$(s) | 105.4 | 76.98 | 72.8 |
| AgCl(s) | −127.1 | −110 | 96.2 |
| AgBr(s) | −100 | −97.1 | 107 |
| AgI(s) | −61.9 | −66.1 | 116 |
| $AgNO_2$(s) | −45.1 | 19.1 | 128 |
| $AgNO_3$(s) | −124.4 | −33.5 | 141 |

| 物　质 | $\Delta_f H_m^{\ominus}$/kJ·mol$^{-1}$ | $\Delta_f G_m^{\ominus}$/kJ·mol$^{-1}$ | $S_m^{\ominus}$/J·K$^{-1}$·mol$^{-1}$ |
|---|---|---|---|
| $Ag_2O$(s) | −31.0 | −11.2 | 121 |
| Al(s) | 0 | 0 | 28.3 |
| $Al_2O_3$(s,刚玉) | −1676 | −1582 | 50.9 |
| $Al^{3+}$(aq) | −531 | −485 | −322 |
| $AsH_3$(g) | 66.4 | 68.9 | 222.67 |
| $AsF_3$(l) | −821.3 | −774.0 | 181.2 |
| $As_4O_6$(s,单斜) | −1309.6 | −1154.0 | 234.3 |
| Au(s) | 0 | 0 | 47.3 |
| $Au_2O_3$(s) | 80.8 | 163 | 126 |
| B(s) | 0 | 0 | 5.85 |
| $B_2H_6$(g) | 35.6 | 86.6 | 232 |
| $B_2O_3$(s) | −1272.8 | −1193.7 | 54.0 |
| $B(OH)_4^-$(aq) | −1343.9 | −1153.1 | 102.5 |
| $H_3BO_3$(s) | −1094.5 | −969.0 | 88.8 |
| Ba(s) | 0 | 0 | 62.8 |
| $Ba^{2+}$(aq) | −537.6 | −560.7 | 9.6 |
| BaO(s) | −553.5 | −525.1 | 70.4 |
| $BaCO_3$(s) | −1216 | −1138 | 112 |
| $BaSO_4$(s) | −1473 | −1362 | 132 |
| $Br_2$(g) | 30.91 | 3.14 | 245.35 |
| $Br_2$(l) | 0 | 0 | 152.2 |
| $Br^-$(aq) | −121 | −104 | 82.4 |
| HBr(g) | −36.4 | −53.6 | 198.7 |
| $HBrO_3$(aq) | −67.1 | −18 | 161.5 |
| C(s,金刚石) | 1.9 | 2.9 | 2.4 |
| C(s,石墨) | 0 | 0 | 5.73 |
| $CH_4$(g) | −74.8 | −50.8 | 186.2 |
| $C_2H_4$(g) | 52.3 | 68.2 | 219.4 |
| $C_2H_6$(g) | −84.68 | −32.89 | 229.5 |
| $C_2H_2$(g) | 226.75 | 209.20 | 200.82 |
| $CH_2O$(g) | −115.9 | −110 | 218.7 |
| $CH_3OH$(g) | −201.2 | −161.9 | 238 |
| $CH_3OH$(l) | −238.7 | −166.4 | 127 |
| $CH_3CHO$(g) | −166.4 | −133.7 | 266 |
| $C_2H_5OH$(g) | −235.3 | −168.6 | 282 |
| $C_2H_5OH$(g) | −277.6 | −174.9 | 161 |
| $CH_3COOH$(l) | −484.5 | −390 | 160 |
| $C_6H_{12}O_6$(s) | −1274.4 | −910.5 | 212 |
| CO(g) | −110.5 | −137.2 | 197.6 |
| $CO_2$(g) | −393.5 | −394.4 | 213.6 |
| Ca(s) | 0 | 0 | 41.4 |
| $Ca^{2+}$(aq) | −542.7 | −553.5 | −53.1 |
| CaO(s) | −635.1 | −604.2 | 39.7 |
| $CaCO_3$(s) | −1206.9 | −1128.8 | 92.9 |
| $CaC_2O_4$(s) | −1360.6 | — | — |
| $Ca(OH)_2$(s) | −986.1 | −896.8 | 83.39 |
| $CaSO_4$(s) | −1434.1 | −1321.9 | 107 |
| $CaSO_4·1/2H_2O$(s) | −1577 | −1437 | 130.5 |
| $CaSO_4·2H_2O$(s) | −2023 | −1797 | 194.1 |
| $Ce^{3+}$(aq) | −700.4 | −676 | −205 |
| $CeO_2$(s) | −1083 | −1025 | 62.3 |
| $Cl_2$(g) | 0 | 0 | 223 |
| $Cl^-$(aq) | −167.2 | −131.3 | 56.5 |
| $ClO^-$(aq) | −107.1 | −36.8 | 41.8 |
| HCl(g) | −92.5 | −95.4 | 186.6 |
| HClO(aq,非解离) | −121 | −79.9 | 142 |

续表

| 物　质 | $\Delta_f H_m^\ominus$/kJ·mol$^{-1}$ | $\Delta_f G_m^\ominus$/kJ·mol$^{-1}$ | $S_m^\ominus$/J·K$^{-1}$·mol$^{-1}$ |
|---|---|---|---|
| $HClO_3$(aq) | 104.0 | −8.03 | 162 |
| $HClO_4$(aq) | −9.70 | — | — |
| Co(s) | 0 | 0 | 30.0 |
| $Co^{2+}$(aq) | −58.2 | −54.3 | −113 |
| $CoCl_2$(s) | −312.5 | −270 | 109.2 |
| $CoCl_2 \cdot 6H_2O$(s) | −2115 | −1725 | 343 |
| Cr(s) | 0 | 0 | 23.77 |
| $CrO_4^{2-}$(aq) | −881.1 | −728 | 50.2 |
| $Cr_2O_7^{2-}$(aq) | −1490 | −1301 | 262 |
| $Cr_2O_3$(s) | −1140 | −1058 | 81.2 |
| $CrO_3$(s) | −589.5 | −506.3 | — |
| $(NH_4)_2Cr_2O_7$(s) | −1807 | — | — |
| Cu(s) | 0 | 0 | 33 |
| $Cu^+$(aq) | 71.5 | 50.2 | 41 |
| $Cu^{2+}$(aq) | 64.77 | 65.52 | −99.6 |
| $Cu_2O$(s) | −169 | −146 | 93.3 |
| CuO(s) | −157 | −130 | 42.7 |
| $CuSO_4$(s) | −771.5 | −661.9 | 109 |
| $CuSO_4 \cdot 5H_2O$(s) | −2321 | −1880 | 300 |
| $F_2$(g) | 0 | 0 | 202.7 |
| $F^-$(aq) | −333 | −279 | −14 |
| HF(g) | −271 | −273 | 174 |
| Fe(s) | 0 | 0 | 27.3 |
| $Fe^{2+}$(aq) | −89.1 | −78.6 | −138 |
| $Fe^{3+}$(aq) | −48.5 | −4.6 | −316 |
| FeO(s) | −272 | — | — |
| $Fe_2O_3$(s) | −824 | −742.2 | 87.4 |
| $Fe_3O_4$(s) | −1118 | −1015 | 146 |
| $Fe(OH)_2$(s) | −569 | −486.6 | 88 |
| $Fe(OH)_3$(s) | −823.0 | −696.6 | 107 |
| $H_2$(g) | 0 | 0 | 130 |
| $H^+$(aq) | 0 | 0 | 0 |
| $H_2O$(g) | −241.8 | −228.6 | 188.7 |
| $H_2O$(l) | −285.8 | −237.2 | 69.91 |
| $H_2O_2$(l) | −187.8 | −120.4 | 109.6 |
| $OH^-$(aq) | −230.0 | −157.3 | −10.8 |
| Hg(l) | 0 | 0 | 76.1 |
| $Hg^{2+}$(aq) | 171 | 164 | −32 |
| $Hg_2^{2+}$(aq) | 172 | 153 | 84.5 |
| HgO(s,红色) | −90.83 | −58.56 | 70.3 |
| HgO(s,黄色) | −90.4 | −58.43 | 71.1 |
| $HgI_2$(s,红色) | −105 | −102 | 180 |
| HgS(s,红色) | −58.1 | −50.6 | 82.4 |
| $I_2$(s) | 0 | 0 | 116 |
| $I_2$(g) | 62.4 | 19.4 | 261 |
| $I^-$(aq) | −55.19 | −51.59 | 111 |
| HI(g) | 26.5 | 1.72 | 207 |
| $HIO_3$(s) | −230 | — | — |
| K(s) | 0 | 0 | 64.7 |
| $K^+$(aq) | −252.4 | −283 | 102 |
| KCl(s) | −436.8 | −409.2 | 82.59 |
| $K_2O$(s) | −361 | — | — |
| $K_2O_2$(s) | −494.1 | −425.1 | 102 |
| $Li^+$(aq) | −278.5 | −293.3 | 13 |
| $Li_2O$(s) | −597.9 | −561.1 | 37.6 |
| Mg(s) | 0 | 0 | 32.7 |

续表

| 物　质 | $\Delta_f H_m^\ominus$/kJ·mol$^{-1}$ | $\Delta_f G_m^\ominus$/kJ·mol$^{-1}$ | $S_m^\ominus$/J·K$^{-1}$·mol$^{-1}$ |
|---|---|---|---|
| $Mg^{2+}$(aq) | −466.9 | −454.8 | −138 |
| $MgCl_2$(s) | −641.3 | −591.8 | 89.62 |
| MgO(s) | −601.7 | −569.4 | 26.9 |
| $MgCO_3$(s) | −1096 | −1012 | 65.7 |
| Mn(s) | 0 | 0 | 32.0 |
| $Mn^{2+}$(aq) | −220.7 | −228 | −73.6 |
| $MnO_2$(s) | −520.1 | −465.3 | 53.1 |
| $N_2$(g) | 0 | 0 | 192 |
| $NH_3$(g) | −46.11 | −16.5 | 192.3 |
| $NH_3 \cdot H_2O$(aq,非解离) | −366.1 | −263.8 | 181 |
| $N_2H_4$(l) | 50.6 | 149.2 | 121 |
| $NH_4Cl$(s) | −315 | −203 | 94.6 |
| $NH_4NO_3$(s) | −366 | −184 | 151 |
| $(NH_4)_2SO_4$(s) | −901.9 | — | 187.5 |
| NO(g) | 90.4 | 86.6 | 210 |
| $NO_2$(g) | 33.2 | 51.5 | 240 |
| $N_2O$(g) | 81.55 | 103.6 | 220 |
| $N_2O_4$(g) | 9.16 | 97.82 | 304 |
| $HNO_3$(l) | −174 | −80.8 | 156 |
| Na(s) | 0 | 0 | 51.2 |
| $Na^+$(aq) | −240 | −262 | 59.0 |
| NaCl(s) | −327.47 | −348.15 | 72.1 |
| $Na_2B_4O_7$(s) | −3291 | −3096 | 189.5 |
| $NaBO_2$(s) | −977.0 | −920.7 | 73.5 |
| $Na_2CO_3$(s) | −1130.7 | −1044.5 | 135 |
| $NaHCO_3$(s) | −950.8 | −851.0 | 102 |
| $NaNO_2$(s) | −358.7 | −284.6 | 104 |
| $NaNO_3$(s) | −467.9 | −367.1 | 116.5 |
| $Na_2O$(s) | −414 | −375.5 | 75.06 |
| $Na_2O_2$(s) | −510.9 | −447.7 | 93.3 |
| NaOH(s) | −425.6 | −379.5 | 64.45 |
| $O_2$(g) | 0 | 0 | 205.03 |
| $O_3$(g) | 143 | 163 | 238.8 |
| P(s,白) | 0 | 0 | 41.1 |
| $PCl_3$(g) | −287 | −268 | 311.7 |
| $PCl_5$(g) | −398.8 | −324.6 | 353 |
| $P_4O_{10}$(s,六方) | −2984 | −2698 | 228.9 |
| Pb(s) | 0 | 0 | 64.9 |
| $Pb^{2+}$(aq) | −1.7 | −24.4 | 10 |
| PbO(s,黄色) | −215 | −188 | 68.6 |
| PbO(s,红色) | −219 | −189 | 66.5 |
| $Pb_3O_4$(s) | −718.4 | −601.2 | 211 |
| $PbO_2$(s) | −277 | −217 | 68.6 |
| PbS(s) | −100 | −98.7 | 91.2 |
| S(s,斜方) | 0 | 0 | 31.8 |
| $S^{2-}$(aq) | 33.1 | 85.8 | −14.6 |
| $H_2S$(g) | −20.6 | −33.6 | 206 |
| $SO_2$(g) | −296.8 | −300.2 | 248 |
| $SO_3$(g) | −395.7 | −371.1 | 256.6 |
| $SO_3^{2-}$(aq) | −635.5 | −486.6 | −29 |
| $SO_4^{2-}$(aq) | −909.27 | −744.63 | 20 |
| $SiO_2$(s,石英) | −910.9 | −856.7 | 41.8 |
| $SiF_4$(g) | −1614.9 | −1572.7 | 282.4 |
| $SiCl_4$(l) | −687.0 | −619.9 | 239.7 |
| Sn(s,白色) | 0 | 0 | 51.55 |
| Sn(s,灰色) | −2.1 | 0.13 | 44.14 |

续表

| 物　质 | $\Delta_f H_m^\ominus$/kJ·mol$^{-1}$ | $\Delta_f G_m^\ominus$/kJ·mol$^{-1}$ | $S_m^\ominus$/J·K$^{-1}$·mol$^{-1}$ |
|---|---|---|---|
| $Sn^{2+}$(aq) | −8.8 | −27.2 | −16.7 |
| SnO(s) | −286 | −257 | 56.5 |
| $SnO_2$(s) | −580.7 | −519.6 | 52.3 |
| $Sr^{2+}$(aq) | −545.8 | −559.4 | −32.6 |
| SrO(s) | −592.0 | −561.9 | 54.4 |
| $SrCO_3$(s) | −1220 | −1140 | 97.1 |
| Ti(s) | 0 | 0 | 30.6 |
| $TiO_2$(s,金红石) | −944.7 | −889.5 | 50.3 |
| $TiCl_4$(l) | −804.2 | −737.2 | 252.3 |
| $V_2O_5$(s) | −1551 | −1420 | 131 |
| $WO_3$(s) | −842.9 | −764.08 | 75.9 |
| Zn(s) | 0 | 0 | 41.6 |
| $Zn^{2+}$(aq) | −153.9 | −147.0 | −112 |
| ZnO(s) | −348.3 | −318.3 | 43.6 |
| ZnS(s,闪锌矿) | −206.0 | −210.3 | 57.7 |

# 附录3 常见离子鉴定方法

## 附录 3.1 常见阳离子的鉴定方法

| 阳离子 | 鉴定方法 | 条件及干扰 |
|---|---|---|
| $Na^+$ | 取 2 滴 $Na^+$ 试液，加 8 滴乙酸铀酰锌试剂，放置数分钟，用玻璃棒摩擦器壁，若有淡黄色的晶状沉淀出现，示有 $Na^+$。<br>$3UO_2^{2+}+Zn^{2+}+Na^++9Ac^-+9H_2O$ ══ $3UO_2(Ac)_2\cdot Zn(Ac)_2\cdot NaAc\cdot 9H_2O(s)$ | (1)鉴定宜在中性或 HAc 酸性溶液中进行，强酸、强碱均能使试剂分解；<br>(2)大量 $K^+$ 存在时，可干扰鉴定，$Ag^+$、$Hg^{2+}$、$Sb^{3+}$ 有干扰，$PO_4^{3-}$、$AsO_4^{3-}$ 能使试剂分解 |
| $K^+$ | 取 2 滴 $K^+$ 试液，加入 3 滴六硝基合钴酸钠 $Na_3[Co(NO_2)_6]$ 溶液，放置片刻，若有黄色的 $K_2Na[Co(NO_2)_6]$ 沉淀析出，示有 $K^+$ | (1)鉴定宜在中性、微酸性溶液中进行，因强酸、强碱均能使$[Co(NO_2)_6]^{3-}$分解；<br>(2)$NH_4^+$ 与试剂生成橙色沉淀而干扰，但在沸水浴中加热 1～2min 后，$(NH_4)_2Na[Co(NO_2)_6]$ 完全分解，而 $K_2Na[Co(NO_2)_6]$不变 |
| $NH_4^+$ | 气室法：用干燥、洁净的表面皿两块（一大一小），在大的一块表面皿中心放 3 滴 $NH_4^+$ 试液，再加 3 滴 $6mol\cdot L^{-1}$ NaOH 溶液，混合均匀。在小的一块表面皿中心黏附一小条润湿的酚酞试纸，盖在大的表面皿上形成气室。将此气室放在水浴上微热 2min，酚酞试纸变红，示有 $NH_4^+$ | 这是 $NH_4^+$ 的特征反应 |
| $Ca^{2+}$ | 取 2 滴 $Ca^{2+}$ 试液，滴加饱和$(NH_4)_2C_2O_4$ 溶液，有白色的 $CaC_2O_4$ 沉淀形成，示有 $Ca^{2+}$ | (1)反应宜在弱酸性、中性、碱性溶液中进行；<br>(2)$Mg^{2+}$、$Sr^{2+}$、$Ba^{2+}$ 有干扰，但 $MgC_2O_4$ 溶于乙酸，$Sr^{2+}$、$Ba^{2+}$ 应在鉴定前除去 |
| $Mg^{2+}$ | 取 2 滴 $Mg^{2+}$ 试液，加入 2 滴 $2mol\cdot L^{-1}$ NaOH 溶液、1 滴镁试剂Ⅰ，沉淀呈天蓝色，示有 $Mg^{2+}$ | (1)反应宜在碱性溶液中进行，$NH_4^+$ 浓度过大，会影响鉴定，故需在鉴定前加碱煮沸，除去 $NH_4{}^+$；<br>(2) $Ag^+$、$Hg^{2+}$、$Hg_2^{2+}$、$Cu^{2+}$、$Co^{2+}$、$Ni^{2+}$、$Mn^{2+}$、$Cr^{3+}$、$Fe^{3+}$ 及大量 $Ca^{2+}$ 干扰反应，应预先分离 |
| $Ba^{2+}$ | 取 2 滴 $Ba^{2+}$ 试液，加 1 滴 $0.1mol\cdot L^{-1}$ $K_2CrO_4$ 溶液，有黄色沉淀生成，示有 $Ba^{2+}$ | 鉴定宜在 HAc-$NH_4$Ac 的缓冲溶液中进行 |
| $Al^{3+}$ | 取 1 滴 $Al^{3+}$ 试液，加 2～3 滴水、2 滴 $3mol\cdot L^{-1}$ $NH_4$Ac 及 2 滴铝试剂，搅拌，微热，加 $6mol\cdot L^{-1}$ $NH_3\cdot H_2O$ 至碱性，红色沉淀不消失，示有 $Al^{3+}$ | (1)鉴定宜在 HAc-$NH_4$Ac 的缓冲溶液中进行；<br>(2)$Cr^{3+}$、$Fe^{3+}$、$Bi^{3+}$、$Cu^{2+}$、$Ca^{2+}$ 对鉴定有干扰，但加入氨水后，$Cr^{3+}$、$Cu^{2+}$ 生成的红色化合物即分解，$(NH_4)_2CO_3$ 加入可使 $Ca^{2+}$ 生成 $CaCO_3$，$Fe^{3+}$、$Bi^{3+}$、$Cu^{2+}$ 可预先加 NaOH 形成沉淀而分离 |

续表

| 阳离子 | 鉴定方法 | 条件及干扰 |
| --- | --- | --- |
| Sn(Ⅳ)<br>$Sn^{2+}$ | (1)Sn(Ⅳ)还原:取2～3滴Sn(Ⅳ)溶液,加镁片2～3片,不断搅拌,待反应完全后,加2滴6mol·$L^{-1}$ HCl,微热,Sn(Ⅳ)即被还原为$Sn^{2+}$。<br>(2)$Sn^{2+}$的鉴定:取2滴$Sn^{2+}$试液,加1滴0.1mol·$L^{-1}$ $HgCl_2$溶液,生成白色沉淀,示有$Sn^{2+}$ | 反应的特效性较好,注意:若白色沉淀生成后,颜色迅速变灰、变黑,这是由于$Hg_2Cl_2$进一步被还原为Hg |
| $Pb^{2+}$ | 取2滴$Pb^{2+}$试液,加2滴0.1mol·$L^{-1}$ $K_2CrO_4$溶液,生成黄色沉淀,示有$Pb^{2+}$ | (1)鉴定在HAc溶液中进行,因为沉淀在强酸强碱中均可溶解;<br>(2)$Ba^{2+}$、$Bi^{3+}$、$Hg^{2+}$、$Ag^+$等有干扰 |
| $Cr^{3+}$ | 取3滴$Cr^{3+}$试液,加6mol·$L^{-1}$ NaOH溶液直至生成的沉淀溶解,搅动后加4滴3%的$H_2O_2$,水浴加热,待溶液变为黄色后,继续加热将剩余的$H_2O_2$完全分解,冷却,加6mol·$L^{-1}$ HAc酸化,加2滴0.1mol·$L^{-1}$ $Pb(NO_3)_2$溶液,生成黄色沉淀,示有$Cr^{3+}$ | 鉴定反应中,$Cr^{3+}$的氧化需在强碱性条件下进行;而形成$PbCrO_4$的反应,需在弱酸性(HAc)溶液中进行 |
| $Mn^{2+}$ | 取1滴$Mn^{2+}$试液,加10滴水、5滴2mol·$L^{-1}$ $HNO_3$溶液,然后加少许$NaBiO_3$(s),搅拌,水浴加热,形成紫色溶液,示有$Mn^{2+}$ | (1)鉴定反应可在$HNO_3$或者$H_2SO_4$酸性溶液中进行;<br>(2)还原剂($Cl^-$、$Br^-$、$I^-$、$H_2O_2$等)有干扰 |
| $Fe^{3+}$ | 取1滴$Fe^{3+}$试液,放在白滴板上,加1滴2mol·$L^{-1}$ HCl及1滴$K_4[Fe(CN)_6]$溶液,生成蓝色沉淀,示有$Fe^{3+}$ | (1)鉴定反应在酸性溶液中进行;<br>(2)大量存在$Cu^{2+}$、$Co^{2+}$、$Ni^{2+}$等离子时有干扰,需分离后再做鉴定 |
| | 取1滴$Fe^{3+}$试液,加1滴0.5mol·$L^{-1}$ $NH_4SCN$溶液,形成血红色溶液,示有$Fe^{3+}$ | (1)$F^-$、$H_3PO_4$、$H_2C_2O_4$、酒石酸、柠檬酸等能与$Fe^{3+}$形成稳定的配合物而干扰;<br>(2)$Co^{2+}$、$Ni^{2+}$、$Cr^{3+}$和铜盐,因离子有色,会降低检出$Fe^{3+}$的灵敏度 |
| $Fe^{2+}$ | 取1滴$Fe^{2+}$试液,放在白滴板上,加1滴2mol·$L^{-1}$ HCl及1滴$K_3[Fe(CN)_6]$溶液,生成蓝色沉淀,示有$Fe^{2+}$ | 鉴定反应在酸性溶液中进行 |
| | 取1滴$Fe^{2+}$试液,加几滴0.25%的邻菲啰啉溶液,生成橘红色溶液,示有$Fe^{2+}$ | 鉴定反应在微酸性溶液中进行,选择性和灵敏性均较好 |
| $Co^{2+}$ | 取1～2滴$Co^{2+}$试剂,加饱和$NH_4SCN$溶液10滴,加5～6滴戊醇溶液,振荡,静置,有机层呈蓝绿色,示有$Co^{2+}$ | (1)鉴定反应需用浓$NH_4SCN$溶液;<br>(2)$Fe^{3+}$有干扰,加NaF掩蔽,大量$Cu^{2+}$也干扰 |
| $Ni^{2+}$ | 取1滴$Ni^{2+}$试液放在白色点滴板上,加1滴6mol·$L^{-1}$氨水,加1滴二乙酰二肟溶液,凹槽四周形成红色沉淀,示有$Ni^{2+}$ | (1)鉴定反应在氨性溶液中进行,合适的酸度为pH=5～10;<br>(2)$Fe^{2+}$、$Fe^{3+}$、$Cu^{2+}$、$Co^{2+}$、$Cr^{3+}$、$Mn^{2+}$有干扰,可加柠檬酸或酒石酸掩蔽 |
| $Cu^{2+}$ | 取1滴$Cu^{2+}$试液,加1滴6mol·$L^{-1}$ HAc酸化,加1滴$K_4[Fe(CN)_6]$溶液,红棕色沉淀出现,示有$Cu^{2+}$ | (1)鉴定反应宜在中性或弱酸性溶液中进行;<br>(2)$Fe^{3+}$及大量的$Co^{2+}$、$Ni^{2+}$会干扰 |
| $Ag^+$ | 取2滴$Ag^+$试液,加2滴2mol·$L^{-1}$ HCl,混匀,水浴加热,离心分离,在沉淀上加4滴6mol·$L^{-1}$氨水,沉淀溶解,再加6mol·$L^{-1}$ $HNO_3$酸化,白色沉淀又出现,示有$Ag^+$ | |

| 阳离子 | 鉴定方法 | 条件及干扰 |
| --- | --- | --- |
| $Zn^{2+}$ | 取2滴$Zn^{2+}$试液，用2mol·$L^{-1}$ HAc酸化，加入等体积的$(NH_4)_2Hg(SCN)_4$溶液，生成白色沉淀，示有$Zn^{2+}$ | (1)鉴定反应在中性或微酸性溶液中进行；<br>(2)少量$Co^{2+}$、$Cu^{2+}$存在，形成蓝紫色混晶，有利于观察，但含量大时有干扰，$Fe^{3+}$有干扰 |
| $Hg^{2+}$ | 取1滴$Hg^{2+}$试液，加1mol·$L^{-1}$ KI溶液，使生成的沉淀完全溶解后，加2滴KI-$Na_2SO_3$溶液、2～3滴$Cu^{2+}$溶液，生成橘黄色沉淀，示有$Hg^{2+}$ | CuI是还原剂，需考虑到氧化剂($Ag^+$、$Fe^{3+}$等)的干扰 |

# 附录3.2　常见阴离子的鉴定方法

| 阴离子 | 鉴定方法 | 条件及干扰 |
| --- | --- | --- |
| $Cl^-$ | 取2滴$Cl^-$试液，加6mol·$L^{-1}$ $HNO_3$酸化，加0.1mol·$L^{-1}$ $AgNO_3$至沉淀完全，离心分离，在沉淀上加5～8滴银氨溶液，搅匀，加热，沉淀溶解，再加6mol·$L^{-1}$ $HNO_3$酸化，白色沉淀又出现，示有$Cl^-$ | |
| $Br^-$ | 取2滴$Br^-$试液，加入数滴$CCl_4$，滴加氯水，振荡，有机层呈橙色或橙黄色，示有$Br^-$ | 氯水宜边滴加边振荡，若氯水过量，生成BrCl，有机层反而呈淡黄色 |
| $I^-$ | 取2滴$I^-$试液，加入数滴$CCl_4$，滴加氯水，振荡，有机层显紫色，示有$I^-$ | (1)反应宜在酸性、中性或弱碱性条件下进行；<br>(2)过量氯水将$I_2$氧化成$IO_3^-$，有机层紫色将褪去 |
| $SO_4^{2-}$ | 取2滴$SO_4^{2-}$试液，用6mol·$L^{-1}$ HCl酸化，加2滴0.1mol·$L^{-1}$ $BaCl_2$溶液，有白色沉淀析出，示有$SO_4^{2-}$ | |
| $SO_3^{2-}$ | 取1滴饱和$ZnSO_4$溶液，加1滴0.1mol·$L^{-1}$ $K_4[Fe(CN)_6]$溶液，即有白色沉淀产生，继续加1滴$Na_2[Fe(CN)_5NO]$、1滴$SO_3^{2-}$试液(中性)，白色沉淀转化为红色$Zn_2[Fe(CN)_5NOSO_3]$沉淀，示有$SO_3^{2-}$ | (1)酸能使沉淀消失，酸性溶液需用氨水中和；<br>(2)$S^{2-}$有干扰，需预先除去 |
| $S_2O_3^{2-}$ | 取2滴$S_2O_3^{2-}$试液，加2滴2mol·$L^{-1}$HCl溶液，微热，白色浑浊出现，示有$S_2O_3^{2-}$ | |
| | 取2滴$S_2O_3^{2-}$试液，加5滴0.1mol·$L^{-1}$$AgNO_3$溶液，振荡，若生成的白色沉淀迅速变黄色→棕色→黑色，示有$S_2O_3^{2-}$ | (1)$S^{2-}$存在时，$AgNO_3$溶液加入后，由于有黑色$Ag_2S$沉淀生成，对观察$Ag_2S_2O_3$沉淀颜色的变化产生干扰；<br>(2)$Ag_2S_2O_3$(s)可溶于过量可溶性硫代硫酸盐溶液中 |
| $S^{2-}$ | 取3滴$S^{2-}$试液，加稀$H_2SO_4$酸化，用$Pb(Ac)_2$试纸检验析出的气体，试纸变黑，示有$S^{2-}$ | |
| | 取1滴$S^{2-}$试液，放在白点滴板上，加一滴$Na_2[Fe(CN)_5NO]$试剂，溶液变紫色，示有$S^{2-}$，配合物$Na_4[Fe(CN)_5NOS]$为紫色 | 反应需在碱性条件下进行 |
| $CO_3^{2-}$ | 浓度较大的$CO_3^{2-}$溶液，用6mol·$L^{-1}$ HCl溶液酸化后，产生的$CO_2$气体使澄清的石灰水或$Ba(OH)_2$溶液变浑浊，示有$CO_3^{2-}$ | |

续表

| 阴离子 | 鉴定方法 | 条件及干扰 |
| --- | --- | --- |
| $CO_3^{2-}$ | 气瓶法装置图<br>当 $CO_3^{2-}$ 量较少，或同时存在其他能与酸产生气体的物质时，可用 $Ba(OH)_2$ 气瓶法检出。取出滴管，在玻璃瓶中加少量 $CO_3^{2-}$ 试样，从滴管上口加入 1 滴饱和 $Ba(OH)_2$ 溶液，然后往玻璃瓶中加 5 滴 $6mol \cdot L^{-1}$ HCl，立即将滴管插入瓶中，塞紧，轻敲瓶底，放置数分钟，如果 $Ba(OH)_2$ 溶液浑浊，示有 $CO_3^{2-}$。气瓶法装置图见左图 | (1)如果 $Ba(OH)_2$ 溶液浑浊程度不大，可能是吸收空气中 $CO_2$ 所致，需做空白实验加以比较；<br>(2)如果试液中含有 $SO_3^{2-}$ 或 $S_2O_3^{2-}$，会干扰 $CO_3^{2-}$ 的检出，需预先加入数滴 $H_2O_2$ 将它们氧化为 $SO_4^{2-}$，再检 $CO_3^{2-}$ |
| $NO_3^-$ | (1)当 $NO_2^-$ 同时存在时，取试液 3 滴，加 $12mol \cdot L^{-1}$ $H_2SO_4$ 6 滴及 3 滴 $\alpha$-萘胺，生成淡紫红色化合物，示有 $NO_3^-$；<br>(2)当 $NO_2^-$ 不存在时，取 3 滴 $NO_3^-$ 试液，用 $6mol \cdot L^{-1}$ HAc 酸化，并过量数滴，加少许镁片搅动，$NO_3^-$ 被还原为 $NO_2^-$，取 3 滴上层清液，按照 $NO_2^-$ 的鉴定方法进行鉴定 | |
| $NO_2^-$ | 取试液 3 滴，用 HAc 酸化，加 $1mol \cdot L^{-1}$ KI 和 $CCl_4$，振荡，有机层呈紫红色，示有 $NO_2^-$ | |
| $PO_4^{3-}$ | 取 2 滴 $PO_4^{3-}$ 试液，加入 8～10 滴钼酸铵试剂，用玻璃棒摩擦内壁，黄色磷钼酸铵沉淀生成，示有 $PO_4^{3-}$：<br>$PO_4^{3-}+3NH_4^++12MoO_4^{2-}+24H^+ = (NH_4)_3P(Mo_3O_{10})_4+12H_2O$ | (1)沉淀溶于碱及氨水中，反应需在酸性溶液中进行；<br>(2)还原剂的存在使 Mo(Ⅵ)还原为“钼蓝”，而使溶液呈深蓝色，需预先除去；<br>(3)与 $PO_3^{3-}$、$P_2O_7^{4-}$ 的冷溶液无反应，煮沸时由于 $PO_4^{3-}$ 的生成而生成黄色沉淀 |

# 参考文献

[1] 崔学桂，张晓丽．基础化学实验（Ⅰ)-无机及分析化学实验．2版．北京：化学工业出版社，2007.
[2] 徐玲，李真，潘洁松．无机及分析化学实验．安徽建筑工业学院，2001.
[3] 陈虹锦．实验化学：上册．北京：科学出版社，2003.
[4] 南京大学编写组．无机及分析化学实验．3版．北京：高等教育出版社，1998.
[5] GBHJ 828—2017 水质化学需氧量的测定重铬酸盐法.
[6] 黄君礼．水分析化学．2版．北京：中国建筑工业出版社，1997.
[7] 徐家宁，门瑞芝，张寒琦．基础化学实验：上册．北京：高等教育出版社，2006.
[8] 严维民，等．吸附与凝聚—固体的表面与孔．2版．北京：科学出版社，1986.
[9] 兰州大学、复旦大学化学系有机化学教研室．王清廉，沈凤嘉修订．有机化学实验．2版．北京：高等教育出版社，1994.
[10] 武汉大学化学与分子科学学院实验中心．有机化学实验．武汉：武汉大学出版社，2004.
[11] 方珍发．有机化学实验．南京：南京大学出版社，1990.
[12] 李兆陇，阴金香，林天舒．有机化学实验．北京：清华大学出版社，2001.
[13] 吴涌．大学化学新体系实验．北京：科学出版社，1999.
[14] 王尊本．综合化学实验．北京：科学出版社，2003.
[15] 山东大学等校合编．基础化学实验（Ⅲ)-物理化学实验．北京：化学工业出版社，2004.
[16] 复旦大学，等．物理化学实验．2版．北京：高等教育出版社，1993.
[17] 北京大学化学学院物理化学实验教学组．物理化学实验．4版．北京：北京大学出版社，2002.
[18] 华中科技大学．基础化学实验．武汉：华中科学大学出版社，2004.
[19] 辛剑，等．基础化学实验．2版．北京：高等教育出版社，2004.
[20] 陈同云，等．工科化学实验．北京：化学工业出版社，2003.
[21] 罗澄源．物理化学实验．3版．北京：高等教育出版社，1991.
[22] 阎松，等．基础化学实验．北京：化学工业出版社，2016.
[23] 清华大学化学系物理化学实验编写组．物理化学实验．北京：清华大学出版社，1991.
[24] 吴树森，章燕豪．界面化学原理与应用．上海：华东化工学院出版社，1989.
[25] A. W. 亚当森．表面物理化学．顾人，译．北京：科学出版社，1984.
[26] 鲁道荣．物理化学实验．合肥：合肥工业大学出版社，2002.
[27] 金丽萍，邬时清，陈大勇．物理化学实验．上海：华东理工大学出版社，2005.
[28] 王秋长，等．基础化学实验．北京：科学出版社，2003.
[29] 韩喜江，等．物理化学产验．哈尔滨：哈尔滨工业大学出版社，2004.
[30] 山东大学等校合编．物理化学实验．3版．济南：山东大学出版社，1999.
[31] 北京大学化学系物理化学教研室．物理化学实验．3版．北京：北京大学出版社，1995.
[32] 杨南如．无机非金属材料测试方法．武汉：武汉工业大学出版社，1990.
[33] 王培铭，许乾慰．材料研究方法．北京：科学出版社，2005.
[34] 常铁军．近代分析测试方法．哈尔滨：哈尔滨工业大学出版社，1999.
[35] 陈体衔．实验电化学．厦门：厦门大学出版社，1993.
[36] 滕永富，徐家宁，刘玉文．无机化学实验．长春：吉林大学出版社，1996.
[37] 武汉大学化学系编．无机化学实验．武汉：武汉大学出版社，1997.
[38] 大连理工大学．基础化学实验．北京：高等教育出版社，2004.
[39] 同济大学．高分子基础实验．上海：同济大学出版社，2001.
[40] 袁金颖，等．高分子材料科学与工程，1999，15：158.
[41] 刘振海．热分析导论．北京：化学工业出版社，1991.
[42] 陈镜弘，李传儒．热分析及其应用．北京：科学出版社，1985.
[43] 周井炎．基础化学实验．武汉：华中科技大学出版社，2004.
[44] 王培铭，许乾慰．材料研究方法．北京：科学出版社，2005.
[45] 宁永成．有机化合物结构鉴定与有机波普学．北京：科学出版社，2000.

[46] 丁延伟，郑康，钱义祥. 热分析实验方案设计与曲线解析概论. 北京：化学工业出版社，2020.
[47] 陈重西. 关于GPC校准线准确程度的探讨. 色谱，1988，6（2）：113-115，100.
[48] 于亚萌，谷春秀，鲍君聪. 相对时间法计算凝胶渗透色谱测试大分子分子量和分子量分布高分子通报，2016（11）：54-59.
[49] 郑荣平，林倩，李格丽，等. 多检测GPC技术在聚羟酸减水剂高分子表征中的应用. 现代化工，2015，35（5）：179-181.
[50] 成跃祖. 用TI-59型计算机计算高聚物凝胶色谱的积分分子量分布. 石油炼制，1992（5）：56-59.
[51] 潘履让. 固体催化剂的设计与制备. 天津：南开大学出版社，1993.
[52] 孟蓉，尚汝田. 卡尔•费休法测定水分的发展及其在某些领域中的应用. 化学试剂，2001，23（1）：39-41.
[53] 戴玉杰，路福平，王敏，等. 卡尔•费休滴定法测水简易装置的改进. 化学分析与计量，2005，14（2）：45-46.
[54] 李光，刘振林，陈辉. 卡尔•费休水分测定仪测定食品中水分. 中国卫生检验杂志，2006，16（5）：616.
[55] 陈国松，陈昌云. 仪器分析实验. 南京：南京大学出版社，2009.
[56] 张济新，等. 仪器分析实验. 北京：高等教育出版社，1994.
[57] 张剑荣. 仪器分析实验. 北京：科学出版社，1999.
[58] 黄慧萍，帅琴，等. 仪器分析实验. 武汉：中国地质大学出版社，1996.
[59] 詹梦雄，郑标练，顾学民. 金属酞菁的热稳定性. 厦门大学学报（自然科学版），1986，25（2）：192-198.
[60] 鲁奇林. 高效液相色谱法测定面粉中的过氧化苯甲酰. 色谱，2002，20（5）：464-466.
[61] 祝陈坚. 海水分析化学实验. 青岛：中国海洋大学出版社，2006.
[62] 田昭武. 电化学研究方法. 北京：科学出版社，1984.
[63] 中华人民共和国国家标准：酿造酱油 GB 18186—2000.
[64] 邓希贤，王艳. 高等物理化学实验. 北京：北京师范大学出版社，1999.
[65] 阎松，等. 基础化学实验. 北京：化学工业出版社，2016.
[66] Dissanayake D，Rosynek M P，Kharas K C C，Lunsford J H. Partial oxidation of methane to carbon monoxide and hydrogen over Ni/$Al_2O_3$ catalyst. J Catal，1991，123：117-127.
[67] 古凤才，肖衍繁，张明杰，等. 基础化学实验教程. 2版. 北京：科学出版社，2009.
[68] 顾庆超，楼书聪，戴庆平，等. 化学用表. 南京：江苏科学出版社，1979，P134-135.
[69] 张济新，等. 分析化学实验. 上海：华东化工学院出版社，1989. 65-66.
[70] 吴性良. 仪器分析实验. 2版. 上海：复旦大学出版社，2008.
[71] 甘孟瑜，郭铭模. 工科大学化学实验. 重庆：重庆大学出版社，P77-79，82-86.
[72] AHickman D，Schmindt L D. Production of syngas by direct catalytic oxidation of methane. Science，1993，259：343-346.
[73] 臧维玲. 养鱼水质分析. 北京：中国农业出版社，1991.
[74]《水质分析大全》编写组. 水质分析大全. 重庆：科学技术文献出版社重庆分社. 1989.
[75] ［德］W. Fresenius，等. 水质分析. 张曼平，等译. 北京：北京大学出版社，1991.
[76] 武汉大学. 分析化学实验. 4版. 北京：高等教育出版社，2001.
[77] 吕苏琴，等. 基础化学实验Ⅰ. 北京：科学出版社，2000.
[78] 林宝凤，等. 基础化学实验技术绿色化教程. 北京：科学出版社，2003. 4，196-198.
[79] Willems G J，et al. Anal Chim Acta，1977，88：345.
[80] 王志铿，方国春，李星辉. 武汉大学学报（自然科学版），1988，（3）：128.
[81] 王志铿. 分析化学，1991，19（2）：197.
[82] 李朝略. 化工小商品生产法（第一集）. 长沙：湖南科学技术出版社，1985.
[83] 中山大学，等. 无机化学实验. 北京：高等教育出版社，1983.
[84] 陈寿椿. 重要无机化学反应. 2版. 上海：上海科学技术出版社，1982.
[85] ［苏］K. B. 卡尔雅金，等. 纯化学试剂. 北京：高等教育出版社，1989.
[86] 日本化学会. 无机化合物合成手册（第二卷）. 北京：化学工业出版社，1986.
[87] 江体乾. 化工工艺手册. 上海：上海科学技术出版社，1992.
[88] 孙尔康. 仪器分析实验. 南京：南京大学出版社，2009.
[89] 天津化工研究院. 无机盐工业手册. 北京：化学工业出版社，1981.
[90] 中华人民共和国城镇建设行业标准 CJ/T 63—1999 城市污水，苯胺的测定-分光光度法.

[91] 中华人民共和国城镇建设行业标准 CJ/T 64—1999 城市污水，苯系物（$C_6$-$C_8$）的测定-气相色谱法.
[92] 中华人民共和国城镇建设行业标准 CJ/T 64—1999 城市污水，挥发酚的测定-4-氨基安替比林分光光度法.
[93] 沈宁一，等.《表面处理工艺手册》编审委员会. 表面处理工艺手册. 上海：上海科学技术出版社，1991.
[94] [美] F. A. 洛温海姆. 现代电镀. 北京航空学院 103 教研室译，黄子勋校. 北京：机械工业出版社，1982.
[95] 周绍民，等. 金属电沉积——原理与研究方法. 上海：上海科学技术出版社，1987.
[96] 南开大学化学系中级无机化学实验编写组. 中级无机化学实验. 天津：南开大学出版社，1995.
[97] 曹楚南. 腐蚀电化学. 北京：化学工业出版社，1994.
[98] 陈体衔. 实验电化学. 厦门：厦门大学出版社，1993.
[99] 葛福云，等. 糖精对电沉积镍结构与电化学活性的影响. 厦门大学学报（自然科学版），1994，33（2）：182-186.
[100] 黄令，等. 铵离子对镍电沉积层择优取向及其性能的影响. 厦门大学学报（自然科学版），1996，35（6）：907-912.
[101] 杨防祖，等. 添加剂的吸附行为及其对 Ni 沉积层性能的影响. 物理化学学报，1995，11（3）：223-227.
[102] Aravanmudan G，et al. J Chem Educ，1974，(51)：129.
[103] Johneon R C. J Chem Educ，1970，(47) 792.
[104] 王伯康. 新编无机化学实验. 南京：南京大学出版社，1998.
[105] 游效曾. 配位化合物的结构和性质. 北京：科学出版社，1992.
[106] Bancroft G M，et al. Inorg Chem，1970 (9)：223.
[107] Nakamero Kazuo. Infrared Spectra of Inorganic and Coordination Compounds，1963.
[108] 国家技术监督局，中华人民共和国国家标准 GB/T 14929.4—94 食品中氯氰菊酯、氰戊菊酯和溴氰菊残留量测定方法.
[109] 国家技术监督局，中华人民共和国国家标准 GB/T 17332—1998 食品中有机氯和拟除虫菊酯类农药多种残留的测定
[110] 余建新，等. 水果、蔬菜 16 种有机氯残留农药的毛细管气相色谱测定法. 分析测试学报，1999，18（3）：29-31.
[111] (苏) 列别捷夫. СИ 著. 植物生理学. 杨汉金，卫新中，译. 厦门：厦门大学出版社，1991.
[112] 秦浩然，马魁英. 生物学通报，1989，(9)，6.
[113] 兰州大学，等. 有机化学实验. 北京：高等教育出版社，1994，272.
[114] Drexlor D，Ballschmiter K. Fresenius J Anal Chem，1994，348 (8-9)：590.
[115] Faried B，Sherma J. Thin Layer Chromatography (2nd ed)，New York：Marcel Dekkerinc，1986，296.
[116] 胡慧玲，罗汉生. 海湖盐与化工，1996. 25（6）：37.
[117] 李耀群，丁爽，黄贤智，等. 光谱学与光谱分析，1992，12（2）：43.
[118] Alexander T A，Gao G H，Tran C D. Appl. Spectrosc.，1997，51 (11)：1603.
[119] 黄贤智，许金钩，蔡挺. 高等学校化学学报，1987，8（5）：418.
[120] 徐如人，庞文琴，屠昆岗. 沸石分子筛的结构与合成. 吉林：吉林大学出版社，1987.
[121] 徐如人，庞文琴，等. 分子筛与多孔材料化学. 北京：科学出版社，2004.
[122] Moser F H，Thomas A L. Phthalocyanine compound. New York：Peinhold Corp，1963.
[123] Kasuga K，Tsutsui M. Some development in the chemistry of metallophthalocyanines. Coordination chemistry Review，1980，32 (1)：67-95.
[124] 王仁国，赵茂俊. 无机及分析化学实验. 北京：中国农业出版社，2007.
[125] 刘天穗，陈亿新. 基础化学实验（Ⅱ）-有机化学实验. 北京：化学工业出版社，2010.
[126] 宋小平，刘芳. 香豆素合成中 Perkin 反应的催化剂研究. 海南师范学院学报（自然科学版），1999，2.
[127] 陈新. 香豆素-3-甲酸乙酯的合成. 化工时刊. 2023，4.
[128] 张海军，陈建村，施磊. Perkin 反应合成肉桂酸. 香料香精化妆品. 2006，5.
[129] 赵振国. 胶体与表面化学. 4 版. 北京：化学工业出版社，2012.
[130] 刘雪锋. 表面活性剂、胶体与界面化学实验. 北京：化学工业出版社，2017.
[131] 崔玉红. 基础物理化学实验. 天津：天津大学出版社，2018.

# 元素周期表

IUPAC 2013

氧化态(单质的氧化态为0，未列入；常见的为红色)

| +2 +3 +4 +5 +6 | 95 **Am** 镅▲ $5f^77s^2$ 243.06138(2)✦ |
|---|---|

- 95 —— 原子序数
- Am —— 元素符号(红色的为放射性元素)
- 镅▲ —— 元素名称(注▲的为人造元素)
- $5f^77s^2$ —— 价层电子构型
- 243.06138(2)✦ —— 以 $^{12}C$=12为基准的原子量(注✦的是半衰期最长同位素的原子量)

s区元素　p区元素　d区元素　ds区元素　f区元素　稀有气体

| 族<br>周期 | 1<br>ⅠA | 2<br>ⅡA | 3<br>ⅢB | 4<br>ⅣB | 5<br>ⅤB | 6<br>ⅥB | 7<br>ⅦB | 8<br>Ⅷ B(Ⅷ) | 9<br>Ⅷ B(Ⅷ) | 10<br>Ⅷ B(Ⅷ) | 11<br>ⅠB | 12<br>ⅡB | 13<br>ⅢA | 14<br>ⅣA | 15<br>ⅤA | 16<br>ⅥA | 17<br>ⅦA | 18<br>ⅧA(0) | 电子层 |
|---|---|---|---|---|---|---|---|---|---|---|---|---|---|---|---|---|---|---|---|
| 1 | −1 +1<br>1 **H**<br>氢<br>$1s^1$<br>1.008 | | | | | | | | | | | | | | | | | 2 **He**<br>氦<br>$1s^2$<br>4.002602(2) | K |
| 2 | +1<br>3 **Li**<br>锂<br>$2s^1$<br>6.94 | +2<br>4 **Be**<br>铍<br>$2s^2$<br>9.0121831(5) | | | | | | | | | | | +3<br>5 **B**<br>硼<br>$2s^22p^1$<br>10.81 | −4 +2 +4<br>6 **C**<br>碳<br>$2s^22p^2$<br>12.011 | −3 −2 −1 +1 +2 +3 +4 +5<br>7 **N**<br>氮<br>$2s^22p^3$<br>14.007 | −2 −1<br>8 **O**<br>氧<br>$2s^22p^4$<br>15.999 | −1<br>9 **F**<br>氟<br>$2s^22p^5$<br>18.998403163(6) | 10 **Ne**<br>氖<br>$2s^22p^6$<br>20.1797(6) | L K |
| 3 | −1 +1<br>11 **Na**<br>钠<br>$3s^1$<br>22.98976928(2) | +2<br>12 **Mg**<br>镁<br>$3s^2$<br>24.305 | | | | | | | | | | | +3<br>13 **Al**<br>铝<br>$3s^23p^1$<br>26.9815385(7) | −4 +2 +4<br>14 **Si**<br>硅<br>$3s^23p^2$<br>28.085 | −3 −2 +1 +3 +5<br>15 **P**<br>磷<br>$3s^23p^3$<br>30.973761998(5) | −2 +2 +4 +6<br>16 **S**<br>硫<br>$3s^23p^4$<br>32.06 | −1 +1 +3 +5 +7<br>17 **Cl**<br>氯<br>$3s^23p^5$<br>35.45 | 18 **Ar**<br>氩<br>$3s^23p^6$<br>39.948(1) | M L K |
| 4 | −1 +1<br>19 **K**<br>钾<br>$4s^1$<br>39.0983(1) | +2<br>20 **Ca**<br>钙<br>$4s^2$<br>40.078(4) | +3<br>21 **Sc**<br>钪<br>$3d^14s^2$<br>44.955908(5) | −1 0 +2 +3 +4<br>22 **Ti**<br>钛<br>$3d^24s^2$<br>47.867(1) | 0 ±1 +2 +3 +4 +5<br>23 **V**<br>钒<br>$3d^34s^2$<br>50.9415(1) | −3 0 ±1 ±2 +3 +4 +5 +6<br>24 **Cr**<br>铬<br>$3d^54s^1$<br>51.9961(6) | −2 0 ±1 +2 ±3 +4 +5 +6 +7<br>25 **Mn**<br>锰<br>$3d^54s^2$<br>54.938044(3) | −2 0 ±1 +2 +3 +4 +5 +6<br>26 **Fe**<br>铁<br>$3d^64s^2$<br>55.845(2) | 0 ±1 +2 +3 +4 +5<br>27 **Co**<br>钴<br>$3d^74s^2$<br>58.933194(4) | 0 ±1 +2 +3 +4<br>28 **Ni**<br>镍<br>$3d^84s^2$<br>58.6934(4) | +1 +2 +3 +4<br>29 **Cu**<br>铜<br>$3d^{10}4s^1$<br>63.546(3) | +1 +2<br>30 **Zn**<br>锌<br>$3d^{10}4s^2$<br>65.38(2) | +1 +3<br>31 **Ga**<br>镓<br>$4s^24p^1$<br>69.723(1) | +2 +4<br>32 **Ge**<br>锗<br>$4s^24p^2$<br>72.630(8) | −3 +3 +5<br>33 **As**<br>砷<br>$4s^24p^3$<br>74.921595(6) | −2 +2 +4 +6<br>34 **Se**<br>硒<br>$4s^24p^4$<br>78.971(8) | −1 +1 +3 +5 +7<br>35 **Br**<br>溴<br>$4s^24p^5$<br>79.904 | +2 +4<br>36 **Kr**<br>氪<br>$4s^24p^6$<br>83.798(2) | N M L K |
| 5 | −1 +1<br>37 **Rb**<br>铷<br>$5s^1$<br>85.4678(3) | +2<br>38 **Sr**<br>锶<br>$5s^2$<br>87.62(1) | +3<br>39 **Y**<br>钇<br>$4d^15s^2$<br>88.90584(2) | +1 +2 +3 +4<br>40 **Zr**<br>锆<br>$4d^25s^2$<br>91.224(2) | 0 ±1 +2 +3 +4 +5<br>41 **Nb**<br>铌<br>$4d^45s^1$<br>92.90637(2) | 0 ±1 ±2 +3 +4 +5 +6<br>42 **Mo**<br>钼<br>$4d^55s^1$<br>95.95(1) | 0 ±1 +2 +3 +4 +5 +6 +7<br>43 **Tc**<br>锝▲<br>$4d^55s^2$<br>97.90721(3)✦ | 0 +1 ±2 +3 +4 +5 +6 +7 +8<br>44 **Ru**<br>钌<br>$4d^75s^1$<br>101.07(2) | 0 ±1 +2 +3 +4 +5 +6<br>45 **Rh**<br>铑<br>$4d^85s^1$<br>102.90550(2) | 0 +1 +2 +3 +4<br>46 **Pd**<br>钯<br>$4d^{10}$<br>106.42(1) | +1 +2 +3<br>47 **Ag**<br>银<br>$4d^{10}5s^1$<br>107.8682(2) | +1 +2<br>48 **Cd**<br>镉<br>$4d^{10}5s^2$<br>112.414(4) | +1 +3<br>49 **In**<br>铟<br>$5s^25p^1$<br>114.818(1) | +2 +4<br>50 **Sn**<br>锡<br>$5s^25p^2$<br>118.710(7) | −3 +3 +5<br>51 **Sb**<br>锑<br>$5s^25p^3$<br>121.760(1) | −2 +2 +4 +6<br>52 **Te**<br>碲<br>$5s^25p^4$<br>127.60(3) | −1 +1 +3 +5 +7<br>53 **I**<br>碘<br>$5s^25p^5$<br>126.90447(3) | +2 +4 +6 +8<br>54 **Xe**<br>氙<br>$5s^25p^6$<br>131.293(6) | O N M L K |
| 6 | −1 +1<br>55 **Cs**<br>铯<br>$6s^1$<br>132.90545196(6) | +2<br>56 **Ba**<br>钡<br>$6s^2$<br>137.327(7) | 57~71<br>**La~Lu**<br>镧系 | +1 +2 +3 +4<br>72 **Hf**<br>铪<br>$5d^26s^2$<br>178.49(2) | 0 ±1 +2 +3 +4 +5<br>73 **Ta**<br>钽<br>$5d^36s^2$<br>180.94788(2) | 0 ±1 ±2 +3 +4 +5 +6<br>74 **W**<br>钨<br>$5d^46s^2$<br>183.84(1) | 0 ±1 +2 +3 +4 +5 +6 +7<br>75 **Re**<br>铼<br>$5d^56s^2$<br>186.207(1) | 0 +1 +2 +3 +4 +5 +6 +7 +8<br>76 **Os**<br>锇<br>$5d^66s^2$<br>190.23(3) | 0 ±1 +2 +3 +4 +5 +6<br>77 **Ir**<br>铱<br>$5d^76s^2$<br>192.217(3) | 0 +2 +3 +4 +5 +6<br>78 **Pt**<br>铂<br>$5d^96s^1$<br>195.084(9) | +1 +2 +3 +5<br>79 **Au**<br>金<br>$5d^{10}6s^1$<br>196.966569(5) | +1 +2 +3<br>80 **Hg**<br>汞<br>$5d^{10}6s^2$<br>200.592(3) | +1 +3<br>81 **Tl**<br>铊<br>$6s^26p^1$<br>204.38 | +2 +4<br>82 **Pb**<br>铅<br>$6s^26p^2$<br>207.2(1) | −3 +3 +5<br>83 **Bi**<br>铋<br>$6s^26p^3$<br>208.98040(1) | −2 +2 +3 +4 +6<br>84 **Po**<br>钋<br>$6s^26p^4$<br>208.98243(2)✦ | ±1 +5 +7<br>85 **At**<br>砹<br>$6s^26p^5$<br>209.98715(5)✦ | +2<br>86 **Rn**<br>氡<br>$6s^26p^6$<br>222.01758(2)✦ | P O N M L K |
| 7 | +1<br>87 **Fr**<br>钫▲<br>$7s^1$<br>223.01974(2)✦ | +2<br>88 **Ra**<br>镭<br>$7s^2$<br>226.02541(2)✦ | 89~103<br>**Ac~Lr**<br>锕系 | 104 **Rf**<br>𬬻▲<br>$6d^27s^2$<br>267.122(4)✦ | 105 **Db**<br>𬭊▲<br>$6d^37s^2$<br>270.131(4)✦ | 106 **Sg**<br>𬭳▲<br>$6d^47s^2$<br>269.129(3)✦ | 107 **Bh**<br>𬭛▲<br>$6d^57s^2$<br>270.133(2)✦ | 108 **Hs**<br>𬭶▲<br>$6d^67s^2$<br>270.134(2)✦ | 109 **Mt**<br>鿏▲<br>$6d^77s^2$<br>278.156(5)✦ | 110 **Ds**<br>𫟼▲<br>281.165(4)✦ | 111 **Rg**<br>𬬭▲<br>281.166(6)✦ | 112 **Cn**<br>鿔▲<br>285.177(4)✦ | 113 **Nh**<br>鿭▲<br>286.182(5)✦ | 114 **Fl**<br>𫓧▲<br>289.190(4)✦ | 115 **Mc**<br>镆▲<br>289.194(6)✦ | 116 **Lv**<br>𫟷▲<br>293.204(4)✦ | 117 **Ts**<br>鿬▲<br>293.208(6)✦ | 118 **Og**<br>鿫▲<br>294.214(5)✦ | Q P O N M L K |

| | | | | | | | | | | | | | | | |
|---|---|---|---|---|---|---|---|---|---|---|---|---|---|---|---|
| ★<br>镧系 | +3<br>57 **La** ★<br>镧<br>$5d^16s^2$<br>138.90547(7) | +2 +3 +4<br>58 **Ce**<br>铈<br>$4f^15d^16s^2$<br>140.116(1) | +3 +4<br>59 **Pr**<br>镨<br>$4f^36s^2$<br>140.90766(2) | +2 +3 +4<br>60 **Nd**<br>钕<br>$4f^46s^2$<br>144.242(3) | +3<br>61 **Pm**<br>钷▲<br>$4f^56s^2$<br>144.91276(2)✦ | +2 +3<br>62 **Sm**<br>钐<br>$4f^66s^2$<br>150.36(2) | +2 +3<br>63 **Eu**<br>铕<br>$4f^76s^2$<br>151.964(1) | +3<br>64 **Gd**<br>钆<br>$4f^75d^16s^2$<br>157.25(3) | +3 +4<br>65 **Tb**<br>铽<br>$4f^96s^2$<br>158.92535(2) | +3 +4<br>66 **Dy**<br>镝<br>$4f^{10}6s^2$<br>162.500(1) | +3<br>67 **Ho**<br>钬<br>$4f^{11}6s^2$<br>164.93033(2) | +3<br>68 **Er**<br>铒<br>$4f^{12}6s^2$<br>167.259(3) | +2 +3<br>69 **Tm**<br>铥<br>$4f^{13}6s^2$<br>168.93422(2) | +2 +3<br>70 **Yb**<br>镱<br>$4f^{14}6s^2$<br>173.045(10) | +3<br>71 **Lu**<br>镥<br>$4f^{14}5d^16s^2$<br>174.9668(1) |
| ★<br>锕系 | +3<br>89 **Ac** ★<br>锕<br>$6d^17s^2$<br>227.02775(2)✦ | +3 +4<br>90 **Th**<br>钍<br>$6d^27s^2$<br>232.0377(4) | +3 +4 +5<br>91 **Pa**<br>镤<br>$5f^26d^17s^2$<br>231.03588(2) | +2 +3 +4 +5 +6<br>92 **U**<br>铀<br>$5f^36d^17s^2$<br>238.02891(3) | +3 +4 +5 +6 +7<br>93 **Np**<br>镎<br>$5f^46d^17s^2$<br>237.04817(2)✦ | +3 +4 +5 +6 +7<br>94 **Pu**<br>钚<br>$5f^67s^2$<br>244.06421(4)✦ | +2 +3 +4 +5 +6<br>95 **Am**<br>镅▲<br>$5f^77s^2$<br>243.06138(2)✦ | +3 +4<br>96 **Cm**<br>锔▲<br>$5f^76d^17s^2$<br>247.07035(3)✦ | +3 +4<br>97 **Bk**<br>锫▲<br>$5f^97s^2$<br>247.07031(4)✦ | +2 +3 +4<br>98 **Cf**<br>锎▲<br>$5f^{10}7s^2$<br>251.07959(3)✦ | +2 +3<br>99 **Es**<br>锿▲<br>$5f^{11}7s^2$<br>252.0830(3)✦ | +2 +3<br>100 **Fm**<br>镄▲<br>$5f^{12}7s^2$<br>257.09511(5)✦ | +2 +3<br>101 **Md**<br>钔▲<br>$5f^{13}7s^2$<br>258.09843(3)✦ | +2 +3<br>102 **No**<br>锘▲<br>$5f^{14}7s^2$<br>259.1010(7)✦ | +3<br>103 **Lr**<br>铹▲<br>$5f^{14}6d^17s^2$<br>262.110(2)✦ |